工业水循环与资源回收

分析·技术·实践

［荷］Piet Lens，Look Hulshoff Pol，［德］Peter Wilderer，［美］Takashi Asano 编著
成徐州　吴　迪　蹇兴超　等译
王方智　校

中国建筑工业出版社

著作权合同登记图字：01-2007-1386 号

图书在版编目(CIP)数据

工业水循环与资源回收：分析·技术·实践/(荷)Piet Lens 等编著；成徐州等译. —北京：中国建筑工业出版社，2007

ISBN 978-7-112-09393-9

Ⅰ. 工… Ⅱ. ①Piet…②成… Ⅲ. ①工业用水—水循环 ②工业废水—废水综合利用 Ⅳ. TQ085 X703

中国版本图书馆 CIP 数据核字(2007)第 082953 号

Water Recycling and Resource Recovery in Industry：Analysis，Technologies and Implementation/Piet Lens，Look Hulshoff Pol，Peter Wilderer and Takashi Asano

工业水循环与资源回收

分析·技术·实践

［荷］Piet Lens，Look Hulshoff Pol，［德］Peter Wilderer，［美］Takashi Asano 编著

成徐州 吴 迪 蹇兴超 等译

王方智 校

*

中国建筑工业出版社出版、发行(北京西郊百万庄)

各地新华书店、建筑书店经销

北京天成排版公司制版

北京市铁成印刷厂印刷

*

开本：787×1092 毫米 1/16 印张：32¼ 字数：800 千字

2008 年 1 月第一版 2008 年 1 月第一次印刷

印数：1—3000 册 定价：**88.00** 元

ISBN 978-7-112-09393-9

(16057)

本书是国际水协会出版社“Water Recycling and Resource Recovery in Industry：Analysis，Technologies and Implementation”一书的中文翻译版本。原书是由2001年荷兰的欧洲夏季培训“工业水与资源封闭循环”专题的发言和报告集结而成。本书详细介绍了工业部门中水的可持续利用与资源回收，具体内容包括环境保护在工业可持续发展中的地位；可持续工业的整体概念；封闭工业循环的链式管理；工业生态学的概念与实践；工业水与资源封闭循环的国际指南以及印染、造纸、采矿、冶金、温室园艺、食品加工等领域的许多工业实例。

我国是一个水资源严重缺乏的国家，迫切需要在包括工业在内的各个领域引入水与资源可持续利用的概念与技术。通过水的循环与资源的回收，不仅可以节约水和资源，减少对环境的依赖，还可以最大限度的减少工业排放，保护环境。本书提供了该方面丰富的和最新的研究与实践内容，可供相关工业与水处理领域的决策者、设计和研究人员以及大专院校相关专业的师生参考。

* * *

责任编辑：俞辉群　率　琦
责任设计：郑秋菊
责任校对：王雪竹　王金珠

译　　序

随着农业与工业活动的增加，人们意识到应当在生物圈中与全球物质循环处于和谐状态，将开发利用自然资源转变为与全球生态系统建立伙伴关系。在此背景下，本书详细介绍了在工业部门中水的可持续利用与资源回收。

全书共分32章，内容包括：环境保护在工业可持续发展中的地位；可持续工业的一体化概念；资源供给链的管理与闭路工业循环中供给链的管理；以工业生态进行工业改革的概念；工业水与资源闭路循环中的国际指南与实例以及在工业水与资源闭路循环管理中发挥生物技术的潜力等。

此外，在闭路工业循环中的技术方面提供了若干实用案例诸如：氮化物N-D，D-N生物转化新工艺，生物除磷新工艺和生物转化亚硫化合物的新工艺；环境生物技术与基因工程微生物(GEM)应用于水循环和节省资源；物质与营养物循环以及从固体废物中回收能量；利用开发的ORWARE模型计算物质流、能量流、环境影响与废物管理的成本，特别是对有机废物管理的系统分析等。在纸浆造纸工业水回路系统中，采用关键参数值(出水与回水的COD比值)优化纸张生产；在纺织工业中用水量最小化与水的回用及其实用案例；在采矿与冶金工业中生物回收金属、硫和水；太阳能光催化技术用于处理水中的农药及案例；在温室园艺中水的回用等。最后书中介绍了丹麦卡伦堡市的工业网络系统与清洁工业生产。

本书同样关注非工艺技术方面，例如系统分析、软件工具、健康风险、法律规范、生命周期分析、经济影响、公众参与等。

本书中大量的图、表和案例研究以及跨学科的丰富内容，对于工业水资源回收方面的研究人员、专业人员等有重要的参考价值。

参与本书翻译工作的有清华大学核能与新能源技术设计研究院的成徐州(第一、二部分)、吴迪(第四、五部分)广西建设厅科技处的蹇兴超(第三部分)、北京市排水公司的许燕、陈红等。成徐州还做了全书统稿和编排等方面的协调工作。

原书存在一些文字、符号的错误和不当之处，译者在翻译时尽量予以订正。由于译者的水平有限，加之本书涉及的知识和处理工艺非常广泛，译文中可能存在错误和不足之处，肯请读者批评指正。

译者

2007年2月

前　　言

本书涵盖了工业部门中，水与原料资源的供应与使用的现有技术知识水平。政府部门、工业部门与学术界的首席专家们所提供的稿件清晰表明，管理措施与技术方案互相依赖，并且在法规管理的环境下两者相互作用。在水与原料资源管理方面目前面临的问题取决于资源的需求与供给，其可靠性与环境保护可能因地而异。因此，管理与技术两方面的适宜措施应随之变化，而且需要有开创性的思维。本书中的若干章节涵盖了此类措施，同时通过案例研究加以描述。

我们将各章节组合起来的目的在于体现工业水与资源以可持续的方式闭路循环方面的主要知识水平。各章均有独立的基础，读者会发现这样有助于只考虑每章的主题，尽管如此，在各章看似不同的主题之间仍存在着许多联系。我们的用意在于揭示并强调不同章节间的跨学科的联系。为此，我们提供了一个综合的索引，有助于相互参照。我们希望，本书中描述的工作将会鼓励那些已经在该领域工作的人们，并且激励那些将探索该领域的人们，寻求可持续的水与资源循环。

在世界各地，淡水扮演着重要的角色。许多科学家认为，在本世纪，水会成为比油还要昂贵的自然资源。除了满足个人需要外，水还用于灌溉、工业和发电站的散热、工业过程的媒介物以及所有包括农业、工业和家庭的所有用户，用于洗涤和冲刷污垢和废物。地下水资源构成了用于消费和其他用途公共供水系统水源的 60%。但是，地下水正面临着“固定”在土壤中污染物的长期威胁。

经济的增长和发展依赖于具有可接受水质的足够水量的水源。世界上许多地区对水的需求已经超过了供给，进一步的发展将受到限制。由于人口和城市建设不断增长，这种状况变得越来越严重。随着对水资源的竞争加剧，农业、工业和家庭用户必须寻找出路，减轻对水的需求。由于这些“径流外”用户的竞争以及自然水资源系统本身的原因，这种压力在增加。目前有一个普遍的约定，即在湖泊、河流和地下的水源的水质和水量应得以保持，以保持水生生态系统及其对于娱乐的吸引力和可持续性。此外，有许多“径流内”用户如航运和水利发电站同样对水资源提出需求。

欧洲国家的水务部门每年要花费大约 140 亿欧元用于水的供给和废水处理。水务部门和工业在水与废水处理厂以及设备方面的投资在 1995 年达到了 200 亿欧元。OECD(经济合作与开发组织)总的市场需求据估计是这个数字的 4 倍。这些数字表明，仍存在机会通过更有效地使用水供应与处理厂来节约成本。他们同样也表明，在世界范围内有一个巨大的市场，各公司可以生产相应的设备，并提供相关服务。

在水资源管理方面，质量和数量一样重要。基本上，所有的三大“径流外”用户使用的水都以不同的清洁程度返回到自然水体中。在世界上的许多地区，水资源的使用强度是如此之大，返回的水质和水量都极大影响着自然水系统的其他用户。例如，在泰晤士河流域，水被抽取、处理、利用、作为废水收集、净化并返回河流中，这个过程要持续三次才不再被利用。水链中有许多公用的河流、湖泊和地下水体，某些用户的排放构成了另一些用户的供水的一部分。这种不断增长的相互依赖，增加了事故和泄漏影响的广度和深度。因此，水的主要用户面临不断增长的压力，需要提高水(废水)处理与管理的效率。

从长远观点来看，污染的预防对于保证水资源质量是非常必要的。污染的预防依赖于工业和农业的更为清洁的技术的开发。然而，预防措施仍然不够：同等重要的是，要开发相关技术措施，来解决现存的有其历史原因的污染问题，还要应对在将来仍可能会不断发生的污染事件。

迄今为止，大多数针对水和材料资源管理的研究和开发活动、规范和经济政策措施主要是应用于水和原料的供给。然而，水服务于非常广泛的生态和经济利益，包括家庭、农业和工业用户，设备与服务提供商以及水务部门。可持续的水资源管理战略需要着重控制对水的需求，同时改善供水。在削减需求的战略中，提高在工业和农业流程中水的应用效率的技术是一个关键因素。本书的很大一部分是关于系统分析工具和反应器技术解决方案，以帮助减少工业对水以及其他原料的需求。相关内容表明，与改进的资源管理(如自动化改进与过程控制)与应用(削减需求、循环与处理)有关的许多技术进步依赖于不同科学领域(材料科学、生物技术、运行研究、能源与信息技术)的技术与工艺的应用与整合。在未来的几十年中，在这些技术领域间的知识的有效交流是环境工程界面临的重要挑战。

对改善水和材料资源管理的不断增长的公共需求形成巨大的压力，迫使工业采取创新的资源保护措施提高其技术竞争力。这可以通过确定最佳实用技术或经济手段(如水价与生态税)来实现。不过，应围绕着水或物质资源管理，更好了解物质、社会和经济的相互作用，开发有效的方法来平衡补偿众多水与资源的用户之间的需求。本书着重介绍工业生产过程中的这些相互关系。

本书编辑感谢全体执笔者所给予的热心支持，及时提交他们的稿件。该书以 2001 年 8 月 18 日～23 日在荷兰的欧洲夏季培训专题“工业水与资源闭路循环：环境生物技术挑战”为基础。该夏季培训由欧共体(IHP-1999-0060)提高人类潜能计划给予财政支持。除了多数为口头发言外，本书也包含了少数特邀报告。我们非常感谢国际水协会(IWA)的 Alan Click 与 Alan Peterson 在出版本书方面所给予的帮助和支持。

Piet Lens 与 Look Hulshoff Pol

荷兰瓦赫宁思

Peter Wilderer

德国慕尼黑

Takashi Asano

美国加利福尼亚州戴维斯

2002 年 3 月

目　　录

第二部分 工业资源保护政策

第三部分 工业中支持水与资源闭路循环的工具—A 规范措施

第三部分　帮助工业用水零排放和资源循环的工具—B 系统分析

第四部分 实现工业闭路循环的技术—B满足回用标准的先进技术

第五部分 工业工艺中水的闭路循环实例

第一部分

针对环境保护的工业水回用

1 工业可持续水管理

Jacques J. M. van de Worp

1.1 可持续性的概念

过去几十年中，人们越来越认识到，人类活动，尤其是密集的农业和工业技术，必须实现与生物圈中全球物质循环的和谐。换句话说，我们必须从自然资源的开发者转变为地球生态系统的伙伴(Harder 1995)。

20世纪80年代末，随着布伦特兰报告《我们共同的未来》的出版，可持续发展成为一个重要议题。可持续发展的定义为："在不伤害后代满足其需求的能力的前提下，满足目前需要的经济、社会与环境的发展"(Bruntland 1987)。该报告出版的随后几年中，为将其基本原理与建议转化为针对最近将来的可操作步骤而进行了多次尝试(Jansen和Vergragt 1995)。由抽象词汇组成的布伦特兰定义的问题在于，可持续发展不能科学和明确地予以定义。荷兰政府的两个主要的咨询机构荷兰政府政策科学委员会(WRR)和社会与经济委员会(SER)认为，可持续发展是权衡各种政治选择的结果。整个过程中，不仅环境(地球)要参与其中，还有经济(收益)和社会(公众)的角色，例如福利和就业。因此，需要社会建立标准，这将在中期可持续发展政策的确定中起到决定作用(VNO-NCW 2001)。

越来越多的公司已经或正在建立基于可持续性概念的商业战略。这种发展正在全球范围内发生，并得到普遍认同。因此，荷兰政府正在准备国家可持续战略(VNO-NCW 2001)。

2001年6月中旬，欧盟委员会在哥德堡提出了欧盟可持续发展战略，作为对UNCED联合国环境和发展大会的1992年里约热内卢峰会的响应。该战略是欧盟为2002年约翰内斯堡可持续发展世界峰会所准备的报告的一部分(VNO-NCW 2001)。

在工业技术方面，世界商业可持续发展理事会(WBCSD 1995)认为以下内容非常重要：

- 去物质化：减少所使用原料的量

- 提高能源效率
- 消除工艺流程和产品的负面环境影响
- 封闭物料循环：针对循环性进行设计，但是不能发生任何费用
- 借用自然循环，特别是涉及可再生资源和再循环的情形
- 延长产品的耐久性和服务寿命

基于防治和预防原则的企业活动利用可再生能源和原料(包括燃料和其他原料)，这样就不会向环境排放任何形式的废物(零排放)，并且只会对现有空间施加有限的负担。这样，企业活动就不会对国内或者国外的水、空气、土壤或者生物多样性增加任何负面影响。不过这个定义有以下缺点：

- 其意图是作为一个工艺过程的参照点，其时间范围通常是20～30年
- 对于一个普通公司来说，很难实质上考虑到如此远的将来
- 定义并没有考虑到可持续发展的3个支柱之间的平衡(地球—人类—收益)
- 该定义提供了一个静态描述，而可持续发展和可持续企业是一个动态过程

在以上WBCSD列表所提出的6个元素中，水是其中3个元素的基本资源。但是迄今为止，还没有被决策者认为是一个关键问题。2000年在海牙召开的第二届世界水论坛向政治家们强调了世界水问题。一些跨国公司，如联合利华(Unilever)、喜力(Heineken)和雀巢(Nestle)提出了一个公司间合作的水的可持续应用声明。这些声明背后的驱动力是，公司们已经认识到，可持续性是持久性的一个条件(World Water Forum 2000)。

1.2 水资源

1.2.1 概述

水是重要的自然资源之一。从全球范围来看，我们并不缺水，因为我们的行星有70%表面被水所覆盖(见图1.1)。由于地球与外太空基本上不存在物质交换，因此行星上的总水量是一个常数。在地球上，水构成了外表面厚度大约为60km的一个薄层(Donkers

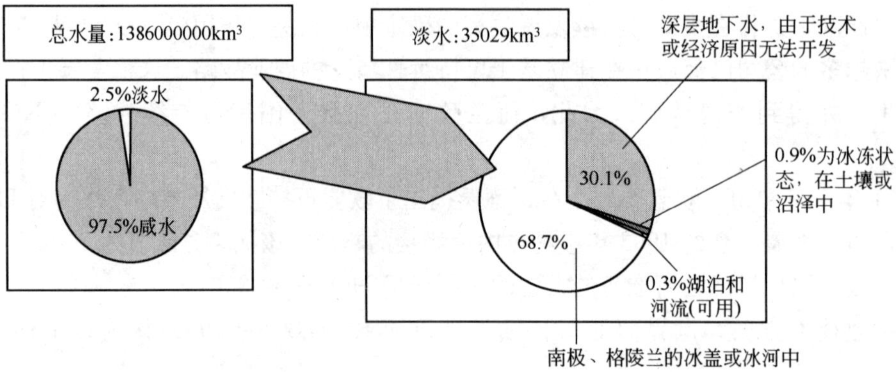

图1.1 地球的水储量(Shiklomanov 1993，见：Donkers 1994)

1994)。

液态水对生命是必需的。许多生命体含水量超过 90%。人体含有大约 65%的水，如果不喝水只能存活 3 天。陆地生态系统(包括人类)对水的需求不仅与其可获取性有关，更多的是关心其质量，特别是化学和细菌生物学组成。

在地球上，水质与它所能够支持的生态系统的类型和组成之间存在着相关性。水质一直是与其用途相关的。水具有多种功能，比如：

- 有机体的基本反应物
- 水生有机体的生存环境
- 动物和人类饮用
- 家庭与工业应用
- 供电(蒸汽和水电；制冷剂)

为了实现不同的功能，水必须"适合使用"。

1.2.2 水循环

1.2.2.1 全球水循环

根据最新计算，地球大约有 13.86 亿立方公里($1.4\times10^{18}\ m^3$)的水。但是其中有 97.5%属于含盐的海水。地球上全部的淡水中只有 0.26%可以为陆地上的生命所利用(人类、动物、植物、低级生命体)(Shiklomanov 1993，见：Donkers 1994)。

地球上的水不是静态的，而是处于由太阳能和地球旋转而维持的循环之中(见图 1.2)。在海洋上，蒸发大于降水，形成云。云在风的作用下由海洋转移到陆地。由于陆地上空温度要高于海洋上空温度，云团被抬升。随着温度的下降，云中的水蒸气凝结，形成降水。降水到达地面。在潮湿地区，降水超过蒸发，多余的水流向河流和含水层，或直接

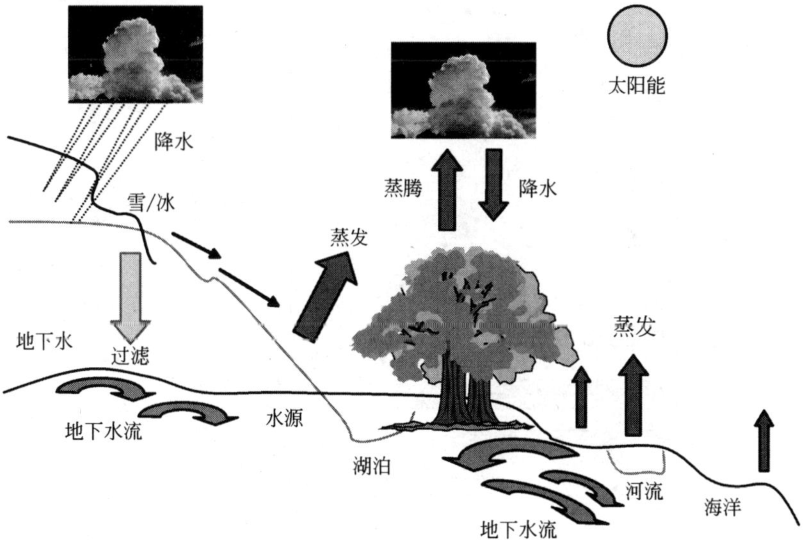

图 1.2 天然水循环(De Jong 1995)

流向海洋。然而在干旱地区，并没有多余水的流动，因为蒸发等于降水。水在空气中的停留时间大多非常短，有 10d 左右。在含水层中，停留时间平均为 600 年(范围从小于 1 年到远远大于 10000 年不等)。在河流中，停留时间为 10～20d(平均)，而在海洋中为 3000 年(平均)(Donkers 1994)。

陆地活动每年可以获取的水量取决于陆地上的降水。超过 2/3 的降水最终会蒸发，其余的部分($47000km^3$)进入地下水、河流和湖泊(见图 1.3)。水在流回海洋之前，不能全部被人类使用。在可获取的 $47000km^3$ 中，人类仅能够使用 $9000km^3$，大约相当于每人 $1600m^3$。但是这个水量在世界上并不是平均分配的：一些地方不下雨或者很少下雨，另一些地方则超量降雨(见图 1.4 和图 1.5)。不幸的是，干旱地区蒸发量更大，农业依靠灌溉。在一些情形下，自然界会将一些水从湿润地区迁移到干旱地区，否则人类就会介入，将水通过人工方式迁移(World resources Institute 1994，见 Donkers 1994)。

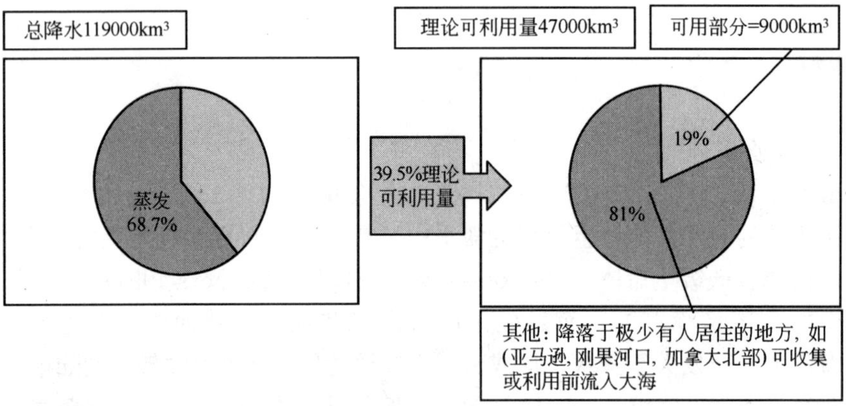

图 1.3 地球上可再生的淡水(Shiklomanov 1993，见 Donkers 1994)

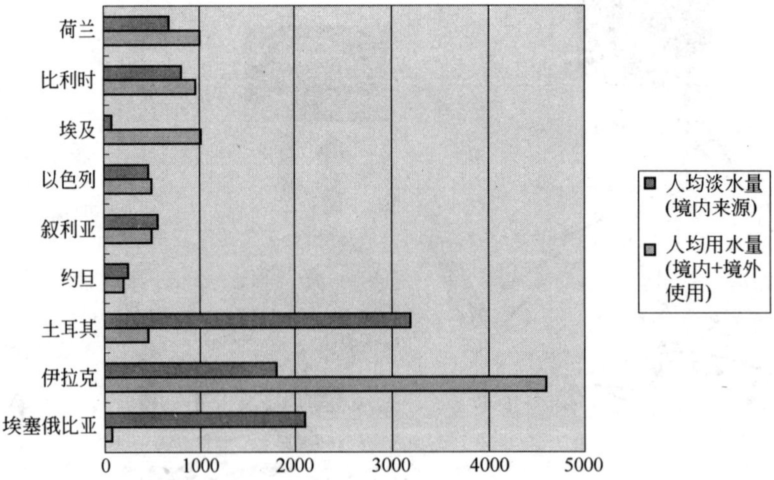

图 1.4 一些国家人均可得淡水量(World water Resources Institute 1994，见 Donkers 1994)

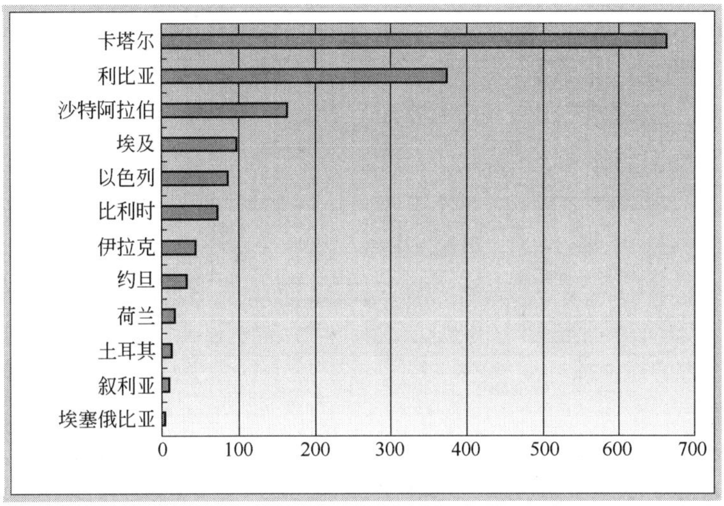

图 1.5　内部和外部淡水资源的使用百分比

(World Water Resource Institute 1994，见 Donkers 1994)

水不仅在地理上分布不平衡，在时间上也是如此。一些地区会在很短时间内有很大强度的降雨；另一些地区全年的降雨大体上平均分配(World resources Institute 1994，见 Donkers 1994)。年降水量也可能会变化，每年都不同，西班牙的东南部就是如此。而且水的消费者在陆地上的分配也不均衡。在一些地区(非洲，中东)，相对较多的人只有极少的水，而在另一些地区(加拿大、冰岛、亚马逊、刚果三角洲)，极少的人却拥有大量的水(World resources Institute 1994，见 Donkers 1994)。

水的状况不仅取决于水的供给，还取决于水的需求，通常分为生活、工业和农业需求。由于人均用水量的增加和世界人口的增长，生活用水量从 1977 年的 1000 亿 m^3 上升为 1987 年的 2600 亿 m^3。2000 年预期达到 9200 亿 m^3，而 Gleick 的预测数据是到 2025 年达到 3400 亿 m^3 (Donkers 1994，Gleick 2001)。工业需求在同一时期内从 4450 上升为 7450 亿 m^3(Gleick：2025 年：10000 亿 m^3)(Donkers 1994，Gleick 2001)。然而增长最快的部分还是农业(Gleick：2025 年：29300 亿 m^3)，为了支持呈指数增长的世界人口，必须对农田进行灌溉(Gleick 2001)。在 1960 到 1990 年间，全球的灌溉面积从 90 增加到 2.34 亿英亩(1 英亩＝4046.86m^2)(Gleick：在 2000 年：2.7 亿英亩)(Donkers 1994 和 Gleick 2001)。在以色列，大约 65％的水用于农业灌溉。埃及(88％)、伊拉克(92％)、苏丹(99％)的数据更高(Donkers 1994)。

1.2.2.2　城市水循环

最早的聚居地和工业出现在小溪、河流和湖边，这并不是巧合，因为这些地区可以提供肥沃的土壤，提供饮用和多种多样生产工艺所需要的水。水质下降之后就排放到地表水体中。当代城市拥有复杂的水循环和基础设施(见图 1.6)。

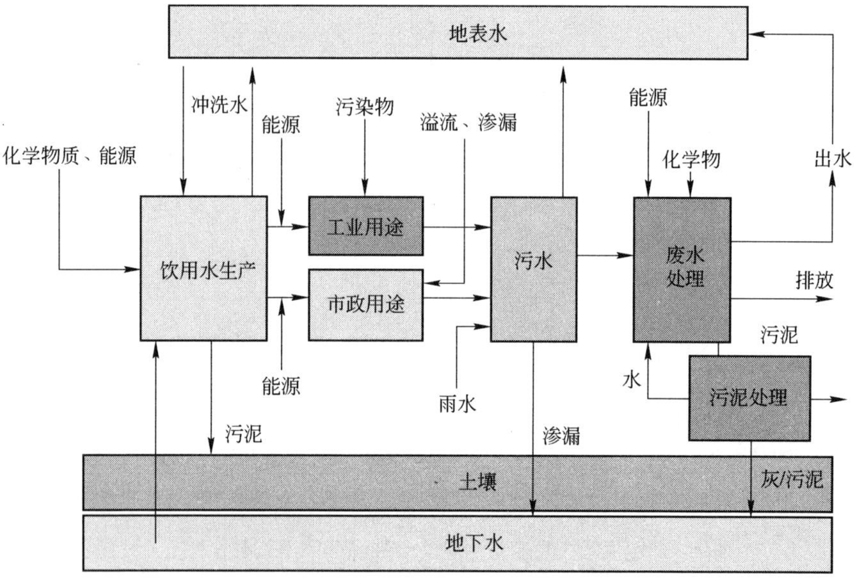

图 1.6 城市水循环(DTO-Water workgroup 1994)

举例来说，即使是在荷兰这样几乎全部城市和工业废物都进行连续处理的地方，仍要注意防止污染和关注废水净化。这是因为，城市和工业水循环无论在数量还是质量上都对更大的水循环产生重要影响。以下列出最近的一些议题(DTO 1995；van der Graaf *et al*. 1995)：

- 现代城市社会需要不受干扰地运转，这要求有充分的排水
- 许多下水管道由于老化出现渗漏，导致地下水污染
- 过量开采导致地下水位下降，地下水枯竭
- 由于包括农业和工业在内的人类活动，地下水和地表水受到来自自然和人类的多种多样物质的污染

表 1.1 列出了莱茵河来自自然以及市政、农业和工业的污染来源。数据清晰表明，12 年的努力取得了很大成绩，但人类的污染仍然远远超过天然水平。

莱茵河来自自然以及市政、农业和工业的污染 **表 1.1**

	来自自然的污染	年份	
		1972	1994
汞	0.7t/a	99t/a	2.3t/a
镉	1t/a	167t/a	4.7t/a
锌	250t/a	13800t/a	2130t/a
磷	0.2kg/s	1.3kg/s	0.6kg/s
氮	0.3kg/s	11kg/s	12kg/s
氯	45kg/s	340kg/s	

1.2.2.3 工业水循环

在当前的实践中，工业水循环通常不是封闭的。工业用水来自含水层、地表水或者公共饮用水网。用过的水就排放了。在工业中，水通常被当作一种工具，用于多种多样的用途，见表 1.2(Assink *et al*. 1996)：

功能—包括例子—水在工业过程中的应用 **表 1.2**

工艺水的功能	例 子	工艺水的功能	例 子
产品、反应物	饮料的生产、电解	(能量)输送	冷却、蒸汽回路、固体废物、甘蔗
溶剂、吸附	气体净化、酸洗	清洗与漂洗	设备、装置与管路的清洁
清洗、吸附	纺织品加工		

在第一项应用中(产品和反应物)水是原料，不能被任何其他组分代替。而在其他用途中，水是一种工具。在这些情形中，由于适当替代品的欠缺，水被认为是不可替代的。由于其物理—化学性质、相对低廉的价格以及在世界上众多工业发达地区的可获取性，水成为一种诱人的物质(Assink and Weenk 1996)。

冷却、冲洗和漂洗工业要使用大量的水。冷却水占整个工业用水的 90%左右。主要的污染发生在空调和清洁以及那些水与水溶性组分直接接触的工艺(Assink and Weenk 1996)。

为满足水质要求，需要对地下水、地表水甚至饮用水进行必要的预处理。比如，去除悬浮固体(SS)、水的软化(去除 Ca 和 Mg)以及除铁(Fe)和除锰(Mn)。特殊一点的例子包括去除矿物质和灭菌(Assink and Weenk 1996)。

在某个流程中使用后，水中通常含有恶化其水质的组分，在经过适当处理之前不能再次应用，因为那样可能对产品质量和产品成本造成负面影响。由于这些原因，在很多情形下水只使用一次就排放到下水道，然后进行处理或处置(Assink and Weenk 1996)。

需水量取决于生产工艺。生产 1L 啤酒，根据当前的酿造工艺和作物种植水平，总共需要 12～16L 水。而生产 1kg 棉花需要 10000L 水，包括棉花的种植用水(全部用水)。制造一辆轿车上的金属需要 450m^3 水，一辆轿车的 4 个轮胎需要 760m^3 水。在造纸工业中，过去的 20 年每吨纸用水量从 30m^3 下降到 10～15m^3。不同的纸用水不同，新闻纸9m^3/t，纸板 6～9m^3/t，白纸 15～20m^3/t，造币用纸 100～150m^3/t(见表 1.3～1.5)。

单位产品用水量(Environment Canada 1986，见 Gleick 2000) **表 1.3**

1kg 棉花	10000	1L 牛奶	140
1kg 糖	8000	1kg 草莓	140
1kg 大米	4500	1kg 黄瓜	15
1kg 黄油	4000	1 张报纸	9
1kg 小麦	1500	1L 啤酒	12～16
1 个鸡蛋	1000	一辆车上的金属	450000
1 瓶矿泉水	1000	4 个轮胎	760000
1 条面包(800g)	220		

家畜用水(典型发达国家的估算)(Environment Canada 1986，见 Gleick 2000)　**表 1.4**

牲　畜	(L/(每头·d))	牲　畜	(L/(每头·d))
奶　牛	154	猪	9
食用牛	51	羊	3
公　牛	97	马	68
小　牛	25	鸡	0.3
其他牲畜	64	其他家禽	0.5

庄稼的大致需水量(Pimentel *et al*. 1997；Tuong and Bhuiyan 1994；UNFAO 1999，见 Gleick 2000)　**表 1.5**

庄稼/食物	用水量(每生产 1kg 食品所需要的 kg 水量)	庄稼/食物	用水量(每生产 1kg 食品所需要的 kg 水量)
马铃薯	500～1500	大　米	1900～5000
小　麦	900～2000	大　豆	1100～2000
紫花苜蓿	900～2000	鸡　肉	3500～5700
高　粱	1100～1800	牛　肉	15000～70000
玉　米	1000～1800		

图 1.7 列出了荷兰各工业类别的相对用水量。该图表明，化学工业至今是主要的用水者(VEMW)。

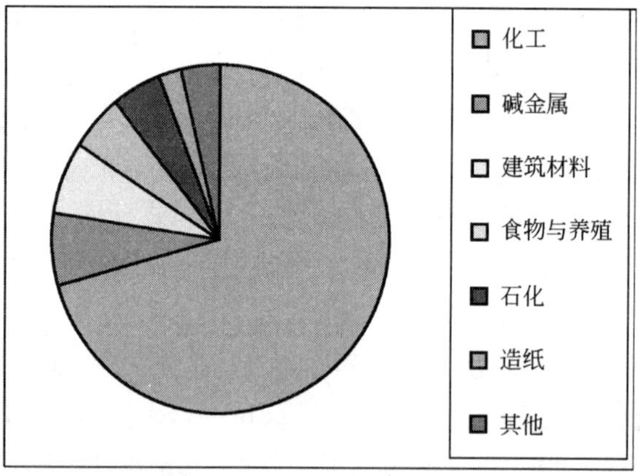

图 1.7　荷兰各工业部门或分支占工业用水比例
(1991 年总工业用水量的一部分)(VEMW 2001)

1.3　工业可持续水应用

1.3.1　概述

可持续的企业不仅要建立在理想基础上，还要建立在自身利益的基础上。公司的核心业务是提供社会所需要的产品和服务。投资的回报对任何公司而言都是必需的前提。它构成了产业连续性的基础，也是稀缺资源利用效率的指针。公司是其雇员收入的来源，从整体而言，也是这个社会收入的来源。他们也是就业的来源。需要为投资者提供适当的回报，作为他们所承担风险的报酬。公司定期向其股东、投资者以及雇员报告他们如何开展工作。

可持续性产业是产业连续性的另一个前提。以下列出这样做的一些重要理由：

- 费用理由
- 声誉理由：一个公司如果有好名声可以从中获益
- 激励理由：雇员如果能在公司证明自己的价值就会受到激励
- 责任理由：如果没能满足社会要求的关照水平，要对损坏负责

现在的问题是，工业水循环为什么要根据可持续性和连续性，实现封闭？

从自然界学到的一个重要教训是要努力实现(水)循环。图 1.8 和图 1.9 表明人类如何对生物圈中的封闭循环产生影响。

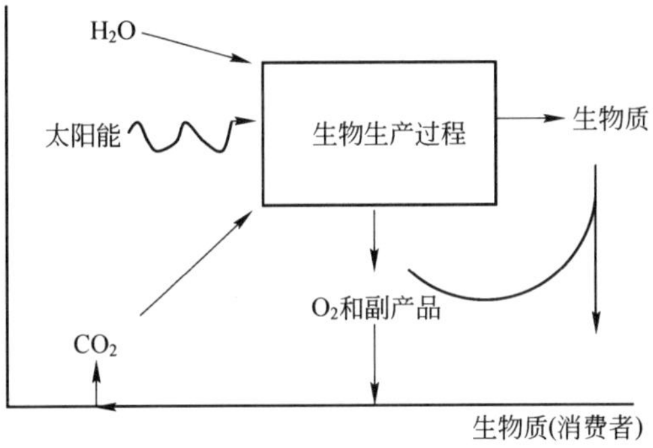

图 1.8　生物圈生物过程，天然输入—输出关系

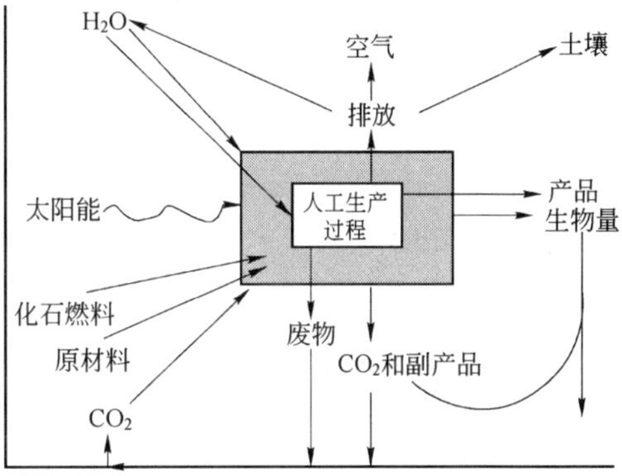

图 1.9　生物圈生物过程中，受到干扰的输入输出关系

在(工业)水供给中，水的可更新性是根本的，可以是内部(降水)或者是外部(来自河流的地表水)来源(见图 1.4 和图 1.5)(Donkers 1994)。如果可获取水量有限，就需要增加当地或者区域范围内的再利用。只有当准备回用的水适宜应用时，再利用才是可行的(见图 1.10)。

为实现水的可持续应用，必须把水的应用和水质纳入一个整体性的经济体制。通过这种途径，可以推动水污染的预防，并预留出执行这些措施的基金(Cramer *et al*. 1992)。目前，公司通常都不知道他们用水的总费用，因为不同的用水者提出不同的费用。这些费用包括：

- 取水
- 原水处理
- 水的调节
- 废水处理，包括废物处置

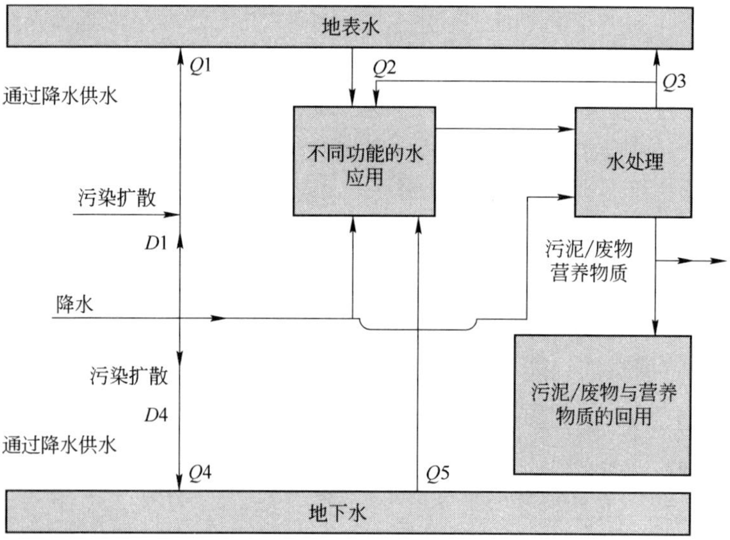

图 1.10 可持续性的城市水循环，$Q2$ 约等于 $Q1+Q3$，$Q4$ 约等于 $Q5$(DTO-Workgroup 1994)

- 废水处置

荷兰工业中，$1m^3$ 的费用大约为 3～10 美元。从总费用来看，与其他生产费用相比，水的费用相对较低(低于产品单位价格的 1%～2%)。在一些情形下，如果不能采用经济手段减少用水量，就必须采用法律手段(Van der Graaf *et al*. 1995)。

1.3.2 水回用路线

荷兰政府职权部门通过两条途径来减少水的使用和排放，两者都争取实现零排放(Senhorst and de Wit 1996)。在这里，零排放并不一定是最终结果，而只是一个“标识”或者说长期目标。中国有一句谚语：“如果我们不考虑将去哪，我们将只能止步不前”(Gleick 2000)。这样，通过确定长期目标，工业水回用就可以成为工业水应用的一个完整部分。

第一种方法是逐步方法(历史路线)(由下至上方法)，从现有的状况出发，一步步地增加措施。增加措施—从底部开始—可以按如下预防性阶梯实施(Senhorst 1995；Senhorst and de Wit 1996)：

- 新生产工艺的应用(绿色化学，清洁生产)
- 替代性的原材料和辅助材料
- 工艺改进
- 工艺优化
- 针对回用的分散式水处理
- 好的家务管理措施
- 管路末端措施(废水处理)

增加措施的实施周期可以是1～5年。

第二种方法是在预防阶梯的最高一级(从上到下步骤)引入清洁技术。清洁生产的目的是在小于10～20年的时间里实现生产或者工艺设计的改变，从而显著降低对环境的影响(Senhorst 1995)。

增加措施和清洁技术概念将在以下两个部分中进行讨论。

1.3.3 增加措施

1.3.3.1 管路末端处理

在开发处理技术的过程中，人们向自然界学习，利用了物质的物理—化学特性以及(微)生物的代谢能力。管路末端治理在世界范围内，包括在工业处理设施和普通的废水处理厂得到广泛的应用。荷兰大约有97%的家庭和工业连接到公用下水道系统(de Jong 1995)。一些工业，主要是大型工业拥有自己的设施，废水经过处理后直接排放到地表水体。

在荷兰，家庭(1530万居民当量-I. E.)和工业来源(1020万I. E.)产生的COD化学需氧量大约75%在处理设施中被去除。由于管路末端处理技术的广泛采用，工业COD负荷在25年内(1970～1995)减少了65%。在10年内，优先污染物总排放量中工业的份额下降了至少50%，这也归因于管路末端技术的应用(de Jong 1995)。

出水的深度处理措施，如快速砂滤池或者膜技术，目的是去除微污染物比如重金属和有机微生物，目前正在开展研究。荷兰未来10年(2000～2010)的处理市场将是一个替换的市场。在替换现有设施的过程中，可持续发展的议题(处理效率、能源消耗、空间节省、费用节省)都属于考虑的范围(de Jong 1995)。

1.3.3.2 好的家务管理措施

好的家务管理是指在经过正常的感觉和适当的头脑风暴之后所采取的措施。例如，一个重要的问题是，所有的用途都采用同一种水质是否必要和有效率。

如果在某种生产工艺中，能够生产和使用比如说5种不同的水质，可能要比只有一种(高)标准的水质更有效率和效益。然而，这可能需要投资5种不同的管路和设备系统。

引入好的家务管理措施可以在短期内完成，并且不需要改变太多生产工艺。它首先要对人员进行培训，目的是提高意识。好的家务管理是公司整体质量体系中的重要一环(Jansen and Vergragt 1995)。

1.3.3.3 针对回用的分散式水处理

在许多生产工艺中，水都是一次通过系统，这是因为水相对较便宜而且也不适合用第二次。使得水适合再次使用，就需要进行处理。处理消耗金钱，一般比排放要贵。然而，随着用水、处理以及处置价格的上升，以及法律对使用的限制，工业越来越关注回用和循环的措施。只有将水质恢复到所需要的水平，水的回用和封闭式循环才会成为可能。

大学和技术机构都在开发新的技术解决方案，比如紧凑的生物工艺、高级氧化系统、膜技术，并与提取和吸附等工艺相结合。通过对总费用进行考察(水、污泥、能源、排放、原料和产品流失)，可以寻找到经济可行的方案。重要的一点是，分散式处理一般更为有效和有效率，这是因为设施需要处理的水量较小，浓度水平较高，而且水质变化较小(污染物的种类较少)。而且分散式处理通常还可以回用部分原料，这样就为水中的原料提供了附加的(经济)价值。而在管路末端处理方面，水和其中的物质只有负面的经济价值。

考虑到以上的诸多方面，生物技术工艺与物理-化学工艺相结合，提供了新的美好前景。其主要优点包括：

- 整体处理费用相对较低
- 应用成熟技术
- 工艺流程内的应用机会
- 可以用于较大范围的物质，甚至是难降解物质(在组合工艺中)
- 对有毒物质相对不敏感(在组合工艺中)
- 如采用附着式污泥工艺，则较为紧凑(生物膜反应器)
- 高污泥龄和低污泥产率
- 封闭式反应器，避免挥发性物质(包括臭气)的排放。

一个主要的关注之点是流程内处理设施如生物反应器的可靠性。在生产流程中，如果由于处理设施的故障或者中断而导致流程崩溃，所产生的(经济)后果要远大于管路末端处理的类似问题。

流程内水处理的新生物技术包括三相气浮反应器、上流式厌氧污泥床反应器(UASB)、膜生物反应器(MBR)以及高级氧化工艺(臭氧、臭氧/过氧化氢、紫外)与生物技术的结合等。最新的发展是在生物反应器中利用电化学原位产生过氧化氢。前景最被看好的是膜生物反应器。

1.3.3.4 工艺优化

工艺优化的目的在于提高工艺的效率，减少不必要的溢出以及失败或者灾难的风险。通过采用适当的在线测定设备和工艺控制是可能实现的。测定中重要的一点是确定关键的工艺参数，并设定适宜的范围。在工艺控制过程中，重要的是，在低于或者超过设定点时，对工艺的调整越快越好。例如封闭系统中冷却水的排放，当水质低于设定值时就排放，而不是在预先设定的时间排放。

1.3.3.5 系统改进

许多生产工艺随着时间进展而进行频繁的调整。这些调整通常是针对具体的工艺步骤，而不是整体的方案。这种修改会在生产工艺的局部有所改善，而导致在其他部分出现问题，这样就造成整体生产工艺不够最优。当以全局的方式考察生产工艺时，工艺改进可能会获得更适宜的方案。例子包括逆流冲洗和清洗、热泵的使用、用替代化学品来增加循环时间等。

1.3.3.6 替代原料和辅助材料的应用

在许多生产工艺中，采用的物质和化学品如重金属和有机杀虫剂等对环境有很大的影响。在一些情形下，可以使用毒性更小的容易生物降解的物质。例如在脱脂过程中可以使用浓度更高的酒精代替二氯甲烷（如金属加工业），用草甘膦（Glyphosate）代替除草剂 $G_9H_{10}Cl_2N_2O$（Van de Worp 1996）。

1.3.4 清洁技术

为了实施清洁技术，必须将历史上的生产方法放在一边。现在的情形不再是改善工艺应对环境污染的起点。选择在不久将来的一个预定点（如 2010 年或 2040 年），通过对工艺和产品特点的仔细评估，同时聚焦于零排放，可以通过反溯描绘出实现目标的途径。清洁技术方法的重要特点是（Senhorst 1995）：

- 预防胜过治疗：应对污染的来源而不是其后果（排放的大小）
- 时间期限保证了有足够多的概念空间，以便不受今天条件的限制，与此同时，需要提出可供实施的方案
- 关于长期的解决方案，需要足够的创造性思想，而未来同时也提出了挑战

工程与物理科学研究委员会（EPSRC）的清洁技术研究计划将清洁技术定义为："清洁技术是一种为人类提供利益的手段，与所替代方式相比，在总体上使用更少的资源，更少环境破坏，同时具有经济上的竞争力"（Clift 1995）。

清洁技术的概念并非不着边际的想象。几项清洁技术工艺正在研究过程中，有的已经开始应用，如超临界二氧化碳织物印染、热浸镀锌的替代工艺、干法造纸以及纸张漂白的生物技术（Senhorst 1995）。

淡水供应方面的清洁可持续技术的一个例子是海水淡化，利用最为可持续的能源—太阳能。这项技术叫做蒸发和反渗透。通过这种途径，人类可以影响到地球上的水循环。

清洁技术的概念还没有成熟。仍然有问题和瓶颈要克服，包括技术的（成熟性、可靠性、示范、质量控制）、社会的（接受性）和经济的（费用、还款、经济风险等）方面。我们面临的挑战是解决这些问题，创造可持续发展的可能性（Kosters 2000；Van de Worp 2000）。

清洁技术概念还可以通过聚焦于功能或者服务来实现，而不是产品。例子如下（Clift 1995）：

- 农业化学品，从销售杀虫剂过渡到提供作物管理服务
- 有机溶剂，（实际上）可以出租，然后取回进行再生，而不是卖掉
- 清洁衣服，提供服务，而不是销售洗衣机和清洁剂，为湿洗提供更清洁的出路
- 影印，租用机器的传统做法，使得这项工业可以更迅速地回用和再循环。

作为效益的交付方式，租赁而不销售的做法有着更深的含义。他将废物的责任定义给了供应者而不是使用者。这样，通过定义"废物的所有者"，可以激励生命周期设计（Clift 1995）。

生命周期分析（LCA）可以被看作一种系统分析的形式。环境 LCA 的定义是：一个过

程，通过确定和量化所使用的能量、材料和排放到环境中的废物，评估与产品、工艺或活动相关的环境负担；评价这些能量、材料的使用和对环境的排放所带来的影响，鉴别和评价环境改善的机遇。评价包括产品、工艺或者活动的整个循环，包括原材料的开采和处理、制造、运输和分配、使用、回用、维护、再循环和最终处置(Clift 1995)。

1.4 可持续工业水管理

如果人类想长期生存，就必须采取可持续的发展方式。一个重要方面是可持续的水利用和管理。这个星球上有足够多的水，但是对于生态系统和生产工艺来说，水质是非常重要的。不过这并不意味着我们仅把注意力集中在水上；可再生能源是水循环(回用)的必要的驱动力量，同时还要避免固体废物和废气的形成(封闭的物质循环)，见图 1.11(Palsma *et al*. 1993)。

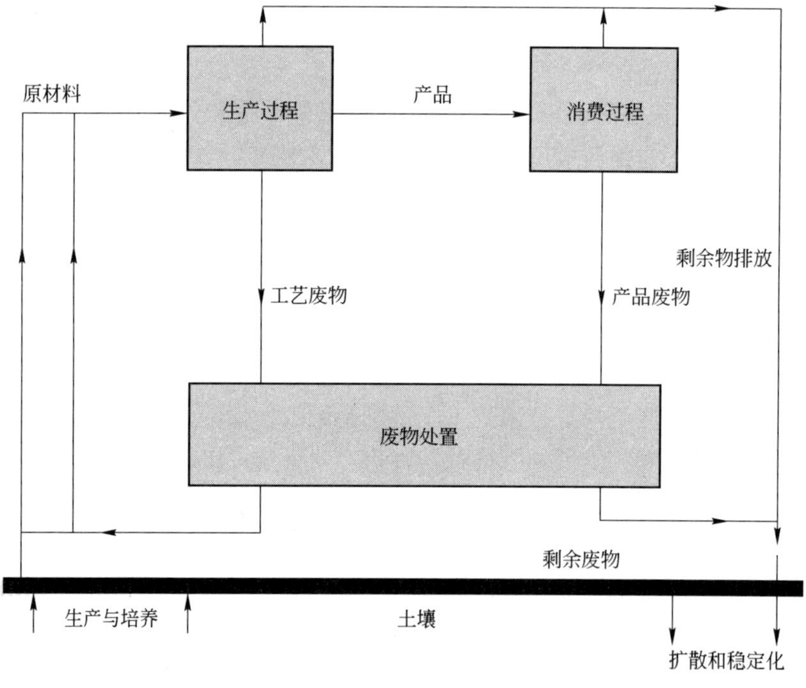

图 1.11 理想的可再生循环的例子(Palsma *et al*. 1993)

公司一般有两个主要目标：经济效益和连续性。从公司的观点来看，工业水管理必须服务于这些目标。许多公司目前的实践是对水的使用和排放进行优化，而不是最小化。重要的议题是对以下内容的影响：

- 产品质量
- 生产能力(扩张)
- 成本的最小化(而水的成本在逐年上涨)

- 技术可行性
- 环境(主要是法律驱动)

不幸的是，该方法给出了有限的和不实际的水回用的可能范围，必须进行重新考虑。水的使用必须考虑水质，而不仅是水的可获取性以及经济因素。技术创新的目标应该是保留工艺流(水和物质)的价值(质量)。为什么我们要把地表水净化到饮用水质，然后用来冲厕所？为什么我们开采大量的地下水，仅仅在冷却过程中添加低价值的能量(热量)，然后排放到地表水中？

表 1.6 给出了荷兰工业每个分支或者部门在 2000 年实现封闭式水循环的水平(最先进技术)。该表表明，不同的工业部门和分支间存在明显的差异，表现在水循环封闭的水平不同，以及导致这种状态的“力场”的主要推动力和主要限制因素不同。

荷兰工业在 2000 年，封闭式水循环的现状(VEMW 2001) **表 1.6**

工业分支	WCC 水平	主要推动力	主要限制
化学工业	<20%	成本削减+绿色形象	回用水质，运行规模，经济风险
食品与养殖	10%～40%	成本削减+绿色形象	健康风险/立法
造纸与纸浆	80%	纤维回用+能量+低差部	技术复杂
纺织品加工	100%	立法：染料+不服从者	经济收益低
金属加工	—	无	运行规模小，用水量低

1.5 结论

就全球范围而言水并不短缺。但是，在水的可用性、地理分布以及时间和水质方面有很大差异。水质是生态系统发展的一个关键因素，对于生产工艺也是如此。世界上水的循环是封闭的。因此人类向水系统排放的难降解污染逐渐积累，导致水质恶化，影响整个世界的生态系统。从可持续性的观点来看，这种状况是我们不愿意看到的。

人类从自然界得到的最大教训是争取实现局部的或者地区性的水循环的封闭。这些循环将必须是封闭的；因此污染物必须在源头去除。为实现水的可持续利用，很重要的一点是要包括水供给或者水循环的再利用。该循环一旦失去平衡，供给或者再利用就必须增加。在供水方面，水必须是可再生的，可以是内部来源(降水)或外部来源(来自河流的地表水)。可再生水数量有限时，必须增加水的再利用。只有回用的水适合相应的用途时，再利用才是可行的。

目前广为接受的是，需要对水和资源的使用方式进行切实的改变。我们已经到了一个转折点，面临着新的挑战和机遇。这些机遇不仅存在于技术领域，也存在于管理和组织领域。社会必须放弃旧概念，给新概念一个机会。这需要相关人群的积极参与。为了真正学到一些东西，需要在技术、社会和经济上对试验进行合理的准备、实施和监测。

众所周知，进行预测，特别是关于未来的预测，是非常困难的。社会必须设定一个目标：我们要到哪里去(见图 1.12)？采取正确的措施需要哪些激励手段？他们是原理驱动、法律驱动还是经济驱动？将采取什么方法：采取附加措施还是建立基于清洁的、可持续技术的工艺？我们是将注意力集中于问题和瓶颈，还是愿意面对挑战，创造新的机遇？我们强烈希望是后者，这样不仅可以延续工业活动，获得预期收益，还将给我们的孩子和地球的生态系统一个未来。

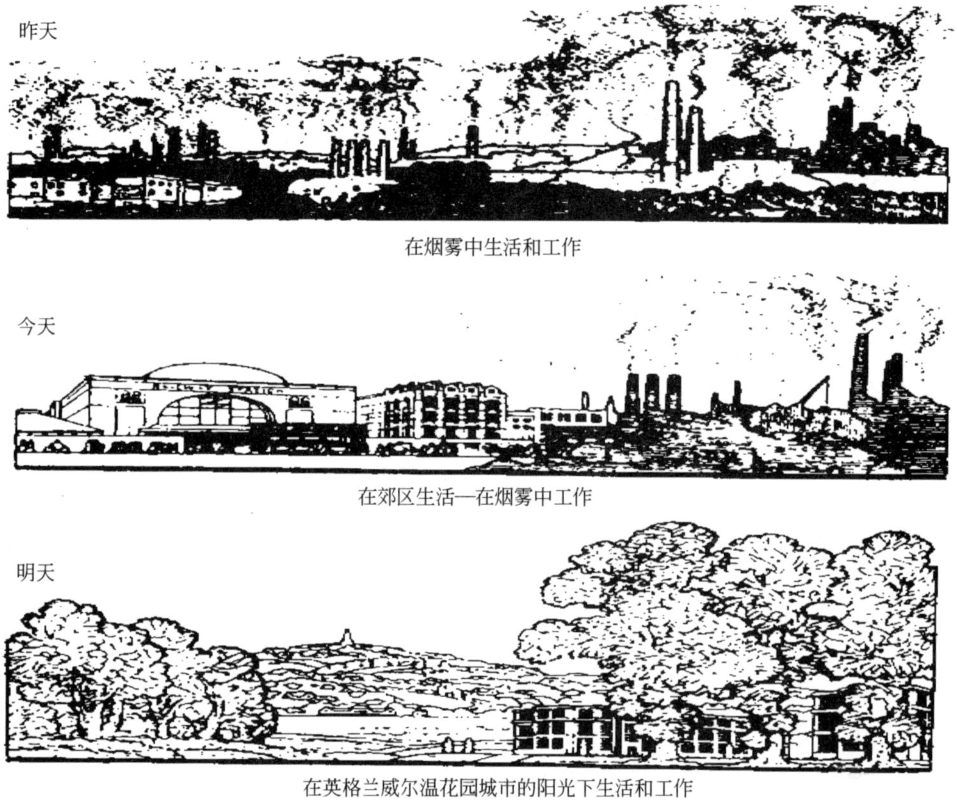

图 1.12　英格兰一个将建的新花园城市的广告(1920)(De Wilde 2000)

1.6　参考文献

ASSINK, J. W. and A. WEENK (1996) *STEPS: a Systematic Approach for Integral Industrial Water Management*. Report TNO, Apeldoorn, the Netherlands.

BRUNDTLAND, G. H. (1987) *Our Common Future*. World Commission on Environment and Development, Oxford University Press, UK.

CLIFT, R (1995) Clean Technology-An Introduction. *J. Chem. Tech. Biotechnol.* 1995, 62, 321-326.

CRAMER, J. *et al.* (1992) *Sustainable Development: Closing the Material Cycles in*

Industrial Production. Report ISBN 90-6743-225-3, TNO, Delft, the Netherlands.

DONKERS, H. (1994) *The White Oil-Water, Peace and Sustainable Development in the Middle-East*. The Netherlands Organisation for International Development Co-operation (NOVIB), edited by Jan van Arkel, Utrecht, the Netherlands.

DTO-WATER WORKGROUP (1994) *Sustainable Urban Watercycle: Scouting study DTO-Water*. Report Institute for Inland Water Management and Waste Water Treatment (RIZA), Lelystad, the Netherlands.

GLEICK, P. H. (2000) *The World's Water* 2000-2001, *the Biennial Report on Freshwater Resources. Island Press, Washington*, USA. ISBN 1-55963-792-7.

GRAAF VAN DER, J. H. J. M. *et al.* (1995) Possibilities of Sustainable Water Management in the Cities. H_2O, *Magazine for Water Supply and Water Management* 25 (28), 754.

HARDER, W. (1995) The Microbe's contribution to Sustainable Development, a Wider Application and Diffusion of Bioremediation Technologies. *The Amsterdam* '95 *Workshop*, OECD, Paris, France.

JANSEN, L. and P. VERGRAGT (1995) *Towards Sustainable Development with Technology: Challenge in Programmatic Perspective, in Practices in Sustainability-Perspectives towards* 2040. Edited by Jan van Arkel, Utrecht, the Netherlands.

JONG, J. DE (1995) Optimisation of Wastewater Systems: a Turning-point. *Proceedings of the annual NVA fall-meeting* (Netherlands Association for Water Management), 24 November 1995, Rhenen. NVA, Rijswijk, the Netherlands.

KOSTERS, P. (2000) The perception of Water Now and in the Future. *Water Quality Europe* 2000, Zeist, the Netherlands. Article at www. waterqualityeurope. com.

PALSMA, A. J. *et al.* (1993) *Sustainable Soil Use, a TNO-concept*. Report TNO, Apeldoorn, the Netherlands.

Shiklomanov, Igor A. (1993) World fresh water resources, In: GLEICK, PETER (ed.), Water in crisis. A guide to the Worlds' fresh water resources. Oxford University Press, New York/Oxford (1993) 13-24, In: DONKERS, H. (1994) *The White Oil-Water, Peace and Sustainable Development in the Middle-East*. The Netherlands Organisation for International Development Co-operation (NOVIB), edited by Jan van Arkel, Utrecht, the Netherlands.

SENHORST, H. (1995) Clean Technology at RIZA. RIZA, Lelystad, the Netherlands.

SENHORST, H. and S. DE WIT (1996) Zero-emission as Strategy for the Future. H_2O, *Magazine for Water Supply and Water Management* 1(29), 17.

SER, Social and Economic Council (1996) *Sociaal-economisch beleid* 1996-2000. Report SER Advise nr. 96/05 (page 39), The Hague, the Netherlands.

VNO-NCW (2001) *Onwards with Profit, People, Planet: a Dutch Approach to Sustain-*

able Enterprise. Report with opinion views, VNO-NCW (the Confederation of Netherlands Industry and Employers), the Hague, the Netherlands.

WILDE, R. DE (2000) *The predictors: a critical review of the future-making industry*. Edited by De Balie, Amsterdam, the Netherlands. ISBN 90-6617-201-0.

WORLD BUSINESS COUNCIL FOR SUSTAINABLE DEVELOPMENT (WBCSD) (1995) The Six Dimensions of Eco-Efficiency. *Tomorrow* 5, 40.

WORLD WATER FORUM (2000) The CEO Panel Joint Final Statement at the 2nd World Water Forum, the Hague, the Netherlands, April 2000. Reports at *www. worldwaterforum. org*.

WORP, J. J. M. VAN DE (1996) Physico-chemical Processes. *The Euroforum-conference on "Industrial Wastewater Treatment"*, 30-31 January 1996, Leidschendam, the Netherlands. Edited by Euroforum, Eindhoven, the Netherlands.

WORP, J. J. M. VAN DE and W. HARDER (1996) Industrial Water Management. *The Cocoyoc'96 Workshop on Biotechnology*, Cocoyoc, Mexico. Edited by OECD, Paris, France.

WORP, J. J. M. VAN DE and W. HARDER (1997). Sustainable Supply of Water: Threats & Challenges. *Academia Europaea*-1997 *Annual Scientific Meeting*, Gent, 3-5 July 1997.

WORP, J. J. M. VAN DE (1999) Philosophy, strategy and methodology of Industrial Water Cycle Closure. *PAO post academic course*, Wageningen. Edited by PAO, Delft, the Netherlands.

WRR, Netherlands Scientific Council for Government Policy (1994) Duurzame risico's: een blijvend gegeven. *WRR Reports to the Government*, The Hague 1994, page 27.

2
工业水再生、循环与回用

Audrey D. Levine and Takashi Asano

2.1　综述

近年来，为了维持在全球市场中的竞争地位，工业面临着越来越大的经济压力。获取可靠水源以及工业废水处置的相关费用不断增长，促使工业寻求更为有效的水管理方式。一般而言，水在应用于某个工业用途之后，在其排放到市政管网或者接受水体之前，需要一定程度的处理。这样，水就构成工业流程的一个重要成本。替代水源的获取，比如再生的市政废水或者循环工艺水，可以鼓励更为有效的水的使用实践，对于众多企业来说，可以显著节省费用。

据估计，工业用水占全世界用水量的大约 25%(Metcalf and Eddy 1991，Crook *et al*. 1994)。就全球范围而言，主要的用水工业包括发电、炼油和钢铁、纸张、化学以及相关产品的生产。在一个工业体系中，水用于工艺、洗涤、冷却/和或产品或原材料的运输。不断提高水的利用效率，改变制造方法和产品，将会影响未来的取水量(Gleick 2000，USGS 1998)。

再生水的应用和工业水循环可以为工业提供三个主要好处：(1)扩大或者替代现有淡水资源的补充性的和可靠的水源；(2)减少水的净消耗量；(3)减少废水的生成以及相关废水处理的费用。本章的目的是概述与工业应用有关的废水再生、循环与回用的要素。本章提供了有关水回用的术语以及水质与处理的综述。列举了把再生城市废水用于循环冷却塔以及再生水或回用水用于工业工艺用水的例子。

2.2　水回用定义

为了协助不同组织之间在水回用方面的沟通，很重要的一点是要理解水再生与回用领域所使用的术语。废水再生是指将废水经过一定处理之后使之可以回用，而水回用是指，将处理过的废水应用于具有收益的用途，如工业冷却。再生水是指一种处理工艺的出水，适合于某种水回用的应用。此外，直接水回用要求具备管路或者其他输送设施，用来输送再生水。间接回用，通过将出水排放到接受水体中进行净化并在下游取用，被认为是非常重要的，但并不包含有计划的直接水回用。与直接水回用相反，水循环通常只包括一个用途或者用户，用户的出水被收集、处理、输送回到其初始用途或者相关应用。在这个意义上，水循环在工业中的应用占据主导地位。

2.3 工业水回用

水循环已在几类工业中得以成功实行，在另外一些情形下，城市再生废水已被作为工业应用的补充水源。工业循环与回用的替代措施包括：将城市废水回用于工艺流程，将工业工艺的出水用于同一工业的后续流程，将工厂的出水，如果合适的话，用于当地的景观灌溉和农业灌溉。对于一些工业，废水的内部循环可以将耗水量降低50%～95%。

全球范围内，工业用水的大约2/3是用来冷却。在电厂和炼油厂，冷却用水占整个用水量的90%。再生水被广泛地用作冷却水。采矿业将再生废水用作冷却水、输送用水和/或工艺用水。工业循环的其他例子包括将再生水用作工艺或清洗用水，范围包括制造业、商业洗衣、轿车和卡车清洗设备、纸浆和造纸、炼钢、纺织、地毯印染、电镀、半导体工业、锅炉进水以及烟道气洗涤等。在一些工业中，由于水循环而带来的附加收益包括热、原材料以及产品的回收。例如，在商业洗衣中，伴随着水的循环，洗涤剂和热量也同时被回收了。

2.3.1 历史背景

美国从1940年代开始开展有计划的工业循环与回用，将氯消毒之后的市政废水出水应用于钢铁加工(Asano，1991)。20世纪的最后一个25年中，废水回用作为一种替代性水资源在美国和欧洲得到广泛认可。例如，在瑞典，从1930年到1970年，工业水回用量增长了大约6倍。出于对高质量、可靠水源的需要，世界的其他地区对回用的兴趣大增。中国82个大城市中，1989年平均工业废水回用率大约为56%，回用率最高达93%(Zhenhui 1989)。

最早的工业废水再生与回用项目之一，是日本在1951年把邻近的东京三河岛(Mikawashima)废水处理厂的出水用于造纸。在这个案例中，高质量水来自废水处理后的出水，而不是其他来源。20世纪70年代，日本高速的工业增长导致了工业和农业之间对水的竞争。需水工业急切需要采用更为有效的水应用和污染防治措施，从而形成了对工业水回收和循环的重视。日本目前的工业水循环率平均大约为80%(Japanese Land Agency 2000)。

2.3.2 工业水回用的基本原理

工业水回用的成本效率取决于一系列的工业相关因素，与所需水的水量和水质有关，而且和水资源与工业用户之间的距离有关。一般来说，消耗大量低质水的工业，如发电、纸浆和造纸等，通过水回用可以获得非常显著的经济收益。那些产生废水的工业采用水循环的另外一个好处是，有潜在的副产品回收潜力。表 2.1 给出了能够从废水再生与回用中获益的工业类型。

工业的废水回用潜力(摘自 Hansen 1989；Byers *et al*. 1995) **表 2.1**

工业水回用的相对经济激励	工业的例子
潜力高	棉、发电、玻璃与钢铁、纸浆与纸
潜力中等	罐头制造与食品处理；化工生产；奶制品；酿酒；电镀；肥料生产，肉类加工；石油精炼；光学处理；屠宰场；纺织品生产(毛织品)
潜力低	铝业；炸药制造；油漆；杀虫剂；和/或橡胶；皮革处理与皮革制品加工

2.3.3 水质因素

在工业应用中，水回用与内部水循环的出发点，是通过采用适当的处理技术，保证所用再生水的生物和化学安全。用于评估再生水的水质参数所依据的是目前水和废水处理的实践以及工业工艺的要求。表 2.2 给出了相关水质监测参数的一个概要。城市废水处理系统传统设计用来满足基于生化需氧量(BOD_5)、总悬浮固体(TSS)、总大肠杆菌或者粪便大肠杆菌、营养物质(氮和磷)以及余氯的水质目标。

与工业废水再生、循环与回用相关的水质参数概要 **表 2.2**

参　数	在废水再生中的重要性	处理废水中的大致范围	再生废水处理目标[a]
有机指示剂			
BOD_5	用于微生物生长的有机基质	10～30mg/L	<1～10mg/L
TOC	有机碳测量	1～20mg/L	<1～10mg/L
总悬浮固体 TSS	测定颗粒物，与微生物污染，浊度相关联，能够影响到消毒效果	<1～30mg/L	<1～10mg/L
浊度	测定颗粒物，可与 TSS 相关联	1～30NTU	<1～30NTU
营养物质			
氮	营养源来自灌溉，能够导致藻类生长	10～30mg/L	<1～30mg/L
磷	营养源来自灌溉，能够导致藻类生长	0.1～30mg/L	<1～20
致病有机物	测定来自肠道病毒，病原菌和原生动物的微生物感染风险	大肠杆菌<1～100/100mL 其他有机体：由处理控制	<1～200mg/L

a 处理目标取决于具体的废水回用用途。

对于工业来说其他的重要水质参数包括浊度、溶解矿物质、消毒副产物以及某些无机和有机污染物(Odendaal *et al*. 1998)。最近不断增加的关注重点是开发监测工具，检测微生物病原体，包括蓝氏贾第鞭毛虫(*Giardia lambia*)、小隐孢子虫(*Cryptospordium parvum*)和病毒(Fox and Lylte 1994；Gerba *et al*. 1996；Rose *et al*. 1988；Rose and Gerba 1991)。还开发了一种监测工具，用来监测嗜肺军团杆菌(*Legionella pneumophila*)，这是一种能够在空调和/或冷却水系统中繁殖的病原细菌。粒径分析也被用作一种水质监测工具(LeChevallier and Norton 1992；Levine *et al*. 1985)。

工业应用的水质要求一般随着工业的不同而不同，在许多情形下，如果再生水的化学性质与其他水源存在差异，工业工艺的性能就会受到影响。举例来说，电镀工艺需要高质量的水，应用于超纯的工艺如电路板的生产。与之相反，皮革工业在皮革处理过程中可以采用质量相对较低的水。工业水应用的水质问题包括结垢、腐蚀、生物生长、污垢以及产生泡沫等。此外，工人的安全必须得到保护，防止接触到含有有毒的挥发性有机化合物或者生物病原体的气溶胶。表 2.3 总结了工业应用中存在的水质问题。

工业水回用的重要水质问题概要 **表 2.3**

水质参数	工业回用的关注点	处理措施
氨	形成氯化物，导致腐蚀，促进藻类生长	硝化、营养物去除、离子交换、气提
矿物质：钙，镁，铁，硅	结垢	软化、离子交换、反渗透
磷	结垢，藻类生长，工艺设备的生物堵塞	生物手段去除营养物、化学沉降、离子交换
剩余有机物	细菌生长，表面的微生物污垢，工业水中形成泡沫	炭吸附、离子交换
总溶解固体(TDS)	腐蚀	混合、反渗透
总悬浮固体(TSS)	在材料或者表面沉积，微生物生长	过滤、微滤

2.3.4 工业水回用的处理要求

工业水应用所需要的处理水平与水的具体用途有关。表 2.4 列出了一些典型的工业水用途的处理要求。

工业水循环和/或回用的处理要求(摘自 Asano and Visvanathan 2001) **表 2.4**

工业水应用	氮和/或磷的去除	化学沉降	过滤
冷却水			
补充水	一般都有	是	是
直接接触冷却	很少	否	有时
涡轮排气管冷凝水	有时	很少	有时
设备与轴承冷却	是	是	是
工艺水	是	是	是
清洁用水	有时	很少	是
灌溉/景观用水	否	否	一般都有

2.4 废水处理技术

对废水进行有效处理，以满足水质目标，并保护公众健康，是水回用系统的要素之一。城市废水处理包含了物理、化学和生物的处理工艺和操作，去除废水中的固体、有机物、病原菌，有时也包括对营养物的去除。以处理水平升序排列，用来描述不同处理程度的通用术语包括初步、初级、二级、三级和深度处理。用来控制病原微生物的消毒通常是再生废水进行分配或者储存前的最后一个处理步骤。工业废水再生、循环和回用的处理系统是来自传统废水处理和饮用水处理的实用技术。工业废水再生与回用系统的设计目标，是建立一个一体化的成本效益高的处理流程，能够稳定地满足水质目标。

处理程度取决于特定回用用途以及相关的水质要求。最简单的处理系统包括固/液分离和消毒，更为复杂一些的处理系统包括物理、化学和生物工艺的组合，针对污染物的去除采取多重屏障处理手段。表 2.5 列出了适用于废水再生与回用系统的主要技术。

废水再生中应用的一些单元处理工艺和操作 **表 2.5**

工　艺	描　述	应　用
固/液分离		
沉淀	颗粒物的重力沉淀，化学絮凝和从悬浮状态沉降	去除大于 30μm 的颗粒物。多用作初级处理和二级生物工艺的后续处理
过滤	将水通过砂或其他多孔介质去除颗粒物	去除大于 3μm 的颗粒物。多用在沉淀工艺的下游(传统处理)，或混凝/絮凝之后
生　物　处　理		
好氧生物处理	在好氧塘或生物膜(滴滤过滤器)工艺中利用微生物对废水进行生物代谢处理	从废水中去除溶解的或者悬浮的有机物
氧化塘	塘深 2～3ft，用于混合和阳光穿透	去除废水中的悬浮固体，BOD，病原菌，和氨
营养物的生物去除	将好氧，缺氧，厌氧工艺相结合，将有机氮和氨氮转化为 N_2 去除，同时去除磷	降低再生水中的营养物含量
消毒	利用氧化性化学物质、紫外光、腐蚀性化学物质、热、或者物理分离手段(如，膜)灭活病原有机体	去除病原有机体，保护公众健康
深　度　处　理		
活性炭	将污染物物理吸附到活性炭表面	去除憎水有机化合物
气提	将氨氮和其他挥发性组分从水中转移到空气	从废水中去除氨氮和一些挥发性有机物
离子交换	利用流过式反应器，将离子在树脂和水之间交换	有效去除钙、镁、铁、铵离子等阳离子和硝酸盐等阴离子

续表

工艺	描述	应用
化学混凝和沉淀	利用铝盐或者铁盐，促进磷的沉淀，以及胶体颗粒从再生水中脱稳析出	形成磷的沉淀物和絮凝颗粒，用于后续沉淀和处理
石灰法处理	利用石灰沉淀分离溶液中的离子和金属	用来降低水的结垢可能性，沉淀磷，修正 pH
膜过滤	微滤，纳米过滤，超滤	去除水中的颗粒和微生物
反渗透	膜系统，基于反渗透压差，从溶液中分离离子	从溶液中去除盐类和矿物质，有效去除病原体

摘自 Asano and Levine(1998)。

2.4.1 初级处理

初级处理是指对废水进行初步处理，去除其中的悬浮物。一般来说，初级处理包括隔离、粉碎以去除大的固体，除砂和沉淀。总体而言，初级处理工艺能够去除 50%的悬浮固体和 25%～50%的 BOD_5(Metcalf and Eddy 1991)。传统初级处理能够去除 10%～20%的有机氮和大约 10%的磷(Levine *et al*. 1985)。通过在重力沉淀的上游添加混凝/絮凝和/或 在重力沉淀下游添加过滤，可以提高初级处理工艺的去除率。对于绝大多数工业废水回用项目，初级处理自身还不足以使水质满足所需目标。

2.4.2 二级处理

二级处理系统包括一系列的生物处理工艺同时结合了固液分离。通过工程强化，生物工艺可以对废水中溶解或悬浮的有机质提供更为有效的微生物代谢。微生物通过悬浮生长或者固定膜工艺与水发生作用。悬浮生长工艺包括活性污泥工艺、曝气塘和稳定塘等。工程化的固定膜工艺包括慢速滤池、生物转盘等和其他的生物膜反应器。废水中易降解有机物的一部分为微生物的生长提供能源和营养物质，剩余部分则被微生物氧化形成二氧化碳、水和其他最终产物。

传统的生物处理系统包括好氧生物反应器和二级沉淀，用来去除和浓缩废水有机成分转化而成的生物量。传统二级工艺的出水包括一定水平的悬浮固体和 BOD_5，浓度范围为 10～30mg/L。在传统的二级处理中，通过工艺操作，可以去除 10%～50%的有机氮，将磷转化为磷酸盐(PO_4^{3-})。二级处理产生的有机固体通过好氧或厌氧消化、压缩或其他固体处理技术进行处理。在生物处理和物理分离过程中，可以同时去除病原菌、痕量元素和痕量有机物质(如异形生物质)。

二级工艺的设计取决于所需的处理设施的容量、处理目标以及对营养物去除和深度处理的要求。在没有上游的初级处理的条件下，好氧泻湖和稳定塘可以有效运行，通常是在有足够土地的地方，作为小规模的分散的处理设施。活性污泥和生物膜系统通常被设计和运行来处理初级处理的出水，适用于大规模或小规模设施。对于悬浮固体、可生物降解有机成分和营养物质，可以设计多种生物工艺的处理组合或者变化，达到各种各样的处理水平。

对于许多工业废水再生与回用系统，就从废水中去除可生物降解有机物而言，二级处理是足够的。很多情况下，二级处理之后采用过滤工艺进一步去除颗粒物以及消毒等。

2.4.3 三级与深度处理

三级处理是指对废水中的胶体和悬浮固体的进一步去除。三级处理包括化学混凝、颗粒介质过滤和消毒。另外，还可以应用一些更为先进的技术，包括活性炭过滤、离子交换和膜系统。深度处理是指对某些组分更为完全的去除，比如用离子交换去除氨和硝酸盐，用反渗透去除总悬浮固体(TDS)等。三级处理和深度处理工艺在生物处理工艺(如，活性污泥，慢速过滤)之后采用。

2.4.3.1 颗粒介质过滤

过滤是一种固/液分离工艺，可以有效去除 3μm 以上的悬浮颗粒。废水通过粒状介质层，可以通过压实、拦截和物理变形而被去除。随着颗粒在过滤介质中的积累，通过过滤器的水头损失也随之上升，这样过滤器就需要水气混合的反冲洗。为优化过滤器的运行时间，避免过滤器水头损失的快速增长，当过滤的颗粒浓度(以 TSS 计)低于 20mg/L 时，过滤才最为有效。过滤可以用在初级沉淀的下游(初级出水过滤)，也可以用在二级沉淀的下游(三级过滤)。过滤器可以由一种过滤介质构成，如砂或者无烟煤。作为替代，可以采用多介质过滤器，包括无烟煤、砂和/或石榴石。介质的尺寸和厚度影响去除效率、水头损失的积累速率以及过滤器的运行时间。一些过滤器的设计采用了连续反冲洗或者水流控制的变化。根据水质目标的不同，过滤器可以串连或者并联运行。

因为病原有机体与颗粒物存在相关性，过滤就可以有效降低废水中病原菌的浓度，为消毒提供良好的预处理手段。在废水回用的许多应用中，过滤被规定为一种必须的处理手段，用来去除会降低消毒效果的颗粒物。如果需要采用活性炭、离子交换或者反渗透对水进行处理，常采用过滤作为预处理手段，降低这些工艺的颗粒负荷，并提高其整体有效性。

2.4.3.2 膜工艺

膜工艺包括微滤、超滤、纳米过滤、反渗透和电解析(Letterman 1999)。微滤可以有效去除颗粒物，与传统的颗粒介质过滤相比其费用也有竞争力。大分子以及大于 1μm 颗粒物的去除可以借助超滤，而纳米过滤和反渗透可以用于去除溶解性离子。膜有着多重用途的同时，膜的使用寿命取决于那些可能导致堵塞、结垢和化学相互作用的状况。膜工艺的成功运行依赖于废水适当的预处理。关键问题是防止有可能导致膜堵塞的膜表面生物的生长。另外，强氧化性化学品的使用可能会导致膜整体性的破坏。预处理手段包括去除粗大颗粒的过滤、结垢控制以及添加化学药剂等。后续处理包括水的稳定化，防止发生腐蚀。

2.4.3.3 吸附

活性炭吸附能够从地表水和地下水中有效去除憎水性有机化合物(Letterman 1999)，

低溶解度的化合物如有机溶剂和氯化有机溶剂(如苯、二甲苯等)。氧化或超滤对去除水溶性有机物和大有机物更为有效。在绝大多数情形下，需要通过测试(等温评价、动态吸附测试)确定活性炭对于特定处理目标的适应性。活性炭吸附可以与气提相结合，用于去除蒸汽相的挥发性化合物。

2.4.3.4 去除营养物

去除营养物的必要性取决于工业用途。主要关心的营养物质是氮和磷。过量的营养物质会加速蓄水池、径流以及蓄水设施中藻类的生长。可以通过设计营养物质处理系统，去除废水中的氮和/或磷。

在未处理废水中，氮以溶解或者颗粒形态出现。市政废水中主要的氮类是氨氮和有机氮。生物处理过程中，有机氮转化为氨氮，为微生物生长提供氮源。与微生物生长相配合，部分氮通过生物硝化被生物氧化为亚硝酸盐和/或硝酸盐(Mctcalf and Eddy 1991)。硝酸盐在缺少分子氧的情况下，通过反硝化过程转化为分子氮(N_2)。分子氮被释放到大气中。硝化和反硝化的综合效果是将氮从废水中去除。生物除氮采用好氧—兼氧过程并要有足够的有机基质，为硝化和反硝化微生物菌落的生长提供适宜条件。作为替代手段，氮还可以通过气提、化学氧化或离子交换工艺去除(Metcalf and Eddy 1991)。

磷的去除通常需要将溶解磷转化为颗粒状磷，后者可以通过沉淀和/或过滤去除(Metcalf and Eddy 1991)。利用石灰处理，通过化学沉降为磷酸钙，或者应用铁盐或铝盐形成铁或者铝的磷酸盐沉淀，形成颗粒状的磷。有机磷的去除可以采用生物处理系统，通过厌氧和好氧状态交替，促进正磷酸盐、多磷酸盐和有机磷酸盐的生物吸收。通过分离含有磷酸盐的微生物细胞，实现从水中去除磷。在很多情形下，氮和磷的生物去除被共同置于一个生物营养去除系统中。

离子交换是另一种从再生废水中去除营养物质的措施。阳离子交换工艺可以用来去除氨离子(NH_4^+)；相应的，阴离子交换工艺可以用来去除携带负电荷的物质，如硝酸根(NO_3^-)，亚硝酸根(NO_2^-)和磷酸根。应用离子交换去除氨离子的一个例子是 Upper Occoquan 污水管理局位于北弗吉尼亚的高级水处理厂，该厂将再生废水排放到主要供水系统中(Robbins 1985)。处理流程包括水头提升、沉砂、初沉、曝气、二级沉淀、絮凝、化学澄清、初级再碳酸化澄清池、二级再碳酸化澄清池、沉降塘、多介质过滤、炭柱、离子交换(最终过滤)以及氯化。污水厂以除氮的模式运行时，离子交换柱通过交换钠离子和氨离子实现对氨的去除，作为最终过滤器，用来去除粒状活性炭出水中的颗粒物。

2.4.3.5 消毒

对于几乎所有废水再生与回用，消毒都是基本步骤。消毒的目的是破坏病原有机体。废水中主要的病原有机体包括水生细菌、病毒、阿米巴孢子以及蓝氏贾第鞭毛虫和小隐孢子虫等原生动物(Levine *et al*. 2002；Rose *et al*. 1996)。

消毒通常是废水处理系统的最后处理步骤之一。化学消毒是基于某种强氧化性化学药剂的投加，比如氯、臭氧、过氧化氢或溴。紫外辐射是一种实现消毒效果的替代氧化工艺。其他的减少再生废水中微生物含量的方法是将病原有机体暴露于碱性的环境中(如石灰处理)。作为替代手段，可以采用物理方法，例如颗粒状介质或者膜过滤系统。

废水再生中最为常用的消毒方法是氯消毒，投加量为5～15mg/L，接触时间最少为30min(Asano and Levine 1998)。如果必要的话，可以在适当的氯接触时间之后进行脱氯。可以采用二氧化硫或者其他还原剂脱氯。活性炭吸附也可以有效去除余氯。

在废水再生与回用工艺中，紫外(UV)消毒是化学消毒工艺的一种可行的替代手段(Darby *et al*. 1993)。紫外消毒的影响因素包括水的浊度、悬浮固体、溶解固体以及紫外灯的光强。灯的寿命以及废水的堵塞特性会对灯的强度以及有效性产生严重的负面作用。废水中如果存在颗粒物，通过遮挡UV辐射对病原微生物的杀灭，也会影响到紫外消毒的有效性。在紫外消毒的上游采用过滤可以降低颗粒物的浓度，提高消毒效果。

2.4.4 贮存

对于某些工业来说，对水的需求是间歇性或者是季节性的。贮存可以平衡流量的变化，调节再生水的生产和应用。贮存还可以提供额外的停留时间和处理。再生水的贮存可以采用地表的蓄水池、水箱，或者是地下贮存系统。在地上贮存系统中会发生额外的有机物的降解以及氨氮和硝酸盐含量的降低。对于病原有机体的去除，存在多种多样的结果。在某些情形下，可能需要后续处理。对于工业回用和循环，现场的贮存可以用来平衡对用水需求的变化。

2.5 再生城市污水的工业应用：冷却塔补充水

对于类似发电厂、炼油以及许多类型的化学和金属厂，冷却水的补充会消耗相当大的水量。总体而言，冷却过程可以接受质量相对较低的水，排污水可以反复进行处理和回用(Blackson and Moreland 1998)。事实上，冷却水系统的水质需求很大程度上随着具体工业的不同而不同(State of California 1979)。因此，冷却塔补充水是城市再生污水作为工业水源应用的理想用途。

2.5.1 工业冷却水系统

不同的大型工业冷却系统之间存在显著的差异。一次性通过非接触式冷却最常用于大型电厂设施或者临近海边的精炼厂，而直接接触式冷却用于需要化学反应淬火条件下的惰性材料处理，比如初级金属工业。非接触式循环冷却用于水资源有限的地区(如内陆地区)。

一次性通过冷却是一种相当简单的操作，使工艺热量传递到水中。与之相反，循环系统是将热量通过蒸发从热水传递到空气中，这样水就可以重复利用。旋转风扇将低温的、干燥的空气以大约600～750m^3空气/m^3循环水的速率抽吸到冷却塔中。用泵将升温后的热交换器水输送到塔的顶端，然后下降通过上升的气流。塔中的填料将水流打断，提高空气和水的接触效率。有一部分水蒸发，并以蒸汽的状态离开冷却塔。冷却后的水在塔底进行收集然后回用(Burger 1979，State of California 1980)。

在绝大多数情形下，消毒后的二级出水用于要求不严格的一次性通过的冷却。对于循环冷却塔运行需要进行附加的处理，包括石灰澄清、铝沉降或者离子交换。内部的化学处理包括添加酸进行 pH 控制、添加生物杀灭剂以及控制生物堵塞的结垢与腐蚀抑制剂等。

2.5.2 冷却塔中的水盐平衡

冷却塔的运行包括蒸发浓缩和敏感热的交换。空气和水的混合物释放热量，使水蒸发。消耗的热量大约是 2.3kJ/kg 蒸发的水量。冷却每降低 5.5℃，就有 1.2%的水以热的潮湿蒸汽的形式从冷却塔排放到空气中。漂移，即水从塔的顶部随风飘走的部分只占冷却系统循环水损失中的一小部分(<0.005%)。水由于蒸发而损失，盐浓度就会上升。为防止沉淀的形成，一部分浓缩的冷却水或者排污水就排放掉，用低含盐量的水补充，以维持适当的盐平衡。图 2.1 给出了冷却塔系统的示意图。使用补充水来代替冷却塔系统中水的损失。利用水的平衡公式，所有进入冷却系统的水，都通过蒸发、排放或者漂移离开系统。漂移部分通常非常小，可以忽略(<0.005%)。

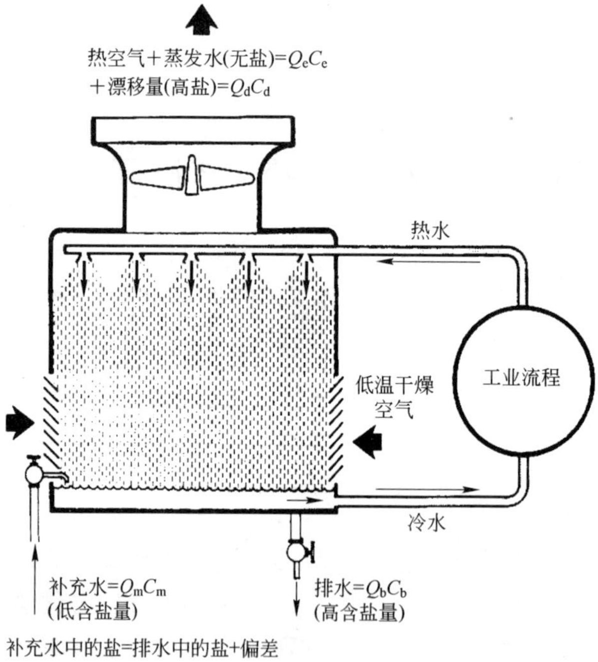

图 2.1 冷却塔中的水平衡

使用图 2.1 中定义的变量，补充水的流量为：

$$Q_m = Q_b + Q_d + Q_e \tag{1}$$

式中 Q_m——补充水流量，L/min；

Q_b——排放量，L/min；

Q_d——漂移量，L/min；

Q_e——蒸发损失，L/min。

相似的，冷却塔系统中的盐平衡可以使用质量平衡计算：

$$Q_m C_m = Q_b C_b + Q_d C_d + Q_e C_e \tag{2}$$

式中 C_m——补充水的含盐量，mg/L；

C_b——排放水的含盐量，mg/L；

C_d——漂移水的含盐量，mg/L；

C_e——蒸发损失水的含盐量，mg/L。

因为 Q_d 可以忽略，$Q_d C_d$ 可以忽略。此外，C_e 在正常运行条件下可以忽略，因此，公式(2)就可以简化为公式(3)：

$$Q_m C_m = Q_b C_b \tag{3}$$

排放的水量(也就是所需要补充的水量)受到补充水质的限制。C_b 与 C_m 的比值称为浓度循环。浓度循环也可以从补充水和排放水的比值得到：

$$\text{浓度循环} = C_b / C_m = Q_m / Q_b \tag{4}$$

当浓度循环超过 3 时，循环水中几种溶解固体矿物质的浓度就会超过其溶解度，在高温下尤其如此。随之就会发生化学沉淀，在管路的内部和冷却部件上结垢。绝大多数情形下，浓度循环的实际限制值大约是 7。

为避免结垢，水的 pH 用硫酸降低到 7 左右。硫酸的添加和更低的 pH 将钙和镁的碳酸盐转化为更容易溶解的硫酸盐。很重要的一点是，要控制酸的投加量，保证 pH 大于 7，在系统中维持一定的剩余碱度。多余的酸会导致加速腐蚀。

2.5.3 冷却塔的水质问题

工业冷却塔的运行容易遇到以下四个水质问题：(1)结垢；(2)生物生长；(3)热交换器与冷凝器中的堵塞；(4)金属腐蚀。任何水源(淡水，再生水，盐水)都有可能产生这些水质问题，除非冷却水系统采用适当的预防措施。

2.5.3.1 结垢

结垢是指无机沉积物的形成，通常是在热的表面，会降低热交换器的效率。钙的沉积物(碳酸钙、硫酸钙、磷酸钙)是水垢的主要形式，不过镁的水垢(镁的碳酸盐和磷酸盐)也是一个问题。硅的沉积物极难从热交换器的表面去除，不过大多数水中仅含有相对少量的硅。

可以通过控制磷酸钙的形成来控制结垢。磷酸钙是在磷酸根存在的条件下最先形成的钙盐。可以用化学沉淀去除磷酸根。其他的处理方法，如离子交换通过去除钙和镁来降低水垢的形成。不过这些技术相对较为昂贵，而且没有针对性，因此在该领域并没有广泛应用。

2.5.3.2 生物生长

冷却塔中温暖潮湿的环境，加上氮、磷、有机物的存在，为微生物的生长提供了理想的环境。通常，微生物的生长导致在热交换器的表面形成一层生物膜。生物膜影响热的传递和水的流动。随着微生物从表面的脱落，颗粒物会沉淀形成冷却水中的碎片，进一步影响有效的热传递。有一些微生物在其生长期间能够释放腐蚀性的副产物，如有机酸(如，乙酸)或无机酸(如，硫化氢)。作为内部化学处理的一部分，生物杀灭剂可以用来控制生物膜。生物杀灭剂的类型和投加量取决于水中有机物和营养物质的含量。

采用再生水作为冷却水时，首要考虑是保证有适当的消毒，需要保护那些接触来自冷却塔的气溶胶的工人和个体。对于在冷却塔中使用再生水，其消毒的要求因地而异，取决于接触冷却塔气溶胶的程度。

2.5.3.3 污垢

污垢是指沉积物在冷却塔循环系统上的附着和生长。污垢与结垢和生物生长有关，包含生物膜、悬浮固体、泥砂、腐蚀产物以及沉积在表面上的无机污垢等。污垢对运行的影响是降低热交换器的效率。通过添加化学分散剂可以控制颗粒物的凝聚和后续的沉降。另外，用于除磷的化学絮凝和沉淀工艺的第二个好处是可以去除一些导致污垢的污染物。

2.5.3.4 金属腐蚀

在冷却系统中，不同金属表面形成电位差时，就会发生腐蚀。腐蚀电池包含一个阳极，此处发生一种金属的氧化；还有一个阴极，此处发生另一种金属的还原。溶解性无机物的存在会加速腐蚀反应。溶解氧和某些金属(锰，铁和铝)会促进腐蚀，因为其氧化性相对较强。

可以通过添加化学腐蚀抑制剂来控制冷却水的腐蚀性。控制再生水腐蚀的化学需求与溶解性固体(TDS)有关，废水中的 TDS 一般来说要高于淡水水源。腐蚀抑制剂包括正磷酸盐和多磷酸盐等，能够去除溶解性矿物质。

2.6 再生城市污水的工业应用：工业工艺用水

工艺水的定义是，为实现某种工业流程如清洗、溶解、运输、淬火反应等而需要的水。不同流程需要的水质和水量有很大的不同，即使在同一工业内也是如此。实现工艺水的循环，主要是为了保持工艺在市场中的竞争力，后者是帮助在供水受限制的地区实现发展或扩张。表 2.6 给出了一些工艺水质要求的例子。如表所示，不同工业之间处理程度有很大差异。总体而言，再生水更适合那些有最低水质限制的工业工艺，比如矿物和采矿作业，或者造纸。

食品生产工业对于水再生、循环与回用是一种特殊的情形。据估计，在美国，食品处

不同工艺用水对水质的需求 **表 2.6**

工 业	用 途	处 理 要 求
矿物与采矿	矿物清洗与运输	混凝，沉淀，过滤
造纸工业	纸浆	纸浆的收集，固/液分离，过滤；纸浆和过滤上清液的循环
油井回灌	井压的恢复	去除悬浮物(防止堵塞)；高级膜过滤工艺，如微滤或超滤。
食品生产	清洗，包装	消毒，有毒物质去除

理要耗用淡水量 $11\times10^6 m^3/d$。在加利福尼亚，食品处理工业是淡水的最大工业用户，比第二大用户纸浆和造纸工业高出 50%。通过水循环可以实现用水量下降 40%～65%(Swartz and Carroad 1979)。不过，工艺运行者在启动水循环和回用前，必须仔细考虑以下几个方面的问题：(1)健康后果；(2)法规；(3)产品质量；(4)可行性和(5)可靠性。

食品生产工业中，水循环最为安全的应用是高酸性产品的处理，被认为可以终结热处理，因为其对微生物生长有酸和热的复合效果。一些工艺操作，比如容器的填充或者最终产品的清洗可能永远不会接受再生水的应用，因为其具有潜在的健康风险(Russell *et al*. 1981)。

尽管已有成本效率高的循环技术，由于以下几个原因，食品生产工业仍然不愿意采用回用。主要问题是潜在健康风险的不确定性，尤其是微生物病原菌的控制。另外，在绝大多数情况下，节省的费用可以忽略不计，这取决于是否有足够的淡水供给。实施水回用的其他障碍包括复杂的联邦和州的标准、管理机构的复杂分支以及厂内水质与废水排放要求的不一致的标准等等。

2.7 总结与结论

废水再生与回用是可持续工业发展计划的有效工具。可靠的供水和废水处置不断升高的费用成为不断增长的经济刺激，推动世界范围内工业实行水回用和工艺水循环。

不同工业应用废水再生、循环和回用的程度有很大的差异。再生城市废水用于冷却塔是最为成功的工业水回用之一。冷却塔所用的水量与农业和景观灌溉所用的再生水量相近。另一方面，作为主要的工业水用户，食品生产工业难以实施工业水回用。食品生产工业实行水回用的障碍包括水质因素、关于潜在健康后果的不确定性以及规范的不一致性等。

2.8 参考文献

Asano, T. (1991). Planning and implementation of water reuse projects. Water Science and Technology 24(9), 1-10.

Asano, T. and Visvanathan, C. (2001). “Industries and Water Recycling and Reuse”,

The Proceedings of the 2001 Founders Seminar, Business and Industry - A Driving or Braking Force on the Road towards Water Security? August 15, Stockholm, Sweden.
Asano, T., and Levine, A. D. (1998), Wastewater Reclamation, Recycling, and Reuse: An Introduction, Chapter 1 of Wastewater Reclamation and Reuse, edited by Takashi Asano, Volume 10 of Water Quality Management Library, Technomic Publishing, PA., pp 1-56
Blackson D. E. and Moreland J. L. (1998). Wastewater reclamation and reuse for cooling towers at the Palo Verde nuclear generating station. Wastewater Reclamation and Reuse (ed. T Asano), Water Quality Management Library Volume 10, 1143-1162. Lancaster, PA: Technomic Publishing Co., Inc.
Burger, R. (1979). Cooling Tower Technology: Maintenance, Upgrading and Rebuilding. Cooling Tower Institute, Houston, TX.
Byers, W., Doerr, W., Krishnan, R., and Peters, D. (1995) How to implement industrial water reuse: A systematic approach, Centre for Waste Reduction Technologies AIChE, New York, U. S. A.
Crook, J., Okum, D. A., Pincince, A. B., and Camp Dresser and McKee, I. (1994). Water Reuse. (No. Project 92-WRE-1). Water Environment Research Foundation.
Darby, J. L., Snider, K. E., and Tchobanoglous, G. (1993). Ultraviolet Disinfection for Wastewater Reclamation and Reuse Subject to Restrictive Standards. Water Environment Research, 65(3), 169-180.
Fox, K. R. and Lytle, D. A. (1994). Cryptosporidium: The Milwaukee Experience and Relevant Research. In American Water Works Association Conference, pp. 505-516, June 19-23. New York, NY.
Gerba, C. P., Rose, J. B., Haas, C. N., and Crabtree, K. D. (1996). Waterborne Rotavirus: A Risk Assessment. Water Res., 30(12), 2929-2940.
Gleick, P. H. (2000). The World's Water 2001-2001, The Biennial Report on Freshwater Resources. Island Press, Washington, D. C.
Hansen, P. (1989). Criteria for sustainable development management of transnational corporations. Industry and Environment 12(3-4), 32-35.
Japanese Land Agency (2000). Water Resources of Japan, Land Agency, Water Resources Department, Tokyo, Japan.
LeChevallier, M. W. and Norton, W. D. (1992). Examining Relationships Between Particle Count and Giardia, Cryptosporidium, and Turbidity. Journal American Water Works Association, 84(12), 54-60.
Letterman, R. D. Water Quality and Treatment (1999), McGraw-Hill, Inc., N. Y.
Levine, A. D., McLaughlin, M. R., Rose, J. B., Chivukula, V., Harwood, V. J. (2002). Factors influencing pathogen removal in wastewater reclamation and reuse facilities, Disinfection 2002 Water Environment Federation, paper 5B.

Levine, A. D. , Tchobanoglous, G. , and Asano, T. (1985). Characterization of the Size Distribution of Contaminants in Wastewater: Treatment and Reuse Implications. Journal of Water Pollution Control Federation, 57(7), 805-816.

Maeda, M. , Nakada, K. , Kawamoto, K. , and Ikeda, M. (1995). Area-Wide Use of Reclaimed Water in Tokyo, Japan. In The Proceedings of the Second International Symposium on Wastewater Reclamation and Reuse, Book 1. International Association on Water Quality, October 17-20, . Iraklio, Greece.

Metcalf & Eddy (1991). Wastewater Engineering: Treatment, Disposal, and Reuse. McGraw-Hill, Inc, New York, New York.

Odendaal, P. E. , Van Der Westhuizen, J. L. J. and Grobler, G. J. (1998), Wastewater Reuse in South Africa, Chapter 25 in Wastewater Reclamation and Reuse, edited by Takashi Asano, Volume 10 of Water Quality Management Library, Technomic Publishing, PA. , pp. 1163-1192.

Robbins, Jr. , M. H. (1985). Operational and Maintenance of the UOSA Water Reclamation Plant (Upper Occoquan Sewage Authority of Virginia). Journal Water Pollution Control Federation, 57(12), 1122-1127.

Rose, J. B. , Darbin, H. , and Gerba, C. P. (1988). Correlations of Protozoa, Cryptosporidium and Giardia with Water Quality Variables in a Watershed. Water Sci. Tech., 20(11/12), 271-276.

Rose J. , Dickson L. , Farrah S. , Carnahan R. (1996) Removal of pathogenic and indicator microorganisms by a full-scale water reclamation facility. Wat. Res. 30(11): 2785-2797.

Rose, J. B. and Gerba, C. P. (1991). Use of Risk Assessment for Development of Microbial Standards. Water Science and Technology, 24(2), 29-34.

Russell, L. L. , Creson, C. and Asano, T. (1981) "Water Recycling in the Food Processing Industry", Proceedings of the 35th Industrial Waste Conference, Ann Arbor Science Publishers, Ann Arbor, Michigan.

State of California (1979). Industrial Water Recycling. Office of Water Recycling, March.

State of California (1980). Evaluation of Industrial Cooling Systems Using Reclaimed Municipal Wastewater: Applications for Potential Users. , California State Water Resources Control Board Office of Water Recycling, November, Sacramento, California.

Swartz, J. B. and Carroad, P. A. , "Recycling of Water in Vegetable Blanching," Food Technology, pp. 4-59.

US Geological Survey (1998), Estimated Use of Water in the United States in 1995, US Geological Survey Circular 1200, Denver, CO.

Wright, R. R. and Missimer, T. M. (1995). Reuse. The U. S. Experience and Trend Direction. Desalination and Water Reuse, 5/3, 28-34.

Zhenhui (1989). Countermeasures for industrial water conservation in China. Industry and Environment 13(3-4), 13-14.

3
致力于可持续发展的工业环境保护

Piet N. L. Lens，Marcus Vallero，Graciella Gonzalez-Gil，Salih Rebac，Gatze Lettinga

3.1 概述

在过去的30年中，众多国际投资计划对减轻人类活动导致的污染相当重视。已建立专项计划用于处理污染的水、空气、固体废物和沉积物。这导致了大量新兴技术的出现，其中中小企业(SME's)扮演着重要的角色。这些技术中，一些还处在示范规模，另一些则获得突破，现在已被认为是可靠的技术。

尽管已经取得了巨大的技术成就，我们的社会仍然面临着严重的环境问题，迫切需要找到解决方案。对新鲜水的需求不断增长，要求对现有水资源进行适当的管理，同时也要求对废水中的可回用资源如矿物、能源和有机物进行管理。为了对地球上的生命提供进一步的支持，应用整体性的(与管路末端相对立的)、可持续的和有力的环境回用技术是重要的先决条件。适当采用这类整体性的环境回用技术之后，生活污水、农业甚至工艺出水都能够成为饮用水、工艺用水、肥料、土壤调节剂以及能源的重要来源。

3.2 可持续工业技术的综合概念

足够的能源和资源是实现社会经济发展，改善现代和后代人生活质量的前提(BLoemhof -Ruwaard *et al*. 1995a；1995b)。物质和能量来源的合理使用的其他重要参数包括可承担的费用、社会可接受性、当地就业机会和新工业活动的机遇等。资源、水、能源的规定和使用，应当在本质上与可持续性追逐的目标相一致。效率也是需要的，可以减少废物的产生，还可以为工业过程的生态设计施加新的挑战(van der Voet *et al*. 1995a；1995b)。

如果将环境退化视为一种低效率的问题，那么技术可以被看作某种能够创造，至少潜在地创造新的机遇和新的组织管理方法，来抵御甚至消除污染(Bloemhof-Ruwaard *et al*. 1995a)。在今天，经济的去物质化以及资源和材料循环的封闭是流行的政策概念，是以资源和物质流的管理为目标而发展起来的。然而，这些科学概念的基础还是相对脆弱的。国内和国际的环境和经济政策中，仍然存在多种多样的不一致。而且，关于经济的去物质化和资源与物质循环的封闭等，其方法和途径大部分仍然不够清晰(van Berkel *et al*. 1994；Hertwich *et al*. 1997)。

然而，在实现资源和水循环的领域，科学和技术挑战是多重的(van de Worp 2002；第1章)。一般来说，实现这些循环的封闭都会涉及到对生产工艺的修改。工业界预期，整体的预防性的生态技术应用在未来几年中将会变得越来越重要(Patterson 1989)。为了预防污染而使用的一条生态技术途径，是用生物催化工艺代替化学工艺，即采用绿色化学。生物催化工艺为实现更为环境友好的工艺提供了一种有前途的路线。20年前，现代生物技术的一大承诺是，通过采用生物催化技术，能够使工业变得更绿。直到今天，在工业应用中，只有很少的工业催化剂(Clark 1999)。一个基本观点是，当采用生物催化工艺时就不会发生采用化学工艺而发生的污染。这并不意味着生物催化工艺一定比化学工艺优越。然而生物催化还是为生态－友好生产提供了更好的可能性(Guinee and Heijungs 1995)。

清洁技术的采用要比绿色化学更进一步，并重新评估了整个生产工艺。在清洁技术中，对产品的生命周期进行考察，并试图在一项产品生命周期内减少资源的使用和排放的数量。清洁技术的使用减少了环境影响，但是也增加了经济消耗(图3.1)。通过为清洁技术选择完全不同的生产工艺，可以实现以较低的经济成本来减少环境影响(van den Akker 2002；第4章)。

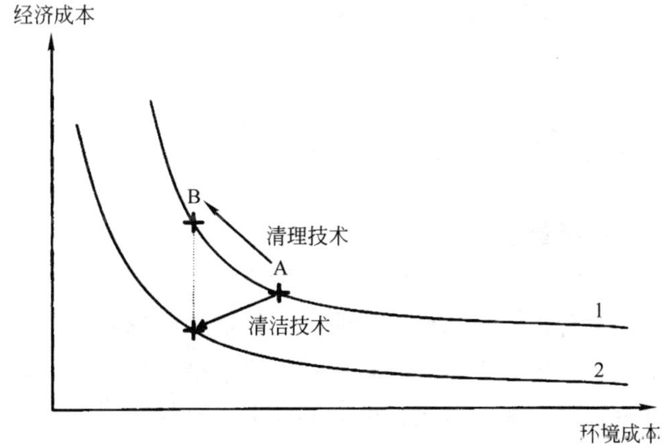

图3.1 清洁技术与清理技术(来源：Clift 1995)

在工业生态学中，工业生态系统中的物质流动延伸得越长越好(van Koppen and Mol 2002；第7章)。这一点可以通过回用、循环或者将废物移作他用进行资源化来实现。领先的做法是“以少博多”。这样的例子包括，环境设计(DEE)和汽车制造业中的分解设计(DFD)。在这种做法中，产品的生命周期可以确实实现工程控制(Guinee *et al*. 1993b)。

不仅考虑到了产品设计的环境影响(Guinee *et al*. 1993a)，也考虑到了需要强调的循环的物流(Bettac *et al*. 1998)。例如，一项欧洲指令要求汽车制造商到2005～2006年免费回收废车，并实现85%的循环使用(Maas *et al*. 1999)。到2015年，要实现95%的再循环。为了以一种经济上有收益的方式实现这些法律措施，需要在设计过程中对产品的所有生命阶段进行考察(图3.2)。

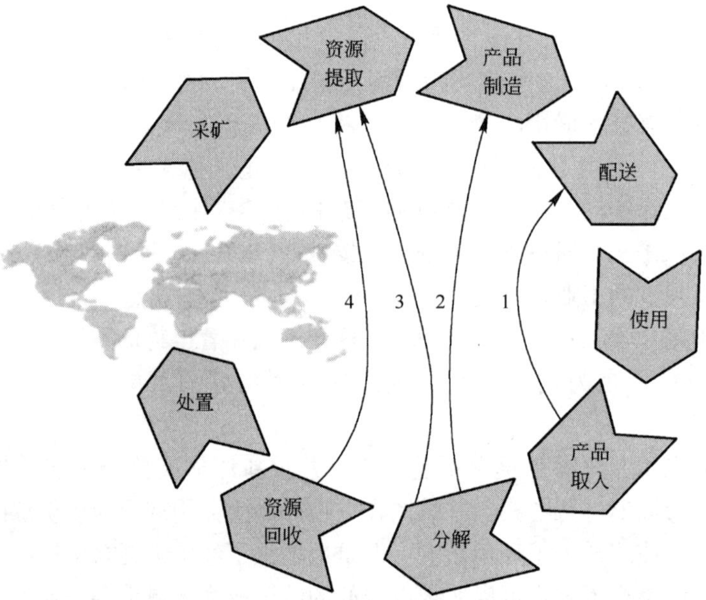

图3.2 生产链中回用与循环的机会(摘自：Bettac *et al*. 1998)。回用：(1)直接回用；(2)可回用化合物的回收；再循环；(3)资源的再循环；(4)资源的再生

3.3 清洁生产中的厌氧技术

3.3.1 用于环境保护的厌氧技术

工业逐渐尝试着在他们必须采取的环境保护措施方面实现自立，而不是将他们的废水排进下水道，将处理交给有关市政当局。工业中的环境管理越来越趋向于防止水资源的过度开采以及对他们实现更有效的管理。同时也有消除污染的趋势。以前，管路末端治理较为普遍，而现在，资源利用的最小化、可能的情形下重复利用以及采用清洁生产工艺已成为重点。

高速厌氧处理(AnWT)系统的开发和应用，极大推动了污染型工业的自行处理，并且不止是“管路末端处理”，而逐渐成为“工艺整合”(Lettinga 1995；Verstraete *et al*. 1996)。尤其在欧洲国家，近几十年中已经完成。作为可持续性废水处理的核心方法，它还推动了有用副产品回收的概念，比如，作为能量的沼气，作为化肥(氮、磷)的化学品以及原料(硫)等。通过采用AnWT以及适当的物理—化学方法、生物处理方法作为补充，工业在逐渐尝试实现封闭的水循环，主要原因是经济因素和实现自立。尽管我们在封闭式水循环方面已经有很好的例子，事实上我们仍然处在这个发展过程的第一个阶段。通过建立适当的整体性概念以及在很多情形下在工业生产工艺自身中采用适当的污染防止措施，这个领域存在着巨大的潜力(图 3.3)。

图 3.3 大规模膨胀颗粒污泥床(EGSB)反应器(7m)，在处理主要成分为甲醇和甲醛的化学废水。通过了解毒性的机制，以及目标化合物的可生物降解性，可以成功实施对毒性的可生物降解废物的厌氧处理

3.3.2 例子

AnWT 包含了预处理，但是通过将其与补充性的生物系统，如与好氧系统相结合，专门类型的 AnWT 系统(传统的或新开发的)和/或物理一化学处理系统，能够形成一个完整的处理过程。而且，这样还可以创造优异的手段来回收有用的副产品。以下给出了 AnWT 如何推动工业应用中实现封闭循环的一些例子。

3.3.2.1 纸浆与造纸生产

由于环境立法的日益严格和制造工艺的高耗水量，造纸工业强调水的回用已经很长时间了。造纸车间的工艺出水含有淀粉、挥发性脂肪酸(VFA)以及有机的赛璐珞，因此，如果将降低溶解性 COD 作为目标，则上述物质可以为 AnWT 提供很好的基质(Sipma *et al*. 2000)。硫可以在反应器中降低，并在工艺回路中通过沼气抽提去除(Lens *et al*. 1998)。一般来说，厌氧反应器处理循环造纸废水，能够去除其中 80%的 COD(Van

Lier *et al*. 2001)。有机质或者被还原成甲烷，通过纸厂内产生的蒸汽被去除，或者被厌氧氧化为重碳酸盐，可以在后续阶段用来去除 Ca(图 3.4)。

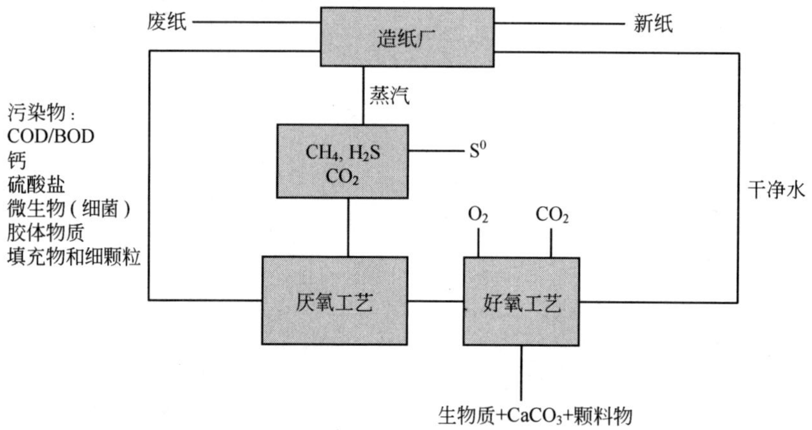

图 3.4 流程内嵌厌氧—好氧处理的零排放造纸厂(来源：Van Lier *et al*. 2001)

厌氧反应器联合去除 C 和 S，构成了在线处理概念的核心(Pauly *et al*. 2002；第 28 章)。经过厌氧阶段的水能否在工艺中被回用，取决于生产线对水质的要求。对于包装纸和纸板厂而言，厌氧处理加上好氧处理和砂滤，是足够满足要求的。然而，对于高质量纸的生产，需要一个三级处理步骤，主要用于去除(极)细颗粒、颜色和/或盐。

3.3.2.2 电镀、化电与采矿业

在富含硫酸盐废水的厌氧处理中，硫酸盐的还原在过去被认为是一种有害的过程，研究的重点主要集中于 H_2S 的毒性、产硫和产甲烷微生物之间的竞争以及对产硫的抑制(Lens *et al* 1998)。最近，人们逐渐认识到，利用产硫作为生物处理工艺，处理多种含有被氧化的含硫化合物或者是重金属的废水的潜力(Weijma *et al*. 2002；第 29 章)。通过低溶解度的金属硫化物的形成和后续的沉淀，可以去除重金属。基本上，有两类措施：采用低费用技术的消极处理和基于生物反应器最新进展的积极处理。另外，在今天，关于细菌在生物硫循环中的代谢性能，系统中的位置，以及生态学表现，仍然等待我们去发现。(Lens and Kuenen 2001)。因此，来自硫循环的微生物为硫和非金属污染的消除和回收提供了独特的机会。

3.3.2.3 采用纺织品染料的工艺

关于纺织废水有几种处理方案，其中 AnWT 扮演重要的角色。读者可以参考 Mattioli *et al*. (2002；第 27 章)关于工业应用的技术细节的评论。

然而，关于纺织染料的研究，也导向了关于厌氧反应器功能和代谢的一些更为基本的发现。在探讨如何增强纺织品染料的厌氧生物降解性时，Field *et al*. (2000)发现，采用氧化还原调节剂(例如，醌以及腐殖质)能够显著增强这些染料的生物降解性(Van der Zee *et al*. 2001；Cervantes *et al*. 2001)。最近关于产甲烷生物膜的发现显示，腐殖质在微生

物的转化过程中扮演着重要的角色，在异形生物质的降解过程中，作为微生物呼吸的最终电子受体，或者作为电子梭(氧化还原介质)(Cervantes *et al*. 2000)。醌模型化合物和腐殖酸，利用厌氧环境下大量的还原剂(HS^-或者Fe^{2+})，实现了以下非生物过程：从硝基芳香族化合物到芳香族的胺，从含氮的燃料到芳香族的胺，从四氯化碳到氯仿。

3.3.2.4 生物乙醇生产

工业酒精的生产是基于甘蔗汁的发酵(van Haandel 2001)。经过离心分离和蒸馏，就获得了工业酒精和两种重要的副产品(图 3.5)：甘蔗的固体部分(称为甘蔗渣)和废水(称为酒糟)。甘蔗中的能量只有 38%转移到酒精当中，其副产品含有较低能量，对环境产生负面影响。酒精酿造业的收益可以通过对尾料的合理利用而得到改善。将 AnWT 应用于酒糟可以生产甲烷，产率为 100kg CH_4/m^3酒精。消化后的废水可以用于灌溉($20m^3$出水/m^3 酒精)。同时，产生的固体可以用于调节土壤，沼气用来发电或者产生蒸汽，为此可以减少甘蔗渣的消耗。

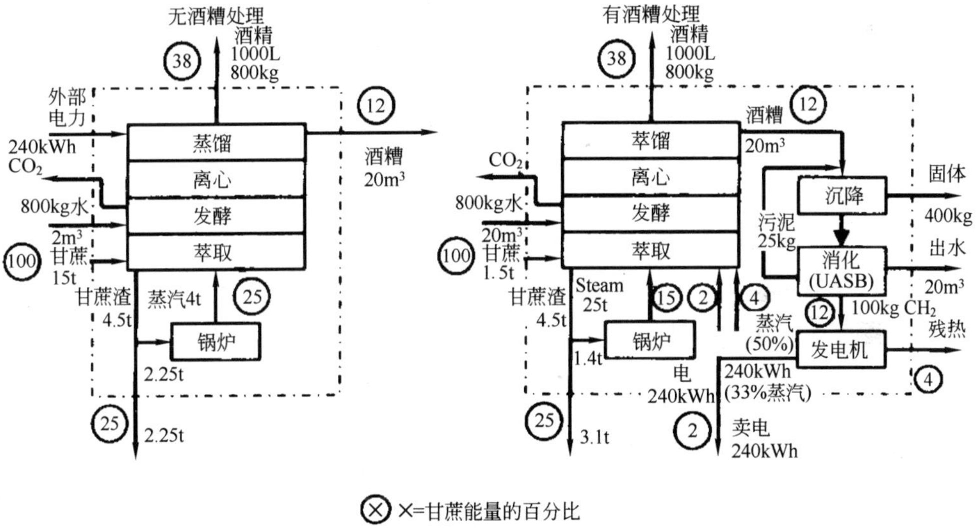

图 3.5 酒精生产流程图(A)带甘蔗渣处理(B)无甘蔗渣处理(来源：Van Haandel 2002)

3.4 风险评价与公众接受性

尽管水回用的应用在增长，但关于再生或者回用水的水质仍然有大量的不情愿和疑问(Anderson 2002，第 8 章)。这是因为，一方面缺乏某个生产工艺所需水质的知识，另一方面也缺乏表征水质安全程度的参数方面的知识。很大的问题是，水中存在危险的化合物(如，POPs、难降解有机污染物和内分泌干扰化合物)，重金属以及生物危险(如细菌和病毒)。而且，这些危险物质所导致的运输管道中生物堵塞的污染程度以及结晶回收产品中的污染程度仍然是未知的。

3.4.1 风险评价

因此，对风险评价技术存在需求，如风险分析和关键点控制(HACCP)。HACCP是一个预防性的系统，有助于保证所有到达消费者的产品可以安全消费。HACCP的概念最初是由皮尔斯伯(Pillsbury)公司在20世纪60年代为了向NASA空间计划提供安全的食品而建立并应用的(Dewettinck *et al*. 2001)。从那时起，HACCP的应用不断增长，成为食品公司质量控制管理战略的基础。HACCP是一种系统性的措施，对风险进行检测、描述和控制(Deere and Davison 1999)。一旦风险失去控制，就会采取迅速和充分的措施，消费者的健康风险可以降到最低。

1993年，欧洲议会发布关于食品卫生的指南，目前强制应用于所有的食品处理部门(Havelaar 1994)。该指南同样可以应用于环境保护和回用问题(Dewettinck *et al*. 2001)。从而，HACCP方法就必须应用于与水污染相关的风险，而不是人类消费。每个HACCP流程中都包括以下重要步骤：(*a*)工艺流程的建立与验证；(*b*)执行危险(=危险分析和风险分析)，并定义和记录控制措施；(*c*)确定关键控制点(CCP)；(*d*)定义标准和关键限制值，建立监测系统以及(*e*)建立校正措施。通过直接指出生产工艺中的关键控制点，生产者能够表明，他们控制了生产环境并提交了安全的产品。

3.4.2 符合性监测

只有将风险评价流程有效地纳入分析和法律框架(图3.6)，才能够采取有效率的行动。只有分析方法、风险评价协议以及法律的框架通过一个功能系统联系起来，并实现这些因素之间的和谐，针对消费者/最终用户的有效的符合性监测才能够实现(Steynberg *et al*. 2002)。

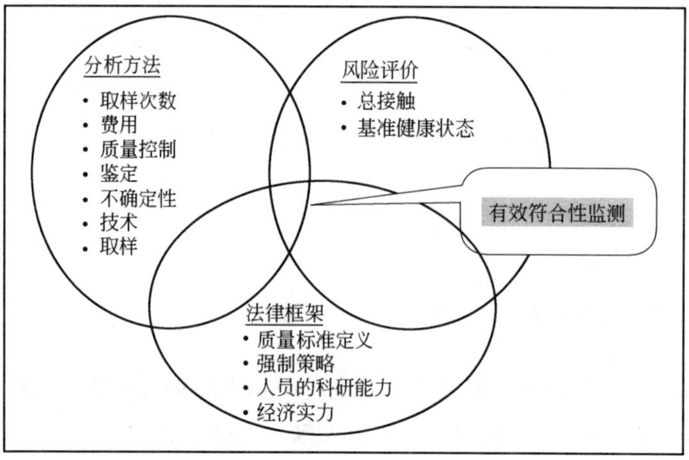

图3.6 有效率的符合性监测所需要的因素(修改自：Steynberg *et al*. 2002)

为控制由于回用/循环物质而导致的急性或者慢性的健康问题，或者工艺的失效，需要建立高效率的符合性监测系统。在这些系统中，分析实验室要分析在风险评价协议中存在的化合物，其结果用来确定再生资源符合“可接受风险水平”，如果记录到不符合的情况，就要采取有关措施。

3.5 参考文献

Bloemhof-Ruwaard *et al.*，1995a；Environ. Res. Econ. 5，1-17.

Bloemhof-Ruwaard *et al.*，1995b；Eur. J. Operation. Res. 85，229-243.

Cervantes，F. J.，van der Velde，S.，Lettinga，G. and Field，J. A.（2000）. Competition between methanogenesis and quinone respiration for ecologically important substrates in anaerobic consortia. FEMS Microbiol. Ecol. 34：161-171.

Cervantes，F. J.，van der Zee，F. P.，Lettinga，G. and Field，J. A.（2001）. Enhanced decolourisation of acid orange 7 in a continuous UASB reactor with quinones as redox mediators. Water Sci. Technol. 44(4)：123-128.

Deere D. and Davison A.，1999 Assuring water quality. Water 21，4：28-31.

Dewettinck T.，Van Houtte E.，Geenens D.，Van Hege K. and Verstraete W.（2001）HACCP（Hazard analysis and Critical Control Points）to guarantee safe water reuse and drinking water production-a case study. Water Science and Technology 43(12)：31-38.

Eriksson，1991；Sci. Prog. Oxford 75，175-189.

Field，J. A.，Cervantes，F. J.，van der Zee，F. and Lettinga，G.（2000）. Role of quinones in the biodegradation of priority pollutants：a review. Water Sci. Technol. 42 (5-6)：215-222.

Havelaar（1994）Application of HACCP to drinking water supply. Food Control 5：145-152.

Heijungs & Guinee，1995；Environ. Man. 19，665-668.

Lens P.，Visser，A，Janssen A.，Hulshoff Pol L. and Lettinga G.（1998）Biotechnological treatment of sulfate rich wastewaters. Critical Reviews in Environmental Science and Technology 28(1)：41-88.

Lens P.，Sipma J.，Hulshof Pol L. and Lettinga G.（2000）Effect of staging and nitrate addition on sulfidogenic acetate removal. Water Research 34(1)：31-42.

Lens P. N. L. and Kuenen J. G.（2001）The biological sulfur cycle：novel opportunities for environmental biotechnology. Water Science and Technology. In Press.

Lettinga G.（1995）Anaerobic digestion and wastewater treatment systems. Antonie Leeuwenhoek. 67：3-28.

Sipma J.，Lens P. N. L.，Vieira A.，Miron Y.，van Lier J. B.，Hulshoff Pol L. W. & Lettinga G. 2000. Thermofilic sulfate reduction in UASB reactors under acidifying

conditons. Process Biochemistry 35(5): 509-522.
van Berkel *et al.*, 1994; J. Clean. Prod. 2, 207-216.
van der voet *et al.*, 1995; Environ. Sci. Pollut. Res. 2: 137-144.
Van Lier J. B., Lens P. N. L. & Hulshoff Pol L. W. 2001. Anaerobic treatment for C and S removal in 'zero - discharge' paper mills: effects of process design on S removal efficiencies. Water Science and Technology. 44(4): 189-196.
Van der Zee F. P., Lettinga G. and Field J. A. (2001). Azo dye decolourisation by anaerobic granular sludge. Chemosphere 44(5): 1169-1176.
Verstraete W., de Beer D., Pena M., Lettinga G. and Lens P., (1996) Anaerobic bioprocessing of waste. World J. Microbiol. Biotechnol. 12: 221-238.

第二部分

工业资源保护政策

4

清洁生产：历史、概念、政策与手段、激励机制与实例

Frank van den Akker

4.1 概述

环境问题是人类在 21 世纪必须面对的最重要的问题之一。地球上已经没有一个地方没有受到人类活动所导致的环境污染的影响。目前，人类已经可以从外太空对地球进行观察，追踪环境的变化。例如，图 4.1 给出了由湾流厄尔尼诺引起的温度变化。

图 4.1 厄尔尼诺

尽管在局部水平来看影响有限，但它可能加剧了环境问题，如臭氧层变薄、温室效应、微污染物对海洋的污染等。

有证据显示甚至地球的“周边”也已经受到了人类的影响。环境已经成为个人、政府和工业的重要议题。

为了找到环境问题的解决方案，政府、工业和研究机构已开展了数十年的工作，形成了政策、规划和项目等。其中之一是世界环境与发展委员会(1987)，该组织提出了可持续发展的概念，指出“人类有能力使其发展变得可持续，以保证在不危及后代满足其自身需求能力的前提下满足当代人的需求。”

将可持续发展的目的和原理转化为政策、行动规划和指南，以及将它变成现实的行动，是一个困难的问题。在这种情形下，必须理解的是，尤其当经济工业发展成为主流的时候，关于对地球环境污染的后果有大量的困惑。这就导致了剧烈的争论，并推迟了环境主义者希望采取的措施。图 4.2 提出的问题“已经腐烂到核了么?”，表明了悲观主义者如何看待地球的环境状况。

图 4.2 “已经腐烂到核了吗?”

当一种新的项目被加入已经非常长的污染物列表中的时候，就会开始一个循环：对其有害后果的怀疑，讨论并试图找出其导致环境恶化的科学依据，每次都会这样开始。这种讨论是没有意义的，因为我们必须认识到，没有人能够证明，在有经济可行的方案来避免这种污染的情形下，他还有权利去污染。

4.2 实现可持续发展的方法与措施的说明

讨论可持续发展的第一个问题是可持续发展的术语和定义。最初人们对其并不充分理解。因此社会上不同的团体对这些术语和定义给出了他们自己的解释，这导致了激烈的讨论和大量的误解。一个例子是“关键概念”的不同表述框架。同样的概念可以用所有类似的词来表述，如可持续性、可持续增长和可持续技术。其他词汇包括清洁技术、清洁生产、环境技术和清洁产品。绝大多数的术语和定义都似乎指向同一个目的，但事实上都有着不同的含义，取决于那些使用和解释这些概念的人的观点。无论如何其优点在于，它推动了人们去讨论和寻找环境问题的解决方案。

在荷兰，正在逐渐形成不同的委员会和组织，讨论和研究可持续发展的概念，并出版了报告“环境：21 世纪的理念”(1)。

除此之外，可持续发展已经成为一种基本的措施，被引入到政府和工业的政策和战略中。在这个意义上，对于荷兰政府来说，将环境因素整合到社会行动规划的所有政策和战略中，是推动可持续发展的基本条件。

4.2.1 国家环境政策规划 1、2、3、4 号

经过长期的环境和经济分析，荷兰政府得出结论，仅采用“管路末端”治理，来控制连续的经济增长所导致的污染增长，在较长的时期之内，其费用会形成限制因素(2)。

为此，荷兰政府成立了国家环境政策计划(NEPP’s)，定期制订战略，将技术、社会和经济变化与国际层面的合作相结合，为荷兰展示以下远景，在一代时间内实现国民生产总值翻一番，同时实现绝大多数的污染物排放量至少减少 70%～90%。对二氧化碳和氮氧化物等污染物来说，我们看到其排放削减额远低于目标，或者甚至出现了增长数字。

在过去的 30 年中，大多数欧洲国家都或多或少走过了同样的道路，制定出了政策规划，致力于可持续发展以及如何将其整合到包括工业在内的所有社会部门当中。这种做法，使人们广泛接受了可持续发展的目标，以及将这些目标和战略整合到行动规划中。除此之外，需要关注的是，过去的 30 年中政府建立了怎样的手段，有什么样的后果，以及在过去几十年中，对使用这些手段的关注如何变化。

4.2.2 我在 1970～2000 年期间的经验

在荷兰成功实施清洁生产(CP)的关键，是在早期阶段，政府和工业共同制订计划，从源头开始，也即在工业生产场所的内部鼓励采用清洁技术。对这个问题“我们确实需要这个产品吗?”，需要进行公开的讨论，其中的一些产品，由于其长期毒性的特性，需要被禁止(图 4.3)。需要大力提倡从源头来防治污染，这要比单纯的严格标准更重要。为此政府资助了数以百计的项目。与此相伴的事实是，创新和产品的改变需要时间。用来进行中试、示范、扩大规模和实施的时间。政府和工业之间的合作网络为学习互信、理解和讨论清洁生产的可实现目标提供了基础。

4.2.3 中小型企业(SME’s)还是大型企业

环境政策的一个特殊问题是如何要求中小型企业去遵守标准。中小型企业的问题是，

图 4.3 “我们确实需要这个产品吗?”

他们的知识非常有限或者非常有选择性。这是一个很大的群体，绝大多数的中小型企业没有环境协调人员，关于他们产品和工艺的环境问题，数据非常有限，对环境数据的分析也非常有限。这个群体很难得到政府的资助，组织也非常无力。

大一些的工业，通常有他们自己公司级的环境政策，环境关怀计划，有环境协调人员负责环境数据以及管理和执法的信息。他们是政府环境资助的主要使用者。

由于这个特殊问题，政府政策应该特别侧重于中小型企业的推动计划。例如，可以帮助中小型企业建立简单的环境关怀项目，或者和有关工业部门合作，进行环境数据的分析和描述。在荷兰，工业部门的环境关怀中心、创新中心以及商业会所在其中扮演支持性的角色。

4.2.4 工业的关键角色

为了实现可持续发展，工业扮演着重要的角色，因为他们必须从废物战略不是决定性因素的线性生产模式转变为整体性的生命周期管理，目标在于通过减少排放、减少原料和能源的使用和减少在生产—产品—废物—循环的每个阶段的废物流，实现封闭的生产—产品循环。图 4.4 给出了生产—产品循环的示意图。

重要的一点是，产品的生命周期循环的每一个参与者都需要对他的那一部分负责，同时有责任为生命循环作为一个整体的封闭做出贡献。这种对整体性的生命周期管理的贡献，对于工业中的现代思想是非常重要的。

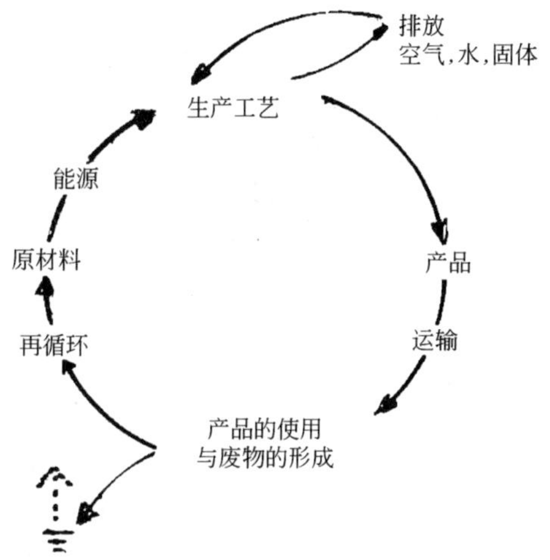

图 4.4 生产—产品生命周期

工业生产中的许多重大改变的例子也表明工业能够从生命周期管理的改变中受益(2、10、11、13)。

4.2.5 国际组织的角色

同时，许多国际组织也将可持续发展引入他们的目的、目标和计划。例如联合国环境规划署(UNEP)、联合国开发署(UNDP)、联合国工业发展组织(UNIDO)和世界银行(WB)的一些规划。在这个意义上，对于将可持续发展整合到国家之间的技术转让以及所有与产品转移相关的活动，国际合作是非常重要的。对于工业和市场来说可以作为指南的一些措施，如根据 ISO 9000 和 14000 等有关工具进行的生产体系和产品的认证，在可持续发展的实现过程中将会扮演越来越关键的角色。

4.3 20 世纪 70、80 年代手段与 21 世纪相应手段的对比

表 4.1 比较了荷兰在 20 世纪 70 年代和 2000 年前后所使用的手段。

荷兰的管理制度对比 **表 4.1**

20 世纪 70 年代	2000 年前后
对工业的被动激励	
集中于：	集中于：
法律与规范	整体性的法律与规范
收税或者收费	缔约手段失效时的措施
债务与罚款	从命令与控制到自我规范
强制系统	

续表

20世纪70年代	2000年前后
对工业的主动激励	
侧重于	侧重于
补助	政府与工业部门之间的自愿协议
税收措施(减税)	推动有关创新技术
低息贷款	结合创新的开发政府的促进作用
奖励	对价格的影响
选择最佳可行方法的计算机软件	对投资的影响
清洁生产的例子列表	绿色产品的税收措施
生态标签/绿色标签	激励国际合作

如果可持续发展以正确的方式整合到所有政府和工业的政策和战略中去，将不仅对环境有益，还将有益于世界上所有的国家和工业。

在最初，政府政策集中于法律、规范、征税、收费、债务和罚款等手段以及一个严格的强制体系。与之伴随的还有一些积极的激励手段，例如研发的补贴、税收措施、低息优惠贷款、奖励、计算机程序的开发、生态标签、绿色标签，建立一系列的典型的清洁生产技术和清洁产品等。

在21世纪的头几年，重点放在政府和工业的关系中政府所起的促进作用。与工业的协议，例如影响定价系统和市场的盟约和其他自愿协议，推动在清洁生产方法和清洁产品的投资以及激励在“绿色基金”的投资。除此之外，更多的关注点放在了国际协定和公约背景下的合作的激励。

这意味着，在总体上，荷兰政府政策的重点是，在大约30年中，从法律、规范和强制执行，结合实际的激励，将研究开发转变为促进市场的动力，这样工业发展的结果将是更清洁的生产和产品。

4.4 面向可持续发展的改变过程

几乎所有关于1980～2000期间的研究都表明，在下个世纪环境问题将超过所有的束缚，必须采取激烈和有纵深的措施，来改变生产、消费以及我们生存的模式。

整个改变的过程，可以被演示为一个所需要的“改变过程”，其中，可以确定的思考和开发阶段如下：

阶段1：把环境污染作为副效应。污染者将环境问题看作一种较小的刺激，导致权力机构有时制定不必要的严格规范。许多法律措施是导致成本升高的排放限制(管路末端措施)。这种思路是最常见的第一反应。

阶段2：把环境污染作为成本因子。污染者开始认识到，降低污染水平可能是有效益的(考虑和进行在工艺层次的调整)。在这个阶段有很多能证明清洁生产有利可图的例子已经得到政府的资助。

阶段 3：把环境作为边界条件：污染者在计划新的投资时就考虑到了环境因素，这样就迫使他们以不同的方式进行生产和消费(在工艺和产品层次采用)。环境手段被纳入了公司的管理规划。

阶段 4：把环境作为政策决定因素：污染者在对他们的工艺进行优化时，考虑到环境因素，导致不同的系统设计(在系统层次采用)。对工艺生命周期进行研究，而且从一开始就把重组生产工艺和市场策略与生命周期分析结合在一起。

阶段 5：把环境作为目标：社会将环境作为一个逻辑因素和目标，纳入社会和经济政策。由此，生产和消费的模式，以及人们的精神态度，将发生变化(在结构层次上采用)。

4.4.1 现实的转变

通过对生产—产品回路进行深入的生命周期评价(LCA)可以得出结论，必须进行根本的改变。在这个根本改变的过程中，工业将把它的生产从线性的生产转变为生命周期生产。这意味着，通过优化原料和能源的回用，防止和减少排放及废物，以及废物材料的再循环和回用，生产—产品废物回路将实现封闭。在 21 世纪初，面向可持续的未来的转变之中，可以期待，世界各国在认可、认知、环境关注、行为、基本目标、质量以及政策手段等方面做出根本的转变。还将包含着向对话，自我管理，以及国际化的转变。这是一个面向可持续发展的转变。

面向生命周期管理的根本转变，将防止和减少大量的废物材料和排放，但除此之外，它也会导致新的和其他环境问题。到时候必须找到关于可持续性的新的平衡。

例如，在过去，大量本质性的转变，也导致了水、原料以及能源消耗的大量增加。问题可能是现实的，那就是环境危机和根本性的转变，可能会带来另一种珍贵的产品和系统的消费和使用的强烈增长，比如金属、能源、食物产品和化学品以及建筑材料等产品，这将会导致新的副产品、(有毒)废物以及诸如二氧化碳等的排放的猛烈增长。

有一些公司将远期的目标，比如零排放，作为他们的最终目标。对一些企业来说，设立这样的目标是想表达，他们的环境标准始终是最为严格的标准。这种不断的创新与标准的发展携手发展，激励着公司的创造力。这种方式可以导致生产效率高的生产方法的极大创新。

4.4.2 收益而不是支出：一个充满希望的战略

希望的战略的关键元素在于一种期望，那就是使得基础结构的变化方法和途径，同样对经济有益。与典型的污染控制战略相比，存在显著的差异，后者永远是支出。今天，即使是 2000 年之后一世界上所使用的技术的主要部分，仍然是“管路末端”技术，其环境成本将是产品成本增长的一部分。

但是似乎合乎逻辑的是，将稀有资源用得更有效率和产率更高的战略，将会产生宏观经济效益，形成更多可分配的财富。为了实现这一点，最先投入增加效率的赌注是命令和控制手段。例如，推动汽车制造商，如果没有作用，就强制其引入燃料效率更高的汽车。效率规范可以改善家用电气、草坪割草机、收割机以及制造工具等的环境状态。通过同样的手段可以激励原材料和水的使用效率，可以通过循环回用，废物与水的收费，以及制订实践准则和指南等设计原则的规范达到这一目的。

对于工业来说，这种方法是有优势的，因为他们有助于实现有效的对国际竞争的保护，同时还能够以一种积极的方式，推动政府环境政策目标的实现。

4.4.3 政府和企业之间比法律和规范更好的关系

在绝大多数国家，由政府直接发布规范，被认为是控制环境问题最有效的和最为广泛使用的手段。但是由于产品与服务的供应与需求的生产和消费模式的复杂性，环境问题正变得越来越复杂。

可持续发展需要工业和环境的较大改善。通过政府和工业的良好协作可以非常有效地实现这种改善。

由于传统的直接环境控制手段带来的回报在减少，一些政府开始转向通过政府和工业紧密协作的有效措施。这就是所称的“工会、雇主、政府三方合作模型”。在这些国家中，政府和工业之间的延伸的合作网络已经建立起来。这些网络可以提供有关数据和信息，也是工业合作的中心。他们通常还是面向公众的信息中心。非规范的驱动力使得工业不是简单地服从规范，而且重要的一点是，政府和工业将这些规范要求和这些措施相对应，以维护领先企业的竞争力。在管理机构和工业部门之间的自愿协议要比严格的法律和规范更为有效。

4.5 成功协作的“游戏规则”

4.5.1 政府和企业需要共同的视角

向着可持续工业发展迈进的过程中，政府的目标创造了政府和实业的内部以及相互之间的张力。在政府内，张力是由于一方面需要通过控制和实业平衡实现环境质量的维护，而另一方面要通过实业的增长实现就业和国家财富的增长。在实业中，焦点是竞争，针对工艺和产品的环境管理所进行的资源配置需要不断地与所避免的责任和所获得的竞争优势权衡利弊。

认识到这些张力，其中的一些代表了进程中重要的障碍，是确定机制、实践准则或合作指南的第一步，目的是可持续的发展。在这方面，重要的一点是政府和工业的目标经过讨论实现协调一致。这些目标建立在协作原则之上，原则包括共同的观点、关于进展的承诺、对媒体的透明度以及长期、信任、灵活性和创造性。

4.5.2 可持续工业发展之路

在推动实现可持续发展的进程中，找到控制和激励之间以及冲突和协作之间的可以接受的平衡，对于实业和政府双方都是有益的。对于不同的环境问题要找到平衡，需要当地的或者国家专门的发起和实验。取决于当地的与环境改善的需求相关的情形，和/或 一个国家或者一组国家的特定目标，公司能够找到创造性的途径，与管理机构合作，服从那些意向、协议、盟约或甚至是合同等文件。这种途径还可以包括一个政府政策的根本变化。这是一种从命令与控制到自律的转变。

很明显的一点是，一个国家有效的协作框架，可能完全不适合另一个国家。工业和政府，作为迈向可持续发展的重要一步，必须列出他们合作所需要的那些渠道和平台。

4.5.3 国际合作是根本需要

根据联合国的一个报告，很多人为误算而导致的灾难可以被避免，比如 2000 年 1 月 30 日在罗马尼亚巴亚马雷(Baia Mare)所发生的氰化物和重金属污染。如果通过国际合作，在当地开展多年度的国际污染防治政策计划和规划，则灾难就应该不会发生。现在这场灾难污染了蒂萨河(Tisza)和多瑙河整个流域数千公里的区域。而如果有适当的防治计划(包括安全措施和技术设计)，将防止这场灾难的发生。

为了实现全球和地区的对污染负荷的削减和防治，达成国际公认的重点和合理的费用分割，共同的国际合作是不可缺少的。

生态平衡的维持，所有生命的基础，是世界银行和世界资源研究所(WRI)所提到的这样的重点。人类活动，比如自 1970 年以来食品生产的加倍，给生态系统带来了严重的伤害。在 100 年中，世界上的湿地消失了大约 50%。经济发展作为第一重点的时间已经太长了。是通过国际的合作、协议、盟约和政策，来找到新的发展途径的时候了。

4.5.4 需要更广泛的措施

这种更广泛的对于污染防治措施，只有政府和工业关于可持续目标的共同观点被接受，并转化成为实质上的新战略以便成功实施，才能成为可能。这将转化成为持续几年的共同的可持续发展议程，并由工业转化为行动计划。对于不同的工业部门，行动计划可能是非常的不同，但是他们都服务于可持续议程。他还将开启政府和实业社区关于环境问题的常规对话，环境问题包括政策重点、规划、研究和开发项目的交流等。

这些激进变革的金融和经济的刺激推动实现一个社会，在这个社会中，商业和工业重新被接受和信任，成为我们和我们的后代的共同财富来源以及一个和谐社会的合理基础。

4.6 结束语

我在 1970～2000 年期间关于清洁生产的经验是：数百个成本效率高的清洁生产和封闭“生产—产品循环”的例子表明，对于发达国家和发展中国家的所有新的活动，清洁生产方法都是必须的。

而其出发点是创新，并与清洁生产设计的正确原理相结合。

图 4.5 “这次我不要人类试试!”

通过涉及政府、工业和科学家的所有各方之间的沟通，可以创造一个最适宜的空间，找到时间进行中间试验、示范以及实施。

关于清洁生产的成功会落后于国际接受标准和条约的目标的担心，是基于一个事实，那就是工业发达国家还没有找到一个解决方案，将技术以合理的价格转移到发展中国家。

一些例子，比如厌氧技术和其他生物技术的应用，会有一个例外的好前景，因为这些技术简单，只需较低的投资和人力，并且能够替代很多已有技术。

如果这个世界不再转向清洁生产方式，我们的后代将为我们浪费性的生产方式付出代价。请见以上漫画中的信息：“这次我不要人类试试!”

4.7 参考文献

The Environment: “Ideas for the 21st Century”, publication of the Ministry of environment in The Netherlands.

The National Environmental Policy Plan (NEPP) of The Netherlands, Numbers 1, 2, 3and 4.
The Environment: Towards a sustainable future; Edited by the Dutch Committee for Long-Term Environmental Policy.
Sustainable Industrial development, sharing responsibilities in a Competitive World, by Arthur D. Little for the Dutch Ministries of Housing, Spatial Planning and the Environment and the ministry of Economic Affairs.
Environmental Life cycle of products; a study for the National Reuse of Waste Research Programme of The Netherlands.
Company environmental management as a basis for a different relationship between companies and governmental authorities; A guide for governmental authorities and companies of 1995.
Towards A sustainable System of Environmental Impact assessment; May 1999.
Life cycle assessment: What it is and how to do it; a UNEP-publication of 1996.
Sheets prepared for the conference on'Sustainable Development'of November 1996 at Santander Industrial University, Bucaramanga, Colombia, by Frank van den Akker.
Environmental Technology: From Ideology to Industry, Lecture prepared by Frank van den Akker, 1999.
The Economy and the Environment, Policy document of the Government of The Netherlands, 1999.
Our Common Journey, A pioneering Approach to Cooperative Environmental Management, Paul E. de Jongh with Sean Captain.
Internet www. minvrom. nl and www. minez. nl.
Industry and Environment, Policy document of the Government of The Netherlands, Published by the Ministry of Housing, Spatial Planning and the Environment, 2000.

5
有效保护与利用资源的国家政策

Ralph A. Luken and Anja Sedic

5.1 概述

“四倍数(Factor Four)”一书提出一个基本的观点，社会可以花费更少而做得更多，并且不会牺牲质量或者数量，这样可以治愈“浪费病”(von Weizacker *et al*. 1997)。四倍数的目标是将资源消耗减半，而将收益加倍，从而改善收益与物质投入的比例，比如，生态效率。更进一步的，与此类似，还有一个10倍数的提议，似乎这个比率真的可以是10∶1，这取决于所涉及的活动和工艺(Schmidt-Bleek *et al*. 1999)。

本章的目的在于简要总结在工业中更有效使用资源的基本原理，并分析国家政府在考虑或者已经采用的，主要是针对工业部门的面向输入的环境政策。这些政府政策可以分为三类，对此经济合作和开发组织(OECD)已经针对面向输出(减少污染物)的环境政策提出了建议(OECD 1997d)：

- 命令与控制手段：直接管理影响环境的行为，主要通过许可证和授权程序等。
- 经济手段：采用经济激励和反激励手段来修正其行为，通过收费、税收、罚款等来改善环境性能。
- 其他手段：这是一种非强制性的做法，来改善环境性能。这些手段包括规划、环境影响评价、自愿协议、信息披露与环境信息系统。

鉴别面向输入的环境政策的工作包括对有关资源效率的学术文献的回顾，对工业国家环境政策和立法的系统性检索和对发展中国家政策的非正式检索。

本章没有涉及面向输出的环境政策，读者可以参考这些政策的几篇综述，特别是那些由OECD所准备的综述(OECD互联网地址-http：//www.oecd.org)。本章也不涉及政府要求工业生产更为环境友好的消费品的工作，后者针对消费者的资源节省的努力，如汽车部门的燃料税等。重点在于改进生产过程的资源效率的有关政策，主要的但不是完全限定于制造部门。

5.2 减少工业资源使用强度的基本原理

记录不断增长的环境破坏的证据是压倒性的，也将在此进行简单的强调。例如，二氧化碳的排放量在过去的 50 年中变成原来的 4 倍。尽管不可再生资源还没有被耗尽，废物量却在快速的增长。在绝大多数工业国家中，在过去的 20 年内，人均废物产生量增长了大约 3 倍。可再生资源，如水、土壤、森林，在快速的恶化。大约有 20 个国家已经面临供水紧张，每人每年水占有量少于 1000m^3(European Environmental Agency)。在 2000 年，全球人均可获取水量从 17000m^3 下降到 7000m^3。世界上 1/6 的土地面积因为不合理耕种而退化，世界上的森林则每天都在减少。每 1000 居民所占有的森林面积从 20 世纪 70 年代的 11.4km^2 下降到现在的 7.3km^2(European Environmental Agency)。

"四倍数"一书提出了改善资源效率的 7 个基本理由(von Weizsacker *et al*. 1997)：

- 资源效率能够改善生活质量。如果日常生活使用的产品可以更有效率地生产而不损害其质量，那么用户和生产者都会从中获益，整个社会就会实现社会和经济的双赢。
- 污染和损耗更少。世间万物都要有各自的归宿。浪费的资源不仅会降低生产的成本效率，还会污染水、大气和土地。提高效率、减少损失，就可以减少污染从而提高成本效率，而污染只不过是放错了地方的资源，此外，资源效率对于解决酸雨、气候变化、森林减少、土壤肥力流失等问题有极大的帮助。
- 资源效率通常是有收益的—在最初你不需要为最终成为废物的资源付钱，最后，你也不需要花钱去清理他们。
- 因为资源效率有着获利的潜力，因此其中的一大部分能够进行交易，这样放在市场上，通过个人的选择和竞争来驱动，而不是由政府直接控制。
- 原来用于防治污染的钱可以省下来，用于解决其他的问题，这种潜力对于发展中国家尤其重要，他们往往需要大量的金钱来改进低效率的基础设施。
- 对于资源的竞争会恶化，甚至导致国际争端。而杜绝资源的浪费，可以用同样的数量来满足更多的需求，效率可以减少如下国际争端包括森林、水、石油、钴等，以及资源依赖性，后者可能导致政治紧张。这样，效率可以对国际稳定和安全作出贡献。
- 资源效率还有助于提高就业率。比以往任何时候，更少的人变得"有更高的生产率"，更充分地使用资源，有效地将世界上 1/3 的劳动力边缘化。对于理性的经济激励有不断增长的需求，这将实现更高的就业率和更低的资源消耗。为此，一个可能的途径是减少对劳动力的税收，同时相应增加对资源的税收。

尽管这都是资源效率的好理由，许多经济学家和政治家仍然认为这没有什么新意，并不会像 Porter and van der Linde(1995)所宣称的那样显著推进生产的创新。在社会的许多层面，人们仍然认为资源效率的成本要大于其节省，因为他需要更多的研究、投资和重大的结构调整。不过，研究表明，工业层次的效率不仅能够赢利，还能够在相当短的时间内实现(von Weizsacker *et al*. 1997)。多数的工业变革以及相关的想法集中于更高的技术进步，后者会带来劳动力的更高的生产率，即使这意味着在其他生产投入上会超支。现在的问题是如何让这种意识扎根，从根本上重组工业基础设施和管理。这种情形就要求从“治疗”政策转向“预防”政策。

5.3 命令与控制手段

命令与政策控制系统的核心是一套直接的规范，目的在于对行为进行直接的修正。这些手段包括限额、对行为的直接限制、规定的规范和标准等，由政府建立、控制和强制执行。在过去的几十年中，随着环境保护逐渐成为绝大多数发展中国家的一个不断增长的问题，面向输出的命令与控制手段就成为应对这些问题的首选政策手段。对排水、排气和废物管理，通过诸如排放限额、废物循环要求等进行直接的控制。以下对几个例子进行简要描述。

5.3.1 德国强制购买法

提出的问题：对可再生能源的要求低

目标：提高来自可再生资源的能源消费

命令与控制手段：要求对供应来源确定补贴性的价格

描述：德国电力供应法(“Energy and Sustainable Development：Case Studies”，Background Paper No. 4，Division for Sustainable Development，Committee for Sustainable Development，2001)支持可再生能源的使用，从而减少不可再生能源的使用。他保证电网可以获得来自水力、生物质、沼气、风力和太阳能的电力。此外，他责成那些运行国营电网的公司为这些供应支付优厚的价格。该政策自 1991 年起在全国范围内采用，从那时起，成功推动了发电部门中可再生能源系统的发展。作为其结果，在 2000 年颁布了“授予可再生能源优先权法案”。该法律要求电网的运行者以优厚的价格购买可再生能源电厂的电力。主要是由于这个法律，德国拥有了世界上最大的风能装机容量(“Energy and Sustainable Development：Case Studies”，Background Paper no. 4，Division for SustainableDevelopment，Committee for Sustainable Development，2001)。

5.3.2 欧盟包装指令

提出的问题：过量的固体废物

目标：减少废物体积

命令与控制手段：要求取回产生的废物

描述：欧盟的包装指令是命令与控制手段的另外一个例子，已经成为典型的国家法律。对于那些形成废物排放的生产、针对废物的处理和材料的回收，设定了一系列的标准和要求。在那些采用了该指令的国家中，意大利是一个很好的例子。其包装法律(Decreto Ronchi Bis)的最终版本在1998年被采用。他设定了一些通过从城市固体废物中回收可回用和可循环的物质，实现废物管理和废物最小化的要求。到2004年底，二级原材料的回收率应该达到市政固体废物(MSW)总重量的35%。与之相似，规定了包装材料最小和最大的回用率，并将责任转移到了包装制造商。

5.3.3 加拿大最小能量效率规范

提出的问题：　　能源的过量使用，以及消耗能源设备的低效率标准

目标：　　削减能源消耗

命令与控制手段：对大量耗能设备的多种多样的系列标准

描述：根据能源效率法，加拿大自然资源部(Natural Resources Canada)正在颁布针对多种类型的耗能设备的一系列标准(OECD 1997a)。连续多轮的规范建立过程将考察成组的类似耗能设备。到1995年，已经规定了对25种产品的要求。这些规范处于不断的修正中，以去除那些成本超过收益的规范，以及确定现有标准的全面的成本效率和收益。在这一点上，这些类型的规范标准绝大多数适用于消费产品。不过，他们也是标准的一个例子，能够也必须适用于在生产过程中应用的耗能设备，以减少工业中能量的输入。

尽管，这个例子适用于最终产品的生产者而不是中间产品制造商，放在本章中，是要表明这样的立法也是可能的。如果是这样，很明显，他将会对生产过程中的资源消耗造成影响。

5.4 经济手段

在环境政策中使用的经济手段可以影响到环境产出的政策手段，包括改变“面向经济体的替代性活动的成本和收益”(OECD 1997D)。其目的是为了使环境优先的行动相对于其替代选择在经济上更有吸引力。然而，尽管这种类型的手段有着明显的收益，自20世纪60年以来，命令和控制的手段在环境管理系统及其改革方面仍然是主流(特别是在那些OECD国家)。现在趋势正在向着偏向经济手段的方向发展，从而，经济手段在环境规范中也愈加普遍起来。

在环境规范当中纳入经济手段始于将他们与命令与控制手段共同使用于所称的“混合”或者“打包”的环境规范系统。1989年OECD的几个报告表明，在1987年以前，经济手段基本上是作为面向命令与控制的政策的一种额外补充。然而，1992年和1993年经济手段在某些国家的利用相对于1987年上升了25%(OECD 1997D)。

表5.1列出了在1992年各个国家在环境政策中采用经济手段的情况(Schmidt-Bleeke *et al*. 1999)。

各国的经济手段，1992年1月1日 表5.1

国家	排放收费(其中用户收费)	对产品的收费(其中税差)	押金退款	贸易许可	执行激励
丹麦	3(2)	10(2)	2	0	0
德国	5(2)	3(3)	2	1	0
荷兰	5(2)	4(2)	2	0	0
比利时	7(2)	2(2)	1	0	0
葡萄牙	4(1)	3(1)	0	0	0
意大利	3(2)	2(0)	0	0	0
爱尔兰	2(2)	1(1)	0	0	0
希腊	0	2(1)	1	0	0
西班牙	3(2)	0	0	0	0
英国	1(1)	1(1)	0	0	0
瑞典	3(2)	11(2)	4	0	2
芬兰	3(2)	10(2)	2	0	0
奥地利	3(1)	4(2)	3	0	0
挪威	4(2)	8(2)	3	0	0
美国	5(2)	6(1)	4	4	2
日本	3(1)	1(1)	0	0	0
瑞士	3(2)	2(2)	1	0	0
澳大利亚	5(2)	1(0)	3	1	2
加拿大	3(2)	7(3)	1	2	1

很明显，对于被划分为经济手段的面向输入的环境政策的需求，已经为许多国家政府所认识到。今天，税收是在环境政策的应用中最为有效和最广泛的形式。大概在欧洲最广为人知的例子是CO_2/能源税，在20世纪90年代早期被提出。此举被认为是应对温室效应的有效工具，并为实现生态效率铺平了道路。在1992年的里约热内卢的全球峰会之前，欧共体提出了该项具体建议，引入这样的税收系统。然而并没有形成一致的意见。追随着同样的潮流，欧共体提出了“限制二氧化碳排放改善能源效率社区战略”(EC 1991)(Schlegelmilch 1999)。后来，在1992年，气候变化框架公约(FCCC)被提出来，并获得了欧盟及其成员国的批准。作为这些进展的成果，在1993年提出了一个政策包，其中的一部分付诸实施。这个政策包包括以下要素(Schlegelmilch 1999)：

(1) ALTENER(欧共体关于促进可再生能源的多年计划)：研发(R&D)规划，目标在于推进可再生能源的使用，例如水(水力)和风；

(2) JOULE(焦耳能源研究中心)：支持在能源领域的新技术的研发(R&D)；

(3) 欧共体的SAVE项目：目标在于推进能源的理性使用；

(4) 欧共体的THERMIE项目：推进能够减少CO_2排放的技术；

(5) CO_2/能源税。

尽管在政策包中所建议的所有其他措施已经或多或少进行了成功的实施，该战略的包括CO_2/能源税在内的核心部分却仍然没有实施。税的最为重大障碍之一是某些成员国拒绝实施。

然而，尽管CO_2/能源税还没有实施，已经有了向“绿色税收”的不断改进，特别是在那些OECD国家。例如，在1999年，德国政府实行了自己的生态税收改革政策包。这个改革政策包包括一个向化石燃料和电力征收的分步骤提高的环境税率。其目标是使能源消耗更为昂贵，从而推动可再生能源的使用(OECD 2000)。在同一年，荷兰启动了一项三年政策，提高污染和资源(能源、废水、地下水等)使用的税收，降低劳动力税收(OECD 2000)。与这种类型的经济刺激相关的还有，在OECD报告“OECD国家的工业水定价”(ENV/EPOC/GEEI(98)10/FINAL，May 1999)中进行评估的不同类型的工业水价计划。

政府认识到被划分为经济手段的面向输入的环境政策的重要性的另一个标志，是补贴的去除。在二次世界大战之后，最经常得到补贴的部门是能源和农业部门。能源补贴在历史上扮演着重要的角色，因此，在所有寻求满足环境目标的规范改革的规划中，需要予以强调(OECD 1997c)。世界银行和OECD进行的研究(Larsen and Shah 1992；Bruniaux *et al*. 1992)发现，有超过2000亿美元的能源补贴，绝大多数集中于发展中国家，而且发现，削减这些补贴将会在2010年实现二氧化碳减排量超过10亿t(OECD 1997c)。在1994～1996年间，OECD进行了一项研究(“改革能源和运输补贴”)，研究在其成员国家中去除能源补贴所造成的环境影响(在某些研究中地理版图更大一些)。其主要结论如下(OECD 1997c)：

- 由削减某些补贴所带来的二氧化碳减排是实质性的，但是可能并不像某些经济模型所预测的那么多。
- 其削减将带来最大环境效益的补贴类型，是对煤炭生产拨款或者其他类型的预算以及价格支持，尤其是这些支持还结合有对电力工业投资的支持时。
- 在许多国家中，为居民或者大型工业电力用户提供补贴和免税，在某些国家中尤其显著。去掉这些支持将降低电力消耗，减少这类消耗对环境的影响。
- 某些补贴的去除可能会产生负面的环境影响。例如，补贴在许多国家被用来支持可再生能源和能源保护。
- 绝大多数与能源相关的补贴是出于社会原因，减少低收入家庭的能源支出，保护煤炭开采和能源密集工业的就业率等。在引入改革，减少负面社会影响的同时，也要考虑到这些问题。

表5.2给出了1992年和1993年欧共体针对环境的补助计划的数目(OECD 1997b)。

EC1992年和1993年的针对环境目的的补贴计划 **表5.2**

排　名	国　家	补贴计划数目
1	德　国	101
2	荷　兰	31
3	法　国	25
4	丹　麦	21
5	西班牙	16
6	比利时	14

续表

排名	国家	补贴计划数目
7	葡萄牙	14
8	英国	13
9	卢森堡	12
10	意大利	10
11	爱尔兰	6
12	希腊	4
	总计	267

另外，新的补贴和免税的引入，最常关联到研究与开发或者对可持续生产活动的支持。例如英国的可持续农业以及欧盟或者丹麦的风能发展。

最后，对面向输入的环境措施(更确切的价格和财务信号)的重要性的一个间接认识，是在法国和英国等国家的一种趋势，即废物管理和自来水部门的私有化。此外，欧盟在1997年2月实施了一项关于能源部门开放的指令(Directive 96/92/EC)(荷兰能源研究基金 ECN 2001)。英国率先开放并很大程度上对能源部门进行了私有化(英国天然气、电力供应)。自1990年开始市场开放，到了1999年5月，所有的消费者(商业的、工业的和居民的)都能够选择自己的供应者(私有化现在也被认为是提高面向输出的环境政策的效率的一种强有力的措施)。表5.3列出了公共组织和私人公司在1997年参与不同的环境相关活动的比例(OECD 1997)。

私人和公众环境服务的估计的市场份额 **表 5.3**

	工业废物管理		饮用水分配		废水管理	
国家	公司	国家	公司	国家	公司	国家
比利时	80	20	4	96		100
丹麦	10	90	35	65	2	98
法国	95	5	80	20	40	60
德国	80	20	12	88	1	99
希腊	10	90	无	无	无	无
爱尔兰	100	—	—	100	—	100
意大利	90	10	5	95	10	90
卢森堡	70	30	—	100	—	100
荷兰	60	40	—	100	—	100
葡萄牙	100	—	无	无	无	无
西班牙	80	20	40	60	40	60
英国	90	10	88	12	83	17

5.4.1 现有经济手段的实例

以下的例子给出了一些已有的与在工业和农业中更有效利用自然资源相关的经济

手段。

5.4.1.1 在英国的经济敏感区域用经济手段实现可持续农业

提出的问题：　由密集农业和排水系统所导致的环境破坏，包括湿地的排水、水体的富营养化、田鼠、树木以及宜人景观的消失

目标：　更加可持续的农业实践

经济手段：　可持续农业的补贴

描述：给予特定的生物、景观和有历史重要性的区域的农民以财政补贴(Instruments for change-Making production and consumption more sustainable：http：//iisdl. iisd. ca/susprod)。农民自愿提出降低耕种的强度或者采取规定的保护措施，以此来交换一个固定的年度支付的补贴。建立这种类型的激励手段，鼓励低强度农业，这个做法最早是在1981年的野生物和乡村法(Wildlife and Countryside Act)中被引入英国法律。

5.4.1.2 加利福尼亚的税收信用以及可再生能源的发展

提出的问题：　依赖化石燃料和核电所形成的环境问题，需要通过供应的多样化来保证能源安全

目标：　激励太阳能、风能、地热、生物质能以及其他可再生发电技术

经济手段：　可再生发电的税收信用

描述：创新的政策网络，结合规范和财政引导，使得加利福尼亚的可再生能源部门是全世界最成功的(International Institute for Sustainable Development，http：//iisdl. Iisd. ca/susprod/)。规范改革与税收信用相结合，用来激励可再生能源的生产，从而减少化石能源的使用。信用的引入主要是出自供应安全性的考虑。然而，在20世纪80年代和90年代对其持久性的支持已经越来越多地基于环境的考虑。这个系统就像一个常规的投资税信用一样发挥作用。对于投资于合格的可再生能源项目的工业和个人，减少了缴纳收入税的义务。

5.4.1.3 丹麦的风能

提出的问题：　能源来自不可再生的或者污染的资源

目标：　到2000年，实现风能占国家产能的10%

经济手段：　风力涡轮投资补贴，电力税收返还以及对风能技术研发的资助

描述：丹麦的风能规划是一个很好的例子，表明政府的支持怎样能够使一种替代性的能源在商业上实现。对于私有风力涡轮的补贴激发了需求，创造了一个针对风能工业的用户基地，同时，政府资助的研发(R&D)可以生产出更为可靠和费用效率更高的风力涡轮(International Institute for Sustainable Development，http：//iisdl. iisd. ca/susprd/)。在过去的15年中丹麦对风能的投入要高于其他任何一个欧洲国家。这项计划创造了一个风力涡轮的新型工业。1976年的目标是使得丹麦减少对进口能源的依赖，然而后来环境因素变得越来越重要。

5.4.1.4 **欧盟统一农业政策的改革**

提出的问题：　一项欧盟范围内的农业政策，反映了战后对食物紧缺的关注，已经过时，今天的现实是食物过剩，同时由于过度的耕种而出现环境退化。

目标：　在社会经济上，减少产量，保障农民的收入，在环境上，鼓励可持续的农业和植树造林。

经济手段：　补偿与补贴

描述：改革包括了从价格支持政策到收入支持政策(International Institute for Sustainable Development，http：//iisdl. iisd. ca/susprod/)。包括引入补偿来抵消较低的制度性价格保障，引入针对休耕或者延长期限等环境提议的补贴和对提前退休的经济援助。改革的发起主要是来自在20世纪90年代早期对生产过剩的一个估计—糖类剩余30%、谷物过剩21%、黄油过剩12%。最初的改革发生在1984～1988年间，包括对牛奶的定价。更高强度的改革始于1991年。作为其后果，有了一个对农民的新定义。他不仅被看作一个食物的生产者，而且是一种对于开发和保护农业地区和资源非常有用的园丁。

5.4.1.5 **德国的水税**

提出的问题：　由于对许多环境外在性的忽视而导致水资源价值被低估

目标：　减少或者调整水源开采活动，创造一种稳定的收益来源

经济手段：　资源税

描述：德国水税完全基于一种可操作性的做法(International Institute for Sustainable Development，http：//iisdl. iisd. ca/susprod/)。对想要的结果或者标准进行定义，然后确定税率和税目的结构以获得所需要的结果，并在进入政治过程后进行修正。水价通常在传统上是基于从天然水循环中开采水、水处理、运输和配送的费用进行计算的。水资源的真正价值一对于人类活动以及对于天然生态系统的支持，却没有进行量度。如果水价偏离真实的费用水平(包括影响自然的主观价格)，其定价一般趋于偏低，导致水的过量使用。德国的情形就是如此。这个问题最早是在1988年被提出来，当时水税不是直接手段的替代手段，而是作为他们的补充手段。直接的规范和水资源税被连接起来，因为作为规则，税只有在得到许可或者执照的情形下才能够征收。

5.4.1.6 **法国的水收费体系**

提出的问题：　水污染，水资源被公民随意开采

目标：　使污染者付费，并为废水的处理者提供经济资助

经济手段：　对污染和使用收费，并随后对废水处理提供补贴

描述：一套水的收费和平衡补贴系统建立于20世纪60年代，成为法国水污染控制的核心内容(International Institute for Sustainable Development，http：//iisdl. iisd. ca/susprod/)。这个系统建立在污染者付费的原则上，取得了众所周知的成功。1964年的水法确定了水

收费的框架。1966 年，确定向那些导致水质恶化、从自然资源中开采水和/或改变河床水生态环境的公有或者私有团体收费。对于废水处理的补贴，是作为一种经济刺激手段，推动污染者采取措施避免水质的恶化。所有征收上来的费用用于开发水资源和减少污染。费用可以分为排污费和使用费两类。

5.4.1.7 荷兰降低农业中无机物排放的政策

提出的问题： 由于农田上动物肥料和化肥引起的无机物流失，导致环境的酸化和富营养化

目标： 减少农业中无机物的释放

经济手段(建议)：强制的无机物统计，以及对无机物的释放征收费用

描述：一套不断进展的政策，开始是对氮的固定的标准和收费，逐渐发展为更复杂的针对包括磷在内的无机物流的措施和收费(International Institute for Sustainable Development，http：//iisdl. iisd. ca/susprod/)。荷兰的政策体系，还包括限制动物肥的产量，限定在每个农场计算的水平，规定了不同时间和不同作物的肥料的施用，对过量的动物肥料征收固定费用，还有动物肥料储存和动物存栏量的规则。然而，现在的环境政策有着许多缺点，也没有实现他们的环境目标。除此之外，他们也没有为减少真正的农田上的无机物流失提供足够的刺激。

5.4.1.8 墨西哥糖业中水的合理利用

提出的问题： 甘蔗处理过程中，水的过量的浪费式使用

目标： 在墨西哥的糖厂中更合理地使用水

经济手段： 水价提高

描述：在 1990 年到 1993 年间，墨西哥政府将水价提高了 17 倍(United Nations Sustainable Development - WSSD/CSD：http：//www. un. org/esa/sstdev/index. html)。考虑到糖业占墨西哥工业废水排放总量的大约 40%，因此该工业成为节水的首要目标。在联合国工业发展组织(UNIDO)技术合作项目的帮助和监测下，有三个工厂平均用水量降低 90%，有机污染排放量降低了 20%。

在对面向输入的政策对于各个部门的适用性进行评估时，正常的做法是，国家会选择这个或者那个部门来应用这样一种政策。在所分析的大多数国家中，农业部门消耗了绝大多数的淡水，这就解释了在该部门的水的有效利用的重要性和对可持续农业的关注(表 5.4)。不过，对于那三个国家，其国内最大比例的用水量来自工业部门，也都有很长一段时间的细致的水处理和收费系统。从 5.4.1 部分的例子我们可以看到，法国等国家最早从 20 世纪 60 年代就开始建立这种手段。在法国和英国，另一个明显的趋势是水和能源部门的私有化，其目的是资源利用的更有效的管理和控制。

总之，很明显的一点是，污染和废物管理仍然是重点，而通常资源的有效使用更多的是一种副效应而不是其意图。

部分国家淡水的各部门使用情况

(World Business Council for Sustainable Development 1998) 表 5.4

国　家	农业(%)	工业(%)	市政与商业(%)
中　国	87%	7%	6%
埃　及	88%	5%	7%
印　度	93%	3%	4%
法　国	12%	71%	17%
荷　兰	32%	63%	5%
英　国	1%	78%	21%

5.5 其他手段

这些手段组成一系列不同种类的工具，其中的一些是相当近期内才被引入到环境领域。他们可以被分为三个主要的子类(von Weizsacker *et al*. 1997)：

(1) 环境规划与环境评价手段；

(2) 自愿协议；

(3) 信息披露制度与环境管理与审计制度。

这些手段中，绝大多数通过招募自愿各方支持，并提供给他们以更好的信息、指导、培训等来改善环境情况。在三种类型的手段(命令与控制、经济以及其他)中，第三类手段对于环境保护来说可能是最为创新的方式。因为引入自愿手段的广泛潮流，相对于命令与控制以及经济手段，对于面向输出的环境政策还是相当新的，可能使人期待更少的面向输入的手段。不过，随着对工业中资源的有效使用进行更好的控制的必要性已经在政府的层次得到认可，我们可以期待未来这种手段将扮演重要的角色。目前，自愿协议以及规划项目，绝大多数要与命令和控制手段共同使用，其目的大多在于鼓励环境输出的改善和推进公司内部的效率(Paton 2001)。

5.5.1 柏林中小型企业的环境改善规划

提出的问题：　城市资源的使用以及更清洁的生产

目标：　改善信息的获取，增加清洁生产技术的使用，减少废物的产生

手段：　环境规划计划

描述：环境规划计划由柏林城市发展与环境保护部于1989年制订，鼓励小型和中小型企业改变他们的管理实践，对于生态学事务采取一种全面的、整体性的姿态(United Nations Sustainable Development - WSSD/CSD：http：//www.un.org/esa/sustdev/index.html)。该计划强调围绕绿色事业战略的可持续性议题，包括清洁技术的采用和可持续的或者平衡的实业实践的整合。这项计划所形成的几项改善成果包括：削减废物产生量超过11000t/a，削减饮用水消费62000t/a，削减初级能源用量140000MW/a(从而

减少来自电厂和加热系统的二氧化碳的排放量 44000t/a），削减废水产生量 50000t/a。

另一种形式的自愿协议是已经广泛流行的生态标签计划。欧盟生态标签授予计划建立于 1992 年，用来授予那些降低了环境影响的产品。这是一个自愿计划，制造商可以选择是否申请 OECD 生态标签(1998a)。一般来说，生态标签计划设定了一系列生产的和某种产品的环境影响标准。那些生产工艺符合这些标准的制造商可以为他们的产品赢得生态标签。最为成功的生态标签计划包括：瑞典环境选择(Swedish Environmental Choice)、北欧天鹅(the Nordic Swan)和德国蓝天使(German Blue Angel)(OECD 1997a)。在这一点上，这些标准在绝大多数情形下并不包括对制造过程中资源消耗数量的要求。但是，他们是向正确方向迈出的一步，而引入对资源使用的要求将是对这些计划的进一步改善。

5.6 资源保护国家政策的评价

现在人们逐渐认识到需要转变为面向输入的环境政策。1995 年的欧洲环境署报告表明，推行他们的面向输出的环境政策后，绝大多数欧盟国家并没有在减少气候变化、森林灭绝、生物多样性快速减少等的危险方面取得成功(Gorlach *et al.*，http://www.wupperinst.org)。传统环境政策失败的一个主要原因是忽视了与物质流运动相关的经济因素。高度工业化的经济引发了宏大的物质和能量流，在经过短期的消费之后，相对迅速地释放到环境当中。(Schmidt-Bleek *et al.* 1994)(Gorlach *et al.*，http://www.wupperinst.org)。每一种被开采的资源通过其生命周期形成生态影响。这个过程只能够通过积极的应对措施、投入能量(又形成废物)暂时应付(Spangenberg 1996)(Gorlach *et al.* http://www.wupperinst.org)。与之相反，面向输入的环境政策，目的在于通过聚焦于环境危机的原因而不是其症状，减少这些物质流动。这样，他不是一种修正性的战略，而是一种预防性的战略。

国家政府还没有采用面向输入的环境政策，尽管他们认识到这是必须的。还没有国家建立战略，减少工业部门或者任何其他部门的资源强度。一些国家，比如瑞典和瑞士，正在愈加关注家庭层次的水和能源的浪费性使用。不过，即使有改变这种状况的政策，为了不影响在国际上的竞争力，工业往往会得以豁免。但是，这种政策对竞争性的潜在影响的证据是模糊和不充分的(Chua 1999)，这种看法在经济辩论中占主流，仍然是反对这种政策的最为强硬的理由之一。可以这样总结，这种政府政策的缺失，是由于这样一种事实，那就是这种思想相对较新，与之相对的是，面向产出的环境政策则来自命令与控制的制度和后来的经济激励。

然而，尽管存在政府政策的缺失，基于来自工业的提议而致力于提高资源效率的努力正在收到成效。越来越多的私人公司和工厂在实行资源效率项目，因为避免废物的收益要高于一旦产生废物而需要清除的费用。而且，工业在提高他们的研究投入，来开发更为有效的生产技术(World Business Council for Sustainable Development 1998)。

引入面向输入的政策的少数政府，所选择的应该是经济手段，而不是命令和控制或者其他手段。这与推动资源效率的学术文献中的推荐是一致的。绝大部分经济手段主要是减少农业和能源部门的补贴。值得一提的是，引入新补贴的最为通常的目的是支持农业可持续生产实践，以及推动可再生能源的发展。

建议中的或者已经生效的少数资源效率政策，其目的是减少水和能量的过度使用。这些政策的绝大部分是面向工业的，而且正确的定位于水和能源的大户，例如纸浆和造纸、钢铁，等。不幸的是，对于农业的关注较少，特别是在发展中国家，而农业是一个重要的用水者，关注较少的原因是农业部门的政治影响及其所受到的保护。

一些政府措施不属于 OECD 所列出的三个门类，也有助于水和能源的有效管理。最为显著的例子是水和能源供应和配送工业的私有化，例如在英国、法国和丹麦。然而，这些政策的首要着眼点不是资源效率，而是打破国家对水和能源垄断之后削减费用的潜力。

5.7 支持采用面向输入政策的措施

由于面向输入的环境政策采用得比较缓慢，政府需要采用两种替代的途径达到同样的目标。首先，政府需要加强力度，推进可再生能源，例如太阳能或者风能。回顾现有政策的绝大多数报告都认识到这种需要，那就是要极大减少在能源生产中化石燃料的使用，从而加强对可再生能源的研发(R&D)投资，减少工业对煤和石油等的严重依赖。这样就最终产生两大收益：一是降低化石燃料的用量，稳定现有的资源基地，另一个是减少由于化石燃料的使用所带来的污染。

第二，推动面向输入的环境政策的政府政策，应该更为勇敢一些，坚持提出劳动力和环境税的同时改变。简单来说，理由是，如果劳动力收税减少，而环境税按相应比例增长，则会实现更高的就业率和更符合环境的要求。目前，相对于环境税，劳动力的税收要高，这样就有很大的改善空间。表 5.5 列出了欧盟在 1994 年的税收结构(Schmidt-Bleek *et al*. 1999)。该表显示，真实的环境税所占 GDP 和总税收的百分比削减了。如果资源强度是政府所关注的，那么应该向相反方向移动。劳动力和环境之间的税收差异很大，需要改善和重新分配。表 5.6 给出了 10 倍数国际俱乐部在 1999 年所建议的重新分配(Schmidt-Bleek *et al*. 1999)。

欧盟的税收结构 **表 5.5**

	税占 GDP 份额				税占税收的份额			
税　种	1970	1980	1990	1994	1970	1980	1990	1994
人力资源税	25.2	31.6	33.9	34.3	76.7	84.4	84.9	84.3
(其中劳动力)	14	18.2	19	20.1	42.8	48.7	47.7	49.5
资本税	0.5	0.4	0.6	0.5	1.6	1.1	1.4	1.2
环境税	7.1	5.4	5.4	5.9	21.6	14.4	13.7	14.5
总　计	32.8	37.4	39.9	40.7	100	100	100	100

对税收来源建议的调整 表 5.6

	税占 GDP 份额		税占税收的份额	
税　种	目　前　的	建　议　的	目　前　的	建　议　的
人力资源税	34.3	20	84.3	49
(其中劳动力)*	20.1	10	49.5	24
资本税**	0.5	at least 1	1.2	2
环境税	5.9	20	14.5	49
总　计	40.7	41	100	100

* 包括 85%的 VAT；

** 不概括房地产，该项包括在环境税中。

总之，我们必须认识到，基于这种新观念的政策的建立、调整和实行，是一个长期的过程。“四倍数”的观念仍然处在引入阶段，作为现有的面向产出的环境法规的补充而在缓慢发展。

5.8 参考文献

Arthur P. J. Mol & David A. Sonnenfeld (Editors) (2000) “Ecological Modernization Around the World”. Frank Cass & Co. Ltd., UK.

B. Gorlach, F. Hinterberger & P. Schepelmann, “From Vienna to Helsinki: The Process of integration of environmental concerns in all policies of the European Union”. Wuppertal Institute for Climate, Environment and Energy, http://www.wupperinst.org.

B. Paton (2001) “Efficiency Gains within Firms Under Voluntary Environmental Initiatives”. Journal of Cleaner Production, Volume 9, pp. 167~178.

Canada-The National Roundtable on the Environment and the Economy: http://www.nrtee-trnee.ca/eng/home_e.htm.

Committee for Sustainable Development (2001) “Energy and Sustainable Development: Case Studies”. Background Paper no. 4, Division for Sustainable Development, CSD9.

David Wallace (1995) “Environmental Policy and Industrial Innovation: Strategies in Europe, The US and Japan”. The Royal Institute of International Affairs-Energy and Environmental Programme, Earthscan Publications Ltd., UK.

E. von Weizsacker, Amory B. Lovins & L. Hunter Lovins (1997) “Factor Four: Doubling Wealth, Halving Resources”. The New Report to the Club of Rome, Earthscan Publications Ltd., UK.

Eco-Lex-A Gateway to Environmental Law: http://www.ecolex.org/.

Environment and Development Economics (October 2000) Volume 5, Part 4, published in association with the Beijer Institute of ecological Economics, Cambridge University

Press.

European DataBank-Sustainable Development: http://www.sd-eudb.net/index-gb.htm.

European Eco-Efficiency Initiative: http://www.wbcsd.ch/eurint/eeei.htm.

European Environment Agency, 'Environment in the European Union at the Turn of the Century'. Chapter 2.1-Meeting needs, consuming resources and Chapter 2.2-Economic Developments, http://www.eea.eu.int/.

F. Schmidt-Bleek, Yannis Paleocrassas, F. Lehner, Willy Bierter & T. Charles (1999) "The International Factor 10 Club's Reports of 1999". Wuppertal Institute for Climate, Environment and Energy.

Francois Leveque (1996) "Environmental Policy in Europe: Industry, Competition and the Policy Process". Edward Elgar Publishing Limited, UK.

Frits van der Leeden, Fred L. Troise & David Keith Todd (1990) "The Water Enciclopedia". Second Edition, Lewis Publishers, USA.

George L. Van Houtnen & Maureen L. Cropper (1994) "When Is a Life Too Costly to Save? Evidence from US Environmental Regulations". The World Bank, Policy Research Working Paper No. 1260.

Instruments for Change-Making Production and Consumption More Sustainable: http://iisdl.iisd.ca/susprod/.

"International Journal of Environment and Pollution" (2001). Volume 15, No. 2, Inderscience Enterprises Ltd, UK.

Journal Of Environmental Economics and Management (January 2000) Susmita Dasgupta, Hemamala Hettige & David Wheeler: "What Improves Environmental Compliance - Evidence for Mexican Industry". Volume 39, Number 1, Academic Press.

Kai Schlegelmilch (1999) "Energy Taxation in the EU and Some Member States: Looking for Opportunities Ahead". Wuppertal Institute for Climate, Environment and Energy, http://wupperinst.org.

Natural Resources Research Information Pages: http://www4.ncsu.edu/~leung/nrrips.html.

Netherlands Energy Research Foundation ECN (March 2001) "Energy Policy Framework Developments in Industrialised Countries: Some Observations on the Relevancy for China", The Netherlands.

OECD (1990) "Environmental Policies for Cities in the 1990's". OECD Publications, France.

OECD (1991) "Environmental Labeling in OECD Countries". OECD Publications, France.

OECD (1996) "Innovative Policies for Sustainable Urban Development: The Ecological City". OECD Publications, France.

OECD (May 1997a) "Eco-Labelling: Actual Effects of Selected Programmes". OCDE/

GD (97) 105, France.
OECD (1997b) “Environmental Policies and Employment”. OECD Publications, France .
OECD (1997c) “The OECD Report on Regulatory Reform: Volume I-Sectoral Studies” . OECD Publications, France.
OECD (1997d) “Reforming Environmental Regulation in OECD Countries”. OECD Publications, France.
OECD (1997e) “Regulatory Impact Analysis: Best Practices in OECD Countries”. OECD Publications, France.
OECD (1998) “The Environmental Effects of Reforming Agricultural Policies”. OECD Publications, France.
OECD (December 1998) “Voluntary Approaches for Environmental Protection in the European Union”. ENV, EPOC, GEEI (98) 29/FINAL, France .
OECD (2000) “Greening Tax Mixes in OECD Countries: A Preliminary Assessment”. COM/ENV/EPOC/DAFFE/CFA (99) 112/FINAL, France.
Policies of the European Union: http://www.europa.eu.int/pol/index-en.htm.
Pollutec: http://www.pollutec.com/index_en.htm.
“Renewable Energy Report” (January 2001). Issue 23, Financial Times.
Robert Repetto (March 1995) “Jobs, Competitiveness and Environmental Regulation: What are the Real Issues?”. World Resource Institute.
Rupert Howes, Jim Skea & Bob Whelan (1997) “Clean and Competitive? Motivating Environmental Performance in Industry”. Earthscan Publications Ltd, UK.
S. Afsah, B. Laplante & D. Wheeler (October 1996) “Controlling Industrial Pollution: A New Paradigm”. Policy Research Working Paper no. 1672, The World Bank, Policy Research Department.
S. Dasgupta, A. Mody, S. Roy & David Wheeler (1995) “Environmental Regulation & Development: ACross-Country Empirical Analysis”. The World Bank, Policy Research Working Paper No. 1448.
Scientific and Industrial Research for Australia: http://www.csiro.au/.
Stephen C. Young (Editor) (2000) “The Emergence of Ecological Modernisation”. Routledge, USA.
Sustainable Development Department, Food and Agriculture Organization of the United Nations: http://www.fao.org/WAICENT/FAOINFO/SUSTDEV/SDdef_en.htm.
Swee Chua (1999) “Economic Growth, Liberalization and the Environment: A review of the Economic Evidence”. Annual Revision Energy and Environment.
The European Commission: http://europa.eu.int/comm/trade/whats_new/index_en.htm.
The International Institute for Sustainable Development: http://iisd.ca/.

United Nations System-Wide Earthwatch：http：//www. unep. ch/earthw. html.
United Nations Sustainable Development-WSSD/ CSD：http：//www. un. org/esa/sustdev/index. html.
United States Department of Agriculture - Natural Resources Conservation Service：http：//www. nrcs. usda. gov/.
United States Environment Protection Agency-National Center for Environemtal Economics：http：//www. epa. gov/economics/.
World Bank Group-Urban Publications：http：//www. worldbank. org/html/fpd/urban/publicat/publicat. htm.
World Business Council for Sustainable Development：http：//www. wbcsd. ch.
World Business Council for Sustainable Development (1998) "Industry，Fresh Water and Sustainable Development". WBCSD and UNEP.
World Conservation Monitoring Centre：http：//www. wcmc. org. uk/.
World Resources Institute：http：//www. wri. org/.
Wuppertal Institute for Climate，Environment and Energy，Annual Report 1999/00，http：//www. wupperinst. org.

6
链环境管理战略

Geoffrey Hagelaar and Jack van der Vorst

6.1 概述

工业已经更活跃地参与到环境保护中。减少污染物的排放有多种途径。在管路末端治理、清洁生产技术和环境友好产品设计等范围内可以找到解决方案。为实行这些措施，并最终实现封闭的工业循环，公司必须对自身进行组织以达到该目标。在这个意义上，封闭的生产系统不是一个技术问题，而是一个组织问题。在组织方面，封闭系统也是很突出的。DuPont 的后勤经理(Clifford Sayre)将供应链管理(SCM)定义为一个封闭的回路："从用户出发，又回到用户。在这个回路中，流动着所有的原材料和成品、信息，甚至所有的交易。它需要将你的产业视为一个连续的过程"(Gattorna and Walters 1996)。在封闭的协作中，链中的公司可以更好控制一个产品的设计、生产和分配：从摇篮到坟墓。

链合作也逐渐成为经济的必需。现代商业管理的一个显著的范例变化是，单个的商业不再以独立的自治的实体，而是以一个供应链来参加竞争(Christopher 1998)。严格来说，供应链不是从一个到一个，从这个实业到那个实业的链条，而是多个商业和关系构成的一个网络。执行者开始认识到，成功的协作，供应链中关键实业过程的整合和管理，将决定单个企业的最终成功(Van der Vorst 2001)。Lambert and Cooper(2001)在他们的研究关于供应链管理(SCM)的议程中，论述了执行者这种不断增长的意识。根据他们的观点，SCM 中首要的是，要研究建立一种规范的模型，能够指导他们去建立和管理他们的供应链。建立链的管理潮流，也符合要应对环境毁坏的观点。

最近，环境供应链(ESCM)吸引了更多的注意力，其定义是，与公司的产品和服务的设计、获取、生产、配送、使用、回用以及处置相关的涉及自然环境的供应链管理所持有的政策、采取的行动、形成的关系的集合(Zsidisin and Siferd 2001)。生命周期分析(LCA)可以被看作 ESCM 的主要手段，LCA 是一种技术，用来收集关于环境关怀主题的信息，这些信息用来重组供应链，以实现供应链更好的环境性能。总体而言，LCA 在所采取的步骤中有了很好的描述(Van Koppen 2000)。不过，当我们从不同层次，围绕不同的目的来建立 LCA 时，其结果也是不同的。所以说，LCA 是一种与上下文相关联的工具。

此外，为了实现 LCA 的环境目标，需要供应链中的工作和协作的专门途径。各种组织可以寻求不同的环境关怀水平。当追求不同水平的环境关怀的时候，不同的供应链结构将更为合适表现为供应链参与者之间的不同合作强度，或者不同合作层次。

图 6.1 描绘了这种思路。供应链中的参与者追求某种环境关怀战略。当所有的参与者就该战略达成一致时，可以说，就有了满足政府规则和规范的“供应链环境关怀战略”。这种战略通过可操作性转化，成为一系列的环境性能指标，例如，对于遵从战略，是不同程度的排放水平。追求不同的战略时，就出现不同的性能指标和/或给予每个指标不同的权重。从而，我们就可以识别不同类型的环境性能，如不同的排放水平。

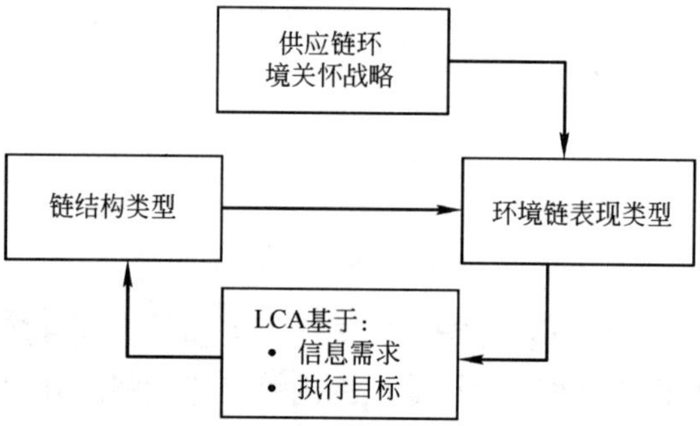

图 6.1 从环境关怀战略到链结构

如果一个供应链在实现特定的性能目标后仍继续努力，那么一种特定的供应链结构比另一种更为适合。供应链内的参与者需要了解关于排放、产生和过程的信息，来控制、管理和指导他们的链向着目标迈进。LCA 提供信息测定供应链的环境性能。但是，不是所有的信息都适合所有的情形。当寻求某种特定的环境性能目标时，某些特定的 LCA 数据集就要比其他的数据集更为适合。

这导致对以下问题的陈述：

(1) 要确定什么类型的环境性能目标？

(2) 当采取某种环境关怀战略时，需要什么(选择什么样的)LCA 数据(LCA 应当怎么样被使用?)

(3) 什么样的供应链结构是(最)适合用来实现那些目标的？

6.2 供应链管理

6.2.1 发展

“供应链管理”(SCM)是个相对较新的词汇。他最先出现于 1982 年的物流文献中，作为一种库存量管理手段，强调原材料的供应(Oliver and Webber 1982)。Houlihan

(1985)，Jones 和 Riley(1985)对该概念进行了详细描述，强调了公司内部和之间库存量的削减。Jones 和 Riley(1985)阐明，SCM 应该满足最终用户服务需求，确定在 SC 沿线的库存量存放位置以及在每个点存放多少，并建立适当的手段和流程，将 SC 作为单一的条目来进行管理。Lee 和 Billington(1992)指出，SC 分析远不仅仅是库存量模拟。它还可以延伸到配送战略分析，以及其他类型的 SC 问题(Lee and Billington 1995)。

在 1990 年左右，学者们最早从理论的角度对 SCM 进行了描述，澄清了在物流管理以及在相应的信息流管理方面，它如何区别于更为传统的方式(Ellram and Cooper 1990)。最先，据 Bechtel and Jayaram 所述(1997)，其重点是推动产品的输送以及协调供方和买方之间的供应和需求。零售、杂货和其他库存量高的工业物流经理开始认识到，可以通过原料的进站和出站的渠道管理，实现显著的竞争优势，关于采购的文献指出，SCM 从一个采购功能升级进化到全面规划过程的一个完整部分。

尽管在开始，SCM 主要是在采购文献中讨论，现在的重点则放在了将货物供应给客户，满足他们需求的整个过程。在工业层次已经有了这种类似的提议，比如，在食品工业。提出了各种各样的概念，比如“延伸的企业”，其特点是，一个主导的公司将其视野从货物供应延伸到整个供应链的运行范围，起着带头作用，确定着节奏。“虚拟企业”特点是由一定数量的不同公司进行互补，其中一个公司扮演着经纪人的角色(Hayfron *et al*. 1998)。

6.2.2 供应链管理的定义

这些年以来，链协作已有好几个定义(见 Beers *et al*. 1998；Zuurbier *et al*. 1996；Cooper *et al*. 1997)。现阶段，还没有一个单一的被普遍接受的可以涵盖所有领域的定义。然而，定义之间仍然可以找到共同点。链式协作的众多定义中用到的关键词包括(Migchels 2001)：由几个组织构成的一个网络；工艺与交易；获得更好结果；控制与协调；纵向管理；面向消费者；灵活的，非整体组织。

这些关键词在 SCM 的定义中被交错使用。全球供应链论坛将 SCM 定义为一个从末端用户到原始供应商的整体的商业过程；它提供产品、服务和信息，为消费者和股东提供价值(Lambert *et al*. 1998)。关于 SCM 的一个新出版物“Supply Chain Management Review”的编辑将 SCM 定义为，“为获得可持续的竞争优势，与从原料阶段到最终用户的货物移动有关的所有那些活动的成功合作与整合”。这包括活动，像系统管理、来源与获取、生产日程安排、订单处理、清单管理、运输、仓库费以及客户服务(Cooke *et al*. 1997)。Cox(1999)将 SCM 定义为‘…一种思维的方法，试图发现工具和技术，用来提高运行有效性和效率，贯穿必须在内部或者在外部建立的交付渠道以便支持和向客户提供公司产品和服务’。这帮助我们确定了在本章中采纳和使用的定义：

SCM 是一种 SC 中的所有后勤事务和活动的整体的规划、协调和控制，在 SC 整体上以更低的费用提供更好的客户价值，同时满足 SC 中其他股份持有者的要求(Van der Vorst 2000)。

SCM 植根于战略层次的决策。当然，SCM 包括实施和运行的层面，包括在高层管理层之下的日常运行(Ganeshan *et al*. 1999)。Cox(1999)确定了 SC 中的两个尺度。第一个是运行 SC，第二个是企业家 SC。运行 SC 是在每一个公司内的，指一系列初级和支持性 SCs，任何公司都必须建立这些 SCs，提供输入和输出，将产品和服务递送到客户。企业家 SC 是指公司把自己在初级 SC 中进行战略定位。Houlihan(1985)指出，区分的因素是在 SCM 的战略决策制定方面。SCM 超出了包含成本的界限，将运行的决策和公司内外的战略考虑联系在一起。Ellram and Cooper 指出(1993)，SCM 是一种方法，对整个网络，从供应者到最终的消费者进行分析和管理，以获得整个系统的“最佳”的产出。他包括分析 SC 库存量的层次和位置，管理整个渠道的信息流并协调其工作，最好地满足客户的需要(Ellram and Cooper 1999)。

6.2.3 价值链

为了能够满足客户的需要，应当对所有参与公司的所有活动进行协调，使他们能够有效和有效率地致力于最终产品。这个思想的基础概念是“增值活动”，来自于 Porter 的“价值链”框架。1985 年 Porter 引入了价值链框架(图 6.2)来描述一个独立组织的活动。这些活动所创造的价值，减去执行这些活动所产生的费用，代表了该组织所创造的边际效益。价值是一个买家为获得公司的产品所愿意支付的数量，用总收益来计算。整套的“增值活动”分为主要活动和支持活动两类。Porter 将主要活动定义为：“涉及产品的物理创造、销售、传送到买家和售后服务的活动”。支持活动被定义为，“支持主要活动以及相互支持的那些活动，提供购买的输入，技术，人力资源，以及多种多样的公司范围内的功能”(Porter 1985)。一个组织的价值链，是一个独立活动的系统；一项活动的执行，会影响到其他活动的费用或效果。比如，从一个卫生工程师的角度来看，价值链涉及的是生产流程特定顺序的不同阶段对废水的水质和水量的各自作用。当生产流程的一个阶段进行了重新设计之后，由于这个改变的影响，需要重新评估生产流程中其他后续阶段对所产生废水的影响。Porter 的理由是价值链可以用于鉴别和理解竞争性优势的特定来源以及他们与为客户创造增值的相关性。

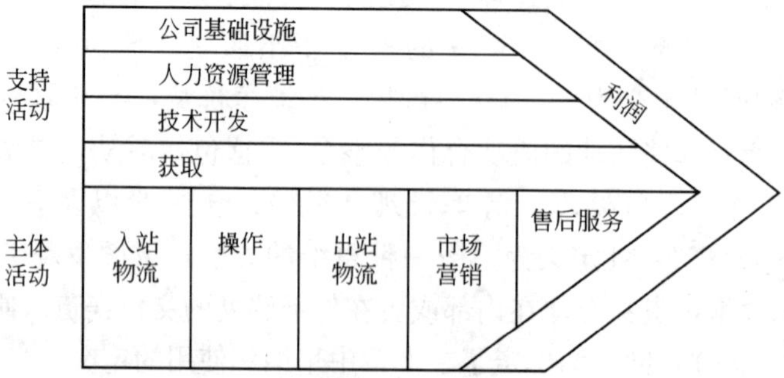

图 6.2 价值链(Porter 1985)

价值链不仅提供了系统性的方法来检验单个公司的活动，同时也检验 SC 内部成员公司的活动。Porter 称之为“价值系统”；他包含了供应者、消费者和组织本身的价值链(请与 Stern 等的市场渠道相比较(1996))。价值系统不是一个独立活动的集合，而是一个相互依赖的活动的系统。供应者不仅提供一种产品，他们还能够在很多方面影响公司的表现。许多产品通过了供应者的价值链，他们的供应者也是如此(Porter 1985)。Downey(1996)偏向于“系统”这个词，因为他意味着一种交互式的动态关系，发生相互作用。这些关系可能不是线性的，而是编织在一个复杂的网络中，动态交互，完成最终的目标。在他的观点中，“链”这个词显然意味着不同元素的相互关联，是一种从末端到末端的线性连接。

图 6.3 描述了一个处于整体网络中的一般意义上的供应链。每个公司至少属于一个供应链，也就是说，他至少拥有一个供应者和一个消费者。一个供应链从末端消费者开始，向上游上溯，在每个工业层次有一个参与者。网络中的其他参与者影响供应链的表现。正如 Hakansson 和 Snehota(1995)所指出的，在两个公司之间发生的事，并不单纯取决于所涉及的双方，而取决于一系列其他关系的情况。Wilding(1998)称之为“并行的交互作用”。因此，一个供应链的分析应当在整个网络的背景下进行或者予以评价。

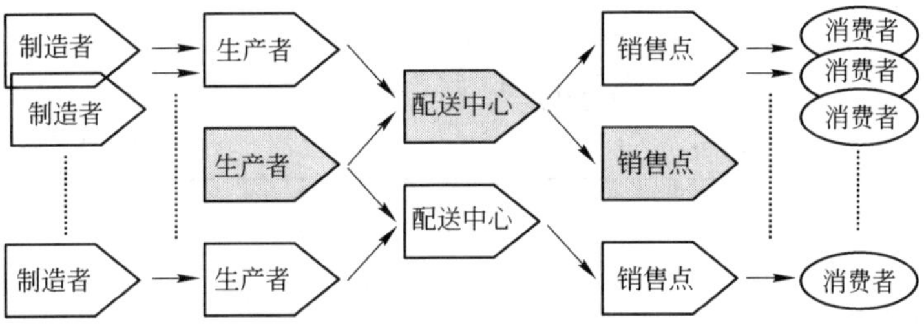

图 6.3　整体供应网络中一般供应链(阴影)的示意图

6.2.4　伙伴关系

在供应链内部，关系可能会有多种多样的合法形式，包括纵向的整合，长期合同，以及市场交易等。Cooper 和 Ellram(1993)认为，供应链管理处于完全纵向整合的系统与每个渠道伙伴都完全独立运作的系统之间(图 6.4)。

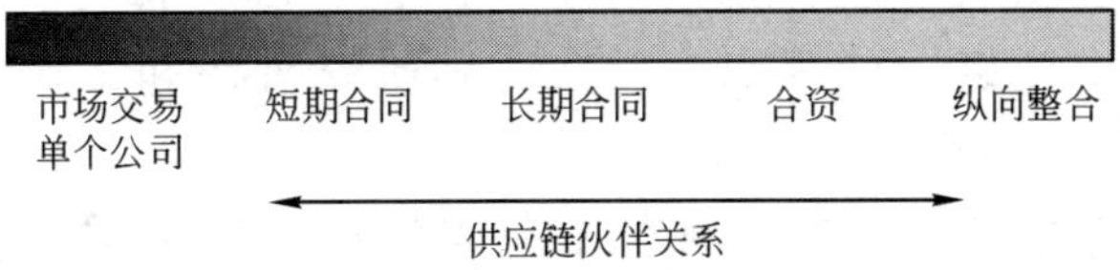

图 6.4　供应链伙伴关系的类型

在战略伙伴关系中，重点是各方之间的合作和伙伴关系，而不是竞争和冲突关系，这是发展联合竞争优势的基础。伙伴关系是指这样一种关系，试图建立相互依赖性，增强协调，改善市场定位(更广泛或更深入)或者实现其他共同的目标；在一致同意的一段时间内分享收益和负担(Cooper and Gardner 1993)。伙伴关系是一种特定的关系，其特点是相互信任、开放和共同承担风险和回报，从而形成战略性的竞争优势(Handsfield and Nichols

1999)。生命周期评价(LCA)的应用需要供应链中数据的透明度和政策的一致性，从而形成我们在以下部分看到的开放和信任。

表6.1综合了文献上关于在市场、合同法、经济和后勤方面的伙伴关系的内容(Cooper and Gardner 993；Xuurbier *et al*. 1996；Simpson and Long 1998；Lambert *et al*. 1998)；表6.1列举了文献中所提到的各方面，这些方面关系到一种伙伴关系是否合适。因为每一种伙伴关系有他自身的推动因素，来推动其发展，同时也有他自己独特的运作环境，其时期、宽度、力量和封闭等将随着具体案例的不同而不同，也会随着时间的发展而变化。

伙伴关系的关键成功因素 **表6.1**

合作关系的驱动力	合作关系的主要辅助因素	成功的合作关系的特征
· 资产—成本效率(降低成本) · 服务消费者(e.g. 缩短循环时间) · 市场优势(e.g. 开辟新市场) · 利润稳定/增长	· 战略互补性 · 社团兼容性(文化与事业目标) · 管理哲学与技巧的兼容 · 相互关系(联合目标，共享敏感信息) · 权利均衡	· 联合规划 · 全球SC运行控制 · 系统的可操作的信息交换(快速与准确传递) · 利益/风险共担 · 信任与承诺 · 延伸性(伙伴关系可持续到未来) · 共建文化交流平台

6.3 生命周期评价

供应链管理的文献表明，有各种各样的推动因素、辅助因素以及成功特点等，来建立和维持供应链。这种在伙伴关系中的分工，必须与生命周期评价的执行和供应链结构之间的良好调整相结合。

供应链必须产生关于环境破坏的信息，以实现封闭的工业循环。换句话说，环境供应链管理(ESCM)预示了产品寿命的所有生产阶段的信息，试图从环境的角度使之更为有效和有效率。生命周期分析从环境的角度考虑链：从原材料到产品的使用、回用以及处置阶段。将LCA整合到供应链中的观点，正在得到研究机构和工业的越来越多的支持(Duflou *et al*. 2000；Lefebvre 2000)。

生命周期分析是将产品在生命周期中造成的环境后果进行整体性评价的手段(Voorhoeve 2002)。整体性是指，在评价中包含了导致环境负担的所有过程。不幸的是，现在没有执行生命周期分析的标准途径，而且关于生命周期分析有大量的定义(Van Koppen 2000)。关于生命周期分析的定义目前最为官方的版本是ISO 14040定义(ISO 14040 1997)。在该ISO“实践规范”中，生命周期分析被分为四个主要步骤，包括：

● 目标定义及确定范围

在该部分中，解决了生命周期分析所必须要回答的问题。对目标(例如，可比较产品的基准或不同工艺步骤的影响程度)以及范围(如信息的详细程度)进行了确定。一个很重要的步骤是功能单元的划分：找出用于环境负担分析的单元。

● 清单分析

对产生环境负担的所有过程列出清单。对每个过程，排放、原料的开采、其他产品的输入以及经济产品的输出等，都在环境数据表上进行绘制和记录。

● 影响评估

在该阶段，通过将环境措施和环境主题如全球变暖、臭氧消耗和富营养化等相关联，对环境措施（如排放）对环境的影响进行评估。

● 解释

研究者从目标和范围定义的角度对清单和影响评估的结果进行解释。

文献报道了在生命周期分析的执行过程中出现的相当多的问题以及使人难以选择的场合（Bras-Klapwijk）：

● 代表性与合法性

提出的问题是，生命周期分析的结果，是否是链的可持续性的真实反映。在功能单元划分，以及对于环境主体参与中的选择以及权重判断中，遗漏的数据，计算错误，不恰当的假设，可能会妨碍对链的环境问题的认识。考虑到这些影响因素，我们可以认为，生命周期分析并不能够提供绝对的数值（Van der Kolk 1995）。

● 专门用途

Fraanje 和 lindeijer（1993）指出，由于数据的陈旧和/或遗失、不恰当的假设、重要选择的缺失以及较差的数据集合等，必须仔细评估生命周期分析的质量和用途。当我们想实现一种国际代表性的结果时，环境主题的缺少可能是一个问题，但是对于那些想改善他们环境表现的公司而言，这不应该是问题。对于单个公司或者链的目标，问题可能出在生命周期分析的数据库充满了平均的工业数据。在这种全球性的数据基础上很难为一个特定公司选择特定的供应者。

● 回报

Schaltegger 指出，生命周期分析现在的应用成本效率较低。对于具体的链，数据的收集是非常贵的。在另一方面，充满了平均工业数据的数据库对于具体的公司和链很容易导致错误的管理判断。

● 理解与透明度

生命周期分析越复杂，对于非环境专家来说，就越是不够透明和难以理解。不易理解就会导致两种沟通问题：一种是在环境工作人员和总经理之间（见 Schuster 1998），还有就是在公司和客户之间。透明度描述的是其他各方对公司过程内部的了解程度。由于与竞争地位相关的数据保密性，这种观点可能会引起争议。

从管理的角度来看，生命周期分析手段的应用并不是没有问题的。对于生命周期分析的执行必须要做出选择，确定投入的资源数量，确定实施长远决定所需要的信息，为了满足股份持有者而需要的信息，并确定信息的可出版性。另一方面，生命周期分析也潜在地使收集产品生命循环的有价值信息成为可能。为了在一个公司或者链中使用生命周期分析手段，必须要回答以上所有这些问题。关于生命周期分析的应用，需要做出一个战略选择。之所以是战略，是因为要在生命周期分析基础上实行某些措施，必须兼顾工艺布局、供应者与购买者之间的合作强度以及与客户和其他股份持有者之间的关系。

6.4 环境关怀战略与生命周期分析的类型

几个股份持有者对单个公司和链提出要求来降低由其生产过程或产品所导致的环境负担。股份持有者、投资者、保险者、压力集团、政府机构有基于他们自身利益的具体的问题和要求。同时，雇员、竞争者以及(末端)消费者对公司也非常重要。公司或者公司链必须根据他们自身对于市场变化的认识以及他们自身的优点和弱点应对这些要求。在提出内部和外部的对于改善环境表现的要求之后，公司必须形成他们的环境关怀战略(Welford and Gouldson 1993)。

通过文献研究，得出了以下适用于单个公司和供应链的环境关怀战略的类型(e. g. Vermaak 1995；Spliethoff *et al*. 1991；Van Koppen en Hagelaar 1998)：

- 面向遵从：借助管路末端技术，满足规则和规范。面向遵从的措施的完美例子是水净化设施和安装在烟囱上的过滤器，来消除某种特定的排放。
- 面向过程的战略：通过生产整合措施，努力控制由生产过程所导致的环境负担，实现对政府规则和法规的遵从和良好的回报(“污染防治收益”)。面向工艺过程措施的例子，如采用新技术节省水或者其他原料或者重新设计工艺，在生产过程中产生较少的废物。
- 面向市场的战略：目的在于减少由产品设计所带来的环境负担，以赢得竞争优势。在这个环境关怀阶段，研发(R&D)部门在其设计过程中也结合考虑了环境。

不管采取什么样的环境关怀战略，公司必须对以下内容有深入认识：

- 由运行管理所导致的环境后果，如，从过程的排放到原料
- 影响风险的可能性与限制因素
- 基于政府规则和规范的责任感
- 已经实施的技术
- 市场
- 可用预算

在供应链中，针对环境目标进行战略选择。这就暗示着，如果目标发生变化，那么进行决策所需要的信息也要随着变化。对于所需要的生命周期分析数据，目标起着选择标准的作用。基于这个假设，可分出表 6.2 所示 3 种类型的生命周期分析。

当环境关怀战略更为高级时，生命周期分析就需要产生更详细的信息。我们可以看到信息收集的方向从组织(遵从)的外围进入工厂(过程)，并最后进入产品(市场)。为了以一种可靠的和有效率的方式收集这些详细信息，要对供应链中的公司之间的合作提出要求。

LCA 的类型　　表 6.2

LCA 的类型	数据集合
面向遵从的 LCA	管路末端(排放等)
面向工艺的 LCA	管路末端，工艺步骤，运输
面向市场的 LCA	管路末端，工艺步骤，运输，原材料的状态与数量，处置

6.5　生命周期分析实施类型的要求

关于减轻环境负担的措施的范围可能有多重决定。生命周期分析能够触发单个公司采取这样的措施。他还能够导致在供应链中，在一个特定的地方，进行一种共同的努力。他甚至还能够导致关于改变产品设计的共同努力(Van Sonsbeek *et al*. 1997)。很明显，为了做出这种联合决策，需要某种形式的链合作。

产品链是根据参与公司的联合目标和他们所同意的条件组织起来的(Zuurbier and Hagelaar 2000)。在谈论多参与者供应链的时候，我们应该清楚一点事实，即不是所有的链都是一样的。链的外部和内部环境可能都不同，链的设计来自于这种环境。为了对供应链进行分类，将讨论供应链的 3 个相互关联的组元：机构、过程和表现，这些组元被设计来满足那些内部和外部的需求(Trienekens 1999；Mintzberg 1983)。机构是指供应链中的公司以及他们之间的相互关系。过程是指参与方活动的顺序。表现则是指链的共同目标(Trienekens 1999)。

表现，在本章中是指预期的环境表现。他被定义为供应链中物理过程的组合以及那些控制、管理和指导这些物理过程的组织的成果。为满足这些环境表现目标，过程和组织必须进行专门的设计。因此，继续我们的思路，每个类型的生命周期分析需要他自己类型的过程和机构，来满足其特定的表现目标(表 6.3)。

实施各类生命周期分析的要求　　表 6.3

	生命周期分析的类型		
	面向遵从	面向过程	面向市场
机　构	分散的	协商的	公共的
过　程	黑箱： 对外在效果进行鉴别（如排放）	核子： 对内在的效应和诱因进行鉴别	升华： 对工艺的后续效果进行鉴别
表　现	添加独立的管路末端的治理	添加管路末端治理和工艺步骤	整体的联合的管路末端治理，工艺步骤和处置

面向遵从类型的生命周期分析指向链中单个的链接。链中的每个具体的参与方都必须遵从规则和规范，不能逾越基本的规范。在这种类型的生命周期分析中，过程并不重要，因为他是作为一个黑盒子存在的，目光聚集到了排放上面。链是一个松散的组织，因为每一个公司都单独遵从针对这个具体公司的(政府)要求。链的环境表现，在遵从类型的情形

下，是所有单个表现的总和。

面向市场类型的生命周期分析是后者的镜像。环境表现是进行设计和生产一件产品的共同努力的结果。这就需要一个链结构设计来集中工作以打开新市场。关键词是“整体的”和“共同的”。在这种链结构中，很好的协作过程步骤的最终结果是，分析的整体性层次。

总之，随着生命周期分析应用的目标层次的提高，为满足更高的环境表现目标，链需求也在提高。

6.6　供应链结构与要求

我们的思路的最后一个步骤是划分供应链结构，来与三种类型的生命周期分析进行匹配。Chandler(1962)的奠基性的研究 Strategy and Structure: chapters in the history of industrial Enterprises 指出，需要不同类型的组织来有效应对不同的战略和环境。他认为，环境变化是适当结构选择中的一个关键因素。按照这条推理路线，Lawrence 和 Lorsch (1969)认为，有效的组织的分化和整合的状态将会变化，这取决于特定环境的要求。环境越是多样化和动态变化，有效的组织就会更加的分化和整合。同时，他们还发现，如果组织越是分化，那么实现整合就会越困难。为了克服这个问题，有效的组织有着整合性的设计，与环境的多样性相一致。他们的结论是组织没有最佳的途径，后来这一观点被广泛接受。

供应链必须满足股份持有者不断改变的要求，这些持有者包括消费者、客户、分支组织，竞争者或者政府。这种机制环境总体上影响供应链并特别影响其战略和结构。我们可以认为，链的结构必须与这些要求相适应，才能够满足这些要求(Mintzberg 1983)。

根据以下两种尺度，可以分辨出 4 种供应链结构(Zuurbier and Hagelaar 2000)(图 6.5)：

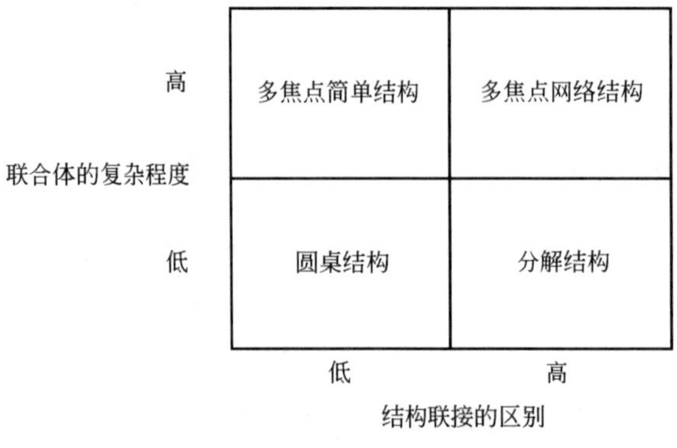

图 6.5　供应链结构的类型学

- 供应链的复杂性程度，由功能的数目所定义(后勤、市场，等)，包括在伙伴关系中
- 供应链中伙伴之间结构联系的分化，定义为影响决策过程的伙伴之间的咨询结构的数目。

圆桌结构是最为简单的一个。在影响到决策过程的伙伴之间有几个咨询结构，集中于满足一个功能。所有其他的业务功能和管理功能则分别由单个的伙伴来应对。

多焦点简单结构是说，伙伴间很少有咨询结构，参与到共同的针对几个功能的决策过程。在每个公司内决策的制定与联合的决策制定相配合。这种情形很像等级结构，那里每个部门都有小的决策空间。

分解性结构，其特点是在伙伴关系中仅包括有限数目的功能。不过，这些功能本质上都要求高度分化的协作咨询结构，以及伙伴之间横向的和纵向的良好协调。这种情形的一个例子是，高技术先进联合体。

最后一种结构是多焦点网络结构，适合的情况是，伙伴关系要应对多个功能，决策过程在横向和纵向高度分化。安装在这些结构当中的机制包括单个功能的联合小组、共享的设施、功能之间的和跨功能的接口、针对全面管理联合体或者供应链的指导机制、集中或者分散的基于问题分解的决策。

6.7 案例研究

为了将我们的发现找到在实践中的位置，以下给出两个演示性的案例。第一个案例研究是圆桌结构的例子，第二个是多焦点网络结构。基于这些案例研究和理论探讨，将讨论生命周期分析类型和所需的链合作结构的关系。

6.7.1 屠宰副产品链

在屠宰场去骨和对畜体分解，是为了满足零售商和消费者对于即食产品和方便食品的寻求，也意味着生产副产品的集中。这些副产品的体积是很显著的，对于家禽和猪，分别占到40%和20%重量，主要是动物营养物质(Sonsbeek *et al*. 1997)。

屠宰副产品链包括以下参与者：一个屠宰场，一个中心加工厂和一个动物饲料处理厂，将原材料转变为饲料成分。这个链总体上有多种多样的环境问题。屠宰场总体上有气味问题，大量的用水，形成大量的废水(同样产生气味问题和污泥)以及高的耗能。加工厂处理高危险的材料，也有气味问题。动物饲料处理厂也有气味问题和高的水与能量消耗。

一个详细的供应链分析指向了遵从水平作为主要的环境关怀战略；特别是，由于外部的风险，内部的组织结构(非常分散的任务)以及在所涉及的组织之间极少的信息共享(见表6.2)。不过，公司急于知道通过整体性的措施所能实现的潜在的费用节省。

生命周期分析的场景建立在遵从层次(每个公司处理各自的问题)和工艺层次(链层次上的工艺措施，如对屠宰场进行物品分类，减少在中心加工厂和动物饲料处理厂的问题)。尽管通过工艺措施，可以在链层次上实现费用节省，主要是由于缺少组织之间的信任(导

致在供应链中间的信息透明度有限），参与者选择了遵从层次和圆桌结构。

6.7.2 咖啡分配链

咖啡分配链包括咖啡豆种植者、处理咖啡豆的小公司、进出口公司、咖啡烘焙厂、零售商和消费者。总体上，咖啡种植者存在以下环境问题：高用水量、杀虫剂和肥料的使用可能导致地下水和地表水问题。处理咖啡豆的小公司需要应对果浆废料、气味问题和工艺中对水的使用问题。咖啡烘焙厂主要导致气味问题，除此之外，还有与运输有关的全面的能源问题。从供应链环境的角度来看，最终消费者导致了包装问题(Nijhuis *et al*. 1996)。

咖啡分配链的参与者在考虑一种面向市场的环境关怀战略，以应对最终用户的更高的环境需求，并获得对于预期节省费用的深入认识。与这种战略一致的是执行了一个面向市场的生命周期分析，其中包括了上述的环境影响。收集了关于咖啡分配链的每个步骤的详细环境信息。

通过分析，形成了整个链上环境问题的详细描述和预计采取的一系列措施。例如，咖啡烘焙厂可以变得技术上更为先进，回用果浆废料，采取更有效率的运输以及废水的净化，新的技术能够削减用水量，或者能够开发出更为环境友好的产品包装。为了能够开发和实施这些措施而建立了咨询机构。例如，在处理咖啡豆的小公司和生产者之间，可以将果浆废料回用作肥料。另一个例子是，在处理咖啡豆的小公司和当地政府部门和商业协会之间建立咨询机构，推动在处理咖啡豆的小公司之间就适当的环境措施进行技术转让。另一个咨询机构建立在链的所有参与者之间(种植者、处理咖啡豆的小公司、进口者、咖啡烘焙者和零售者)，来讨论和实现他们的物流和他们的环境友好产品的市场经营。总之，为了收集这样详细的生命周期分析数据，并实施从这些数据所得出的结论，需要一个多焦点的网络结构。

6.7.3 将生命周期分析的类型与供应链合作结构相联接

在链合作结构的理论描述的基础上，我们可以总结，随着咨询结构的复杂性增加和不断细分，需要更为紧密的伙伴关系。以上两个案例表明了这种观点。在咖啡配送链的情形中，参与者必须互相开放，讨论和投资，以实现经营一种环境友好的咖啡的整体目标。这个目标的实施对供应链伙伴之间的合作提出了很高的要求。这是合乎逻辑的，因为更多的信息是在工艺或者产品的层面进行交换，需要一种更为开放和值得信任的合作模式。在这种合作的情形下，甚至可能是这样，遵循着供应链管理的思路，公司对链内的其他的公司进行投资，以改善整体的环境表现。在屠宰场副产品链的案例中，我们发现，尽管有很多可能性，通过预防措施，能够节约金钱(面向过程的生命周期分析)，但并没有实现生命周期分析类型与链合作结构之间的匹配。为了满足面向工艺的目标，对伙伴关系的要求对于(某些)参与者来说过高；他们选择了生命周期分析的遵从水平和圆桌合作结构。图 6.6 将这些发现与不同类型的生命周期分析联接了起来。

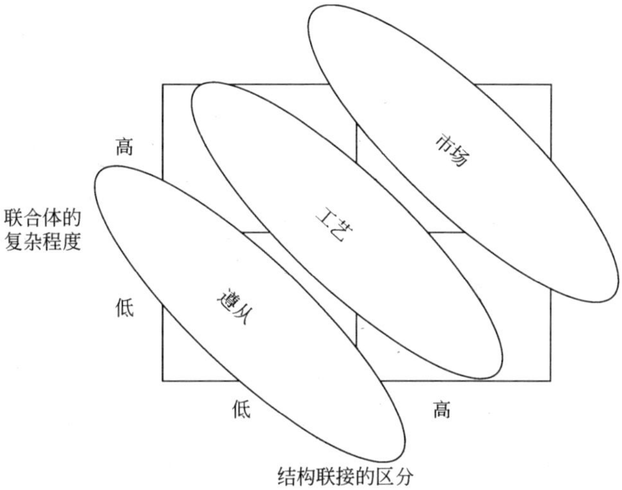

图 6.6　生命周期分析的链结构与类型(见图 6.5)

6.8　闭式工业循环链式管理的前景

为管理一个封闭的系统，生命周期分析手段作为一种建构供应链的工具而被引入。在本章中有三个基本点来理解和指导在供应链中生命周期分析的整合。首先，了解链的环境关怀战略是选择生命周期分析类型的重要的第一步。这对于生命周期分析中应用的信息的管理性的选择是非常关键的(表 6.2)。第二，了解在供应链(表 6.3)中执行生命周期分析的需求，对于生命周期分析本身执行的可行性以及生命周期分析的结果是非常关键的。不管计划的环境目标能否实现，管理的问题会突然出现。第三，了解生命周期分析类型和链结构的类型(图 6.6)之间的关系，对于保证生命周期分析的执行和基于环境链战略的目标的生命周期分析的实施是非常重要的。

如果希望将生命周期分析作为一种管理手段，他们必须调整链的结构，来满足应用该手段的相应要求。如果没有实现链结构的适宜性、信息收集和以生命周期分析为基础的减少环境负担的措施的实施将不会成功。这意味着，成功的闭合工业循环，从本章的角度来看，只有通过收集正确的环境数据和调整链组织之间很强的匹配才能够实现。生命周期分析专家必须和链管理的专家紧密合作。

最后，生命周期分析类型和链结构之间的关系并不是静态的。毕竟生命周期分析类型的选择要以环境链战略的选择为条件。该战略受到链外其他因素的影响，例如竞争、政府法律、消费者偏好以及其他股份持有者的偏好等。战略也受到链内部因素的影响，比如预算、知识、技术、合作等。简单地说，还要进行其他的更为全面的分析，这将直接影响供应链的环境选择。将环境关怀整合到更全面的链政策当中，将会推进供应链中生命周期分析的数据收集工具的整合。

6.9 参考文献

Beers, G., A. J. M. Beulens and J. C. Van Dalen, 1998. "Chain science as an emerging discipline." pp. 295-308 in G. W. Ziggers, J. H. Trienekens, P. J. P. Z uurbier, eds., Proceedings of the 3rd International conference on chain management in agribusiness and the food industry, Wageningen Agricultural University: Netherlands.

Bechtel, C., J. Jayaram, 1997. Supply Chain Management: a strategic perspective, "International Journal of Logistic Management", 8, 1, 15-33.

Bras-Klapwijk, R. M., 1999. Adjusting Life Cycle Assessment Methodology for Use in Public Policy Discourse, Phd. Thesis, Technical University Delft: Delft.

Broersma, H., 1991, Co-makership-samenwerken tussen uitbesteder en toeleverancier, Amsterdam: Wolters (in Dutch).

Chandler, A. D., 1962. "Strategy and structure", MIT Press.

Christopher, M. G., 1998. Logistics and Supply Chain Management; strategies for reducing costs and improving services, London: Pitman Publishing.

Cooper, M. C., D. M. Lambert and J. D. Pagh, 1997. "Supply Chain Management: more than a new name for logistics", International Journal of Logistics Management, 8, 1: 1-13.

Cooper, M. C. and L. M. Ellram, 1993. "Characteristics of SCM and the implications for purchasing and logistics strategy", The International Journal of Logistics Management, 4, 2: 13-24.

Cooper, M. C. and J. T. Gardner, 1993. "Building good business relationships-more than just partnering or strategic alliances?", International Journal of Physical Distribution and Logistics Management, 23, 6: 14-26.

Cooke, J. A., 1997. In this issue, Supply Chain Management Review, 1, 1, 3.

Cox, A., 1999. Power, Value and Supply Chain Management, "Supply Chain Management", 4, 4, 167-175.

Downey, W. D., 1996. The Challenge of Food and Agri Products Supply Chain, In: Proceedings of the 2 International Conference on Chain Management in Agri-and Food Business, Eds. J. H. Trienekens, P. J. P. Zuurbier, Wageningen Agricultural University, Ede, The Netherlands, May 1996, 3-13.

Duflou, J, W. Dewulf, P. Beullens, D. Van Oudheusden and D. Cattrysse. Levenscycluse ngineering, In: Het Ingenieursblad, 10, 2000, p. 20-27.

Ellram, L. M. and M. C. Cooper, 1990. Supply Chain Management, partnership and the supplier-third party relationship, "International Journal of Logistic Management", 1, 2,

1-10.

Fraanje, P. J. and E. W. Lindeijer, 1993. "Kwaliteit en doelmatigheid van productlevenscyclusanalyses in Nederland." Milieu, 8, 6: 257-261 (in Dutch).

Ganeshan, R., E. Jack, M. J. Magazine, P. Stephens, 1999. A taxonomic review of Supply Chain Management research, in: "Quantative models for Supply Chain Management", S. Tayur, R. Ganeshan, M. Magezine (eds.), Kluwer, 839-879.

Gattorna, J. L., Walters, D. W., 1996. "Managing the Supply Chain; a strategic perspective, MacMillan Press, London.

Hakansson, H., Snehota, I., 1995. Developing relationships in Business Networks, London, Routledge.

Handfield, R. B. and E. L. Nichols, 1999. Introduction to Supply Chain Management, New Jersey: Prentice Hall.

Hayfron, L. E., A. S. Carrie, U. S. Bititci, K. V. Pandya, 1998. Manufacturing franchising and enterprise networks, in: Strategic management of the Manufacturing Value Chain, Bititci, U. S. and A. S. Carrie (eds.), Kluwer, 315-322.

Houlihan, J. B., 1985, International Supply Chain, "Management, International Journal of Physical Distribution and material Management", Vol. 15, 1, 22-38.

ISO 14040, 1997. Environmental management-life cycle asssmant-goal and scope definition and inventory analysis, International Organisation for Standardisation (ISO), Geneva.

Jones, T. C. and D. W. Riley, 1985. Using inventory for competitive advantage through Supply Chain Management, "International Journal of Physical Distribution and materials Management", 15, 5, 16-26.

Koppen, C. S. A. van, 2000. De rol van LCA in besluitvormingsprocessen in de agroproductieketen, University Wageningen (internal report, in Dutch).

Koppen, C. S. A. van and J. L. F. Hagelaar, 1998. "Milieuzorg als strategische keuze: Van bedrijfsspecifieke situatie naar milieuzorgsystematiek." Bedrijfskunde, nr. 70, 1: 45-51(in Dutch).

Kolk, J. van der, *et al.*, 1995. Milieugericht ketenbeheer door bedrijven: Een handreiking aan het management. Samsom H. D. Tjeenk Willink, Alphen a. d. Rijn (in Dutch).

Lambert, D. M., M. C. Cooper and J. D. Pagh, 1998. "Supply Chain Management: implementation issues and research opportunities." International Journal of Logistics Management, 9, 2: 1-19.

Lambert, D. M. and M. C. Cooper, 2000. "Issues in Supply Chain Management." Industrial Marketing Management, 29: 65-83.

Lawrence, P. R. and J. W. Lorsch, 1969. "Organization and environment", Irwin.

Lee, H. L., C. Billington, 1992. Managing supply chain: pitfalls and opportunities,

"Sloan Management Review", Spring, 65-73.

Lee, H. L., C. Billington, 1995, The evolution of Supply chain Management Models and practices at Hewlett-Packard, "Interfaces", 25, 5, 42-63.

Lefebvre, L. A., 2000. The LIPE-project: Methods and tools for knowledge-based, adaptive SME's (not published).

Migchels, N. G., 2001. The ties that bind: A dynamic model of chain co-operation development. Eindhoven University of Technology, The Netherlands, to be published.

Mintzberg H., 1983. Structure in fives: Designing effective organizations. Englewood Cliffs.

Nijhuis, E. W. T., Aardoom, J. M. G., Wolters, T. J. J. B. 1996. "Integraal ketenbeheer en ontwikkelingssamenwerking in de koffieketen tussen Costa Rica en Nederland", Milieu, 11, 20-27(In Dutch).

Oliver, R. K., Webber, M. D., 1982. Supply Chain Management: Logistics catches up with strategy, "Outlook", cit. Christhopher, M. C., 1992. "Logistics, The strategic issue, Chapman and Hall, London.

Porter, M. E., 1985. "Competitive advantage, Creating and sustaining superior performance", New York: Free Press.

Schaltegger, S. (ed.), 1996. Life cycle assessment (LCA)-Quo Vadis? Birkhäuser Verlag, Basel.

Schuster, M., 1998. Bridging the gap. Thesis IHS/Evironmental sociology WU, Rotterdam/Wageningen.

Simpson, M. And P. D. Long, 1998. "Effective Supply Chain Management: theory and practice." Pp. 260-266 in U. S. Bititci and A. S. Carrie, eds., Strategic Management of the Manufacturing Value Chain. Kluwer.

Spliethoff, H. and J. van der Kolk, 1991. "Bedrijfsmilieuzorg: ontwikkelingen in en samenspel tussen technologie en organisatie", pp. 131-146 in T. Mol, G. Spaargaren and B. Klapwijk, eds., Technologie en Milieubeheer, SDU, Den Haag (in Dutch).

Sonsbeek, van, J. Th, M., P. van Beek, H. A. P. Urlings, P. G. H. Bijker and J. L. F. Hagelaar, 1997. "Mixed integer programming for strategic decision support in the slaughter by-product chain." OR Spektrum, 19, 2.

Stern, W. L., A. I. El-Ansari, A. T. Coughlan, 1996, "Marketing channels, 5 edition, Printice Hall, London.

Trienekens, J, 1999. Management of processes in chains: A research framework, Phd thesis Wageningen University, The Netherlands.

Vermaak, H., 1995. "Strategieën voor groen concurreren". Holland/Belgium Management Review, nr. 45: 80-87 (in Dutch).

Voorhoeve, 2002 (in this book).

Vorst, van der J. G. A. J. , 2000. Effective food supply chains; generating, modelling and evaluating supply chain scenarios, PhD-thesis Wageningen University, The Netherlands.

Welford, R. , A Gouldson, 1993. "Environmental Management and Business Strategy", Pitman Publishing, London.

Wilding, R. 1998. Chaos, Complexity and Supply Chains, "logistics Focus, 6, (8), 8-10; and Wilding, R. , 1998. The supply chain complexity triangle; uncertainty in the supply chain, International Journal of Physical Distribution and Logistic Management, 28, 8, 599-616.

Zsidisin, G. A. and S. P. Siferd, 2001. "Environmental purchasing: A framework for theory development. European." Journal of Purchasing & Supply Management, 7: 61-73.

Zuurbier, P. J. P. , J. H. Trienekens and G. W. Ziggers, 1996. Verticale Samenwerking, Deventer: Kluwer Bedrijfswetenschappen (in Dutch).

Zuurbier, P. J. P. and J. L. F. Hagelaar, 2000. "On designing governance structures for supply chains". Pp. 455-465 in J. H. Trienekens and P. J. P. Zuurbier, eds. , Proceedings of the fourth international conference on Chain management in the agribusiness and the food industry, Wageningen.

7
工业生态系统的生态现代化

Kris van Koppen (C. S. A) and Arthur P. J. Mol

7.1 概述

不容置疑的是，工业生态学将迅速成长为世界性的重要研究领域。如果将麻省理工学院(MIT)自 1997 年开始出版的工业生态学杂志作为一个参考点，案例研究的数量在增长，与之并行的是，有更多的大量的理论分析，涉及的题目也多种多样，包括工业代谢、X 因素、矿物质去除、环境设计、生态工业园、技术转变和工业共生。工业生态学越来越多地融入了长期存在的学术传统，被纳入生命周期分析与设计、环境管理系统、清洁生产和生态效率等。由此，工业生态学对一些人来说，成为侧重于工业生产(越来越向消费延伸)和自然环境相互关系的广泛研究领域的代言者，而对另外一些人来说，工业生态学的观点和概念，对于生态工业物业方面更受限制的研究，表现得更为有用。

无论多广义还是多狭义地去理解工业生态学，绝大多数的学者都不会否认，工业生态学研究以及多种多样的相关学术传统已被证明在工程和环境科学中是特别强劲的。尽管一本最近的教科书声称，“工业生态学中的重要定理，包括了物理和生物科学、工程、经济、法律、人口学、政策研究与商业研究”(Allenby 1999)，并且绝大多数人都会认同所有这些定理对于工业生态学的必要性，而工业生态学研究的实践表明并非如此。工业生态学者以及工业生态学研究所关注的中心问题是自然环境与生产—消费系统多种多样的单元之间的物质流动，以及两者实现和谐所需的技术上的改变。为了描绘出工业系统内部以及工业系统与环境之间的关系，首先要描述和分析“材料”的相互作用，“投入和撤出”(Schnaiberg 1980)。在做出物质流动的这种分析并给出主要的技术解决方案时，对社会的、制度上的、组织上的、政策尺度上的这些与物质流动相平行的元素，通常缺少足够的理论研究。就像 Jackson and Clift(1998)所指出的：

“工业生态学需要社会学家所称的‘机构理论’。也即是说，需要有一定的概念，知道在工业生态学中都有哪些角色，他们的行动的动机是什么，等等。确实，工业生态学这个比喻的整体上的成功，关键取决于其关于机构的假设。”

与这种发现相符合，从参与者和制度的角度，我们试图将此贡献延伸到工业生态学的更为技术的/物质流动的方面。这样的一种视角或者理论，为我们提供了一种工具，来分析将工业生态学的概念付诸实践的过程中哪些参与者或者机构(能够)扮演更为活跃的角色。通过该工作，从生态现代化的角度出发，我们将建立一种对于工业生态学的更偏向参与者和制度的视角，并通过独立参与者的网络模型，实现这个社会理论的可操作性。这样一种观点验证当然在于尝试：在分析工业的绿色链条的实际情况时，这种观点能够为我们提供什么？我们将从我们的参与者和制度的角度来分析不同参与者，在生态工业园的不同阶段和整体架构中的作用，并就工业园环境管理和工业生态学研究，得出一些结论。

7.2 作为工业转型概念之一的工业生态学

7.2.1 工业生态学的产生

工业生态学的概念已经有大约 30 年的时间，但是直到 20 世纪 90 年代他们在社会上却甚少得到共鸣—值得一提的是，日本是一个例外，日本早期的工业生态学研究对工业政策产生了显著的影响(Erkman 1997)。该概念的最近在学术和商业圈的绽放是 Frosch and Gallopoulos 的一篇发表在《科学美国人》专题“管理地球”上的文章(1989)。受到这篇文章的激发，Arthur D. Little Inc. 公司的一位顾问 Tibbs(1991)撰写了“工业生态学：工业的新环境纪元”，将该观点在工业领域推广开来。这导致了一个新阶段的到来，相关出版物在增加。Cote *et al*.(1994)、Graedel and Allenby(1995)、Lowe *et al*.(1995; 1997)，Ayres and Ayres(1996)这些名字，只是在工业生态许多文献中经常遇到的名字中的几个。一股不断增长的关于工业生态学的文章潮出现在几个环境与经济杂志上，其中也包括始于 1997 年的工业生态学杂志(Journal of Industrial Ecology)。

工业生态学的核心概念是从生态系统的角度对工业系统进行研究。这个角度基本上包括两个出发点。首先，工业系统本身应当被解读和分析为一个特定的系统，拥有物质、能量和信息流的配置(与生态系统没有差别)。第二，工业系统依赖于生物圈所提供的资源和服务。在工业系统内部的流动以及在工业系统和生物圈之间的流动都必须从封闭循环的角度进行优化，并且由自然生态系统作为例证。一些作者将生态学外推，将来自生物过程的一些原理应用于工业过程。例如，利用太阳能作为惟一的能源；剩余物质的循环；毒性物质产生和应用的当地富集；分散的自我组织过程的应用等(见 Lowe 1997 的参考文献)。但是，正如绝大多数的工业生态学家所认为的那样，这种类比可能是有益和令人鼓舞的，但他们不能延伸到工业过程的所有领域(e. g. Lowe 1997; Boons and Baas 1997)。

通过对工业生态学文献的调研我们可以了解到，在过去几十年中独立形成的许多环境管理概念，正在逐步变成工业生态学所包容的一个分支：污染防治、环境管理系统、环境政策中的新方法、生命周期分析和生命循环管理、环境设计以及其他。对于工业生态学来说，综合方法是其特点。正是这种方法的潜力解释了这个概念为何能够流行。尽管其下属的概念多种多样，关于工业生态学的划分以及工业生态系统的相关概念仍存在清楚的共识。

工业生态系统的特征是，一个工业的社区以及其他的组织，互相协作以实现更好的环境和经济表现，换句话说，更高的生态效率。另一个特征是空间的分布。对于生态工业园，社区主要坐落于一个工业不动产或者工业区域。对于工业生态系统的其他情形，其地理位置会更广，涵盖一个市政区域或者一个地区。

工业生态学被认为是一个更为广义的概念，包含了工业生态系统以及一些手段，这些手段遵循生命循环管理以及环境设计（或生态设计）和服务业的原则，寻求环境的改善(e. g. Gertler 1995; Lowe 1997)。这样，工业生态学对两种方式的工业生态系统进行研究：一种是工业生态系统，一种是产品链—或者经济学家可能称谓的—价值链。在生态系统配置中，生态工业园是工业生态学研究的主要方向；在产品链配置中，主要的方向则是去物质化和服务经济(Erkman 1997)。

工业代谢的概念最早由 Ayres 提出(1989)，侧重于生产和消耗系统中物流的分析。因此它可以被视作工业生态学的工具之一。

通过对工业生态学文献的回顾，我们不能仅仅认识到生态工业园吸引了工业生态学家最多的目光。还应清楚的一点是，绝大多数工业生态学的更为实际的努力是侧重于生态工业园。如 Lowe *et al*. (1997)所指出的，“工业生态系统和生态工业园(EIPs)的概念是工业生态学中最为坚实的词汇。卡伦堡，一个丹麦的工业生态系统的故事，已经发出了一个全球性的信号，那就是工业可以与自然以一种更好的方式共存。”在工业生态学传统之内，建立并展示其制度化层面时，本章也是从工业园开始的。不过我们也将看到，当对生态工业园的多种变化进行追踪时，产品链的层面最终还是会浮现。

7.2.2 生态工业园

《生态工业园发展实用手册》(Lowe *et al*. 1995)将生态工业园定义为：

“一个制造业和服务业的社区，通过环境和资源管理方面的协作，寻求更好的环境和经济表现。通过协作，产业社区能够实现的整体收益要大于各个公司仅通过最优化其单个的表现所获得收益的总和。生态工业园(EIP)的目的是改善所参与公司的经济表现，同时最小化其对环境的影响。该方式的组成部分包括公园的基础设施和工厂的新的或者更新的设计、污染防治、能源效率以及跨公司的合作。通过协作，该社区变成了一个‘工业生态系统’”。

大范围的各种各样的动议被提出来，有的是受到了工业生态学的激发，而有的则是被独立提出来的。他们在一定程度上满足这种描述。以下列出了几个生态工业园的例子，包含了几种工业在不同环境领域的协作：

- “作为一个生态系统的工业园”项目，位于加拿大 Nova Scotia 的伯恩赛德工业园始于 1992 年，与工业园的其他部分一样，建立了适用于剩余材料交换的基础设施(Cote *et al*. 1994)。
- INES(工业生态系统)项目位于荷兰鹿特丹地区的港口，始建于 1994 年。提出了几项有利于环境改善的提议，同时参与了该区域的能量回用与可持续的水利用(INES 1997)。目前，正在开始采取一些最有前途的措施，并成立了一个项目组织 INES Mainport，负责更深入的开发和传播工业生态学的潜力(INES 2001)。

- 休斯顿船舶运河(The Houston Ship Channel)是一个庞大的石化基地，位于美国休斯顿运河的两岸。长久以来，该地区的工业一直在交换他们生产活动的副产品，例如，天然气净化过程中洗脱下来的化学物质。与以上介绍的项目不同，上面的项目是由工业生态学的研究者发起的，而本项目的协作则主要是由经济利益所驱动的(Lowe *et al*. 1997)。

除了这些例子之外，还有大量的小项目，只包括几个公司，而且只考虑一个或者两个环境领域。Cote 和 Cohen-Rosenthal(1998)列出了美国和加拿大的几个例子；Ministerie van Economische Zaken 做了关于荷兰的回顾(1998)。一个著名的国际活动是零排放研究计划(ZERI)，该计划启动了几个项目，将不同的工业过程捆绑在一起，使之对环境的影响最小化。例如，来自啤酒酿造的有机废物被回用于面包生产、蘑菇养殖和鱼类养殖，在纳米比亚、加拿大、德国和日本都有了这类项目(ZERI 2001)。此外值得一提的是，关于潜在生态工业园的项目研究，例如 Brownsville/Matamaros 研究(Martin *et al*. 1996)。文献关于生态工业园的例子中，相当一部分内容，事实上属于这种项目研究。

迄今为止，最为人所知和最为精细的生态工业园的例子是卡伦堡(Kalundborg)(见下)。卡伦堡是工业生态学的一个突出案例。然而，不仅展示了建立一个生态工业园的可能性，还展示了其困难。10 年的工业生态学的推动，并没有给我们带来第二个可与之相比的例子。为什么会这样？有多个因素，其中一个主要因素涉及了生态工业园的社会和制度方面。正如 Cote 和 Cohen-Rosenthal(1998)所概括的，"卡伦堡的经验，不是对其管路进行描绘，而是揭示了已存在的关系。使卡伦堡成为一个范例的是它的参与者允许并不断鼓励相互的作用，而不是它已经有了特别出众的技术突破。

7.2.3 工业生态学需要社会理论

尽管最初的和更为传统的工业生态学研究的重点放在工业"有机体"之间的物理关系上，一些最近的研究呼吁重视在生态工业园的开发过程中工业和非工业角色之间的社会和组织关系(e. g. Lowe 1997；Boons and Baas 1997；Ruth 1998；Cote and Cohen-Rosenthal 1998；Jackson and Clift 1998)。这些作者中绝大多数都认为，社会机制和参与者方面的问题在迄今为止的工业生态学研究中被忽视了。如果有什么区别的话，那就是，所称的"社会背景"的角色，在工业生态学研究中，经常太相信"股份持有者"分析：一个区别不明确的，而且通常是武断的一个参与者的列表，这些参与者在这个或者那个方面与工业相关。这种股份持有者分析通常缺少理论背景，分析的清晰度不够，同时对于社会动力学、机制以及这些参与者在环境改革过程中相互作用的过程缺少系统分析。

如果我们想把工业生态学从设计桌上更多地转移到实践当中，基本的一点是，要深入研究这些工业转型过程中的参与者与社会机构的看法。对于这些看法以及分析框架，至少有两个中心问题比较急迫。首先，需要理解和澄清在公司战略层面的公司间合作。工业生态学的收益以及公司进入的动机通常的表现形式是同时的环境改进和经济节约。然而，公司的环境战略是更为复杂和动态的，而不是简单的物流和金融流的计算。第二，除了相应公司战略之外，我们还需要有更好的分析，深入理解单个公司所在的社会环境，以澄清生态工业园公司与他们的社会环境之间的相互作用如何以及到什么程度，触发或者不触发工业生态协作。人们逐渐认识到，其他的参与者，而不仅是手册所定义的“实业”，也登上了工业生态学的舞台。政府、居民、环境组织、大学、消费者、信用与保险公司等等，不能够仅仅被看作处于工业生态学边缘的附属的参与者。对他们角色、位置以及相互依赖性的理解，对于了解生态工业园的成功与失败，是基本的条件。

为了充实 Jackson 和 Clift (1998)所提出的“机构理论”，不过我们称之为对于工业生态学的参与者或者社会机制的看法，我们遵循三个步骤。第一，社会理论对于我们而言是一种有用的整体框架，它概括了社会机制和参与者对环境方面的工业转型的看法。第二，这个理论将通过社会连续性以及变化的网络视角，实现可操作化。这个网络最初的观点来自 Cote and Cohen-Rosenthal(1998)以及 Boon and Baas(1997)关于工业网络的工作。第三，要对公司环境管理战略加以分类。

7.3 工业转型中的代理与机构

7.3.1 作为社会理论的生态学现代化

生态学现代化理论是最为人所熟知的将工业转化作为其所反映的核心目标的当代社会理论(Spaargaren and Mol 1992；Mol 1995；Spaargaren 1997；Mol and Sonnenfeld 2000)。生态现代化理论出现于 20 世纪 80 年代后期，是对当时工业—环境关系方面占主导地位的理论，包括新马克思主义、反工业主义和新自由主义的反应。前两个理论认为，在现有的工业生态学的条件下，不可能进行任何显著的环境变革。而后者则声称，工业资本主义将会通过其内在的动力学和逻辑，自动解决任何环境问题。与之相反，生态现代化理论指出了核心的动力学、机理、机制和参与者，这些因素将推动不够持续的工业系统走向更为环境友好的方向。在工业系统的环境改革中，技术和经济制度和参与者扮演着重要的角色，次于更为传统的参与者，如国家和环境方面的非政府组织(NGO)等。以下对生态现代化的理论假设做一个简单的介绍。

生态现代化理论中最基本的假设是在社会实践和制度发展中存在一个以生态利益、观点和思考为中心的运动，其结果是现代社会连续的生态学重建。生态学重建是指在现代社会的中心制度中由生态学引发的或者环境激发的转型或者变革过程。制度的调整，当然不应当被看作是当代社会的一个新现象，而是一种持续的过程，在某个阶段被加速，这个阶段往往在之后贴上自身的或者全球现代化的标签(cf. Beck *et al*. 1994)。目前的阶段与 1980 年前的阶段有所不同，表现在工业社会机制变化过程中环境考虑的重要性有所增加。

在生态学现代化理论中，随着生态学的角度或者理性与其他角度或者理性相比，越来越自治化和独立，它被概念化为一个分析水平(cf. Mol 1995 and 1996；Spaargaren 1997)。至少在上个世纪的社会学理论，就经常分析相对独立的经济、政治和社会文化理性、逻辑以及现代社会从传统社会中走出来而成熟的过程中的问题(cf. Polanyi 1957；Giddens 1984)。社会上不同的领域或者系统(如，生产和消费、政治系统，等)，受到这些独特的逻辑、独特的“规则”、独特的理性以及独特的机构的统治。例如，只有在资本主义之下，经济领域才被认为是一个独立领域，有他自己的机构，自己的获益的逻辑，自己的经济游戏的规则，等等。通过宣称(西方)社会现代化的一个新的阶段已经开始，生态现代化理论从旧有理论中定义了一种新的生态角度和理性的出现。在政策/政治，和文化/意识形态之中，一些值得注意的环境方面的转变从20世纪70年代和80年代早期就开始了。专门应对环境问题的政府组织、部门和法律的建立，始于那个年代。而在70年代，一个单独的绿色意识形态—例如，以环境非政府组织和环境杂志的具体形态—开始出现，特别是在80年代，这个意识形态变得越来越独立，再也不能解读为旧的政治意识形态，如社会主义、自由主义或者保守主义，正如Cotgrove(1982)、Spaargaren、Mol(1992)和Giddens(1994)所强调的那样。

但是，造成一种生态学层面逻辑和理性不断增长的自治性概念的关键的转化在最近才出现。在此之后的70年代和80年代，生态学的层面和理性在政治和社会意识形态领域变得相对独立，这种不断独立的过程延伸到了生产和消费的经济领域。此前的经济领域都是由经济的逻辑和理性来统治的。根据绝大多数学者的观点，当这种经济领域证明会产生“生态学问题”时，这个最后的步骤是最为决定性的。其结果将是，一缓慢的但是稳定的一在经济领域的生产和消费过程将更多地从经济和一个(相对独立的)生态学的观点进行分析和判断以及设计和组织。最早的一些深层的机制变革始于80年代，显示出生态学理性和逻辑在生产和消费的经济领域的一种不断增长的独立性。这些改变包括，环境管理系统和清洁生产的出现，包括生态税在内的环境产品的经济价值，环境激发的债务和保险的应用，公共和私人企业的环境目标，如环境资源节省与循环的不断增长的重要性，新产品的设计中包容了环境目标，以及经济供求中环境考虑的明确化等。在工业生态学标题下，我们可以很容易辨别多种多样的概念和战略。

为了更全面的理解，还需要两条注解。首先，全面和平等地与其他利益一起考虑环境利益，只有当生态学理论、逻辑和观点从其他逻辑，理性和观点中分离出来之后，才成为可能。如果生态学的观点和理性保持不清晰的状态，那么任何整合结果都仅是有用的。第二，这些向着生态学独立性的转变的事实应当被分析为一种机制性的变化，包括他们半固定的特点在内。尽管生态所激励的转化过程，不能被解读为线性和不可逆转的，但是这种改变有些是永久的、难以逆转的。

7.3.2 机制改革的(三位一体的)网络方式

环境相关的工业转化，例如那些生态现代化理论所分析的以及由工业生态学放进日程的转化不会自动的开展。要理解单个公司和工业地产如何开始考虑环境问题，我们需要对各种各样(工业的和非工业的)的参与者在特定情景下的角色进行更深入的分析。在这一点上，将工业公司关联到社会、经济和政策环境的网络模型是非常有用的。一些工业生态学的学者已经在这个方向上，在我们如何定义工业或经济网络方面取得了显著进展(如 Boon and Baas 1997；Cote and Cohen-Rosenthal 1998)。但是 Jackson and Clift 的研究认为，机构理论如果只是建立在受到经济规则和资源所统治的经济参与者的基础上，并不能使工业生态学达到更为社会学的层面。我们需要将我们的模型加以扩展，而不仅局限在经济领域。

这些网络模型之所以有用，有这样几个原因：首先，他们形成了一种中间媒介，将相对抽象的生态现代化的理论概念与经验性的生产与消费的社会系统的发展联系起来。第二个原因是更为理论性的。在行动理论和系统理论的连续统一体上，网络理论占据了一个中间的位置，提供了比其他两个理论更富有成效的理论观点。行动理论或者 Jackson and Clift(1998)所称的机构理论和系统理论都有他们作为概念模型的局限性，如 Giddens (1984)在其结构理论中所强调的那样。Brown(1992)在分析工业社会学的不同线索时，指出了克服行动与结构的二元论的重要性，他的结论是，一种结构化理论可能有助于将这些不同的理论层面结合在一起。网络模型，当侧重于经济分析时，可以按照结构化的层面来进行解读。第三，网络模型的经验范围与工业生态学和工业转型的内容相对应，该内容是用来确定(以及推动)与环境表现改善相关的机构变化。网络模型可以用来指导一个机制分析，包括有能力的机构可以对工业系统中的机构改变作出贡献。

换句话说，网络模型的优势是将机制的结构特性和构建网络过程中参与者的相互作用结合了起来。网络可以被描述为一种社会系统，其中的参与者进行着或多或少稳定的、机制化的相互作用。文献中有好几种分析网络模型，也涉及到了经济部门由环境而导致的转化。他们中的绝大部分建立在特例基础上，直接来自一个或者有数的几个实例研究。三位一体的网络模型(Mol 1995)帮助我们把下面两者联系起来：一个是工业生态学和生态工业园的发展，另一个是生态现代化理论。如上所指出的，生态现代化理论的重点是生态学观点和领域的日益增长的独立性、"解除束缚"或得到授权，即从现代社会中的三个基本的分析领域或观点(政治，经济和社会)中解脱出来。三位一体的网络模式延续了这一点，因为他是一个概念模型，分析生态学"观点"穿透或者转化社会实践的程度，而这种社会实践此前是由现代社会三个基本观点的每一个所统治的。这样，他使得我们可以分析在多大程度上，比如说在工业生产的实践当中，生态学观点(以及这样的生态学利益、理由、考虑，等)"与众不同"，而独立于其他三个观点。

为了能够这样做，三合一的网络模型将这三种分析手段与三个网络所围绕的社会实践相结合：经济的、政策的和社会的网络。这三个相互依赖的网络中的每一个都含有一个特定的分析方法、特定的制度组织以及有限数量的相互作用的参与者，这些参与者被认为对于这个方面是最为重要的。在应用于工业转型和工业生态学时，可以突出以下网络：

- 在政策网络的内部，国家组织以及工业间的相互作用以及制度性的管理是由一种政治管理的规则和资源所主导的。其他的相互作用以及制度的管理也由这方面所引发，并据此进行分析，尽管他们显得比较边缘化。政策网络研究分析这些参与者之间的相互依赖性，那些推动这些政策网络运转的"游戏规则"，在政策网络中占支配地位的多种多样的参与者与机构之间的资源(指电力、金钱、知识、信息等)依赖性，在沟通以及共同的战略形成中的共同的或者分歧的世界观，等等。有相当数量的文献(e. g. in neo-corporatism and policy community studies)证明了在这种相互依赖的网络参与者中进行转化以及连续性分析的有效性(e. g. Grant *et al*. 1998; Marsh and Rhodes 1992; Smith 1993; Mol 1995)。

- 经济网络主要侧重于经济体之间通过经济规则和资源所发生的在经济上的相互作用，这些经济体在工业园、链或部门内或在其周围形成分析目标或者单元。尽管知识网络分析的智力背景主要来自于工业组织理论、机制经济学和组织社会学，其基本的概念只是部分区别于政策网络分析。经济网络研究要分析公司之间的关系，从电力和资源的依赖性分析网络结构，以及关于连续性和转型的经济过程。他们的研究对象包括：(ⅰ)纵向的相互关系，从原材料的生产者到最终的消费者；(ⅱ)竞争者之间的横向的相互关系，在工业分支协会的层次上，作一些共同关心内容的报告；以及(ⅲ)在限定地理区域内的地区关系与相互作用。在某个地理区域，传统的物流的工业生态学分析或者生产—消费链分析(e. g. LCA)之间的关系是明显的，但是在网络研究中，其重点是放在园/链/网络的非物质的尺度(经济关系、电力、信息垄断与交流、知识、控制、所有权，等等)。Hakansson and Johanson(1993)似乎是采用一种结构理论方法来分析工业网络以及他们在行为以及变化中的限制因素与机遇。Martinelli(1991)和Grabher(1993)也为从细节上分析经济网络提供了有价值的概念工具。
- 最后，社会网络的目的在于分析工业园、链或者部门以及与所称“生命世界”相关的市民社会组织与管理，通过国家机构直接以及间接地进行。(新)社会运动研究的丰富的传统，提供了概念工具，一方面针对环境和消费者组织，另一方面是工业公司，来分析其相互作用模式以及他们的连续性和转化。

需要记住的一点是，这三个(相互依赖的)网络的区分仅仅是为了对关于工业园的社会环境如何引发工业生态学契机的不同机制和观点进行概念化。事实上，在三个不同网络中存在的参与者以及机制组织存在着密切的相互作用。他们都能够帮助我们理解，为什么在工业园中采取这样的工业生态学动议，是否以及如何将这些动议成功地制度化，这些环境变革如何改变现有的结构和管理。但是这些相互依赖的网络及其机制的运作方式是不同的，他们也不具有相等的“力量”，而且产出也不相当。最后，“社会环境”如何影响工业园的关于环境问题的合作还要取决于单个公司以及他们的意图和战略。下面我们就进入我们的分析框架的最后一个步骤。

7.3.3 公司环境战略的阶段

为了完成我们进行工业生态学背后的社会动力学分析的框架，必须对公司环境战略进行近距离观察。整合到生态工业园中的选择，最初的，或者最终的，是出于公司的环境战略。在工业转化过程中，如生态现代化理论所分析的，生态合理性将在公司战略中扮演越来越重要的角色，对组织的不同方面产生影响。但是并不是所有的公司都同样受驱动、感兴趣或者被强迫去调整他们公司的战略，使其更符合环境要求。考虑到这些差异之后，Van Koppen 和 Hagelaar(1996)开发了一个三阶段的公司环境管理模型。该模型(表 7.1)分出了公司环境管理的三个特定阶段，观察了五个主要的内在层面(信念、知识和信息、组织、技术和预算安排)以及与公司外部联系相关的两个方面(环境风险与环境机遇)。该模型描述了一个公司环境战略的发展是一个动态的过程，取决于这些不同的因素。可以分辨出三种相对稳定的环境战略配置(三个阶段)：面向危机的战略、面向工艺的战略和面向链的战略。

环境管理的设计(译自 Van Koppen and Hagelaar 1998) **表 7.1**

公司特点	面向危机的战略	面向工艺的战略	面向链的战略
内部：			
目　标	遵从	生态效率	绿色身份
知识与信息	知识限于有限的几个(规定的)方面，缺少横向或纵向的信息交换	知识被用于生产工艺，可操作的和战术层次上的信息交流	知识被用于产品链，以及战略管理层次上的信息交流
技　术	管路末端技术，用于净化和过滤	工艺整体技术，目标是预防	从产品生命循环角度进行工艺和产品创新
组　织	侧重与分离出环境任务	环境管理系统	面向环境的组织网络，指导市场运作，研发，供应商和客户
预　算	环境投资方面预算有限	环境投资有一定预算(有 1～4 年的偿还周期)	战略性环境投资预算
外部：			
环境风险	生产工艺有着严重的和内在的环境风险	环境风险有限或可转变	环境风险不(再)是主要限制因素
环境机遇	几乎无任何环境机遇	间接的环境机遇(如协作机会等)	直接的环境机遇(如绿色市场)

这些可以被解读为一个公司战略在生态现代化过程中的不同阶段。这并不意味着所有公司都要严格符合该模型的分类，同时这个模型也并不是以一种机械的、进化的方式来预测公司的发展。公司的环境管理是一个变化多样的、公司之间存在很大差别的过程，单个参与者可以带来更好或者更坏的决定性变化。该模型吸引人们关注那些可能影响这些变化的不同因素以及这些因素之间的一致性的模式。例如，目的在于实现绿色身份，如果市场机遇存在而且环境风险受到控制的话，是非常可行的。对于一个有着与生俱来的环境风险的公司来说—比如一个炼油厂或者一个燃煤发电厂—面向工艺的战略是一种更为合适的方法。如本章以后部分所讲到的，将这些认识与网络方式相结合，为生态工业园中工业生态学的分歧提供了新的理解。

7.4 生态工业园的构造

7.4.1 总论

在该部分中，环境方面的工业管理战略的不同阶段，将应用于生态工业园建设，同时结合三种网络模式。从工业园公司所实行的主要的环境战略中至少可以分别出三种主要的生态工业园构造。在每个构造中，在每个不同网络中，每个参与者和机构都承担着具体的任务。表 7.2 归纳了这些构造。

三个理想的典型生态工业园构造的网络 **表 7.2**

生态工业园构造	政策网络	工业网络	社会网络
有效遵从与“免费”效应”（面向危机的环境战略为主导）	规定综合处理，严格而适合的许可规范，帮助减轻污染	剩余材料交换，环境控制信息交换，相互的咨询支持	非政府组织推动实现环境法规，为激励工业而募集资金
工业共生（面向工艺的环境战略为主导）	转向（可交易的）性能要求，申请场地范围的许可，调节经济条件（能源与废物处理费用）	交流和共享能源和物料流，共享生产和运输设施，公司间联系和信息交换	非政府组织以专门技术，投资和公众宣传支持工业创新，推动政府建立生态工业园
环境创新节点（面向链的环境战略为主导）	远距离控制，政府，工业和社会组织联合的辅助环境规划	资产共同的规划与管理，绿色技术和绿色产品的共同开发，自然景观美化，生态工业园标签	在产品开发和环境规划方面的工业和社会组织的合作

7.4.2 生态工业园：足够的遵从与“免费效应”

在本构造中，工业园中的公司主要有一种面向危机的环境战略（或者根本没有环境战略）。公司需要满足最为紧迫的环境要求、需要和利益，经常要受到国家环境权力机构的管制。与传统理念相反，工业生态学构成了环境改革演化的最后一个阶段，在这种面向危机的公司中，仍然能够找到工业生态学。在这样的一种设置下，参与者以及导致公司和不动产中环境转型的网络都有其各自的特点，将在以下部分进行介绍。

特别是在发展中国家，存在着强有力的和复杂的正式或者非正式的剩余物流的回用系统。工业工艺的剩余材料或者副产品或者销售给正式的公司或者被非正式的公司所收集。两者都会将他们转化为有价值的产品，放在国内市场上销售。这些围绕着副产品的经济网络形成了一个无计划的而且常常也是无组织的工业生态系统：一种环境的免费效应。“免费效应”这个词借用自德国政治科学家 Martin Janicke(1986)，他的分析认为，环境改革方面的成功有时很难与环境意图相关，而更可能是其他进展的无意的副作用。环境变革从而可以认为是搭了经济或者其他发展的顺风车。对于发展中国家的工业生态系统的情形，这种效应背后的主要驱动力是经济机制，因为是“废物”的价值而不是国家法规或者公众的压力形成了进入工业生态学序列的主要动力。

政策网络的重要性在于，使主要是采取了面向危机的环境战略的这些公司的环境得到改善，基本上是通过强制其遵循现有的法律和法规。在政策网络中，通常环境方面的参与者是软弱的和人手不足的，若非如此，环境管理的模式可以更具有辅助性和谈判性。通常，随着国家的规范和强制执行更为有效，同时更深入的技术和经济的发展都在除掉现有循环机制的主要驱动力，例如，低工资、便宜产品的市场、资金密集的生产线以及价格偏低的自然资源，还有污染，将导致无计划的工业生态系统陷入危险境地。对于非正式的部门，更为严格的废物管理规范将导致循环和回用实践的费用更高。这样就破坏了非正式的工业生态学安排，而且不会形成工业生态学的新的模式和安排。

因此，在工业地产的发展和转型过程中，必须要考虑到这些“免费效应”。除了非正式的、无计划的废物循环活动外，还有机会实现更为积极和有计划的工业生态系统安排。例子包括，集合式的废物(水)收集和处理系统，集合式的监测与强制执行，以及集合式的环境管理与咨询系统。政策和经济网络中的参与者，可以积极地组织这些普通的设施，取决于在地产管理部门和公共管理部门之间的任务和责任的分工。

社区和非政府组织(NGO)的压力，促使环境管理部门严肃对待规范和执行。媒体对于这一种参与者来说是一个关键的手段。尤其是对于那些缺少环境非政府组织传统和实行面向危机的环境管理的国家(如中国和越南)，社区的投诉就构成了工业转型的一个重要推动力(Wang 2000；Thuy Phuong 2002)。这种投诉以及非政府组织的压力往往针对的是没有进入到工业生态安排中的废物流添加这些到环境改进当中，不会危及现有的(非)正式的环境方面的工业合作。

7.4.2.1 案例：越南的工业地产

在越南，共有 60 处核心工业地产，围绕这些核心，这个国家从 20 世纪 90 年代开始了工业化进程。快速的工业化(年增长率大于 10%)带来了很多环境问题，主要集中于工业区的地理版图。形成了严重的空气和水污染，尽管有大量的工业副产物，这些副产物在 OECD(经济合作发展组织)国家被划分为废物，这些废物被回用和循环，作为小公司的资源，生产的产品主要用于国内市场(Phung Thuy Phuong 2002，Nguyen Phuc Quoc 1999)。在这些工业区域，对于最终废物没有环境友好的收集和处理系统。省和国家的负责环境控制和执行的环境机构人员严重不足，同时监测系统也不够完善。社区的投诉系统形成了这些机构的一个替代的监测系统，而媒体对这些投诉的关注也对权力机构施加了额外的压力：社区推动制订规范(O’Rourke 2000；Woltjer 2001)。外国的直接投资为越南带来了一些总部位于 OECD 国家的跨国公司的更为先进的环境管理战略，但是这些外国公司所合作的经济网络和参与者与那些国内公司是不同的。这就限制了工业生态学和知识和实践的转让。更为先进的和处于前沿的工业区开始建立共同的废物(废水)收集和处理系统、共同的环境咨询和审计顾问机构以及新的监测系统(Dong Nai 省的 Bien Hoa II 工业区)。工业的国家管理机构以及国家环境机构也开始对他们的任务分工进行重组，包括控制、监测、审计、建议以及在环境领域的技术推广等(Phung Thuy Phuong 2002)。

7.4.3 生态工业园：工业共生

文献中引用的绝大多数生态工业园，如丹麦的卡伦堡，荷兰的 INES，加拿大的伯恩赛德，是工业共生的例子。在工业共生当中，通过公司之间交换物质和能量，可以获得更高的生态效率。由于这些生态工业园的名气，尽管他们只属于可能的生态工业园的构成的一种，生态工业园有时几乎成为工业共生的代名词。生态工业园的工业共生在公司的应用处于面向工艺的阶段。为获得在工业园角度的环境优化，公司需要具备污染防治和工艺整合技术革新的知识。他们需要对物质和能量流以及这些流动所附带的环境代价有深入了解。为了全面实现工业共生的潜力，可能需要充足的预算进行投资(Martin *et al*. 1996)。工业共生还需要组织技巧。需要横向交流，特别是环境人员与工艺工程人员之间的交流，同时也需要这些人员所在部门与其上层管理者的交流。

工业共生主要基于经济参与者的一个网络。为建立这些网络，重要的一点是要共同致力于环境改善和相互信任。在有报道的几乎所有工业共生的案例中，其他领域的长期合作和信任的建立是成功的环境协作的基础。为更好的理解工业共生，很重要的一点是不要过高估计其经济和环境收益。在大多数情形中，其收益应该视作公司进行污染防治所获得收益之上的额外的较少的改善(关于 卡伦堡，见下；关于 Brownsville/Matamaros，见 Martin *et al*. 1996)。

占主导地位的经济和政策条件并不总是有利于工业共生。经济形势通常要求属于全球产品链上的公司做出灵活的反应。市场更偏爱创新的产品和人力资源，而不是静止的物质和能量。由于这些原因，公司的管理者往往认为工业共生是过时的东西，而不属于未来。例如，联合利华的一个高级环境管理者就认为，工业共生是他们公司在 20 世纪的生产系统所具备的特点。这种共生过于严格和局限，难以满足联合利华现在的公司战略。公司的特点是，大规模的产品链，侧重于核心业务，对费用效率的强调以及对客户需求的灵活响应。他认为，污染防治和生命周期管理对这种战略更为适合(Dutilh 1996)。

因此，政策网络的一个重要任务就是要为公司协作建立更为优越的条件。当地政府可以与企业合作，协助进行能量和物质的交换，如，通过资助工业园的基础设施或者通过(环境友好的)运输设施提高其易达性。政府的另一个重要角色是规范。政府规范可以是协作的一个重要推动力量，如，提高废物处置的费用或者物质和能量的价格。但在另外的情形下，政府规范不鼓励工业共生，因为他的指向是单个公司，而在将废物用于回用目的方面非常苛刻(Lowe 1997; Martin *et al*. 1996)。一个公司如果接收和回用其他公司的废物材料，将更多地受到管理部门的控制而不是鼓励。关于交易许可，或者集体许可的实验，—被称为“泡沫概念”，或者某地点范围内的许可—将有助于克服这些障碍。一个得到 ISO 14000 认证的工业园范围的环境管理系统，或许可以作为一种手段实现工业园的自我管理。

与以前的生态工业园形成的对照是，在此情景下，环境组织的任务侧重于鼓动和激励生态工业园的建立。例如，在荷兰，一个环境非政府组织出版了一个小册子，提出了企业协作建议(De Vries 1998)，一个地区性的环境组织加入了 INES Mainport 组织的战略咨询委员会(INES 2001)。

案例：卡伦堡的工业共生

作为世界上一个工业活动链的工业共生的案例，该工业区域邻近卡伦堡，丹麦一个大约有 20000 人口的小城。关于卡伦堡，文献中有大量的描述，关于其环境和经济收益有不同的数据。我们关于卡伦堡的描述和数据侧重于公司间的活动，来自于 Christensen (1994)，Evans(1995)和 Jacobsen(2001)。

共生的 5 个主要参与者包括：Asnaesvaerket，一个燃煤电站；Statoil，一个大型炼油厂；Gyproc，一个石膏板厂；Novo Nordisk，一个大型的酶、胰岛素和盘尼西林生产厂；以及卡伦堡市。这些参与者之间的能量和物料的交换早在 20 世纪 70 年代就开始了：Gyproc 所用的气来自 Asnaesvaerket。在 80 年代和 90 年代协作有了进一步进展，形成了一个工业生态系统，在 5 个参与者以及外部参与者之间形成了几条跨公司的链接(图 7.1 给出了 90 年代中期的情形)。最近 Statoil 停止向 Gyproc 输送气，一个新的参与者，一个土壤修复公司，进入了这个圈子。

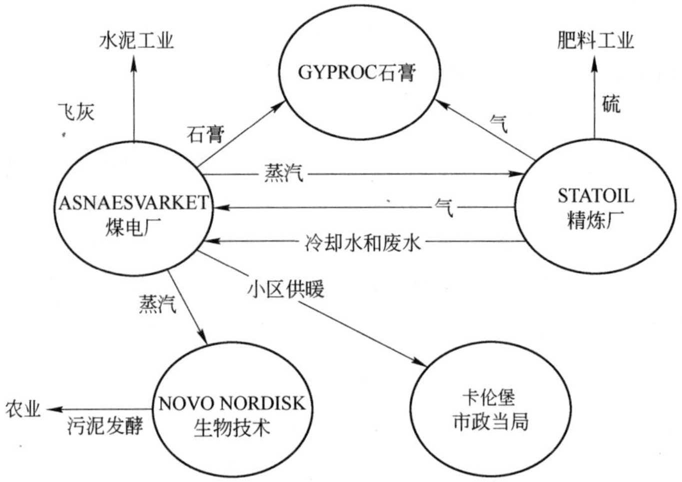

图 7.1　卡伦堡的工业共生

这些链接所获得的环境效益(1994 年数据)包括，燃煤用量的节省(30000t/a，或者总用量的 2%)，用水量的节省(600000t/a 或者总用量的 20%)；CO_2 和 SO_2 排放量的减少(CO_2：130000t/a 或者总排放量的 3%，SO_2：3700t/a 或者总排放量的 13%)；以及通过飞灰、硫、石膏以及营养物质(N 和 P)的回用，实现废物减量化的同时也节省了原材料。这些链接的总投资(1994)为 6000 万美元，产生的年收益为 1000 万美元。

总结来说，卡伦堡证明，工业共生可以建立在持久的和经济可行的基础上，并且可以带来实在的环境效益。是什么因素使这个成功成为可能的呢？很明显，许多链接由于参与者地理上的相近而成为可能，特别是那些需要水和热能运输的链结。不过有些链结离卡伦堡非常远，例如将飞灰输送到水泥工业，以及将硫输送到肥料工业。与物理近邻同等重要的是社会近邻。卡伦堡是一个小社区，公司的经理们通常彼此熟悉，通过多种渠道接触，建立了相互了解和信任。不同公司的雇员在出现问题时可以进行直接联系。

政策网络也是工业共生得以成功的一个影响因素。最初的链结是出自经济的考虑，法律规范则是共生进一步发展的重要推动力。例如，水的回用是由水污染防治规范所激发的，而石膏的交换则是更为严格地限制向大气中排放 SO_2 的规范的间接后果。在这个意义上，一个重要的问题是，环境要求是作为表现标准而不是技术标准，这样公司就能够建立他们自己的排放防治和控制的战略。

社会网络无疑也是影响因素之一。事实上，几个参与的经理有着强烈的对于环境的个人动机，并形成了一个环境网络，将卡伦堡的经验传播到世界。此外，通过社区环境委员会与当地社区的联系，对于共生的实现也起到了重要作用。

7.4.4 生态工业园：环境创新的难点

在逐步实现“面向链的战略”的过程中，公司的目光需要超越他们的工业园或者所在地理区域的边界，以纳入他们所提供并依赖的生产和消费链。这种宽广的视野会引向生态工业园的另外一个方面，在其中，工业生态学的两个方向，工业生态方法和生命循环方法相遇在一起。能量与剩余原材料的交换以及设备共享等，对于公司仍然是有益的，但是只能是在封闭的物料循环的一个更为宽广的视野中才是如此。循环圈能够延伸到很长的距离，例如，欧洲的施乐(Xerox)。该公司建立了综合的系统用于复印机的回收，通过这个系统回收整个欧洲范围内的零部件，在荷兰的一处设施进行修改、重新组装(Xerox 1996)。报废车辆的分解和循环、玻璃和塑料的循环系统以及纸的循环等，只是在生产链上的回用系统的几个其他例子。从这样一个更广阔的视角来看，生态工业园只是在更宽广的生产和消费系统中的一个链接，而且封闭的材料循环以及能量的节省，要在更广阔的范围内进行分析和优化。这并不意味着生态工业园对工业转型并不重要。生态工业园将具有新的创新性的角色，其中有三点强调如下：

- 交换与协同形成环境发展的战略知识。从工业网络的研究(见 7.3 部分)中我们知道，区域公司网络的重要资产之一就是知识的交换和协同创新。生态工业园可以为环境创新提供肥沃的土壤(Cote and Cohen-Rosenthal)。为了这样一个目的，尤其对于知识密集型的面向环境的公司来说需要形成一个群落。
- 针对环境创新的区域小生态环境的创建。生态工业园可以作为创新实验的焦点，对运输，服务经济，以及可持续的消费进行实验。换句话说，他们是在所称的“战略小生境管理”中重要的潜在手段：为环境创新创造社会和经济空间。生态工业园与周围区域的网络化是非常关键的，这是因为创新的范围包括了生产和消费两者。这种观点可以在实例中找到，例如，在 Port of Cape Charles 可持续技术园(见案例部分)。
- 工业园的天然景观。在更高级的一个阶段，生态工业园所面临的一个挑战是将天然保护的元素纳入到公园设计当中。生物多样性、环境质量以及该区域的历史或者文化身份都对工业园的陆地景观提出了要求。很明显，实现起来是困难和代价高昂的，总体上工业对此也是不感兴趣的。不过，对于具有面向链的战略的公司，陆地景观也具有其商业价值。一套高质量的、绿色的设施和办公室，位于一个以生态领跑者而闻名的工业园中，将帮助他们建立一个绿色声誉，从而提高其在绿色市场上的竞争力。

在这种类型的生态工业园的实业之间，流动的不是石膏或者蒸汽，而是知识。因此，工业网络在被主要推动去在更广的范围内就环境专门技术的形成进行交换。政策以及社会网络的角色，将主要是关于合作和双边的支持。特别的，在那些战略性的小生境的创造，用于环境革新以及工业和区域的景观的整合的规划方面，包括工业、当地政府、非政府组织和当地居民的对于决策的参与是非常有用的。

案例：Cape Charles （查尔斯角）模型与PALME （帕尔默）标签

目前为止，还没有关于“面向链的”生态工业园的十全十美的例子。但是如下的例子表明，有很多例子正在向这个阶段推进。

查尔斯角可持续技术园(The Cape Charles Sustainable Technology Park)是美国一个生态工业园示范工程。根据其原则，这个建立于 1995 年的生态工业园的目的不仅是要支持、吸引和创造生态兼容的企业，还要推动这个社区的可持续发展，并能够成为环境友好的沿海发展的模范。他包括了以上提到的多个方面。通过设计，可以保留并推动该地区的历史和文化景观和该位置的自然价值。其发展植根于港口区域社区，规划程序中包括了一个社区设计的专家会议。信息和技术的分发是一个重要的方面。该工程通过多种途径寻求公司和查尔斯角居民之间的协作，例如，节水和太阳能项目(Lowe *et al*. 1997)。位于该区域的公司是典型的绿色、知识密集型的公司，例如，有一个太阳能公司、一个环境咨询公司、一个德国风能农场开发公司(Cape Charles 2001)。

工业园的帕尔默生态标签。法国一个咨询团体制订了“Programme d'actions labelise pour la mailrise de l'environnement”(PALME)。生态工业园可以向该计划提交申请，从而得到一个帕尔默标签。其要求非常之高，包括一个景观规划，要维持天然的植物和动物；一项清洁技术的咨询服务；与当地相关管理部门的联络机制；以及遵从相关规范，能源，废物与排放的管理计划和规定，以及“清洁建筑”。帕尔默侧重于公园的管理而不是物理的流动(Cote and Cohen-Rosenthal 1998)。帕尔默标签特别适用于面向链的战略，因为他设定了一个很高的标准，并给公司提供机会，让他们证明通过采取措施满足了标准。

7.5 结论与展望

本章始于一个观察，那就是对于参与者和机制角色的更好理解，对于作为一个科学项目的工业生态学的进步以及对于工业生态学在生态工业园中的实践的进步都是非常基本和重要的。针对这样一种视角，我们引入了生态学现代化理论。在工业生态系统的生态学现代化过程中，参与者和机制的角色通过两个层次实现可操作性。在公司的社会环境这个层次，参与者和机制被概念化为一个网络，并将他们与公司的相互作用、关系及其生态学需求实现制度化。在公司的层次上提出了面对不断增长的生态学需求的三个战略：作为外部威胁的生态学理性(面向危机的战略)整合到内部生产工艺中的生态学理性(面向工艺的战略)以及面向产品链和公司身份延伸的生态学理性(面向链的战略)。

在将这些参与者和机制应用于生态工业园的过程中，共有三种理想类型的生态工业园的构造，每一种都与构成工业园的公司的具体行动和战略，以及外部的工业、政策和社会的与这些公司发生相互作用而构成的网络相关。每一种构造都详细描述了参与者和机制所扮演的角色，从而使得一个生态工业园能够运转。

从分析可以得到一个一般结论是，总体而言的工业生态学以及具体而言的生态工业园都能够显著提高环境表现。但是要将工业生态学的想法从绘图桌转移到现有工业园的实践当中，就需要对构成整个工业园体系的参与者和机制有更好的了解。本章的发现表明，“废物”的物理交换不是惟一的，而且，也可能不是最有前途的工业生态学途径。一些有趣的改善措施更多地存在于社会领域，而且这并不仅针对最后一种设计而言。在第一类构造类型(有效遵从和“免费效应”)中，建立在现有网络之上的集体方式可能是最成功的，除此之外，社会和经济政策中还整合进了更为有效的环境政策。在第二种构造类型(工业共生)中，在准入以及经济政策手段方面的创新非常有前途。在最后一种构造类型(环境创新节点)中，有着很好的方式，可以进行知识的交换和共同开发，还可以进行超出工业园之外的区域环境规划。这些例子显然并不是实践中开发生态工业园的惟一的战略，但是他们提供了足够的证据，表明有必要将工业生态学延伸到社会科学领域，一方面进行深入的理论研究，另一方面推进其实际应用。

7.6 参考文献

Ayres, R. U. (1989) Industrial metabolism. In: J. H. Ausubel and H. E. Sladovich (eds.), Technology and environment, p. 625-636, National Academic Press, Washington DC.

Ayres, R. U. and Ayres, L. (1996) Industrial ecology: towards closing the materials cycle. Edward Elgar, London.

Beck, U., A. Giddens, A. and Lash, L. (1994) Reflexive Modernisation. Politics, tradition and aesthetics in the modern social order. Polity Press, Cambridge.

Boons, F. A. A. and Baas, L. W. (1997) Types of industrial ecology: the problem of coordination. Journal of Cleaner Production 5 (1-2), 79-86.

Brown, R. K. (1992) Understanding Industrial Organisations. Theoretical Perspectives in Industrial Sociology. Routledge, London/New York.

Cape Charles (2001) Cape Charles Sustainable Technology Park Website: www.sustainablepark.com (2001-11-06).

Christensen, J. (1994) From the drawing board to production. Hand-outs of a presentation at the Industrial Ecology Workshop on February 10, 1994, Toronto.

Côté, R. P., Ellison, R., Grant, J., Hall, J., Klynstra, P., Martin, M. and Wade, P. (1994) Designing and operating industrial parks as ecosystems. Dalhousie University, Halifax.

Côté, R. P. and Cohen-Rosenthal, E. (1998) Designing eco-industrial parks: a synthesis of some experiences. Journal of Cleaner Production 6, 181-188.

Cotgrove, S. (1982), Catastrophe or Cornucopia. The Environment, Politics and the

Future. John Wiley, Chichester.
De Vries, A. (1998) 39 Ideeën voor een nieuw duurzaam bedrijventerrein. Milieufederatie Noord-Holland, Zaandam.
Dutilh, C. E. (1996) Lezing op 16 april 1996. In: J. L. A. Geurts *et al.*, Congresverslag Industrial Ecology, pp. 9-10, Katholieke Universiteit Brabant, Tilburg.
Erkman, S. (1997) Industrial ecology: an historical view. Journal of Cleaner Production 5 (1-2), 1-10.
Evans, L. (1995) Lessons from Kalundborg. Business and the environment 6 (2), 5.
Frosch, R. A. and N. E. Gallopoulos (1989) Strategies for manufacturing. Scientific American 1989(September), 144-152.
Gertler, N. (1995) Industrial ecosystems: developing sustainable industrial structures. Massachusetts Institute of Technology (MSc Thesis), Boston.
Graedel, T. E. and Allenby, B. R. (1995) Industrial ecology. Prentice Hall, Englewood Cliffs.
Giddens, A. (1984) The Constitution of Society. Polity Press, Cambridge.
Giddens, A. (1994) Beyond Left and Right. The Future of Radical Politics. Polity Press, Cambridge
Grabher, G. (ed.) (1993) The Embedded Firm. On the Socioeconomics of Industrial Networks. Routlegde, London.
Grant, W., W. Paterson and C. Whitston (1988) Government and the Chemical Industry. A Comparative Study of Britain and West Germany. Clarendon, Oxford.
Håkansson, H. (1988) Evolution processes in industrial networks. In: B. Axelsson and G. Easton (eds.), Industrial Networks. A New View of Reality. Routledge, London.
Håkansson, H. and Johanson, J. (1993) The network as a governance structure: interfirm cooperation beyond markets and hierarchies. In: G. Grabher (ed.), The Embedded Firm. On the Socioeconomics of Industrial Networks. Routledge, London.
INES (1997) INES INdustrieel EcoSysteem. Eindrapport. Stichting Europoort/Botlekbelangen, Rozenburg.
INES (2001) Industriële ecologie voor het Rotterdamse haven en industriegebied. Website: www. inesmainport. nl (2001-11-06).
Jackson, T. and Clift, R. (1998) Where's the Profit in Industrial Ecology? Journal of Industrial Ecology 2(1), 3-5.
Jacobsen, N. B. (2001) Eco-industrial networking-a case study of Kalundborg industrial symbiosis. Cornell University, Ithaca.
Jänicke, M. (1986) Staatsversagen. Die Ohnmacht der Politik in die Industriegesellschaft. Piper, München.
Lowe, E., Moran, S. R. and Holmes, D. (1995) A Fieldbook for the Development of

Eco-Industrial Parks. Prepared for the U. S. Environmental Protection Agency. Oakland: Indigo Development.

Lowe, E. A. (1997) Creating by-product resource exchanges: strategies for eco-industrial parks. Journal of Cleaner Production 5(1-2), 57-65.

Lowe, E. A., Warren, J. L. and Moran, S. R. (1997) Discovering industrial ecology. An executive briefing and sourcebook. Battelle Press, Columbus.

Marsh, D. and Rhodes, R. A. W. (eds.)(1992) Policy Networks in British Government. Clarendon, Oxford.

Martin, S. A. *et al.* (1996). Eco-Industrial Parks: A Case Study and Analysis of Economic, Environmental, Technical, and Regulatory Issues. Final report prepared for U. S. Environmental Protection Agency, Research Triangle Institute, Research Triangle Park.

Martinelli, A. (ed.)(1991) International Markets and Global Firms. A Comparative Study of Organized Business in the Chemical Industry. Sage, London.

Ministerie van Economische Zaken (1998) Duurzame bedrijventerreinen. Handreiking voor het management van bedrijven en overheid. Ministerie van Economische Zaken, Den Haag

Mol, A. P. J. (1995) The Refinement of Production. Ecological Modernisation Theory and the Chemical Industry. Jan van Arkel/International Books, Utrecht.

Mol, A. P. J. (1996) Ecological modernisation and institutional reflexivity. Environmental reform in the late modern age. Environmental Politics 5(2), 302-323.

Mol, A. P. J. and Sonnefeld, D. (eds.) (2000) Ecological Modernisation around the world: Perspectives and Critical Debates. Frank Cass and Co, Ilford.

Nguyen Phuc Quoc (1999) Industrial Solid Waste Prevention and Reduction. Circular Metabolism in rubber products and footwear manufacturing industries. Wageningen University(MSc thesis; REFINE MSc thesis series no. 4), Wageningen.

O' Rourke, D. J. (2000) Community Driven Regulation: The Political Economy of Pollution in Vietnam, Berkeley. University of California(dissertation), Berkeley.

Phung, Thuy Phuong (2002) Ecological Modernization Theory and the Environmental Management of Industrial Zones in Vietnam. Wageningen University (dissertation, forthcoming), Wageningen.

Polanyi, K. (1957 [1944]) The great transformation. Beacon Press, Boston.

Ruth, M. (1998) Mensch and Mesh: Perspectives on Industrial Ecology. Journal of Industrial Ecology 2(2), 13-22.

Smith, M. J. (1993) Pressure, Power and Policy. State Autonomy and Policy Networks in Britain and the United States. Harvester Wheatsheaf, New York.

Spaargaren, G. (1997) The Ecological Modernisation of Production and Consumption. Essays in Environmental Sociology. Wageningen Agricultural University (dissertation),

Wageningen.
Spaargaren, G. and Mol, A. P. J. (1992) Sociology, environment and modernity. Ecological modernisation as a theory of social change. Society and Natural Resources 5, 323-344.
Tibbs, H. (1991) Industrial ecology, An Environmental Agenda for Industry. Arthur D. Little, Inc.. An updated version of the paper was published in Whole Earth Review, Winter 1992, no. 77, 4-16.
Van Koppen, C. S. A. and Hagelaar, J. L. F. (1998) Milieuzorg als strategische keuze. Van bedrijfsspecifieke situatie naar milieuzorgsystematiek. Bedrijfskunde 70 (1), 45-51.
Wang, X. (2000) Information Strategy in China's Environmental Management-A case study in Nanjing's industrial water pollution treatment. Wageningen University, department of Social Sciences (MSc thesis), Wageningen.
oltjer, L. (2001) Coping with Industrial Zones. An Analysis of Community Influence on the Environmental Performance of Industrial Zones in Southern Vietnam. Wageningen University (MSc thesis), Wageningen.
Xerox, 1996. EMAS-Milieuverklaring. Periode 1 januari 1996 tot 1 juli 1997. Xerox Manufacturing B. V. , Venray.
ZERI 2001, Zeri systems. Website: www. zeri. org/systems. htm (2001-11-06).

第三部分

工业中支持水与资源闭路循环的工具——A 规范措施

8 水循环利用的国际性指导方针

John Anderson

8.1 绪论

全世界的淡水资源是有限的，并且受到污染的威胁。地球上几乎所有(97%)的水都是咸水，而剩余的淡水中 2/3 是以雪和冰的形式存在于两极和高山地带，因此液态淡水只占全球水资源的 1%左右。其中，98%以上的液态淡水以地下水形式存在，只有不足 2%的液态淡水是以河流、湖泊等可直接利用的形式存在。因此，液态淡水是一种非常有限的资源(Bouwer 2000)。

人类已经用不同的方法明显地改变了水的自然循环方式，包括：

- 抽取河水和地下水用于城市和农业。
- 将已处理或未处理的污水排放到河流中。
- 污水的回收、处理和再利用。
- 在淡水短缺地区进行咸水的脱盐处理。

农业、工业及生活用水需求量的不断上升，引发出如何分配有限的淡水资源的问题。城市的发展也对水循环产生了重大影响。向城市供水使得河流流量不断减少，同时暴雨和污水排放给河流带来了严重污染，使河流水质下降。在流域范围内有发达城市的河流，其水质、水量均有明显下降。在世界上许多地方，地下水作为主要的水资源，其开采量已经远远超过了补给量，导致地下水位在不断下降。下面是一些水资源短缺的实例：

- 在阿斯旺水坝以下的尼罗河流域，需水量远超过大坝所能提供量。水量不足的问题现在正通过污水回用和使用污水灌溉来解决(Croce 1998)。
- 在中亚地区，为了灌溉而进行的河流改道导致咸海水量减少。这里曾经有许多兴隆的渔场，但是现在的咸海面积已经缩小，只相当于以前的一小部分。从前的海滨小镇，现在已经距海许多公里，当地的社会、经济和环境都受到了恶劣的影响。
- 在 21 世纪，供水不足将成为制约南非社会经济发展的惟一重要因素。当前的趋势表明，在2020年后不久，需水量将超过可能的供水量(Odendaal *et al*. 1998)。

为了避免水资源危机，很多国家采取了储存水、平衡供需、减少污染、降低人口增长对环境的影响等手段(Hinichsen *et al*. 1999)。

再生水是一种很有价值的资源。污水经过适当处理后，可以进行二次利用，而不再是直接排放，这样可以减少对优质淡水资源的需求。水的循环利用增加了可利用的水资源，使人类能够利用较少的淡水获取更多的利益。因此，水的循环利用对确保人类用水做出了巨大的贡献，并且可以减少人类对世界水环境的影响。从传统的“用过一次即排放”的方式转变为“保护、合理利用、回用”的可持续的水经济模式将惠及全世界。在许多国家都有很成功的污水再生工程(Asano 1998)。这些成功经验证明了大规模进行污水回用的可行性及其在全球水资源可持续管理中的重要性。通过对水资源的保护和循环利用，我们既可以满足环境要求，又能实现可持续发展与经济增长。

8.2　保护人类健康和保护环境

世界上许多国家都进行水的循环利用。但是，由于源自污水，再生水会含有许多物理、化学和微生物成分，如果不能进行正确处理，会对公众健康和自然环境产生危害。因此，为了保护健康和环境，要对污水回用制订有效的方针、规章和操作规程。采用可靠性高的有效处理方法，是控制水质的关键。设计合理的分配系统和运行方案，可以减少再生水被错误使用的风险。控制再生水来源，可以减少工业废物中化学成分所产生的危害，而这些措施必须在技术和经济上都是可行的。世界各国的经济水平不同，因此采取的保护健康和环境的措施也要因地制宜，要在经济承受能力与风险之间取得平衡。

微生物和化学因素都会给人类健康带来风险。倘若能有效地控制工业废水的排放，那么再生水作为非饮用水利用时，微生物风险就是最主要的风险。流行病学研究揭示出传染性疾病会通过以下形式传播：污水污染了饮用水；农场工人和其他人群直接接触用于灌溉的未严格处理的污水；接触到未经消毒的污水，包括接触到被风吹溅出的水雾和灌溉喷洒时溅出的水花。还有一些这样的案例：在采用原污水和沉淀后的污水灌溉的土地上放牧家畜而发生了绦虫传播。

研究发现，如果利用经过二级生物处理和消毒处理的再生水，那么其传播传染病的风险就非常低了。将再生水安全和广泛地应用于农业和城市已经有很长的历史。并不是所有应用再生水的地方都对病原菌指标有严格的限制。通常的做法是：按照需要最好水质的地点的要求，为全社区提供合适水质的再生水，而不是在该用水地点设置深度处理设施。

有两种对“健康风险”的基础性评价方法：一种是定量微生物风险评价(QMRA)方法，这种方法有“高技术、高成本、低风险”的特点；另一种是“特异性风险”(AR)方法，其特点是“对技术要求不高、低成本、风险可控”。

8.2.1　定量微生物风险评价(QMRA)

定量微生物风险评价(QMRA)技术提供了一种可以定量分析评价再生水中的病原体

对人类健康的危险程度的方法，包括以下 4 个步骤：

- 第 1 步：危险识别，包括识别出相关的病原体种类。
- 第 2 步：接触评价，包括测定再生水中存在的生物数量，以及人类通过某种接触或行为所接触的生物数量。
- 第 3 步：剂量—响应评价，即用生物的剂量—响应关系来评估接触一定数量的微生物后被感染的可能性。
- 第 4 步：风险描述，包括计算出以接触量和剂量—响应关系的假设为基础的理论风险。

感染风险不仅取决于再生水水质，也取决于再生水的接触量、使用量、应用方法及控制和卫生措施。通过一些简单的控制方法，可以显著降低风险，例如限定人们停留在利用再生水进行灌溉的区域的时间。接触再生水的影响大小取决于人的健康情况和抵抗力，而这两者均因接触的人群而差异很大。QMRA 给出一种理论的计算方法，这种方法可以计算出某种特定活动的接触所受到的微小风险。QMRA 方法能够给出非常低风险的评估结果，这种风险可以小于流行病学研究结果两个数量级甚至更多。在污水回用的社区中，如此小的风险绝不可能通过统计来证实。相对于其他的日常风险，权衡污水回用带来的各种利益，确定一个可以接受的疾病风险成为一项地方性的政治和经济决定。QMRA方法是一种实用的工具，可以用来评估同污水回用相关的对健康影响的风险，而且因为基于流行病学研究模型的改进，这种方法很可能在未来的标准和法规的制定中发挥重要作用。

8.2.2 特异性风险(AR)

特异性风险(AR)方法考虑流行病链、物质和社会的因素如后天获得的免疫力和免疫人群受感染的比例，这些都可以影响到由于接触再生污水而感染疾病的可能性。实际操作和制定方针均应基于以下原则：在污水再生过程中不能增大人类所面临的风险；在获益超过风险的现行污水再生过程中，要尽量降低风险。由于流行病学研究在规模和有效控制方面均有局限性，在风险评估方面，AR 方法不能像 QMRA 技术那样灵敏。为回用项目制订有效的流行病学研究尚存在明显的困难。

8.3 污水回用规范和标准的实例

8.3.1 世界卫生组织

世界卫生组织制定了污水再生和回用的规范和指导方针。1971 年，由世界卫生组织发起的一个专家小组提出了针对各种不同用途再生水的推荐的健康标准和处理工艺的报告。再生水的用途很广泛，包括不准备供人类食用的农作物灌溉用水，这类再生水的标准不需制定对总固体含量和大量去除寄生虫卵的要求；那些间接饮用的回用，需采用深度处理技术，采取多级屏障控制病原菌。对于非饮用的城市用水和人体直接接触的娱乐用水，报告推荐的方法是在二级生物处理后加砂滤和消毒处理。

1985 年，在瑞士的恩格堡召开了会议，会议制订了用于灌溉的回用水的微生物含量的试用标准：在各类灌溉用水中，肠道线虫虫卵不能超过 1 个/L；用于灌溉可食用农作物、浇洒体育场和公园的水中，粪大肠杆菌数量不能超过 1000 个/100mL。

1987 年，世界卫生组织的一个科学小组举行集会，讨论将处理后的污水用于农业和水产业对人类健康的影响。会议报告作为世界卫生组织的 1989 年指南出版发行，该指南重申了恩格堡报告的内容，汇总于表 8.1。

农业用水的微生物指标（世界卫生组织推荐） **表 8.1**

类别	回用用途	接触人群	肠道线虫虫卵（个/L）	粪大肠杆菌（FC/100mL）	达到要求的微生物指标所需的最基本处理措施
A	灌溉可直接食用的农作物、浇洒体育场和公园	工作人员，消费者，公众	<1/L	<1000/100mL	设计一系列可以达到微生物指标要求的稳定塘
B	灌溉谷类作物、工业作物、饲料、浇洒草原牧场和树木	工作人员	<1/L	没有推荐标准	在稳定塘停留 8～10d，或采用其他同样能够去除蠕虫和粪大肠杆菌的处理措施
C	灌溉的作物种类同 B 类，但是工作人员和公众并不直接接触	无	不适用	不适用	一般灌溉用水所需的预处理措施，但是至少要设初沉池

8.3.2 美国

美国没有管理水回用的统一联邦规定，各个州根据自身情况做出规定。1918 年，加利福尼亚州制定了第一个有关水再生和回用的标准。许多州都效仿加州制定了相关标准。1992 年，美国环境保护局发布了指南，提供给尚未制定标准的州(Crook 1998)。

加州的 Title 22 标准是美国最知名的(表 8.2)，这些标准的修订版于 2000 年 11 月出版发行。要使再生水水质达到标准要求，主要依靠有效实用的设备和可靠的污水再生工艺。必须每天取样测定大肠杆菌数量，并得出工艺运行 7 天的中间值。要连续地控制浊度，以确保有效的消毒。

再生水用于非饮用的处理措施和水质标准（加州） **表 8.2**

级别	用　途	总大肠杆菌	处理措施
A	灌溉食用农作物、开放式景观用水、可自由接触的娱乐用水、喷泉、冲厕、工业工艺用水、洗衣店、造雪、建筑物消防、雾化冷却	<2.2TC/100mL <2NTU	二级处理、混凝、过滤和消毒
B	食用农作物的浅层浇洒、不能自由进入及接触的水景	<2.2TC/100mL	二级处理和消毒
C	浇洒放牧奶牛等产奶动物的牧场、景观用水、浇灌观赏性植物、苗圃及草场、水景、非雾化冷却、非建筑物消防、工业锅炉用水、紧实土壤、防尘、清洁道路和室外区域	<23TC/100mL	二级处理和消毒
D	浇灌果园、纤维和有籽作物、葡萄园、要加工的食品农作物、冲洗下水道	无要求	二级处理

对于人类直接或非直接接触的再生水，其浊度标准为：经过滤后的再生水浊度的日平均值不超过 2NTU，95%的时间内应小于 5NTU，任何时候都不能超过 10NTU。基于这样的假设：控制肠道病毒的污水处理工艺将生产出不含任何人类病原体如贾第虫、隐孢子虫等的再生水，可以得出一个基本结论：要求的标准是不可检出肠道病毒。

这个标准中还包含了运行的可靠性要求如控制系统、报警系统、备用电源、当水质不达标时水的紧急储存或处置的预案。应用方面的要求包括水井和居民住所之间的缓冲距离。另外，在输配水方面的要求包括防止倒流，明显不同的管道工程装置、颜色标志、条纹和标记等。

针对再生水补充当地水资源的情况又制定了附加的标准。用再生水进行地下水回灌时的标准，对抽取的水中再生水所占比例做出了限制，还规定了回灌点和取水点之间的最短距离、最短停留时间和回灌水中(TOC)的最高值。

佛罗里达州制订了全面的污水再生利用规则，但是再生水的分级较少(见表 8.3)。1992 年美国环境保护署制定的指导方针中，将再生水分为两个基本等级，同佛罗里达州的标准类似(见表 8.4)。

再生水水质标准和处理措施(佛罗里达州)　　**表 8.3**

级别	用　途	水　质	处理措施
Ⅰ	浇洒公共场所、灌溉食用农作物、冲厕、消防、美化环境、防尘、洗衣店、洗车及其他	不可检出粪大肠杆菌，TSS<5mg/L，CBOD<20mg/L	二级处理、过滤和消毒
Ⅱ	浇洒非公众自由进入的区域、灌溉、工业用水	粪大肠杆菌<200/100mL，TSS<20mg/L，CBOD<20mg/L	二级处理和消毒

美国环境保护署建议的市政污水回用指标　　**表 8.4**

类型	用　途	水　质	处理措施
Ⅰ	城市回用、冲厕、消防、商用空调、灌溉非加工食用农作物、娱乐水景、补充地下水、地表水及其他	不可检出粪大肠杆菌，浊度<2NTU，BOD<10mg/L，余氯>1mg/L	二级处理、过滤和消毒
Ⅱ	浇洒非公众自由进入的区域、灌溉需加工的食用农作物、灌溉非食用农作物、建筑和工业用水、水景及美化环境等	粪大肠杆菌<200/100mL，SS<30mg/L，BOD<30mg/L，余氯>1mg/L	二级处理和消毒

8.3.3 澳大利亚

在澳大利亚，联邦政府和各州政府联合制定了国家水质管理战略，其中包括了再生水回用的国家标准(NHMRC 2000)。借助耐中温的粪大肠杆菌的数量来衡量水中的微生物水平，并根据对水中粪大肠杆菌群的测定结果，标准推荐将再生水分为 4 个等级(见表 8.5)。

再生水使用的国家标准 2000(澳大利亚) 表 8.5

用途	粪大肠杆菌指标(FC/100mL)
经常性接触	FC<10 个/100mL
一般性接触	FC<100 个/100mL
不经常接触	FC<1000 个/100mL
限制自由进入区域的用水	FC<10000 个/100mL
新南威尔士州城市和住宅用水	FC<1 个/100mL

国家标准给各州留出了做出变更标准、监测和风险管理措施的余地，以便于他们因地制宜。例如，1993 年，新南威尔士州规定了用于开放区域和住宅的第五类等级的再生水，类似于加州标准中第三类，需要进行过滤和消毒处理。

8.4 制订各国可因地制宜调整的国际标准框架

各国开发出了不同的保护公众健康和保护环境的办法。很明显，在选择过程中，经济是一个关键因素。发达国家倾向于采用保守的高技术、高成本、低风险的水质标准或法规，加州标准是其中最著名的例子。一些国家尽力采用这些方法以求达到标准要求，但是由于没有足够的资金、经验或管理控制等原因，在实际操作时并不总是能够获得低风险。

受经济因素制约，一些发展中国家采用了收录于世界卫生组织指南中的低技术、低成本的风险控制方法。世界卫生组织的目标是提供适合各国条件和经济状况的标准，允许采用在风险和经济承受能力之间取得平衡的入门标准。在发展中国家有经济能力生产出更高质量的再生水之前，世界卫生组织的指南可以作为过渡性标准。

由于没有国际性指南，各国采用的标准之间存在差异。有时即使方法大致相同，在细节上也有许多差别。有的国家，例如美国和澳大利亚，国内各个州之间采用的标准也有差异。缺少统一的科学认识，使得社会公众将风险夸大，并导致在水的循环利用工程中采用不必要的保守方法。例如，夸大寄生虫的传染性，导致了要求使用成本昂贵的处理方法或操作限制，从而排除了使用常规的农业方法。开发一种普遍适用的国际标准框架，有利于控制风险、增强公众对水循环使用的信心和降低工程成本。

随着经济全球化，小国和发展中国家会发现制定独立的国家和省级标准的困难在增大。制定可因地制宜修改的国际标准框架，将使全球获益。

在世界任何地方，同样方法使用某种水质再生水的风险都是一样的。所以，建立一系列从低水质、高风险过渡到高水质、低风险的再生水标准框架是可行的。接触的方式、数量和对事件做出的反应，都将影响再生水对人类健康造成的风险，这些也取决于再生水的用途和当地的条件。当地的经济条件和公众认可程度，决定了可以接受的风险等级。所以，应当基于国家和各省具体情况来选择水质同风险等级。因此，国际标准应该规定，那种再生水水质对特定用途的风险较小，还应提供风险的评估和控制方法，从而将风险控制在适合当地情况、可接受的程度。

8.4.1 根据用途确定再生水水质

因地制宜确定不同的再生水水质以满足健康和环境的要求是可能的。因此，同再生水的用途相联系，可以确定一系列再生水的等级或“产品”。在前面讨论风险评估时已经指出，评估风险也要“因地制宜”，不仅取决于再生水水质，也受到用途、当地健康、环境和经济情况的影响。

在1991年举行的第一届关于污水回收、循环、再利用的国际会议上，谢里夫教授给出了一个简单易懂的图表(见图8.1)。从图可以看出，当考虑到水的循环利用要有利于公众健康和环境利益时，应当增加附加处理工艺以提高再生水水质。

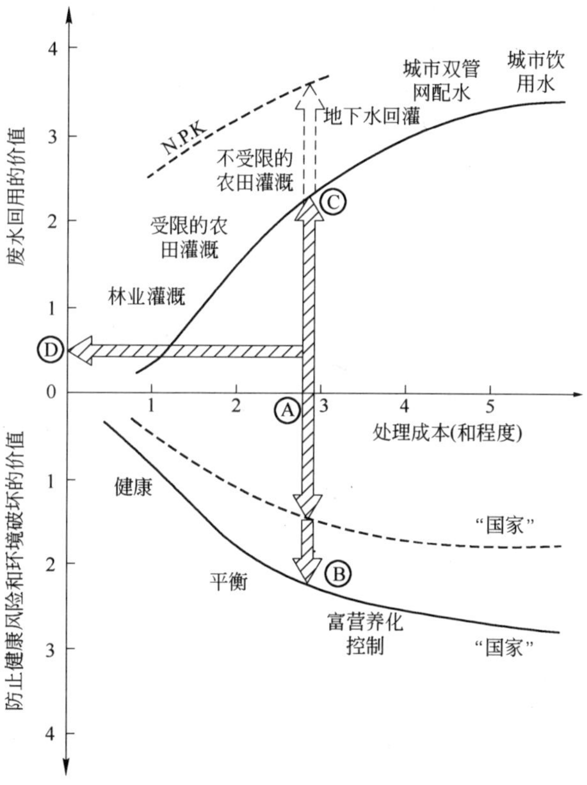

图8.1 污水回用的效益与处理成本的关系(谢里夫1991)

1998年在米兰，Hermanowicz和Asano再度研究了Abel Wolman关于城市具有新陈代谢的概念，并讨论了水循环利用的优点，这种概念给我们提供了一种进行综合式水资源管理所具有的优势的思路。他们也给出了一个图表，说明了在不同的阶段及不同的获取方式、处理方法、用途、再生、回用和循环时水质的变化。

1998年，辛普森提出了一个关于再生水的简单的5星级别体系，可以明显区别以下情况：(*a*)经过适当方法处理的、可以回用并带来利益的再生水；(*b*)未经处理或只是部分处理的没有达到回用基本要求的水。这种方法与图8.2所示的谢里夫教授提出的5级处理相似(见图 8.2)。

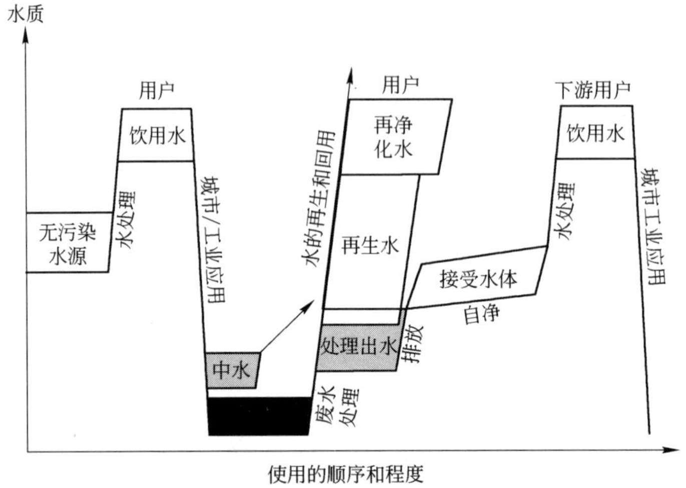

图 8.2 水在城市使用和回用的不同阶段的水质变化(Hermanowicz 和 Asano 1998)

这些观念可与表 8.6 所示的内容相结合，表中列出了提高再生水水质所要求的处理程度。就像爬梯子，处理程度增加或水质提高，可以降低使用再生水的风险。

国际再生水等级和处理措施展望 **表 8.6**

级别	用途描述	水质要求：粪大肠杆菌 (FC/100mL)	处理措施
5 星	饮用水		多级深度处理过程，有效去除微生物和化学污染物
A+级	随意接触	<1	二级处理+膜过滤+消毒
4 星			二级处理+混凝+过滤+消毒
A 级	经常性接触	<10	二级处理+过滤+消毒
3½星			
B 级	一般性接触	<100	二级处理+消毒
3 星			
C 级	不经常接触	<1000	二级处理+消毒
2 星			深度预处理+过滤+消毒(Jimenez 1998)
			升流式厌氧污泥床+消毒
			(El Gohary 1998)
D 级	限制使用	<10000	二级处理+稳定塘
1 星			氧化塘系统

回用水的有些用途如用于农业灌溉，除了对微生物指标提出了要求，对水的盐度和化

学组分含量也有所限制。这些指标可以同基本的微生物指标结合，可将再生水分为农业用的 A、B、C、D 级。对于城市中人类经常接触的非饮用水，微生物标准中包括对病毒和寄生虫的限制。当再生水可能补充饮用水或影响其水质时，有必要对 TOC 和其他化学污染物提出要求。

表 8.7 以澳大利亚国家标准为例，说明了一个国家如何通过这种方法制订回用标准。其他国家可以根据对可承受风险的评估，选择提出较高或较低的水质要求。

再生水用途与水质级别(以澳大利亚标准为例) **表 8.7**

用途	水质级别				
	限制接触 D(1 星) FC<10000	不经常接触 C(2 星) FC<1000	一般性接触 B(3 星) FC<100	经常性接触 A(3½星) FC<10	随意接触 A+(4 星) FC<1
地表水及蓄水					
地表水——受保护的供水，主要用于接触的娱乐水体	不允许	不允许	满足混合后的水质要求	允许	允许
地表水——二类供水，二类接触娱乐水体	满足混合后的水质要求	允许	允许	允许	允许
地表水——限制接触的观赏水体	允许	允许	允许	允许	允许
地下水					
地下水——直接从蓄水层抽取饮用水水力停留时间大于 12 个月	不允许	不允许	不允许	满足混合后的水质要求	允许
地下水——饮用水蓄水渗透层>3m 持水>12 个月	不允许	满足混合后的水质要求	允许	允许	允许
非食用作物					
非食用作物——森林、草场、牧场	允许保留 4h	允许	允许	允许	允许
放牧动物和饲养					
饲养用水	不允许	不允许	除养猪以外	允许	允许
放牧供奶家畜和猪	不允许	允许保留 5d	允许	允许	允许
放牧牛、羊、奶牛场冲洗	不允许	允许	允许	允许	允许
食用作物					
生食食品(如沙拉用蔬菜、根类作物)、可食用部分与再生水接触	不允许	不允许	不允许	允许	允许
需加工后食用的食品、果园——可食部分不接触再生水	不允许	允许	允许	允许	允许
城市和住宅					
住宅花园、洗车、洗刷道路、冲厕	不允许	不允许	不允许	允许	允许
运动场、高尔夫球场、公用场地、开放区域、景观、消防	不允许	允许保留 4h	允许	允许	允许

续表

用途	水质级别				
	限制接触 D(1 星) FC<10000	不经常接触 C(2 星) FC<1000	一般性接触 B(3 星) FC<100	经常性接触 A($3\frac{1}{2}$星) FC<10	随意接触 A+(4 星) FC<1
商业及工业					
产生小水雾的开放系统	不允许	允许	允许	允许	允许
修路、混凝、防尘	不允许	允许保留 4h	允许	允许	允许

8.5 讨论

8.5.1 权衡风险和经济承受能力

风险与承受能力之间的平衡取决于当地的经济情况。为了控制污染，法律限制了污水再生行业的收益。去除 99%的污染物质或风险，所需成本可能是去除 90%的两倍。在资金不足的情况下，为了获得最大的利益，在两个项目中消除 90%的风险要优于在一个项目中去除 99%的风险。如果不采取任何措施，就要付出高昂的健康和环境代价，但是标准要保证很低的风险，则成本过高。在这种情况下，风险控制方法可以在风险与成本之间取得最佳平衡。建立一系列多梯级的灵活的国际性指导方针的好处在于，可以让一个国家根据自身经济承受能力确定风险控制程度，随着时间推移，当有能力增加投资时，即可提高再生水的水质要求以降低风险。

8.5.2 国际合作的好处

建立一个惟一的水循环利用的国际性指导方针的框架，可以获得许多好处：

- 国家和地方管理者可以将关注焦点从制定标准转移到风险管理上来。
- 由于只有一个惟一的框架，国际研究和开发能够取得更好的成果。
- 一个共同的国际框架，将增加公众对水循环利用的了解和信心。

8.5.3 项目确定性的好处

复杂的规则、评估、批准和监管过程，使得项目延迟，成本增加。简化水循环利用的标准和项目批准手续可以带来很多好处：

- 确定明确的规则，使得方案制定者能够快速做出决定并启动工程。
- 简化批准手续，可以使资金尽快到位。
- 工程造价更低，会鼓励增加对水循环利用方面的投资。

经济承受能力/投资的提高，可以获得更多资金从而可不断改善水质和降低风险。

8.6 结论

在水的循环利用方面，需要有保护公众健康和环境的有效措施，这些措施必须在技术上可行并且在经济上能够承受。建立惟一的具有多梯级的水质标准的国际性水循环利用指导方针框架，并同高技术、高成本、低风险与低技术、低成本、可接受的风险的各种处理方法相联系，可以带来许多好处：

- 更好的风险管理，更好地在风险与经济承受能力之间取得平衡。
- 国际研究和开发能够取得更好的成果。
- 增加公众对水循环利用的了解和信心。
- 增加项目的确定性。

8.7 参考文献

Anderson JM *et al* 2000, *Climbing the Ladder: A Step by Step Approach to International Guidelines for Water Recycling*, Proc. 3rd International Symposium on Wastewater Reclamation Recycling and Reuse, Paris, July 2000.

Asano T (1998), Wastewater Reclamation and Reuse, Water Quality Management Library Vol. 10, Chapter 1, Technomics Publishing.

Asano T & Levine AD 1995, *Wastewater Reclamation and Reuse: Past Present and Future*, Proc 2nd Intl Symposium on Wastewater Reclamation and Reuse, Iraklio, Greece, 17-20 Oct 1995, pp 3-17.

Bouwer H (2000), *Integrated water management: emerging issues and challenges*, Agricultural Water Management 45 217-228.

Croce F (1998), *Policy Formulation for Sustainable Reuse of Wastewater: The Egypt Case Study*, Proc 2nd Intl Conf on Advanced Wastewater Treatment, Recycling and Reuse, Fiera Milano, 14-16 Sept 1998, pp781-790.

Crook J (1998), *Water Reclamation and Reuse Criteria*, Wastewater Reclamation and Reuse, T Asano ed., Water Quality Management Library-Volume 10, Chapter 14, Technomic Publishing.

El Gohary FA, Nasr FA & Wahaab RA (1998), *Integrated Low Cost Wastewater Treatment for Reuse in Irrigation*, Proc. AWT 98 Advanced Wastewater Treatment, Recycling and Reuse, Milan Sept 1998 pp757-763.

Hermanowicz SW & Asano T (1998), *Abel Wolman's "The metabolism of cities" revisited: a case for water recycling and reuse*, Proc 2nd Intl Conf on Advanced

Wastewater Treatment, Recycling and Reuse, Fiera Milano, 14-16 Sept 1998, pp33-42.

Hinichsen D, Robey B, & Upadhyay UD (1999), *Solutions for a Water - Short World*, Population Report, Series M, No. 14, John Hopkins University School of Public Health, Population Information Program, February 1999.

Jimenez B, Capella A & Landa H (1998), *Advanced Primary Treatment: A New Technology*, AWWA -WEF Water Reuse 98, Orlando Florida, February 1998, pp269-279.

NHMRC (2000), *Guidelines for Sewerage Schemes: Use of Reclaimed Water*, National Health & Medical Research Council Australia & Australia and New Zealand Environment Conservation Council, National Water Quality Management Strategy Vol 14, November 2000.

NSWRWCC (1993), *Guidelines for Urban and Residential Use of Reclaimed Water*, Recycled Water Coordination Committee, New South Wales, Australia, May 1993.

Odendaal PE, van der Westhuizen JLJ & Grobler GJ (1998), *Wastewater Reuse in South Africa*, Wastewater Reclamation and Reuse, T Asano Ed., Water Quality Management Library Vol. 10, Chapter 25, Technomics Publishing.

Shelef G (1991), *Wastewater reclamation and water resources management*, Water Sci & Tech, Vol 24, No. 9, 251-265.

Simpson JM (1998), Star System Terminology for Recycled Water, personal communication.

State of California (2000), *Wastewater Reclamation Criteria*, California Administrative Code Title 22, Division 4, California Department of Health Services, November 2000.

World Health Organization (1989), *Health Guidelines for the Use of Wastewater in Agriculture and Aquaculture*, Report of a WHO Scientific Group, Technical Report Series 778, World Health Organisation, Geneva.

9
生态管理和审计方案—迈向可持续发展的重要一步

Frans Lemaire

9.1 前言

生态管理和审计方案(EMAS)是1993年由欧盟委员会提出的。欧盟委员会允许各种组织(既有中小企业又包括多个国家)志愿参加该生态管理和审计方案的共同体。

在这种规定下，欧盟委员会想通过这些组织的积极活动来保护环境，从而加强经济的可持续发展。EMAS Ⅱ是在2001年初被扩展从而更接近ISO 14001(环境管理体系的国际标准)，并成为服务性机构关注的标准(见参考文献中的文章介绍)。

可持续发展要基于三重底线规则，将经济(利益)、生态(地球)和社会(人群)紧密相连(Van de Worp 2002；第1章)。大部分公司选择的可持续性是：将经济、社会、人类等方面同环境的影响在战略性的商业计划中通盘考虑。

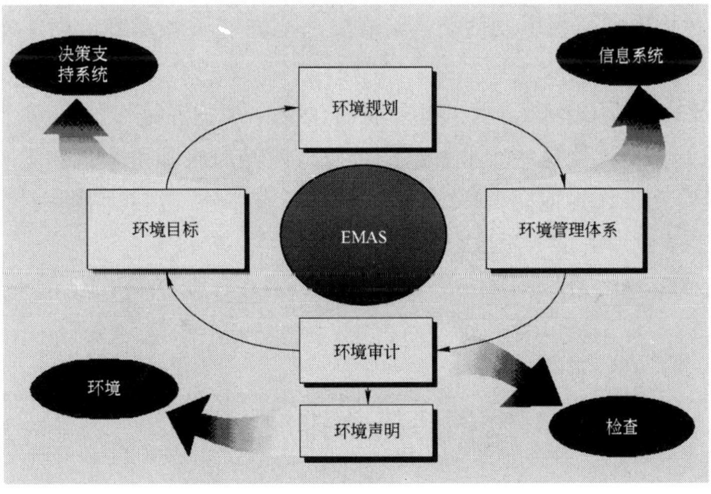

图9.1 “戴明循环”的示意框图

只有当公司的管理层能够实施下面的特别计划时，经济才能增长，社会敏感度才能提升，整个机构的环境表现才能改善。这项计划主要基于“戴明循环(Deming cycle)”（见图 9.1 所示），也是每个环境管理体系(EMS)的基础，如 EMAS：

- 详细说明你的目标和目的
- 规划你的行为
- 估计最后的结果
- 提出连续的改进计划
- 改编初始的计划

9.2 EMAS 的目标

EMAS 是一种实施环境管理和保证环境质量体系的工具。按此工具所示意的形式进行操作的组织，在可持续性方面就能有保证。近来，EMAS 已经被委员会重新定义，使其结构形式同 ISO 14001 更为接近(EC 2001)。按全球通用的 ISO 14001 操作的组织，现在就能够更加容易地达到欧洲 EMAS 标准。

这种方式鼓励那些组织自愿加入到 EMAS 标准中来，以便在更多方面获取利益如调节控制、降低成本和提升在公众心目中的形象。

EMAS 标准中的一个重要部分就是向公众发布环境状态和表现方面的信息。

由于“水”是这本书中的主体，我们要指出的事实是：公司和公众都对与水相关的事情很敏感。在 EMAS 体系中，洁净的水、水的再生和回用都是很重要的主题。

EMAS 的目标就是通过以下方法促进各种组织在环境表现方面进行持续改进：

- 组织要建立和实施环境管理体系。
- 对这种体系的目标和表现要进行周期性评估。
- 提供环境表现的信息，同公众和其他相关机构公开对话。
- 鼓励雇员积极参与组织的活动，给雇员适当的初级和高级培训，使他们能在实施环境管理体系时积极参与。

关于 EMAS 的最新出版物显示，将采取简化操作规程和减少注册费用的方式来鼓励和吸引中小企业的参与。当这些企业和组织能够应对洁净水和再生水的问题时，他们便能够将这些问题整合起来作为他们 EMAS 评估中的环境部分。在我们提到的关于 EMAS 的 EC 网站上，便能找到所有的参考文献和文档：

http：//*europa.eu.int*/*comm*/*environment*/*emas*/*refdoc*/*regulation*/01761_*en.pdf*

9.3 EMAS 和 EPER(欧洲污染物排放登记)

“欧洲污染物排放登记”规定(2000/49/EC)，要求欧盟委员会所有成员国都要报告他们在大气和水中污染物的排放情况(EC 2000)。这些数据一定要能公开获取并能在互联网上传播。网址为：*http：//europa. eu. int/comm/environment/ippc/eper. htm*

在 EPER 和 EMS 体系之间有着非常明显和清晰的关系，就像 ISO 14001 和 EMAS 之间一样。一旦一个机构拥有了可操作的环境管理体系，在 EMS 框架内就已经有其环境表现方面的报告并形成文件。为了按 EPER 格式提供污染物排放情况的信息，还须少许额外的努力。

由于 EMAS 要求必须公布经过确认的环境信息包括污染物的排放情况，组织很容易就能满足 EPER 提出的所有要求。

9.4 EMAS：一种步进的方式

9.4.1 环境管理体系

因为要求组织在每年的环境公报中阐述他们在减少环境影响方面的计划和成绩，EMAS 是 ISO 14001 标准的合理扩展。这两套体系均可得到环境集成专家软件(如 EMAServer 软件——见网址：*www. emaserver. com*)和模型软件(如为模拟水质而制作的 WEST 软件——见网址：*www. hemmis. com*)的支持。

9.4.1.1 第一步：环境政策

组织的高管层负责制订环境政策。这些政策必须被转化成一系列的行为和指令(见图 9.2所示)。通过 EPI 和 GRI 程序，将政策条款进行数字化转换并同工作目标、数据和成果展示联系在一起是一件很有意义的事情。

一些实例：

一家公司计划增加二手材料的输入量。因为有了这种政策，才能够确定操作的时间和范围，才能够建立一种工作动机，并确定如何报告和测量。

另一种政策要素可能是减少水的用量，相应地就能确定行动计划和相关目标。

图 9.2 列出了整个程序过程：

- 在公司生产流程中组织好水资源的分配。
- 明确对异常测量结果所应采取的正确行为。
- 怎样控制水净化装置。
- 其他。

9.4.1.2 第二步：规划环境表现、法律依据、工作目标和目的

组织要制订出操作程序，来规范其行为、产品和服务等环境表现。而且必须制定出一系列控制环境影响的标准。基于这些标准，一些重要的表现就会从组织的全部环境表现中自动地被选择出来。

对于每一个重要的环境表现，组织一定要认真考虑相关的法律要求。例如，精心设计

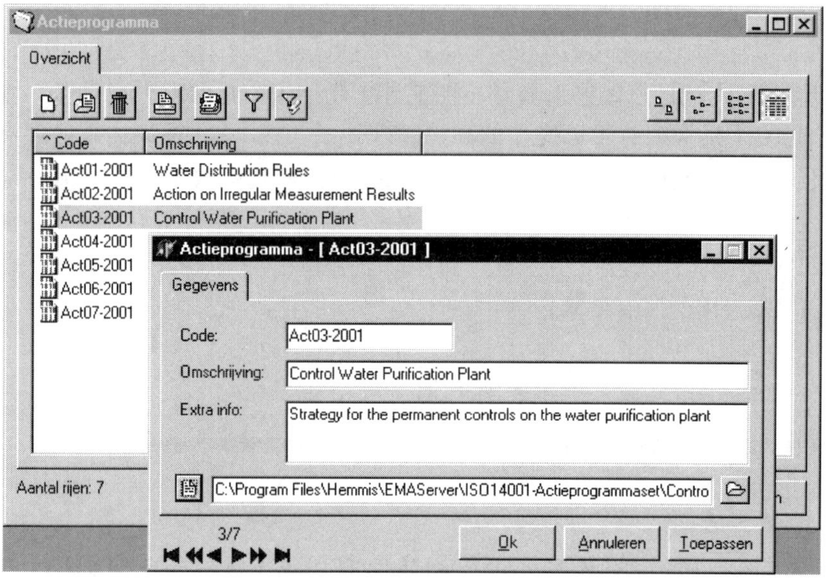

图 9.2 软件可帮助操作人员和管理人员将描述环境政策的文件同相关的环境表现联系起来

的软件可将测量和样本值同当地的法规或普遍适用的标准所规定的标准值或限定值相比较（见图 9.3 所示）。

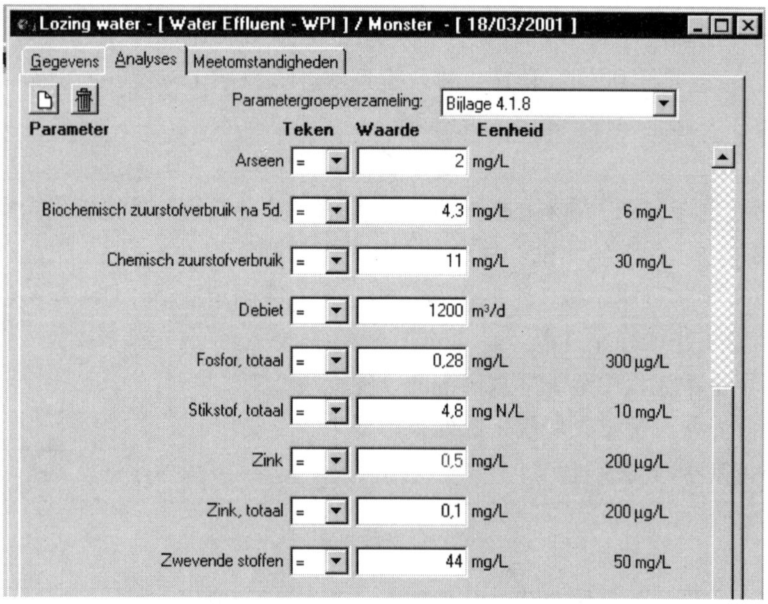

图 9.3 法律核对：法定标准同水质测量值的连续核对

基于对组织内部的每个相关功能和水平的严格定义的环境目标和目的，自然就可以建立一套环境管理程序，包括有具体思路和工具的工作指令、行动计划，从而可以在计划的时间(时间框架)内成功地完成既定目标，达到预期目的。

9.4.1.3 第三步：执行、操作、培训、权能、控制、检查和矫正行为

软件能应用于以下方面：

设计组织的工作流程：所有主要的工序都必须详细分析。对于每一道工序，可能对环境产生影响的一系列最终产物或活动都必须列举出来。

各种软件工具可以将图形设计工具同处理储存在数据库中的环境信息的模型软件联系起来(见图 9.4 所示)。用于流程信息的图形编辑软件是一种有效的工具，可完成 EMAS 系统中的基本目标即发布报告：它提供了一种简单的信息输入方法，可以将废物、能量、水和其他排放物合乎逻辑地表现出来。

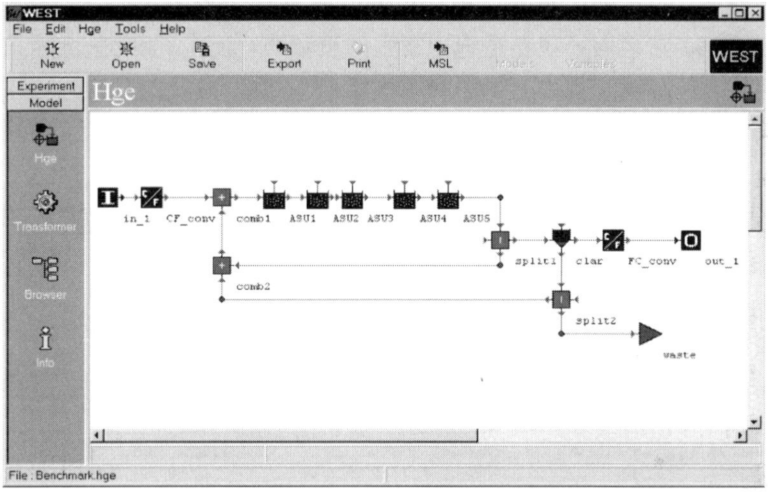

图 9.4 WEST 和 EMASever 软件允许水、流程或废水流动采用图像表示方式，从而可以进行成本和排出物分析。软件中的数据和模型都能够被连接到每个图框中，用来计算排放量、环境影响、污染物的数量或出水量等。

建立一种影响矩阵：组织的所有同环境相关的产品和活动都置于其中。按照 WES (Westvlaams Economisch studie bureau)开发的方法，EMASever 软件能够将下面因素联系在一起(见图 9.5 所示)：

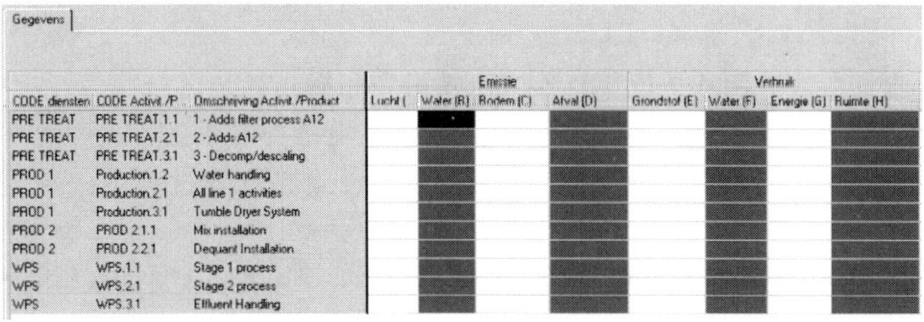

图 9.5 影响矩阵：根据 WES 方法来分析确定环境表现

■ 排放物：气体、水、土壤和废弃物

■ 消耗：原材料、水、能量和空间

■ 影响：噪声、气味、粉尘、热、振动、视觉、交通和放射物

■ 后果：排放物、消耗+影响

确定个性化的标准：为了评估环境表现(为了内部和外部的审计人员和经营管理人员的检查)，必须从不同类别和级别的角度对标准做出归纳总结(见图 9.6 所示)如：

● 严重(严重性)：各种可能的类别和级别

● 频率：各种可能的类别和级别

● 探测：各种可能的类别和级别

● 概率(例如发生火灾的情况)

基于已经应用的标准列出重要方面：EMAS 程序最主要的成果就是给出所有相关的重要环境表现清单。清单内容包括组织中发生的正常的、反常的和突发性的情形。

清单中所包含的环境表现内容如图 9.5 中所示，并按上述标准的相关顺序列出来，如图 9.6 所示。

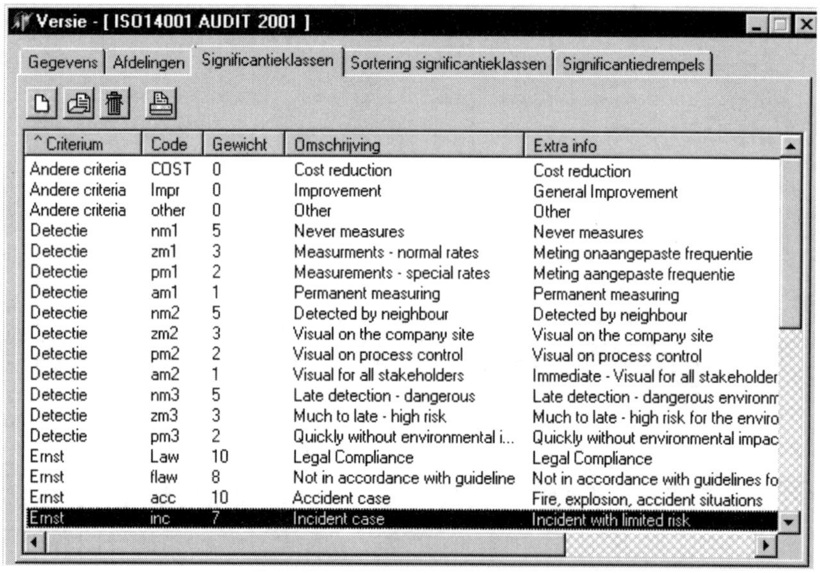

^ Criterium	Code	Gewicht	Omschrijving	Extra info
Andere criteria	COST	0	Cost reduction	Cost reduction
Andere criteria	Impr	0	Improvement	General Improvement
Andere criteria	other	0	Other	Other
Detectie	nm1	5	Never measures	Never measures
Detectie	zm1	3	Measurments - normal rates	Meting onaangepaste frequentie
Detectie	pm1	2	Measurements - special rates	Meting aangepaste frequentie
Detectie	am1	1	Permanent measuring	Permanent measuring
Detectie	nm2	5	Detected by neighbour	Detected by neighbour
Detectie	zm2	3	Visual on the company site	Visual on the company site
Detectie	pm2	2	Visual on process control	Visual on process control
Detectie	am2	1	Visual for all stakeholders	Immediate - Visual for all stakeholder
Detectie	nm3	5	Late detection - dangerous	Late detection - dangerous environm
Detectie	zm3	3	Much to late - high risk	Much to late - high risk for the enviro
Detectie	pm3	2	Quickly without environmental i...	Quickly without environmental impac
Ernst	Law	10	Legal Compliance	Legal Compliance
Ernst	flaw	8	Not in accordance with guideline	Not in accordance with guidelines fo
Ernst	acc	10	Accident case	Fire, explosion, accident situations
Ernst	inc	7	Incident case	Incident with limited risk

图 9.6 能够确定重要环境表现的几种标准规范的实例

将数码书写程序、同环境表现有关的工作指令和操作计划链接起来：专用软件(如 EMASever)能够将储存在计算机网络中的数字文件同相关的数据、重要的环境表现清单链接起来。在审核、EMS 体系检查以及最终报告的起草等过程中，该工具非常完美有效。

最终报告和初始基准：最终结果是关于在相关的重要环境表现方面取得的效果和目标的一份总结性报告。环境效果和成就(指示器)可同图表、程序、目标和定额相联系(如

图 9.7所示)。

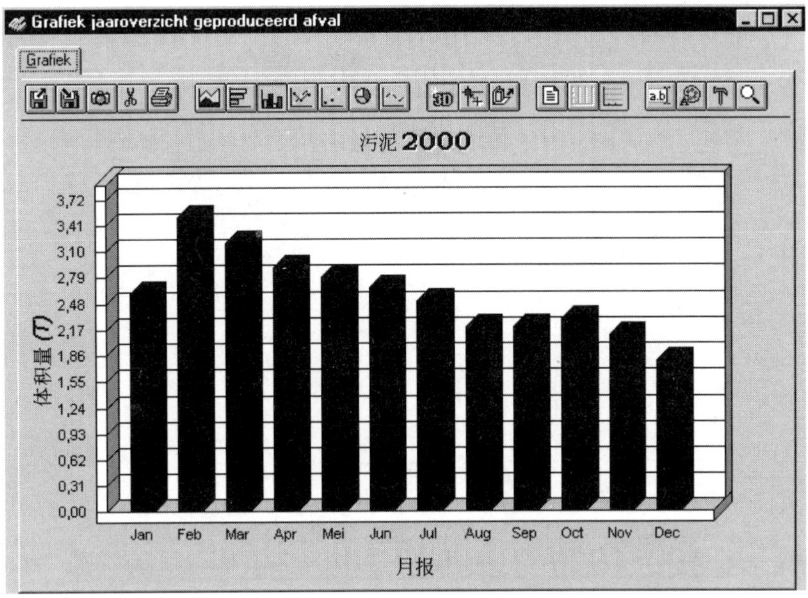

图 9.7 自动生成的可自由定义的环境表现指示器的报告

基准可基于如下所定义的指示器做出：

- 操作表现指示器：OPI
- 管理表现指示器：MPI
- 环境条件/表现指示器：ECI(EPI)

几个网站描述了同表现指示器相关的不同可能性和背景信息。其中带有实际例子或理论信息的网站列举如下：

- www. greenleaf-publishing. com
- http：//www. businessandsociety. org/
- www. wbcsd. ch
- www. ceres. org
- www. globalreporting. org
- http：//www. environmental-performance. org/
- www. vlerik. be/ido
- www. sam-group. ch
- http：//www. sam-group. com
- http：//www. sam-group. com/assessment2001

重要的附加步骤是监测、测量、校正和符合性评估。以上各步均能够通过软件来检查。一项模拟复杂情况(如水质、排放物的分布、环境表现指示器、经济和成本演化、臭氧的损耗情况等等)的新技术已经被开发出来(见图 9.8 所示)。

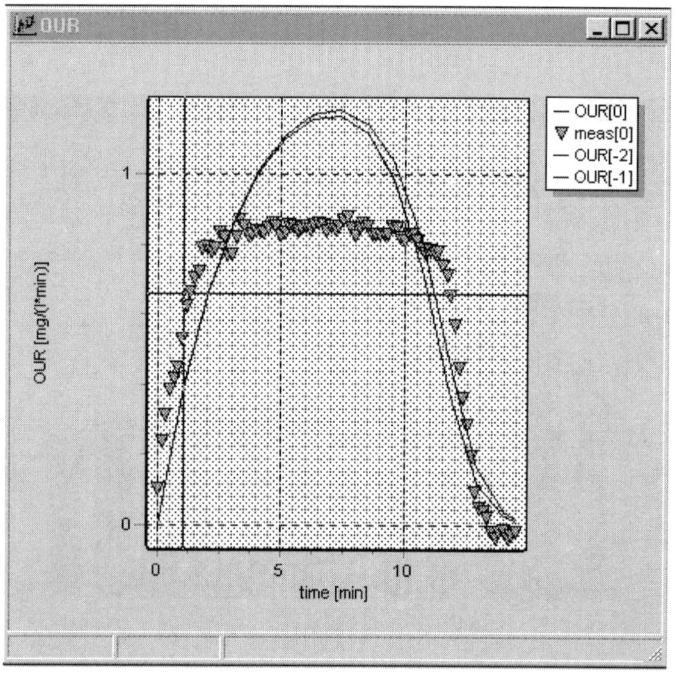

图 9.8 利用 WEST 对水质参数进行模拟估算

用模型软件来模拟水的净化过程和水质情况，能够尽可能地减少对环境产生的潜在危害，从而避免高额的税收和罚款。

9.4.1.4 第四步：交流和环境声明

环境综述的目的就是要为公众和其他组织提供关于环境影响和表现的环境信息。综述的内容也可以表明组织的环境表现不断改善的情况。

年度报告和行为符合法律、规范以及其他目标的情况，不仅能够通过出版社进行汇编发行，而且也能通过网站和电子传媒进行传播。这种坚持环境报告公开化的战略被 EMAS 着力推荐。

这些做法给组织带来很多的好处：基于表现指示器（ISO 14031 环境表现评估），这些组织自动拥有了他们的环境报告（EMAS）和可持续性评估。

环境报告和网站新闻中可包括相关信息和决策的汇总，例如：

- 年度回顾报告
- 年度环境及安全报告
- 同 GRI（全球最新报道——见参考文献）一致的报道
- 企业内部互联网或对外网络项目
- 给股东的汇报（如 EMAS 中定义）
- 同联邦机构、基准机构、咨询机构、金融和经济审计组织相一致的报告。

9.5 审计

每个 EMS 都含有审计过程。审计过程如下：

(1) 对管理系统的理解

(2) 评定管理系统的强项和弱点

(3) 收集相关的证据

(4) 评估审计中发现的问题

(5) 准备审计结论

(6) 报告审计结果和结论

软件工具(模型软件)也能够用来辅助完成报告，检查或模拟措施和行动的效果。审计人员和竞争对手都能用这些软件工具来表述和模拟上述项目。

9.6 结论

EMAS 创建了标准工作框架来指导组织通过不同的工作阶段实现可持续的业务。

EMAS 是一个能够改善组织的环境表现的强有力工具。集成的软件工具可作为支持。好的软件工具可实现：

(1) 友好的输入方法，数据采集，数据模拟，陈述和决策支持。

(2) EMAS 所要求的合法性。

(3) EMAS 所要求的灵活的环境信息交流。

(4) 标准的环境影响分析方法，和用于风险分析及情景模拟的决策支持工具的模型。

(5) 数据采集和信息发布的连续性和标准化。

(6) 标准的环境报道：EMAS、ISO、GRI、执行概述，可持续性的回顾报告(基于三重底线规则)。

9.7 参考文献

EC (2001), Regulation (EC) No 761/2001 of the European parliament and of the council of 19 march 2001(L114-official journal of the European Communities of 24. 4. 2001).

AUCOWACO (2001), Optimal and autonomous control of wastewater treatment plants with structural and intelligent communication with the production (website www. hemmis. com).

Kinsella J. and McCully A. D. (1999), Handbook for implementing An ISO 14001 Environmental Management System, chapter 8.

Terras C., Lammerant J. (may 200), WES Milieuonderzoek, en-advies en HEMMIS nv ontwikkelen ISO 14001 WES softwaremodule. (Article West Vlaanderen Werkt), page 184-186, Switserland.

Sturm A., (1998), ISO 14001 Implementing an Environmental Management System (V2.02, 1998).

Lammerant J., (februari 2001), Duurzaam Ondernemen, (Article West Vlaanderen Werkt), page 52-56.

EC (2000), Guidance document for EPER implementation, November 2000, pg 14-15.

additional websites:

http//europe.eu.int/environment/pubs/home.htm

www.hemmis.com

10
废油回用的最好可用技术(BAT)

Roger Dijkmans and Anne Jacobs

10.1 最好可用技术(BAT)

在许多工业化国家，环境许可条件中包含一些基于技术的要求，通常将最好可用技术(BAT)作为参考(OECD 1996)。在IPPC的指示中(96/61/EC)(EC 1996)，欧盟(EU)成员国被要求使用最好可用技术(BAT)，而且其环境质量目标被作为确定某些工业装置的环境许可条件的基准。"技术(T)"、"可用的(A)"和"最好(B)"的含义如下：

◆ "技术(T)"：不仅指所使用的工艺，也包括了装置设计、安装、维修、操作及报废的方式。

◆ "可用的(A)"技术：在经济和技术可行的条件下，考虑成本和优势从而能够被操作人员接受，开发出的能够用于相关工业部门的技术。

◆ "最好(B)"：总体上讲，能够最有效地保护环境。

最好可用技术(BAT)指的是在付出可接受的成本条件下，对环境影响最小的技术和组织措施。在当前的欧洲立法中，"最好可用技术(BAT)"同"不用付出过多成本的最可用技术(BATNEEC)"的含义相同。

BAT是环境许可条件的确定基准。例如：如果某种污水处理技术被认为是针对某行业的BAT，那么官方就可将采用该BAT处理过的污水中污染物的浓度确定为该行业所有企业的污水排放标准。如果随着时间推移BAT发生了改变，环境许可条件也会随之变化，即变得更为严格。因此，管理人员掌握BAT信息非常重要。欧盟委员会在IPPC的指令框架中已经预见了成员国和各业界之间关于BAT的信息交流。所谓的"BAT参考文件(BREFs)"可以实现这个目的。此外，以热点地区国家的几种已有的初始国家标准就可看到关于BAT信息的分布。在比利时的佛兰德地区，佛兰德技术研究机构(Vito)被要求提供这些信息。Vito提供的可获取BAT信息的行业列在表10.1中，在这些研究中处理的典型回用问题也列在其中。

可以获取 BAT 信息的行业 表 10.1

行 业	典型的回用问题
洗衣店	废水回用
加油站	汽油蒸汽的回收
食品蔬菜加工业	水回用
黏土加工业	二级原料回用
印刷业	溶剂的回收和再利用
油漆、清漆、印刷墨水生产业	溶剂的回收和再利用
纺织工业	水和成品的再利用
金属表面的电解、化学处理及除油	清洗水的回用
热浸镀锌	金属尘的回用
木材染色防腐工业	木材残渣回用
牲畜粪加工业	肥料的回用
干洗	聚氯乙烯和其他溶剂回用
车身制造车间、混凝土搅拌站	水和矿物残渣回用
污水处理剩余污泥的处理、回用及处置	用于施肥或建筑
游泳池	水回用
铸造	铸造用砂的回用
废油处理	基油和燃料生产

BAT 的选择包括下列步骤：

(1) 该方法是否在技术上已经被证明可行?

(2) 该技术是否对环境最有利?

(3) 该技术的成本是否合理?

由比利时 Vito 制定的标准方法在 Dijkmans 2000 年的著作中有所描述。本章以详细解释废油处理中 BAT 的选择为例说明该方法(Jacobs 和 Dijkmans 1999)。

10.2 佛兰德斯(Flanders)的废油处理

如今，在比利时的佛兰德地区，只有少数公司从事废油处理业务。一些公司只是进行简单的净化，去除废油中的沉淀物和水，这仅被认为是预处理。有一家公司利用闭合的循环回路系统循环利用工业用油和变压器用油。其他公司把废油当作一种燃料(例如：用于水泥窑、燃烧危险废物)，或是当成焦炭的代用品(例如：用于鼓风高炉)。以前，废油可以在空间加热器中焚烧(例如：加油站、温室等)，或者作为沥青混合厂的燃料。但是由于 1999 年 1 月 1 日开始执行更严格的法律，以上行为均是违法的。

于是，废油处理正在引入新的方法：利用二次提炼的方法可以生产出用于基油生产的蒸馏物，裂化厂可以利用废油生产出一种新燃料(符合法律规定)，安特卫普的一个港口接受设备可以将废油转化为轮船的燃料。这些方法还只是处于研究完成后的设计阶段。另外，提炼厂可以在厂内将废油同原油或蒸馏过程中的残液混合，但是在佛兰德斯，这种方法还远没有达到实用阶段。

10.3 处理及预处理工艺的描述

这部分简要描述了一些废油处理技术。所描述的技术都同佛兰德斯1999年的情况有关。

一些公司对废油进行了简单的预处理。通过简单的物理或机械处理，可以去除废油中的水和沉淀物。主要的技术步骤包括：静置、沉淀、过滤和离心处理。通过这些简单处理后，洁净的油可用于下述用途。这些预处理技术同其他废油处理系统是不可比较的，因为它并不能生产出最终产品，也不能达到处理的最终目的。

10.3.1 工业废油的闭路循环

在佛兰德斯，一个公司利用简单的加热和过滤方法去除润滑剂和工业废油中的水和沉淀物。该公司将处理后的油提供给产生这些废油的客户，客户再将这些油回用于原来同样的工序。为了改进过滤效果，他们采用了高温条件下，添加活性黏土等辅助物质的方法(Concawe 1996)。

10.3.2 无需蒸馏，用化学方法二次提炼出基油

利用酸/黏土方法，可以将被污染的变压器油净化为新的变压器油的基础材料，该技术的重点是酸处理工艺。另外，通过和硫酸反应，可去除聚合物、氧化和降解产物，产生的污泥用沉淀方法分离。其他的处理技术同10.3.1描述的方法相似。产出的污泥(酸性焦油)酸性很高，而且含有高浓度的多环芳烃(PAHs)、硫酸、硫化物及废油中含的金属渣。佛兰德斯的公司还从废泥中回收硫酸和/或二氧化硫(Concawe 1996)。

10.3.3 利用蒸馏法二次提炼出基油

通常，这种方法可以去除杂质及其他成分，只保留基油。后来，润滑剂生产厂家为了达到纯净产品的规范要求，在生产过程中添加了一些其他物质。有许多二次提炼技术被开发，并可以应用到实际生产中。在BAT的研究中，只描述了佛兰德斯的一家公司在调查过程中拟采用的改进办法。另外，三种可能的改进方法仍在研究中：丙烷萃取法、化学处理法和氢化法(Concawe 1996；HMSO 1992；Bhan *et al*. 1986；Devoldere and Laethem 1997；kajdas 1996)。

10.3.4 作为高炉的还原剂或燃料

大多数的高炉都需要向炉中注入碳氢化合物(煤粉、重燃料油、油渣、天然气、塑料)，高度同风口齐平(An 1995；Lindenber *et al*. 1996；An 1998)。当把废油注入到高炉

中，大约在 2100℃时，碳氢化合物立即气化。气体主要由 CO 和氢气组成，同铁矿石发生反应将铁还原。高炉注入塑料的物质和能量平衡结果显示：50%的塑料被用作还原剂，30%作为能源被燃烧，20%损失了。

10.3.5 通过热裂解生产燃料

热裂解是一种普遍采用的提炼处理方法，可以使大的碳氢化合物分子分解为小分子，从而产生较轻的液态燃料。首先，水被从废油中去除，然后在 420℃时，低压条件下(无需催化剂)，油发生热裂解。在随后进行的蒸馏和稳定阶段，生产出可销售的油(柴油)。

10.3.6 在炼油厂中使用：同原油混合

废油先同原油混合再经脱盐处理，然后输入到现有的原油蒸馏单元。在此工艺中，废油将经过所有的提炼过程。废油的主要部分最终成为真空塔的底层产物。

10.3.7 在炼油厂中使用：掺入真空塔的残留物质

经过预处理的废油，被当作一种辅助成分同真空塔的底层产物混合。此时，废油几乎不进入工厂的提炼单元。

10.3.8 在焚化危险废物时作为一种辅助燃料

根据被焚烧的危险废物的热值，废油可以作为燃烧过程的一种辅助燃料(An 1997b)。由于危险废物的处理过程是在严格控制的环境(停留时间长、高温、非常充足的氧气)下进行的，并且有特殊的废气处理方法，所以废油是在满足环境要求的方式下燃烧的。

10.3.9 作为水泥窑的燃料

水泥工业耗能巨大。废油可以作为燃料来提供热量。未经处理的废油应该输入主燃烧炉，在一次燃烧区被分解。废油如果输入预热器、预煅烧炉等次燃烧炉，则燃烧温度为 1000℃，还不足以分解卤代有机化合物。水泥制造过程中，危险的污染物如多环芳烃(PAHs)、氯代烃类、重金属等被分解或无害化(An 1999；An 1997c；An 1992；An 1990)。

10.3.10 作为空间加热器的燃料(<10MW)

经过预处理的废油可以作为空间加热器的燃料，如车库、车间、温室等。在这种类型的燃烧中，废气通常无法被净化。所以在佛兰德斯，自 1999 年 1 月 1 日起，不允许再这样做(Concawe 1996)。

10.3.11 混入船用燃料

将航运中和陆地上产生的废油进行混合，以获得更好的处理和分离效果。为了去除废油中的水，如果需要，可以通过添加破乳剂或升温的方式促进分层。这样，油可以被过滤和离心分离出来，作为成品燃料或者割草机用油。

10.4 处理系统的技术、经济和环境评估

根据定义，BAT 应该是在整体上对环境“最好的”，对相关的工业行业在经济和技术上是“可用的”。

10.4.1 处理系统的技术有效性

在提炼过程中将废油同原料混合的方法(10.3.6)，看上去是技术不可行的，因此被认为不是 BAT。由于废油在提炼装置中，可能引发几个技术问题，实际生产中并不能使用这种技术。

10.4.2 环境表现评价

根据废油中主要污染物的不同，可选择不同的处理方式。这些物质可分为以下几类：硫化物、金属和不完全燃烧的产物(包括挥发性有机物 VOC)，这三项作为环境表现分析的指标。表 10.2 是专家依据环境表现标准，对处理系统做出的评价汇总。(见表 10.2)

处理系统的环境表现评价 **表 10.2**

序号	处理过程	环境表现评价					总分	不考虑回用时的总分
		硫化物	金属	不完全燃烧的产物+VOC	原料的再次利用	能量的再次利用		
1	工业废油的闭合循环回路	1	1	3	1	5	11	5
2	无需蒸馏的化学二次提炼法	2	2	3	1	5	13	7
3	蒸馏法二次提炼	1	1	1	1	5	9	3
4	注入高炉	1	1	1	3	3	9	3
5	热裂解	4	1	2	5	1	13	7
6	在精炼中与原料混合	—	—	—	—	—	—	—
7	在精炼中掺入真空塔残留物	5	3	4	5	1	18	12
8	作为危险废物焚化炉的燃料	3	1	1	5	1	11	5
9	作为水泥窑的燃料	2	1	2	5	1	11	5
10	作为空间加热器的燃料	5	3	5	5	1	19	13
11	掺入船用燃料	5	3	5	5	1	19	13

注：“在提炼过程中将废油同原料混合的方法”处理系统在技术上尚不可行，所以没有给出得分。

对于每种处理方式，对这些污染物质的最终去除效果进行评定并给出相应得分：分数越低，这种处理方式的环境表现越好。三项标准是进行独立评定的。原料和能量的回用也可以被选择作为标准中的一部分，但是并没有给出参考(二者得分的总和一直是 6)。要由决策者决定哪一种标准最重要，因此，可以确定每种标准的权重。

评估结果显示，从环境因素考虑，进行二次提炼和向高炉中注入废油是两种优先选择的方式。仅次于上述两种方法的环境性能比较好的方式是：工业废油的闭合循环回路、作为水泥窑的辅助燃料以及作为危险废物焚化炉的燃料。

10.4.3 系统的经济可行性

在不同处理系统之间进行经济可行性比较是十分困难的。通常，将废油作为空间加热器的燃料(10.3.10 所述)被认为是最便宜的方式，而利用蒸馏法二次提炼出原油(10.3.3 所述)是最昂贵的方法。一些技术至今还没有在佛兰德斯及其周边地区投入实际运行，或者只是进行了一些小规模的使用(如利用蒸馏法二次提炼、作为高炉的还原剂)，这些情况都使得他们在佛兰德斯的废油回用方面是“经济不可行的”。

10.4.4 BAT 的选择

由于环境性能最好的这两种处理方法，不能保证有足够的处理能力，以合理的价格(经济可行)去处理佛兰德地区的废油，所以环境评价第二好的处理方式也被认为是 BAT。因此，二次提炼(10.3.3)、将废油注入高炉(10.3.4)、工业废油的闭合循环回路(10.3.1)、作为水泥窑的辅助燃料(10.3.9)以及作为危险废物焚化炉的燃料(10.3.8)等方法均被认为是 BAT。利用这 5 种 BAT，可以将硫化物和金属(通过空气、水和燃料产品)向环境的排放减少到 10%以下。该数据可以用在环境许可条件中，而不是强迫公司使用某种技术。

10.5 参考文献

An. (1990) Technical note on Best Available Technologies Not Entailing Excessive Cost for the Manufacture of Cement, Commission of the European Communities, Brussels.

An. (1992) Cement Manufacture and Associated Processes, Her Majesty's Inspectorate of Pollution, London, UK.

An. (1995) Production of Iron with Plastic Waste, Duales System Deutschland GmbH, Germany.

An. (1997a), Altöl Brenstoff oder Schmierstoff? Niedersächsisches Umweltministerium & Mineralöl-Raffinerie Dollbergen, Germany.

An. (1997b) The incineration of hazardous waste, How to achieve high environmental protection in a free market, Eurits publication, London, UK.

An. (1997c) Afballentorgung in Zementwerken, Bundesambt für Umwelt, Wald und Landschaft (BUWAL), Bern, Germany.

An. (1998) "Draft Reference Document on best available techniques in the Iron and Steel industry", IPTS, Seville, Spain.

An. (1999) "Draft Reference Document on best available techniques in the Cement and Lime industries", draft, IPTS, Seville, Spain.

Bhan, O.; Tai, W. en Brinkman, D. (1986) Hydrofinishing of Re-refined Used Oils, National Institute for Petroleum and Energy Research, DOE-BC-10826-1, USA.

CONCAWE (1996) Collection and disposal of used lubricating oil, Concawe Rapport no. 5/96, Brussels, Belgium..

Devoldere K., B. Laethem (1997) Voorstel tot regelgeving: gebruik afgewerkte olie in Vlaanderen, Vito-report, Mol, Belgium.

Dijkmans R. (2000) Methodology for selection of best available techniques (BAT) at the sector level, J. Cleaner Production, 8: 11-21.

EC (1996) Council directive 96/61/EC concerning integrated pollution prevention and control, European Commission Publication Paper L257/26, Brussels, Belgium.

HMSO (1992) Waste Disposal & Recycling Recovery of Oil by Distillation, Chief Inspector's Guidance to Inspectors, Process Guidance Note IPR 5/10, London, UK.

Jacobs A., and Dijkmans R., 1999, Beste Beschikbare Technieken voor de verwerking van afgewerkte olie, Academia Press, Gent. Belgium. Also available on: http: // www. emis. vito. be/bbt.

Kajdas C. (1996) Used oil re-refining: overview of current technologies used, 3th European Congress on Re-refining October 23-24, 1996, Lyon, France.

Lindenberg H., de Haas H., Juchhoff W., Janz J., Reimer G. and Weiss W. (1996) "Rohstofflichees Recycling von Kunststoffen als Reduktionsmittel im Hochhofen", Stahl und Eisen 116(8): 89-93.

OECD (1996) Industrial case studies on the use of BAT and EQO in permits, Proceedings of the Workshop on environmental requirements for industrial permitting, Paris, France.

第三部分

帮助工业用水零排放和资源循环的工具—B系统分析

11

水夹点分析：工业生产过程中尽量减少用水量和废水量

Danielle Baetens

11.1 前言

在加工工业中，水是一种参与到应用系统和不同生产工序的重要流体。生产用水能够作为溶剂、直接或间接的冷却剂使用，生产过程会使用水或产生水。在不同的生产工序和应用系统中会产生废水，这些废水最终都需要进行处理。

以往，公司使用的是附近的深井水或优质的地表水，因此水是一种丰富且廉价的资源。同时，废水可以直接排放到地表水中或下水道系统，没有多少限制，成本也不高。然而，由于控制逐渐严格，限采深层地下水，公司不得不寻找新水源。此外，公司为了将废水排入下水道系统或者为了充分地净化废水以获得排放到地表水的许可，必须使产生的废水易生物降解($COD/BOD<4$)。这种变化使得生产工艺的用水成为一项重要开支。以往用来代替地下水的是那些要昂贵很多而且需要额外处理的自来水(例如纺织工业)，污水处理厂的出水也比地下水昂贵而且可能还需要深度处理，雨水虽然不需要付费但如果用于生产过程的话也需要处理。地下水的一种内部替代物是生产废水的重复使用。本章介绍了在考虑工艺流程的限制因素如污染物和流速，以及管道系统运行的不变和可变成本情况下，工艺用水循环使用和回用的给水管道系统的设计。

在确定水重复使用的机会方面，有一种分析给水管道系统和减少用水费用的系统技术称为水夹点分析(也称狭点分析窄点分析和减量分析等)。这种夹点方法最初是为了热交换网络最优化(节约能源)由曼彻斯特大学流程集成系(Linnhoff 和 Flower 1978a, b; Linnhoff 和 Hindmarch 1983)开发出来的，经过修改以后应用于给水系统中。将夹点分析原理应用于废水问题的基本理论陈述是由 EL-Halwagi 及其同事(1989，1992，1995)和史密斯及其同事(1991a，1991b，1994，1996)开创的。从那以后，两个重要的设计方法分别由 UMIST 和 Linnhoff March 发展起来。Linnhoff March 的理论已经取得了专利并注册了“水夹点”的商标。这一理论因为可节约 15%～40%的新鲜用水和减少 20%～50%的废水，已经成功地应用于许多工业领域。

11.2 理论框架

11.2.1 基本概念(Baetens and Tainsh 2000)

许多研究都是以现存的、所有工艺均为新鲜水的给水网络为出发点的。图 11.1*A* 所示为最初包含了三套工艺的网络。通常情况下，各种工艺的所有出水被收集起来并在同一个出水处理站里同时处理，这样的出水处理站可能在工厂内部或者出水通过下水道系统送到一座能够同时处理市政污水和工业出水的污水处理厂中处理。

第一步，寻找几乎不需要任何投资的节水机会。这些机会只是将一道工艺的出水回用作为另一道工艺的进水，工程上只需要建设连接这两道工艺的管道系统。在图 11.1*B* 中，通过将工艺 2 的出水作为进水回用于工艺 1 就可将原来的流程优化。

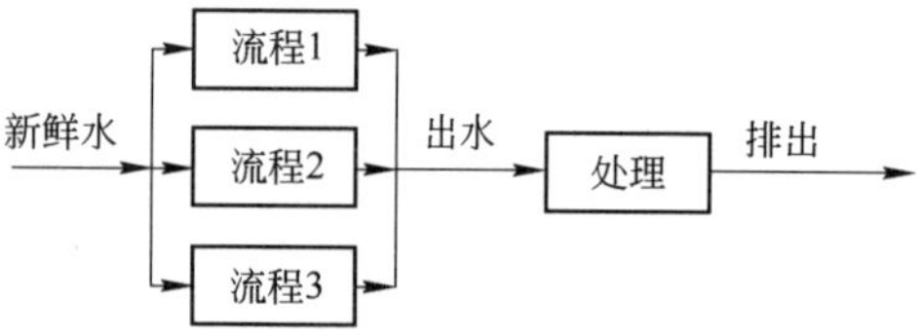

图 11.1*A* 所有流程流入新鲜水的给水网络

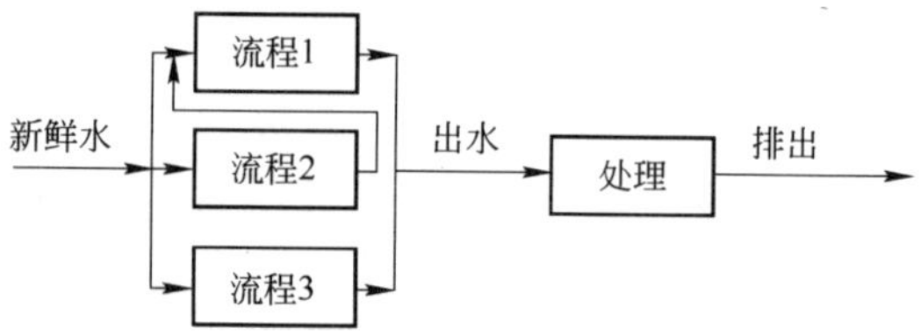

图 11.1*B* 直接回用的给水网络，如一道工艺的出水作为另一道工艺的进水使用

工艺 2 的出水，比如从间接冷却工艺中排出的水，只是温度升高了，在此道工艺，水中并没有增加污染物，这样的工艺出水通常很容易用于其他工艺。这种项目也许稍复杂一点：假设工艺 1 和工艺 2 最初是一个洗涤流程，它们是独立分开的，并且第二道洗涤工艺的出水作为进水被用于第一道洗涤工艺中。如上所述，这种节水机会减少了水的消耗而除了管道外无须增加投资。所有的节水项目都是从寻找这种机会开始的。当某节水项目以降低可变成本为惟一标准时，通常只包括这最初的一步。

一般而言，跟能源的费用相比，目前水的消费仍然是便宜的。因此，许多研究只包括降低可变成本，只研究那些肯定无需资金投入且一定要实施的项目。但是，现今许多国家的政府部门要求必须进行可行性研究。事实上，现在很多开发许可证规定企业必须证实只有使用那些需要巨额投资的技术才能降低用水量。

这些可行性研究必须包括完整的技术和经济评价。节水研究现在也包括在需要投资的情况下节水的可能性。我们可以确定两个独立的步骤，首先，要寻找的机会是一道工艺的出水经过净化后可满足另一道工艺的进水水质要求(见图 11.1*C*)，或者最终作为进水用于本工艺。在这个阶段，需要确定为了满足进水水质而必须的去除率。

其次，我们评价是否需要同时处理所有排出的废水。事实上，可能因为仅某一道工艺的废水中存在的一些污染物就会抑制整个污水处理厂功能的正常发挥，例如，在活性污泥系统中，高浓度的硫酸盐会妨碍硝化作用。可以选择的流程是该工艺的出水单独处理后同污水处理厂的出水一起排放(图 11.1*D*)。

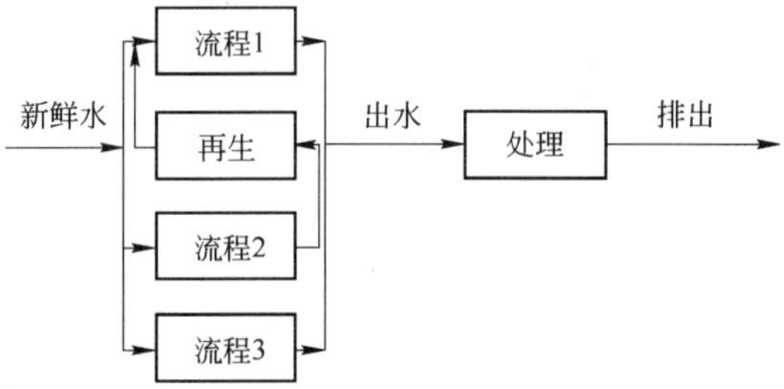

图 11.1*C* 再生回用的给水网络，如一道工艺的出水净化后作为另一工艺的进水使用

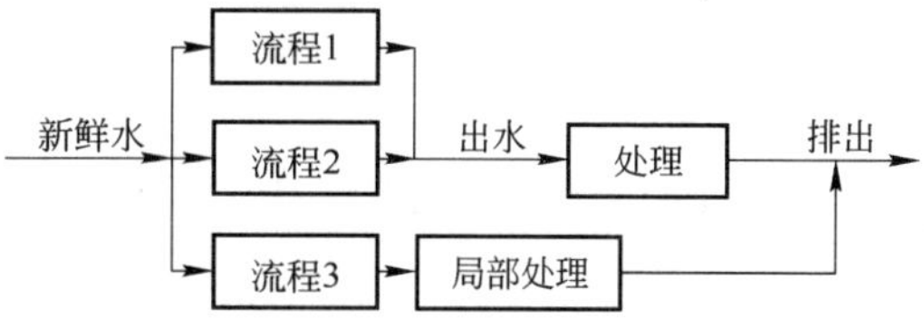

图 11.1*D* 分散式处理出水的给水网络

弄清楚局部处理的可能性，不仅有助于可行性研究，而且也有利于企业：在生产能力提高时须扩大现有的污水处理能力。弄清楚节水的可能性和局部处理的工艺技术可以大大降低投资。

每一个确定的工艺技术项目都要进行经济评估以证实它的可行性，同样地，每一个确定的项目都要进行评估，估算所有的不变成本和可变成本。不变和可变成本可以根据本行业的知识来评价或者通过投标者来确定。因为一些项目使用越来越多的能源，所以可变成本也包含了能源成本。因为能源成本能够使总成本迅速地增加，因此我们的目标是将能耗连同水耗减至最低。为了确定最经济和最环保的方法，可能的热交换器网络要同水网络一起优化。目前，能够同时让水耗和能耗同时减少的方法还不存在。对于特殊的情形，已经开发出了新的方法(Savulescu and Smith 1996；Savulescu 等，2001)。

11.2.2 水夹点理论

11.2.2.1 使用过程中水的特性

在工艺过程中，例如洗涤过程，当水同工艺中的物质接触就产生了废水。水处理单元中也会排出废水，例如从锅炉、冷却塔、离子交换器中排出清洗水，从膜组件中排出浓缩水等等。虽然废水是在许多不同的处理单元中产生，但是它们可以通过流量和污染物负荷这样统一的方法来描述它们的特性。在生产过程中，水流从产品中接纳了污染物负荷(Δm_c)，因此，产品中污染物浓度减少，水流中污染物浓度则相对增加。图 11.2 描述了水在使用过程中污染物浓度的变化。

考虑到图 11.2 的构成，需要知道以下 4 个过程参数：

- 进水的浓度 $C_{w进水}$(ppm)

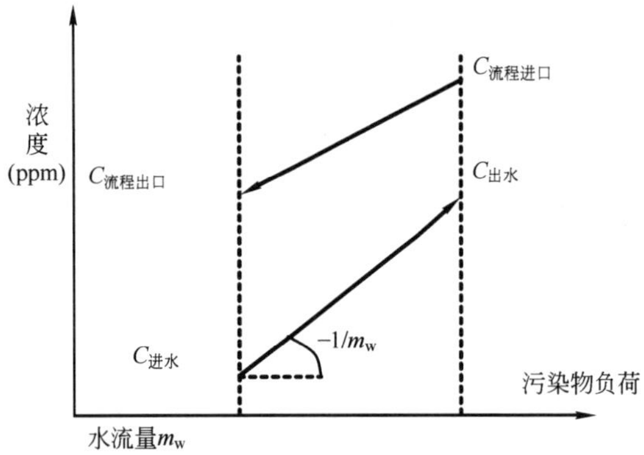

图 11.2 用水过程中污染物迁移对应浓度的描述

- 出水的浓度 $C_{w出水}$(ppm)
- 污染物负荷 m_c(kg/h)
- 水流量 m_w(t/h)

为了使其他工艺的水尽量回用于这一工艺，应当明确说明进水浓度的最高允许值。用水过程中进水浓度的变化会引起出水浓度的变化。应当限定出水浓度的最高允许值，并要同进水浓度增加时的出水浓度进行比较。在大多数情况下，我们可以应用一些基本的规则来确定这一出水浓度值：

- 应当考虑传递物质的最小驱动力。
- 不应当超出最大溶解度。
- 需要避免溶液中产生沉淀物。
- 需要避免堵塞设备。
- 需要防止腐蚀物的侵蚀。
- 为了避免固体物的沉淀而需要的最小流速。

确定进水和出水浓度的最高允许值后有以下几种情形：

- 考虑最高的进水浓度而保持流速不变：

(1) 出水浓度保持在最高允许标准之下。

(2) 出水浓度大于最高允许标准，那么进水浓度必须降低以满足最高出水浓度的要求。

- 考虑最高进水浓度而可以改变工艺的流速：

当我们选择了出水浓度的最高允许值时，也就确定了最小流速。最高进水浓度和出水浓度确定时的最小流量被称为限制水线。图 11.3 描述了限制水线这一结果。

11.2.2.2 确定水重复使用的可能性

在实际情况中，我们需要将整个生产过程中用水量减至最少，而不是只对一个流程的用水最优化。夹点分析为这一问题提供了解决的方法，上面提到的图解法就是一个基本方法。

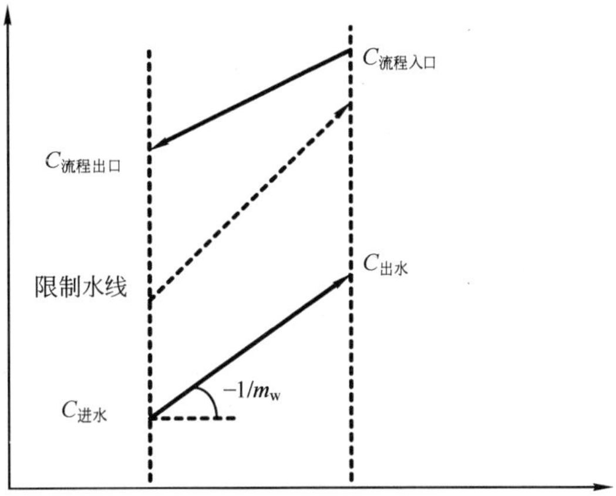

图 11.3　限制水线图

基本案例：图 11.4 给出了一个包含 4 个流程单元的生产过程的例子，为了解释夹点方法，只考虑一种污染物。表 11.1 给出了这一案例进水和出水的初始浓度及实际流量，整个过程净消耗的自来水为 200t/h，出水流量为 200t/h，浓度为 205ppm，41kg/h 的总污染物负荷被排到下水道系统。

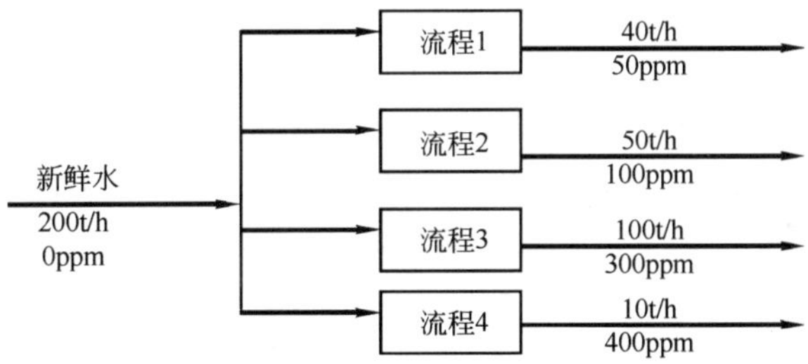

图 11.4　4 个用水流程示例

例 1 的基础数据　　**表 11.1**

	污染物负荷［kg/h］	$C_{进口}$［ppm］	$C_{出口}$［ppm］	实际流量［t/h］
流程 1	2	0	50	40
流程 2	3	0	100	50
流程 3	30	0	300	100
流程 4	4	0	400	10
总　计	41			200

通过改变工艺单元的流量使流程最优化：

- 限制水线的确定。

如果不控制流程中的流量，限制水流量是流程进口和出口浓度为最大允许浓度时通过的最小流量。夹点法最初是由 Wang 和 Smith(1994)为不进行流量控制的流程提出的，但是他们文章中描述的方法也能用于流量控制的流程。这里介绍的是最初的方法。

表11.2列出了例1的限制水量数据。对于流程1来说，其进口浓度可以不改变，但考虑到流量减为原来的一半，其出口浓度将为原来的两倍。对于流程2来说，考虑到水的重复使用，其进口浓度可以提高到50ppm，然而其出水浓度不能增加，因此，流程2的限制水流量大于实际流量。对于流程3来说，其进水浓度可以增加到50ppm并且其出水浓度也增加到800ppm，结果是限制水线远远低于实际流量。对于流程4来说，其进水浓度可以增加到400ppm，出水浓度可以增加到800ppm，仍然能保持限制水线与实际流量相等。

例1在处理单元中考虑了流量变化的限制水量数据 **表11.2**

	污染物负荷(kg/h)	$C_{进口}$(ppm)	$C_{出口}$(ppm)	实际流量(t/h)
流程1	2	0	100	20
流程2	5	50	100	100
流程3	30	50	800	40
流程4	4	400	800	10
总　计	41			170

通过改变流程进口和出口的浓度使整个流程最优化，可以让总需水量从200t/h降低到170t/h，这表明仅考虑流程控制就可以减少水的消耗量。然而，需要强调的是，这只是方法的第一步，并且这一步经常导致了较高的理论流量。例如，比较这些基本资料可知，流程2需要较高的流量。

- 夹点法确定最小用水量；限制复合曲线的绘制。

夹点法是由绘制限制复合曲线开始的。为了这一目的，所有单独的限制水线被一起放在污染物迁移量对应浓度的图中。从图11.5*A*中可以看到四个不同的浓度段(0～50、50～100、100～400和400～800)，在每一个浓度段，最低污染物流动量和最低浓度的点同最高污染物流动量和最高浓度的点之间可以画一条直线，这样就得到了限制复合曲线(图11.5*B*)。使总供水线同限制复合曲线相匹配可以得到通过整个流程的最小流量。总供水线的进水浓度已经假定为零并且总供水线和限制复合曲线相交于一个中间点，也就是夹点。在这个例子中，新鲜水的最小用量等于90t/h。从图11.5*B*中可以观察到4个处理流程的混合出水浓度，即456ppm，这一出水浓度应该用现行的排放限制值来评价。

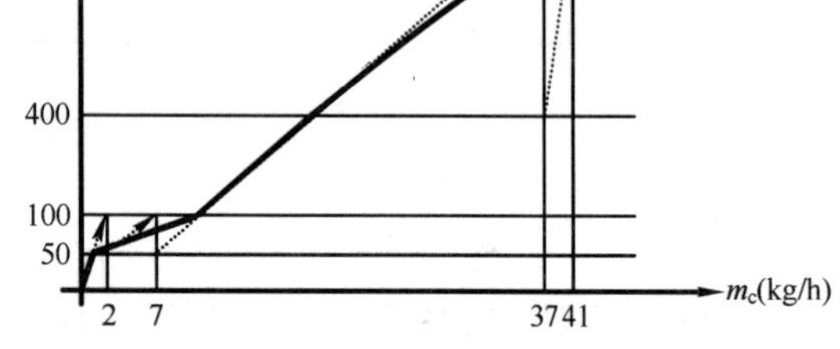

图11.5*A* 单个流程限制水线图

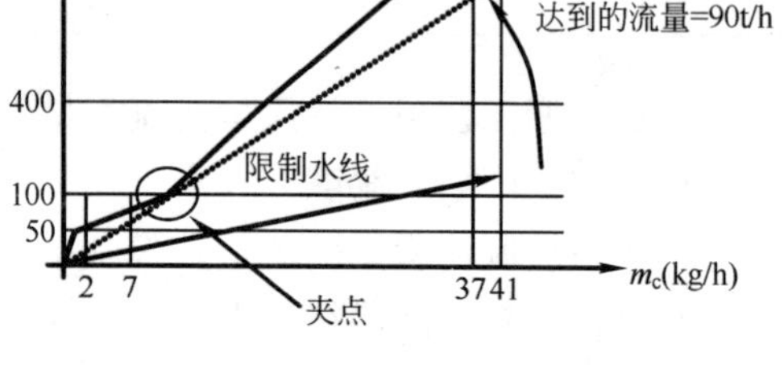

图11.5*B* 4个流程的限制复合线

图 11.6A 给出了可能实现夹点的流量为 90t/h 这一目的的给水网络。图 11.6 给出的仅仅只是一种可能的网络，在实践中，每一种可能的网络都要评价它的适用性。表 11.3 和 11.4 给出了不同流程单元的流量，从表 11.4 中可以看到流程 2 的部分出水作为本流程的进水重复使用。通常需要避免这种内部循环或者将这部分水量减少到最小以防止逐渐增多的有害成分危害流程的正常运行。

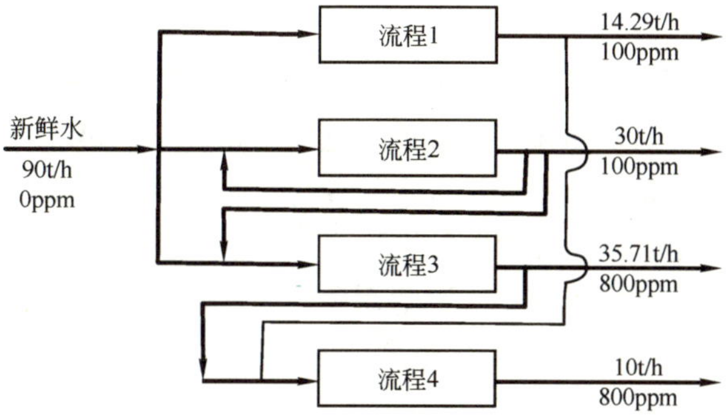

图 11.6A　例 1 没有流量限制的最优化给水网络

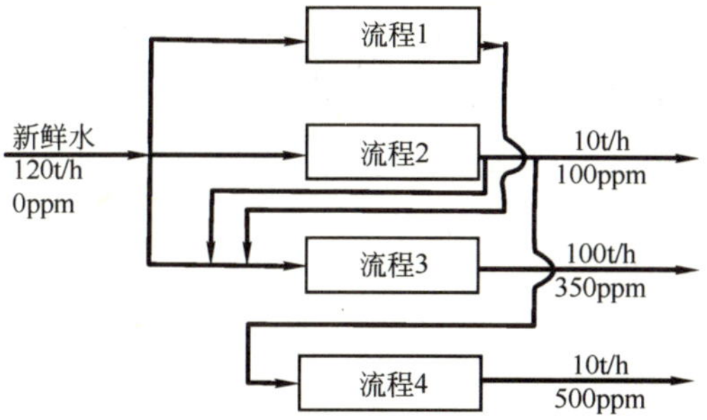

图 11.6B　例 1 有流量限制的最优化给水网络

例 1 没有流量限制的最优化网络的新鲜用水量　　**表 11.3**

	流量(t/h)		流量(t/h)
流程 1	20	流程 3	20
流程 2	50	流程 4	40

例 1 没有流量限制的水重复使用概况　　**表 11.4**

始　　端	末　　端	流量(t/h)
流程 1	流程 4	5.71
流程 2	流程 2	50
流程 2	流程 3	20
流程 3	流程 4	4.29

夹点表明了将用水量进一步减至最低的关键所在，为了进一步减少用水量，也就是要增加总供水线的斜率，需要研究夹点之下的流程。注意只能考虑夹点之下的流程。应该评价这些流程的最大浓度是否太保守。运用再生技术(例如离子交换，污水处理等)将是进一步减少用水量的可能办法。

保持流量不变，允许增加进水和出水浓度的网络最优化：Wang 和 Smith(1996)在后来的文章中承认流量限制通常会妨碍流程中流量的增加和减少。在这一部分，只考虑增加进水和出水的浓度来确定总流量目标。

流程 1 的进水浓度不能改变。流程 2 的进水浓度可以增加到 50ppm，但由于出水浓度已经达到它的限制值，而且流量不可以改变并且污染物负荷是固定的，所以流程 2 的进水浓度也就不能增加。对于流程 3 来说，进水的浓度可以增加到 50ppm，而且允许排出浓度是 800ppm，实际上流程 3 的排出浓度最终是由进水浓度决定的，最大值是 350ppm，远远低于最大允许值。流程 4 象流程 3 一样适用同样的规则，当流程 4 选定了最高进水浓度(400ppm)时，也就获得了最高允许排出浓度(800ppm)。

表 11.5 给出了例 1 中限制单个流程流量但允许这些单个流程的出水浓度改变的数据。表中列出了这些流程单元的最大进水浓度，并以公式的形式给出了出水浓度的结果。

例 1 流量限制为实际值的用水数据 **表 11.5**

	污染物负荷 [kg/h]	$C_{最大进水}$ [ppm]	$C_{出水}$ [ppm]	流量限制值 [t/h]
流程 1	2	0	$50+C_{进水}$	40
流程 2	5	0	$100+C_{进水}$	50
流程 3	30	50	$300+C_{进水}$	100
流程 4	4	400	$400+C_{进水}$	10

Wang 和 Smith(1996)提出了一种确定最优化网络的数学解决方法，我们在这里不详细说明这种理论方法。我们使用一种专门的软件来确定最佳的总用水消耗量，利用这一软件我们推断这一目标目前确定为 120t/h 同时排出浓度为 342.7ppm。图 11.6 给出了一种可能的可以实现 120t/h 这一目标的给水网络，但是，这只是多种可能的网络之一，所有这些可能的网络应该一一评价其适用性。表 11.6 给出了重复使用的水量。

例 1 流量限制的水重复使用概况 **表 11.6**

始　端	末　端	流量(t/h)
流程 1	流程 3	40
流程 2	流程 3	30
流程 2	流程 4	10

在这里，没有提到内部循环。从表 11.7 中可以看到，流程 4 的进水浓度没有达到最大值。

限制流量的最优化给水网络的进口和出口浓度 **表 11.7**

	$C_{进口}$ [ppm]	$C_{出口}$ [ppm]
流程 1	0	50
流程 2	0	100
流程 3	50	350
流程 4	100	500

流量保持在现值的最优化网络的最终用水量为 120t/h(图 11.6*B*)，这一数值同允许流量改变得到的目标值相比高出 30t/h。需要评价所有的工艺以找到进一步减少用水消耗量的可能性。用已知的进水和出水浓度可以绘制我们称为限制水量复合曲线的曲线，从这条曲线可以观察到(没有显示出)总供水线显示的目标值也是 120t/h。从图中可以观察到只有流程 1 和流程 2 是完全在减量点之下的，而流程 3 只是部分在夹点之下，当我们寻求将用水量减至更低时应该考虑这些流程。使用专门的软件对进水浓度所作的敏感性分析表明当允许增加流程 3 的进水浓度时可以节省大部分水，其次最好的选择是增加流程 1 的进水浓度。

按该例的方法将流程 3 的进水浓度增加 50～100ppm，由于这一增加的浓度，最终总用水消耗量将进一步减少到 92.5t/h，同时出水浓度为 443.24ppm。图 11.7 给出了可能实现 92.5t/h 这一目标的给水网络。同样的，给出的只是多种可能的网络之一，而且应该一一评价这些可能的网络的实用性。表 11.8 给出了重复使用的水量，在这里，又出现了内部循环，也就是流程 3。表 11.9 表明流程 4 现在已经达到了它的最大进水浓度。

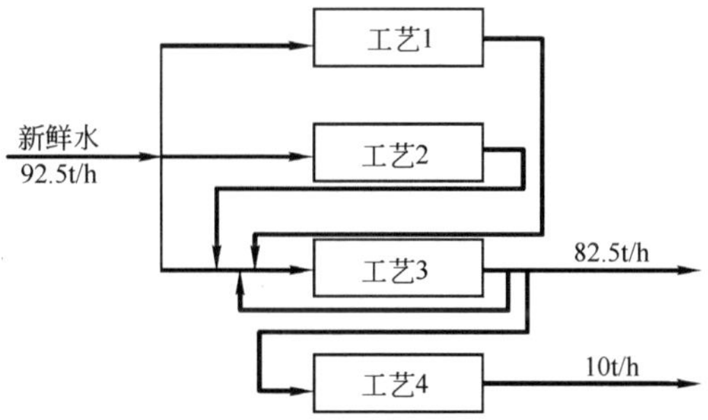

图 11.7　例 1 流量限制的最优化给水网络

例 1 流量限制的水重复使用概况 **表 11.8**

始　端	末　端	流量(t/h)
流程 1	流程 3	40
流程 2	流程 3	50
流程 3	流程 3	7.5
流程 3	流程 4	10

流量限制的最优化给水网络的进口和出口浓度 **表 11.9**

	$C_{进口}$(ppm)	$C_{出口}$(ppm)
流程 1	0	50
流程 2	0	100
流程 3	100	400
流程 4	400	800

11.3 水夹点运用的实例研究

实例研究来自 Wang 和 Smith(1995)的化学产品实例研究。使用由 Linnhoff March 开发的专业软件“水夹点™”来设计最优化网络。流程的第一步是在水介质中完成化学反应，然后通过沉淀，水从固体产品中分离出来。紧接着，为了冲洗固体产品，这些浆状物加上水进入到旋流分离器中，最后，通过过滤将产品分离出来，并且用水冲洗过滤器的附着物(图 11.8)。

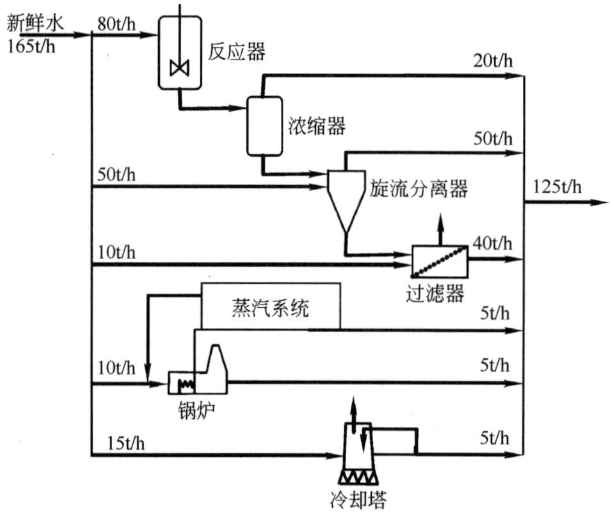

图 11.8 化学应用系统的实例研究(Wang 和 Smith 在 1995 年之后)

图 11.8 描述了这一流程及各应用系统最初的水量平衡，总的新鲜用水量为 165t/h。蒸汽管路的凝结水作为重复用水回到锅炉的入口。由于水被用来生产产品以及蒸发的损耗，所以排出的水量要低于最终的新鲜水用量。水重复使用的主要问题是悬浮固体的存在(Wang 和 Smith 1995)。

11.3.1 不使用再生技术的最低用水量目标

这个软件包介绍了不同的流程，图 11.9 显示了实例研究的工作界面。它表明所有的流速都是固定的，这些不同的流程被划分为三种，也就是流程来源、流程接收器和流程运行单元。

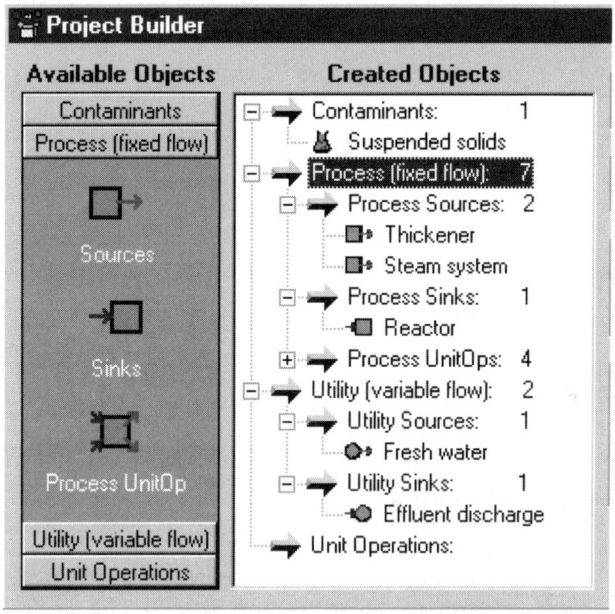

图 11.9 实例研究中软件运行的工作界面(水减量™)

从图 11.8 中明显地看出反应器只是单纯地消耗水，也就是说从反应器流出的是不能作为水源用于其他流程的产品流，它们需要在浓缩器里处理，因此，反应器被认为是流程接收器。从图 11.8 中还看出浓缩器和蒸汽系统两者运行时没有使用水，然而它们都处理包含水的物流(产品和蒸汽)并且它们都排出水，因此两个流程被认为是流程来源。其他所有流程如旋流分离器、过滤器、锅炉、冷却塔，都使用水并且排出水，被认为是流程运行单元。

对于锅炉和冷却塔来说，因为系统中的损耗，排出的废水少于流入量，也可以说锅炉和蒸汽单元可以看作是流入量与流出量不平衡的单元，表 11.10 给出了进水和出水的浓度。这一基本实例中所有用水流程的给水网络都使用不含悬浮固体的高纯水。要想将用水量减至最低首先应该确定最大允许进水浓度。从进水浓度敏感性分析(图 11.10)可以看出增加反应器进水浓度，可以节省最多的用水消耗。其次是旋流分离器，接下来是冷却塔。这些流程的进水浓度分别设为 100ppm、200ppm 和 10ppm，出水浓度的值都在最大允许浓度之下(表 11.11)。

实例研究的水流量 **表 11.10**

	进水口流量(t/h)	出水口流量(t/h)
反应器	80	—
浓缩器	—	20
蒸汽单元	—	5
旋流分离器	50	50
过滤器	10	40
锅炉	10	5
冷却塔	15	5

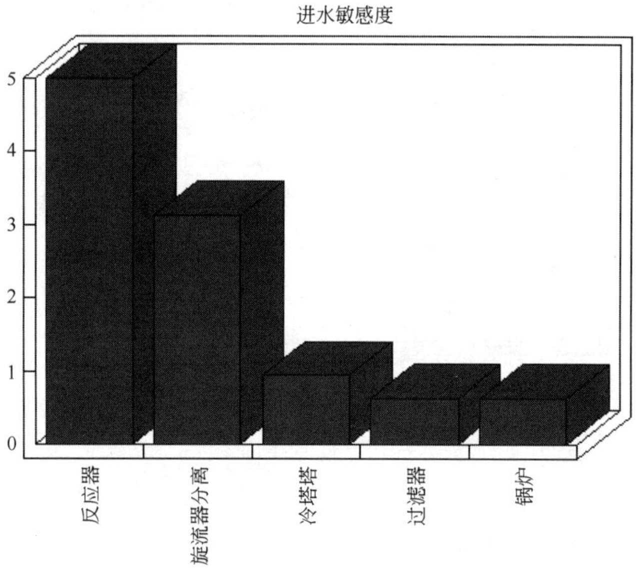

图 11.10 案例分析中的进水敏感度

实例研究中处理单元的允许进口浓度及相应的出口浓度 **表 11.11**

	进口浓度(ppm)	出口浓度(ppm)
反应器	100	—
浓缩器	—	1000
蒸汽单元	—	10
旋流分离器	200	700
过滤器	0	100
锅炉	0	10
冷却塔	10	100

由于进水浓度的增加，最低用水量减至 90.7t/h，而且最低出水量下降到 50.7t/h。表 11.12 和 11.13 给出了最优化给水网络，和重复用水概况、新鲜水用量及废水排出量。根据表 11.11 所列的出水浓度可以计算出全部出水的浓度为 818.5ppm。如果这个浓度高于排放到下水道系统或者地表水中的浓度要求，出水就需要处理。可以对所有出水进行处理或者对特殊的出水进行处理(分散式出水处理)。然而，首先要评估所采用的再生技术对于进一步地减少总新鲜用水的消耗量是否经济可行。

实例研究中最优化网络的重复用水概况 **表 11.12**

始端	末端	流量(t/h)
旋流分离器出口	旋流分离器进口	13.71
旋流分离器出口	反应器	5.64
过滤器出口	反应器	40.00
蒸汽系统	反应器	5.00
锅炉出口	冷却塔进口	5.00
冷却塔出口	旋流分离器进口	4.00
冷却塔出口	冷却塔进口	1.00

实例研究的新鲜用水量和废水排放量 **表 11.13**

	新鲜用水量(t/h)	废水排放量(t/h)
旋流分离器进口	32.29	
过滤器进口	10.00	
反应器	29.36	
锅炉进口	10.00	
冷却塔进口	9.00	
旋流分离器出口		30.64
浓缩器		20.00

11.3.2 使用再生技术的最低用水量目标

为了提高节水的可能性，通常要求处理单元的悬浮固体去除率和水再生利用率都达到 95%。新鲜水的成本为 0.5 欧元/m^3，排放成本为 0.125 欧元/m^3，而再生单元的成本仅为 0.05 欧元/m^3。软件程序显示新鲜用水量目标定为 42.68t/h，因为在流程中消耗了 40t/h，所以排放目标定为 2.68t/h(表 11.15)。表 11.14 给出了重复使用的方案。出水中的悬浮物浓度标准考虑为 15468ppm，这样高的浓度最后可能需要专门的处理，因为这样的出水是不能排放到下水道系统的。这一简单的例子表明可以在给水网络中加入再生技术，在经济评价的基础上确定最优化给水网络。如果处理成本较高，只处理并回用有限数量的出水，或者处于技术太昂贵这样最不利情形时，根本就不处理任何出水。

实例研究中最优化网络的重复用水概况 表 11.14

始端	末端	流量(t/h)
旋流分离器出口	旋流分离器进口	12.30
旋流分离器出口	反应器	4.11
过滤器出口	旋流分离器进口	4.08
过滤器出口	反应器	34.42
过滤器出口	冷却塔进口	1.50
蒸汽系统	旋流分离器进口	5.00
锅炉出口	旋流分离器进口	5.00
冷却塔出口	旋流分离器进口	5.00
再生净化	旋流分离器进口	9.44
再生净化	反应器	41.47

实例研究的新鲜水用量和出水排放量 表 11.15

	新鲜用水量(t/h)	处理出水量(t/h)	排入下水道的出水量(t/h)
旋流分离器进口	9.18		
过滤器进口	10.00		
锅炉进口	10.00		
冷却塔进口	13.50		
旋流分离器进口	9.44		
反应器	41.47		
旋流分离器出口		33.60	
浓缩器		20.00	
再生废液			2.68

11.4 水夹点的实际操作

本章内容已经表明，为了减少工业用水的消耗量，需要一种多学科的方法，在这一部分，我们将设计实用的工作框架(图 11.11)。

这个方案的每一步由不同的项目组成。参照图 11.1A，任何计划的第一步就是查找所有的用水流程，包括用水设施以及所有产生(废水)水的点。对于任何流程，必须知道用水量。需要建立精度在所测量的总水量 10%以内的水量平衡。在实践中，如果企业不使用手动的或者在线的流量监测，完成这一步存在一定的困难。在技术上可以使用超声波测量装置来解决这个问题，如果所有的管段都很容易进入并且管段内部相对清洁就可以应用这种方法。当被研究的流程肯定是连续流时，点测量就完全足够了，对于不连续的或者间歇式的流程，超声波流动测量必须在有代表性的时间段内完成。为了减少这些流量测量的操

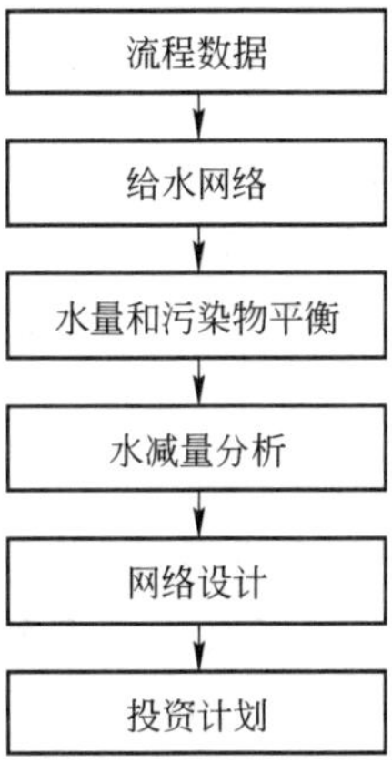

图 11.11　减少工业用水消耗的结构设计方法(Baetens and Tainsh 2000)

作，我们使用一种也是由 Linnhoff March 公司开发，取名为“水量追踪™”的软件包。该软件通过寻找最佳的额外测量点来帮助我们解决数据之间的矛盾问题并完成水量平衡。

框架方法的第二步是确定所有用水流程的水质，也就是选择主要的污染物。限定污染物是因为这些物质妨碍(废水)水的直接回用，污染物包括热量(温度)和酸度。必须选择设计浓度，也就是接受器的最大允许浓度和污染来源的实际最小浓度。当所有的污染物都已经知道时，就需要评估现有污染源的质量。

确定了水量平衡和污染物平衡之后，水减量分析就可以开始了。以前步骤获得的所有数据能够在图 11.12 表示的“来源和接收器图”中概括出来。在图中，水平轴线表示水流量，垂直轴线表示水的洁净度。虚线表示所有水源，也就是所有可以作为其他流程的进水使用的，有明确水质的水流。实线表示所有的水接收器，也就是所有需要一定水质的进水的流程。来源—接收器曲线图也被看作“洁净度纵剖面图”，来源曲线和接收器曲线之间的重叠部分表示水重复使用的范围，两条曲线的相交点即夹点限定了这一范围。

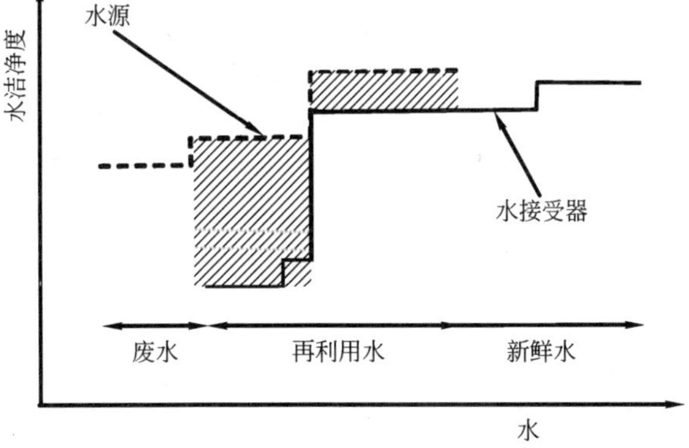

图 11.12　单一污染物的水源和水接受器曲线图

最后一步是提供一份投资流程图。综合考虑各流程之间的距离、储存器和再生设备可用的有效空间等因素，生产企业在选择了技术上可行的方案后，要对必需的投资和运行费用进行评估。在这一阶段，费用评估的精确度要求在35%的范围内。

随后的工作是要对计划的再生技术和局部处理进行评估。使用软件"水夹点™"给出建议的给水网络，并说明哪些流程需要再生技术和局部处理，以及每一个净化流程必须达到的去除率。Vito 在工艺和废水处理方面的行业知识可以确定可应用于实践的合适的处理流程。

可以看到，使用夹点方法分析可以找到用水量减至最低(包括重复使用)的流程，并且给出了应用这一方法的例子。实例表明了这一专业软件的优越性，对于更复杂的系统来说，它是必不可少的。在准确描述流程系统的薄弱环节和客观分析网络方面，"水夹点"是一个功能强大的工具。

近年来，人们尝试了将节省热能的方法纳入水夹点方法。对于边界明确的问题，已经取得了一些重大成就(Savulescu and Smith，1996)，然而，最新的一些文章指出，仍然没能找到一种综合的方法，还需要更进一步的研究(Savulescu *et al*. 2001)。

11.5 参考文献

Baetens，D. and Peeters，F.（2000）Water Pinch Analyse. In Handboek water in de industrie，vol. IV（1b），1-35，TenHagen Stam，Den Haag（In Dutch).

Baetens，D. and Tainsh，R.（2000）Towards an Efficient Water Management Strategy：Vito' s integrated approach water. Chisa 2000.

El-Halwagi，M M and Manousiouthakis，V.（1989）Synthesis of Mass-Exchange Networks. AIChE Journal，35(8)，1233-1244.

El-Halwagi，M M.（1992）Synthesis of Reverse Osmosis Networks for Waste Minimisation. AIChE Journal，38(8)，1185.

El-Halwagi，M M and Stanley，C.（1995）Waste Minimisation. 15-16，Rossiter，A P（ed)，McGraw Hill，New York.

Linnhoff，B and Flower，J.R.（1978a）Synthesis of Heat Exchanger Networks：I Systematic Generation of Energy Optimal Networks. AIChE Journal，24(4)，633-642.

Linnhoff，B and Flower，J.R.（1978a）Synthesis of Heat Exchanger Networks：I Evolutionary Generation of Networks with various Criteria of Optimality. AIChE Journal，24(4)，642-654.

Linnhoff，B. and Hindmarsh，E.（1983）The Pinch Design Method of Heat Exchanger Networks. Chem. Eng. Sci.，38(5)，745-763.

Savulescu，L. and Smith，R.（1996）Water Pinch：Simultaneous energy and water minimisation. EU report.

Savulescu, L., Sorin, M. and Smith, R. (2001) Direct and indirect heat transfer in water network systems. Pres'01, 307-312.

Smith, R., Petela, E. A. (1991a) Waste Minimisation in the Process Industries, Part 1: The problem. The Chemical Engineer, 506, 24-25.

Smith, R., Petela, E. A. (1991b) Waste Minimisation in the Process Industries, Part 1: Reactors. The Chemical Engineer, 509/510, 17-23.

Smith, R, Petela, E. A. and Wang, Y-P. (1994) Water Water Everywhere. The Chemical Engineer, 565, 21-24.

Smith, R, Petela, E. A. and Howells, J. (1996) Breaking a Design Philosophy. The Chemical Engineer, 606, 21-23.

Wang, Y-P and Smith, R. (1994) Waste water Minimisation. Chem Eng Sci, 49(7), 981-1006.

Wang, Y-P and Smith, R., (1994) Design of Distributed Effluent Treatment Systems. Chem Eng Sci, 49, 3127-3145.

Wang, Y-P and Smith, R. (1995) Waste water Minimization with flowrate constraints. Trans IChemE, 73(A), 889-904.

12
纸浆和造纸工业中提高水再生利用的关键参数法

Johannes Kappen and Peter A. Wilderer

12.1 造纸系统中的水循环

造纸过程是绝对离不开水的。水是纤维悬浮、停留、迁移以及分离又重新凝聚的介质。其他用途包括泵的密封以及冷却和清洁等。

造纸系统可以细分为原料准备和造纸两个过程(图 12.1)。在原料准备过程中，未加工的原料比如木材、化学纸浆或者回收的纸张被分离成纤维，呈悬浮状态并被清洗干净。

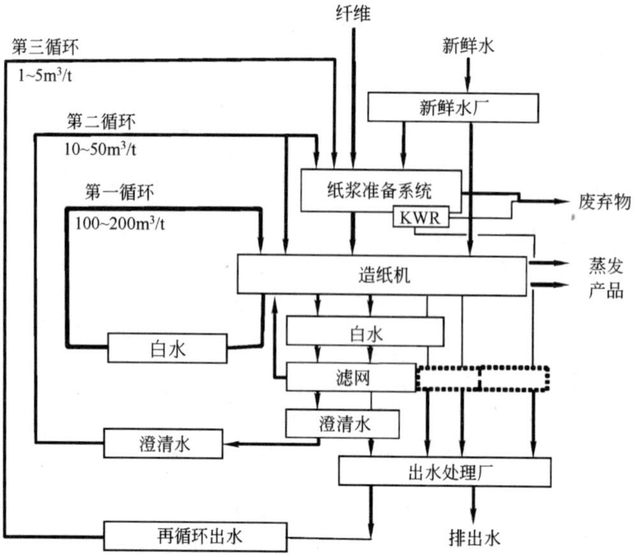

图 12.1 纸厂水循环的常规流程(参照 Brecht and Dalpke(1980)；KWR：原料准备中的水处理)

然后这些纤维悬浮物被送入造纸过程的金属丝部件里进行脱水，脱水后的卷筒纸在干燥部件中干燥。

这两个细分系统都使用新鲜水，也允许使用处理后的水和废水。处理后的水通过许多不同的路线再循环。为了在造纸(第一循环)中获得大约1%的高稀释率，需要将金属丝部件排出的大量白水再循环进入造纸机(PM)的水箱。剩余的水当作澄清水(纤维回收之后)或未处理水再次进入造纸机循环中，或作为喷洒和稀释水用于原料准备系统中(第二循环)。从造纸机返回进入原料准备系统的水越多，从原料准备过程进入造纸过程的纤维悬浮液浓度(固体的质量分配)就越低。这一循环剩余的水被排放到出水处理厂，为了再次循环进入到造纸或者原料准备系统中(第三循环)，这些水可能需要进行生物处理。水循环这一定义是由 Brecht 和 Dalpke(1980)提出的，这一定义被用于所有相关的出版物并因此已经为人们所接受。

由 Papiertechnisch Stiftung(PTS)和德国纸浆造纸协会(VDP)组织的一项调查表明，德国造纸厂在1974年到1996年之间每吨纸产生的出水量平均数从大约46m^3 减少到12.3m^3 (PTS 1998)。为了应对不断增加的排污费用，这一数值还会进一步地减少，例如，一些造纸厂现在已经使他们的水循环实现了零排放(Diedrich 等 1997；Reid 和 Lozier 1996)。

然而，正如 Baumgarten(1984)和 Baumgarten 及 Welcker(1986)提到的，较少的出水量会造成溶解的和胶状的(阴离子的)物质在循环水中积累。这些有害物质是造纸过程中主要问题的来源，循环水中有害物质的量通常用“化学需氧量”(*COD*，用 mg/L 来表示)这个参数来描述。[Auhorn 1984；Künzel and Breuing 1987；Göttsching *et al*. 1977；Stetter and Eisenschmid 1993；Möbius 1984a；Möbius 1984b]。化学需氧量可以很容易地测定出来，尽管它作为一个总量参数有些局限性，但是仍然能为循环水负荷的初步比较估算提供较好的依据。

使循环水中化学需氧量(*COD*)增加的大多数物质是流入的天然纤维状物质。化学添加剂虽然很少，却是循环水和出水负荷的另一个来源。

我们得出结论，将造纸机中的有害物质浓度减至最低有助于防止流程受到破坏。*COD* 负荷表明了纸厂用水系统中有害物质的含量，在循环水中计算出的 *COD* 负荷可以保持平衡。上面提到的出版物没有一篇建议使用其他参数，比如传导系数、阴离子残余或溶解物质的浓度作为循环水负荷标准的，因为根据阳离子需求计算的负荷是不可能平衡的，所以，对于最优化目标来说，*COD* 负荷被认为是最适合的参数。

12.2 主要特性的确定

12.2.1 水和原料循环的形态

目前造纸厂中水和原料循环的构成是由 Kappen(2001)定义的形态标准来描述的。表12.1列出了不同的形态种类和它们的定义，同时图12.2给出了图示。这些标准描述了原料准备和造纸系统的构成及它们的相互联系。化学纸浆处理不包括在这种分类法中。

Kappen(2001)定义的工厂形态种类的定义(也可参见图 12.2)　　**表 12.1**

形态种类	定　义
A	简单的工厂：原料准备过程由一条包含一个单一循环的单一线路组成；一台造纸机
B	原料准备过程由一条或几条包含超过一个循环的线路组成
C	原料准备过程由超过一条的线路组成
D	超过一台造纸机
E	多种产品的制造工厂(纸板)

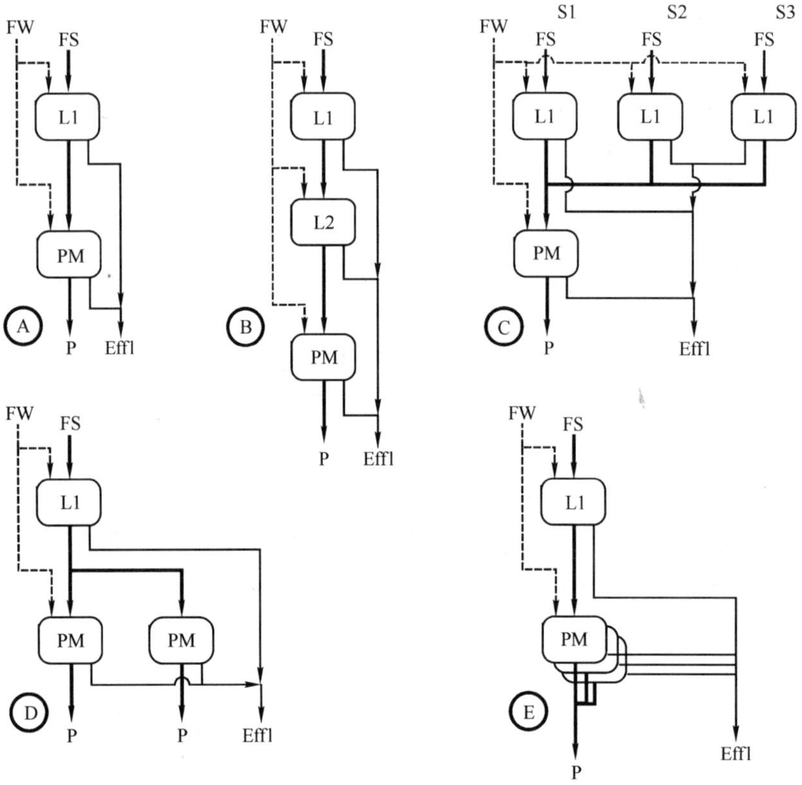

图 12.2　Kappen(2001)定义的造纸厂中原料和水循环的基本形态种类(形态种类)，出自表 12.1 的定义；L=循环，S=路线，PM=造纸机，FW=新鲜水，FS=纤维原料，Effl=出水，P=纸张。

对于一些工厂来说，可以属于多个种类：原料准备系统包含多个循环的多条线路，可属于种类 B 和种类 C。另外，不少多种产品的制造工厂(E)的原料准备过程有多条线路(C)。

通过以下几点可以进一步区分水循环：

(1) 新鲜水供应点。

(2) 出水排放点。

(3) 从造纸到原料准备的循环。

为了更详细地描述和分析，稍后将会用到这些附加的特性。对于最初的分类来说，它们太具体了，因此，不包括在上面的形态种类定义中。

12.2.2 *K*1 和 *K*2 的基本定义（*K* 值的直接确定）

由 Baumgarten(1994)和 Baumgarten 及 Welcker(1986)定义的“Effl(出水)/WW(白水)*COD* 比”这一参数可以估算造纸过程中新鲜水的用量。Möbius(1984 年)虽然没有直接提到这一参数，但描述了这一方法的实际运用。这一由 Baumgarten 和 Welcker 创建的理论成为这些出版物的基础之一。这一定义又被 Kappen(1996)采纳，并且成为这一章提到的评估方案的基础。Kappen 和 Dietz(1998)详细阐述了拓展的定义，在给出的关键参数之下的定义只能应用于形态种类 A 这样的简单系统。图 12.3 表明了这些取样点的使用。

12.2.2.1 *K*1 的定义

K 值是通过比较水循环不同位置中的 *COD* 值来工作的，*COD* 值低于其他位置的测量值被理解为用新鲜水或处理过的循环水进行了稀释。*K*1 表示新鲜水在造纸机金属丝制部件里形成片状物之后进入出水中的数量。片状形成物是通过纤维物质在造纸机金属丝制部件上脱水(形成布状物)，随后通过纤维之间氢键形成的，这是决定纸张的机械和光学特性的决定性阶段。片状物形成是造纸过程最脆弱的部分，这就是为什么白水应该尽可能少含干扰物质(通过过滤片状物形成部件后的滤液样本的 *COD* 值)。

部分白水进入出水处理厂。如果出水被新鲜水稀释了，它的 *COD* 值就会比白水的低。参数 *K*1 如同公式 12.1 定义为：两个过滤样本的 *COD* 值—也就是 COD_{Effl}(出水)和 COD_{ww}(白水)的比值：

$$K1=\frac{COD_{Effl}}{COD_{ww}} \tag{12.1}$$

参数 COD_{Effl} 由生物处理之前的全部出水(包括原料准备)来确定。COD_{ww} 由造纸第一循环的白水来确定(如图 12.3)，因此，*K*1 表示出水稀释的程度，是新鲜水用量的量度标准。如果 $K1<1$，部分新鲜水未经使用就进入出水处理厂，也就是说它们没有减少片状物形成部件里的 *COD* 负荷，而只是稀释了出水，因此被认为是“新鲜水损失”。*K*1 值的目标值最小为 1，在种类 A 的工厂里，这意味着不存在排放未经使用的新鲜水。

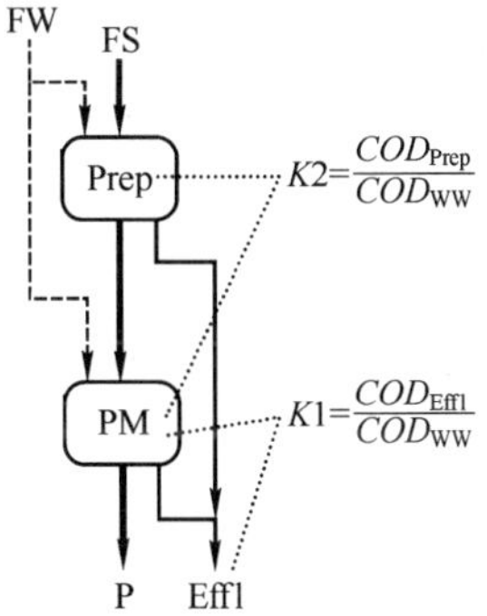

图 12.3 简单系统中(种类 A)用来确定 *K*1 和 *K*2 的取样点

FS=未加工的纤维原料；Prep=纸浆准备系统；PM=造纸机；Effl=出水；P=纸张

12.2.2.2 *K*2 的定义

参数 *K*2 表示原料准备和造纸循环的 *COD* 负荷比。为了尽可能发挥造纸机的作用，白水的 *COD* 值 COD_{ww} 应当要远远地低于原料准备(Prep)系统里循环水的 *COD* 值 COD_{Prep}。*K*2 定义为这两个 *COD* 值的比值(公式 12.2)：

$$K2=\frac{COD_{Prep}}{COD_{WW}} \tag{12.2}$$

$K2 \gg 1$ 意味着引起 *COD* 值增加的有害物质被保留在原料准备系统里，也就是说，片状物形成部分和白水中这类物质造成的影响会减轻。

参数 COD_{Prep} 应该代表原料准备系统的负荷，因此是由即将进入造纸机的纸浆的过滤样本来获得(参见图 12.3)。取样点是浓缩器进口，也就是从纸浆流动方向看是在原料准备系统的最后阶段，所有原料准备系统中对水的负荷发生影响的过程都已经结束。不含脱水过程的系统中，混合箱的纸浆进口处是一个合适的取样点。

12.2.2.3 *K*1/*K*2 的定义

第三个 *K* 参数指示的是在考虑降低造纸机负荷情况下，从造纸系统排出的出水是否是最优的。为了在最小的出水流量时去除最多的 *COD*，*COD* 负荷最高的出水必须排入出水处理厂，这个最大负荷出现在有害物质累积的原料准备系统(高的 *K*2 值)。出水和原料准备系统中的 *COD* 参数的比值被称为 *K*1/*K*2 值(公式 12.3)。*K*1/*K*2 值接近 1 意味着出水和原料准备中的 *COD* 负荷几乎相等，也就是出水排出的有害物质大部分来自 *COD* 负荷最高的部分——在给定的出水量下确保最大的造纸机负荷。这同逆流的原理是一致的：新鲜水首先流入造纸机，相应的，出水只从原料准备过程排出——这样就造成了水和原料沿相反的方向流动(原料从原料准备过程流入造纸机)。因而，*K*1/*K*2 值有助于评价造纸厂的线路。为了 *K*1/*K*2 值接近 1，只有逆流布置才能实现。

$$\frac{K1}{K2}=\frac{COD_{Prep}}{COD_{WW}} \qquad (12.3)$$

12.2.2.4 *K*1 和 *K*2 的图解表示法

这两个 *K* 值之间的关系可以用 *K*1～*K*2 性能特征图(图 12.4)和相对白水负荷与 *K*1/*K*2 的相关性图(图 12.5)来表示。图 12.4 表示的 *K*1～*K*2 性能特征表明了造纸厂当前的状况(运行点)，对角线 *K*1=*K*2 表示逆流布置是简单系统(形态种类 A)的理想状态，对角线左边和右边的两条线限定了实际条件下可实现最佳性能的目标范围，目标范围内的一个运行点表示一个最优化的水循环。

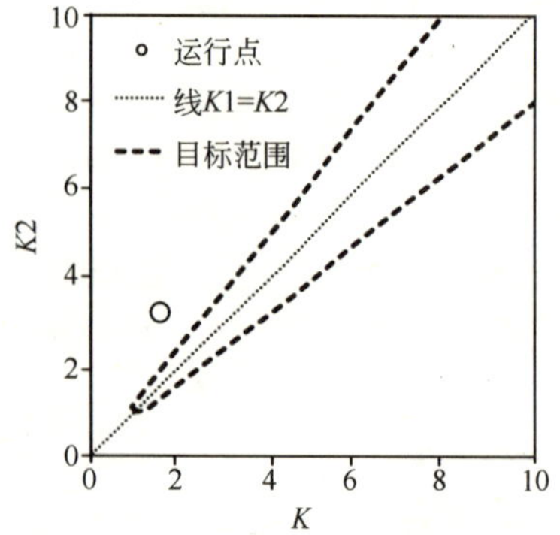

图 12.4 *K*1～*K*2 性能特征图

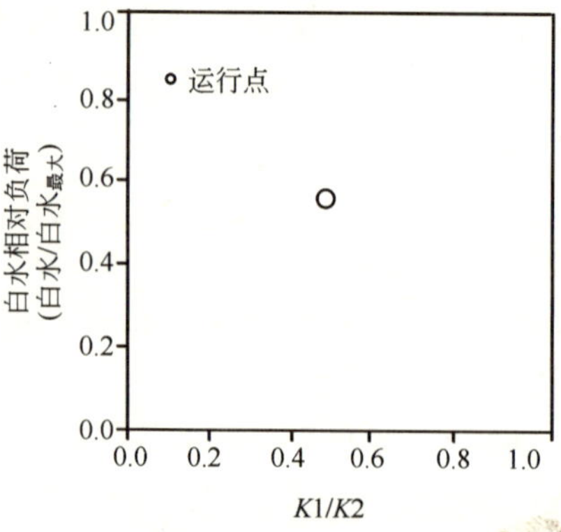

图 12.5 白水负荷(*COD*)与相应 *K*1/*K*2 的相关性

相对白水负荷特性图(图 12.5)表明了相对的白水(WW)COD 负荷(即 $COD_{ww}/COD_{ww\ MAX}$)同 $K1/K2$ 的关系。如同以上的解释，$K1/K2$ 描述了纸厂的用水线路。在简单系统中，$K1/K2$ 的值接近 1 表明几乎所有的出水都从原料准备过程排出。相对的白水负荷值由在运行点测得的实际 COD 值(COD_{ww})，同造纸机满负荷，也就是只从造纸机排放出水的循环中的最大 COD 负荷($COD_{ww\ MAX}$)的比值来确定。在后一种情形里，这样的循环可以比喻为搅拌池：因原料引起的全部 COD 负荷进入造纸机的循环中。$COD_{ww\ MAX}$ 这个参数指的是新鲜用水零损失的状态。这个图能够用来表明以减少白水 COD 负荷为目标的优化措施的成效。它也是一种反映在片状物形成期间即流程最敏感的阶段，降低有害物质浓度措施的有效性的指标。

12.2.3 复杂系统参数 *K* 的确定

以上定义只适用于有一个原料准备和一台造纸机的简单系统(种类 A)。当它被应用于原料准备过程超过一条线路或循环，或者超过一台造纸机这样的复杂系统(也就是形态种类 B 至 E)时，该理论就必须扩展，包括取样点的定义、计算规则和结果的解释等多方面。

这一定义必须扩展以适用于生产工厂的不同形态种类，因此，要由单个测量的 COD 值来确定 COD_{Prep}、COD_{ww} 和 COD_{Effl} 当量，根据这些当量，依照基本定义计算出 K 值。依照公式 12.4 也就是根据单个 COD 负荷的重量平均数计算出水、原料准备和造纸机循环的 COD 负荷。

$$COD = \sum_{i}^{n} (X_i / X_{tot} \cdot COD_i) \qquad (12.4)$$

重量系数 X/X_{tot} 是纤维量，产品输出量，最后产品或单层的基本重量，(部分的)出水量(Kappen 于 2001 年给出了详细的描述)。

12.2.3.1 研究系统参数 *K* 的计算

Kappen(2001)已经将这组关键特性应用于从 55 个年产量为 485 万 t 的造纸厂中挑选的有代表性的 42 个研究工厂。这些工厂依照产品组分类列于表 12.2 中。这些工厂的 K 值根据每个产品组来确定和平均。

研究工厂每个产品组的 *K* 值平均数(s=标准偏差) **表 12.2**

产品组	$K1$	S	$K2$	S	$K1/K2$	S
AP(没有纸浆精化)	0.94	±0.11	1.24	±0.40	0.83	±0.22
APK(纸板)	0.95	±0.14	1.19	±0.18	0.81	±0.16
APD(纸浆精化)	4.24	±2.86	7.43	±5.32	0.61	±0.09
HH(机械制纸)	1.17	±0.54	2.41	±0.91	0.51	±0.15
HF(不含木浆纸)	0.64	±0.23	1.22	±0.37	0.57	±0.25

12.3 定义的证明

12.3.1 *K*1 和 *K*2 的分析表达式（*K* 值的间接定义）

*K*1 和 *K*2 的分析表达式是以纸厂水循环的 *COD* 负荷能够平衡这一假定为基础的。这一主张得到了 Baumgarten（1984），Künzel 和 Breuing（1987）以及 Göttsching 等人（1977）的许多不同出版物的支持。

图 12.6 表明了作为精确计算基础的平衡模型定义，它包含了原料准备和造纸两大部分，并具有形态种类 A 的结构。接着，可以做这样的假定：进入水循环的所有固体都和纤维粘附在一起，而且和纸张一起离开水循环，也就是说没有其他来源和去处，循环水本身是不含固体的，造纸和原料准备系统完美地结合在一起，所有输出流量的 *COD* 值都是相等的。

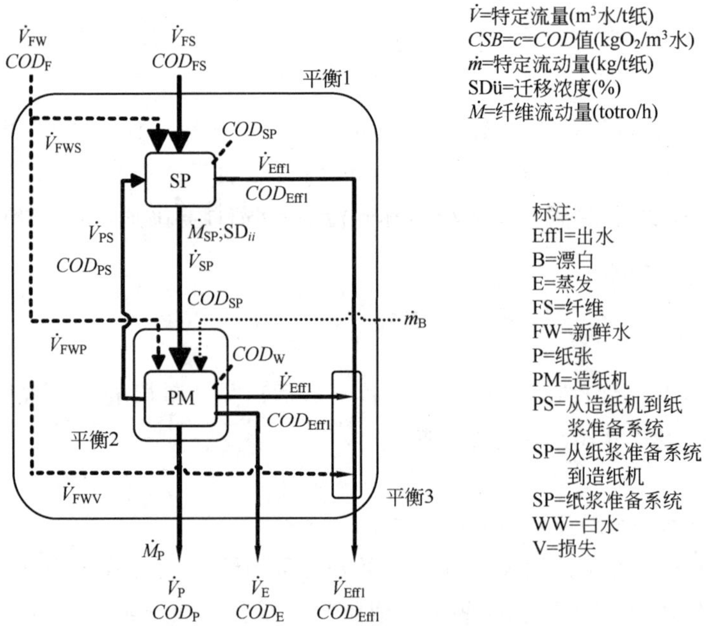

图 12.6　简单系统的平衡模式（形态种类 A）

鉴于种类 A 工厂的 AP 和 HF 制造过程的废品最少（总输出量的 1%～3%），这些假定是可行的。同样，在这些系统里，出水中所含的纤维少于总输出的 0.5%。

造纸循环的 *COD* 负荷是由漂白、解胶、制浆、上浆或使用淀粉引起的。举例来说，形态种类 A 工厂的 APD 生产里就存在着漂白和/或解浆过程。

三个细分的平衡被定义为：一个是包含了整个生产厂的 *COD* 平衡；另一个是包含了造纸过程的 *COD* 平衡；还有一个是包含了部分出水量的 *COD* 平衡。

如果新鲜用水的 *COD* 值远远地低于出水和白水的 *COD* 值（$C_{FW}\approx 0$），那么新鲜用水

的 *COD* 值就可以忽略不计($m_{FW}\approx 0$；$m_{FWP}\approx 0$)。因此，*K*2 值被表示为：

$$K2=\frac{1}{\left(\frac{1}{SD\ddot{u}}-1\right)(1-\dot{V}_{P})}\left(\dot{V}_{FWP}-\frac{\dot{m}_{B}}{c_{ww}}\right)+1 \tag{12.5}$$

在没有漂白/解浆作为造纸循环的额外 *COD* 来源($m_B=0$)的工厂中，这一表达式可以简化为：

$$K2=\frac{\dot{V}_{FWP}}{\left(\frac{1}{SD\ddot{u}}-1\right)(1-\dot{V}_{P})}+1 \tag{12.6}$$

*K*1 被表示为：

$$K1=\left[1-\frac{\dot{V}_{FfflP}+\dot{V}_{FWV}}{\dot{V}_{Effl}}\right]\left[\frac{1}{\left(\frac{1}{SD\ddot{u}}-1\right)(1-\dot{V}_{P})}\left(\dot{V}_{FWV}-\frac{\dot{m}_{B}}{c_{WW}}\right)+1\right]+\frac{\dot{V}_{FfflP}}{\dot{V}_{Effl}} \tag{12.7}$$

因为它包含了 *K*2 的定义，所以方程式 12.7 可以表示为：

$$K1=\frac{\dot{V}_{BfflS}}{\dot{V}_{Effl}}K2+\frac{\dot{V}_{Efflp}}{\dot{V}_{Effl}} \tag{12.8}$$

这些表达式中的体积流量(*V*)是以总输出量作为基础的。从 Kappen(2001)推导步骤的详细过程看到，*K*1 和 *K*2 可以通过公式 12.5 至 12.8 计算出来，而不需要测定出水或原料准备循环中的 *COD* 负荷。当造纸循环中没有 *COD* 来源时，这一计算可以以体积流量和浓度值作为基础，它们在任何种类的工厂都很容易测定。

K 值的第二个定义(公式 12.5～12.8)被看作是间接的方法，因而能够验证公式 12.1～12.3 定义的直接方法的适用性。因为直接方法只以 *COD* 值作为基础，而间接方法使用体积流量，它们两者彼此是完全不依赖的。工厂形态种类 A 研究的 *K* 值可以通过能够比较的直接方法和间接方法来确定(图 12.7)。所有的 *K* 值都可以通过公式 12.1～12.3(直接地)和公式 12.5～12.8(间接地)计算出来。

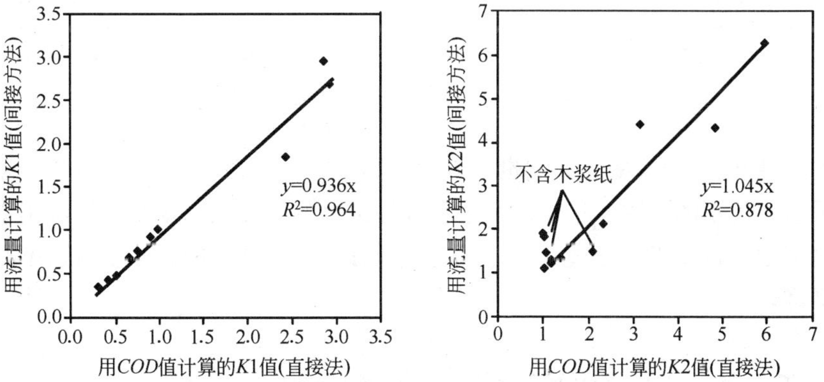

图 12.7　通过直接方法(以 *COD* 值为基础)确定的 *K* 值和通过间接方法(以体积流量为基础)确定的 *K* 值比较

除了较高的 K 值之间有一些较小的偏差外，$K1$ 值的相关性很好。$K2$ 值的相关性也很好，只是不含木浆的纸张在低范围区的 3 个点有一些偏差，这可能归因于在造纸过程中使用了不能完全随纸排出的化学添加剂，还有就是解吸附作用的影响和样品本身的污染。$K1$ 值证明了这种工厂类型基本定义的正确性。

总之，由 *COD* 负荷(直接方法)确定的 K 值同由体积流量和迁移原料浓度(间接方法)计算的 K 值非常一致，这也得到了工厂的形态种类 B 至 E—特别是产品组 APK 和 HH 的验证(Kappen 1996；Kappen 和 Dietz 1998)。为每个研究工厂精心制作的特定模拟模型已经证实了 K 值和所有形态种类的线路设计之间的关系。

12.3.2 工艺参数对 *K* 值的影响

表 12.3 概括了单个工艺参数对 $K1$ 和 $K2$ 的影响，通过调节这些参数可以得到积极的效果(K 值增加)，例如提高迁移浓度和增加循环的个数，增加添加到造纸过程中或者原料准备过程排放的出水中的新鲜水的数量。单位出水量的增加也可以得到较高的 K 值，但却同纸张可持续生产的原则有冲突。任何新鲜用水的损失或白水 *COD* 负荷(造纸循环中额外的 *COD* 来源)的增加都会产生相反的效果，也就是较低的 K 值。

单个工艺参数对 *K*1 和 *K*2 的影响 **表 12.3**

参数(x)	$\frac{\partial K1}{\partial x}$	$\frac{\partial K2}{\partial x}$	$\frac{\partial K2/\partial K2}{\partial x}$
单位出水量	+(0)	++	−
迁移浓度	+(0)	++	−
循环数	+(0)	++	−
新鲜水损失	−−	−	−
造纸过程中新鲜水的加入量	+(0)	++	−
原料准备过程中排出的出水	+	0	+
造纸循环中 COD 来源	−	−−	+

+=增加；++=大量的增加；−=减少；−−=如果相关参数值增加就大量减少；假设：$V_{FWP}>0$；()=如果 $V_{Ems}=0$，除了表中末尾的线，所有的参数都有效：目前在造纸循环中没有 *COD* 来源($m_B=0$)。

表 12.3 表明的参数改变的影响也可以通过图 12.8 的 $K1$～$K2$ 性能特性形象地表示出来。只要没有新鲜水的损失，单位出水量和迁移浓度的改变或一定量的新鲜用水加入造纸循环中都会引起运行点沿着通过(1，1)点的直线移动。这条线的上升段由造纸过程排出的出水份额确定。

12.3.3 基于 *K* 值的工厂用水线路最优化的一般标准

如果将最少的废水排放量作为目标，则白水的 *COD* 负荷至少要保持常数以避免产品质量或产量的损失。有时，需要减少的不是出水排放量，如果出水排放量是固定的，白水

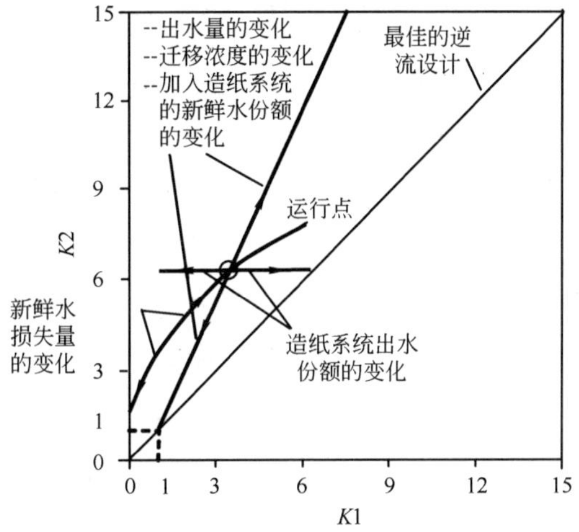

图 12.8　不同处理参数影响 $K1$-$K2$ 性能特性示例

的 *COD* 值就可以减至最少以提高产量或产品质量。实现这些目标的关键是有一条总是最优化的线路。

根据表 12.3 和图 12.8，通过以下内容可以获得一条最优化的线路：

(1) 高的迁移浓度

(2) 原料准备线路里超过一个循环

(3) 避免新鲜用水损失

(4) 仅从原料准备过程排出出水

(5) 造纸循环中增加新鲜用水

满足这些标准意味着实现了理想的逆流安排的边界条件。

12.4　参数 K 的运用

12.4.1　机械制纸生产厂中水循环的最优化

机械制纸生产厂的原料准备系统通常至少包含了两条负荷差别很大的线路，这是因为使用了不同的装备(HS，AP，ZS)，由于涂料和胶料脱落流入了额外的负荷，不是所有的纸浆处理线路都能通过脱水装置从造纸机分离出来。

这里描述的例子有一个包含了三条路线的原料准备系统，其中只有纸浆脱墨(DIP)处理有两个循环，机械生产纤维线(HAS)只有一个循环，工厂可以被分为形态种类 BCD。对两个不同的最优化目标进行模拟，首先，保持造纸机的负荷不变而将单位出水量减至最低；其次，保持单位出水量不变而将白水负荷减至最低，因为这两个目标是互相排斥的，所以要分别使用单独的方案进行模拟。然而，在实际的最优化过程中，必须综合考虑这两个目标以确保良好的成本～收益比。

HHI 工厂最优化之前和之后的数据 **表 12.4**

HHI 工厂	最优化之前	最优化之后
单位出水量 L/kg	8.9	4.2
K 值	*K*1=1.02	*K*1=3.05(2.22)
	*K*2=1.66	*K*2=1.82(1.49)
	*K*1/*K*2=1.02	*K*1/*K*2=1.68(1.49)
最优化措施	消除新鲜用水损失，更好的路线分离，增加机械生产纤维工厂的出水份额	
结　　果	白水的 *COD* 值减少 64%(也可选择：出水量减少 53%) ()=白水的 *COD* 值不变，出水减少时的数据	

在第一个方案里(Sz1；图 12.9)，消除了所有的新鲜用水损失。为了降低投资成本，在方案二(Sz2)中省却了纸浆脱墨线路的第二个循环，这一循环多余的脱水装置被用来给机制纸浆进入造纸机之前脱水。利用这种方法，负荷高的机制原料准备线路从造纸机中分离出来(调整之前 SDüHSA=8.6%，调整之后 SDüHSA=35%)，这是必须的，因为几乎 80%的 *COD* 负荷是通过机制原料准备线路流入的。第三个方案不可能在纸浆脱墨处理和造纸机之间实施捷径(过滤水溢出)，在现有的结构中，用第二个脱水单元下游的第一个纸浆脱墨处理的滤出液来稀释脱墨纸浆。

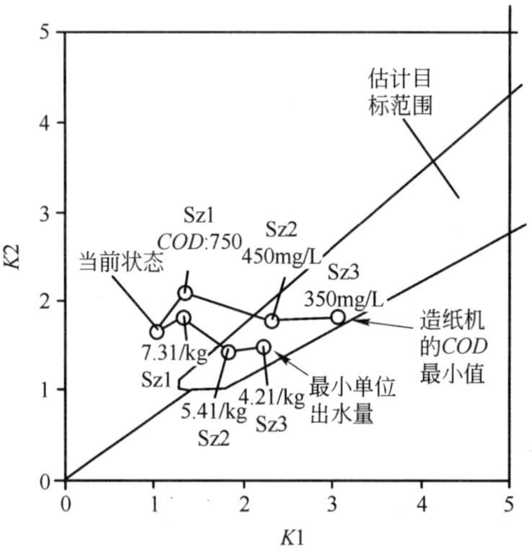

图 12.9　机械造纸生产工厂的当前状态和最优化方法

假如方案 2 和方案 3 中在需要新鲜水的地方用循环水来替代，所有这些方案的目标都是降低出水的排放量。从机械制浆准备过程排出的出水份额有了显著地增加，从大约 20%到 57%然后再到 79%，从而实现了最低的总出水排放量 4.2m^3/t——这一数值对于 *SC*(精加工)和 *LWC*(粗加工)的纸张生产来说非常小。

对于以最小出水排放量为目标的方案，最适宜的 *K*1/*K*2 值被确定为 1.49，而对于以最低 *COD* 负荷为目标的方案，最适宜的 *K*1/*K*2 值被确定为 1.68。这表明如果原料准备过程路线(HAS)中的一条把大部分的 *COD* 负荷排入到水循环中，那么目标范围就会明显地移动。纸浆脱墨和化学纸浆有一个小的单位 *COD* 负荷。使用 Kappen 2001 年简述的程序，根据当前状态的数据估算的目标范围同最优化工厂的运行点完全一致(图 12.9)。

任何单位出水量的进一步减少都将引起白水 *COD* 负荷的增加。可能的补救方法包括在水循环里整合一个出水处理流程(Pauly2002，第 28 章)。

12.4.2 *K*1 和 *K*2 目标值分级以比较工厂

最佳运行点的 *K*1、*K*2 和 *K*1/*K*2 值被看作是目标值，为了确定这些值，必须知道工厂的特定废水量和迁移浓度。特定废水量目前的平均数是在 PTS(1998)给出的每个生产组数字的基础上确定后再减少 20%。对于没有分离线路的流程来说，迁移浓度估计为 3.5%，有分离线路的流程(HC(=高浓度)脱水)则为 35%。

必须估计研究工厂资料里每一个循环的 *COD* 来源的位置和数量(表 12.5)。在模拟模型的帮助下可以确定 *K*1、*K*2 和 *K*1/*K*2 的目标值。模拟是在废水从每一个循环独立的原料准备线路的第一个循环中(*SD*ü=35%)排出这样的理想逆流安排下进行。改变特定废水排放量可以得到不同的 *K* 值，废水排放量越低，相应的 *K*1 和 *K*2 值也越低。

不同产品组和不同形态类型的 *K*1、*K*2 和 *K*1/*K*2 目标。 **表 12.5**

产品组	形态种类	备注	迁移浓度 *SD*ü%	单位出水量 m^3/t	*K*1	*K*2	*K*1/*K*2
AP-回收纤维造纸(无纸浆精化)	A.D，E	—	3.5	4~5	1	1.16~1.2	0.86~0.84
	A，CE，D，E	—	35		3.3~4	3.3~4	1
APK-回收纤维造纸(纸板)	CD，CDE	无分散	3.5	5~6.25	1	1.2~1.25	0.83~0.8
		有分散	35/3.5		2.9~3.1	2.7~2.9	1.06~1.07
	A	—	35		3.1~3.3	3.1~3.3	1
APD-纸浆精化厂的回收纤维造纸(除纸板外)	B，BD	2 循环	每个 35	9.5~12	16~20	16~20	1
		3 循环	每个 35		55~60	55~60	1
	C，CE	70%AP					
		30%ZS	35/3.5		2.8~3	2.4~2.5	1.2
HH-机械制纸	BC，BCD	30%AP	35/35/3.5	12~15			
		50%HS	2S 和 2L		11~13	10.6~12.6	1.03
		20%ZS	35/35/3.5				
			1S 和 2L		6.6~7.4	6.2~7	1.07~1.06
HF-不含木浆纸	C，CD		35/35/3.5	14~18	1.9~2	1.9~2	1
	A	100%ZS	3.5		1	1/ 1.5~1.7	1/ 0.67~0.7
	C	80%ZS	3.5		1	1/ 1.5~1.7	1/ 0.67~0.6
		20%AS					

(各纤维线路的所有 *COD* 负荷都是比值；"S"-线路，"L"-循环)

没有分离线路的产品组 AP 确定的目标值是相当低的(表 12.5)，特别要注意的是 $K1$ 值接近于 1，而原料准备系统下游的稀释(通过将新鲜水加入到造纸机中)导致 $K2>1$，因为这样的结果，$K1/K2$ 的值稍微低于 1。由于流程中没有脱水单元，因而也没有过滤，出水不能从原料准备系统中排出，所以不可能是逆流安排。有分离线路时(SDü=35%)，$K1/K2=1$ 并且 K 值能够高达 4。除了有解胶过程的工厂之外，产品组 APK 的结果也是类似的。尽管有高浓度脱水过程但因为解胶在造纸循环中相当于一个额外的 COD 来源，所以它们的 K 值稍微低些。

假定产品组 APD 的流程至少包含一个高浓度脱水单元。在形态种类 A 工厂里，尽管出水排放量较高，确定的 K 值同产品组 AP 的 K 值相比会低些，这是因为当原料准备系统中仅有一个循环时，APD 流程的漂白阶段被假定在高浓度脱水单元之后将有害物质流入到造纸机循环中。这一结果同有解胶过程的工厂的 APK 的相同。当原料准备系统有第二个或者第三个循环时(形态种类 B 或者 BD)，情况发生改变，在理想条件下，这些工厂的 K 值都很高，这是因为漂白过程的 COD 负荷被保留在原料准备系统中。形态种类 C 和 CE 的 K 值较低，目标范围有一个显著的变化，同时 $K1/K2=1.2$ 明显地高于 1。这是因为重复利用纤维的份额相对高(70%)，而且只从重复利用的纤维线路排出出水。目标范围的这一变化也可以从机械制纸(HH)观察到，虽然不像上述产品组那么明显。当原料准备线路的一条包含两个循环时(形态种类 BC 和 BCD)，这一结果会更加明显。线路分离的程度高，相应的 K 值就高。通常在制造厂的产品组 HF 中，不采用线路分离，这也是为什么它的目标范围的确定不考虑线路分离的情况。稀释在造纸机中的影响($K2>1$)能够通过两种方式来消除，一是高稀释比，通常导致低负荷引起的解吸附过程，二是可作为造纸机中的 COD 来源的化学添加剂的大量投入。极端情况下，这可以导致 $K2=1$。因为没有考虑滤出液从线路中排出，所以目标范围没有变化。

AP：模拟模型Ⅰ；形态种类 B 的两条线路中未加工原料的 COD 负荷是一样的。

APK：模拟模型 Ⅲ；90%AP(COD 20kg/t)和 10%ZS(COD 5kg/t)；分散(COD 3kg/t)。

APD：模拟模型 Ⅰ，Ⅱ，Ⅲ(1 个循环)；AP-浓缩后(COD 5kg/t)漂白；AP：COD 20kg/t 和形态种类 C，CE：ZS：COD 5kg/t。

HH：模拟模型 Ⅴ；AP：COD 15kg/t；AP-漂白：COD 5kg/t；HS：COD 30kg/t；HS-漂白 COD 25kg/t；ZS：COD 5kg/t。

HF：模拟模型Ⅰ，Ⅲ；ZS：COD 5kg/t；形态种类 C：AS COD 15kg/t；给出 $K2$，$K1/K2$ 的标准：无解吸附或造纸循环中 COD 来源。

12.4.3 将 *K* 值集成到现有最优化方法中

为了用现有的纸厂水循环最优化方法比较评估方案，由 Herschmiller 和 Hastings (1994)，Appleyard 和 Lander(1994)及 Joore 等人(1999)描述的主要步骤被归于由 Dazenzer(1978)描述的一般方法中(图 12.10)。因为在这些出版物中提议采用的程序不是相同的结构，所以不可能一一对应。

以前的三种方法没有一种可以评估最优化的可能性或者确定出一个范围。分析这些方法的内部结构在目前的情形下是非常困难且耗费时间的。这就是 K 值发挥作用的地方，K 值帮助工艺人员查明造纸厂给水系统的现有问题，从而后面可以进行目标更明确的详细分析，因此可降低成本。

另外，K 值能够很好地用于最优化的水循环的综合。Appleyard 和 Lander(1994)的“用模拟来检验解决方案”以及 Joore 等人(1999)在减量分析中的“设计选择/最优化控制的检验”里的相应步骤中没有一步为综合解决方案详细说明一个清楚的评价标准。减量结果的图解表示法给出了一定程度的评价，因为它指出了部分水流的合并，可以确保最少的出水排放量。然而它不能说明有关中心流程的 *COD* 负荷同水循环其他部分 *COD* 负荷的比较情况。在减量分析中，造纸机的负荷仅仅作为一个边界条件(限制)。以 K 值为基础，可以评价和标定几种可供选择的解决方案。

“源头管理”概念(Appleyard 和 Lander 1994)只是实际执行过程中考虑的四个方法之一。“监测”执行过程的进展之后通过“再检查”来维持最优化措施的成功。K 值从理论上可以在实际的最优化过程中，紧跟和记录已经取得的成绩并进行定量化。

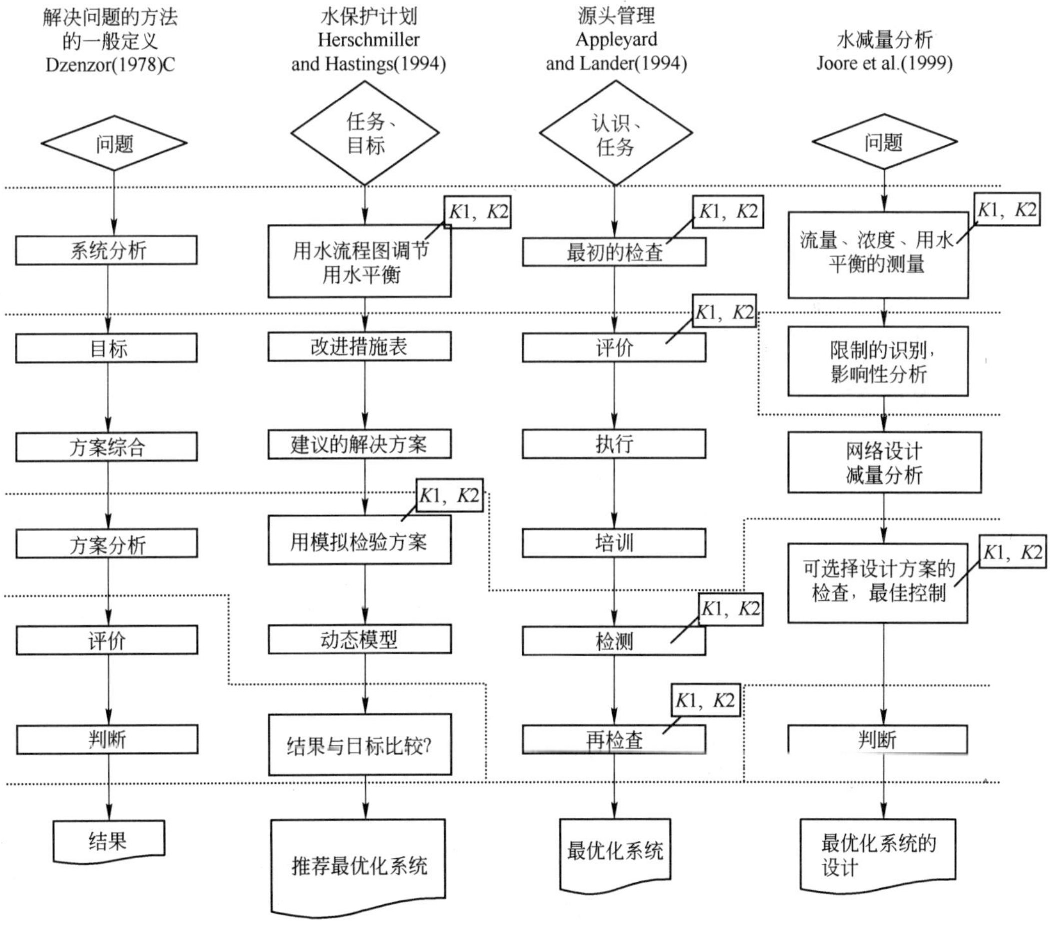

图 12.10 建议包含 K 值在内的几种最优化方法(打点的线：与 Daenzer1978 相类似的步骤分组)

因为以前的方法都没有提供任何可比较的评估工具，作者推荐将 *K* 值集成到水循环的最优化方法中(图 12.10)。这些步骤将在确定 *K*1 和 *K*2 后得到有效支持，并用 *K*1，*K*2 作标示。

对于最优化的 3 个基本阶段：分析当前的情形、评价可选择的最优化方法(分析解决方案)和核实最优化流程的成绩来说，*K* 值是有用的工具。

12.5 结论和展望

已经提出了一系列描述造纸厂用水效率的关键参数，这些参数的适用性和实际相关性已经得到核实。我们发现只要不多的 3 个不同参数就可以充分地详细评价复杂的工艺技术系统。以化学需氧量(*COD*)为基础的参数(*K* 值)可以用来确定造纸厂的新鲜水使用、线路分离还有最适宜的出水排放和逆流安排。

任何生产系统中均可确定惟一且可重复的 *K* 值。当运行点在这些值的目标范围内时，出水量和循环水的 *COD* 负荷就达到了最佳的匹配。

正如 Kappen(2001)表明的，以关键参数方法为基础的最优化方法可能达到的节水量总计达 7120 万 m^3/a(德国造纸工业总出水量的 39%)。

K 值也可以用于分类和标定，同样的形态种类和 *K* 值的工厂，它们用水的条件是相似的。这种分类不受造纸厂的限制，而且可以应用于允许线路分开的任何系统。这些结果和实际发现证实了参数系统对于减少造纸厂单位出水量是非常有用的最优化工具。

12.6 参考文献

Appleyard C. and J. Lander (1994) Establishing a strategy for effective water source management and control In Water use and reuse pp. 23-38 Institution of Chemical Engineers, Rugby.

Auhor W. (1984) Das Störstoffproblem bei Verringerung der spezifischen Abwassermenge. Wochenblatt für Papierfabrikation 112(2)37-48.

Baumgarten H. L. (1984) Zum Einengen und Schließen von Wasserkreisläufen in Papierfabriken. Wochenblatt für Papierfabrikation 112(2)31-36.

Baumgarten H. L. and U. Welcker (1986) Zur Technologie des Wassergebrauchs in Papierfabriken. Das Papier 40(10 A)181-192.

Brecht W. and H. -L. Dalpke (1980) Wasser, Abwasser, Abwasserreinigung in allgemeiner Sicht und in der Sicht der Papierindustrie. Biberach an der Riβ: Güntter Staib Verlag, 557 p.

Daenzer W. F. (1978) System Engineering, P. Hanstein-Verlag, Köln.

Diedrich K., Hamm U. and J. H. Knelissen (1997) Biologische Kreislaufwasserbehandlung in einer Papierfabrik mit geschlossenem Wasserkreislauf. Das Papier 51(Nr. 6A) V153-V159.

Göttsching L., Dalpke H. -L. and H. von der Heyde (1977) Über die Bestimmung von COD, BSB und TOC am Filtrat von Suspensionen aus Halbstoff, Papier und Altpapier. Das Papier 31(1)1-11.

Göttsching L., Lüttgen W. and H. L. Dalpke (1977) Über die durch gelöste Substanzen verursachte Belastung des Fabrikationswassers bei der Papierherstellung. Teil I: Bestandsaufnahme bei der Erzeugung von Steinschliff. Das Papier 31(7)257-263.

Herschmiller D. W. and C. R. Hastings (1994) Elements of a Water Conservation Programm In Water Use Reduction in the Pulp and Paper Industry pp. 13-27, Paprican, Vancouver.

Joore L., Verstraeten E. and A. Hooimeijer (1999) Competitive Dutch Paper and Board Industry by Closed Water Systems beyond 2000. 1999 International Water Conference "Towards Closed Water Systems in Papermaking", Feb. 10th Papendal; Arnhem, TNO, Delft, NL.

Kappen J. (1996) Bestandsaufnahme und Verbesserung von Wasserkreisläufen in Papierfabriken mit integrierter Altpapierstofferzeugung, PTS-Forschungsbericht PTS-FB 03/96, 149 p. PTS, München, D.

Kappen J. und W. Dietz(1998) Bestandsaufnahme und Verbesserung von Wasserkreisläufen in Papierfabriken mit integrierter Holzstofferzeugung. PTS-Forschungsbericht PTS-FB 07/99, 48 p. PTS, München, D.

Kappen J. (2001) Kennwerte als Werkzeuge zur Minimierung des Wasserbedarfs bei der Papiererzeugungein Beitrag zum prozessintegrierten Umweltschutz. Berichte aus Wass-ergüte und Abfallwirtschaft Berichtsheft Nr. 166, Technische Universität München, München, D.

Künzel U. and G. Breuing (1987) Erfahrungen mit der COD-Messung als Kenngröße der Störstoffbelastung bei der Herstellung mittelfeiner Papiere. Allgemeine Papier-Rundschau (3)53-60.

Möbius C. H. (1984/a) Verfahrens-und Anlagentechnik bei der Verringerung der spezifischen Abwassermenge. Wochenblatt für Papierfabrikation 112(3)75-82.

Möbius C. H. (1984/b) Die Störstoffkonzentration als begrenzender Wert für die Verringerung der spezifischen Frischwassermenge in Papierfabriken. Wochenblatt für Papierfabrikation 112(16)559-562.

PTS (1998) PTS-VDP-Umfrage Wasser' 96 (unpublished) Papiertechnische Stiftung (PTS), München, D.

Reid B. and A. G. Lozier (1996) Retrospective of closed-cycle CTMP operations. 1996

TAPPI Minimum Effluent Mills Symposiums pp. 151-158, TAPPI Press, Atlanta.
Stetter A. and K. Eisenschmid (1993) Erfahrungen mit Meß-und Regelanlagen im Kreislauf der Altpapieraufbereitung. Wochenblatt für Papierfabrikation 121(23/24) 1018-1023.

13
工业水资源管理的系统方法

Antoin S. Deul

13.1 绪论

水资源管理已经成为许多工厂降低生产成本和减少环境影响的一项关键战略。由于工业用水、农业用水、市政用水之间的竞争日益激烈，新鲜水资源已经涨价。以前，许多工业流程都是按照一次性使用，需要时，在管道末端进行处理的用水方式来设计的。如今，由于水资源价格上涨和废水处理及排放的费用增加，许多工厂需要重新检查他们用水方式。因此，水的重复利用成了工厂减少新鲜水用量和废水排放量的一项关键技术。

水重复使用战略的基本工作是提供一项经济有效的计划，该计划要保证工艺流程入口的水质符合要求而且排放的废水也要满足污染物浓度的限制。水重复使用的复杂性需要一个系统的方法来实现对可利用水资源的最佳管理，ONDEO Nalcode 的“先进的再循环技术™”(ART)研究组已经开发了一种这样的方法。该方法为现有的用水特征及目标的确定、开发可供选择的再利用和再循环方案，并对这些方案进行比较评价以选定最佳方案提供了方法论。这一方法论已经被用于制定世界各地的水再利用和再循环计划(Myers 和 Davé 1995 年；Hayward-Browne 等人 1996 年；Davé 1998 年；Goodman 和 Campmajó 1999 年)。

水夹点分析(Wang 和 Smith 1994)描述了一种将用水用量减至最少的替代方法。这种方法寻求在考虑流程限制的情况下，将新鲜水用量减至最少的给水网络的配置。夹点分析最初是为了热交换网络的分析和最优化而提出的(Linnhoff 和 Hindmarsh 1983 年)。

13.2 水重复使用的挑战

本文定义的水重复使用包括从一个流程中回收水并将这些水用于其他流程，而且不需要额外的处理来改善水质，这就是我们常说的“梯级使用”。水的循环使用还包括对回收水进行处理以改善它们的一些特性。这些简单的定义掩盖了重复使用的复杂性(图 13.1)：在水重复使用过程中，我们必须考虑多种水来源的流程，各出水口水质差别很大，各种不同的污染物，少数对水质提出不正确要求的流程和大量可应用的处理技术等这些复杂问题。

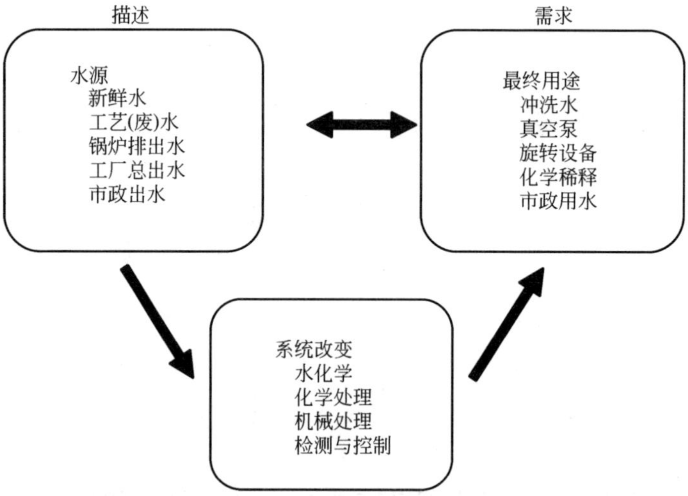

图 13.1　回用/再循环流程战略

表 13.1 给出了由造纸过程中一些污染物引起的特殊要求的例子。这个例子说明评估用水管理中的任何变化要考虑到大范围的可能的有害影响。一个完整的分析需要对特定溶解离子的腐蚀性和结垢的可能性进行评估。此外，悬浮固体的颗粒大小分布状态也会使系统出现高悬浮固体负荷比或再循环程度高的问题(Somers 等人)。再循环用水成功的关键是预知并预防影响流程运行和产品质量的潜在问题。

造纸业中的溶解和悬浮固体以及它们的影响　　**表 13.1**

溶解固体的种类	影　响
无机阴离子	
碱度	酸系统中 pH 调节问题
氯化物	增加机器腐蚀
多磷酸盐	抑制纸张的耐用性
硫酸盐	程度高时纸张的耐用性较低
	抑制树脂胶料
	增加水垢的生成
无机阳离子	
酸度	降低纸张的耐用性
	增加腐蚀

续表

溶解固体的种类	影　　响
铝离子	产生水垢和沉淀
	增加填塞物粘结
硬度(Ca，Mg)	对树脂胶料有不利影响
	引起颜料结块
	产生水垢沉淀
	程度高时引起淀粉残留问题
铁和锰	可见度较低
	使漂白无效
	沉淀物，使某些生物杀灭剂无效
有机物质	
颜料	可见度较低
木质素，可溶木成分	增加阳离子的需求量
微生物	增加沉淀的可能性
	造成添加剂损坏
	腐蚀(减少硫酸盐的细菌)
脱稳胶体	导致沉淀物卷起，涂层问题
	增加纸张的污点

表13.2列出了潜在的处理流程和这些流程能影响的广泛的污染物分类。更复杂的是排出的废水经常包含超过一种类型的污染物，因此可行的处理方案或者适用的技术组合很多。

污染物去除的操作单元　　表13.2

总溶解固体	溶解有机物	悬浮固体
离子交换	生物氧化	重力分离
反渗透	化学氧化	澄清
电渗析	预氧化	粒状介质
蒸发	活性炭	过滤

从上面的讨论中清楚地看到水的重复使用是相当复杂而且永不雷同。工厂用水量最小化目标的最优化解决方案必须满足两个主要标准：技术的可行性和经济上的回报。技术的可行性包括所选的处理技术具有使污染物转移或降解达到要求的能力，每一个流程的可操作性以及流程控制的适当应用。完整的经济分析包括投资成本，运行和维护成本，用水节省的费用以及在能源或原料(例如造纸工业的纤维)上节省的所有相关费用。查究这种分支结构非常多的问题的最优化解决方案是相当困难的，因此需要一个系统的方法以有效地确定和评估可能的经济有效的用水量最小化解决方案。

13.3 水资源管理的系统方法

水资源管理的系统方法要考虑三个层次的标准：水资源保护，水回用和水循环。首先考虑水资源保护是很重要的，因为在这方面执行“最佳实践”能够影响排放的水中的污染物浓度，被认为是水回用的候选者。这一点在先进的再循环技术研究金字塔中得到说明(图 13.2)。该金字塔指出了完成项目的梯级使用的方向。

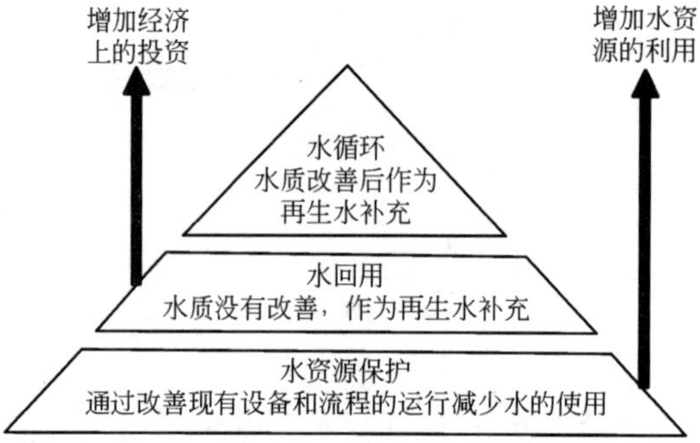

图 13.2 先进的再循环技术研究金字塔

第一步，工厂应当做一些有利于提高水资源管理的基本工作。最初也是最简单的一步就是通过保护将水的使用减至最少。水资源保护包括最基本的工作，例如关掉经常流水的管子，修理泄漏，减少不必要的用水损失(溢出或其他缺乏控制的排出)，使冷却塔和锅炉里的循环浓度最大，使回收的冷凝水最多，将水泵密封水量减少到厂商建议的水量标准。

水回用包括从一个流程中回收水，不改变水质就将它们作为补充水用于其他流程。实例包括使用锅炉的排出水作为冷却塔的补充水，纸浆厂逆流洗涤操作，密封水从高真空泵到低真空泵的梯级使用。通常，水回用的成本主要是管道系统。水的循环使用包括将水回收之后改善其水质。实例包括冷却水系统的过滤液和过滤的白水在低压造纸机器循环淋洒用。

通常，从水资源保护转到回用和循环时，将增加投资。节水程度增加的同时会增加这些方案的财务风险。

13.3.1 梯级方法

方案中最重要的步骤是明确地确定工厂改进用水管理的目标。这些目标可能包括将新鲜水用量减少到某目标值，减少废水排放量到某个水平，减少超量废水，降低出水温度或者开发一套零排放系统。应该确定投资的最高限度和投资回报的详细说明这些经济上的限制。确定方案范围时必须仔细考虑工厂运转的年限，以避免仅仅因为工程考虑不周而建立无效系统。这些信息提供了根据图 13.2 描述的层级，建立一套改进的水资源管理系统的基础。

应用系统的梯级方法开发一种最优化的水管理计划有几个好处。一个梯级流程考虑到了方案每一个阶段的回顾。另外，在最初阶段要全面地界定问题和搜集必须的信息以确保将来的决策基于全部的信息。接着，列出考虑到的可能选项的明细表，以降低遗漏最优化解决方案的可能性。图 13.3 举例说明了用水管理方案的这些阶段。水资源管理方案不需要实施全部的阶段，有时，仅仅实施最佳用水管理和保护方案就能实现工厂的目标。

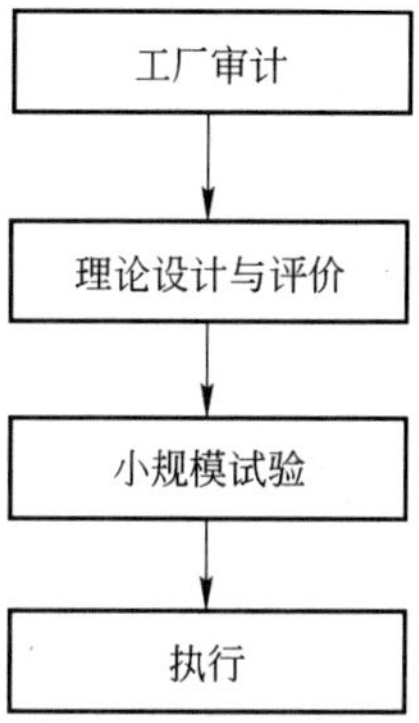

图 13.3　水资源管理的系统方法

13.3.1.1　**工厂审计**

系统方法的第一步是工厂审计。工厂审计的目的是提供精确地模拟工厂运转所需的相关流程信息和详细的运转数据。工厂审计的重要部分如下所列：

- 根据行业的最佳实践确定工厂运转的基准。
- 确定特定的用水管理问题。
- 描述水源的特性及流量。
- 确定关键水流的水质变化。
- 确定关注的特定污染物。
- 确定流程需要的最低水质。
- 确定环境约束。

成功的工厂审计在于建立一个场地范围内的水、污染物和热量的平衡。该平衡允许构建各种可能的方案以改进用水管理。工厂审计最大的障碍通常是缺乏工厂流程用水方面的知识，例如单个流程的流量，污染物负荷率以及单个流程所需的最低水质。为了补充缺少的数据，经常需要流动监测和取样分析以及分析报告书。在此最初的步骤中，不是总能够确定单个流程所需的最低水质。可能需要实验室测试来确定可以控制的污染物负荷率。

13.3.1.2　**概念设计和评价**

第二步集中在对潜在的回用和循环使用的概念设计进行比较评价。此过程需要详细的水化学和水处理技术和经济方面的知识。该评价可能还包括实验室测试以搜集尚未取得的污染物去除数据。

评价使用的主要工具是工厂用水系统的稳定流模拟。这一模型能预测工厂运行中流程变化（回用和循环使用的情况）的影响，特别是可以预测流程中每一点的水质特性。回用和循环使用的影响，例如结垢和侵蚀的可能，主要污染物的浓度，温度和 pH 值都可以预测。水处理设备的选择和适合的尺寸也能快速地估计出来。

计算机模型在应用于流程分析之前必须得到验证。模型必须同真实的工厂平均运行数据相符合。这些数据是工厂审计阶段收集并且被用来开发模拟模型的。对于用水管理的每一种可能，要估算其工程规模的固定资产和运行费用。这才能绘制出同工程目标一致的水资源优化流程图，即从水资源保护到回用和(或)循环使用，以及相关风险和利益。这样就可以选择到最佳的解决方案。

13.3.1.3 小规模试验

第三步是用实验的方法确认最有希望的用水管理选择。小规模试验有助于制订化学处理过程、完善运行费用的评估以及评估系统的可操作性。系统设计中的不确定程度决定了需要进行的小规模试验及其规模。复杂的回用系统、新颖的技术以及变化无常的水化学反应增加了小规模试验的必要性。在这一阶段，可能使用多种设备去模拟系统各个部分的运行，例如冷却塔、热交换器、压力过滤器、澄清器、离子交换器、活性炭柱、反渗透等。小规模试验可以在工厂就使用当地的水源或者不在工厂而使用合成水来进行。

13.3.1.4 实施

第四步包括最佳实践和已经证实了的解决方案的实施，包括详细的工程、建设和运行。

13.3.1.5 结论

这种系统方法的关键在于水处理和流程专家，这些专家把从现场、计算机模拟和小规模试验中获得的信息进行综合和选择。系统方法最初三个阶段容许使用各种方法来达到工厂的目标。适宜方法的选择依赖于设计组的专家意见，例如，为了使工厂审计费用减至最低，需要仔细考虑待分析的水流，分析的类型等(Eble and Feathers 1992)。同样，数学模型的水平也会差别很大，从代数分析到电子数据表的计算，到计算机上完整稳态的模拟。

纸浆和造纸工业的案例研究举例说明了这一系统方法在水资源管理中的运用。

13.3.2 水夹点

水夹点分析是用水最小化工具用来确定给定的用水流程中，理论的新鲜水的最小用量和最小排放量。减量分析需要详述所有用水流程进水水质的最低要求和出水水质的最高要求，这些被称为流程限制数据。这些流程限制数据被绘制在纵轴为纯净度、横轴为水流量的图中。所有用水操作的输入水量被归入“需求”中以确定工厂的所有用水需求(图 13.4)。所有用水操作的输出水量被归入到工厂的“来源”中。

来源和需求曲线之间的重叠部分显示了水回用的可能性(比较水的来源和水的需求)并且引导用户确定设计选择。参照图 13.4，流程(1)的废水可以作为补充回用到流程(2)或流程(3)中。减量点(两条曲线的交点)限制了这一重叠部分，但是，利用曲线图移动减量点使流程改变以减少废水量和新鲜水的消耗量是显而易见的。举例来说，来源可以混合或者处理以提高中间来源的纯净度(在来源中向上移动废水来源)这样将会移动减量点并且可以增加回用的水量。

水夹点分析的方法非常完美和简单，然而，在有多股水流和多种污染物的流程里它会变得相当复杂。该过程需要分别单独优化某一种污染物，然后，将每次分析的结果进行综合以找到整个流程的最佳解决方案，这是一件非常繁重的工作。

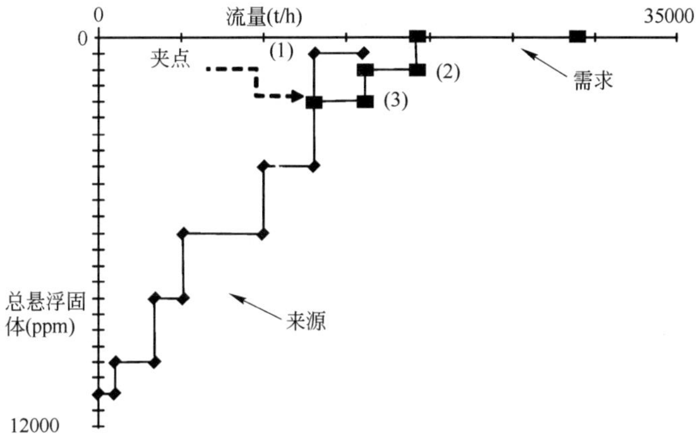

图 13.4 钢铁制造业运行的流程限制数据示例

水夹点分析可以用来建立流程的最小用水目标，该流程涉及一种或两种污染物并且用水流程的流程限制数据已经完全确定。应该评估水回用网络以评价其在工厂运转中的效果。水夹点技术已经被用来推荐最小用水选择方案(Mann 和 Liu 1999)并且这一技术仍然在发展。

13.4 造纸工业案例研究

一个利用废旧瓦楞包装物(OCC)生产衬里板平均产量为 900t/d 的 100%再循环工厂，是乐于减少新鲜水的消耗量从而降低水和能源成本的。将澄清的白水再循环到造纸机接受箱的淋洒装置以及在应用系统中重复利用三级处理的市政出水被确认为可行的再循环方案，并对新鲜水的使用产生重大的影响。同确定的选择方案相关的节约情况表示如下(表 13.3)，也列出了计算节约的经济依据(表 13.4)。这一项目已经完成了两个阶段：

(1) 工厂审计

(2) 用水管理选择的概念设计与评价

水重复使用选项的经济评价 **表 13.3**

种类	减少水量(gal/min)		每年节省费用($)	投资额($)
	城市给水	污水		
接收箱喷洒装置[1]	120	120	381000	59000
市政废水回用[2]	379		111000	—

注：1. 包括热能节省(115MMBtu/d)。不需要把淋洒水加热到系统温度(135℉)，因为相对 60℉的城市用水来说，澄清的白水温度已经达到了系统温度。主要的投资是为了保护淋洒喷头不被堵塞所需的过滤系统。由于特殊的情况，经济计算中未包括废水排放节约的费用。2. 小规模试验期间需要更进一步考察的经济参数。这包括对处理过程，额外的监测设备和管道费用的影响。

经 济 依 据 表 13.4

城市给水（$/1000gal）	1.37
市政出水（$/1000gal）	0.37
275PSIG 蒸汽（$/MMBtu）	7.35
电力（kWh）	0.06
年工作天数	350

13.4.1 工厂审计

该造纸厂使用城市饮用水大约为 5.3m^3/t，这远低于同类纸厂的工业平均用水量 9.5m^3/t。造纸机已经在循环程度很高的情况下运转（每吨纸的耗水量很低）。表 13.5 列出了使用新鲜水的部位。

新鲜水的主要消耗者 表 13.5

应 用	使用量（gal/min）	使用量（m^3/h）
旋转设备密封/冲洗水	300	68
锅炉补充水	344	78
接收箱淋洒装置	120	27
冷却塔补充水	47	11
大的挤压浆粉的稀释	47	11
湿的尾浆粉的稀释	24	5
减少聚合物	17	4

13.4.1.1 分析方案

为了测试当污染物循环累计达到一定程度时可能会导致运行的问题，开发了一种取样方案。完成的分析报告要提供水和纤维的平衡数据，这些资料需要为生产设备构筑一个完整的污染物质量平衡。分析方案把所有主要用水、流程和流出废水作为目标。主要的污染物包括离子成分、有机污染物、黏性物质和悬浮固体。萃取分析可以用来确定通过废旧瓦楞包装物（OCC）进入流程的水中的黏性物和胶质物（胶水和黏合剂）的负荷率。黏性物不断循环会产生沉淀物并且在机器停工期造成纸张损坏和纸张不合格。因为存在 $CaSO_4$ 生垢的可能（明矾被加入造纸过程中），所以必须监测硫酸盐浓度。硫酸盐浓度高也会妨碍造纸机上的化学处理过程。表 13.6 列出了主要水源的水化学成分。

可利用水源的水化学成分 表 13.6

分析物	单位	城市给水	市政出水	澄清白水	总出水
Ca 以 $CaCO_3$ 计	ppm	140	130	1167	723
Mg 以 $MgCO_3$ 计	ppm	28	35	99	17
Na	ppm	50	86	530	483

续表

分析物	单位	城市给水	市政出水	澄清白水	总出水
Al	ppm	<0.1	<0.1	2.1	0.2
钡(Ba)	ppm	<0.1	<0.1	0.1	0.2
锰(Mn)	ppm	<0.1	<0.1	1.8	0.6
铁(Fe)	ppm	0.4	0.06	0.28	0.08
NH_3	ppm	<0.1	<0.1	<0.1	2.8
HCO_3 以 $CaCO_3$ 计	ppm	163	100	356	530
Cl	ppm	26	99	99	97
NO_3	ppm	19	44	<0.3	<0.3
SO_4	ppm	25	67	1400	1110
PO_4	ppm	0.2	0.6	1.0	0.3
SiO_2	ppm	29	26	29	22
pH	pH	8.2	7.1～7.6	5.3	7.9
传导系数	umhos/cm	450	770	3700	3200
TDS	ppm	270	430	6300	5900
SS	ppm	0	1～2	191	137
TOC	ppm	<1	10～20	3470	217
提取物	ppm	0	0	3	3

13.4.1.2 经过三级处理的市政出水

当地公用事业部门提供的经过三级处理的市政出水被认为是可用的水资源。污水处理厂接纳的下水道污水被过滤，然后经过生物处理系统进行硝化和反硝化处理，再流过澄清池以去除生物固体。接着废水被送往三级处理系统，在那里，废水流过砂滤池并使用紫外线照射消毒。处理厂的流程设计要保证处理的出水水质达到或超过不受限制的娱乐使用的22项要求(再生的市政废水)。

13.4.2 概念设计与评价

人们使用一种商业模拟软件包为造纸过程开发了一种稳态模拟模型，包括旧瓦楞包装物流程以及造纸机器运转两个过程(图 13.5)。

为工厂开发的这种稳态模拟模型被设计成可以精确地反映工厂的水平衡、纤维平衡、热平衡以及污染物平衡。模拟模型的基本情况可以通过比较系统预测输出量和造纸机接收箱中的流量、纤维浓度、污染物浓度的实际值来校核(表 13.7)。这证明了模拟模型能够被用来预测回用和系统改变的影响。

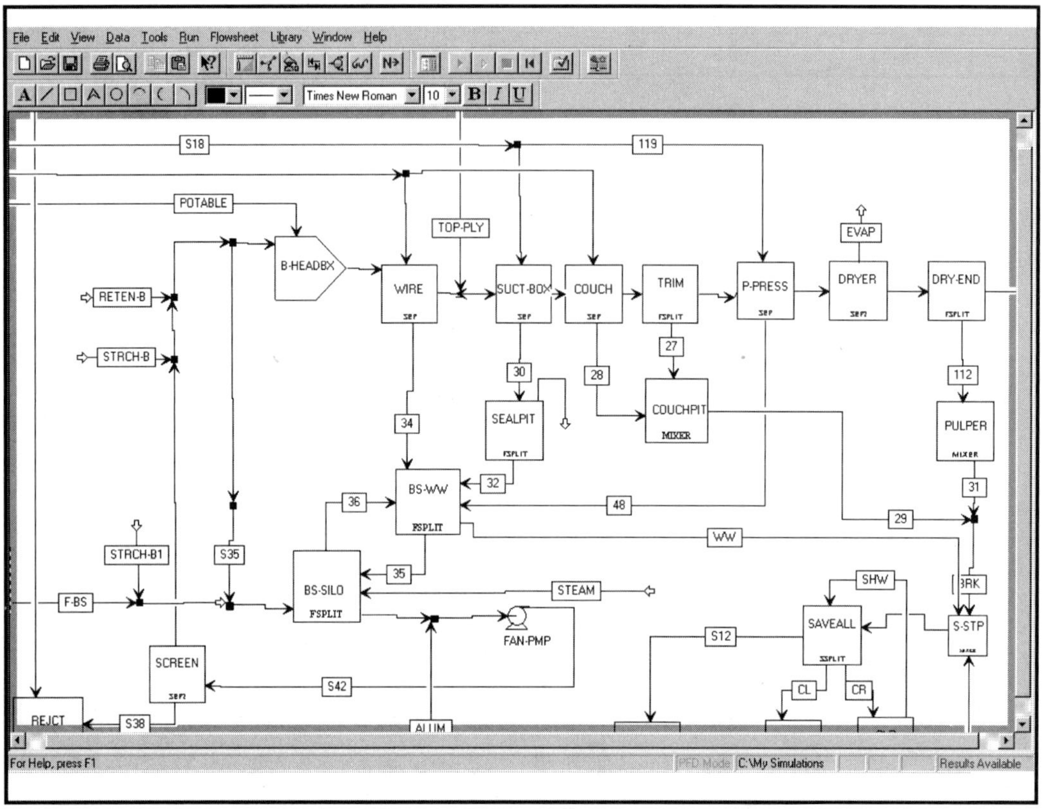

图 13.5 造纸厂的稳态模拟

模拟基本情况验证 **表 13.7**

接收箱测量数据				
成分	单位	平均数	SD	模拟数据
钠(Na)	ppm	540.0	26.5	545.0
钙(Ca)	ppm	483.3	23.1	450.0
镁(Mg)	ppm	25.3	1.5	26.0
钾(K)	ppm	41.7	3.1	42.0
铝(Al)	ppm	2.5	2.3	4.0
二氧化硅(SiO_2)	ppm	30.7	3.1	31.0
钡(Ba)	ppm	0.2	0.1	0.3
锰(Mn)	ppm	1.9	0.2	2.0
氯化物(Cl)	ppm	111.7	24.7	115.0
硫酸盐(SO_4)	ppm	1466.7	115.5	1400.0
TSS(%)	ppm	0.72	0.11	0.75
提取物	ppm	18.0	16.5	10.0

续表

接收箱测量数据				
成分	单位	平均数	SD	模拟数据
TOC	ppm	3500.0	300.0	3580.0
pH	pH	5.3	0.17	5.4
温度	℉			135
$CaCO_3$(固体)	ppm			0.0
$CaSO_4$(固体)	ppm			0.0

13.4.2.1 清洁白水的重复使用

表 13.8 列出了澄清白水重复使用于水箱淋洒装置和市政废水重复使用(用于接收箱淋洒装置和稀释化学品)同原来情况的模拟数据。基于模拟结果，如果实施了一项改进的话，就不会产生不良的效果(结垢、腐蚀、产品质量等)，水的化学成分不会显著改变——有机成分会略微增加但增加很小。

基于腐蚀物质和工厂白水系统金属(设备主要由不锈钢结构组成)的目前情况和设计水平，我们不认为因为循环程度的增加会出现任何腐蚀问题。当设备材料使用低碳钢、铝或铸铁这些物质制造时，腐蚀就会很严重。

水重复使用选项的模拟及预测造纸机接收箱中的水化学成分　　表 13.8

成分	单位	模拟基本情况	接收箱淋浴装置重复使用澄清	重复使用市政出水
钠(Na)	ppm	545.0	560.0	550.0
钙(Ca)	ppm	450.0	470.0	453.0
镁(Mg)	ppm	26.0	26.0	27.0
钾(K)	ppm	42.0	42.0	44.0
铝(Al)	ppm	4.0	4.0	4.0
二氧化硅(SiO_2)	ppm	31.0	32.0	33.0
钡(Ba)	ppm	0.3	0.3	0.3
锰(Mn)	ppm	2.0	3.0	2.0
氯化物(Cl)	ppm	115.0	125	119.0
硫酸盐(SO_4)	ppm	1400.0	1450	1420.0
TSS(%)	ppm	0.75	0.75	0.75
提取物	ppm	10.0	10.0	10.0
TOC	ppm	3580.0	3601.0	3589.0
pH	ppm	5.4	5.3	5.4
温度	℉	135	138	135
$CaCO_3$(固体)	ppm	0.0	0.0	0.0
$CaSO_4$(固体)	ppm	0.0	0.0	0.0

13.4.2.2 市政出水重复使用

人们评估了市政出水作为锅炉和冷却塔补充水的替代水源的可能性。蒸汽系统由两个锅炉(275PSIG)组成，目前锅炉进水预处理系统由活性炭过滤器、钠沸石软化剂和反渗透(RO)系统组成。将氯净化剂加入到活性炭过滤器和软化剂之间，在反渗透(RO)单元前加入阻垢剂。经过一次冷却循环的城市饮用水被用作冷却塔补充水。因为系统的连续流动，所以浓度循环的次数在变化，但平均数为1.8。

在选择市政出水作为冷却塔或锅炉的补充水前，必须评价涉及的相关污染物、它们对运行的可能影响(Rao 1995)并且回答下列的普遍性问题：

(1) 回用水会产生矿物沉淀物吗？它的结垢趋势如何？

(2) 回用水会腐蚀系统吗？它的腐蚀性如何？

(3) 会导致无法控制的微生物生长吗？

(4) 水源的水质可靠且稳定吗？可靠性如何？

(5) 涉及到任何特殊设备吗？

可以断定被提议作为工厂替代水源的是水质很好的废水，这样的废水在应用系统中适合替代所有的城市给水并且可以应用于造纸系统中。美国食品及药物管理局同意市政废水用于造纸过程是必须的，并且通常取决于等级及末端使用，这一问题目前正在研究。市政出水替代城市给水的影响在接下来的部分讨论。试运行将进一步核实结论、评定系统的可操作性并确定化学处理流程和化学品的投加量。

13.4.2.3 结垢趋势

水中矿物沉淀物的形成和结垢趋势主要受以下离子浓度的影响：H^+、钙和镁(硬度)、碳酸盐和重碳酸盐(碱度)、硅酸盐和正磷酸盐。用处理的市政出水替代城市给水引起所有这些污染物在浓度上有较小的变化。我们希望今后提供的水的pH值能够从8.2左右减少到7.1左右。pH值下降一个单位是一个重大的改变，而且不会对结垢形成不良影响。事实上，pH值为7的水结垢要少于pH值为8的水。城市给水目前的硬度范围以$CaCO_3$计是120ppm至180ppm，市政出水替代城市给水后这种情况不会改变，因此，这些水就会维持同样的结垢趋势并且矿物沉淀物的趋势也没有变化。

碳酸盐和重碳酸盐在水中形成碳酸钙垢的过程中起着重要的作用。通常，以水中碱度的增加作为结垢的指标。幸运的是，提供的替代水(市政出水)的碱度比目前提供的城市给水的要低，水中参数的这种变化将不会导致结垢的形成。

我们通常关心的是市政废水中较高的正磷酸盐含量。市政废水通常只含0.6ppm的正磷酸盐，这一数值比目前城市给水的浓度要高但仍然没有高到成为关心的理由，应该避免正磷酸盐浓度在pH为8.5时高于1ppm。高浓度的磷酸盐能够通过加入聚合物分散剂来处理。

13.4.2.4 腐蚀性

水的腐蚀性受以下离子和物质浓度的影响：氯化物、总可溶解离子(TDS)、H^+

(pH)、钙和镁(硬度)、氨和腐蚀抑制剂。

在新采用的水中，虽然氯化物浓度增加高达26～99ppm，但并不是一件令人担忧的事情。依据系统的合金(低劣的不锈钢)和操作条件(循环压力、高温)，氯化物浓度在200ppm时会引起腐蚀问题。适当抑制碳钢系统能够轻松地承受超过800ppm的氯化物浓度。除氯化物增加外，水的传导性的提高也能够增加水的腐蚀性。虽然水源的改变会导致传导性的增加，但系统的传导性仍维持在可接受的限度内。今后的供水的pH值预期会从8.2左右减少到7.1左右。任何不良的影响都能够通过加入适当的腐蚀抑制剂来控制。

众所周知，市政废水的氨含量通常较高，幸运的是，这里讨论的废水不遵循一般的趋势并且几乎不释放氨(<0.1ppm)。在这些浓度中不需要担心氨对铜合金的腐蚀。为了预防氨浓度可能出现的问题，建议在含有氨的系统中加入黄色金属腐蚀抑制剂。

13.4.2.5 微生物结垢的可能

水中微生物结垢的可能受可利用的营养物的影响。磷酸盐、氨和总有机碳(TOC)都可以看作是微生物的营养物。市政出水中磷酸盐和氨的水平较低，不会造成微生物威胁。引入的TOC水平从2ppm增加到20ppm会是一个重要的改变，冷却塔是在两个浓度循环下运转的。理论上希望在再循环水中TOC水平不应该超过40ppm。该浓度水平的TOC能够通过适当地运用目前使用的生物杀灭剂来处理。在冷却塔中因为有机负荷较高，投药量可能会增加。

13.4.2.6 水质的一致性

目前提供给工厂的城市给水取自于只进行了简单处理的稳定天然含水层。一般来说，这样的水水质较稳定而且在入水的水质控制上也不是很严格。建议的新水源取自于一座多级污水处理厂。虽然这些水满足了特定的水质参数，但使用处理水作水源，比使用天然水源导致流程混乱的可能性要大得多。应该加强市政出水的水质检测，建议每天分析水质，以下列出了监控的参数：

(1) 氨

(2) 正磷酸盐

(3) 总有机碳TOC

(4) 钙硬度

(5) 电导率

13.5 结论

激发人们进行水资源管理的主要因素是有限的水资源和环境保护规定约束的加剧，从而导致用水成本增加。用水最少化的基本目标是在维持适当的运转和环境标准的情况下，以经济有效的方式为工厂生产过程提供所需的水量和水质。对重复用水的问题和挑战的回顾，证明了其复杂性并且指出了需要一种系统方法。

一个好的系统方法考虑所有场地特有的参数，开发和从经济、技术的优点方面验证水回用及循环使用的选项。需要一个全面的工厂审计，以收集所有的资料以阐明场地特有的挑战并设计可行的水保护、回用和循环使用的选项。为了开发一种专用、最佳的水资源管理流程图，下一步要做的就是使用计算机模型和/或小规模试验来评估设计。

13.6 参考文献

Boyson, S. (1999) Water management with mechanical seals. Tappi J. 82(6), 97-102.

Eble, K. S. and Feathers, J. (1992) Process water reuse. 1. Characterization of streams first step in reuse scheme. Oil Gas J. 90(38), 86, 88-92.

Linnhoff, B. and Hindmarsh, E. (1983) The pinch design method of heat exchanger networks. Chem. Eng. Sci, 38(5), 745-763.

Mann, J. G. and Liu, Y. A. (1999) Industrial water reuse and wastewater minimization. McGraw-Hill.

Myers, C. W. and Davé, B. B. (1995) A systematic approach for water recycle system design. In: Proc. NACE Corrosion95, Orlando, Florida, pp. 323/1-323/11.

Rao, N. M. (1996). Reuse of reclaimed municipal waste water as cooling water makeup: challenges and solutions. CTI Journal, 17(1), 10-16.

Somers J., DeSoto P. and Foster C. (1997) A comprehensive approach to maximizing papermachine productivity in a "closed water" system. In: Proc. TAPPI. Env. Conf. Minneapolis, MN, May 5-7, Book 2, 687-691.

Wang Y. P. and Smith R. (1994) Wastewater Minimisation. Chem. Eng. Sci, 49(7), 981-1006.

14
一种用于饮用水生产和分配的环境影响评价专用软件工具

Dieuwke K. Voorhoeve and Ronald Hopman

14.1 绪论

现在的“水系统”是在很长的时间中发展起来的。在建立这个系统时，它的可持续性并没有被当作一个大问题来关注。当初假设水资源是充足的，而水资源的开发利用系统给环境带来的影响也被认为是不重要的。现在看来，这些假设不再正确。在荷兰，政府制定了增强产品及生产过程可持续性的指导性政策。因此，同产品或生产过程有关的公司具备环境性能洞察力是十分必要的。这个政策的影响也应该通报给供水部门。除了政府的政策之外，水务公司同样想知道他们的环境性能表现，以强化“绿色”形象，并且在以环境作为基准的评价中提升他们在所有水务公司中的位置。1993 年，荷兰政府指定了 21 座水厂为环保企业，因其充分考虑到了企业与环境的关系。水厂(在荷兰，水厂只负责生产饮用水，而不进行污水处理)对这方面的态度也非常认真，并表明他们的目标是在 1997 年之前在所有的公司执行环境管理体系(EMS，ISO 14001)(这个目标直到 2001 年底仍未完全达到)。此外，水务公司为了更好地进行研究，成立了一个名为“水处理的环境问题”的工作小组，他们将寻求一种合适的手段来评估水厂对环境的影响。他们的目标是利用一种现有的或是新开发的工具，建立一种“环境温度计”。利用这种“温度计”，水务公司可以掌握(在饮用水生产过程中)水厂对环境的影响情况，并实施有效的改进措施以降低对环境的负面影响。在探求“环境温度计”的过程中，出现了许多工具和手段(Koreman *et al*. 1996)。结论之一是：并不存在一种最理想的环境影响评估办法。对这些工具和手段详细研究后得出的结论是“生命周期评估方法(LCA)”对水工业是最好的选择。所以就需要向水务公司介绍“生命周期评价方法(LCA)”。

14.2 LCA（生命周期评价方法）

14.2.1 定义

"生命周期评价方法"是一种可以汇编和评价一个生产系统的整个生命周期过程中的输入值、输出值及其对环境的潜在影响的工具（Heijungs 1992）。迄今为止，LCA 主要用于改进产品。Kiwa N. V. 进行了将 LCA 方法论用于生产过程的可行性研究，他的结论是，即使这种方法并不完美，但是迄今为止，它还是描述饮用水公司的生产过程环境性能表现的最好方法。根据 LCA 方法，饮用水公司能够采取更经济有效的措施：可以通过更换化学药剂/降低能耗来改进现有工艺，也可以通过改变整个生产步骤来实现。对于产品和生产过程，LCA 的目的都是对从原料获取、加工、输配、使用到最终处置过程中对环境造成的影响进行量化。

因此，这种技术被通俗地叫做"从摇篮到坟墓的分析"，需要对所有的工艺过程仔细研究。这就是 LCA 方法为什么会成为处理工业重要工具的原因，如应用于水的处理过程。"摇篮"可能是提供原水的河流或地下水，"坟墓"可能又是地表水，即经过净化、使用和处理后的水的最后去处。水厂和污水处理厂是整个流程的重要组成部分。LCA 方法也是一种对研究循环利用的效益很有用的工具，是"废物最小化"的重要技术之一。

14.2.2 LCA 方法的步骤

LCA 方法有如下两个主要步骤：

- 描述一种产品的寿命中，将要排放的污染物和产品所需的原料，这一步通常叫作列出清单的步骤。
- 评估排放物和原料的损耗对环境的影响，这一步被称为影响评估步骤。

LCA 方法的影响评估阶段的目的是利用生命周期清单分析的结果来评估潜在的环境影响的重要性。通常，这个过程包括将清单数据与特殊的环境影响联系起来，并尝试去了解那些影响。在影响评估阶段，包括以下步骤：

- 分类
- 特性描述
- 标准化
- 评估

在"分类"阶段，根据对环境的作用将影响分为不同的类别。例如，将造成温室效应的影响划为一类，将造成臭氧层损耗的影响划为一类。某些影响被分在不只一个类别中，如排放物 NO_x 就在有毒物质类、酸化类、富营养化类等多个类别中出现。

对每种类别的环境影响都进行合计，并给出得分。因为某些物质对环境的影响要比其他的大，所以只是累加物质的量而不考虑权重是不充分的。这个问题就要通过给不同物质赋予系数的方法来解决。这一步就是"特性描述"。

为了更好地了解一种影响的相对大小，需要“标准化”步骤。在这一步骤中，这些影响被一个“标准的”影响(例如一个普通人一天或一段时间内的影响)来除。通过这项工作，可以了解材料生产对任何已经存在的影响的相对大小。

“标准化”促进了对结果的洞察力的提高。然而，因为不是所有的影响被认为是同等重要的，所以无法得到最终的影响。在“评估”阶段，标准化的影响评分要乘以一个系数以表示影响的重要程度。

公司需要某种量具，以估量材料或生产过程对环境的影响。如果没有这样的工具，当一个设计师想要考虑环境问题时，就只能进行猜测了。于是，生态指示器(NOH 1993)被开发出来。生态指示器可以用一个单一的数值表示材料或生产过程带来的环境负荷。这个加权程序依据的是科学观点、主观和政治综述(Pre 2000)。

14.2.3 LCA 方法论

在环境毒物学和化学协会(SETAC)的实践标准中，将 LCA 方法分为 5 个阶段，如表 14.1 所示。

生命周期评估方法的 5 个阶段　　表 14.1

1. 计划编制	陈述目的、产品的说明及其替换物、选择系统边界、选择环境参数、选择聚集和评价方法、制定数据收集策略
2. 筛分	初步执行 LCA 方法、调整计划
3. 资料收集及处理	测量、查询、文献搜集、理论计算、资料搜集、适当的推测、清单列表计算
4. 评价	将清单内容按影响种类分类、按类别收集整理(特性描述)、标准化、为不同类别赋以权重(评价)
5. 评定改进方法	灵敏度分析、改进优先权和可行性评估

通常认为 LCA 的第一阶段是非常重要的。LCA 的最终结果很大程度上取决于这个阶段所做的决定。应用这个环境“工具”，需要广泛了解 LCA 方法论及应用步骤等知识。可见，研究 LCA 是一项复杂的、耗时的、必须需要专家来完成的任务。因此，LCA 并不适合大众应用，Kiwa Water Research 为水务公司开发出一种更为便利的工具——LCAqua® 程序软件。这个工具是为用户的实际应用定制的，基于环境的可行性和 LCA 原理做出决定，但是不必进行全面的 LCA 研究。

14.3 LCAQUA

14.3.1 LCA 方法论

为荷兰饮用水公司进行的扩展 LCA 研究，已经取得了许多有价值的成果。所有这些研究都是依据 CML 方法论(Heijungs 1992)进行的，CML 方法论也是环境毒物学和化学协会(SETAC)进行工作的理论基础，SETAC 已成为 LCA 方法论的国际性开发的领导性组织(Consoli *et al*. 1993)。然而，CML 方法不包括一个加权程序，该加权程序可以将不同的环境影响综合从而给出一个“得分”。要将该方法作为决策工具，这样的加权程序是十分必要的。一种可以集合 LCA 成果的统一方法在荷兰国家废物再利用研究计划(NOH 1993)中被开发出来，就是上文提及的生态指示器方法。这种加权程序在荷兰被广泛接受，因此它被用于为水务公司设计的 LCA 方法，而且成为 LCAqua®软件的内置程序。

最近，这个计划被调整，以同改良的生态指示器方法(99 生态指示器)相适应。这种方法包括以下损害种类(ISO 术语中的终点)：

- 对人类健康的损害
- 对生态系统质量的损害
- 对资源的损害

14.3.2 LCAqua 的功能

在 LCAqua®程序软件中，有关 LCA 的难度最大、最耗时的部分是标准化，要弄清哪些输入——流程、材料、能量——应该在评估时予以考虑。

在水务公司以前 LCA 的固有经验结论基础上，LCAqua®的使用者制定了操作指南，使得他们侧重于可能对 LCA 的结论造成重大影响的流程或材料。

例如，使用活性炭脱色、退色和吸附有机物的环境影响主要决定于活性炭的用量，运行时间，再生频率和生产炭的方式等。LCAqua®的使用者需要提供这些方面的详细资料信息。

随后，相关信息被自动转换为适合于根据 LCA 方法论进行计算的形式，并自动输入和储存在资料库中，成为程序核心的一部分。通过整合这些软件中的重要信息，用户能够通过选择对于研究十分重要的流程和材料，建立自己将要分析的系统。

14.3.3 程序软件介绍

程序包括一个输入部分，使用者可以通过选择流程和填写水量建立程序树(见图 14.1

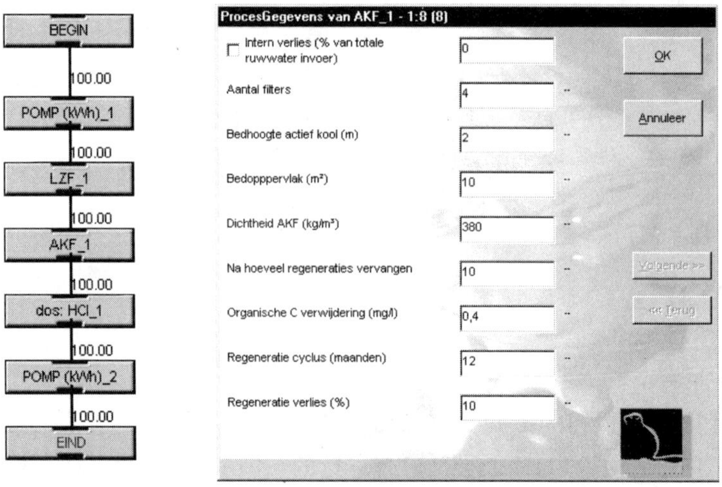

图 14.1 程序树及活性炭参数

举例)。流程的每个细节都需要填写，如某化学药品的具体重量(kg)、耗电量(kWh)等。计算之后，可以以表格或图解的形式得到结果(图 14.2)。

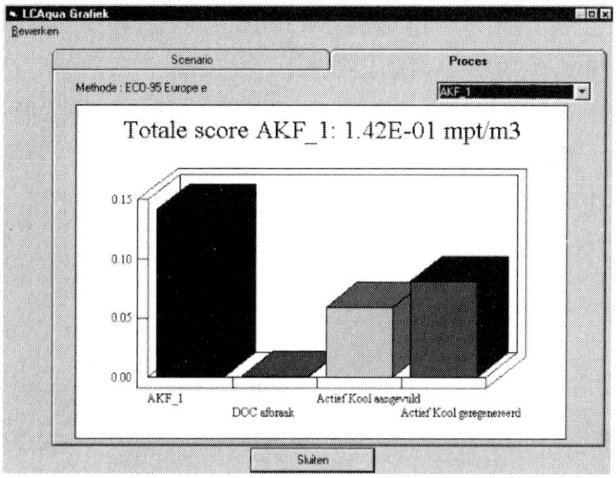

图 14.2 LCAqua 以每立方米饮用水的千分生态点(mili Ecopoints)表达的结果(mpt/m^3)。这个图表显示了活性炭过滤(AKF)工艺的结果，总得分，以及由于 DOC 下降造成的 CO_2 的排放，新活性炭和再生活性炭。

输出的结果还可以被复制粘贴到任何其他软件系统中(图 14.3)。结果可以用性能、规格、计权或评估值等方式表达。在预览图表中，变化所产生的结果能够迅速显示出来。

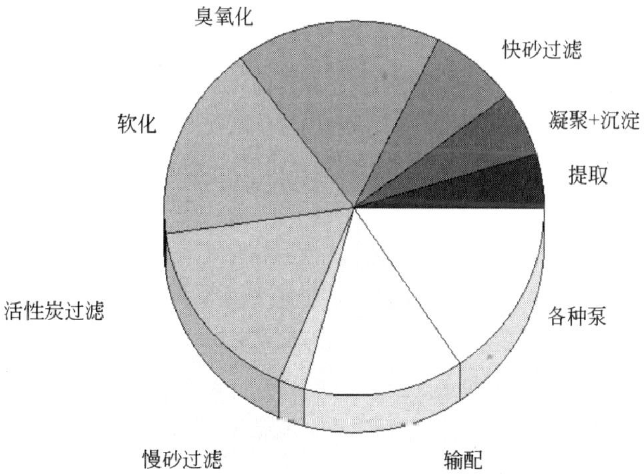

图 14.3 LCAqua®结果举例，以 MS Excel 图表形式表达：水的生产和输配过程的环境影响。在饮用水生产过程中使用的化学药品和添加剂对环境的影响，同使用剂量及生产方式有关。考虑到这个问题，特别的软化剂和活性炭可以明显减轻生产和输配饮用水给环境带来的负担，正如图表所示。这个过程包括直接或间接的能量消耗。所有的环境影响都通过生态点表示，并用一个数字来说明结果。这样，在总的环境负担中，不同工艺造成的影响就可以表示出来。

14.3.4 LCAqua 软件应用

自从有了 LCAqua®，越来越多的荷兰水务公司通过使用这个工具来制定更加可靠的环境方针和策略。确定他们的生产过程和水的输配过程的环境影响有利于采取有效的措施，从化学药品的替换到替换整个生产步骤等。

荷兰水务公司应用 LCA/LCAqua®是多种多样的。首先，技术过程的混乱可以在流程中被发现，生产过程可以通过变换参数而改进，如化学药品、泵及能源种类等。图 14.4 以不同类型的集中软化和分散软化举例说明了这个问题。

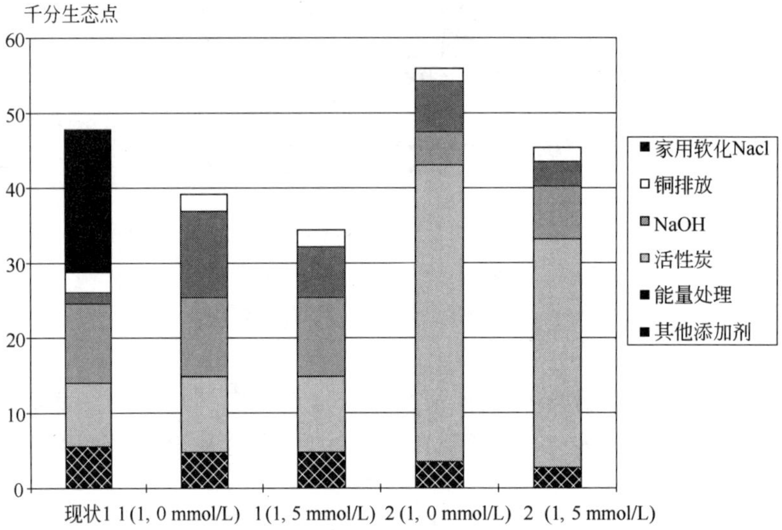

图 14.4 测试了 3 种不同的软化情况的环境影响。左边的柱状图表示现状：没有集中软化，但是使用离子交换剂。接下来的 4 个柱状图表示利用球状软化剂进行集中软化的情况(1)，或利用膜(2)。通过 LCAqua 分析可清晰显示，球状软化给环境造成的负担最小。

其次，这种方法有助于做出投资决策，当选择水处理方法时，可以选出“最高分”的情况。图 14.5 比较了 4 种水生产过程的情况，它们利用了不同的处理步骤，但是可以达到相同的出水水质。我们可以很容易看到它们环境影响方面的不同。由于耗能高，深度渗透的步骤对环境的影响最大。当使用可持续的能源时，该工艺的收益很多。

第三，水务公司通过环境管理体系(EMS)减轻了给环境造成的负担，也可以被量化。这就意味着，它有助于确定 EMS 中的各环境目标的制定理由及其优先次序；有助于在完成目标时，对生产过程进行详细的弱点分析；而且它自身可以被当作一种环境性能指示器(EPI)，或者去发现有用的 EPI。

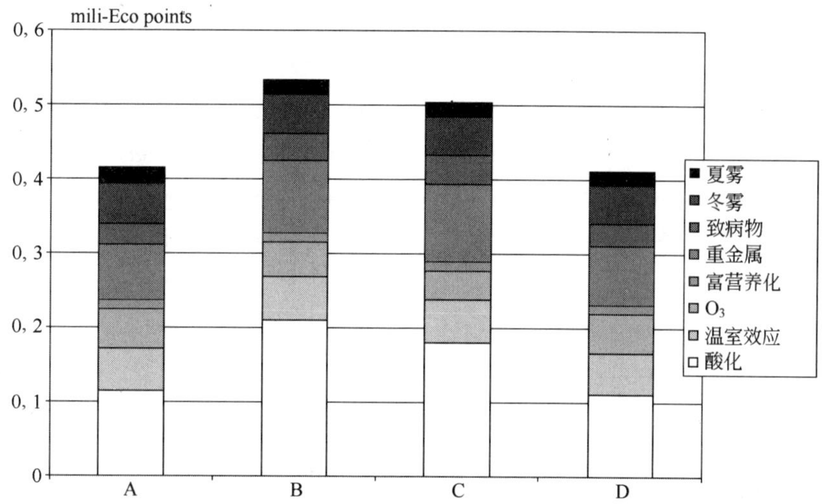

图 14.5 这个图表比较了 4 种饮用水生产过程造成的环境负担，它们利用不同的过滤方法(A 利用活性炭过滤结合慢滤，B 和 C 利用深度渗透，D 利用多层过滤)。在同一情况下，所有过程的环境点被累加。通过这种方法，只要所有方案的系统边界条件相同，我们可以很容易看出不同方案造成的不同环境负担。

14.4 参考文献

Heijungs，L.，(1992)；'Milieugerichte Levenscyclusanalyses van Producten，Ⅰ：Handleiding，Ⅱ：Achtergronden'，NOH，Centrum voor Milieukunde，Leiden.

NOH 9407(1993)；'ECO-indicator Development decision support tool in product development：phase 1-orientation'，november.

NOH 9510，9514，9514A；'De ECO-indicator 95. Methode voor het wegen van milieu-effecten die ecosystemen en de menselijke gezondheid aantasten op Europese schaal. Handleiding voor ontwerpers'，ISBN 90-72130-78-2；'Eindrapport'，ISBN 90-72130-77-4；'Bijlagen-rapport'，ISBN 90-72130-76-6.

Society of Environmental Toxicology and Chemistry (SETAC)：F. Consoli，S. Paper，D. Allen，I. Boustead，J. Fava，R. F. Weston，W. Franklin，A. A. Jensen，N. de Oude，R. Parrish，R. Perriman，D. Postlethwaite，B. Quay，

J. Séguin，B. Vigon (1993) SETAC Guidelines for Life-Cycle Assessment：A "Code of Practice"，UK.

D. K. Voorhoeve，A. H. J. de Jonge，E. A. Koreman，(1998) Milieueffecten oppervlakte-waterscenario's pompstation de Punt，KOA 98.167，Kiwa N. V. Nieuwegein.

E. A. Koreman，L. H. Schouten，R. F. van Nieuwenhuyze，(1996)，Milieeuaspecten van de zuivering, milieugerichte levenscuclusanalyse blijkt goed meetinstrument, SWI 95. 181, Kiwa NV Nieuwegein.

E. A. Koreman, L. H. Schouten, R. F. van Nieuwenhuyze, (1995) De milieugerichte levenscyclusanalyse toegepast op drinkwaterproductieprocessen, verkenningen gr ondwater-en oppervlaktewaterzuivering, SWI 95. 176, Kiwa N. V. Nieuwegein.

D. K. Voorhoeve, E. A. Koreman, (2000), bijdrage aan Handboek water in de industrie: Effectiviteit van milieumaatregelen (VI. 12), Ten Hagen Stam, Den Haag.

Source: URL: http: //www. pre. nl.

Source URL: http//www. kiwa. nl.

15
通过放射本能分析量化技术的可持续性

Jo Dewulf and Herman Van Langenhove

15.1 绪论：可持续性和技术

术语“可持续性”有几个定义。现在，布伦特兰(Brundlandt)于 1987 年给出的定义被广泛接受：“可持续发展是既满足当代人的需求又不危及后代人满足其需求的社会发展”。由这个定义可知，可持续性发展只有通过多学科方法的结合才能完成。这个定义给哲学、经济学、政治学、社会学及自然科学提出了很多问题。

在可持续性发展中，技术发挥很重要的作用。技术可以为社会制造产品、提供服务，满足社会的基本要求和高层次需要。这样，就发生了许多物料交换，如图 15.1。技术(或技术领域)从生态圈中选取资源，生产出产品并排出污染物。社会因消费而产生污染物的排放。只有物料交换和交换速率满足了很多标准，技术才能以可持续的方式运行。

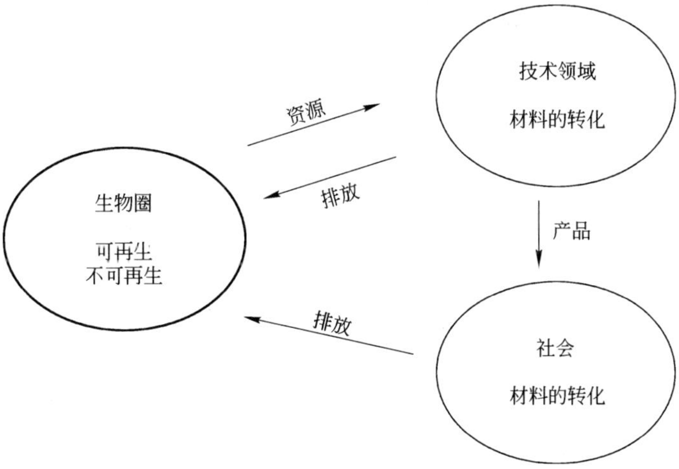

图 15.1　生态圈、技术领域和社会间的物料交换

为了提高技术的可持续性，人们在 20 世纪 90 年代提出了许多概念。本质上，它们都涉及改变物料交换。在清洁技术方面，Clift 在 1995 年指出，应该重新考虑处理工艺，包括改变材料的输入及输出。这远远超出了简单地引入管道末端处理技术(净化技术)。通过重新考虑，我们发现清洁技术具有良好的环境及经济性能。1996 年，Graedel 和 Allenby 把工业系统比喻成自然生态系统(如图 15.2)。为了使工业系统更具可持续性，他们应从线性流程，没有原料回用的类型Ⅰ向类型Ⅲ转换。在类型Ⅲ中，产品和废物不再有区别：所有排出的废物同时成为资源输入，惟一需要输入的只有太阳能。

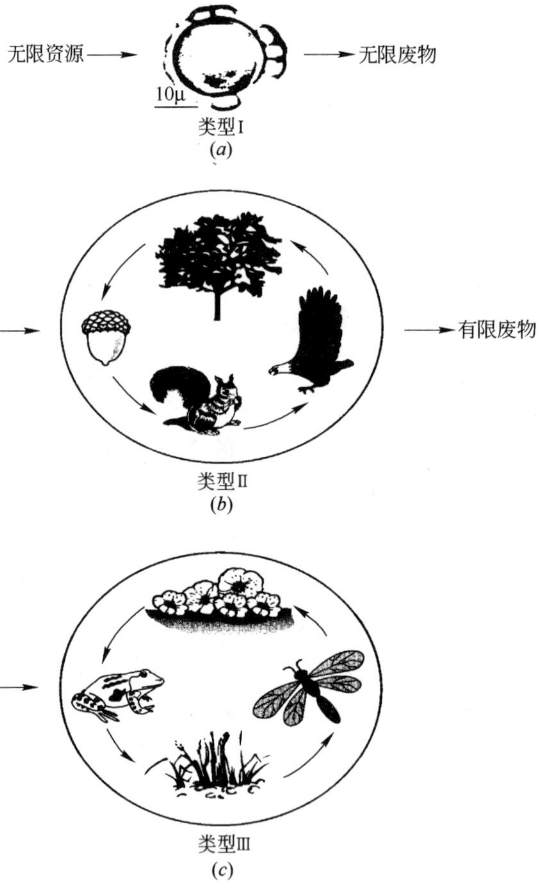

图 15.2 自然生态系统作为工业系统的模板：(*a*)生态学“类型Ⅰ”中的线性物料流程；(*b*)生态学“类型Ⅱ”中的拟循环物料流程；(*c*)生态学“类型Ⅲ”中的循环物料流程(Graedel and Allenby 1996)。

另外一个使物料交换更具可持续性的方法，特别对于化学工业，是由 Anastas 和 Warner 于 1998 年提出的绿色化学法。

定量估计不同技术选项的可持续性并不是简单直接的。基于从摇篮到坟墓的原理，LCA(生命周期评估方法)可能是目前评定不同技术选项可持续性的最好工具。LCA 由目标和范围的定义、详细目录分析、影响评估及阐述说明组成(Klöpffer 1997；Ryding

1999；ISO 1997）。LCA 中的关键点是在影响评估阶段。在此阶段，对资源损耗、人类毒害及生态毒害的影响必须进行量化。所有这些影响是在特定范围内用典型的单位测量的。在一项全球评估中，为了得到最终的评估结果，必须在相互间定量平衡。在现今的 LCA 方法论中，这种平衡是一个相当主观的、武断的步骤。这个缺点在图 15.3 中以生态指示器 99 方法论来说明。影响种类被压缩到主要的三大类：对能源有害、对人类健康有害以及对生态系统质量有害，并由这三类因素带来了权重问题。最终分析结果依赖于为这三类因素选择的权重因数。

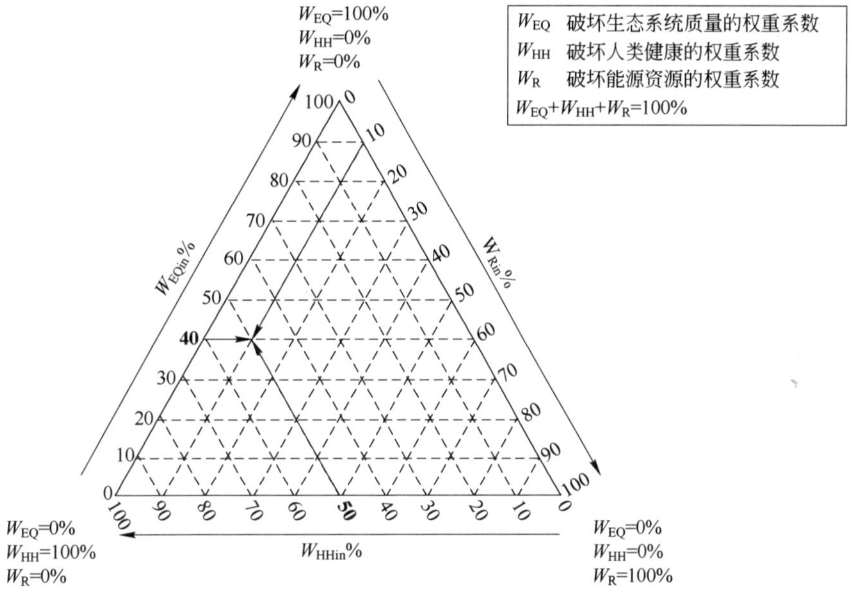

图 15.3　这个是在典型的 LCA 分析中影响评估阶段的混合三角形，展现了对生态系统质量、人类健康以及能源损耗的损害程度(Pré Consultants 2000)。

下面的章节讲述了通过客观的放射本能分析方法量化技术的可持续性的研究结果。首先，将解释放射本能概念的背景。其次，将说明放射本能是通过什么途径进行技术的可持续性评估。最后，将举例说明并讨论这种方法的前景。

15.2　放射本能

放射本能的概念基于热力学第二定律。热力学第一定律指出，能量既不会消失也不会产生，第二定律表述了由于熵的产生，导致了在实际流程中，原本可以被转化到工作中的能量的损失。这个“可用的能量”称为放射本能或可用性(Kotas 1985；Szargut *et al*. 1988；Moran 1989；Cengel and Boles 1994；Gaggioli 1999)。尽管一个流程输入和输出的能量是相等的，该流程全部输出(产品和排放物)的放射本能总和要低于全部输入(资源)的放射本能总和。这个分析过程使我们可以在给定总量输入(资源)的情况下，量化有用的输出(产品)。这个分析可以用于一个完整的产品链，全部输入被累加为累积的放射本能消费量(CExC)。例如，为了生产出 1kg 具有 32.93MJ/kg 放射本能容量的铝，需要 250.19MJ 原料和燃料，用于资源萃取、运输及生产制造(Szargut *et al*. 1988)。

由生命周期的热力学分析可知，由于熵的产生而造成了放射本能的累积损失。从生态圈释放的高放射本能的材料开始，技术领域降低了放射本能的含量。这种放射本能方法为所有类型的能量携带者及材料，提供了一个单位相同(焦耳)的定量分析基础。对所有不同类型的材料，包括资源、产品、非产品(废物)以及技术运行效率，均可在相同的度量范围内做出评判。

15.3 放射本能和可持续性：原理

图 15.4 给出了一个实际的物料交换表述。最佳的系统是基于完全可再生资源和一个排出如二氧化碳、水等产品作为终产物的物料循环的技术领域/社会。这个系统由太阳的放射本能驱动。这就意味着，将不再使用不可再生资源，而且将不再产生威胁生态系统和人类健康的废物。满足这些条件后，物料交换的方式将不再危及后代人满足其需求的可能性。然而，现在的技术领域和社会(如图 15.4)不仅由太阳的放射本能驱动，而是也通过不可再生资源的输入。同时，许多排放物，如从矿产资源和有毒物质产生的二氧化碳，并不能使物料循环封闭。

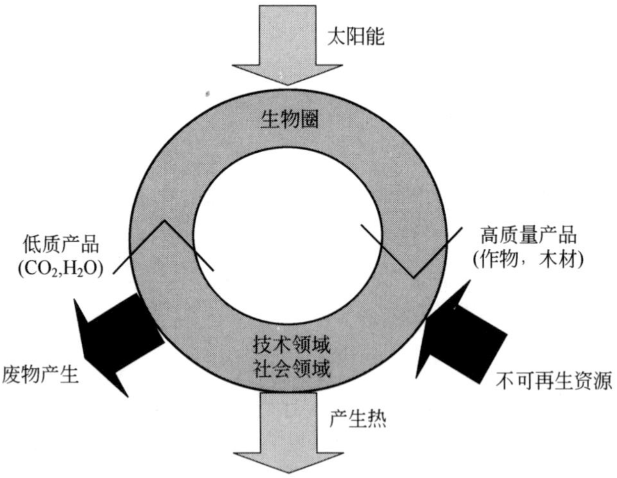

图 15.4 同时由太阳能和不可再生能源驱动的技术领域及社会的结果

只有在很多由不同类型学科阐明的边界条件被满足的情况下才能保证可持续性发展。由前面段落可知，由于可影响到自然资源的生产，技术方面明显有两个直接边界条件将被提及：生产货物的资源需求可能不会在生态圈中完成，技术领域/社会的排放物可能不会危及生态系统。通过这种方法，明显可知一种可持续的技术必须尽可能高效。高效率可以减少输入资源的需求总量，并减少排放物的产生。因此，效率问题可以被看成可持续技术的第三个非直接的条件。

第一个可持续性条件需要对生态系统中可用资源的不同特性进行详细考察。首先，矿物资源是可用的，如金属矿石、矿物油。它们至少需要上百万年才能形成，是不可再生的。其次，那些由生态圈在一定时间年限内产出的资源，被称为可再生资源。蔬菜产品可被看成可再生资源。然而，在集约型农业生产这些“可再生”资源时，要使用许多不可再生资源，如拖拉机使用汽油、生产营养物质和杀虫剂也要使用不可再生资源。所以，农业产品不再是100%的利用可再生资源而获得。所有技术工艺一方面是利用太阳能——惟一的基本的可再生资源，一方面是利用矿物资源，因此必须重新考虑其输入流程。在生产过程中使用的所有资源，都应追溯到它们的太阳能输入，无机的矿物及化石有机物。

可持续性技术领域的第二个条件是防止排放妨碍生态过程和危及人类健康的污染物。只有排放的化合物是生态系统中常见的，如水、二氧化碳、氧气等，并且可以在合理的时间内被生态系统消化才能满足该条件。必须避免排放有害产品如氟氯烃、二恶英。事实上，生态系统对这些化合物的消化能力是非常有限的。然而，为了满足第二个条件，仅有这个先决条件仍然可能是不能满足的：“有害”化合物的高排放率会扰乱生态圈(如 CO_2)。

图 15.5 体现了生态系统与技术领域/社会之间的物料交换。所有材料以焦耳/单位时间表示。第一个决定性参数是资源提取速率 R_{cons}。这个提取速率决不能超过资源生产速

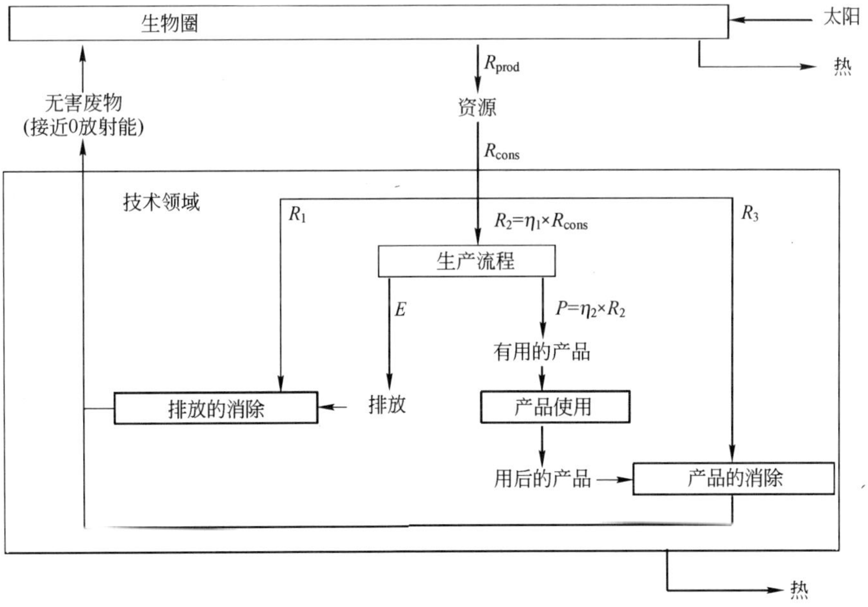

图 15.5 以放射本能表达物料交换。R_{prod}：生态系统的生产率；R_{cons}：技术领域的消耗率；R_1：消除生产过程排放物的消耗量；R_2：生产消耗量；R_3：产品使用后消除排放物的消耗量；P：产品；E：生产中的排放(Dewulf *et al.* 2000)。

率 R_{prod}。这由一个可再生能力参数 α 表示，定义为可再生的放射本能消耗量相对于总的放射本能消耗量的比例。参数 α 可作为技术可持续性的第一个条件的指示标志。

可持续性技术必须满足第二个条件：在技术应用过程中不能产生有害的排放物。所有消耗的资源必须包括生产产品需要的放射本能(R_2)，还有消除生产中(R_1)和产品销毁阶段(R_3)的有害排放物需要的放射本能。这里可以定义两个效率参数。环境参数 η_1 指示了生产过程自身(R_2)的资源需求占全部资源消耗总量(R_{cons})的比率，包括 R_1 和 R_3 所用的资源。如果生产过程环境参数 $\eta_1=1$，则消除有害排放物需要的放射本能 R_1 和 R_3 为 0。第二个条件并不意味着处理后的排放化合物没有放射本能容量：这不总是必须的。排放物必须利用放射本能输入 R_1 和 R_3 进行处理，所以它们可以被生态系统消化，或至少不会影响生态圈的资源生产能力。

紧随制造业的环境参数 η_1，生产过程的效率 η_2 也是表达可持续性的重要参数：如果一个生产过程利用有限的放射本能资源 R_2 能生产出更多的产品 P，η_2 将增加。资源 R_2 和 P 之间的不同是生产过程中的排放物 E 和产生的不可逆性 I_p 造成的。E 表示生产流程中无用的放射本能排放率(GJ/a)，而 P 表示有用产品的放射本能生产率(GJ/a)。

从前面两段定量明确可持续性的两个边界条件可以推论，如果摄取资源的速度不比生态圈生产资源($\alpha=1$)的速度快，所有摄取的资源完全转化成产品并输送给社会，而且不对生态产生危害($\eta=1$)，则可以获得技术领域可持续性的最高水平。基于这个观点，可以定义可持续性系数 S：$S=(\alpha+\eta)/2$。

系数 α 和 η 越大，技术领域可持续性越全面。如果 α 和 η 都等于 1，则 $S=1$。在最大背离可持续性($\alpha=\eta=0$)的情况下，则使 $S=0$。

15.4 放射本能和可持续性：应用

通过放射本能分析进行技术评估的方法，已经被应用于酒精生产和废气处理(Dewulf *et al*. 2000；2001)。

15.4.1 酒精生产

酒精是一种用途广泛的化学品，在工业生产中，是由矿物资源经裂化成乙烯，再经水合作用成酒精，农业和发酵作用的结合也可生产出酒精。Mulder(1999)评价了几种生产酒精的技术方法的放射本能效率。首先，他考察了由矿产资源生产酒精和由农业及发酵生产酒精的方法。然后，他考察了通过光电池和电解氢生产酒精的过程。该方法在第二个步骤合成酒精，是由氢和二氧化碳开始，后者是从发电站的废气中获取的。最基本的思路是提高最终产品中可再生资源(太阳能)的含量，尽可能地闭合物料循环。在农业中，基本的资源是水和二氧化碳，依靠太阳能转变成高质量的产品(光合作用)。这些产品再分解为最初的低质量产品，CO_2 和 H_2O，并闭合物料循环。

在生命周期中，生产 1kg 具有放射本能含量 $P=29.5$ MJ 的酒精，累积需要放射本能

$R_2=60.13$MJ。要使酒精的生产不危害环境，就要对生产过程和废品中产生的“有害”废物进行处理，这需要依靠 R_1 和 R_3 的输入来完成。输入的不可再生燃料，会转化成 CO_2 和 H_2O，使大气中 CO_2 浓度增大，从而带来环境问题。减少 CO_2影响的一个首要选项，是将其储存到地下的废油和废气矿井中。通过这种方法，对气候改变的影响也可以暂时避免。因此，CO_2 必须从烟气中再生，然后用泵送入地下。再生可以通过甲醇胺吸附和解吸来完成，随后用泵送入地下 80 个大气压处。经由乙烯生产和消耗 EtOH 导致 0.97kgCO_2/kgEtOH。

考虑消除污染物需要的放射本能，需要 $R_1=9.5$MJ/kg 和 $R_3=11.2$MJ/kg 生产和消耗的 EtOH。

农业和发酵方法制酒精主要依靠太阳能。然而，这种方法也需要矿物资源和燃料来生产营养素和杀虫剂，农用机械和发酵设备也需要耗用能源。此外，这种生产方法还会产出麦杆(农业)、麸子和糕饼(发酵)等有用的产品。在农业生产阶段所用资源，必须同酒精及其他有用产品成比例。已知生产酒精，需要输入 $R_2=13375$GJ/(hm^2 • a)，可产出 92GJ 酒精/(hm^2 • a)。产品的消除放射本能 R_3 为零，因为它们转化回 CO_2 和 H_2O，闭合了物料循环。在淀粉转化为酒精过程中排放的 CO_2 也不必进行处理，因为它闭合了碳的循环。但是，在农业生产阶段和发酵过程中，使用了不可再生资源。在小麦生产中，提供机械动力需要使用柴油机燃料，生产营养物质和杀虫剂需要矿产资源，这就导致了排放 1064kg CO_2/hm^2。另外，利用天然气发电和蒸汽发酵，会导致排放 1179 kg CO_2/hm^2。这就意味着，酒精消除放射本能需要 $R_1=6.94$GJ/(hm^3 • a)。

作为第三个选项，Mulder(1999)评价了利用现有生产技术，通过太阳能电池生产酒精。这种生产途径，可以产出许多有用的产品，如乙醇、甲醇、甲烷、一氧化碳。类似于农业/发酵方法，所有的放射本能的输入应与输出成比例。另外，由于输入不可再生资源而排放的 CO_2 必须进行处理。由不可再生资源生产 369GJEtOH/(hm^2 • a)，排放 106.2×10^3kgCO_2/(hm^2 • a)，共需要消除放射本能 733GJ/(hm^2 • a)，导致排放的消除放射本能 $R_1=114$GJ/(hm^2 • a)。同农业/发酵法类似，消除放射本能 R_3 为零。

根据以上的理论发展和数据资料，利用化石燃料，通过农业/发酵生产酒精和以太阳能为动力生产氢，再由氢/CO_2 合成法生产酒精，两种方法的可再生能力参数 α，环境效率系数 η_1，生产效率系数 η_2，以及全面效率系数 η，在表 15.1 中列出。

酒精生产：可再生能力系数 α、环境效率 η_1、生产效率 η_2、全面效率 η 以及可持续性 S(Dewulf *et al*. 2000) **表 15.1**

生产方法	α	η_1	η_2	η	S
由化石资源合成	0.0002	0.74	0.49	0.37	0.18
农业/发酵	0.998	>0.99	0.0069	0.0069	0.50
由 H_2/ CO_2 合成，以太阳能为动力产 H_2	0.911	0.98	0.066	0.065	0.49

由于需要输入大量不可再生资源，由矿物油生产酒精是不能完全可持续的。这种生产方法的系数 α 几乎为零(α=0.0002，反映水的输入)。生产效率 η_2 较高(η_2=0.49)，但是由于它的低环境效率(CO_2 产量高)(η_1=0.74)，全面效率降低至 η=0.365。这些数据导致了所有酒精合成方法中的最小可持续性 S(S=0.183)。农业/发酵法可再生率较高(α=0.998)。因为以光合作用为基础的方法，需要处理的不可再生产品较少，故系数(η_1=0.9995)较高。另一方面，以生物学为基础的方法的生产效率是所有方法中最低的(η_2=0.00694)：在资源总量固定时，生产出的酒精较少。太阳能电池/水解法的生产效率因数 η_2(η_2=0.0658)高于农业/发酵法。结合 η_2 与参数 α、η_1，可得出农业/发酵法的可持续性 S 较好。因此可得出结论，农业方法比利用太阳能的 CO_2/H_2 合成法更具可持续性，因为它具有较高的可再生资源系数 α 和较高的环境效率 η_1，虽然它的生产效率因数 η_2 较低。

15.4.2 废气处理

Meier(1997)对废气处理的案例进行了描述。废气由污水处理站排出，总平均值为 189.45mgVOC. m^{-3}(i-丙醇 0.21，丙醇 2.72，二乙醚 0.40，二甲醚 3.85，甲苯 124.05，m/p-二甲苯 27.23，o-二甲苯 6.17，乙基苯 10.72，异丙基苯 1.08，壬烷 2.97，癸烷 2.97，环己烷 2.57，二氯甲烷 1.74，氯苯 2.78 mgm^{-3})。20 年间，废气处理率为 $56850m^3h^{-1}$。可行的处理技术有生物过滤法(BF)，活性炭过滤法(AF)，焚烧催化氧化法(CO)以及热氧化法(TO)(Meier 1997)。

为了建立和运行废气处理系统，必须考虑从生态圈中获取资源和有用的物资。建造材料有混凝土、钢制品、砖、矿毛绝缘纤维、玻璃、聚合体(聚乙烯(PE)、聚丙烯(PP)、聚苯乙烯(PS)、聚酯(PES)、聚偏二氟乙烯(PVDF)、聚氨基甲酸乙酯(PUR)、聚氯乙烯(PVC))，金属如铝、铜、锌等。用于建设和运行的资源及物资有燃气、氢气、NaOH、电力、蒸汽、水、运输(船、汽车、卡车)、挖掘(推土机)。填料有 PS、堆肥、$CaCO_3$(BF)；活性炭(AC)；铝和 CrO_3 催化剂(CO)；以及陶瓷粒(TO)。

20 年来废气处理系统运行累积放射本能消耗(*CExC*，*MJ*) **表 15.2**

	BF	AC	CO	TO
建　设	3.87×107	2.73×107	8.42×106	6.39×106
运行物资	2.48×108	6.84×108	9.69×108	2.02×109
总　计	2.87×108	7.12×108	9.78×108	2.02×109

表 15.2 列出了计算的 20 年来不同废气处理系统的累计放射本能消费量 CExC(Dewulf *et al*. 2001)。所有系统的建设成本均在一个有限的范围内，即在 6.39×10^6(TO)和 3.87×10^7(BF)MJ 之间。同 CExC 的需要总量相比，建设成本是非常有限的，在 0.32%(TO)和 13.5%(BF)之间。其次，因为是典型的自然处理技术，所以在运行中所需放射本能的范围较大，BF、AC、CO 和 TO 分别对应为 2.48×10^8、6.84×10^8、9.69×10^8 和 2.02×10^9MJ。这些消耗分别占 CExC 总量的 86.5%、96.1%、99.1%和 99.7%。BF 和 AC 在运行中所需的放射本能最低。它们主要需要利用电力进行通风。此外，CO 需

要燃气(4.1×10^8 MJ)。TO(1.17×10^9 MJ)则几乎相当于三倍的燃气供应。AC 系统的消耗较高是由于要消耗电力和蒸汽对填料进行再生。

通过放射本能分析，可见 BF 系统的表现最佳。接下来依次为 CO、AC 和 TO。处理每 m^3 废气，BF、AC、CO 和 TO 的 CExC 数据分别为 0.029、0.071、0.098 和 0.203 MJ。

如果要完整地了解废气处理系统的可持续性(表 15.3)，必须定义放射本能效率 η。效率可以这样定义，对于一种产品，离开系统的放射本能同进入系统的放射本能总和的比值即为效率(Dewulf *et al*. 2000)。所有进入系统的都是 CExC，包括消除处理过程的排放物(如 CO_2)和废气本身的放射本能($Ex_{废气}$)。然而，同制造过程相反，废气处理系统不会产生真实的物质产品。基本上，其“产品”就是去除量，可以用 $Ex_{废气}$ 计算。根据以上说明，可计算出废气处理系统的放射本能效率分别为 0.28(BF)、0.11(AC)、0.08(CO)和 0.04(TO)。

废气处理：可再生能力系数 α、环境效率 η_1、生产效率 η_2、全面效率 η 以及可持续性 S(Dewulf *et al*. 2001) **表 15.3**

处理技术	α	η	S
生物过滤法	0.07	0.28	0.18
活性炭吸附法	0	0.11	0.06
催化氧化法	0	0.08	0.04
热氧化作用	0	0.04	0.02

同效率相似，可持续性也受到输入物质可再生程度的影响。这里，只有水和堆肥(生物过滤)能被考虑。考虑到效率和可再生能力因素，处理技术 BF、AC、CO 和 TO 的可持续性 S [介于 0(不具可持续性)和 1(完全可持续性)之间] 的计算结果分别为 0.18、0.06、0.04 和 0.02。这个分析基于定量(放射本能效率)和定性(可再生能力输入)两方面，强调了 BF 系统的适用性。

15.5 前景

系数 S 覆盖了产品的整个生命周期，从生态圈提供的资源开始，到排放的废品回到生态圈。目前的方法考虑了技术领域的废物产生，不只是制造“有用产品”的过程，还有使用“有用产品”及使用后的处理阶段。此外，在评估可持续性时，放射本能可以作为生命周期分析的基础。尽管典型的生命周期评估程序涉及到各方面的权重问题，放射本能分析在各阶段均采用相同的单位。

以上已经举例说明了，热力学能够根据可再生和不可再生来描述资源的使用。同样，在生产链中资源的使用效率，可以通过放射本能作定量的描述。在放射本能生命周期分析中最主要的难题，是如何处理产生的废物(对未来)的负面影响。因此，建议从技术的观点出发，预先计算出消除释放回生态圈的排放物所需的放射本能，使排放物不再影响生态和人类健康。然而，这种方法也有一些缺点。首先，在实际操作中，这个消除过程依赖于权威人士制定的限制范围，这个排放限制范围不是必须达到“没有影响”的界限。其次，即使应用标准限定为“没有影响”，但是由于随着科学知识的进步，这些应用标准也会发生改变。最后，这些影响还依赖于周围的生态系统的自然环境。

以放射本能为基础的评估方法，提供了一个可以定量评价技术可持续性的工具，包括技术的三个主要步骤：从生态圈获取资源，为社会生产产品，向生态圈排放废物。然而，很明显，一个可持续的社会不止需要可持续的技术。对于可持续性，除了技术条件外，社会、经济和政治方面也影响到既满足当代人的需求，又不危及满足后代人的需求。

15.6 参考文献

Anastas, P. T. and Warner, J. C. (1998) Green Chemistry: Theory and Practice. Oxford University Press, New York, 135p.

Cengel, Y. A. and Boles, M. A. (1994) Thermodynamics, an engineering approach. McGraw-Hill Inc, New York, p. 387-448.

Clift, R. (1995) Clean technology-an introduction. J. Chem. Tech. Biotech. 62, 321-326.

Dewulf, J., Van Langenhove, H. and Dirckx, J. (2001) Exergy analysis in the assessment of the sustainability of waste gas treatment systems. Sci. Total Environ. 273, 41-52.

Dewulf, J., Van Langenhove, H., Mulder, J., van den Berg, M. M. D., van der Kooi, H. J. and de Swaan Arons, J. (2000) Illustrations towards quantifying the sustainability of technology. Green Chem. 2, 108-114.

Gaggioli, R. A. (1999) Reflections on the history and future of exergy, in Proc. of ECOS'99 (Ed. M. Ishida, G. Tsatsaronis, M. J. Moran and H. Kataoka), pp. 5-13, Tokyo Institute of Technology, Tokyo.

Graedel, T. E. and Allenby, B. R. (1996) Design for Environment, Prentice Hall, New Jersey, 175p.

ISO (1997) Environmental management-Life cycle assessment-Principles and framework, ISO 14040.

Klöpffer, W. (1997) Life Cycle Assessment-From the beginning to the current state. Environ. Sci. Pollut. Res. 4, 223-228.

Kotas, T. J. (1985) The exergy method of thermal plant analysis. Butterwoods, London, 296pp.

Meier, M. A. (1997) Eco-efficiency evaluation of waste gas purification systems in the chemical industry. LCA Documents volume 2 (Eds. W. Klöpffer, O. Hutzinger), Eco-informa Press, Bayreuth, 271pp.

Moran, M. J. (1989) Availability analysis, a guide to efficient energy use, corrected edition. The American Society of Mechanical Engineers, New York, 260pp.
Mulder, J. M. (1999) Alternative routes for ethanol production from renewable resources, a thermodynamical approach, graduation thesis TUDelft, 99p.
Pré Consultants (2000) Eco-indicator' 99. The triangle concept. Pré Consultants BV, Amersfoort, http://www.pre.nl/eco-indicator99/triangle.htm, viewed on 14 July, 2000.
Ryding, S-O. (1999) ISO 14042 Environmental management-Life cycle assessment-Life cycle impact assessment. Int. J. LCA, 4, 307.
Szargut, J., Morris, D. R., Steward, F. R. (1988) Exergy analysis of thermal, chemical and metallurgical processes. Hemisphere Publ Corp, New York/Springer Verlag, Berlin, 332pp.

第三部分

辅助解决工业水资源循环的工具—C工艺出水水质特征

16

物理化学性质测试的分析技术

Fritz H. Frimmel

16.1 前言

识别和量化是分析鉴定的主要核心问题。水质评价通常基于实验测定值同给出的最高允许浓度数值的比较。因此，特定化合物的目标分析已经占了日常工作的大部分。此外，因为新的分析工具应用于环境调查而发现了一系列新化合物(如杀虫剂、医药品、软化剂、洗涤剂及其亲水代谢物)。无数的新物质有望被发现，并引发关注相关信息的需要，这些相关信息是面向影响的，显示出物质和生物区的相互作用及对生态系统和人类的影响。许多参数都非常适宜用来评价获取的信息，例如：表示对人类毒害效果的参数、表征生态毒性的参数或者工厂表现的参数等。

本章的目的是：(1)介绍收集和处理数据分析的基本原则；(2)探讨波谱学和色谱学中普通方法的应用；(3)强调电化学分析方法的诸多优点；(4)展示实际定义的水分析方法的操作有效性；(5)考察在线监测领域的发展趋势。本文将所有的重点都集中在水质方面，将不涉及以生物化学为基础的分析方法。

16.2 分析数据的基础

判断、表示和处理分析数据的常用规则有很多。

16.2.1 浓度值

大部分分析数据的获得和表达为质量浓度 β，例如根据公式 16.1，水中的组成成分 X^{n+} 的警戒浓度表示为：

$$\beta(X^{n+})=73.6\mathrm{mg/L} \tag{16.1}$$

这些给出的数字取决于采用的分析方法的精确性。有时候采用摩尔(物质的量)浓度 c(公式 16.2)或采用当量浓度 c(eq)(公式 16.3)表示这些数据是很方便的。在这两个公式中，以原子量(AW)为 40g/mol 的钙离子为例，并分别考虑分子量(MW)和离子的电量(n)。

$$c(X^{n+})=\beta(X^{n+})\cdot AW^{-1}=73.6/40\text{mg mol}/(\text{L}\cdot\text{g})=1.84\text{mmol/L} \quad (16.2)$$

$$c(\text{eq},X^{n+})=c(X^{n+})\cdot n=1.84\times 2=3.68\text{mmol/L} \quad (16.3)$$

摩尔浓度和当量浓度在化学反应或者涉及到离子平衡时是很有用的。质量浓度范围和他们的缩写形式的实例在表 16.1 中给出。

水中代表性物质及其浓度范围举例 **表 16.1**

质量浓度	缩写	范围	参数名称	原水类型
$g/L=10^0 g/L$		1～20	Na^+	海水
$mg/L=10^{-3} g/L$	ppm	1～50	NO_3^-	地下水
$\mu g/L=10^{-6} g/L$	ppb	1～100	AOX，重金属	河水
$ng/L=10^{-9} g/L$	ppt	1～100	莠去津，除草剂，环境激素等	地表水

16.2.2 数据质量

根据德国工业标准(DIN=Deutsche lndustrie Normen)55350，质量的定义为：能够适用于达到明确目的的产品和功能的性质及特征的总称。在这种意义下，产品是被分析的样品，产品的特征是分析的结果，数据质量则是数据的精确性。有关数据处理的有用数据包含了几种基本关系。公式 16.4 中给出了几个平行测量结果的平均值。

$$\overline{x}=\frac{\Sigma x}{n} \quad (16.4)$$

x=样品的测定值；n=样品的测定值个数。

抽样的标准偏差用公式 16.5 来定义。

$$\overline{x}\sqrt{\frac{\Sigma(x-\overline{x})^2}{n-1}}=\sqrt{\frac{\Sigma x^2-\frac{(\Sigma x)^2}{n}}{n-1}} \quad (16.5)$$

一旦给出每个平行测定值，根据公式 16.6 就能得出算术平均值的标准偏差，而且得出的 $\overline{x}\pm S_{\overline{x}}$ 为最终值。

$$S_{\overline{x}}=\frac{s}{\sqrt{n}}=\sqrt{\frac{\Sigma(x-\overline{x})^2}{n(n-1)}}=\sqrt{\frac{\Sigma x^2-n\frac{(\Sigma x)^2}{n}}{n(n-1)}} \quad (16.6)$$

根据统计确定性和自由度，可以得出可靠性的范围。除标准偏差外，一种方法的威力还可用检测限度和测定限度来表征。第一种，最低浓度范围能够同空白在质量上加以区别，单一测量的误差风险为 50%。第二种，最低浓度范围能够同零在数量上加以区别，单一测量的误差风险为 5%。

16.2.3 标准曲线

获取高质量数据可以通过建立标准曲线来完成。按照一系列浓度逐渐增加的溶液构建标准曲线。这样，对应着已知浓度(β)的强度测定信号(I)被勾勒出来。要通过检测强度信号(I_x)来确定未知样品的浓度$\beta(x)$值，必须使用标准曲线的线性区间范围。

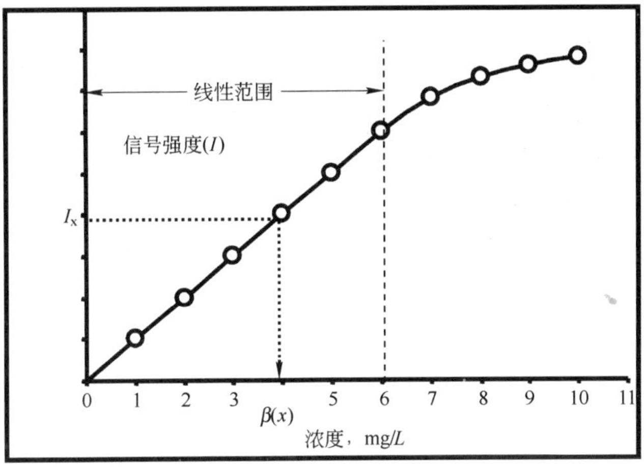

图 16.1 标准曲线的原理图

16.2.4 取样

在一系列的分析过程中，取样环节是最重要的一环。采用任何一种测试方法得到的结果都不如样品的表现，这是一个经典公理。该样品在水系统内具有代表性，而且它的起源必须被较好地定义。同其他的操作步骤相比，从初始的水系统到最终的数据点，取样过程具有最高的误差风险(见图 16.2)。因此，取样过程中一定要小心避开任何错误和缺陷，

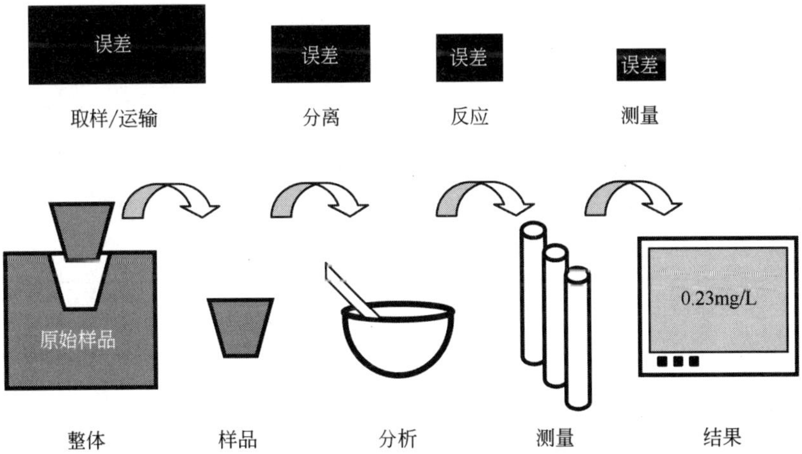

图 16.2 从取样到最终测定结果的误差范围

还要尽可能地按规定来保存。取样过程也包括样品的数量、取样顺序、取样容积和样品的处理包括样品的保存。

在过去的 10 年里，野外试验在就地检测和在线检测方面已经取得了很大的进步（Gottlieb *et al*. 1997；Maurer and Frimmel 1997）。这些方法被用在水质观测项目中，水质信号被无线电通讯系统传输到中央处理器进行分析检验。

16.2.5 立法框架

已经有几部法律或条例给出了水质指标的最高浓度量。有几个立法机关的出版物也包含了对分析方法的质量要求。需要注意的是部分给出的数值同分析方法的极限值很接近。生态毒理学和人类毒理学的背景值并不总是可靠有用的。最重要的是欧盟所规定的那些关于人类用水的水质指标(EC 1998)。这些指标涵盖了许多同毒理学相关的参数(如表 16.2 所示)和多种指示性参数。根据这些参数的重要性，相关的标准分析方法应运而生（Clesceri *et al*. 1998；DEV 2001）。

评估人的消费用水的化学参数（括弧中给出了允许的最高浓度值，μg/L） **表 16.2**

无机物		有机物	
锑	(0.5)	丙烯酰胺	(0.1)
砷	(10)	苯	(1.0)
硼	(1000)	萘	(0.01)
溴酸盐	(10)	1，2-二氯乙烷	(3.0)
镉	(5.0)	表氯醇	(0.1)
铬	(50)	杀虫剂(一种)	(0.1)
铜	(2000)	杀虫剂(总)	(0.5)
氰化物	(50)	多环芳烃	(0.1)
氟化物	(1500)	四氯乙烯和三氯乙烯	(10)
铅	(10)	三卤甲烷(总)	(100)
汞	(1.0)	氯乙烯	(0.5)
镍	(20)		
硝酸盐	(50000)		
亚硝酸盐	(500)		
硒	(10)		

16.3 光谱法

光谱测定法属于传统的水质测定法，它利用的是光的紫外区(UV)、可见区(vis)和红外区(IR)。这种分析方法已经用来直接确定液态水或气态水的组成。前一种属于分子光谱学范畴，而后一种属于原子光谱学范畴。

16.3.1 分子光谱法

在过去，紫外一可见光(UV-vis)分光光度计在水质分析中发挥了重要作用(Schwedt 1996)。然而仅有少量水中的物质在此波长范围内有较强的分子吸收从而能被直接测定出来。大部分组成成分的测定，还需要同化学试剂反应，并形成对光有较强吸收能力的化合物之后才能完成。表 16.3 描述的是根据德国标准方法(DEV 2001)制定出来的一些分析样品、反应试剂、反应产物形成的测定波长以及检出限等内容。

更适宜分析水的组成成分的光度测定发现，在德国标准方法中记述(DEV 2001)　　表 16.3

参数	反应试剂	波长(nm)	检测限(μg/L)
NH_4^+	二氯异氰酸钠，水杨酸钠	655	15
Al(Ⅲ)	羊毛铬花青 R	535	40
As	二乙基-二硫代氨基甲酸银	510	1.5
B	偶氮甲碱-H	414	80
Fe(Ⅱ，Ⅲ)	5-磺基水杨酸	425	200
Mn(Ⅱ)	甲醛肟	450	50
F^-	氧化镧-茜草素	610	300
NO_3^-	直接测定	210	400
NO_2^-	磺胺，N-(1 萘基)-乙二胺	540	10
HPO_4^{2-}	钼酸铵	680(己烷醇)	40
SiO_2	钼酸铵	400	7500
S^{2-}	N，N-二乙基-1，4-苯二胺	670	10
O_3	N，N-二乙基-1，4-苯二胺	510	20
Cl_2	N，N-二乙基-1，4-苯二胺	510	50

光测定的量化基础是光的吸收和发射原理(公式 16.7)和郎勃比尔定律(公式 16.8)。

$$\Delta E=h\cdot\nu=h\cdot c\cdot\lambda^{-1} \tag{16.7}$$

公式 16.7 表示的是分子吸收能量 ΔE 后，由基态跃迁到电子激发态。在此之后，分子的电子系统恢复到基态，$-\Delta E$ 的能量被放出。h=普朗克常数，ν=频率，c=光速，λ=波长。

$$A=\lg(I_0/I)=\varepsilon\cdot d\cdot c \tag{16.8}$$

在特定的范围内，光谱的吸光率(A)等于进入样品前的光强度(I_0)与离开样品后的光强度(I)的比值的对数。ε=摩尔吸光率，d=光通过样品的路径长度，c=样品的摩尔浓度。所有的因素都同波长 λ 有关。

在水质分析过程中，光谱的吸收系数(*SAC*)是这样定义的(如公式 16.9)：

$$SAC = a_\lambda = A_\lambda / d；单位是\ cm^{-1}\ 或\ m^{-1} \quad (16.9)$$

这些定律也普遍适用于野外科研作业和移动试验单元。虽然光谱吸收是将光源、样品和检测器三者直线排列时进行测量的，检测器和照射的光柱排成特殊的角度(多为 90 度)，样品发出的光也能被测量。当分子由激发态恢复到基态，分子表现出一种延迟的光谱发射，荧光和磷光更容易被观察到。由于荧光团发射波长 λ_{em} 总是被漂移到较长的波长 λ_{ex}，λ_{ex} 相对于 λ_{em} 的吸收谱图已经发展成为非常具有权威性的物质检测工具(Kumke *et al*. 1995；Kumke *et al*. 1999；Rettig *et al*. 1999)。另外，λ_{ex} 与 λ_{em} 耦合的选择成为该方法量化高灵敏度的一个非常重要的方面(如图 16.3 所示)。

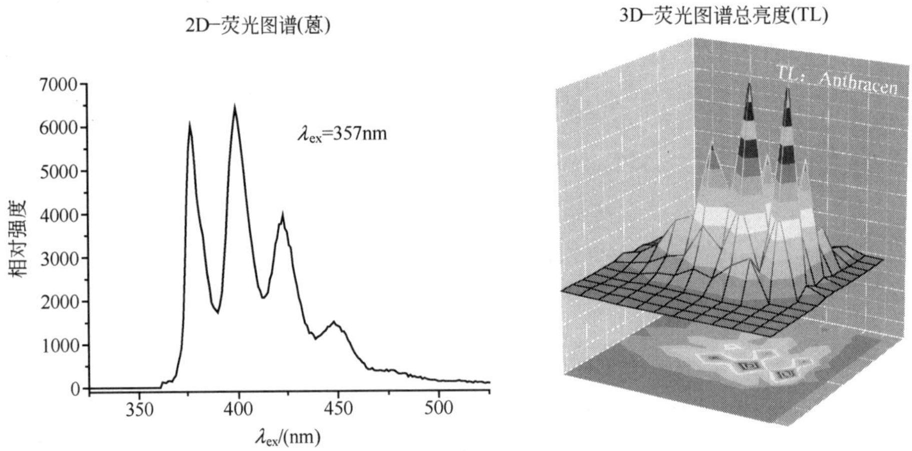

图 16.3 多环芳烃(PAH)蒽的荧光图谱

16.3.2 原子光谱法

原子光谱法属于基本的水质分析方法(Montaser 1992；Fang 1995；Welz and Sperling 1999)。光谱的相互作用定律同 16.3.1 小节中阐述的一样，但是吸收基态为元素的零价态原子。因此，分析的第一步是将分析物由离子形式转化成原子形式。这种转化要靠外加热能或电能，或化学氧化还原反应来实现。取决于是否依靠光谱吸收(由基态到激发态)或光谱发射(由激发态到基态)来定量气相原子，这两种方法分别叫做原子吸收光谱法(AAS)或原子发射光谱法(AES)。在用常规仪器(例如：诱导耦合等离子体 ICP)就可以激发等离子体后，原子发射光谱法就已经被广泛地引入。大部分金属物质可以用 AAS 法测定，有火焰原子化法(F)、石墨炉原子化法(GF)、冷凝蒸汽原子化法(Hg)或氢化物原子化法(As、Sb)，这些方法均有较高的灵敏度。AES 法的优势是能够进行多种元素的同时测定和非金属元素的定量分析。表 16.4 对比了两种方法。

用原子吸收测定水样中的元素值时的特征参数 **表 16.4**

元素	检测方法	测定波长(nm)	检出限(μg/L)	限定值(mg/L)(1990 德国饮用水条例)
Na	FAAS	589.0	100	150
	AES/ICP	589.59	300	
K	FAAS	766.5	100	12
	AES/ICP	766.49	300	
Ca	FAAS	422.7	100	400
	AES/ICP	392.37	20	
Mg	FAAS	285.2	10	50
	AES/ICP	279.55	20	
Al	GFAAS	309.3	2	0.2
	AES/ICP	396.15	30	
Fe	GFAAS	248.3	1	0.2
	AES/ICP	238.20	10	
P	AES/ICP	213.62	25	6.7 (PO_4^{3-})
S	AES/ICP	182.04	30	240(SO_4^{2-})

16.3.3 质量光谱法

由于具有较高的灵敏度，质量光谱法已经成为最具权威性的定性、定量水质分析方法。这种分析方法适用于水中的有机和无机组分的测定。几项仪器的成功如：高的质量分辨率、离子收集器、行程光谱仪的时间、串联的质谱、ICP 样品的输入以及同色谱的耦合使用已经大大扩展了质谱的应用领域(Montaser 1998；Ternes *et al*. 1999；Zwiener *et al*. 2000；Budde 2001；Hubschmann 2001)。电子数据处理系统也大大地促进了试验数据的分析整理。表 16.5 给出了一些重要的应用和法律规定的浓度限值。

能用质量光谱法测定的有机污染物质及其浓度范围 **表 16.5**

化合物的种类	浓度范围(μg/L)
多环芳烃(PAH)	0.1
杀虫剂(如莠去津、敌草隆)	0.1
药剂(如布洛芬、二氯苯二磺酰胺)	1
硫酸	1
清洁剂和螯合剂	10
挥发性卤代烃	10

目标物的分析已经导致一种质量比探测(MSD)应用的增加，特别是在同色谱联用时。用 ICP-MS 分析水中的无机组分已经获得了较高的灵敏度。特种元素探测系统同液相色谱耦合使用测定不同种类的金属非常有效。例如 3 价和 5 价的砷以及它的不同有机物能够被清楚地分析出来，并且能够精确地重复定量到 μg/L 范围(Bissen and Frimmel 2000)。图 16.4 描述了液相色谱(LC)同 ICP-MS 耦合使用的流程。

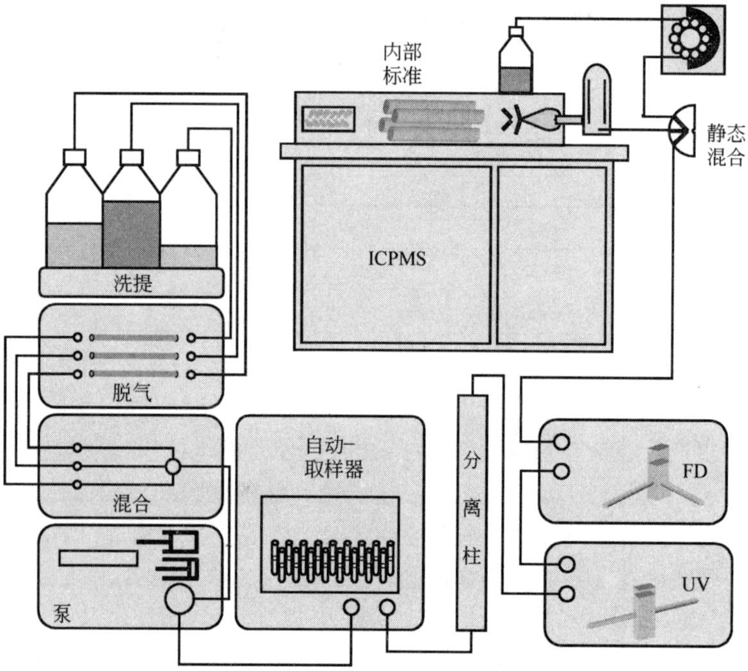

图 16.4 分析元素的 LC-ICP-MS 系统组成

16.4 色谱法

水中包含有许多不同的组分。他们的分析结果经常相互干扰。色谱法较适宜解决元素分析过程中相互干扰的问题。

16.4.1 薄层色谱法(TLC)

TLC 是一种传统的水质分析技术，广泛应用于物质的定性和定量分析过程。例如在饮用水和矿泉水中检测六种多环芳烃。将 HPTLC 放在充满咖啡因的平皿，荧光检测很容易地将 *ng* 级的物质检测出来(DEV2001，method F7)。

一种更为先进的技术被称为自动多重显象技术(AMD)，就是增加了几个操作步骤后利用 HPTLC 平皿的浓度梯度建立起来的。因此测定范围和灵敏度均有明显提高。这种方法被成功运用到杀虫剂的定性和定量分析中，测定过程中采用了带有显示屏的 HPTLC 系统、验证性的 AMD 梯度和多重波长 UV 吸收探测(Burger *et al*. 1996)。

16.4.2 气相色谱法(GC)

挥发性的分子能够用气相色谱来测定(Schwedt 1996)。气相色谱的主要组成部分如图 16.5 所示。10～100μL 的样品以有机溶液的形式用微量注射器输入检测系统中。进样点、增温柱和检测器均以较适宜的温度运行。为提高分离测定效果，在增温柱区采用了温控程序。依靠计泡器，气流能够被定量；依靠分离模式可以匹配出最优的检测灵敏度。

图 16.5　气相色谱分离测定系统的组成

根据同结构特征相关的特性能够检测物质，使用了很多检测原理例如离子火焰(FID)、热传导(TCD)、热离子势(TID)、电子捕获(ECD)、原子发射(ECD)或质谱(MS)等。色谱分离检测系统的核心为载气(移动相)与色谱柱(固定相)间的相互作用。其中色谱柱有填充柱和毛细管柱两种。工作原理是将起分离作用的物质填满色谱柱或涂在柱的内壁上。分离效率用盘数来表示，对于给定材料的分离柱取决于气体流速、温度和柱长等。普通的色谱分离柱的典型技术参数见表 16.6。

GC 系统中的普通分离柱的技术参数　　　　**表 16.6**

固定参数	装填情况	开放管壁涂层(WCOT)
长度，m	1～6	10～100
内径，mm	2～4	0.25～0.75
微粒尺寸，μm	150～250	—
内膜厚度，μm	—	1～10
有效盘数，m^{-1}	500～1000	1000～4000
样品量，ng	$10～10^6$	10～1000
相对压力	高	低
相对速度	低	高
化学惰性	低	中
弹性	无	无

常规的固定相有：用于测定碳氢化合物和各种药剂的聚二甲基硅氧烷、用于测定杀虫剂的(苯甲基)聚硅氧烷(含 50%的苯基)、用于测定卤代芳烃和硝基芳香化合物的(三氟丙基甲基二甲基)聚硅氧烷，用于测定醇类、醚类、酸类和二醇类物质的聚乙烯乙二醇。

通过将样品输入仪器之前先进行固相微萃取，已经大大地提高了 GC 的检出限(Doll *et al*. 1999；Pawliszyn and Smith 1999)。这种方法的原理是，水样中的溶解性分析物可逆地吸附在有机相中，且保持相对平衡。当分析物吸附在涂抹的纤维上以后，注射器的针头被拉回，样品被注入气相色谱。分析物质在注射孔处较高温度的作用下，从涂抹的硅土纤维上脱落，随着载气通过 GC 柱。一毫升或几毫升的水样可被用于初始的平衡。该方法的测定原理如图 16.6 所示。

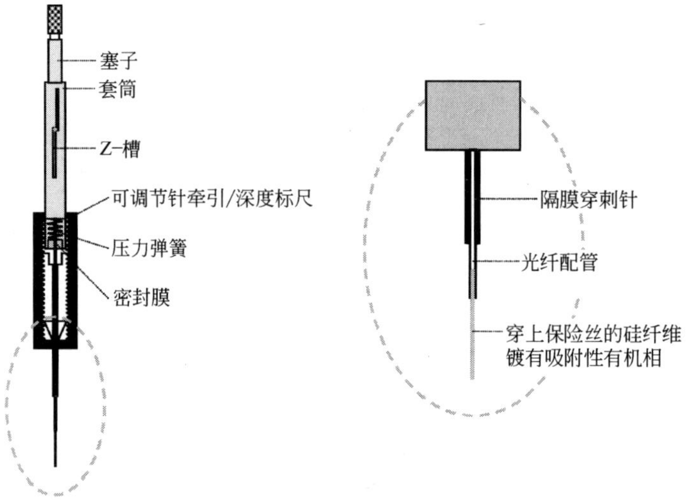

图 16.6　固定相有机污染微量萃取原则

16.4.3　液相色谱法(LC)

非挥发性的化合物能够采用液相色谱法进行有效的分离。移动相在较高的压力(最高400bar；流速为0.1～10mL/min)作用下，通过充满的分离柱。在通常情况下，分离发生在环境温度或稍高的温度下，并在梯度淋洗的作用下利用较高的压力取得较高的分辨率。

分离柱的典型长度为10～30cm，用不锈钢制造，内径为4～10mm。固定相的颗粒尺寸约为5μm，相应的盘数为50000m^{-1}。敏感的检测系统取决于以下参数：吸附(检出限低至1pg)，荧光(10fg)，耐熔指数(10ng)，电镀化学(100fg)，电导(500pg)，MS(1pg)，光散射(500ng)或FT-IR(100ng)。分离测定的原理包括硅氧烷的分布平衡；对于在氧化硅和氧化铝(普通相)上的吸附，从石蜡到酯，醛，酮，最后是羧酸的停留时间不断增加。一种非极性固定相(如硅的碳氢化合物，C_8，C_{18})和一种极性移动相的色谱被称为“颠倒相”。采用HPLC对样品的测定，首先要将1～5μL的样品测定回路装满，然后再精确地输入洗脱液。

现在，液相色谱已经成为水质分析领域应用最广泛的色谱仪器。例如用它来测定药剂、氨基酸、碳水化合物、杀虫剂、清洁剂、硫酸和μg/L级的芳香族微污染物质(Schullerer *et al*. 1990；Lange *et al*. 1995；EN ISO 11369 1997；Jahnel *et al*. 1998；DEV 2001，methods F18 and P8)。

16.4.4　体积排斥色谱法(SEC)

体积排斥是凝胶色谱或凝胶渗透色谱(GPC)的原理。固定相(硅胶或聚合体的颗粒尺寸约为10μm)的孔径大小允许分析物的分子透过。分析物质的分子越小，渗入固定相的孔隙中越深，相对于大分子的分析物质有更长的停留时间；而大分子分析物质则更容易被移动相洗脱出来，停留时间也较短。除了单纯的分子大小的影响外，大部分样品的相互作用也会影响停留时间，如吸附和表面电荷的排斥作用。这导致理论的筛除量可能大于，也可能小于渗入量。选用合适的模型化合物，根据其分子量可以校准凝胶柱。然而，校准的过程一定要严格牢记：用可信的分子进行校准，该过程才是有效的。因此，SEC 在对天然物质进行测定过程中，由于缺乏合适的校准化合物而受到一定程度的限制。图 16.7 中描述了褐色湖水的天然有机物(NOM)的凝胶色谱结果，检测结果为溶解性有机物(DOC，上部的曲线)和在波长 λ=254nm 的吸收(下部的曲线)。

如图 16.7 所示，较大的分子有较短的停留时间(T_R=25～30min)，如几个 100 道尔顿的难溶的腐殖型有机物。达到 6 个碳原子的单羧酸和二羧酸的较小分子的有机物，表现出较窄的波峰，停留时间 T_R 在 42min 左右。图 16.7 也表示出了湖水在低压汞灯照射 20min 左右后的分子分布的改变情况。有机物的光化学检测系统可以测出几十 μg/L 级浓度的有机物质，还可以表现出较强的分辨率。因此将没有经过任何预浓缩处理的原水注入检测系统后，仍可以得到可靠的检测结果。同时测定 OC 和 UV 吸收或荧光吸收可以得到多种混合的溶解有机物的更多维的特性。

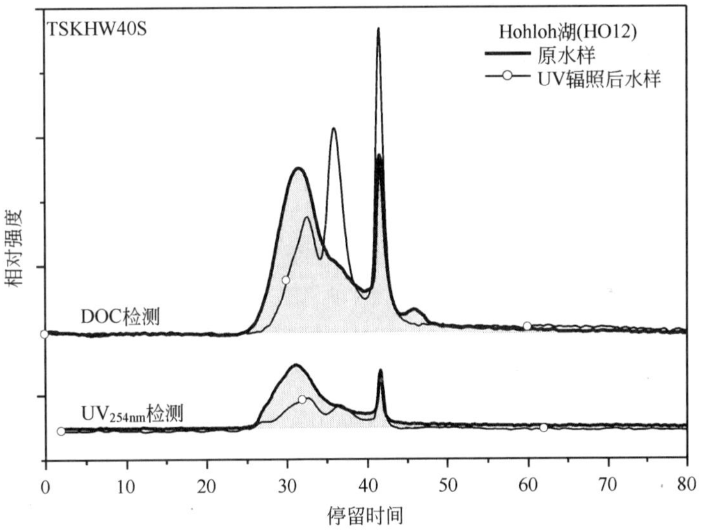

图 16.7 褐色湖水中有机物质的体积排斥色谱测定(*Hesse and Frimmel* 1999)

16.4.5 离子交换色谱法(IC)

大约 20 年前，用离子交换树脂对水中的阴离子进行分析检测，成为水质分析界的一项重大技术突破(Weiss 1995)。像铵根等阳离子也可以采用含有硫酸官能团的聚苯乙烯等阳离子交换树脂进行定量分析。这些阴离子交换树脂含有四元氮基，最多可有 3 个甲基取代基。用停留时间来反应阴离子亲和力大小的比较结果如下：

$$SO_4^{2-} > C_2O_4^{2-} > I^- > NO_3^- > Br^- > Cl^- > HCO_3^- > H_3COO^- > OH^- > F^- \quad (16.10)$$

假如使用具有很强吸收性的酞酸盐洗脱液，依靠电导率或者负 UV 吸收作用，检测也可以进行。由于氨基酸在 pH 值较低的环境中表现为阳离子，所以采用阳离子交换树脂和支柱可以对其进行分离测定。根据逐渐升高的停留时间的一个典型排列如下：

冬氨酸＜苏氨酸＜丝氨酸＜谷氨酸＜氨基乙酸＜丙胺酸＜胱氨酸＜缬氨酸＜甲硫氨酸＜*i*-亮氨酸＜亮氨酸＜泰罗氨酸＜苯基丙氨酸＜组氨酸＜赖氨酸＜氨水　(16.11)

氨基酸的检出限约为 10^{-8}mol/L。在糖和羧酸方面也可以获得相似的检测结果。

16.5　电化学分析法

基于水质组成成分的激活度(a)，电化学方法属于最合理的定量分析系统。根据能斯特方程(公式 16.12)，可以利用电极和根据标准电极电位(E_0)计算的电位(E)进行所有的测定计算。

$$E=E_0-\frac{RT}{nF}\ln\frac{a(Red)}{a(Ox)} \tag{16.12}$$

注：R=气体常数，T=温度(K)，n=氧化还原阶段的电子转移数，F=法拉第常数。

标准电极电位是用标准氢电极(电极电位设为 0V)来确定的。实际上，参比电极采用 Ag/AgCl 饱和溶液或甘汞电极或 3.5M 电极。

16.5.1　pH 电极和氧化还原电位电极

氢质子的激活度可用 pH-玻璃电极根据公式 16.13 来计量。

$$pH=-\lg a(H^+) \quad a(H^+)\text{单位为 mol/L} \tag{16.13}$$

pH-玻璃电极可以理解为离子选择电极，电极里面的玻璃膜起到重要作用。外面未知分析溶液和里面参比溶液的电极电位差可以被测定出来。pH 测定的电池原理在图 16.8 中表示。根据公式 16.13，pH 值的大小同温度有关。因此，在表示 pH 测定结果的同时，附带给出测定时的温度是非常有意义的。

由于参比电极同玻璃电极之间的不良电触点，具有非常低离子含量水样的 pH 值是很难测定的。

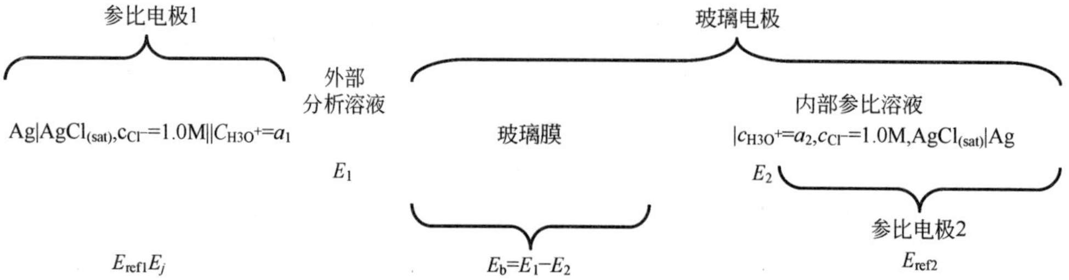

图 16.8　玻璃膜电极单元测定 pH 电极电位原理图(E=电位)

水样的氧化还原电位可以选择像铂、金、钯或其他惰性金属做成的电极来测定。然而，要得到可靠的测定结果的必要条件是在氧化还原体系中的所有反应都是可逆的。因此，所有的电极电位都不能很容易地从氧化还原反应中的标准电极电位中预测出来。水体的厌氧区域和水处理工艺中的强氧化反应都能用氧化还原电极电位的测定值来相当好地描述和控制。

近年来，有几种离子选择电极可以选择使用(Yu and Ji 1993；Cammann and Galster 1996)。这些电极或者采用固体膜，或者采用液体膜，或者采用专门针对气体的膜，或者同酶系统相联系。这些电极能够测定卤化物、氰化物、硝酸盐、氯酸盐或碱性的和碱土阳离子；也可以选择性地测定重金属离子或者像 NH_3、CO_2、HCN、H_2S、SO_2、或 NO_2 等浓度低至 10^{-8}mol/L 的气体。

16.5.2 电导率

水溶液中的离子是电导的原因，其电导率可用电极系统来定量分析。给定表面面积(ar)的电极间的电阻受到电极间距(d)，溶液的离子含量和温度的限制。不同的离子分布情况是根据等价电导率的高低来确定的，同其他所有的阴离子和阳离子相比，质子和羟基离子的等价电导率最高。电导率 k 可以根据公式 16.14 计算出来：

$$k=\frac{E_0}{\rho}=\frac{1}{R}\cdot\frac{d}{ar} \tag{16.14}$$

注：ρ=电阻率和 R=欧姆电阻$\equiv U\cdot I^{-1}$。

有一条经验规律是：除了非常低或者非常高 pH 值的溶液外，水样用 μScm^{-1}表示的 k 值大体上等于用 mg/L 表示的总离子含量。

16.5.3 极谱法/伏安法

水样中能够被氧化或者还原的成分可以通过电极间的极谱法/伏安法关系来测定。该测量系统包含有工作电极、计数电极和参比电极。工作电极可以是滴汞电极、悬挂汞滴液电极、固相金属电极或玻璃碳电极。氧化还原电对的伏特安培表示形式为公式 16.15 和图 16.9。

$$A^{m}+ne^{-}\rightleftharpoons P^{m-n} \tag{16.15}$$

电流/电压曲线(图 16.9)的拐点投射在电压轴上给出一种水质成分 A 的半波电极电位 $E_{1/2}$，该值同其标准电极电位 E_0 紧密相关，缩减量由公式 16.15 表示。这能用来确定物质 A。扩散电流(限制电流 i_1)同分析物的浓度 c(A)是成比例的，所以根据这种关系能够对 A 进行分析测定。

用差值脉冲极谱法对数据进行估算，比用线性极谱法更容易。取代有一个拐点的标准电流/电压曲线，差值脉冲极谱法得到的是尖锐的一个峰值(如图 16.10)。静电电极(盘状电极、汞膜电极、悬挂汞滴液电极)的应用允许采用还原电极电位来测定像汞合金一样的产物的浓度。还原产物依靠增加电极电位逐渐被剥离。通过这种方法，还原产物被氧化成原有的形态，使得金属从沉淀物中析出。解析伏安法可以通过图 16.10 来解释分析。

解析伏安法可以同时测定 ppb 浓度级水样中的金属 Zn、Cd、Pb 和 Cu 元素(DEV 2001，method E16)。这种方法对高含盐量水样和其他成分比较复杂的水样如废水表现

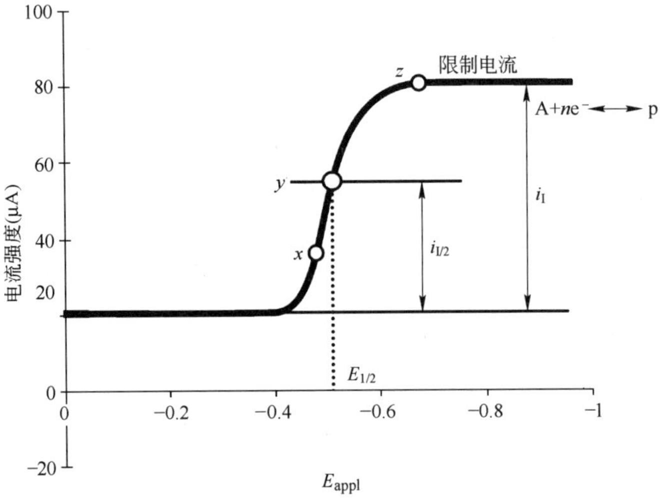

图 16.9 伏安法使得水质成分 A 还原成产物 P

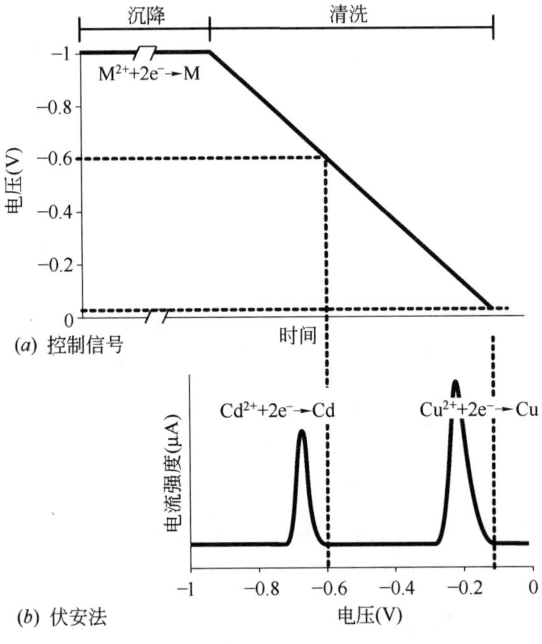

图 16.10 (a)解吸伏安法测定 Cd^{2+} 和 Cu^{2+}，(b)用解吸伏安法表示 Cd^{2+} 和 Cu^{2+} 析出原子的过程

出较强的适用性。在特殊情况下，元素的形态情况可以通过伏安法进行测定，原因是伏安曲线的电极电位取决于金属的氧化状态和金属物质的组合状态(螯合)(Frimmel and Geywitz 1987)。

16.6 特殊的水质分析法

水质评估和均衡水质组成必须依靠总量参数(Clesceri *et al*. 1998，Part 2000 and part 5000；DEV 2001，methods group H)。另外，综合测定结果能够很好地指导，在单一化合物分析中如何合理地采用先进分析仪器。表 16.7 给出了多种通用的测定方法，这些方法是针对水质特征，在 mg/L 和 μg/L 浓度范围内建立起来的。

水质分析中特殊参数的总结 **表 16.7**

参 数	简写符号
有机碳	TOC、DOC、POC、VOC
可同化有机碳	AOC
化学需氧量	COD
生物需氧量	BOD
可吸附的卤代有机物	AOX、TOX
可萃取的卤代有机物	EOX
有机氮	TN、TON、DON、TKN
形成有机硫离子对	IOS
多环芳烃	PAH
光谱吸收	SAC(254nm)、SAC(436nm)

16.6.1 溶解性有机碳(DOC)

“溶解性”的范畴通常指的是能够被孔径 0.45μm 的滤膜滤过。图 16.11 列出了 DOC 的测定流程。

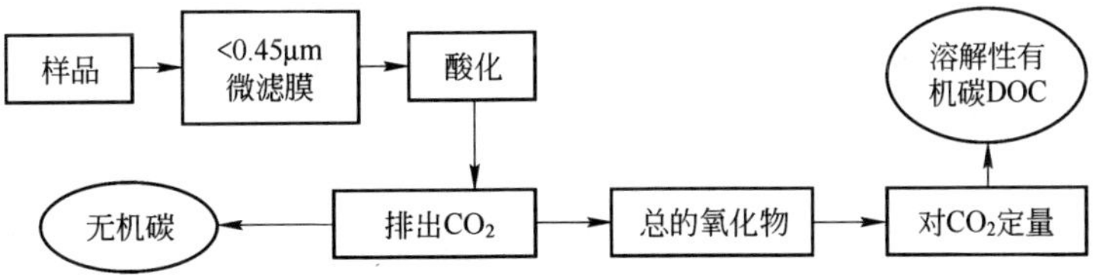

图 16.11 DOC 的测定流程

有机物总的氧化可以依靠热反应、湿化学反应或光化学反应来完成。DOC 浓度在地表水中的一般范围为 1～5mg/L，地下水为小于 2mg/L，在污水中则超过 10mg/L。

16.6.2 可吸附卤代有机物(AOX)

卤代有机物能够被活性炭稳定地吸附。这是这类可吸附卤代有机物(AOX)的测定基础。他们还经常被称为总卤代有机物(TOX)。然而，需要记住的是该参数是由操作方法定义的。测定操作过程见图 16.12(EN 1485 1996)。

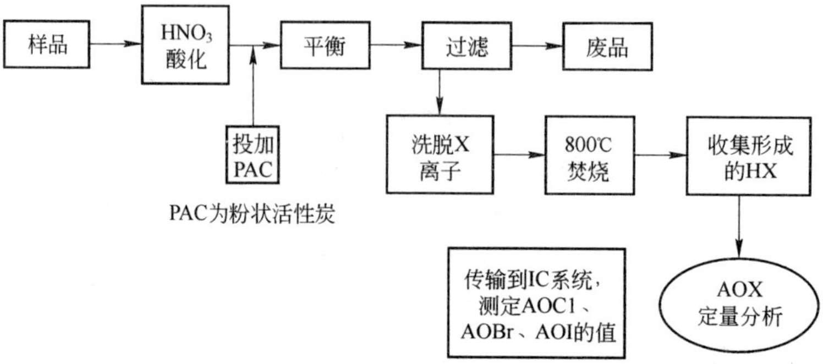

图 16.12　AOX 值分析过程

AOX 是用于废水标准中的一个参数，因此是水质保护中的基本参数。征税额度为 70DM/2kg(X 代表 Cl^-)；另外，临界排放值为 100mg/L 和 10kg/a。在莱茵河水中，典型的 AOX 值为 10～25μg/L。

16.6.3　可同化有机碳(AOC)

有机物质的生物可利用性，在生物降解和评估人类饮用水的细菌生长潜力方面是最有意义的。因此需要确定可同化有机碳的数量。在限定条件下，能够用浊度来定量一定时间内的混合细菌从而测定 AOC(Hambsch *et al*. 1992)。测定过程在图 16.13 中描述。

样品预备	生长曲线记录	生长曲线评估
水样 消毒过滤 (0.2μm 核子孔)	试管 增加接种体直至浊度为 0.03ppm SiO_2	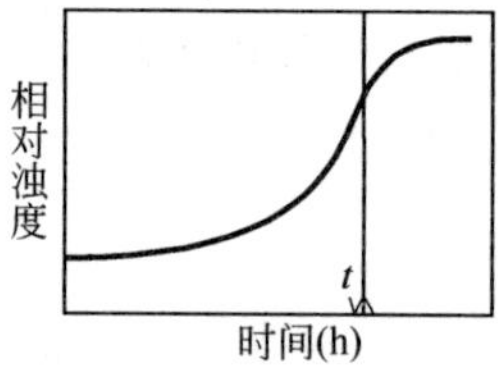
试管 275ml 消过毒的过滤样品 25ml 消过毒的过滤营养盐溶液	浊度测定(12°散射) 60h，每 30min 测定一次	增长率(在对数增长阶段 t_w) $\mu=\frac{d}{dt}\ln(turb)\mid t=t_w$
接种体 用 NaCl 溶液从消毒滤膜上洗脱后，再与多种细菌混合	额外的测量 溶解性有机碳(DOC) 总细胞数(TCN) 最初和最后的结果	增长因子 $f=\frac{turb_{max}}{turb_{st}}$

图 16.13　可同化有机碳 AOC 的测定过程(Hambsch *et al*. 1992)

有机碳被消耗和转化特征能够依靠 16.4.4 节描述的体积排斥色谱和 UV 及 DOC 检测(SEC-UV/DOC)进一步细化。取自康士坦茨湖的天然有机物的可生物降解性受预臭氧化的影响见图 16.14 所示(Hesse *et al*. 1999)。

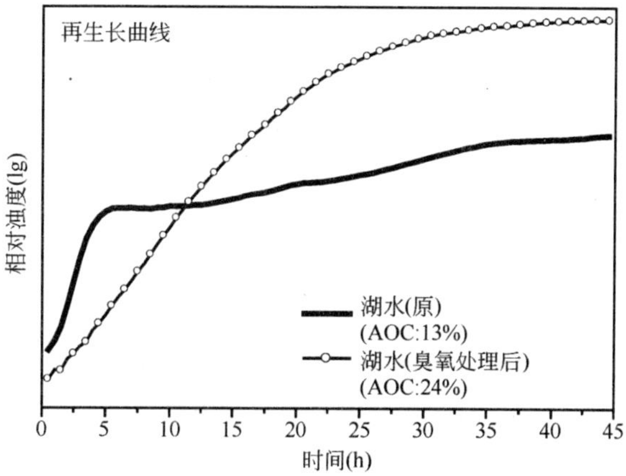

图 16.14 处理过的湖水与未处理过的湖水再生长曲线

16.7 在线检测

一个参数的测定频率究竟是多少，才能给出具有代表性的系统图示，这是一个基本问题。在线检测可以连续收集数据，是回答这一问题的最方便的方法。传感器的发明就是为了满足这些在线监测工作的需要(Baltes *et al*. 2000)。这些传感器是利用不同的机理发明的，例如利用电化学电压和电阻测定 pH 值、氧化还原电位、电导率；利用生物传感测定葡萄糖氧化酶、乳糖分解酵素氧化酶；利用免疫传感测定不同种类的酶等等。传感器的使用既可以确保水质控制，也可以用于工厂的技术控制。基本原理包括连续水流、参数的反应和连续监测，就像图 16.15 中所列举的实例一样。

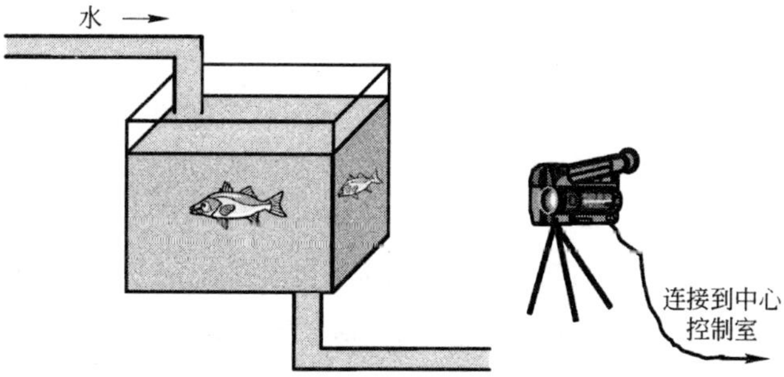

图 16.15 在线检测原理图

16.8 参考文献

Baltes, H. Göpel, W. and Hesse, J. (eds) (2000) Sensors Update 1-7, Wiley-VCH, Weinheim.

Bissen, M. and Frimmel, F. H. (2000) Speciation of As (Ⅲ), As (V), MMA and DMA in contaminated soil extracts by HPLC-ICP/MS. Fresenius J. Anal. Chem. 367, 51-55 (2000).

Budde, W. L. (2001) Analytical Mass Spectrometry: Strategies for Environmental and Related Applications, American Chemical Society, Washington D. C.

Burger, K., Jork, H. and Köhler, J. (1996): Application of AMD to the determination of crop-protection agents in drinking water. Part Ⅳ: Fundamentals of a confirmatory test. Acta Hydochim. Hydrobiol. 24, 6-15.

Cammann, K., Galster, H. (1996) Das Arbeiten mit ionenselektiven Elektroden, Springer, Berlin.

Clesceri, L. S., Greenberg, A. E. and Eaton, D. A. (eds) (1998) Standard Methods for the Examination of Water and Wastewater, 20th edn, American Public Health Association, Washington D. C.

DEV (2001) - Wasserchemische Gesellschaft - Fachgruppe in der Gesellschaft Deutscher Chemiker in Gemeinschaft mit dem Normenausschuß Wasserwesen (NAW) im DIN Deutsches Institut für Normung e. V. (eds) Deutsche Einheitsverfahren zur Wasser-, Abwasser- und Schlammuntersuchung [German standard methods for the examination of water, waste water and sludge], Wiley-VCH, Weinheim and Beuth, Berlin.

Doll, T. E., Frimmel, F. H., Kumke, M. U. and Ohlenbusch, G. (1999) Interaction between natural organic matter (NOM) and polycyclic aromatic compounds (PAC) - comparison of fluorescence quenching and solid phase micro extraction (SPME). Fresenius J. Anal. Chem. 364, 313-319.

EC (1998)-Directive for water for human consumption, 98/83/EC.

EN 1485 (1996) Water quality-Determination of adsorbable organically bound halogens (AOX).

EN ISO 11369 (1997) Water quality-Determination of selected plant treatment agents-Method using high-performance liquid chromatography with UV detection after solid-liquid extraction.

Fang, Z. (1995) Flow Injection Atomic Absorption Spectrometry, Wiley, Chichester.

Frimmel, F. H. and Geywitz, J. (1987) Direct polarographic recording of metal elimination from aquatic samples by coprecipitation with ferric hydroxide. Sci. Tot.

Environ. 60, 57-65.

Gottlieb, J., Hötzl, H., Huck, K. and Niessner, R. (eds) (1997) Field Screening Europe-Proceedings of the First International Conference on Strategies and Techniques for the Investigation and Monitoring of Contaminated Sites, Kluwer Academic Publishers, Dordrecht.

Hambsch, B., Werner, P. and Frimmel, F. H. (1992): Bakterienvermehrungsmessungen in aufbereiteten Wössern verschiedener Herkunft. Acta Hydrochim. Hydrobiol. 20, 9-14.

Hesse, S. and Frimmel, F. H. (1999) Biochemical characterization of refractory organic substances. Acta Hydrochim Hydrobiol. 27, 94-92.

Hesse, S., Kleiser, G. and Frimmel, F. H. (1999): Characterization of refractory organic substances (ROS) in water treatment. Wat. Sci. Technol. 40(9), 1-7.

Hübschmann, H. -J. (2001) Handbook of GC/MS: Fundamentals and Applications, Wiley-VCH, Weinheim.

Jahnel, J. B., Ilieva, P. and Frimmel, F. H. (1998): HPAE-PAD-a sensitive method for the determination of carbohydrates. Fresenius J. Anal. Chem. 360, 827-829.

Kumke, M. U., Löhmannsröben, H. -G. and Roch, Th. (1995) Fluorescence spectroscopy of polynuclear aromatic compounds in environmental monitoring. J. Fluorescence 5, 139-153.

Kumke, M. U., Zwiener, C., Abbt-Braun, G. and Frimmel, F. H. (1999) Spectroscopic characterization of fulvic acid fractions of a contaminated groundwater. Acta Hydrochim. Hydrobiol. 27, 409-415 (1999).

Lange, F. Th., Meier, U., Wenz, M. and Brauch, H. -J. (1995) Automated ion-pair extraction and ion-pair chromatography-a versatile method in water analysis for the determination of highly polar micropollutants. Acta Hydrochim. Hydrobiol. 23, 6-12.

Maurer, A. and Frimmel, F. H. (1997) On the way: Field analytical methods for water, waste and soil examination. GIT Labor-Fachzeitschrift, Special Edition April 1997, 71-74.

Montaser, A. (ed) (1998) Inductively Coupled Plasma Mass Spectrometry, Wiley-VCH, New York.

Montaser, A. ed. (1992) Inductively Coupled Plasmas in Analytical Atomic Spectroscopy, VCH, Weinheim.

Pawliszyn, J. and Smith, R. M. (eds) (1999) Applications of Solid Phase Microextraction, Thc Royal Society of Chemistry, Cambridge.

Rettig, W. Strehmel, B. Schrader, S. and Seifert, H. (eds) (1999) Applied Fluorescence in Chemistry, Biology and Medicine, Springer, Berlin.

Schullerer, S., Brauch, H. -J. and Frimmel, F. H. (1990) Bestimmung organischer Sulfonsöuren in Wasser durch Ionenpaar-Chromatographie. Vom Wasser 75, 83-97 (1990).

Schwedt, G. (1996) Water Analysis. In Ullmann' s Encyclopedia of Industrial Chemistry, 5th edn, vol A 28, "Water", VCH, Weinheim.

Ternes, T. A, Stumpf, M. Mueller, J., Haberer, K., Wilken, R. -D. and Servos, M. (1999) Behavior and occurrence of estrogens in municipal sewage treatment plants-I. Investigations in Germany, Canada and Brazil. Sci. Tot. Environ. 225, 81-90.

TrinkwV (1990)-Verordnung über Trinkwasser und über Wasser für Lebensmittelbetriebe (Trinkwasserverordnung-TrinkwV) vom 5. 12. 1990. BGBl. I, 2612-2629.

Weiss, J. (1995) Ion Chromatography, VCH, Weinheim.

Welz, B. and Sperling, M. (1999) Atomabsorptionsspektrometrie, 4th edn, Wiley-VCH, Weinheim.

Yu, T. R. and Ji, G. L. (eds) Electrochemical Methods in Soil and Water Research, Pergamon Press, Oxford.

Zwiener, C., Glauner, T. and Frimmel, F. H. (2000) Biodegradation of pharmaceutical residues investigated by SPE-GC/ITD-MS and on-line derivatization. J. High Resol. Chromatogr. 23(7/8), 474-478.

17
在生产链中利用模型防止食物污染

Peter de Jong

17.1 绪论

包装食品的微生物污染通常由以下原因造成：

- 原材料的污染
- 生产链中的二次污染
- 加工处理过程中的微生物生长

在许多情况下，原材料的污染是由一些不易控制的因素造成的，如气候、地理环境和农场的卫生条件。加工食品的二次污染，可以通过良好的加工条件和设置卫生设备来避免（Baker 1995；Ropkins 和 Beck 2000；Heggum 2001）。为了防止食品污染，以及生产出高质量、安全、具有合理贮藏期限的食品，在加工中需要灭活那些不应存在的微生物。但是，实际上并不可能总是将这些微生物全部杀死。特定的具有优化加工条件，没有污染发生的处理工艺中，微生物的生长可由以下原因造成：

- 细菌生长在设备的死角处
- 细菌生长在储存罐中
- 附着生长在设备内壁上的细菌脱落下来

除了微生物的特性外，希望得到的食品构造和滋味同样决定了适用的加工条件。因此，在实践中，杀死所有致病微生物之后，加工条件的选择就取决于希望得到的食品滋味、质地和贮藏期限。结果，一些不应存在的微生物可能在设备中生长，从而污染了最终产品。需要解决的问题是，寻找一种最佳的方式，使加工技术的发展同食品的滋味、质地、贮藏期限和生产费用等方面保持平衡。

由于安全产品的生产变得越来越重要，产品污染情况的预测模型可以大大有助于食品工业，特别是可能在获得理想的产品质量和安全性的同时，使加工操作最优化。以科学知识为基础的预测模型能够使工艺更新，优化生产过程，并获得低实验成本的产品。到目前为止，计算机模型主要应用于预测微生物的生长和产品损坏情况，例如预测在储存过程中微生物的生长和产品损坏情况(Roberts 1999)。为了最优化和改进生产链的流程液体，需要三种类型的预测模型(De Jong 2001b，图 17.1)：

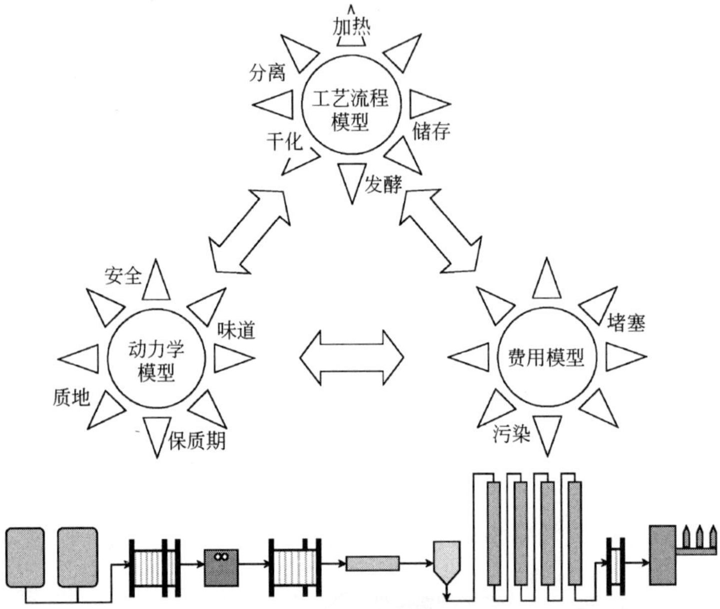

图 17.1 优化和改进生产链所需的 3 种预测模型的示意图

(1) 加工过程模型，根据模型反应器描述生产链的情况。这类模型的主要输出结果是食品的温度——时间记录。在分析生产线中水分的去除情况(如蒸发、烘干)时，局部的水分含量非常重要。

(2) 动力学模型，预测食物成分的转化情况，以及消费者认可的同食物性质有关的污染物情况。这些模型包括，模拟蛋白质的变性和聚合、酶的灭活、细菌和孢子的灭活、反应产物的污染和形成(色素、失去滋味)。在一些情况下，模型是相当复杂的。例如用于预测生产链中的细菌污染，和用于预测微生物因生长、附着、释放及灭活而引起的浓度变化的模型。

(3) 与加工操作相关的生产成本预算的预测模型。在许多处理过程中，生产成本取决于动力学模型描述的微生物和物理化学结垢的情况。它可以预测蛋白质的总量，矿物沉积量，附着和生长的细菌的数量，它还可以相对简单地估算出因防止和去除污垢所引起的运行费用。

这三种动力学模型都已经充分发展，并在工业应用中得到验证。应用范围有：牛奶场、蛋场、淀粉和果汁生产工业。在本章中，介绍了多种模型类型，并全面描述了食物生产链模型的发展。

17.2 预测模型

17.2.1 污染

食物中微生物的集聚主要取决于微生物在设备壁上的附着，如图 17.2(De Jong *et al*. 1999)。在许多操作单元，如果在设备表面没有细菌的附着，就不会发生污染问题。

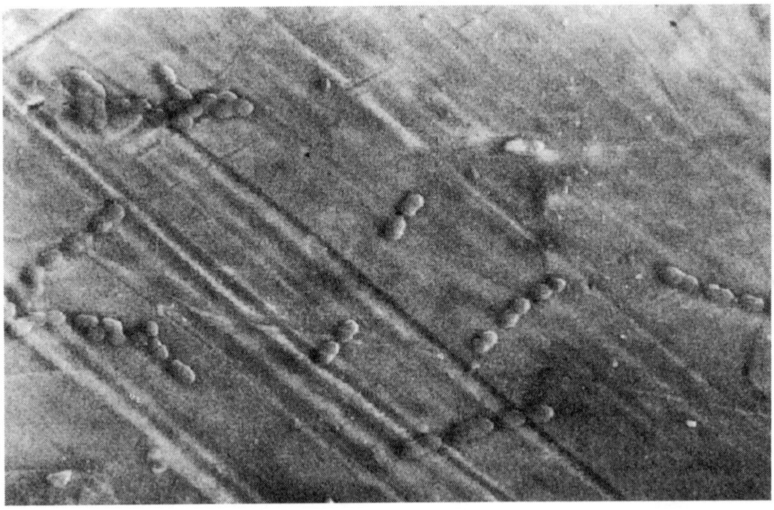

图 17.2 不锈钢板式换热器在使用 8h 后的嗜热链球菌附着情况
(巴氏灭菌［消毒］牛奶，温度 40℃)。

微生物和细菌孢子在诸如热交换器表面的附着，是液体食品细菌污染的重要原因。微生物在表面的附着受到细菌的范德华力、静电相互作用、水力条件、细胞间相互作用以及可能的防止附着生物表面活性剂产品相互间的复杂影响(Rosenberg 1986；Mozes *et al*. 1987；Zottola and Sasahara 1994；Austin and Bergeron 1995)。我们知道由于耐热的链球菌的生长——主要是嗜热链球菌属，使得巴氏灭菌器的操作时间受到一定的限制(Bouman *et al*. 1982；Te Giffel *et al*. 2001)。在加工过程中，产品中细菌数量的增长，部分原因是由于细菌在产品内的生长，而细菌在设备壁上的释放和生长也发挥着重要作用(Bouman *et al*. 1982；Langeveld *et al*. 1995；Te Giffel *et al*. 1997)。微生物的生长造成了食品质量的下降和缺陷，如干酪的过多孔洞和牛奶口味的偏差。

模拟细菌附着和生长造成的污染，可以采用以下方法。一条生产链可以看作一个串连的模型反应器。在每个反应器里，会发生细菌的生长、附着和/或毁灭。模型的基础主要是两种质量平衡：一个平衡是细菌可能附着和生长的设备壁，另一个是液体容积。细菌在一个管状的有塞子的流动反应器壁上的生长由以下转换方程定义，它是加工操作时间 t 和位置 x 的函数：

$$\frac{dn_w}{dt}=\mu_T n_w(1-\beta)+k_a C \tag{17.1}$$

式中 n_w 是管壁的覆盖情况，单位 $cfum^{-2}$；μ_T 是细菌在温度 T 时的生长率，单位 s^{-1}；β 是释放到桶里的细菌的百分率；k_a 是附着量，单位 ms^{-1}。局部容积密度 C，单位 $cfum^{-3}$，与加工操作时间 t 应符合组成(细菌)平衡：

$$\frac{dC}{dx}=\frac{\pi D}{\phi}(\beta\mu_T n_w-k_a C)+\frac{\pi D^2}{4\phi}(\mu_T+k_d)C \tag{17.2}$$

式中 ϕ 为牛奶流动，单位 m^3s^{-1}；k_d 是灭活(毁灭)常数，单位 s^{-1}；D 是反应器的水力直径，单位 m。在一个反应桶中，浓度由位置 x 决定：

$$\frac{dC}{dt}=\frac{4\phi}{\pi D^2 L}(C_{in}+C)+\frac{4}{D}(\beta\mu_T n_w-k_a C)+C(\mu_T+k_d) \tag{17.3}$$

式中 L 是桶中的液体水平面。由于在热交换器中，壁的温度是位置(x)的函数，微分方程(17.1～17.3)应该并联求解。

图 17.3 证明了微生物在设备壁上的附着对产品污染的影响(工业条件)。曲线表示在确定了加工方式后的模型计算结果，以及工厂中的主要加工条件(详见 De Jong *et al.* 2001c)。很明显，这种情况下，如果没有细菌会附着在设备壁上，则污染主要由液体中细菌的生长情况控制。乳清的下游加工处理，由具有足够停留时间的设备(即容器)组成，在其中细菌可以在液体中生长(>10^4 cfu/mL)。然而，真正的污染问题(10^8 cfu/mL)是细菌在设备壁上的附着和生长造成的。结论是，目前的模型可以很好地预测出测量数据。

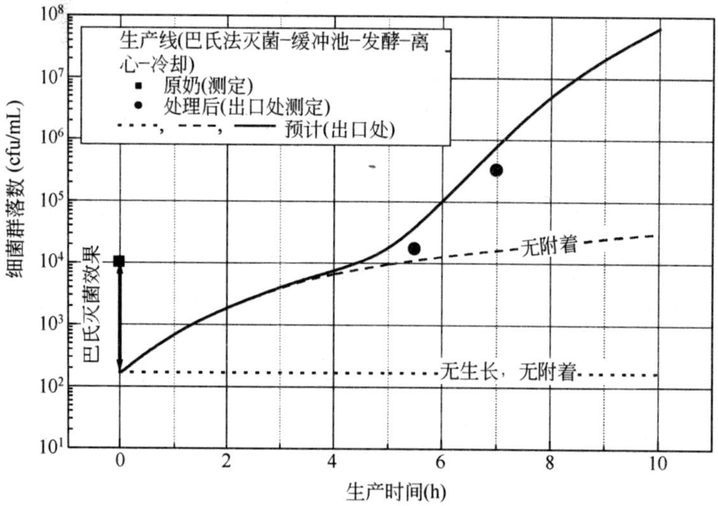

图 17.3 嗜热链球菌属浓度同下游乳清加工处理操作时间关系：处理设备中细菌局部附着和生长的作用

17.2.2 食物成分的转化

在加工过程中，食物的表现就像一个复杂的反应系统。会发生大量化学、物理和生化反应。其中，有一些反应是非常重要的，因为它们会改变产品的特性，并且容易被消费者识别出来(味道、营养成分、价值和颜色)。例如：酶的灭活、蛋白质的变性、营养物质流失和新化合物的形成。通常，大多数反应可以通过 n 级反应(单个的或连续的)进行描述：

$$\frac{dC_1}{dt}=k_nC_1^n, \quad \frac{dC_1}{dt}=k_nC_1^n-k_mC_2^m, \text{ etc.} \tag{17.4}$$

NIZO 食物研究收集了大量不同食物成分的动力学数据(*De Jong* 1996)。图 17.4 显示了任意热处理(UHT)的动力学模型在生产 8h 后的评估模拟结果。在 x 轴，表示产品在生产设备内的停留时间。产品的特性被预测出来。使用的模型有蛋白质结垢模型，细菌孢子模型(同质量相关)，维生素和梅拉德(Maillard)产品(同滋味相关)模型，酶的灭活模型(同贮藏期限相关)，蛋白质聚合及变性模型(同质地相关)。更多的细节见 De Jong 等人的论述(2002b)。

17.2.3 运行费用

许多食品生产链的运行费用主要取决于设备的微生物(见 17.2.1 节)和物理化学污垢。通常，在低温(<70℃)条件下的加工操作，受到细菌附着和生长的制约(图 17.2)。当温度高于 80℃时，设备的操作时间很大程度上取决于蛋白质和矿物的沉积情况(图 17.5)。蛋白质和矿物沉积造成的物理化学污垢，可由一个吸附反应予以描述：

$$J_{x,t}=k''C_{x,t}^{1.2} \tag{17.5}$$

式中 $J_{x,t}$是食物成分在设备壁上的局部流量(kg $m^{-2}s^{-1}$)，$C_{x,t}$是同污垢(如乳清蛋白质)有关的关键成分的局部体积浓度。污垢的总量，通过操作时间和设备壁表面积的上的积分流量获得。由于清洁、转变(冲洗损失)、折旧、耗能、人工成本、污染和产品损失等因素的影响，污垢总量同成本相关(De Jong 1996)。

例如，图 17.6 显示了灭菌车间的运行费用(能量、排放物、产品损失)，是加热速率和加热温度的函数。在加热速率高于 10℃ s^{-1}的情况下，运行费用随加热温度而增加，这主要是由于结垢速率的增加。在达到加热率的上限(>100Cs^{-1})时，由于停留时间很短，运行费用降低。这就导致了污垢关键成分(如变性蛋白质)的较低浓度，根据方程 17.5，结垢就减少了。

17.3 在食品工业中的应用

对于模型在食品工业中的应用，需要将三种类型的模型(加工过程、产品转化和成本模型)结合在一起使用。另外一个需求是动力学资料。动力学预测模型与日俱增的实用性以及必需的动力学资料，刺激了反应工程的发展，以获得最佳的产品质量(De Jong 1996; De Jong and Verdurmen 2001)。产品的功能特性和设备的运行成本，很大程度上取决于原料加工中所谓关键成分的转化。产品和处理过程优化的主要控制因素，是温度-时间的

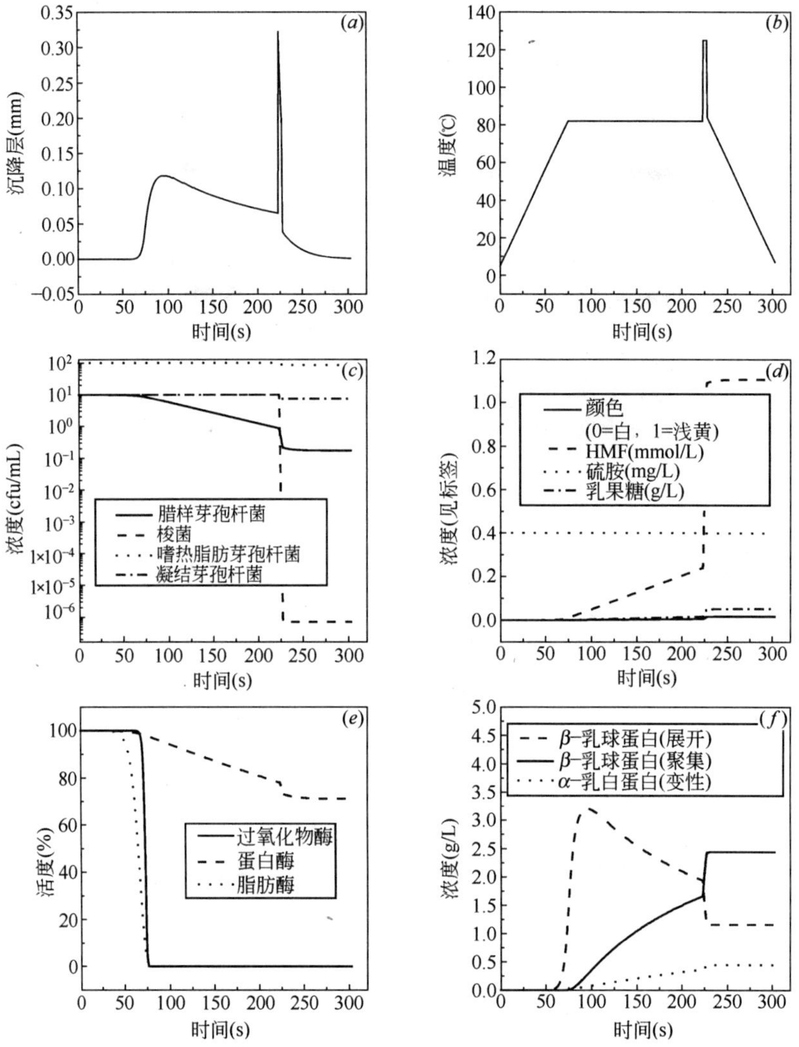

图 17.4 动力学模型的模拟结果：沉积(a)，微生物(c)，与滋味有关的成分(d)，酶(e)，蛋白质(f)，一个给定的加热处理(b)。

关系以及加工设备的配置。为了确定控制变量的最佳值，可利用一个普遍的目标函数：

$$F(u,\ x)=\alpha c_{\text{quality}}(u,\ x)+\beta c_{\text{operation}}(u) \tag{17.6}$$

式中 u 是表示加工控制变量的向量(如温度、流动)，x 是同食品质量和安全性有关的需要的产品特性向量。C_{quality} 的值依赖于污染和食物成分转化情况预测模型的输出结果。$C_{\text{operation}}$ 同运行费用有关。一个生产链的最佳配置和操作，可在目标函数最小值时达到(*De Jong* 1996)。为了避免繁琐和不希望的结果，需要使用权重因数 α 和 β。这些权重因数给出了各种条件下目标函数的相对重要性。例如，β 值太高可能会造成一个非常干净和便宜的生产过程，但是产品的质量很差。

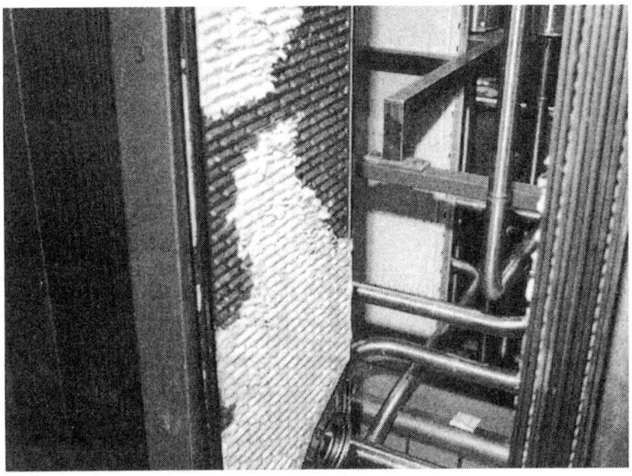

图 17.5　蛋白质和矿物质在不锈钢板式换热器上的沉积

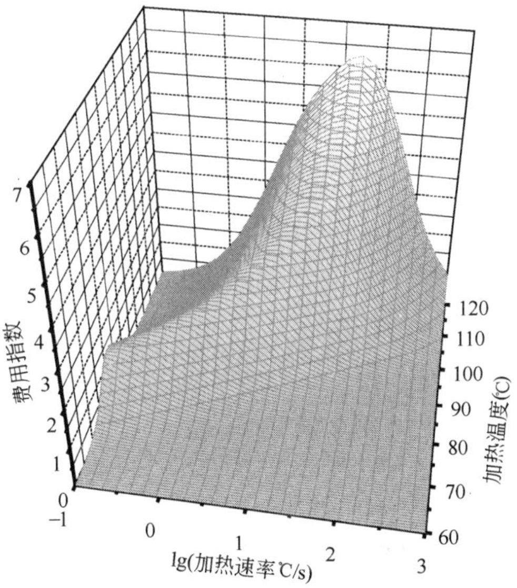

图 17.6　一个灭菌车间的运行费用(能量、排放物、产品损失),
作为加热速率和加热温度的函数。

图 17.7 表示了使用预测动力学模型的常规方法和产品发展情况(De Jong *et al*. 2002b)。为了优化生产链，首先需要知道可用的原料和组分，希望获得的产品特性以及加工过程的概要描述。以希望获得的产品特性为基础，可以确定关键成分的转化。将产品特性预测模型(Ⅱ)和物理及微生物污垢预测模型(Ⅲ)嵌入处理模型(Ⅰ)，即可计算出 $C_{quality}$ 和 $C_{operation}$ 的值。接下来，利用目标函数的评估改进生产链条件(即控制因素)，预测模型的评估将重复进行。这个过程将持续进行，直到获得目标函数的最小值，即找到最佳条件。在应用最佳结果之前，需要完成一些证实试验。

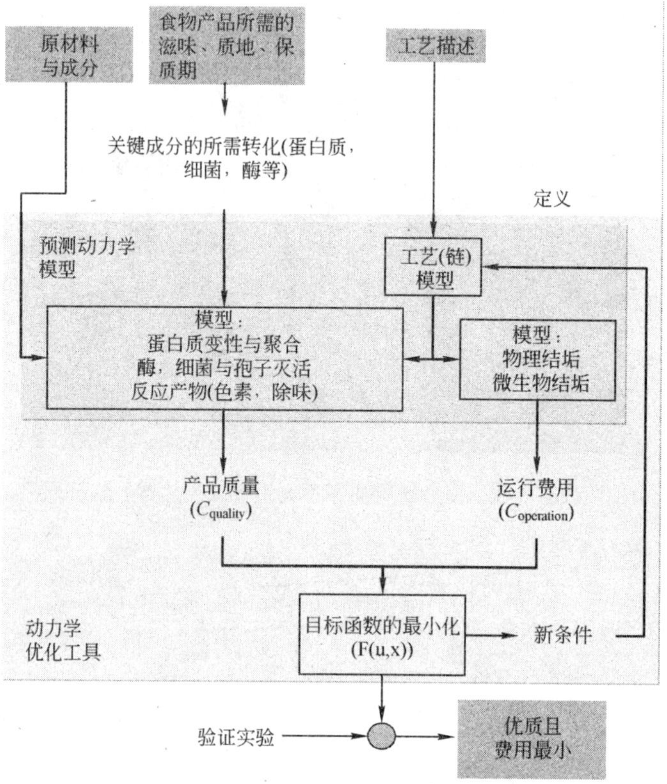

图 17.7　利用动力学预测模型的加工过程和产品发展

在如今的工业应用中，有一些例子，依靠目标函数的最小值，促进了加工技术和产品发展(NIZO2000)：

- 改进干酪和牛奶的巴氏灭菌法性能(延长操作时间)；
- 考虑细菌的生长情况，检查两种蒸发器的设计；
- 确定乳清下游处理的关键点；
- 延长婴儿食品生产链的操作时间(200%)。

在荷兰的牛奶工业中，利用预测模型减少污垢的形成和污染，可计算出在能量方面能节约 9000 万 m^3 燃气(De Jong and Van der Horst 1997)。

17.4　结论和机会

在食品工业中，一些动力学预测模型已经越来越实用，尤其是在牛奶工业中。特别是微生物污垢模型很独特，因为它考虑到了微生物在食品生产链中的生长和附着两方面问题。模型的描述经过了产业化的验证，因此在生产链分析中可以成为更高级的应用，例如确定最佳加工操作条件以便使细菌的污染最小化，或者确定卫生方面的关键点。由于模型同原料质量和最终产品的特性有关，在不久的将来，它有提供在线处理控制和嵌入处理控制的可能性。

改进食品生产链的发展程序，要结合食品质量、安全性以及经济因素。程序的发展可以促进新型的安全而美味的食品的发展。由于食品市场的需求改变越来越快，这种程序会在食品工业中变得越来越重要。

17.5 参考文献

Austin, J. W. and Bergeron, G. (1995) Development of bacterial biofilms in dairy processing lines. J. Dairy Res. 62, 509-519.

Baker, D. A. (1995) Application of modelling in HACCP plan development. Int. J. Food Microbiol. 25, 251-261.

Bouman, S., Lund, D. B., Driessen F. M. and Schmidt, D. G. (1982) Growth of thermoresistant streptococci and deposition of milk constituents on plates of heat exchangers during long operating times. J. Food Prot. 45, 806-812.

De Jong, P. (1996) Modelling and optimization of thermal processes in the dairy industry, Montfoort, ISBN 90-9009034-7, 165 pp.

De Jong, P. and Van der Horst, H. C. (1997) Extended production and shorter cleaning times, a review of research projects financed by the Dutch Ministry of Economics Affairs, Novem Sittard.

De Jong, P., Boum, S., Langeveld, L. P. M. and Kiezebrink, E. H. (1999) Predictive model for the adherence, growth and release of thermoresistant streptococci in production chains. In: D. I. Wilson, P. J. Fryer, A. P. M. Hasting (editors), Fouling and cleaning in food processing '98. European Commission, Brussels, pp. 118-124.

De Jong, P. and Verdurmen, R. E. M. (2001a) Concentrated and dried dairy products. In: A. Y. Tamime and B. A. Law (editors), Mechanisation and automation in dairy technology. Sheffield Academic Press, Sheffield, pp. 95-118.

De Jong, P. Te Giffel, M. C, Straatsma, J. and Vissers, M. M. M. (2001b) Reduction of fouling and contamination by predictive kinetic models. Submitted to Int. Dairy J.

De Jong, P., Te Giffel, M. C. and Kiezebrink, E. A. (2001c) Prediction of the adherence, growth and release of micro-organisms in production chains. Int. J. Food Microbiol. in press.

Heggum, C. (2001) Trends in hygiene management, the dairy sector example. Food Control 12, 241-246.

Langeveld, L. P. M., Montfort-Quasig, R. M. G. E. van, Weerkamp, A. H., Waalewijn, R. and Wever, J. S. (1995) Adherence, growth and release of bacteria in a tube heat exchanger for milk. Neth. Milk Dairy J. 49, 207-220.

Mozes, N., Marchal, F., Hermesse, M., Haecht, J. L. van, Reuliaux, L., Léonard, A. J and Rouxchet, P. G. (1987) Immobilization of microorganisms by adhesion; interplay of electrostatic and non-electrostatic interactions. Biotechnol. Bioeng. 30, 439-450.

NIZO (2000) Confidential reports.

Roberts, T. A. (1998) Mathematical modelling of microbial growth. In: V. Gaukel, W. E. L. Spiess(editors), European Research toward Safer and Better Food. Part 1, 3rd Karlsruhe Nutrition Symposium. Bundesforschungsanstalt für Ernährung, Karlsruhe, pp. 33-41.

Ropkins, K. and Beck, A. J. (2000) Evaluation of worldwide approaches to the use of HACCP to control food safety. Trends Food Sci. Technol. 11, 10-21.

Rosenberg, E. (1986) Microbial surfactants. CRC Crit. Rev. Biotechnol. 3, 109-132.

Te Giffel, M. C., Beumer, R. R., Langeveld, L. P. M. and Rombouts, F. M. (1997) The role of heat exchangers in the contamination of milk with Bacillus cereus in dairy processing plants. Int. J. Dairy Technol. 50, 43-47.

Te Giffel, M. C., Meeuwisse, J. and De Jong, P. (2001) Control of milk processing based on rapid detection of micro-organisms. Food Control 12, 305-309.

Zottola, E. A. and Sasahara, K. C. (1994) Microbial biofilms in the food processing industry-Should they be a concern? Int. J. Food Microbiol. 23, 125-148.

第四部分

工业规模闭路水循环技术—A 环境生物技术前景

18 水与资源循环管理中生物技术的前景

Valentian Lazarova

18.1 前言

持续的水资源匮乏的加剧、人口增长、城市化的加速、使用者之间竞争的加剧以及对健康与环境保护关注的增加，是新千年的主要变化趋势，对水行业的从业者造成巨大的挑战。水的再利用成为定性与定量地挽回人工与自然之间水循环负面影响的关键点；而且再利用这一方式，为不同的人类活动提供了可选择的低成本资源。因此才在两个水循环系统中努力实现封闭循环。

工业用水约为全球总用水量的25%，仅次于农业对水的需求，是世界第二大用水行业。过去的四十年间，发达国家在节约工业用水方面已经取得了极大的进步，削减了70%～96%的用水量(Hawken, *et al*. 1999)。工业再利用和闭路循环作为节约用水的手段，已经进入实际应用。在很多行业，包括像制备芯片这种对水的纯度要求极高的行业，循环水量最高可达总用水量的85%。通过建立崭新的水务管理观念，如：水夹点技术(Mann and Liu 1999)、由ONDEO-Nalco公司开发的高级循环技术(ART)(Goodman and Campmajo 1999)，可以实现水需求量、废水排放量和相应费用的最小化。

最近几年间，在多种行业，使用诸如处理过的市政废水之类的可选择性资源有明显的增长。然而，循环的城市废水大约只有工业总循环水量的15%。在美国，每天有790000m^3的市政废水被工业行业循环使用——绝大部分(68%)用作冷却水(Miller, 1990)。在南非，每天有超过5万m^3经过三级处理的市政出水用于造纸业(Odendaal *et al*. 1998)。

各种技术使得废水成为等同于来自自然环境的水的一种资源。通过可靠且有效的处理，废水可以满足各种类型的使用需要。水的不同的再利用情况，对水质有着不同的要求，本章对适用于不同废水处理程度的改进生化技术进行了综述。

18.2 水的再利用在水闭路循环中的意义

未来的供水行业必将发展一些貌似深奥的供水管理新概念，以应对诸如对水的需求、对水质的要求、保护公众健康和环境、在复杂的水循环中进行管理以及在不同人口密度和收入的地区或国家实现上述目标的挑战(Asano and Levine 1996；Lazarova *et al*. 2000a)。由于优质水源有限，供水不得不考虑废水(市政废水或工业废水)回用这种选择。

此外，更加严格的排放标准驱动当地政府和废水管理机构对水进行再利用，以反映处理过的废水的真实价值；并且再利用也是从经济性角度与水长距离输运和废水排海相竞争的解决方案。最终，水的再利用管理被看作与水资源管理和保护生态资源密切相关的内容。今后，重建已退化湿地和已枯竭的饮用水源将成为废水再利用的最主要用途。

在限制供水和新的严格排污政策的情况下，工业是第一个经历过程混乱和经济平衡被破坏的行业。由于这一原因，在今后的 20 年，各制造业中工业用水的再利用和废弃物最小化将成为水处理从业人员和环境工程师的主要关注内容。最终的目标是实现零排放(图 18.1)。

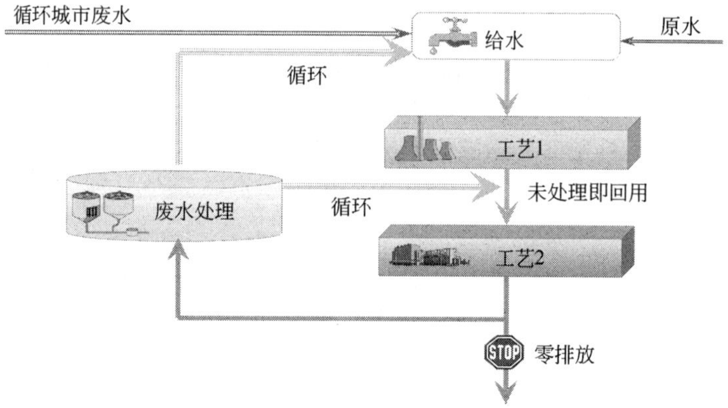

图 18.1 工业中进行水回用循环和零排放的概念

需要着重强调的是，在对适用于水循环的新技术的投资过程中，不能将节约取水与排放成本作为惟一的标准——这是一项基本原则。其他的不可计算的非经济性收益必须考虑，例如满足排放许可下水质的一致和可靠性，回收产品或原材料，环境效益和对公司形象的提高。

纸浆和造纸行业已经大幅度削减废水排放量。在加拿大、德国、南非以及其他发达国家，总计超过 30 家制造厂已经实现零排放目标。一些化工(如 Dow Chemical Co.，DuPont Co.，等)、石化公司也在实现零排放方面进行努力并且取得了明显的效果。一些美国的金属表面加工和电化学行业也实施了接近零排放工程。

当前已经提出了一些关于在工业和城市生活地区成功实施整体资源管理的新概念。这些概念源于为满足不同的回用目的而实施多重循环水标准(Lazarova *et al*. 2000b)。依照这一概念，废水处理成本因不同的质量要求而得到优化。美国加利福尼亚 West Basin 地区的废水处理厂给出了一个很好的事例，该处理厂是世界上最大的废水处理厂之一，其设计容量为 340000m³/d。如图 18.2 所示，经过先进的三级和四级处理，生产出高质量的回用水。与私人/公众的合作保证了处理厂运行的可靠和水的质量。

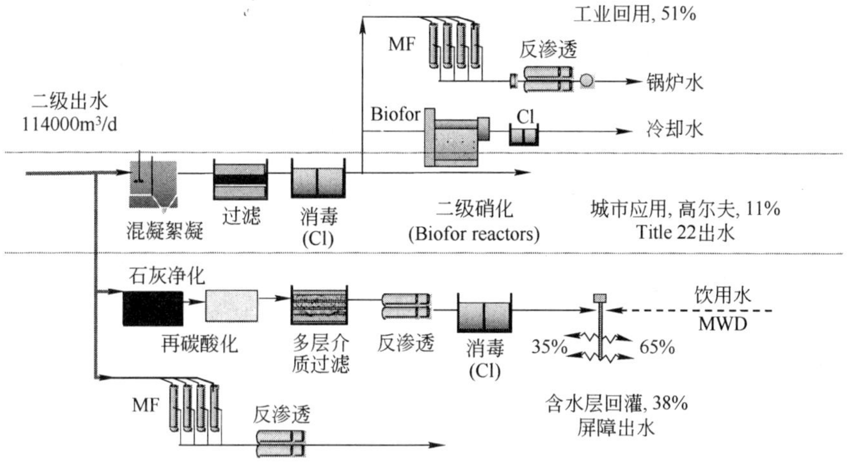

图 18.2　不同质量的回用水的生产：加利福尼亚西盆地回用水生产厂的主要处理程序和对应的回用目的

West Basin 回用水生产厂处理来自洛杉矶 Hyperion WWTP 的二级出水，生产出 4 种类型的回用水。第一类满足加利福尼亚废水回用规定 Title 22 的标准。这类水典型的应用是用于景观灌溉和诸如印染和炼油等行业。满足 Title 22 标准，处理二级出水的过程包括絮凝、过滤和加氯消毒。这类水将进一步处理，生产第二类水——脱氮水，以供应炼油冷却塔使用。处理将在两附属脱氮设施中进行。

该处理厂的第三类水将用于西海岸盆地屏障——这是一系列深井，将饮用水和回用水混合后注入地表水盆地，以保证该地区免受海水的侵蚀。这类水一定要满足饮用水的所有标准。因此在常规石灰石过滤和微滤两种预处理之后使用了反渗透方法。第四类水是经过微滤/反渗透(MF/RO)的超纯回用水，这类水在一个新设施中制备，将用于石油行业的锅炉水。

针对不同用途生产多种质量的回用水，特别是生产高质量的工业用水和蓄水层交换用水，有利于快速从废水再生设施获得经济回报。一般而言，工业和城市用户的回用水售价要高于对农业的售价。农业灌溉对水量的要求较大，同时经济价值较低。通常是由政府出面，通过减少处理和运输水的成本实现回报。

成本一效益以及快速回报是大规模实施水回用的驱动力。作为一项原则，闭路工业水循环包括如下三项节约用水和废水最小化的措施：(1)串流回用，包括很少或不经处理的直接回用；(2)经过适当处理的废水循环；(3)针对给定的工业流程通过降低对水的需要而减少资源使用。主要考虑的内容包括成本—效益、水质、运转复杂程度和调整的规则。

18.3 回用水的技术挑战和进步

图 18.3 说明了根据不同标准和法律要求以及面对不同类型的回用，进行废水处理的多层次选择(Lazarova 2001)。不同行业对回用水质量的要求取决于确定的工业生产和其他方面用水的具体要求。这样，不同的常规及先进技术可以实现同样的处理目标。对处理措施的最终选择将取决于对技术、经济以及当地的特殊条件(基础、使用、可用空间、处理厂容量，等等)的全面考虑。对公众健康保护的关心和高品质工业生产的需要催生了“多重屏障”的概念，这一概念对于生产超纯水是必需的：通过成功实施多种处理技术，任意一种污染物都是去除对象。

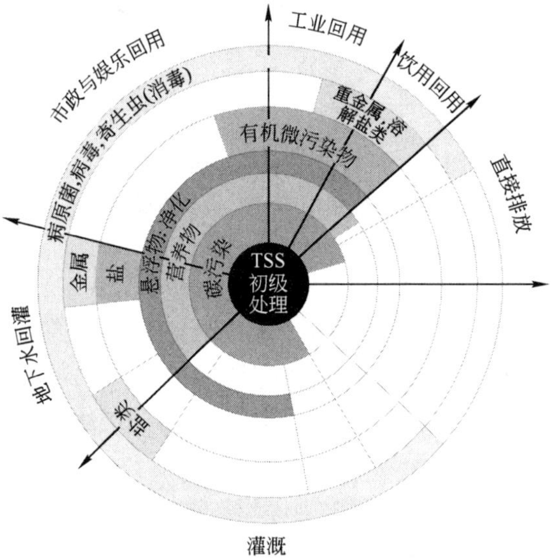

图 18.3 处理城市废水使其适用于主要回用用途的需求水平

在上述以废水回用为目的的研发程序中，居于中心的是高级处理过程(生物处理、物化处理、膜处理)。这些处理过程的主要目标是保证水质和水质的稳定，包括，除去悬浮颗粒物、病毒和病原体、营养物质、微量金属、有机物和无机物。表 18.1 总结了针对工业废水需要去除的主要污染物的去除方法。

考虑到特殊处理要求，高速去除悬浮性固体，对于保证后续处理程序更为有效是非常重要的。悬浮性固体的存在将引发特别麻烦的未激活微生物问题(这些微生物可吸附于固体颗粒表面并且因此抵制消毒剂和生物杀灭剂的作用)。通过使用生物氧化、硝化/反硝化、活性炭、絮凝、膜过滤、电渗析和反渗透等方法，可以进一步提高水质。

去除工业废水中特定污染的常用技术 表 18.1

处理技术	具体行业应用	污染物				
		无机物	有机物	不溶物	悬浮物	生物质
吸附：活性炭	食品、纺织、制药	+	+	+		
生物技术：好氧，厌氧，缺氧	化工制药，纺织印染，造纸等	+	+	+	+	+
离心	食品、炼焦				+	
化学氧化：O_3，H_2O_2，UV，Cl，湿空气氧化	食品，纺织，化工	+	+	+		+
电渗析	金属表面处理	+		+		
蒸发	食品，化工，炼油，影像，纺织，制药等等	+	+	+	+	+
过滤	能源，造纸，化工	+	+		+	+
重力分离：沉降，絮凝	冶金，食品，造纸，化工，金属加工	+	+		+	
离子交换	金属加工，汽车，表面处理	+	+	+		
膜处理：MF，UF，NF，反渗透	食品，能源，造纸，金属加工等	+	+	+	+	+
萃取	化工		+	+		

生物处理是经济高效地除去各类有机、无机污染物(去除碳和氮、磷等营养物)的有效方法之一。这类处理是利用了微生物本身具有的、可以利用人类排放的不同成分作为能量来源和生长所需物质的能力。某些情况下，这种混合菌株的共生关系阻碍了某些特定细菌——特别是那些自我复制慢的细菌的增长。比如，厌氧和脱氮过程中的甲烷化。厌氧和脱氮过程的目的在于去除 NH_3-N，它对环境中的动物有毒并且在冷却水的生产(生物淤积，腐蚀)中也是必须去除的，这一过程是最为敏感和脆弱的生物处理过程之一。将物化过程(如，臭氧氧化、活性炭吸附)与生物处理相结合，可以明显提高去除有机微污染物——特别是高分子和难溶化合物——的去除率。

更高程度的净化将通过膜处理来实现。使用低压膜处理作为反渗透的预处理是当前非常有前景的应用。对于这些应用，示范性的实验和大规模的操作表明，微滤和超滤可以显著降低污染指标，超滤可以将反渗透单元操作要求的压力降低 30％(Leslie *et al*. 1996)。

服务于成功的水循环工程的最为适当的处理序列的技术挑战如下所示：

(1) 高度保证运行的可靠性。从使用的角度，处理设施以及蓄水装置、输配网，都将是保证优良水质必须涉及的。微生物增长的最小化以及保证最终工业产物的质量，要求各种类型的回用水水质稳定。

(2) 提高处理过程的整体性，以满足特殊水质的要求。为争取更大的经济效益和减少副产物，改进是必需的。以提高操作可靠性、盐的去除和消毒效率为目的新的处理方法，应当被积极推动，以确认有效性。一些新软件被发展，以提高工业闭路循环设计水平、优化用水网络和废水处理。

(3) 加强水质监测以确认循环水符合现有标准。合理的监测程序应当发展并标准化，而且应该是简单和低价的分析工具。

(4) 为水的回用和循环制订最适宜的措施，以保证经济效率、水质、公众健康安全和降低各种应用过程中水的损失。

18.4 为闭路水循环而改进的各种生物技术

根据微生物状态，应用于废水处理和回用的改进型生物过程可以分为三类：悬浮式、固定式和复合式膜生物反应器(Lazarova and Manem 1994)。

生物处理中相关技术的发展，提高了生物反应器中的过程效率、相混合、氧转移和相分离。

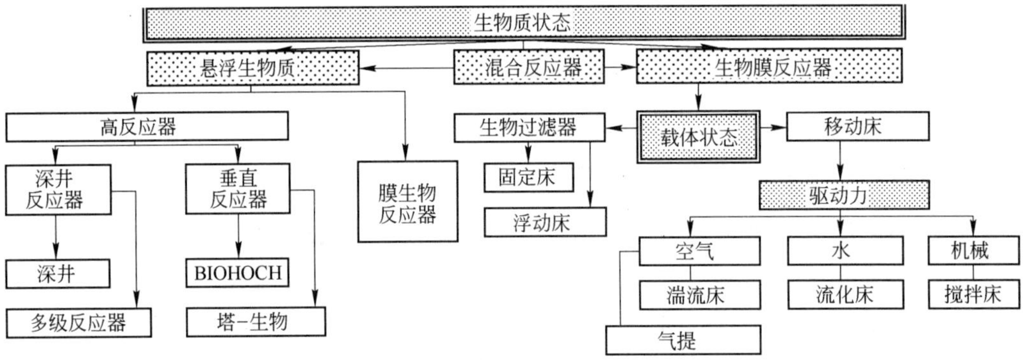

图 18.4 用于水和废水处理的改进生物技术分类(according to Lazorova and Manem 1994)

18.4.1 改进的流化床生物技术：高大型生物反应器和膜生物反应器

最新的流化床生物处理过程使用紧凑型节约空间的生物反应器，其设计基于以下两个主要原则：(ⅰ)增加反应器高度；(ⅱ)确保微生物被膜截流。

大型生物反应器包括中等高度生物塔(15～30m)(Tower Biology(Bayer AG))以及(BIOHOCH(Hoechst AG))，和非常深的反应器(可达 200m)——如，深桨和多重反应器技术(Lazarova and Manem 2000)。这些技术中碳的去除率可以是常规活性污泥过程的 2～3 倍，另外污泥产量降低，最低可以削减 20%，氧的利用率可以达到 60%～90%。

最近又出现了一种可用的生物处理技术：结合膜分离和生物反应器的膜生物反应器(Manem and Sanderson 1996)。这一过程是常规活性污泥法的改进方法，其中对微生物和水的分离通过膜分离单元完成。这一技术的主要优点是出水质量高、灵活性高、节省空间并且污泥产量低。

需要着重强调的是，"膜分离生物反应器"在两个完全不同的方面都有应用(如图 18.5)：(ⅰ)悬浮的膜生物反应器(MBR)，其中微滤或超滤膜是一种物理性的分离固体与微生物的设施，运行的主要模式为浸没式或外部循环式；(ⅱ)微泡膜生物反应器(BMBR)，该类反应器可以提供氧气或臭氧的小气泡，主要用于去除易挥发有机污染物。在后一种情况下，微生物可以在膜表面富集生长，因此该类反应器一般被认为属于膜生物反应器。

MBR(如图 18.5 所示)得到了充分的商业发展，并且根据其结构和运行分为两大类。浸没式 MBR 包括外皮层膜被整体置于反应器内。分离的动力来自于水压或者出水端的真空抽滤。侧流 MBR 包括一个置于生物反应器外的膜分离组件，混合液通过这一分离组件分离。组件中的膜可以为内皮层膜，也可以为外皮层膜。分离动力源自膜内高速流过的液体产生的压力。

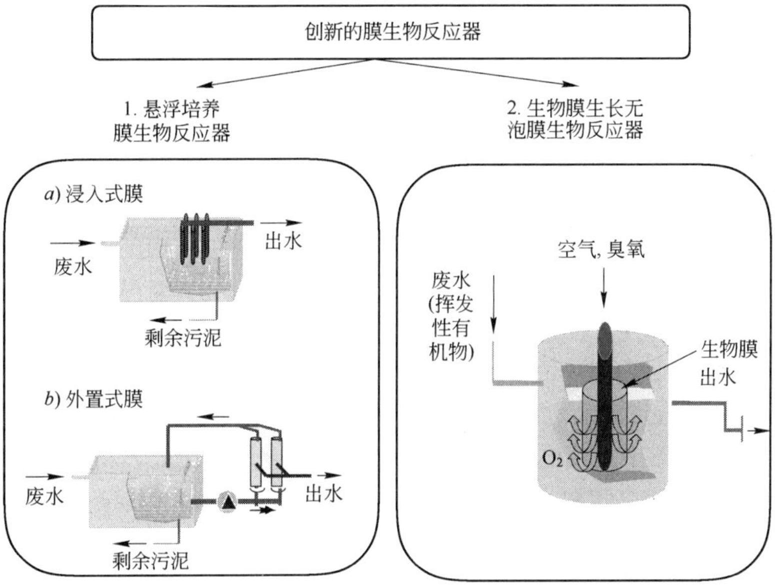

图 18.5 膜生物反应器分类：(1)用于固液分离的膜生物反应器(MBR)，和(2)用于氧或臭氧传输的无泡膜生物反应器(BMBR)

已经开发了很多使用有机或陶瓷超滤及微滤膜、适用于市政及工业废水处理的好氧或厌氧的商业性 MBR(Brindle and Stephenson 1996；Manem and Sanderson 1996；Cote and Thompson 2000)。陶瓷膜耐 pH 变化的能力明显优于有机膜。因此这类膜可以使用化学试剂清理。与其他生物技术相比，MBR 使得生物停留时间不需与水力停留时间一致，因此有利于降解高分子、降解速度慢的有机物。由于生物量浓度高，可以获得高有机物负荷并且污泥产量低。

MBR 技术已经应用于处理食品行业(例如，玉米加工、酿造业、小麦淀粉、粮食加工)、一般性工业、高浓度、化妆品、纺织、金属加工(油脂去除)、造纸业废水(Brindle and Stephenson 1996；Manem and Sanderson 1996；Cote and Thompson 2000)。好氧 MBR 可以用于处理所有类型的工业废水，而厌氧 MBR 主要用于处理食品加工废水。已经有一些商业化的集成设备可以使用，包括 Dorr-Oliver MARS 厌氧系统设备，Degremont

耗氧陶瓷 MBR 系统设备，和 Zenon(ZeeWeed)、久保田(Kubota)和三菱(Mitzubishi)制造的好氧有机膜 MBR。

18.4.2 改进的复合膜生物反应器

复合或混合生物反应器覆盖了在同一反应器内使用悬浮或固定床微生物的中间类型过程(Lazarova and Manem 2000)。作为一个准则，所有反应器中有可移动微生物膜的反应器都属于复合式膜反应器，其中 25%～30%的微生物为悬浮物。需要强调，超过 95%的碳和氮的去除都是生物膜作用的结果。

例如，分别在微生物悬浮的 BIOHOCH 和 Tower-Biology 中添加活性炭或塑料，提高了运行的稳定性，允许负载大幅度变动(最高达到 6 倍)或者升高有毒物质(化学或医药工业废水)的浓度。

典型的复合生物反应器使用粉末负载技术。例如，由 Zimpro 开发的用于去除工业废水(特别是医药或化工废水)中的难降解有机物的 PACT 过程。在该过程中，粉末活性炭(10～150mg/L)加入活性污泥中，在分离后，活性炭可以由湿式氧化再生。其他的复合过程使用滑石粉或其他粉末以提高和控制活性污泥(源自食品加工或纸浆工业)的沉淀性质(Chudoba *et al*. 1995；Clauss *et al*. 1999)。

18.4.3 改进的生物膜技术

根据介质不同，改进的生物膜过程可以分为两类：(1)固定床；(2)移动床(见图 18.4)。在移动床式生物反应器中，载体因液体、空气流动或搅拌而连续移动。过去 20 年中，已报道的最大的工业应用是浸没式的生物过滤和两相流化床反应器(Lazarova and Manem 2000)。

18.4.3.1 固定床生物膜反应器

1970 年，法国的研究工作者改进了添加颗粒状介质的固定床反应器，这一反应器为微生物膜提供了更多的附着表面，氧转移效果更佳，并且反应器中的硝化速率更高(这一速率可以达到 RBC 或滴流生物滤池硝化速率的 3.5～8 倍)。同一处理程度下，该生物过滤设施的体积为活性污泥法占用体积的 1/3；滴流生物滤池体积的 1/20。这一技术的主要特点和优点是同时实现生物处理和悬浮物去除。

颗粒化生物滤池已经应用于多种工业废水的处理中。以快速二级处理造纸业中水循环单元和高品质纸制品所产生的低浓度废液为目的，曝气生物滤池 Biofor^R 在 15 个以上的示范性处理厂进行过研究并且在位于加拿大、法国、德国和意大利等地 12 个以上的设施中成功运行(Rovel *et al*. 1994)。造纸废水中的 SS 和 BOD 连续去除率超过 75%，并且水中的有毒物被彻底的去除了。

不同结构的厌氧生物滤池被应用于食品、石化和化工行业(Macarie 2000)。扩展的厌氧 GAC 反应器已经成功地用于难处理气化煤行业废水(Fox *et al*. 1990；Suidan *et al*. 1983；Wang *et al*. 1986)和填埋场渗滤液处理(Imai *et al*. 1993)。活性 GAC 介质在去除废水中有毒物质方面的效率要归结于其优良的生物吸附性能和对有毒有机物的高吸附容量。

最近，曝气生物滤池被非常成功地用于制备市政再循环废水的过程，以满足工业需要(图 18.6，Lazarova *et al*. 2000a)。位于 West basin 循环水厂(美国加利福尼亚州)的八个 Biofor 好氧生物滤池 5 年的运行结果表明，这一技术用于生产高质量炼油厂锅炉冷凝脱氮水是稳定和高效的。在较短的水力停留时间内，无其他负面影响的情况下，硝化速度较高。所有的 Biofor 处理单元都运行可靠，NH_3 去除率达到 100%，剩余悬浮固体浓度低至 4mg • L^{-1}。

图 18.6　美国加利福尼亚州一炼油厂中的 Biofor® 生物滤池

18.4.3.2　流化床工艺

液—固两相流化床(FBR)因其单位内最高的 C、N 去除率而被称为效率最高的生物处理系统(Lazarova and Manem 2000)。与常规的活性污泥法相比，FBR 在负载波动时的稳定性较好。较长的停留时间使得生物膜吸附的微生物可以适应不易生物降解的有机物。

厌氧流化床通常用于处理食品工业废水、石化工业废水和市政污泥的反硝化。好氧两相流化床在低 TOC 工业废水的生物氧化和高 NH_3-N 废水的处理方面有很强的竞争力。

在欧洲和北美，工业废水的处理主要采用流化床技术，其在两地的水处理单元设施中所占比例分别为 65%和 90%(Mishra and Sutton，1991)。通用发动机公司是最大的好氧流化床技术单一行业领域最终使用者，于 20 世纪 80 年代建立了 12 个好氧流化床反应器，用于去除发动机生产废水中的碳和硝化废水中的氮。

好氧流化床反应器成功地用于处理炼焦厂废水(Nutt *et al*. 1984；Marvan *et al*，1992)，

金属加工厂(Sutton *et al*. 1986)和含有高浓度氮(Cooper and Williams 1990；Owsley *et al*. 1989)或氯化物(Holst *et al*. 1991)的工业废水。

在美国，一些添加 GAC(粒状活性炭)的好氧或缺氧 FBR，已经用于从地表水中除去石油类碳氢化合物以及用于化工厂的好氧处理(Sutton and Mishra 1994)。

在欧洲，1986 至 1996 的 10 年间，超过 17 座大型 Anaflux 反应器投入使用，以处理食品工业废水(如，酿造、葡萄汁、淀粉、软饮料、牛奶/乳清、巧克力、柠檬酸、果酱保存和粮食加工等行业废水)和造纸厂以及香水行业的废水(Holst *et al*. 1997)。

18.4.3.3 移动床处理工艺

所谓移动床，是指在中高速气流或搅拌桨推动下，覆盖生物膜的颗粒可以在其中连续移动的柱式反应器。为减少创造或保持紊流的能耗，应当选择密度较低、接近榆树的材料(如海绵或塑料)为载体。高剪切强度使得生物膜很薄并且保持活性(Rusten *et al*. 1992；Lazarova and Manem 1994)。这一方法的主要优点是氧传质好、自动修正生物膜厚度、并且简化液体分离——这将使得未沉淀的废水可以被直接处理。

主要有两种移动床技术被发展至大规模使用水平：(ⅰ)Captor(英国)和 Linpor(Linde AG，德国)使用海绵做填料的方法；和(ⅱ)使用大的漂浮塑料载体技术，如由挪威 Kaldness Miljoteknology 公司发展的 MBBR 和 FlooBed 的反应器。

Morper 报道了 Linpor 方法在一些示范性处理厂和大规模使用中的经验——处理牛奶、酿酒、纺织、马铃薯、造纸和石油行业的废水的经验(Morper 1994)。由于这些生物反应器中添加了海绵，从而保证了在高微生物浓度下反应器的高体积负荷。

FlooBed 反应器实现了对位于波兰的纸浆厂的废水处理装置的升级(Hansen *et al*. 1999)。

近期的对示范性装置研究表明了 Kaldness 出产的 MBBR 用于从奶制品加工(Rusten *et al*. 1992)、皱纹纸(Broch-Due *et al*. 1994)制备、薯条(Odegaard *et al*. 1994)加工和炼油(Johnson *et al*. 2000)等工业废水中去除碳、氮的可行性。在处理造纸废水时，达到了最高的碳体积去除率。

18.4.3.4 气升式技术

气升式反应器在多种生物技术领域都有应用，并且在最近已经发展到用于工业和市政废水的处理(Lazarova and Manem 2000)。与其他类型的生物反应器相比，该类反应器的特别之处在于其良好的混合能力和更高的物质转移。

为处理工业废水中的有机污染物，配备完整的气升式反应器的 Paques 水处理系统近期在欧洲、上海(上海 fosters)和巴西(Brahma Navigantes)被安装使用。在这些水处理系统中，COD 转化率为 3～5kgCODm^{3}d^{-1}，同时硝化速率达到 1.2kgNm^{3}d^{-1}。

从冶金废水中回收硫化物是气升式技术的一种新用途，该技术被命名为 Paques-Tiopaq(Copini *et al*. 2000)。在新的降解硫酸盐生物方法中，使用 H_2 作为电子受体，将 $ZnSO_4$ 转化为 ZnS。该方法中，气升式反应器保证了良好的混合和气体的流通。另外，这一方法可以处理常规技术不能处理的高硫酸盐浓度废水。在絮凝、重力分离和脱水后，可以从 ZnS 中回收 Zn。

北爱尔兰 Gist-Brocades 研制的两个 $300m^2$ 的生物膜气升式悬浮反应器(BAS)，已经在 Delft 运行，该反应器用于经厌氧处理的工业废水的后处理(Heijnen *et al*. 1991)。所获得的转化率高达 $20kgCODm^{-3}d^{-1}$。该反应器单独或结合脱氮活性污泥可以用于处理高 NH_3-N 废水。

18.5 适用于工业废水处理的改进型生物反应器设计

对于工业膜生物反应器而言，体积负荷速率是最基本的设计标准。因生物膜的活性和构成受废水特点影响明显，动力学特征会有很大变化。当前体积负荷速率、有机量、硝化和反硝化速率等参数使用 $kgBOD_5$，COD，N-NH_4 和 N-NO_3 表征，并且表示为$kgm^{-3}d^{-1}$ 的形式。当前，几乎没有关于改进型膜反应器单元或单位表面负荷的信息。仅见某些案例中，通过体积速率与生物量之比计算了一些反应速率。

表 18.2 列出了适用于市政废水处理的膜生物反应器的全负荷运转下的脱氮、除碳的设计负荷。值得强调的是，上述水力学和有机物负荷明显高于常规的滴滤池和循环式生物接触反应器。改进的膜生物反应器的水力负荷最高达到 $35m^3m^{-2}h^{-1}$(pujole *et al*. 1998)，而过滤反应器的平均设计负荷只有 $0.4m^3m^{-2}h^{-1}$(WEF/ASCE 手册)。

满负荷状态下处理市政废水的改进型生物膜反应器的负载标准汇总表　　表 18.2

生物膜反应器类型(制造商)	去除方式	最大处理能力[a] (m^3h^{-1}(*p.e.*))[b]	单位质量负荷 ($kgm^{-3}d^{-1}$)	水力负荷 ($m^3m^{-2}h^{-1}$)
浸没式生物膜反应器	有机碳		18(COD)	16
Biofor[R](*Degremont*)浸没式生物膜反应器 Biofor[R](*OTV*)	硝化	43200	1.5(N-NH_4)	20
	后置反硝化	(1200000)	6(N-NO_3)	35
	有机碳			10
	组合硝化/反硝化	43200 (1200000)	1(N-NH_4)；5(COD)	6
移动床 MBBR(*Kaldness Miljotechnology*)	硝化		1.5(N-NH_4)	10
	有机碳		2.5～8(BOD_7)	
	硝化		0.15～0.35(N-NH_4)	NA[c]
	前置反硝化	3585	0.3(N NO_3)	
	后置反硝化	(70000)	0.7(N-NO_3)	

a 丰水期峰值；b 等价人口数；c 不适用。

在工业废水处理过程中，如果没有有毒化合物，可以达到较高的负荷(Lazarova and Manem 2000)。例如，在食品行业，厌氧流化床反应器可以达到 $70kgCODm^{-3}d^{-1}$ 的负荷。

18.6 结论

新千年水行业的主要挑战是要提供新的工程方法，以更好地管理和完成闭路水循环——无论对象的规模大小、属于工业或市政或是水库区域。在这一前提下，适当的废水处理和循环是惟一防止人类活动对环境产生负面影响的方法。

生物技术是最具有可持续性和成本优势的处理方法，可以用于市政和工业废水中有机物的矿化、除氮以及消除有毒有害物质。改进后的生物膜工艺以及膜生物反应器，更加适应水行业所要求的结构紧凑、高效以及即使面对极端情况的工业废水(如，高有机物负荷、含有有毒成分、高温、pH 或含盐量变化)也保持操作稳定等挑战性要求。

很多改进的生物技术也已经成功地用于工业废水处理中。过去 20 年，膜生物反应器和颗粒生物滤床已经实现商业性使用，用于快速、大规模处理和回用市政和工业废水。

食品加工、纸浆和造纸行业的高浓度废水已经成功地使用好氧流化床或者好氧生物过滤技术进行处理。好氧微生物流化床多数用于炼焦、化工和金属加工行业废水，因该废水一般有较高的含氮量。好氧生物过滤器已经成功地应用于生产无氨的冷却塔用循环水。

强调发展改进性高效率生物技术是重要的。反应器配置和设计参数都在快速发展。在城市和各工业行业，快速发展的废水循环和闭路水循环技术强调高级生物技术的核心地位。最近的技术发展、在线控制的使用以及新的软件，保证了满足经济性、可靠性和水质稳定性的严格要求。

为寻找对工业废水最有效的预处理和后处理方法，以及寻找可以除去危险污染物(如卤化物、芳香组化合物)的有效生物处理工艺，进行更深入的研究是必要的。

18.7 参考文献

Asano, T. Wastewater Reclamation and Reuse. Water Quality Management Library Vol. 10. Technomic Publishing Inc., Lancaster, Pennsylvania, USA, 1998.

Asano, T. and Levine, A. D., (1996) Wastewater reclamation, recycling and reuse: past, present, and future. Water Sci. and Techn. 33(10-11), 1-16.

Brindle, K. and Stephenson, T. (1996) The application of membrane biological reactors for the treatment of wastewaters. Biotech. Bioeng. 49, 601-610.

Broch-Due, A., Andersen, R. and Kristoffersen, O. (1994) Pilot plant experience with an aerobic moving bed biofilm reactor for treatment of NSSC wastewater. Wat. Sci. Tech. 29(5/6), 283-294.

Chudoba, P., Cassin, P. and Pujol, R. (1995). Industrial experiences with the utilization of powdered clay in activated sludge processes. Abwassertechnisches Seminar «Additive in der Abwassereinigung, TUM München, 6 april, n° 122, 71-85.

Cooper, P. F. and Williams, S. C. (1990) High-rate nitrification in a biological fluidized bed. Wat. Sci. Tech. 22(1/2), 431-442.

Copini, C. F. M. , Janseen, G. H. R. , Buisman, C. J. N. and Vellinga, S. (2000). Recovery of sulfides from sulfate-containing bleed streams using a biological process. In: LEAD-ZINC, ed. by Dutrizac J. E. *et al.* , TMS, The Minerals, Metals & Material Society, 891-901.

Côté, P. and Thompson, D. (2000) Wastewater treatment using membranes: the North American experience. Wat. Sci. Tech. 41(10/11), 209-215.

Fox P. , M. T. Suidan and Pfeffer, J. T. (1990) Hybrid expanded GAC reactor for treating inhibitory wastewater. J. Environ. Engrg. 116, 438-453.

Goodman, H. and Campmajo, C. (1999) Advanced Water Resource Management in Ammonia and Fertilizer Industries. Proc. NACE Corrosion99 National Conference, San Antonio, Texas.

Hansen, E. , Zadura L. , Frankowski, S. and Wachowicz, M. (1999) Upgrading of an activated sludge plant with floating biofilm carriers at Frantschach Swiecie SA to meet new demands of years 2000. Wat. Sci. Tech. 40(10/11), 207-214.

Hawken, P. , Lovins, A. and Lovins, L. H. (1999) Aqueous Solutions. In: Natural Capitalism. Ed. by Little, Brown and Co. , Boston, pp. 213-233.

Heijnen, J. J. , Mulder, A. , Weltevrede, R. , Hols, J. and van Leeuwen, H. (1991) Large scale anaerobic-aerobic treatment of complex industrial waste water using biofilm reactors. Wat. Sci. Tech. 23, 1427-1436.

Holst, J. , Martens, B. , Gulyas, H. , Greiser, N. and Sekoulov, I. (1991) Aerobic biological regeneration of dichloromethane-loaded activated carbon. J. Envir. Eng. ASCE, 117(2), 194-208.

Holst, T. C. , Truc, A. and Pujol, R. (1997) Anaerobic fluidized beds: ten years of industrial experience. Wat. Sci. Tech. 36(6-7), 415-422.

Imai A. , Iwami, N. , Matsushige, K. , Inamori, Y. and Sudo, R. (1993) Removal of refractory organics and nitrogen from landfill leachate by the microorganism-attached activated carbon fluidized bed. Wat. Res. 27(1), 143-145.

Johnson, C. H. , Page, M. W. and Blaha, L (2000) Full scale moving bed biofilm reactor results from refinery and slaughter houses treatment facilities. Wat. Sci. Tech. 41(4/5), 401-407.

Lazarova, V. (2001) Recycled water: technical-economic challenges for its integration as sustainable alternative resource. In: Proc. UNESCO Int. Symp. Les frontières de la gestion de l'eau urbaine: impasse ou espoir?, Marseilles, 18-20 juin 2001, 8p.

Lazarova, V. , Cirelli, G. , Jeffrey, P. , Salgot, M. , Icekson, N. and Brissaud, F. (2000)

Enhancement of integrated water management and water reuse in Europe and the Middle East. Wat. Sci. Techn. 42(1/2), 193-202.

Lazarova, V. and Manem, J. (2000) Innovative biofilm treatment technologies for water and wastewater treatment. In: Biofilms Ⅱ: Process Analysis and Applications, Ed. by J. D. Bryers, Wiley-Liss Inc., pp. 159-206.

Lazarova, V. Perera, J., Bowen, M. and Sheilds, P. (2000b) Application of aerated biofilters for production of high quality water for industrial water reuse in West Basin. Wat. Sci. Tech. 41(4/5), 417-424.

Lazarova, V., Savoye, P., McGovern, L. and Sheilds, P. (2000c) Application of advanced treatment processes for production of high quality water for reuse purposes: case study. In: Proc. Int. Conf. Aqua 2000, Abu - Dhabi, April 28-May 2, 2000, CD-rom, session 5, 10p.

Leslie, G. L., Dunivin, W. R., Gabillet, P., Conklin, S. R., Mills, W. R. and Sudak, R. G. (1996) Pilot testing of microfiltration and ultrafiltration upstream of reverse osmosis during reclamation of municipal wastewater. In: Proc. Amer. Desalination Ass. Nat. Conf. Monterey, CA, Aug. 4 1996.

Macarie, H. (2000) Overview of the application of anaerobic treatment to chemical and petrochemical wastewaters. Wat. Sci. Tech. 42(5/6), 201-214.

Manem, J. and Sanderson, R. (1996) Membranes bioreactors. In: Water treatment membrane processes, ed. by Mallevialle J., Odendaal P. and Wiesner M., McGraw-Hill, New York, pp. 17. 1-17. 31.

Mann, J. G. and Liu, Y. A. (1999) Introduction to industrial water reuse and wastewater minimization. In: Industrial water reuse and wastewater minimization, McGraw-Hill, New York, pp. 7-26.

Marvan, I. J., Craig, F. and Sutton, P. M. (1992) Treatability evaluation of cooking plant effluent. Int. Biodeterioration&Biodegradation. 30, 313-329.

Miller, K. (1990) US water reuse: current status and future trends. Wat. Env. Technology. nov., 122-128.

Mishra, P. N. and Sutton, P. M. (1991) Biological fluidized beds for water and wastewater treatment: a state of the art review. In: Biodeterioration and Biodegradation 8, Ed. by H. W. Rossmoore, Elsevier Applied, Science, New York, pp. 340-357.

Morper, M. R. (1994) Upgrading of activated sludge systems for nitrogen removal by application of the LINPOR-CN process. Wat. Sci. Tech. 29(12), 167-176.

Nutt, S. G., Melcer, H. and Pries, J. H. (1984) Two-stage biological fluidized bed treatment of coke plant wastewater for nitrogen control. J. Water Pollut. Control Fed. 56 (7), 851-857.

Ødegaard, H., Rusten, B. and Westrum, T. (1994) A new moving bed reactor-applications and results. Wat. Sci. Tech. 29(10/11), 157-165.

Odendaal, P. E., van der Westhuizen, J. L. J. and Grobler, G. J. (1998) Wastewater reuse in South Africa. In: Wastewater Reclamation and Reuse, Water Quality Management Library Vol. 10, ed. by Takashi Asano, Technomic Publishing Co., Lancaster, USA, pp. 1163-1192.

Owsley, D. S., Jeris, J. S. and Owens, R. (1989) Ammonia removal allows effluent reuse at fish hatchery using fluidized bed reactors. In: Proc. 43rd Purdue Ind. Waste Conf. Lewis Publ., Inc., Chelsea, Michigan, 449-457.

Rovel, J. M., Trudel, J. P., Lavallée, P. and Schroeter, I. (1994) Paper mill effluent treatment using biofiltration. Wat. Sci. Tech. 29(10/11), 217-222.

Rusten, B., Odegaard, H. and Lundar, A. (1992) Treatment of dairy wastewater in a novel moving bed biofilm reactor. Wat. Sci. Tech. 26(3-4), 703-711.

Suidan, M. T., Strubler, C. E., Kao, S. W. and Pfeffer, J. T. (1983) Treatment of goal gasification wastewater with anaerobic filter technology. J. Water Pollut. Control Fed. 55 (10), 1263-1270.

Sutton, P. M. and Mishra, P. N. (1994) Activated carbon based biological fluidized beds for contaminated water and wastewater treatment: a state of the art review. Wat. Sci. Tech. 29(10/11), 309-317.

Sutton, P. M., Mishra, P. N. and Hachigian, L. (1986) Using biotechnology to treat metalworking wastewater. Pollution Eng. 18(4), 46-49.

Wang, Y. T., Suidan, M. T. and Rittmann, B. E. (1986) Kinetics of methanogens in an expanded-bed reactor. J. Environ. Engr. 112, 155-170.

19
用于废水深度处理的生物工艺

Fernando Fdz-Polanco，Santiago Villaverde，Miguel A. Uruena and Pedro A. Garcia-Encina

19.1 简介

人类活动影响了环境，而且可能引起局部、区域甚至全球范围的危害。环境影响最小化的考虑应当包括对生产环节和资源可持续利用两方面的思考。对于生产环节的对策，包括优化生产条件、根据生命周期进行分析和进行与效率相关的环境影响评价；而资源的可持续利用，则包括对能源和水的考虑。科学家与环境从业人员对可能产生负面环境影响的活动或事件进行预测和调查，并且研究抵御污染的物理、化学以及生物方法。主要目标是了解环境灾害的原因、相应的预防措施以及对已发生的损害可以采用的补救措施。

一般而言，对政治家和社会来说，修复环境损害的方法的发展是非常重要的。发展在很大程度上依赖于寻找保护环境方法的科学共同体。这些修复措施包括了环境检测手段，如用于土壤、水和空气分析的传感器和智能监测系统。总的来说，还包括开发土壤、固态废料、废气、地下水以及工业和市政废水的净化工艺。

当前，各行业都认识到可持续生产方式的重要性。只有以负责的态度使用原材料和能源，才能确保为子孙后代留有足够的资源。这种态度同样适用于废弃物和废水的处理过程，传统的物理和化学处理过程通常需要一定的温度、压力或者加入化学物质，而生物转化过程则通常在室温条件下运行。考虑到过程的可持续性，当前的趋势是使用生物转化过程——在接近自然状态下在工程反应器中创造有利于微生物生长的条件，强化生物转化。强化自然存在的生物转化过程进行污染修复有简化过程的优点，并且安全、廉价、能耗低、化学物质消耗少。

遵循上述关于生物转化过程的设计思想，需要采用工程方法控制培养条件以利降解污染物的微生物生长。诸如工业废水等复杂体系中，将包括多种污染物，其中主要是有机物、含氮含硫化合物，它们以颗粒、胶体或溶解状态存在，污染物之间将存在复杂的相互作用——特别是涉及到微生物时。最主要的生化反应取决于 pH、温度和各种化合物的浓度。很明显，在复杂介质环境下，人工工程环境将决定其中的微生物生态系统，进而使去除废水中目标污染物的微生物在系统中占优势地位(Bitton 1994)。

出于保护环境的需要，要严格限制向水体中排放污染物。立法标准和可持续发展观点，都以发展更具竞争性(包括技术和经济性两方面)的生物处理过程为基础。

历史上，废水生物处理的最大进步在于除去了环境学家最为关心的有机物。现有一些生物反应器，可以完成有机物无害化转化，甚至是将有机物转化成有价值的物质。现在的改进方向是如何去除更多的目标污染物，如 N、P、硫化物等对水体有明显影响的污染物。本章综述了一些处理氮、磷和硫化物污染物的新型深度生物转化过程。

19.2 氮化物的新型生物转化过程

19.2.1 新概念 和/或 新操作流程的设计

生物脱氮通常包括 3 个步骤：(1)含氮有机物被微生物降解并释放 NH_4^+；(2)硝化(N)，氨被硝化菌(多数为好氧自养菌)转化为硝酸盐；(3)反硝化(D)，硝酸盐历经若干步骤后转化为氮气释放至大气，该过程中起作用的微生物为异养反硝化菌，该微生物在矿化有机物时利用硝酸盐为电子受体(硝化菌是使用 3 个氧原子为电子受体)。整合彻底除氮的方法可归为 3 类：

- 硝化-反硝化(N-D)过程：好氧除碳和硝化，后接独立的缺氧舱外加碳源后，完成反硝化，(图 19.1)。

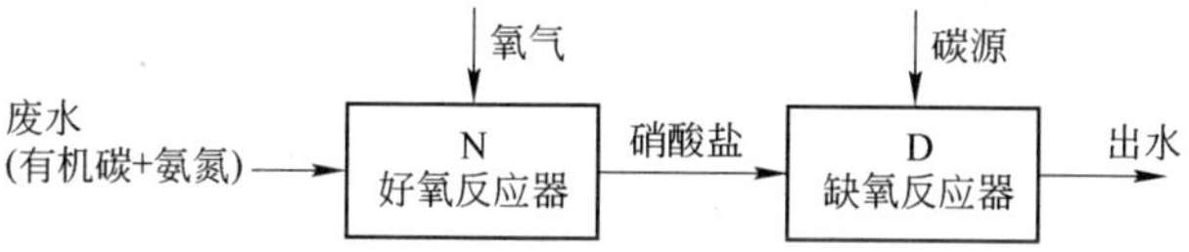

图 19.1 传统硝化-反硝化流程

- 反硝化-硝化(D-N)过程：硝酸盐从硝化单元回流至反硝化阶段，消除了对外加碳源的需要(图 19.2)。

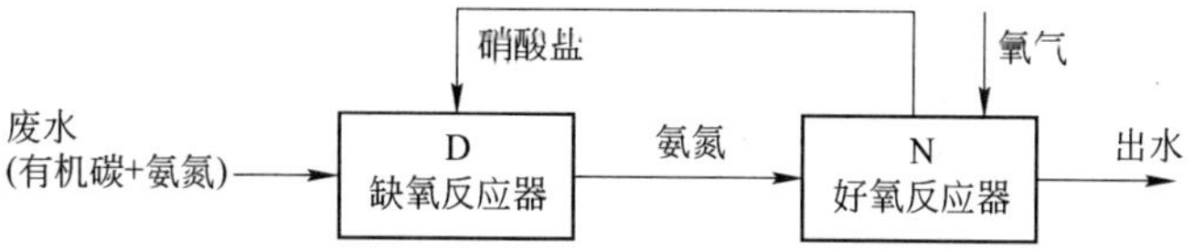

图 19.2 传统反硝化-硝化流程

- 连续反应器(SBR)，废水被引入反应器中，完成硝化、反硝化和沉淀的过程。

SBR 需要多个反应器，因为流入工厂的废水多多少少是连续的(通常使用多于四个反应器)。

除了这些传统分类的反应器，根据水质标准，为取得更好的处理效果或降低建设、运行、和维护费用，最近出现了一些改进型的反应器。

19.2.1.1 不完全硝化

多年以来，硝酸盐在废水处理厂的积累一直是不受欢迎的，积累通常被归于常规硝化-反硝化过程的低效运行和污泥的毒性。然而，亚硝酸盐通过氧化转化为硝酸盐在两个方向上影响了化学物质和能量的积累。反硝化菌群(可以将亚硝酸盐和硝酸盐转化为氮气)需要能量以完成生长。另外，氧化亚硝酸盐为硝酸盐需要氧气。接下来，亚硝酸盐的积累似乎是有益的，因其可能节省硝化所需的氧和碳。所以，针对亚硝酸盐积累的研究工作因此而开展。

硝化

$$NH_4^+ \rightarrow NO_2^- \rightarrow NO_3^- \rightarrow NO_2^- \rightarrow N_2 \qquad (19.1)$$

硝化　　　反硝化

通过抑制亚硝酸盐硝化进行对硝化-反硝化的过程的优化。这一改进产生了一种新的工艺，我们称之为硝化-反硝化(见式 19.2)。在这一过程中，氨的好氧氧化停留在亚硝酸盐阶段，亚硝酸盐在后续的过程中被还原成氮。

这一过程的优点包括：(1)对氧的需要量减少了 25%；(2)反硝化过程中对碳源需要量下降了 40%；(3)反应器体积减少了 30%～40%。另外，反硝化速率更高，污泥生成量更少(Turk and Mavinic 1989)。

硝化

$$NH_4^+ \rightarrow NO_2^- \rightarrow N_2 \qquad (19.2)$$

反硝化

操作参数中，温度、pH 和氨浓度是最重要的，它们将按照(19.3)式所示，影响控制自由氨浓度的化学平衡：

$$NH_4^+ + OH^- \rightarrow NH_3 + H_2O \qquad (19.3)$$

自由氨对硝化微生物的抑制作用在 20 世纪就已知晓(Lees 1963)。同样，人们也了解到，亚硝化氧化剂对自由氨抑制的敏感程度要高于氨氧化剂(Anthonisen *et al*. 1976)。这就是有亚硝酸盐中间产物存在的硝化反硝化过程中亚硝酸盐积累的原因(Turk and mavinic 1989；Abeling and Seyfried 1992)。

运行硝化反应器时，化学物质对亚硝酸根氧化的抑制是经常遇到的问题。一些化学因素，如 pH(Suthersan and Ganczarczyk 1986)、有机物(Sharma and Ahlert 1977)、重金属(Randall and Buth 1984)据报道都可能抑制亚硝酸根氧化。然而，最常见的亚硝酸根氧化抑制剂还是非电离的氨(NH_3)(Turk and Mavinic 1989; Abeling and Seyfried 1992; Anthonisen *et al*. 1976)。经过对影响硝化过程的参数——如，温度、pH、氨氮负荷——的研究，得到关于硝化反应器中亚硝酸盐积累的主要原因，即，自由氨对亚硝酸盐氧化的抑制。这种抑制如此明显，以至于在自由氨的浓度超过某个限度后，温度、碱度和氨氮负荷的影响被掩盖了(Fdz-Polanco *et al*. 1994; Villaverde *et al*. 1997a, b)。

Fdz 更进一步研究以下内容：温度、pH 以及氨氮浓度几种因素组合在自由氨抑制下对于亚硝酸盐积累的影响；上述因素在无自由氨抑制下对氨氧化和亚硝酸盐氧化的影响；以及升流式生物滤床(UBAF)反应器动力学因素对亚硝化的影响(Fdz-Polanco *et al*. 1996)。结果观察到，自由氨的抑制作用依赖于 pH 值、温度和氨氮浓度。同样自由氨浓度，不同温度、pH、氨氮浓度产生了不同的亚硝酸盐积累。在无自由氨抑制时，低温、较低的 pH 和高氨氮浓度使得氨氮氧化速率高于亚硝酸氮氧化速率，这样，亚硝酸氮就会在反应器中积累了。在存在自由氨抑制状态下，反应器中流体动力学阻塞也会引起亚硝酸盐的积累。

在活性污泥硝化反应器中自由氨抑制作用都有所报道，也都观察到短时的亚硝酸积累。在所有例子中，产生亚硝酸盐氧化抑制的自由氨极限浓度随时间而增长。对这一现象，还没有人给出原因。通行的抑制剂浓度的表示形式为自由氨的体积浓度，即 $mgNH_3/L$。

影响亚硝酸盐氧化的自由氨浓度增加的极限是由反应器中硝化微生物增加或者该微生物造成的自由氨积累的结果。所以必须指出，抑制现象是明确的，并且依赖于硝化微生物的浓度(Suthersan and Ganczarczyk 1986; Randall and Buth 1984)。能引起自由氨基抑制的极限应当以微生物为基准表示(Fdz-Polanco et al. 1994; 1996; Villaverde *et al*. 1997a, b)。因此，在同样硝化微生物的浓度下，极限的增加应当是积累现象的结果。

在最近的研究中(Villaverde *et al*. 2000a)，在 6 个月内，两个浸没式生物过滤反应器中的生物膜克服自由氨抑制的能力被发展了。反应器在不同的条件下启动，使用同样的配水并且在同样的运行条件下运行。抑制氨氧化与硝化微生物的自由氨极限浓度在生物量的基础上进行了评价，并且定义了“单位自由氨浓度”进行表示。启动六个月后，在同样的“单位自由氨浓度”下，亚硝酸盐氧化能力增加了，在反应器不连续启动状态下增加尤为明显，这应当是硝化微生物适应更高自由氨浓度能力增加的结果。

因此，使用选择性抑制技术限制亚硝酸氧化微生物活性是低效的。结果是，长期使得亚硝酸盐积累在技术上是很难维持的。所以，最近的研究使用完全搅拌塔反应器(CSTR)，形成一种全新的部分硝化废水的工艺，并且亚硝酸盐的产量是稳定的(Hellinga *et al*. 1998)。这一过程被称为 SHARON 工艺，处理温度为 18～32℃，将氨转化为亚硝酸盐的氨氧化细菌生长速度高于硝酸盐氧化菌群。这样，在一个类似恒定的反应器中，因活性污泥可以被连续排出，其中的亚硝酸氧化菌没有足够的时间完成亚硝酸盐转化为硝酸盐的过程(图 19.3)。

这一工艺只有在污泥不循环的状态下才有效。如果进行污泥循环，亚硝酸氧化菌虽然生长很慢，但还是可以将亚硝酸盐转化为硝酸盐。温度较高时，氨转化菌的生长速率远大

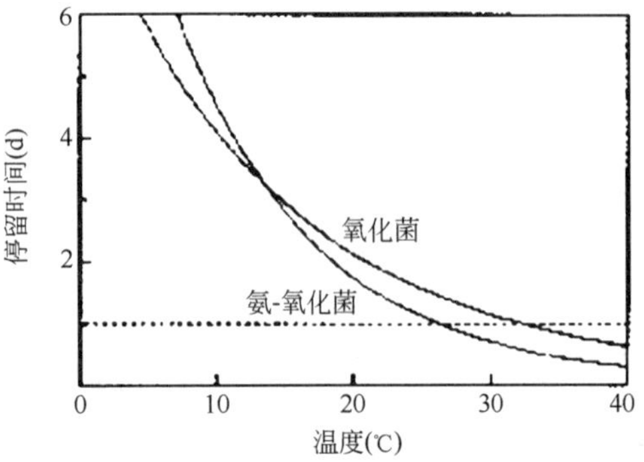

图 19.3 污泥不滞留的反应器，温度 30℃，停留时间 1d 其中氨氧化菌可将氨氧化为亚硝酸盐而可以将亚硝酸盐氧化为硝酸盐的亚硝酸氧化菌被冲洗出系统外

于亚硝化菌。这使得停留时间可以低于常规硝化反应器下限(这一下限为污泥停留时间不小于 15d)的情况下运行 SHARON 反应器。反应器中温度为 30～40℃、停留时间为 1d，氨可以转化为亚硝酸盐。可以将亚硝酸盐转化为硝酸盐的微生物被洗出反应器。这一内容已经通过使用分子生态学技术进行了证明(Logeman *et al*. 1998)。关于 SHARON 反应器中混合微生物种群的研究表明，50%～70%为氨氧化菌。该结论通过对亚硝化单胞菌使用 16S RNA 标记荧光核苷酸探针技术进行演示。

19.2.1.2 高频通风工艺

生物脱氮的连续工艺反应器中包含了各种微生物，通常含有多个反应器/室/区域，这些分割的空间通过流体连接。包括脱氮工艺的水处理厂，其建设与运行成本要明显高于常规没有脱氮要求的废水处理厂。

生物脱氮系统的主要问题是好氧异养菌太高效地消耗了氧气和碳源——这也是硝化和反硝化菌所需的。解决这一问题的方法包括(*a*)将废水回流至有可利用碳源的进水区域；或(*b*)在工艺末端加入反硝化所需的碳源。

上述解决方案——包括(*a*)循环过程中运输大量流体；(*b*)提供过量的氧和碳源——意味着使用不止一个反应器和较高的能源消耗。因此对于废水处理中的脱氮，最需要保持运行机制的复杂性最小，能量费用最小并且建设和运行费用要尽可能降低。

从这个意义上，曾经制定过一些策略。Kern-Jespersen 等在废水处理的连续流反应中应用轮换氧化还原条件的方法，其目的不是硝化/反硝化，只是研究反硝化和磷释放机制。Timberlake 等(1988)构建了连续流膜生物反应器，其中硝化和反硝化可以在同一反应器但属于不同生物膜的区域进行。他们实现这一情况是通过转换氧气/氧化还原梯度实现的，实现这一转化需要对反应器进行复杂的物理改造。因此这一方法没有在其实验室以外的地方得到广泛使用。Hao 和 Huang(1996a，b)设计了一套氧化还原的振荡系统，通过氧化—还原探针(ORP)测量生物反应器中的氧化还原水平，在此基础上结合其他测量(溶解氧、pH)“实时”控制通气启动与停止。Hao 和 Huang(1996a，b)的系统中，当 ORP 测量指示硝酸根已经被去除(即反硝化完成)，开始曝气；当完成硝化时停止曝气。因此，这一顺序过程是耗时的，而且废水停留时间也很长(因需要完成较彻底的脱氮)。Sasaki *et al*. (1993；1996)发展了一种间断曝气的厌氧—好氧活性污泥工艺。这一过程串联使用了两个反应器，并且每个反应器中都利用 ORP 拐点(对应反硝化结束)，控制好氧、缺氧和厌氧条件的持续时间。一个曝气和搅拌的循环大概需要 120mins。在两个反应器中，硝化在曝气阶段发生，然后在搅拌阶段发生反硝化。

振荡这一概念由挪威 Telemark 大学 Bakke 教授在处理市政和低浓度废水过程中进一步发展。工艺简称为高频振荡(HFO)，是一种较经济的废水生物脱氮过程，其反应器只有一个空间，并且是连续流的；溶解氧依赖于时间产生波动。反应器配有曝气装置，溶解氧测定设备和与 DO 相联系的控制曝气的设备。HFO 工艺是根据 DO 即时变化而不是根据空间大小设计的，所以微生物停留于优化条件下的时间很短，低于在独立空间下理想状态的停留时间。单独反应器与氧浓度的高频振动相结合，使得在连续运行的处理厂中氮被有效去除并且保持高处理量。这一方法，使得混合生物菌群处于振动浓度水平，有助于提高期望菌种共存的潜能。

Horntvedt 等(1998)注意到在有污泥回流的 CSTR 反应器中(HFO 反应器)硝化、反硝化以及好氧异养菌之间的竞争，构建了降解机制的数学模型以探索和说明这一方法。对硝化和好氧异养细菌，与溶解氧为稳定水平的情况相比，按正弦曲线的溶解氧振动变化(振幅为 1.0mg/L)将导致微生物增长速率下降 16%；反硝化菌增长平均增加 59%。类似的实验已经在处理厂放大并得到证明。结论是，增长速率是振动变化振幅的函数。当振动围绕速度限制因素的半饱和浓度进行时，效果最为明显。

HFO 工艺的基础是，因自然环境限制不能共存的微生物(如，硝化菌需要氧进行代谢而反硝化菌在有氧条件下不能反硝化)在氧浓度高频振动时可以共存的事实，因此这些菌可以在同一微空间共混(图 19.4)。对微生物反应器进行了数学模拟以寻找微生物(硝化菌以及反硝化菌)理想共存时所需要的条件。在所有情况下，曝气的顺序要进行调节并且要适应当地条件并且要基于过程参数的测量值和对过程的数学模拟。

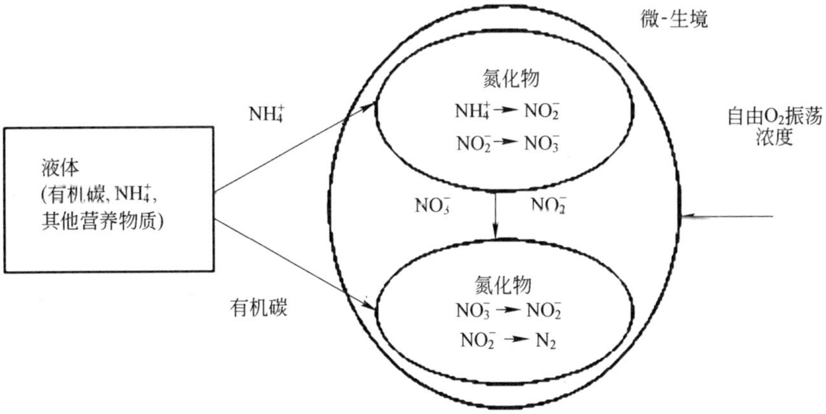

图 19.4　在 HFO 反应器中硝化菌与反硝化菌共存时微生物增长的示意图

Villaverde 等(2000b)将这一方法应用于常规活性污泥反应器，从 UASB 厌氧反应器出水中完全除氮，该出水的氮含量高达 1200mgNKT/L，有机物高达 2000mgCOD/L。初始供应反应器的是合成水以适应接下来引入的 UASB 出水。这种方法有利于微生物尽快适应实际环境。实验结果表明，这一技术可行；并且据报道与活性污泥工艺相比明显减少了运行和维护费用。所使用的 UASB 反应器处理的是土豆淀粉厂废水，其出水的总氮去除率达到 66%。所报道的脱氮能力介于 0.1～0.58kgN(m^3·d)。短循环的曝气使得硝化过程中对氧的利用更加有效，反硝化过程对有机碳的利用也更为有效。如果以脱氮为目标，这一操作方式在运行费用和简单程度上都有明显的优势。现有的多数活性污泥过程，如单一连续流反应器，都可以无费用支出升级至上述完全脱氮工艺，转换器(曝气控制系统)投资可以迅速通过削减能耗支出而回收。

在不连续工艺中，嵌套在常规 SBR 技术中，基于 ORP 和 OUR 控制可以实施短程曝气方法，这一方法被成功地应用于厨房废水的脱氮和除磷(Demuynck *et al*. 1994)。常规 SBR 的五步操作(进水、曝气、搅拌、沉淀、出水)可以简化为四步(进水、短程曝气、沉淀、出水)。然而，使用 SBR 处理高含氮工业废水一直存在多种问题，因此上述新运行方法存在如亚硝酸盐的积累等很多风险，因而不太成功(Abeling and Seyfried 1992)。

在 SBR 处理高浓度废水过程中使用短程曝气脱氮是一种可选择的方法。使用该技术最重要的一点是有机物与氮的复合要合理。Villaverde 等(2000c)在常规 SBR 反应器中使用了 HFO 概念进行工业废水处理。对于高浓度废水——氮的浓度最高达到 700mgNKT/L、有机物浓度最高达到 2000mgCOD/L——的脱氮结果很好。短程曝气使得硝化过程中对氧的利用更有效、使得反硝化过程中对有机碳的利用率也更有效。所报道的结果表明，该技术是可行的，并且与常规 SBR 工艺相比可以明显削减运行和维护费用。所处理的 UASB 出水(原水为马铃薯淀粉厂废水)脱氮率可以达到 79%。报道的脱氮负荷在 0.2～0.65kgN(m^3·d)。

19.2.2 基于新发现的生物转化途径的工艺

微生物转化氮化物的途径已被清楚了解，并在文献中做了详细描述(Van Loodsdrecht and Jetten 1998)。这些转化中两种过程占优：自氧硝化与异养反硝化，还有一些短小的过程如异养硝化和好氧反硝化，以及最近发现的被命名为 ANAMMOX 过程的厌氧氨氧化(Jetten *et al*. 1999)。已有对这些转化的整体性描述，包括微生物特征、代谢途径和不同环境条件下的微生物代谢活性等内容(Wagner *et al*. 1996；vande Graaf *et al*. 1997；Logeman *et al*. 1998)。

生物反应器中的微生物特征对于描述生物转化过程而言是重要的(Bitton 1994；Lettinga 1995；Loosdrecht *et al*. 1998)。对于发展诸如文中所描述的工艺过程而言，这些生物转化都是相关的。传统的微生物方法不足以确认工艺中相关微生物，因此推荐使用分子生物学方法。

19.2.2.1 厌氧氨氧化 (ANAMMOX)

最近发现了一种比较有前途的脱氮方法(van de Graaf *et al*. 1996；Strous *et al*.

1997a)，这一方法被称为 ANAMMOX 过程(厌氧氨氧化)。在该过程中，氨被氧化为氮气，电子受体为亚硝酸盐。该过程反应(式 19.4)根据标准 Gibbs 自由能为负值可以判断为放热的($\Delta G^{o}=-358$kJ/molNH_4^+)。生化过程为生长提供了足够的能量。

$$NH_4^+ + NO_2^- \longrightarrow N_2 + 2H_2O \qquad (19.4)$$

该过程是生物自发过程，严格厌氧(Strous *et al*. 1997b; Jetten *et al*. 1999)并且不会将氨转化为亚硝酸氮。这意味着该过程需要亚硝酸盐以去除系统中的氨。另外，这一过程的细菌被证明为属于一种新的浮霉状菌(Strous *et al*. 1999a, b)。

在 Anammox 工艺的研究中发现，氢氧化氨和联氨是非常重要的中间产物(Schalk *et al*. 1998)。通过^{15}N 标记研究得到了一种可能的反应机制(vande Graaf *et al*. 1997)。在分批培养中，发现联氨在氨和氮气中不成比例。有关 Anammox 过程的酶学研究正在进行中。

19.2.2.2 Sharon 与Anammox 组合工艺

由于对脱氮的高标准要求，发展了处理高氨浓度废水(如厌氧反应器出水)的技术(Lacalle *et al*. 2000, Villaverde *et al*. 2000b, c)。Sharon 与 Anammox 组合工艺就是其中一种(Dongen *et al*. 2000)。在这一系统中，污泥消化流被独立处理。这一方法中废水 N 处理负荷下降了。组合工艺中，在 Sharon 单元 50%的氨被氧化为亚硝酸盐。接下来亚硝酸盐和氨的混合物符合 ANAMMOX 反应器中的理想配比，并且被厌氧转化为 N_2 和水(图 19.5)。

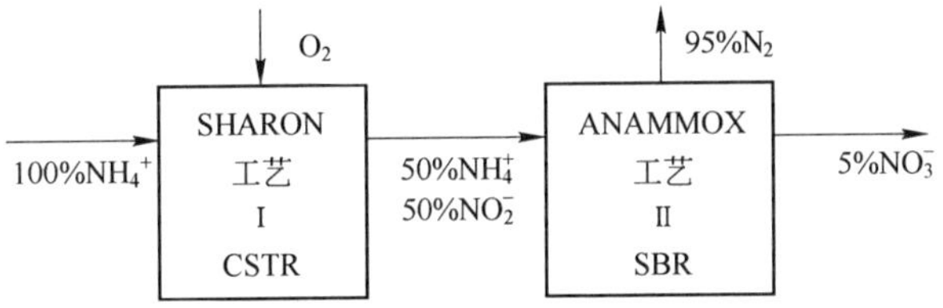

图 19.5 Sharon 与 Anammox 组合工艺中废水除氮负荷图示。组合体系中包含两个反应器：(Ⅰ)适用 Sharon 过程的无污泥回流半连续型完全搅拌塔反应器(CSTR)；和(Ⅱ)ANAMMOX 过程的间歇式反应器 SBR

Sharon 与 Anammox 组合工艺是一种非常有前途的技术，可以减少氮负荷并且不需外加其他化学物质。

19.2.2.3 同时硝化和反硝化

近期，发现氨氧化菌在特定条件下(如低浓度溶解氧)会产生反硝化(Schmidt *et al*. 2000)。存在气体 NO_2 时，氨氧化菌在缺氧条件下可以同时进行硝化和反硝化。在有氧状态下加入 NO_2，硝化速度、生长速度和细胞密度增加了 15 倍，亚硝化单胞菌(Nitrosomonas eutropha)的 N 损失平均达到 50%。上述菌种可以在缺氧条件下生长，使用氢或有机物(醋酸)作为电子供体，亚硝酸盐为电子受体。NO、NO_2 和 N_2(主要产物)被释放至大气。

与需要外加亚硝酸盐的 ANAMMOX 工艺相比，这一新机制意味着一种非常有前途的工艺。基于上述结果，设计了一种新的从废水中一步脱氮处理的方法。在硝化反应器通气中加入 50～150ppm 的 NO_2，每天每 m^3 最高可以将 3.1kg 氨氮转化为亚硝酸盐，其中所产生的亚硝酸盐的 60%～95%可以在同一反应器中发生反硝化(Schmid *et al*. 2000)。总硝化过程中 NO_x 排放大大减少，污泥体积指数下降，产生的污泥易于沉降。

19.3 有机磷化物的新生物转化过程

19.3.1 微生物种群的新鉴定技术

在废水微生物研究中，聚磷菌(PAOs)的微生物学研究是一项挑战，因为鉴定、生长动力学以及与其他细菌生态相关问题都未被解开。一些活性污泥鉴定的技术和方法在近期被发展，并且用于生物除磷(BPR)(Brdjanovic *et al*. 1999)，包括：

- 微生物中 PHA 含量的化学测量；
- BPR 系统中糖原质生物评价；
- 再除磷污泥中反硝化除磷积累有机体比例的确定方法；
- BPR 系统中好氧与缺氧下 ATP/$NADH_2$ 的测量；
- 活性污泥中糖原质积累有机体(GAOs)与磷酸积累有机体(PAOs)比例的检测。

19.3.2 反硝化除磷

磷和氮都要从废水中去除，因为这些物质将导致地表水的富营养化。在传统的活性污泥处理工艺中，P、N 去除菌的竞争是一个问题，因为 P 与 N 的去除都需要有机碳。在市政废水中，有机碳的含量不能满足脱氮除磷的需要。因此，在实际中，需要外加碳源以彻底完成脱氮和除磷。

在废水处理厂中，生物除磷是依靠微生物把细胞内的正磷酸盐储存为聚磷酸盐而实现的。这些微生物在厌氧情况下以 PHB 的形式贮存底物，底物在有氧或硝酸盐为电子受体的情况下被氧化。微生物贮存磷酸盐在有氧或有硝酸盐的情况下进行。通过缺氧或好氧下排泥，磷从系统中去除(Beun *et al*. 2000a，b)。除磷过程中使用硝酸盐代替氧具有节省能源(用于通氧的)和减少有机碳使用的优点。

业已显示，可以积累具有同时脱氮除磷功能的反硝化除磷菌(DPB)。生物除磷有机体受硝酸盐作用释放磷的过程已经被仔细研究过了(Kuba *et al*. 1994，1996，1997)。反硝化(DPB)或好氧除磷菌可以在厌氧-缺氧或是厌氧-好氧间歇式反应器(SBR)中富集。富集得到的污泥用于间歇试验，其中研究了底物(乙酸)与硝酸盐同时存在对磷释放的影响。结论是，生物除磷系统中有硝酸盐存在时磷释放的降低是因为 DPB 的存在，DPB 将利用乙酸反硝化，而不是将乙酸用于磷释放。当硝酸盐与醋酸同时存在时，DPB 污泥产生 PHB(聚羟基丁酸，poly-B-hydroxybutyrate)并释放磷。过程中所需的还原剂($NADH_2$)和能量(ATP)来自于硝酸盐对乙酸的氧化和聚磷酸盐的降解。当不含醋酸时，PHB 降解和磷同时出现。

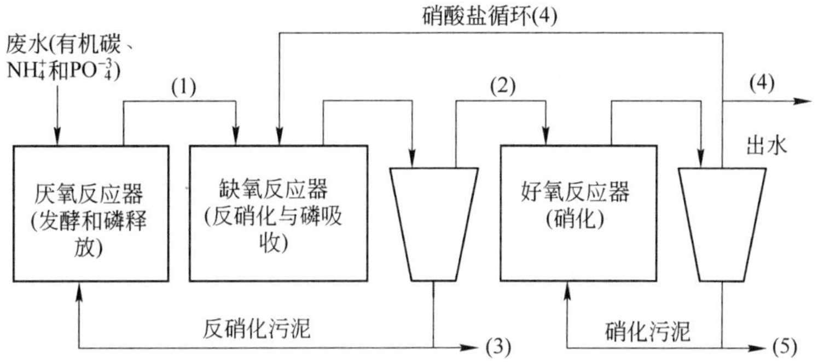

图 19.6 缺氧状态下同时发生反硝化和吸收磷的反硝化除磷过程示意图。(1)含有有机碳(已发酵)、氨、和磷(包括废水中原有的磷和厌氧状态由 PAO 释放的磷)的液体流。(2)缺氧处理过的上清液，包含有常规反硝化菌和反硝化脱磷菌(DPB)未利用的氨和碳。(3)包括反硝化菌和含磷 DPB 的污泥。(4)好氧反应上清液，含有硝酸盐，将被回流至缺氧反应器，所有的氨与碳都已被去除。(5)好氧微生物污泥

Meinhold 等(1998)设计了间歇性试验，检验连续加入生物除磷菌(BPR)过程中有机基质对于生物脱氮除磷的影响，所使用的有机底物为乙酸。观察了可利用基质对 PHA 的贮存/利用和磷酸盐的吸收/释放的影响。缺氧状态下 PHB 被利用并且磷酸盐被吸收，这意味着至少一部分聚磷酸盐有机体(PAOs)有反硝化功能。缺氧磷吸收，PHB 利用和反硝化速率随初始 PHB 水平的提高而增长。乙酸投药速率低时，磷吸收和 PHB 利用率较之无乙酸情况下为低。乙酸投药速率高时，总体上磷是被释放的，同时有 PHB 积累。在中间乙酸投药速率时，PHB 水平增加，同时总体上磷是被释放的。是否向反硝化反应器中引入 BPR 有机促进剂，由总磷去除决定，总磷的去除依赖于好氧磷吸收(好氧磷吸收是 PHB 水平的函数)和好氧停留时间的相互作用。

19.3.3 改进工艺控制的模型

为工艺设计和控制目标服务的反硝化脱磷模型的数字化是今后另一研究方向。已经提出的生物除磷模型是基于细胞间质对聚磷酸盐、聚羟基烷(poly-hydroxyalcanoates)和糖原质的储存做出的(Smolders *et al*. 1995)。生物除磷的探讨中，模型是根据生物能和代谢计量学作出的。所有与磷代谢相关的代谢反应，包括对 ATP 和 $NADH_2$ 的考虑，都被描述了。使用基于线性关系导出的系列计量学参数可以减少描述工艺所需的反应和转化速率参数的数量。模型预测准确性通过测量乙酸、磷酸盐和氨等外部指数和 PHB、糖原质等内部指数进行了验证。模型适用于动力学和多种泥龄下的稳态状态。导出的代谢结构模式可以描述生物除磷工艺的复杂转化。

Munleitner(1997)基于反硝化除磷工艺主要是某单一微生物作用的假设，提出对该工艺的数学描述。认为微生物比通常的微生物有明显高的脱氮除磷能力。该微生物对能量要

求低，因此不需外加碳源。最近的研究证明，使用反硝化除磷在实际中有可操作性(Kuba *et al*. 1997)。如温度、贮存产物浓度等因素的极端条件下的情况被测量并用于模型的校验。出于同样的目的，启用了一个处理厂进行了为期 140d 的纪录。结果给出了更多的动态条件下的动力学表现(Murnleitner 1997)。

19.4 硫化物的新生物转化工艺

19.4.1 研究微生物群落特征的新技术

在复杂情况下，如富含有机物、氮化物和硫化物的工业废水中，会存在大量化合物之间的相互作用，特别是当涉及微生物时。占有优势的生物反应将由 pH、温度和不同化学物的浓度决定。很明显，环境将决定复杂介质中的微生物浓度和种类，这将控制生物反应的进程结果(Bitton 1994)。已经被广泛接受的是，常规厌氧处理富含有机物、氮化物与硫化物的工业废水产生的底物是有限的。气相末端产物主要是烷、CO_2 和 H_2S，液相末端产物是难降解的有机物、硫化物、硫酸盐(Lettinga 1995)。

根据一些研究者——Bitton(1994)、Lettinga(1995)以及 Loosdrecht(1998)等——的研究结果，厌氧反应器中微生物种群的鉴定和定量分析足以满足工艺改进的需要。Oude Elferink 等(1998)已经出版了适用于研究厌氧环境的技术摘要。这些方法可以分为经典的和分子水平的两种。经典方法包括 MPN(最可能数)技术和显微镜检查，包括使用光学和荧光显微镜的显微镜检查、扫描和透射电镜(SEM 和 TEM)，原子力显微镜(AFM)，共焦点激光扫描(CLSM)。分子水平的研究方法包括，生物标记、特性抗体和核酸探针。这些分子水平的技术使得可以直接鉴定污泥中的微生物。其中使用最广泛的包括：

- 甲基化磷脂脂肪酸醚(PLFAMW 或 PLFA profiles)模型结合^{13}C 标记(MS 及 NMR 探测)
- 荧光染色抗体标记
- 基于核酸探针的 rRNA 杂交，通常使用 16-rRNA 基因探针(如，荧光原位杂交技术，FISH)
- rRNA 基因扩充(如聚合酶链反应技术，PCR)配合凝胶电泳(温度梯度，TGGE 以及脱盐梯度，DGGE)

微生物转化硫化物已有详细描述。这些转化包括一些不同种特定微生物的代谢，如硫酸盐亚硫酸盐还原菌、硫磺与硫化物氧化菌和光氧硫细菌(Lens and Hushoff Pol 2000)。另外有些微生物可以同时利用硝酸盐、硫磺、硫化物，已经报道过硫磺和硫化物氧化微生物的自养反硝化(Claus and Huntzer 1985；Batchelor and Lawrence 1986)。

目前为止，已经报道过很多与氮化物、硫化物相关的微生物转化途径。有机物、氮化物和硫化物负荷高的工业废水厌氧生物处理将诱导多种微生物。结果就是，多种微生物菌团可以在处理复杂底物的厌氧生物反应器中生长(Lettinga 1995)。在微生物菌团中存在多种微生物的相互作用。比如，广为人知的硫酸盐还原菌(SRB)与产甲烷菌(MPB)对可利用底物氢的竞争。当然，也存在例如乙酸菌和甲烷菌之间的互补作用。

19.4.2 自养反硝化

Percheron 等(1999)研究过富含硫酸盐的工业废水厌氧处理过程中硝酸盐添加的影响。在高 COD/NO_3^--N 时，无硫化物的环境中，反硝化至氮气将取代厌氧反硝化中的硝酸盐还原至氨的途径，成为主要的硝酸盐还原途径。硫化物在反硝化中的消耗暗示着硫化物可能是该体系中反硝化的电子供体。也有在富含硝酸盐与硫酸盐废水中，SRB 与反硝化硫杆菌之间的互补作用的报道(Bouffard *et al*. 1998)。

一些脱氮工艺中，使用反硝化硫杆菌进行自养反硝化，加入了还原性硫源。Driscoll and Bisogni(1978)，Batchelor and Lawrence(1986)，以及 Matsui and Yamamoto(1986)都报道过处理合成含硝酸盐和含硫盐废水取得了较好的反硝化效果。Kuai and Verstraete (1999)探索过加硫后的自养反硝化，报道的结果是，在硫化石灰石床中，实现了 75%的脱氮，负荷为 $0.2kgNm^3d^{-1}$，停留时间为 3h，氮为电子供体，硫为电子受体。这一机制意味着要使用在厌氧环境中不存在的氮的氧化物。

19.4.3 硫酸盐还原与氨氧化(SURAMOX)

关于 N—S 相互作用在文献中通常被报道的是，硝酸盐或亚硝酸盐还原为氮气的过程因同时进行的硫化物或硫磺氧化而被削弱。不过最近有报道，在厌氧条件下，同时发生了氨转化为氮气和硫酸盐转化为还原性硫化物的报道。这一过程在处理富含有机物、氮和硫酸盐的工业废水处理中已经有试验验证(Fdz-Polanco *et al*. 2001a)。实验在填充颗粒活性炭(GAC)的厌氧流化床反应器(AFBR)中进行，反应器中活性炭表面是挂有生物膜的。进出反应器、以及反应器中液相与气相中氮化物和硫化物质量平衡情况表明，有非同寻常的 N_2 出现。很大比例的氮以有机氮的形式进入反应器，并且以氮气的形式从液相转移至气相(有机氮为凯式总有机氮分析方法测量的)。同时，大部分进入反应器的硫酸盐被转化成硫磺，其余以硫化物的形式存在于出水或者以硫化氢的形式存在于气体中。这些试验现象暗示了一种新的厌氧转化，其中同时包括氨被氧化和硫酸盐被还原，氨是电子供体，硫酸盐为电子受体(Fdz-Polanco *et al*. 2001a，b)。

所有有关的生化过程可以以氧化-还原或者电子转移示意图来描述。有关化学反应的标准 Gibbs 自由能(ΔG°)可以通过电子转移图和半反应 ΔG°值计算。半反应的 ΔG°可以根据产物和反应物的 ΔG_f°经过简单计算得到。

热力学数据是物质而非反应的特征函数。所使用的化合物的 ΔG_f°是根据其构成元素在 25℃，标准状态下的单质推算的(标准状态是指分压为一个大气压时对应的固体、液体或气体)。由于液相中的生化反应几乎都是排它的，ΔG_f°对应溶液浓度为 1M 的状态。一些厌氧生化反应的化合物列于表 19.1(Mosey 1985)。

标准生成 Gibbs 自由能。"g"，"aq."以及"l"分别代表气体、溶液和液体　　表 19.1

底物	状态	ΔG_f°(kJ/mol)	底物	状态	ΔG_f°(kJ/mol)
	碳源			硫化物	
CH_4	G	−50.7	SO_4^{2-}	aq.	−743.9
CO_2	G	−358.9	H_2S	aq.	−27.3
HCO_3^-	aq.	−586.5	HS^-	aq.	+12.6
CO_3^{2-}	aq.	−527.6	S^{2-}	aq.	+83.6
CH_3COOH	aq.	−399.1		水/离子	
CH_3COO^-	aq.	−372.0	H_2O	L	−237.0
	氮化物		H^+	aq.	0
NO_3^-	aq.	−110.4	OH^-	aq.	−157.2
NO_2^-	aq.	−34.5		元素	
NH_4^+	aq.	−79.4	O_2，H_2，N_2	g	0

如前所述，用表 19.1 中列出的数据可能推出半反应的 ΔG°。标准氧化还原电势(E°)通过半反应的 ΔG°如下计算 $E^\circ=(\Delta G^\circ)/(n, F)$，其中 n 是半反应中的电子数，F 为法拉第常数，可以表示为等价电势(96.42J/mV)。为评价还原势，半反应按惯例和电子写在左侧，作为还原过程。如果反应以相反的形式写出并计算，得到的将是氧化势——这与还原势绝对值相同，符号相反。为计算一系列浓度和压力下的还原势，需要写出还原方程。液体中水的活性为常数，是 55M，通常要在方程中去除水和水的 E°。同时也要使用下式 $pH=-\lg[H^+]$。

与转化硫化物和氮化物相关的一些生化反应的半反应表达式，标准 Gibbs 自由能(ΔG°)和还原势(E°)。(1) kJ/反应 (2) 由式 $E^\circ=(\Delta G^\circ)/(n, F)$计算的标准还原势 (3) 将水的活性(55M)计算在内的标准还原势。　　表 19.2

	半反应	$\Delta G^{\circ(1)}$(kJ)	$E^{\circ(2)}$(mV)	$E^{\circ(3)}$(mV)	E°pH7(mV)
	氮				
R_1	$NO_3^- + 2H^+ + 2e^- \Leftrightarrow NO_2^- + H_2O$	−161	835	784	+370
R_2	$NO_3 + 6H^+ + 5e^- \Leftrightarrow 1/2N_2 + 3H_2O$	−600	1246	1215	+967
R_3	$NO_3 + 10H^+ + 8e^- \Leftrightarrow NH_4^+ + 3H_2O$	−680	882	843	+326
R_4	$NO_2 + 4H^+ + 3e^- \Leftrightarrow 1/2N_2 + 2H_2O$	−440	1519	1451	+899
R_5	$NO_2 + 8H^+ + 6e^- \Leftrightarrow NH_4^+ + 2H_2O$	−519	897	863	+311
R_6	$1/2N_2 + 4H^+ + 3e^- \Leftrightarrow NH_4^+$	−79	275	275	−277
	硫				
R_7	$SO_4^{2-} + 8H^+ + 6e^- \Leftrightarrow S^\circ + 4H_2O$	−204	353	284	−267
R_8	$SO_4^{2-} + 9H^+ + 8e^- \Leftrightarrow HS^- + 4H_2O$	−191	248	197	−269
R_9	$SO_4^{2-} + 10H^+ + 8e^- \Leftrightarrow H_2S + 4H_2O$	−231	300	249	−269
R_{10}	$SO_4^{2-} + 8H^+ + 8e^- \Leftrightarrow S^{2-} + 4H_2O$	−120	156	104	−309
R_{11}	$S^\circ + H^+ + e^- \Leftrightarrow HS^-$	−12	131	131	−283

观察到的这些现象可以按照下面的反应(式 19.5)进行解释，该反应被命名为SURAMOX(硫酸盐还原与氨氧化)，按照反应式根据动力学数据(Fdz-Polanco *et al.* 2001b)计算得到的标准 Gibbs 自由能($\Delta G^\circ=-47.8kJ/mol$)表明反应的确是可能的。

$$SO_4^{-2}+2NH_4^+ \longrightarrow S^0+N_2+4H_2O \qquad (19.5)$$

整体的还原反应可以通过组合两个厌氧氨氧化反应获得。式(19.6)所示的反应是以硫酸盐为电子受体，产生亚硝酸盐和单质硫；其热力学数据说明该反应不会发生($\Delta G^\circ=314kJ/mol$)。式(19.7)中亚硝酸盐作为电子受体，其热力学数据证明这种反应是可以发生的($\Delta G^\circ=-360kJ/mol$)，这一反应就是 ANAMMOX 过程。这两个方程是根据表 19.2 中涉及氮化物和硫化物生物转化的半反应、Gibbs 自由能函数和标准还原电势推算的。

$$(\text{表 19.2 的 } R_7\text{-}R_5)\quad SO_4^{-2}+NH_4^+ \longrightarrow S^0+NO_2^-+2H_2O \qquad (19.6)$$

$$(\text{表 19.2 的 } 2R_4\text{-}R_5)\quad NO_2^-+NH_4^+ \longrightarrow N_2+2H_2O \qquad (19.7)$$

根据标准 Gibbs 自由能，标准状态下氨被硫酸盐氧化是不能发生的。两种效应有利于这一反应的存在。一是在活性炭表面的生物膜选择性吸附氨和硫酸盐，增加了局部的反应物浓度。进一步，产生的亚硝酸盐可以迅速经由各反应而被还原，这是热力学可行的过程。另一方面，添加的情况有利于引导 AFBR 中的质量平衡。氮的质量平衡显示，常规的氨的硝化过程与少见的厌氧脱氮机制共存。这由液相中氮的消失和气相中 N_2 的出现而证明。根据试验显示，对于进水，最高的总氮去除率为 55%，负荷为 $0.13kgNm^{-3}/d$。同时反应器进水中 50%的硫酸盐被去除，但是在液相中的硫化物和气相中的硫化氢浓度远低于根据硫酸盐去除量的推算值，这意味着硫酸盐被转化为单质硫。这一推断被有固相硫出现(非定量)的发现进一步证实。对 AFBR 反应器中进行了活性炭化学分析，其中含有 5%的硫。此外，从反应器流出的固体中，有不定量的单质硫。

对 SURAMOX 反应器中微生物完整的定量与鉴定也是进一步研究的目标。这方面的工作包括对可以转化不同底物(特别是氨和硫酸盐)的微生物数量和活性以及适应的生长条件进行描述。

19.5 参考文献

Abeling U. and Seyfried C. F. (1992) Anaerobic-aerobic treatment of high-strength ammonium wastewater. Nitrogen removal via nitrite. Wat. Sci. Technol., 26, 1007-1015.

Anthonisen A. C., Loehr R. C., Prakasam T. B. S. and Srinath E. G. (1976) Inhibition of nitrification by ammonia and nitrous acid. J. Water Pollution Control Federation, 48, 835-852.

Batchelor, B. and Lawrence, A. W. (1986) Autotrophic denitrification using elemental sulfur. J. Water Pollution Control Federation, 50(8), 1986-2001.

Beun J J, Paletta F., Loosdrecht M. C. M. van, Heijnen J. J. (2000a) Stoichiometry and kinetics of poly-B-hydroxybutyrate metabolism in aerobic, slow growing, activated sludge cultures. Biotechnol. Bioeng., 67, 379-389.

Beun J J, Verhoef E. V., Loosdrecht M. C. M. van, Heijnen J. J. (2000b) Stoichiometry and kinetics of poly-B-hydroxybutyrate metabolism under denitrifying conditions in activated sludge cultures. Biotechnol. Bioeng, 68, 496-507.

Bitton G. (1994) Wastewater microbiology. Wiley-Liss Inc. New York.

Bouffard, S. C., Hackl, R. P. and Sobolewski, A. (1998) Novel nitrate/sulphate closed-cycle biological treatment of mining effluents. European Conference of new advances in biological nitrogen and phosphorus removal for municipal or industrial wastewaters. Narbonne, France, October 12-14, 279-282.

Brdjanovic D., Loosdrecht M. C. M. van, Hooijmans C. M., Mino T., Alaerts G. J. and Heijnen J. J. (1999) Innovative methods for sludge characterization in biological phosphorus removal systems. Wat. Sci. Technol, 39(6), 37-43

Claus G. and Kuntzer H. J. (1985) Physiology and kinetics of autotrophic denitrification by Thiobacillus denitrificans. Appl. Microbiol. and Biotechnol. 22, 283-288.

Demuynck C., Vanrolleghem P., Mingneau C., Liessens J., and Verstraete W. (1994) NDBEPR process optimization in SBRs: reduction of external carbon-source and oxygen supply. Wat. Sci. Technol, 30(4), 169-179.

Dongen L G J M van, Strous M., Schoonen K. T., Loosdrecht M. C. M. van, Kuenen J. G., Jetten M. S. M. (2000) Combination of partial nitrification (Sharon) and anaerobic ammonium oxidation (Anammox) for theremoval of ammonia from concentrated wastewater. In: S Hartmans, P Lens (eds.) Proceedings of the 4th International Symposium on Environmental Biotechnology, 10-12 April 2000, Noordwijkerhout.

Driscoll, C. T. and Bisogni, J. J. (1978) The use of sulfur and sulfide in packed bed reactors for autotrophic denitrification. J. Water Pollution Control Federation, 50, 569-577.

Fdz-Polanco F., García P. and Villaverde S. (1994) Temperature effect over nitrifying bacteria activity in biofilters: activation and free ammonia inhibition. Wat. Sci. Technol. 30, 121-130.

Fdz-Polanco F., Villaverde S., and García P. A. (1996) Effects causing nitrite build-up in biofilters. Wat. Sci. Technol. 34, 371-378.

Fdz-Polanco, F., Fdz-Polanco, M., Fernández, N., Urueña, M., García, P. A. and Villaverde, S. (2001a) New process for simultaneous removal of nitrogen and sulphur under anaerobic conditions. Wat. Res., 35(4), 259-262.

Fdz-Polanco, F., Fdz-Polanco, M., Fernández, N., Urueña, M., García, P. A. and Villaverde, S. (2001b) Combining the biological nitrogen and sulfur cycles in anaerobic conditions. Proceedings of Gatze-Lettinga-Farewell Seminar, Wageningen, The Netherlands, April 2001.

Graaf, A. A. van de, Bruijn P. de, Robertson L. A., Kuenen J. G.
(1996) Autotrophic growth of anaerobic ammonium oxidizing microorganisms in a fluidized

bed reactor. Microbiology, 142, 2187-2196.

Graaf, A. A. van de, Bruijn P. de, Robertson L. A., Jetten M. S. M., Kuenen J. G. (1997) Metabolic pathway of anaerobic ammonium oxidation on the basis of 15N studies in a fluidized bed reactor. Microbiology, 143, 2415-2421.

Hao O. L. and Huang J. (1996a) Alternating aerobic-anoxic process for nitrogen removal: Process evaluation. Water Environment Research, 68(1), 83-93.

Hao O. L. and Huang J. (1996b) Alternating aerobic-anoxic process for nitrogen removal: Dynamic modeling. Water Environment Research, 68(1), 94-104.

Hellinga, C., Schellen A. A. J. C., Mulder J. W., Loosdrecht M. C. M. van and Heijnen J. J. (1998) The sharon process: an innovative method for nitrogen removal from ammonium-rich waste water. Wat. Sci. Technol, 37(9), 135-142.

Horntvedt B. R., Rambekk M. and Bakke R. (1998) Oscillating conditions for influencing the composition of mixed biological cultures. Wat. Sci. Technol 37 (4-5), 259-262.

Jetten M S M, Strous M, Schoonen K T, Schalk J, Dongen L G J M van, Graaf A. A. van de, Logemann S, Muyzer G, Loosdrecht M C M van, Kuenen J G (1999) The anaerobic oxidation of ammonium. FEMS Microbiology Reviews, 22, 421-437.

Kern-Jespersen, J. P. and Henze, M. (1993) Biological phosphorus uptake under anoxic and aerobic conditions. Water Research, 27, 617-624.

Kern-Jespersen J. P., Henze M., and Strube R.. (1994) Biological phosphorous release and uptake under alternating anaerobic and anoxic conditions in a fixed-film reactor. Water Research, 28, 1253-1255.

Kuai, L. and Verstraete, W. (1999). Autotrophic denitrification with elemental sulfur in small-scale wastewater treatment facilities. Environ. Technol, 20, 201-209.

Kuba, T., Wachtmeister A., Loosdrecht M. C. M. van and Heijnen J. J. (1994) Effect of nitrate on phosphorus release in biological phosphorus removal systems. Wat. Sci. Technol 30(6), 263-269.

Kuba, T., Murnleitner, E., Loosdrecht, M. C. M. van and Heijnen, J. J, (1996) A Metabolic model for the biological phosphorus removal by denitrifying organisms. Biotechnol. Bioeng, 52, 685-695.

Kuba, T., Loosdrecht M. C. M. van and Heijnen J. J. (1997) Biological dephosphatation by activated sludge under denitrifying conditions: pH influence and occurrence of denitrifying dephosphatation in a full-scale waste water treatment plant (Nog niet eerder opgenomen). Wat. Sci. Technol, 36(12), 75-82.

Lacalle M. L., Villaverde S., Fdz-Polanco F. and García-Encina P. A. (2000) Combined system (UASB + UBAF) for organic matter and total nitrogen removal from a high strength industrial wastewater. Seminario Latino-Americano de Digestao Anaeróbia Recife, Brasil.

Lees, H. (1963) Inhibitors of nitrification. In Metabolic Inhibitors Vol. Ⅱ (Hochster R. M. and Quastel J. H. Eds.), Academic Press, New York. 615-629.

Lens, P. N. L. and Hulshoff Pol, L. (Ed.). Environmental Technologies to Treat Sulfur Pollution, IWA Publishing. 2000.

Lettinga, G. (1995). Anaerobic digestion and wastewater treatment systems. Antoine van Leeuwenhoek, 67, 3-28.

Logemann, S., Schantl J., Bijvank S., Loosdrecht M. C. M. van, Kuenen J. G. and Jetten M. S. M. (1998) Molecular microbial diversity in a nitrifying reactor system without sludge retention. FEMS Microbiology Ecology, 27, 239-249.

Loosdrecht, M. C. M. van and Jetten M. S. M. (1998) Microbiological conversions in nitrogen removal. Wat. Sci. Technol, 38(1), 1-7.

Matsui, S. and Yamamoto, R. (1986). A new method of sulphur denitrification for sewage treatment by a fluidized bed reactor. Wat. Sci. Technol., 18, 355-362.

Meinhold J., Pedersen H., Arnold E., Isaacs S. and Henze M. (1998) Effect of continuous addition of an organic substrate to the anoxic phase on biological phosphorus removal. Wat. Sci. Technol, 38(1), 97-105.

Mosey, F. (1985). Redox potentials in wastewater treatment. The Chemical Engineer, 5, 21-24.

Murnleitner, E., Kuba, T., Loosdrecht, M. C. M. van and Heijnen, J. J. (1997) An integrated metabolic model for the aerobic and denitrifying biological phosphorus removal. Biotechnol. Bioeng. 54(5), 434-450

Oude Elferink S. J. W. H., Lis R. van, Heilig H. G. H. J., Akkermans A. D. L. and Stams A. J. M. (1998) Detection and quantification of microorganisms in anaerobic bioreactors. Biodegradation, 9, 169-177.

Percheron, L., Bernet, N. and Moletta, R. (1999). Interactions between methanogenic and nitrate reducing bacteria during the anaerobic digestion of an industrial sulfate rich wastewater. FEMS Microbiol. Ecol. 29, 341-350.

Randall C. W. and Buth D. (1984). Nitrite build-up in activated sludge resulting from combined temperature and toxicity effects. J. Water Pollution Control Federation, 56, 1045-1049.

Sasaki K., Yamamoto Y., Tsumura K., Hatsumata S. and Tatewaki M. (1993) Simultaneous removal of nitrogen and phosphorus in intermittently aerated 2-tank activated sludge process using DO and ORP-bending-point control. Wat. Sci. Technol. 28(11-12), 513-521

Sasaki K., Yamamoto Y., Tsumura K., Ouchi S. and Mori Y. (1996) Development of 2-reactor intermittent-aeration activated sludge process for simultaneous removal of nitrogen and phosphorus. Wat. Sci. Technol. 34 (1-2), 111-118.

Schalk, J., Oustad H., Kuenen J. G. and Jetten M. S. M. (1998) The anaerobic oxidation of hydrazine: a novel reaction in microbial nitrogen metabolism. FEMS Microbiology Letters, 158, 61-67.

Schmid M, Twachtmann U, Klein D C G, Strous M, Juretschko S, Jetten M S M, Metzger J W, Schleifer K H, Wagner M (2000). Molecular evidence for genus level diversity of bacteria capable of catalyzing anaerobic ammonium oxidation. Systematic and Applied Microbiology, 23, 93-106.

Sharma B. and Ahlert R. C. (1977). Nitrification and nitrogen removal. Water Research, 11, 897-925.

Smolders G. J. F., Loosdrecht M. C. M. van and Heijnen J. J. (1995) A metabolic model for the biological phosphorus removal process Wat. Sci. Technol. 31(2), 79-93.

Strous, M., Gervan E. van, Zheng P., Kuenen J. G., Jetten M. S. M. (1997a) Ammonium removal from ammonium-rich waste streams with the Anammox proces. Water Research, 31(8), 1955-1962.

Strous, M., Gerven E. van, Kuenen J. G., Jetten M. S. M. (1997b) Effects of aerobic and micro-aerobic conditions on anaerobic ammonium oxidising (Anammox) sludge. Appl. Environ. Microbiol., 63, 2446-2448.

Strous M, Fuerst J. A., Kramer E H M, Logemann S, Muyzer G, Schoonen K T, Webb R. I., Kuenen J G, Jetten M S M (1999a) Missing lithotroph identified as new planctomycete. Nature, 400, 446-449.

Strous M, Kuenen J G, Jetten M S M (1999b) Key physiology of anaerobic ammonium oxidation. Appl. Environ. Microbiol., 65, 3248-3250.

Suthersan S. and Ganczarczyk J. J. (1986). Inhibition of nitrite oxidation during nitrification, some observations. Wat. Poll. Res. Jour. Canada. 21, 257-266.

Timberlake D. L., Strand S., and Williamson K. J. (1988). "Combined aerobic heterotrophic oxidation, nitrification and denitrification in a permeable-support biofilm". Water Research, 22(12), 1513-1517.

Turk O. and Mavinic D. S. (1989). Maintaining nitrite build-up in a system acclimated to free ammonia. Water Research, 23, 1383-1388.

Veldhuizen H M van, Loosdrecht M C M van, Heijnen J J (1999) Modelling biological phosphorus and nitrogen removal in a full scale activated sludge process. Water Research, 33(16), 3459 3468.

Villaverde S., Fernández M. T., Urueña M. A. and Fdz-Polanco F. (1997a). Influence of substrate concentration on the growth and activity of a nitrifying biofilm in a submerged biofilter. Environ. Technol. 18, 921-928.

Villaverde S., García P. A. and Fdz-Polanco F. (1997b). Influence of pH on nitrifying bacteria activity in submerged biofilters. Water Research, 31, 1180-1186.

Villaverde S., Fdz-Polanco F., and García P. A. (2000a) Nitrifying biofilm acclimation to

free ammonia in submerged biofilters. Start-up influence. Water Research, 34(2), 602-610.
Villaverde S., Lacalle M. L., García P. A., and Fdz-Polanco F. (2000b) Nitrification-Denitrification of UASB effluents highly loaded with nitrogen in an activated sludge reactor operated with short cycled aeration. Wat. Sci. Technol. 44(4), 279-286.
Villaverde S., García P. A., Lacalle M. L. and Fdz-Polanco F. (2000c) New operational strategy for SBR technology for total nitrogen removal from industrial wastewaters highly loaded with nitrogen. Wat. Sci. Technol, 41(12), 85-93.
Wagner M., Rath G., Koops H., Flood J. and Amman R. (1996) In situ analysis of nitrifying bacteria in sewage treatment plants. Wat. Sci. Technol. 34, 237-244.

20 抗生物降解物质及杀虫剂类物质的生物降解

Graciella Gonzalez-Gil, Robbert Kleerebezem, Bo Matiasson and Piet N. L. Lens

20.1 简介

20.1.1 适用于水循环与资源转化的环境生物技术

环境生物技术属于废物处置和处置场建设运行的技术领域。以往主要关注的内容一直是处置废弃物要尽可能价廉，而不考虑将废物转化为有用的物质。最近，人们认识到，废物和资源只不过是定义不同，定义依赖于知识和技术水平，并且决定了物质是否有用。因此，原来被认为属于无用的废物也可以转化为有用的物质。该回用政策具有以下优势：

- 减少自然资源的消耗(如矿藏、水)
- 减少排入环境中的废物
- 回收废物节约能量

由于供水问题持续增长、废水处置费用的不断提高，对回用水的需求处于增加状态。在这一框架下，水循环/回用成为一些行业中的重要主题。由于循环过程中一些污染物会被积累，需要比较有效的处理系统。在一些水循环中，水质没有满足某些标准。循环或者回用要求水质和毒性必须被监控，最近所发展的生物传感系统有助于完成这一任务。厌氧废水处理技术在全球范围的应用证明这一技术适用于食品行业废水处理。这一技术特别适用于处理高浓度废水，因此在闭路水循环系统方面有应用价值(闭路水循环系统中污染物浓度是积累增高的)。

生物好氧工艺在大多数工业废水处理系统中与厌氧工艺结合使用。好氧技术很重要，因一些化学物质不能在厌氧状态下完成矿化。厌氧—好氧组合工艺对于生物去除杀虫剂等污染物是有效的。

本章综述了应用微生物去除一些污染物的可能。其中一些污染物在工业——如纺织业——闭路水循环中属于广泛被关注的(如染料和表面活性剂)。最近发展的内容，包括经由基因工程微生物改善“清洁/处理”工艺，和用于检测环境危险物质和重金属的生物传感器，都在本章中加以讨论。

20.1.2 电子受体多样性

在氧化有机污染物时，微生物呼吸需要的电子受体可以是氧、硝酸盐、硫酸盐、硫磺、离子(也包括金属)和二氧化碳等多种物质。通过氧化，微生物获得了代谢所需的能量。

如果同时存在多个电子受体，自然状态下，微生物按反应所获得能量由高至低的顺序利用电子受体(图 20.1)。在工程系统中，可以操纵这些转移以去除不希望得到的或者获得希望得到的化合物。

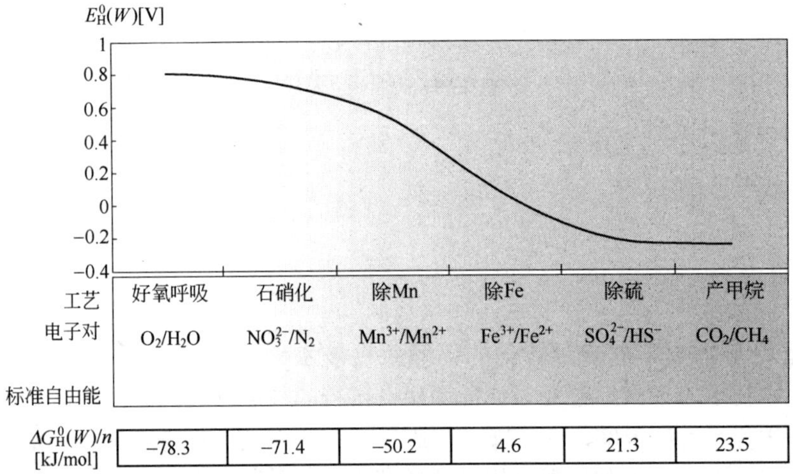

图 20.1 根据还原电势 $E^0_H(W)$排列的生态工艺顺序。W 标志着一还原电势是在天然水环境(即，pH=7)下推断出来的。也标出了单电子转移对应的标准 Gibbs 自由能 $\Delta G^0_H(W)$。锰和铁的自由能数据是按照碳酸氢根在水中的自然浓度 10^{-3}M 推断的

从能量的角度，图 20.1 表明，氧气(即好氧呼吸)是最优先的电子受体，也就是说，具有最低的 Gibbs 自由能；而二氧化碳还原(如，产甲烷作用)是最不优先的。在有机物降解过程中，硫酸盐还原的优先程度略强于产甲烷作用，反硝化所提供的能量大概是产甲烷作用的 6 倍。因此，硫酸盐或硝酸盐还原菌可以通过选择性的添加电子受体而从污泥中富集出来。

本章关注了产甲烷环境/反应器中杀虫剂类化合物的处理。产甲烷环境生物技术的主要优点是不需外加电子受体。另外可以产生有价值的产物—甲烷。

如果工程应用于特定的转化，厌氧技术的运行场合还可以进一步扩大。

20.2 厌氧生物降解的微生物学

20.2.1 介绍

不存在氧、硝酸盐、硫酸盐或其他较强的电子受体的缺氧环境中，复杂的有机物一般降解至甲烷、二氧化碳和氨。自然的产甲烷环境包括水体底泥、沼泽以及动物的肠道。工

程中产甲烷环境可以在处理固体或液体废弃物中形成。在过去的 20 年中，科学家收集了对于降解很多底物的产甲烷微生物的信息。在下文中，首先将概述产甲烷环境下复杂底物的降解。其次，因有些厌氧微生物可以将一些有机或无机污染物转换，所以给出了一些有应用可能的去除污染物的厌氧生物技术。一些污染物在工业废水中很重要，相应的在闭路水循环中也非常重要(如，染料中的芳环物质、表面活性剂)。还有一些大家感兴趣的土壤修复内容(如对碳氢化合物的消除)。

20.2.2 产甲烷环境中的底物降解

产甲烷环境中复杂底物转化为最终产物——甲烷和二氧化碳——是由细菌和古细菌的复杂合作而完成的。一些细菌催化底物得到的产物是另外一些微生物的底物。在稳态状态下，建立了中间产物的生成与消耗的平衡，因此没有中间产物积累(Schink 1997；Schink and Friedrich 1994；Stams 1994)。

简单地说(见图 20.8)，一些大分子，如多糖、蛋白、核酸、脂类经过发酵菌作用被水解为单体，如糖、氨基酸、嘌呤、嘧啶、脂肪酸和糖原质。这些产生的单体被转化为醋酸、二氧化碳、氢气及还原性物质如乙醇、乳酸和挥发性脂肪酸。

对于降解发酵产物中的一些物质如，超过 2 个碳原子的脂肪酸、超过一个碳原子的醇和支链芳香脂肪酸，需要二级发酵菌或产氢的乙酸菌。这些二级发酵菌转化上述底物至乙酸、二氧化碳、氢气和甲酸，然后由产甲烷古细菌进一步转化。

产甲烷古细菌只能转化有限数目的底物(Zinder 1993)。它们只能利用乙酸(图 20.2)，CO_2+H_2，甲酸和其他类似甲醇、甲基硫醇和甲基氨(Blaut 1994)。

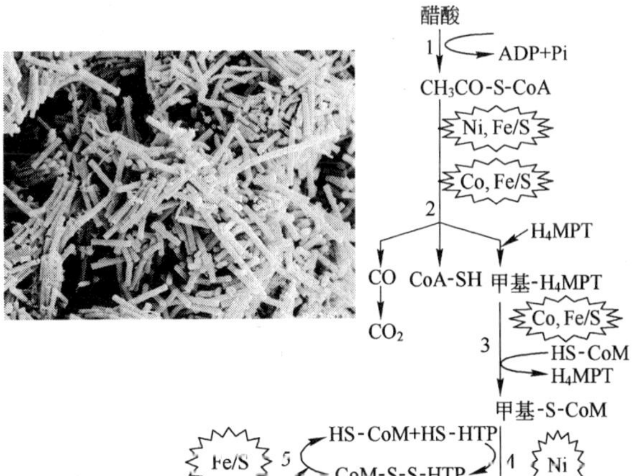

图 20.2 由乙酸产生甲烷的假说示意图。只有 Methanosarcina 和 Methanosaeta 可以催化这一反应。Methanosaeta 的一个菌株的形态见扫描电镜照片(5mm=3.5μm)。酶中的硫和金属分别位于不同的代谢步骤中。涉及的酶包括(1)乙酸激活酶和磷酸转移酶(位于 Methanosarcina 中)或乙酰 CoA 合成酶(位于 Methanosaeta 中)；(2)CO 脱氢酶；(3)Methyl-H_4MPT：HS-CoM 甲基转移酶；(4)甲基-CoM 还原酶；(5)异二硫还原酶

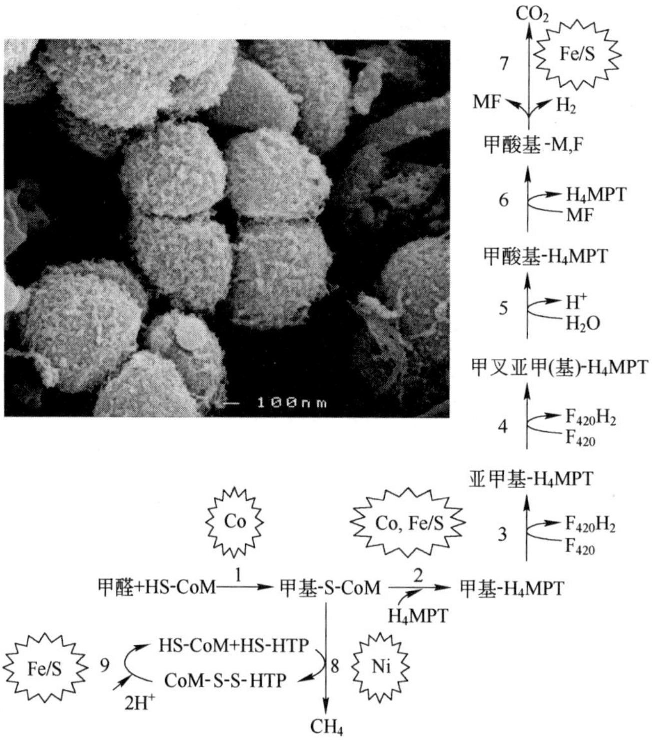

图 20.3 直接从甲醇产生甲烷的理论途径示意图

完成这一转化的甲烷八叠球菌的形态见扫描电镜照片。构成酶的硫和金属分别在代谢步骤中体现。涉及的酶包括：

(1) 5-Hydroxybenzimidazolyl 转甲基酶以及甲基钴胺素：HS-CoM 转甲基酶。

(2) 甲基-H_4MPT：HS-CoM 转甲基酶。

(3) 亚甲基-H_4MPT 还原酶。

(4) 3-亚甲基-H_4MPT 脱氢酶。

(5) 3 甲叉亚甲基-H_4MPT 环水解酶。

(6) 甲酸基 MF：H_4MPT 转移酶。

(7) 甲酸基甲烷呋喃脱氢酶。

(8) 甲基-CoM 还原酶，含 F_{430} 辅酶。

(9) 异二硫还原酶。F_{420} 为辅酶。

20.2.3 生物降解含苯环化合物

20.2.3.1 BTEX

苯、甲苯、乙基苯和二甲苯(混合物一般称为 BTEX)是与石油相关的单苯环有机污染物。这些化合物有毒，并且因其具有相对高的溶解度而随地表水迁移。所有的 BTEX 可以好氧降解，但是最近的研究表明，在自然条件下，占优的是厌氧降解。降解这些石油类碳氢化合物是在硝化或硫酸盐还原条件下发生的(Reinhard *et al*. 1997, Weiner *et al*. 1998a, b, c; Coates *et al*. 1998a; Spormann and Widdel, 2000)。一些 BTEX 物质也可以在产甲烷条件下被降解(Edwards and Grbic-Galic 1994; Lovely 2000)。最近,有证据表明苯可以在 Fe(Ⅲ)-还原条件下很容易地被矿化(Anderson and Lovley 1999; Rooney-Varga *et al*. 1999; Lovely 2000)。产甲烷条件下生物降解苯也在最近被证明了(Weiner and Lovley 1998)。

另一种生物降解苯的途径是基于原位产生的分子态氧。厌氧微生物氧化有机碳伴随着氯酸根(ClO_3^-)或高氯酸根(ClO_4^-)歧化为 ClO_2^- 和 Cl^- 以及氧气。氯的岐化是异化还原(高)氯酸过程的中心步骤,并且是通过惟一的一种氯岐化酶催化的(Coates *et al*. 1999a; Bruce *et al*. 1999)。并不知道(高)氯酸还原菌能否直接降解 BTEX,但是它可以提供如 Pseudomonas 等好氧微生物以氧气从而降解 BTEX——如果有亚氯酸存在。与其他过程相比,这一过程的实用性还需评价。

多种碳氢化合物和芳环化合物的好氧代谢是与氧分子的进一步利用有关,其中羟基化和芳香环开环是重要途径。单氧化酶与直链碳氢化合物的氧化有关,并且正如该酶的名字所暗示的,每个单氧化酶催化的步骤中,都引入一个氧原子。单氧化酶在降解芳香化合物中同样很重要。然而,在很多情况下,仅引入一个氧原子是不够的,不过存在可以引入两个氧原子的酶,即两个原子都来自氧分子(二氧化酶)。

二氧化酶在降解芳香化合物中非常重要。来自同一氧分子的两个氧原子形成邻位或间位的羟基,因此会引起环断裂(图 20.4)。

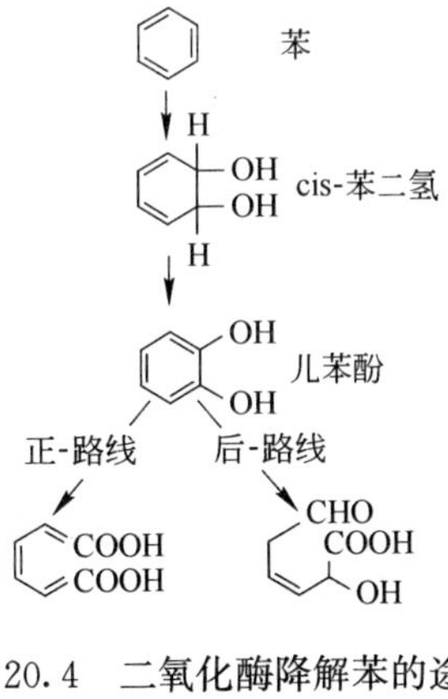

图 20.4 二氧化酶降解苯的途径

厌氧代谢低分子可溶性芳香化合物需要完全不同的策略。已经提出了厌氧氧化多种芳香化合物(二甲苯、甲苯、乙基和丙基苯)的途径(Heider *et al*. 1999; Harwood *et al*. 1999; Spormann and Widdel 2000)。这些途径是基于对纯种反硝化菌和硫酸盐还原菌的代谢研究。在大多数已知的情况下,苯环因还原开环,并且伴随水解。还原产生少量的苯环衍生物,其中最常见的为辅酶 A 与苯环的络合物(benzoyl-CoA),该物质是以大量芳香化物为生长底物的降解过程中的核心中间产物。

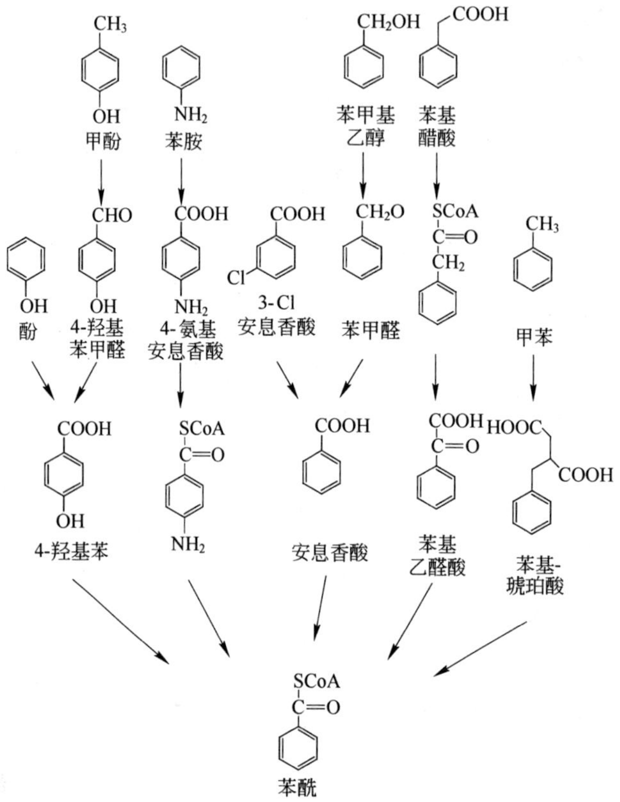

图 20.5 转化一些芳香化合物为核心中间产物 benzoyo-CoA 的外围厌氧途径(Kleerenezem 1999)

20.2.3.2 多环芳烃

多环芳烃是两个或多个苯环通过公用 C—C 键形成的一类碳氢化合物。这类物质是非挥发的，水溶性很低，属于致癌物，经常在关闭的煤气厂或烹饪厂周围被发现。

从土壤中以生物法而不是物理化学方法——如热处理或溶剂提取——去除这类物质有两个优点：土壤的物理结构和生物功能会被保持(Bonten 2001)。

分子中少于 5 个环的多环芳烃通常可以在好氧条件下降解。好氧转化多环芳烃包括二氧化酶作用于某个环(通常为最末端的环)形成类似儿茶酚的结构，然后这种结构在二氧化酶的作用下开环成为最终可被利用的代谢产物。

多环芳烃对于厌氧微生物的进攻似乎应该是稳定的。然而，最近的研究表明在有硝酸盐(Mihelcic and Luthy 1988；Rochne and Strand 1998)，离子(Lovley *et al*. 1994)，硫酸盐还原(Coates *et al*. 1997；Zhang and Young 1997；Rockne and Strand 1998)和产甲烷条件下可以被降解。

20.2.3.3 硝化苯和多氯苯

硝化苯是一类在染料、农药、化学武器和其他行业中使用的难降解物；多氯苯在农药、杀虫剂、染料、杀菌剂和塑料行业(Fetzner 1988)使用以及用作消毒剂(如2-氯苯)。虽然有一些单取代的化合物是由于微生物代谢而产生的，其主要来源还是归于人类活动。

硝化苯系物和多氯苯可以被好氧或厌氧降解。在好氧环境，微生物利用氧化酶(如，结合氧的酶)对苯环进行亲电进攻。因此带有给电子基团取代基(如氯、硝基、偶氮等)的芳香族化合物不易被降解。与此相对，对于厌氧微生物，给电子基团的存在有利于对苯环进攻(图20.6)。

偶氮染料是一类重要的含氮芳香化合物，70%的工业染料都是偶氮染料。相关污染物的特征是苯环与偶氮基团相联。根据文献，偶氮染料(也包括其他含单苯系物)在通常的好氧条件下是不被降解的。相对的，在厌氧条件下，偶氮键很容易被还原从而得到苯胺。厌氧微生物不能降解苯胺，但是好氧微生物可以(Tan 2001)。

很多含氮苯系物、多氯苯难以被好氧降解，但是容易被厌氧转化。转化得到的产物又抗厌氧降解而容易好氧降解。因此对于完全矿化难生物降解的化合物，如图20.6所示的厌氧—好氧处理是比较好的方法。

最近的研究表明，Fe(Ⅲ)-还原菌在很多污染物的转化过程中起到了重要的作用。一些优先污染物(芳烃、氯代烃溶剂(Krumholz 1996)、氯苯(Hofstetter *et al*. 1999))在有Fe(Ⅲ)-还原菌的条件下可以被降解。含氮苯化物被还原为苯氨的机制被认为是Fe(Ⅲ)-还原菌作用于Fe(Ⅲ)形成可反应性的Fe(Ⅱ)，然后Fe(Ⅱ)与含氮苯化物发生硝基作用(Hofstetter *et al*. 1999)。另外，Fe(Ⅲ)-还原菌已经证明可以在存在有机物的条件下还原喹啉为羟基喹啉。羟基喹啉可以还原含氮污染物中的硝基。

因此，加入喹啉或腐殖质为电子受体/还原介质以提高生物修复难降解污染物的污染或处理含难降解污染物的废水是一种很吸引人的方法。

另外Fe(Ⅲ)-还原菌可以氧化其他的传统难降解物质——长链脂肪酸(Coates *et al*. 1999b)。从热力学角度，微生物Fe(Ⅲ)还原是一个自发过程。提供Fe(Ⅲ)是可能的，Fe(Ⅲ)-还原菌在硫酸盐还原菌和产甲烷环境中都具有竞争力(图20.1)。

20.2.4 表面活性剂

表面活性剂在家庭和工业中都有广泛的应用，因此它们在工业和家庭废水中都有较大的量。由于使用广泛，在闭路工业水循环中将很快积累。由于其在较低浓度下就能产生大量泡沫，需要使用停留时间短、亲和力高的高效反应器。

大量的表面活性剂用于纺织行业以提高纤维的可湿性。一些表面活性剂不能被完全矿化，带来的问题不止是起泡，还有毒性问题。阴离子表面活性剂影响了活性污泥工艺——因其可以降低氧转移速率、引发好氧区的泡沫，降低絮体的沉降性能。另外，硝化过程因为废水中表面活性剂浓度高而不能进行完全(Therien *et al*. 1984; Salinitro *et al*. 1988)。

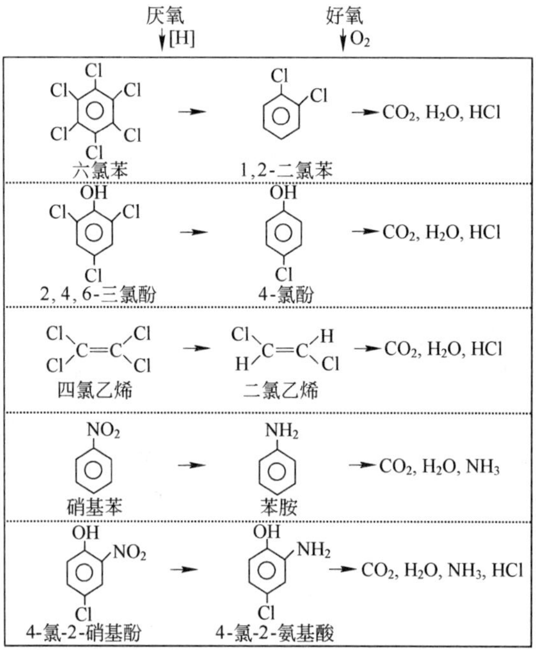

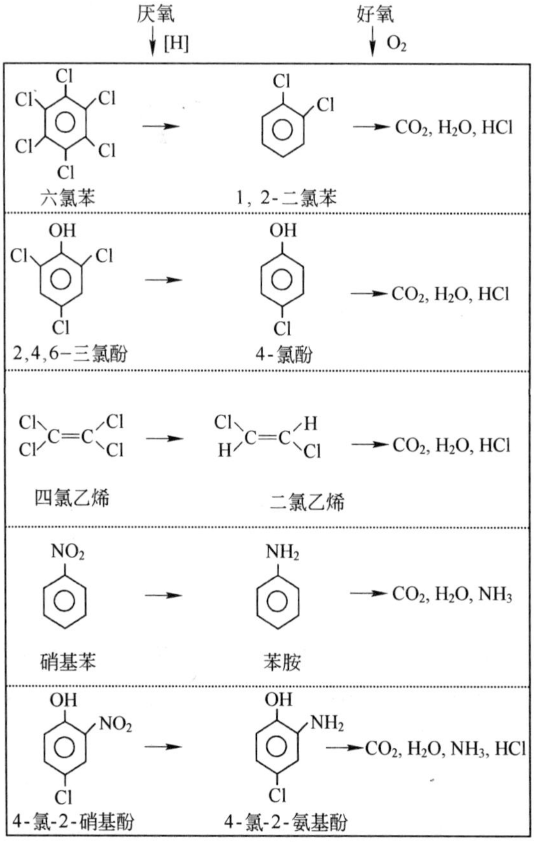

图 20.6 厌氧—好氧生物降解不同难降解污染物

(摘自 Field *et al*. 1995)

表面活性剂在厨房废水、纺织和表面活性剂制造业中都有存在。在厨房废水中，表面活性剂的浓度在 1～10mg/L，泡沫问题不象想象的那么严重。工业废水的表面活性剂浓度则达 10～2000mg/L。如，丝绸和合成纤维厂废水的阴离子表面活性剂的浓度为 19～14mg/L(Rigoni-Stern *et al*. 1996)。洗棉废水中苯酚乙氧基化合物(APEO)可能为 800mg/L(Lapsirikul *et al*. 1994)。其他纺织废水中报道的浓度为 20～50mg/L(Frassinetti *et al*. 1996)，使用活性污泥可以完成 80%的去除，而不能完全去除。洗棉废水表面活性剂浓度可以达到 2000mg/L(Sherrard *et al*. 1994)。

这类废水需要稀释以避免处理系统中形成泡沫。在一些情况下，可以用氢氧化钙以减少好氧系统中的表面活性剂负荷。在生物处理之前，还要加酸以中和废水(Brownell *et al*. 1975)。臭氧、光催化和超声波辐射(Destaillates *et al*. 2000)曾经被用于表面活性剂处理(Sherrard *et al*. 1995; Sherrard etal. 1994; Bambrilla *et al*. 1993; Pelizzetti *et al*. 1989; Sherrard *et al*. 1996)。所有这些方法都是昂贵的并且不适于工业规模的处理。另外，使用臭氧和超声辐射，不能完成有机物的去除。厌氧处理似乎是可行的途径。不过，这方面探讨很少(表 20.1)。

厌氧生物降解表面活性剂 **表 20.1**

表面活性剂	CO_2 转化(%)	标记的 ^{14}C 转化(以 $^{14}CO_2+^{14}CH_4$ 记)(%)	CH_4 转化(%)	反应期(d)	接种微生物来源	被试表面活性剂浓度(g/L)	参考文献
非离子表面活性剂							
(1) LAE			80	37	河泥	1～0.01	1
(2) LAE		40		87	好氧塘污泥	1.69*	2
(3) SAEO		80		28	厌氧污泥	0.01E-3	3
(4) LAE	70～75			14	驯化的活性污泥	0.05	4
(5) LAE		88～91		8	河水	0.01E-3——0.1E-3	5
(6) LAE		83～90		8	河水	0.01E-3——0.1E-3	5
(7) LAE		96		28	河水	0.02	5
(8) LAE			70	37	河泥	1～0.01	1
(9) LAE			83	40～50	厌氧污泥	0.05	6
(10) LAE			85 矿化	40	厌氧污泥	0.04	7
(11) APE			45～50	37	河泥	1～0.01	1
(12) APE			38	30	厌氧污泥	ns[a]	8
(13) APE	25～30			14	驯化的活性污泥	0.05	4
(14) APE			32～70	40～50	厌氧污泥	0.05～0.01	6

续表

表面活性剂	CO_2 转化(%)	标记的^{14}C转化(以$^{14}CO_2+^{14}CH_4$记)(%)	CH_4 转化(%)	反应期(d)	接种微生物来源	被试表面活性剂浓度(g/L)	参考文献
阴离子表面活性剂							
(15)SDS			57	30	厌氧污泥	ns	8
(16) SDS			inh[b]	37	河泥	0.57～0.01	1
(17) AD			Inh	37	河泥	0.54～0.01	1
(18) ABS			28	30	厌氧污泥	ns	8
(19) LAS			Inh	37	河泥	0.69～0.01	1
(20) LAS		nd[c]	60～88	87	好氧塘底泥	0.48*	2
(21) LAS				40～50	厌氧污泥	0.05～0.01	6
阳离子表面活性剂							
(22) TBC			7	30	厌氧污泥	ns	8
(23) STAC		nd		87	好氧塘底泥	0.98*	2

a=未确认；b=阻碍降解过程；c=未测定；*=μg/g 污泥。

(1) m=12，n=23；(2)70%m=10，n=9 并且 m=10，n=8；(3)乙氧基硬脂酸醇；(4)m=14，n=7；(5)m=12，n=3；(5)m=12，n=9；(6)m=16，n=3；(7)m=18，n=22；(8)m=10，n=7；(9)m=9～11，n=8；(10)m=12，n=8；(11)聚氧乙烯苯基醚；(12)p-聚乙烯基壬基苯 n=9；(13)乙氧基壬基酚 n=9；(14)乙氧基烷基酚 n=9；(15)及(16)十二烷基硫酸钠；(17)十二烷基磺酸酯；(18)和(19)十二烷基苯磺酸钠；(20)十三烷基苯磺酸钠；(21)直链的椰子油醇硫酸盐；(22)十四烷二甲基苯氯化铵；(23)十八烷醇三甲基氯化铵。

参考文献：1. Wagner and Schink 1987；2. Federle and Schwab 1992；3. Steber and Wierich 1987；4. Salinitro *et al*. 1988；5. Larson and Games 1981；6. Salinitro and Diaz 1995；7. Huber *et al*. 2000；8. Tanaka and Ichikawa 1993.

表面活性剂是表面活性物质。表面活性剂分子是两性的，含有极性端和非极性端。表面活性剂可以分为阴离子、阳离子和非离子三类。阴离子和非离子是商业上最重要的表面活性剂。

直链醇乙氧基化合物(LAE)具有类似的分子式，代表了最重要的非离子活性剂类型。苯酚(如，壬基酚)乙氧基化合物(APE)是第二类重要的非离子表面活性剂(图 20.7)。

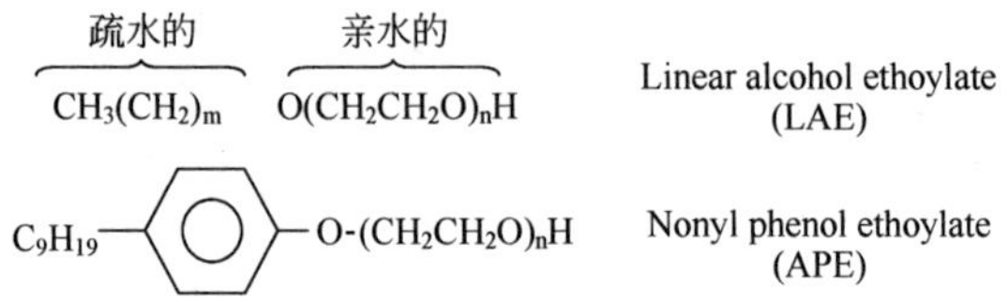

图 20.7 非离子表面活性剂结构

有文章报道，阴离子表面活性剂(LAB)和非离子表面活性剂(LAE)可以被好氧降解(Turner *et al*. 1985；Steber and Wierich 1987；Therien *et al*. 1984)。不过 APE 类非离子

表面活性剂无论是好氧还是厌氧条件下都不会被完全降解(Ahel *et al*. 1994a，b；Salinitro *et al*. 1988；Stephanou and Giger 1982；Giger *et al*. 1984)。.

研究表明，LAE痕量浓度时在水体表面被矿化，乙氧基链长(图20.7亲水端)对于降解速度和程度没有影响(Fendinger *et al*. 1995；Vashon and Schwab 1982；Larson and Games 1981)。厌氧状态下LAE很容易转化为CO_2和CH_4(Federle and Schwab 1992；Wagner and Schink 1987)。

LAE厌氧生物降解途径已有报道(Huber *et al*. 2000)。生物降解通过攻击亲水单元，以乙酰苷的形式释放C_2缩短LAE，直至达到疏水端。疏水区域通过β氧化进行降解。虽然乙酰苷在降解试验中没有被探测到，但是推测他已转化为很容易矿化的乙酸和乙醇。

另外，降解APE将产生难控制的代谢物。在好氧处理厂聚乙氧基链(即，亲水端)缩短导致壬基苯酚(NP)，NP单体和二乙氧基化合物生成(Ahel *et al*. 1994a；Giger *et al*. 1984)。在自然水体中，也发现了上述物质的存在(Ahel *et al*. 1994b)。这些代谢产物与母体表面活性剂相比，更加难以生物降解并且毒性也更高。虽然表面活性剂有毒(Lewis 1991)，但是壬基酚类毒性更高，特别是对于水生生物(McLeese *et al*. 1981)。

大部分关于表面活性剂降解的研究是关于好氧系统，几乎没有厌氧反应器中降解的信息。研究中的主要问题是分析表面活性剂及其产物。最近发展起来的分析方法应当有助于研究废水处理系统和环境中这些化合物。

20.2.5 氯烷的生物降解

氯代烷是重要的工业化学品。四氯乙烯(PCE)与三氯乙烯(TCE)在机械油脂、纺织过程和很多颜料稀释剂中被广泛使用(Fetzner 1998)。

氯代化合物一般认为是难降解的。然而这类物质最初并不是来自人类活动的。它们可以因火山爆发、植物、动物、藻类、真菌和海洋生物而产生。一些自然产生的氯化物可以超过人为的水平(Fetzner 1998)。

微生物代谢氯化物整体上可以分为4种类型：

(1) 获得能量的溶剂氧化。很多种氯化物在好氧条件下可以作为细菌碳源和能量的来源(Lee *et al*. 1998)。

(2) 共代谢氧化。这包括了偶然的酶对化合物的修饰或协同了其他常见反应催化。好氧过程可以在能产生单氧化酶和二氧化酶的甲烷菌(自然存在的)作用下进行。上述酶可以在氧化甲烷的同时氧化一些作溶剂的氯化物，如，三氯乙烯(TCE)、环二氯乙烯(cis-DCE)，或乙烯氯(VC)。不过，四氯乙烯(PCE)是抗这一降解过程的，并且在这一转化反应中也存在其他供氧的问题。

(3) 共代谢还原脱氯。这同样是一个偶然的修饰氯化物的过程。脱氯是偶然性的，是因为这一过程不为微生物提供能量(降解过程中另有碳源/电子受体)。在这一过程中，氧化电子供体只有一小部分用于还原氯代溶剂。不需适应，通过产甲烷颗粒污泥作用，氯烷和环氯烷可以被完全降解或者部分降解至低氯、无氯化合物(Eekert 1999)。氯代物的共代谢也可以在硫酸盐还原的条件下进行(Bagley and Gossett 1989)。多种纯菌种可以共代谢氯代化合物，有关这方面的综述见其他文章(Fantruossi *et al*. 1998；Eekert 1999)。

(4) 获能还原或脱氯。这一过程中，脱氯反应产生的氯化物为微生物生长提供能量和电子受体。一些微生物可以利用 PCE、TCE 或氯苯作为电子受体或者作为能量来源(Holliger *et al*. 1999)。可能最吸引人的事例是发现了可以降解(脱氯)PCE 的微生物。菌株 195 以及 Dehalococcoides ethenogenes 可以从 PCE 断键中获得能量(Maymo-Gatell *et al*. 1997；Mc Carty 1997)。菌株 195 不是第一个发现具有脱氯能力的微生物。然而，其他微生物只能部分降解氯化物(即，不能完全将氯原子从分子中去除)。这些不能完全脱氯的微生物可能产生致癌的二氯乙烯(DCE)或氯乙烯(VC)。只有从 PCE 中脱去 4 个氯形成乙烯或乙烯基才能得到无毒的产物。这种微生物不易培养，而且分布有限，研究者也许应当考虑找到有价值的脱氯基因，并转基因至容易生长的微生物。

自然过程通常是同时发生还原与氧化反应的共同作用的结果。氯取代程度高的物质，如 PCE，在厌氧条件下的降解更为迅速；而氯取代程度低的物质，如 DCE，在厌氧条件下不易降解，比较容易被好氧微生物降解。一些厌氧—好氧处理系统中可以转化这些化合物(图 20.6)。

最近发现，在腐殖质存在时，很多抗降解污染物的可降解性能提高了。在腐殖质酸还原条件下厌氧氧化 [1，2-^{14}C] 乙烯氯和 [1，2-^{14}C] 二氯乙烯至$^{14}CO_2$ 的研究中，水中的污染物可以使用腐殖质酸为电子受体，因此推断自然界水体系统对污染物氧化的能力要超过以前的想象(Bradley *et al*. 1998)。

当前使用厌氧处理氯化物溶剂的设施只有很少量的应用实例。这些应用主要是消除土壤和蓄水层中的污染。有关工艺中使用了反硝化、硫酸盐还原、产甲烷条件等厌氧条件。这些工程经验见 Lee 的综述(1998)。

20.2.6 厌氧生物降解的局限性

20.2.6.1 毒性

在废水循环过程中，由于盐和有机物的积累，产生了毒性问题。最近 EGSB 厌氧反应器技术的发展，有利于处理复杂的、有毒的废水(如化工废水)。成功的处理闭路循环或非闭路循环的化学工业废水要基于对废水中包含的有毒物质的毒性机制和生物降解性的了解。

有机物：文献中可以找到很多有毒有机物对厌氧污泥或微生物的有毒浓度数据。大部分数据采用的 IC_{50}的形式(即，引起微生物活性 50%抑制的浓度)(Colleran *et al*. 1992；Golden *et al*. 1994；Blum and Speece 1981)。结果值应当仔细考虑其适用性，特别是针对厌氧活性污泥(而非纯菌)时，微生物多样性对毒性试验结果有重要影响(Gonzalez-Gil 2000)。厌氧污泥中的微生物多样性可以解释为什么在文献中报告的结果可能相反。

一般而言，产甲烷微生物和好氧微生物对于有毒物质有同样的敏感性(Blum and Speece 1981)。因此有毒物质厌氧生物技术的限制因素与微生物的敏感性无关。限制厌氧技术的是低生长速度和单位面积厌氧微生物的数量。与好氧微生物相比，厌氧毒性冲击需要较长的时间才能建立。

无机物：特别是在封闭水循环中，盐是积累的，而且多种盐的浓度可能超过报道的甲烷生成 IC_{50} 值(Kugelman and Chin 1971)。在这种条件下，使用好盐微生物的有关研究可能是一个有吸引力的研究选择。

20.2.6.2 抗性

抗降解化合物的分子结构是抗生物降解的。限制厌氧技术的一个因素就是，产甲烷条件下一些有机物是抗生物降解的或者降解速率非常缓慢。前面章节中讨论的苯胺或者低氯代化合物就是抗降解物。

20.3 厌氧生物反应器技术

20.3.1 简介

70 年代，发展了高速生物厌氧废水处理技术，因此自 80 年代起，大范围地应用了厌氧生物技术处理废水。当前，全球共有超过 1330 个厌氧处理厂正在运行(Macarie 2000)。与常规的好氧工艺相比，当前高效厌氧技术具有以下优点：(ⅰ)即便是在低温下，10 倍的有机物负荷也可以有很好的去除效果(Lettinga and Hulshoff Pol 1991；Rebac *et al*. 1997)；(ⅱ)投资、泵和其他相关耗能运行费用大大降低了(Hickey *et al*. 1991；Speece 1983)；(ⅲ)废弃物转化为有用的燃料，甲烷(CH_4)，在很多情况下可以被进一步利用(Wilson *et al*. 1998)；(ⅳ)稳定性好的多余生物固体的产量低(Lettinga 1995)；以及(ⅴ)厌氧污泥可以在长期闲置后保持良好的代谢活性(Wu *et al*. 1995)。

成功使用厌氧活性污泥处理废水的关键在于成功地使用高效的厌氧反应器。高效反应器的特征是，固体和液体停留时间可以不匹配，导致了高浓度的生物物质。高生物浓度可以通过在惰性载体中固定微生物来实现——如流化床(FB)和固定化膜反应器(FF)；也可以通过生物的自身固定来实现——如上流式厌氧污泥反应器和厌氧颗粒污泥膨胀床(分别为 UASB 和 EGSB)。

在 UASB 和 EGSB 反应器中，废水从下端进入反应器。在废水向上流动穿过厌氧污泥床的过程中，有机污染物从废水中被去除(图 20.8)。EGSB 反应器和部分 UASB 反应器的污泥床含有高浓度的污泥，颗粒直径在 0.1～5mm(图 20.8*A*)[Schmidt and Ahring 1996]。厌氧污泥颗粒是一种产甲烷的生态系统，含有几种自固定微生物(图 20.8*C*)。虽然不知道这些污泥是怎么形成的(Schmidt and Ahring 1996)，不过很明显，废水提供的底物将决定构成颗粒的主要微生物(Fukuzaki *et al*. 1995)。

一般而言，厌氧系统在较高的温度下运行；适用于处理高、中、低浓度没有复杂废

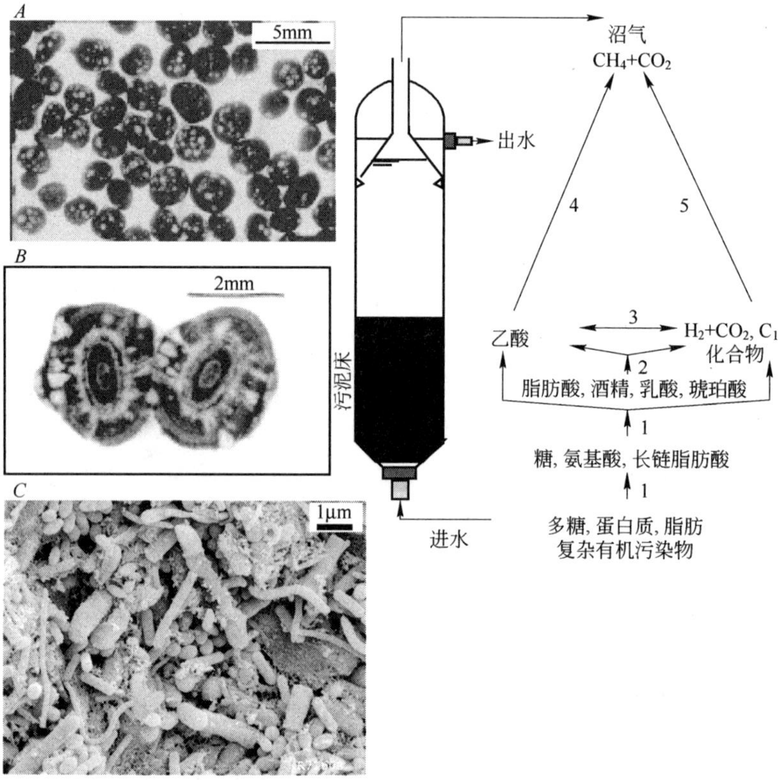

图 20.8 EGSB/UASB 反应器中碳源(甲烷和二氧化碳)流向。菌团包括：(1)初级发酵菌(2)二级发酵产氢菌(3)Homoacetogenic 菌(4)产乙酸甲烷菌(5)H_2 及甲酸氧化甲烷菌(Gujer and Zehnder 1983；Pavlostathis and Giraldo-Gomez 1991)。照片：(*A*)从满负荷 EGSB 反应器中取出的颗粒污泥。(*B*)污泥断面。(*C*)同一颗粒的扫描电镜照片显示多样的微生物形貌

物的废水，如食品工业废水。由于构造简单、运行容易、稳定，由 Lettinga(1980)发展的 UASB 反应器当前是应用最广泛的厌氧生物反应器。大约 61%的厌氧生物反应器属于 UASB 类型的(Biothane Systems International 1998)。

为进一步发展厌氧生物技术，对 UASB 中颗粒形成和维持的现象进行了研究。通过引入水流循环和使用改进的固气分离(Lettinga *et al*. 1999)，改进了 UASB，从而产生了超高负荷率的 EGSB 反应器。EGSB 系统反应器高，细长而且所占的地面面积小，通常可以适应非常高的体积负荷。因 EGSB 系统可以承受较高的液体流速，可以采用高循环速率。

最近发展的厌氧生物反应器目标是处理含有毒或难降解物质的废水，包括：

- 应用高循环速率处理含生物可降解有毒物的废水。使用这一方法，反应器中有毒物浓度可以达到很低的水平，而不会产生生物活性抑制。这一方法已经成功地用于 EGSB 反应器处理甲醛废水。

- 应用阶段性的厌氧生物反应器的概念，处理缓慢和可以容易降解的底物的混合物。这一方法被证明提高了邻苯二甲酸生产废水的降解性。
- 向产甲烷污泥中添加可以降解特定底物的混合或纯菌以提高厌氧生物反应器的降解性能并缩短启动时间。

这些探索已经证明有利于处理一些直至最近都被认为不能使用厌氧处理的特殊废水。

20.3.2 EGSB 反应器中含甲醛废水的厌氧处理

因产甲烷菌生长缓慢，在厌氧反应器中毒性将表现为甲烷产率的下降，和相伴的处理效率下降。在一个处理系统使用以前以及/或者水循环闭合之前，应当了解（ⅰ）在暴露于有毒物的过程中或过程后，微生物是否可以恢复；（ⅱ）有毒物是否可以被矿化（针对有机物而言）或固定（针对无机物而言）；（ⅲ）表现出毒性的极限浓度和可以使处理失败的最低极限浓度。

这些产甲烷污泥和有毒物相容性的限制条件仍然阻碍了厌氧方法应用于工业废水处理。特别是如果废水同时含有毒物和无毒物，比如含甲醛废水。

甲醛是有毒的，并且是致癌化合物。它通常用于尿素和酚醛树脂制备工业中。大约80%的缓释农药市场是被含尿素—甲醛产品覆盖的。甲醛也用于生产树脂和免熨纤维素纤维。也被用作制备炸药和化妆品的中间介质。另外，杀虫剂也广泛使用甲醛。这种有毒物质在化工废水中的浓度可以高达10g/L。

甲醛对于代谢乙酸和代谢甲醇的产甲烷菌种是有毒的。甲醛在产甲烷反应器中的毒性具有以下特征：

- 甲醛产生的毒性是部分可逆的，一旦甲醛浓度很低或为0，甲烷生产速度可以部分恢复。
- 甲醛毒性也是部分不可逆的，因为降解恢复不能完全完成（图20.9）。

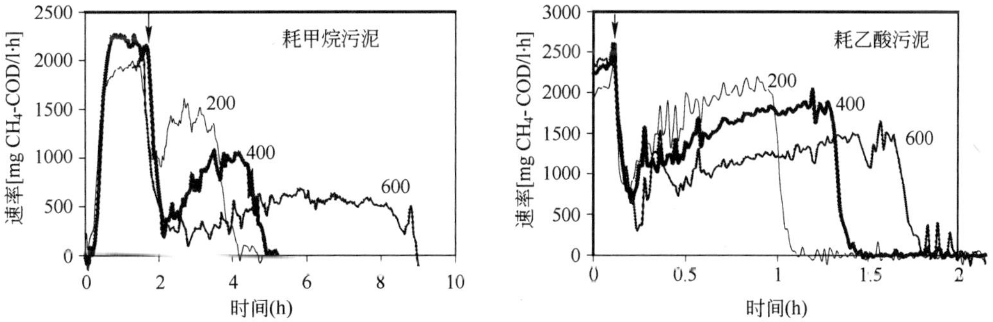

图20.9 在一个批次处理的系统中以冲击方式加入甲醛所产生的毒性对厌氧污泥的甲烷产生速率和乙酸消耗速率的影响。箭头表示加入时间，甲醛的浓度单位是mg/L。甲烷的产生被强烈抑制了，不过一旦甲醛被转化为乙醇和甲酸（数据没有标出），甲烷的产生又恢复了，这显示甲醛毒性的可逆性特点。恢复后甲烷产生速率在所有情况下都低于未加入甲醛的情况，这种情况意味着甲醛毒性是部分不可逆的。

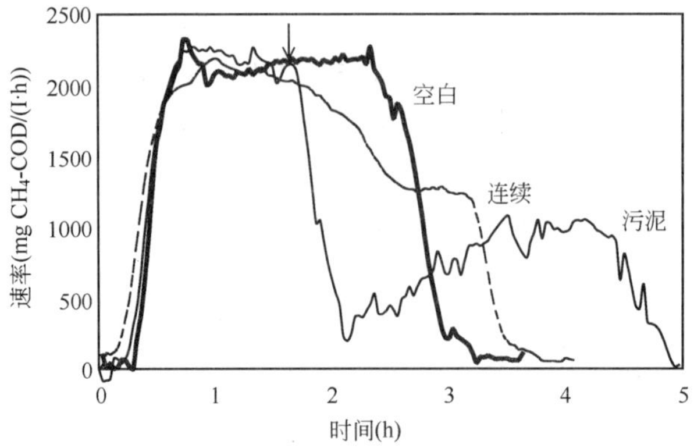

图 20.10 连续消耗甲醇模式下，甲醛的加入对厌氧污泥的影响。箭头处开始加入了甲醛。甲醛的连续剂量为 400mg/(L·h)，连续加入 1h，总甲醛剂量为 400mg/L。空白曲线显示没有甲醛加入的情况。

- 不可逆毒性很可能是因为微生物因甲醛而衰退。一定量的甲醛在一定范围内不可逆地减少甲烷的产生速度。而与甲醛加入的模式无关(缓慢的或者连续的)。

尽管甲醛产生强烈的毒性，甲醛依然可以被完全降解，中间产物为甲醇、甲酸(和 H_2)。因此，用厌氧技术处理含甲醛废水在理论上是可能的。

毒性不可逆特点暗示，为避免厌氧工艺失败，甲醛所致的微生物衰退必须通过微生物增长予以补偿。因此，甲醛/乙酸(或其他无毒底物)成为重要因素，因该因素将决定微生物种群的净增长。不可逆毒性浓度极限不能被克服，反应器内部稀释(如，高速率循环)可能促进甲醛的完全降解，因此暴露在甲醛下的浓度可能低于产生危害的极限浓度。在这方面，生物膜反应器可能具有重要的作用。低甲醛浓度时，甲醛不能达到生物膜的中心，所以不会影响由乙酸产甲烷的代谢。在生物膜外部，甲醛导致的生物膜退化，将通过微生物利用代谢产物(如，甲醇和乙酸/H_2)生长，来得到补偿。

因 EGSB 系统可以适应高速液体流动，可以对其使用高速循环的方法。经由循环可以实现对废水的稀释，将使得反应器具有处理有毒的生物可降解化合物——如前文讨论的甲醛——的可能(Zoutberg and de Been 1997)。

20.3.3 邻苯二酸生产废水的二阶段厌氧处理

苯二酸异构体在人类环境中具有重要作用，它是聚酯纤维、膜、聚乙烯苯二酸塑料瓶(PET)以及其他塑料的成分。由于使用水和经二甲苯生产苯乙酸时生成水，产生了高浓度的废水。按浓度降序排列，废水中包括苯二酸异构体、醋酸、安息酸和苯甲酸。废水中因此包括了产甲烷环境下容易降解的物质(如，乙酸、安息酸)，和生物降解缓慢/抗生物降解的物质(如，对苯二酸、p-甲基苯甲酸)。苯甲酸难以生物降解反映在以下几方面：

- 由于邻苯二甲酸抗降解特性和相应的具有降解能力的微生物数量较少，厌氧反应器接种后降解邻苯二甲酸长期滞后。

- 邻苯二甲酸降解速度慢。平均降解速度为 0.09/d，微生物增值量(以干重计)为 4.3g 微生物/mol 邻苯二甲酸，如乙酸和安息酸相比，降解明显是不顺利的。
- 其他底物存在时，微生物对邻苯二甲酸非常敏感。在存在乙酸或安息酸时，邻苯二甲酸的降解是被抑制的。进一步，短时期邻苯二甲酸底物的消失，将导致丧失其降解能力。

尽管存在这些不利降解的特征，高活性邻苯二甲酸降解菌还是可以在高浓度的厌氧生物反应器中培养，进而可以实现较高的去除邻苯二甲酸(15～20g COD/(L·d)的能力，并且水力停留时间较短(5h)。

这种高处理能力只有在乙酸或安息酸等从人工配制废水中去除或者相对浓度很底并且经过长时间运行后(>300d)得到。预处理乙酸和安息酸可以通过两阶段反应器的方式很容易实现。启动 60d 后，在两阶段 UASB 反应器中，对乙酸-安息酸-邻苯二甲酸混合物的处理能力可以达到 25～30g·COD/(L·d)。

为了解释这些结果，发展了一个简单的数学模型。模型考虑了处理包含等 COD 浓度的乙酸、安息酸和苯甲酸混合物于单一阶段反应器。反应器中的总生物量假定不变，使用了所有使用的底物的动力学参数。初始邻苯二甲酸降解微生物在未特殊驯化的污泥中的浓度从生物降解试验中估算，为 3mg/L。模型的细节由 Kleerebezem(1999)描述。

图 20.11 表明了邻苯二甲酸降解微生物(X_{TA})在 3 种不同的乙酸和安息酸去除能力下其浓度随时间变化的情况。达到对邻苯二甲酸降解能力为 5g·COD/(L·d)的水平的相对时间(ⅰ)，和降解邻苯二甲酸能力达到相对稳态(ⅱ)，作为降解乙酸和安息酸能力的函数如图 20.12 所示。模型显示，在缺少乙酸和安息酸为底物的情况下，反应器中的微生物逐渐被降解邻苯二甲酸的微生物所替代。理论上，这一情况会在第二阶段反应器中实现。

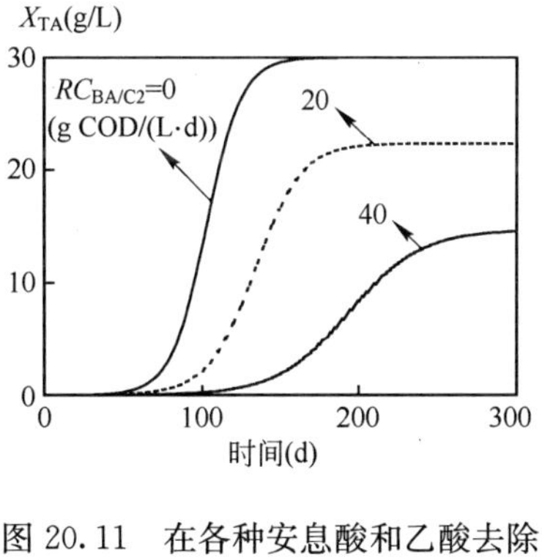

图 20.11 在各种安息酸和乙酸去除能力($RC_{BA/C2}$)下，降解邻苯二甲酸的微生物浓度(X_{TA})。

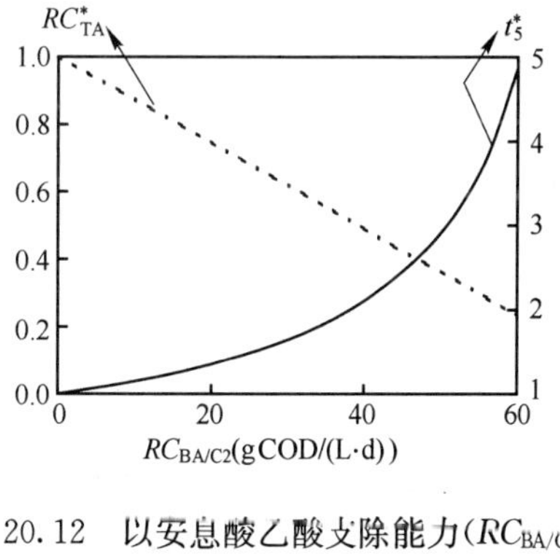

图 20.12 以安息酸乙酸支除能力($RC_{BA/C2}$)为自变量的关于相对稳定的邻苯二甲酸支除能力(RC^*_{TA})和邻苯二甲酸去除能力达到 5g·COD·(L^{-1}·d^{-1})需要的时间(t^*_5)的函数。邻苯二甲酸作为碳源和能量来源的情况作为对照。

在存在乙酸和安息酸时，可以观察到两种效应：（ⅰ）可以获得的降解邻苯二甲酸微生物的最大浓度会下降；（ⅱ）达到最大生物浓度的时间将延长。

总而言之，处理降解速度有明显差异的多种底物的混合物，使用阶段性反应器可以明显提高降解速率。两阶段反应器可以在第一阶段去除容易降解的底物，为第二阶段降解速度慢的底物提速提供可能。因此，启动反应器的时间可以减少，体积处理能力也可以增加。

20.3.4 厌氧反应器中的生物强化

生物强化可以定义为在处理过程中使用具有降解目标有毒物质或难降解化合物的特征微生物菌株为外源接种体。生物强化的成功，需要引入有代谢活性的微生物并且有竞争性，这样才能在反应器中存在。同样引入的微生物需要与原有的微生物相融，以便保留处理中原有的活跃代谢不被打断。

一些研究显示，厌氧废水处理反应器中的生物强化是可行的应对难降解物处理的策略。Arhing(1992)的报告显示了 UASB 反应器中成功的增值。反应器中强化的是 3-氯安息香酸盐(3-CB)降解微生物(Desulfomonile tiedjei)，导致了很迅速的转化 3-CB(速度为 54μmol/(d·g)颗粒微生物)，产物被反应器中原有的微生物继续降解。水力停留时间为 0.5d(远低于 D. tiedjei 的一代时间)的情况下运行数月，反应器依然保持了对 3-CB 的脱氯能力。这种情况显示了微生物固定在污泥颗粒中，使用抗体探针探测 D. tiedjei，结果也是微生物聚集在污泥颗粒中。

另外一项研究中，UASB 反应器中接种了脱氯菌 Dehalospirillum multivorans(Horber *et al*. 1998)。添加的微生物被固定在颗粒污泥中，并且明显提高了对四氯乙烯的脱氯。更进一步，整合该菌种的产物也发生了变化，产物中多了更易被继续好氧降解的二氯乙烯，原来的产物是三氯乙烯。

富含降解苯酚的微生物被用于 UASB 反应器的强化(Hajji *et al*. 2000)。把它加入反应器中可以采用两种形式（ⅰ）直接加入并且使强化的有机物被活性污泥颗粒吸附，或者（ⅱ）包埋在海藻酸钙颗粒中。结果表明，包埋为颗粒加入反应器可以获得最好的去除酚类化合物的结果。另外，进行微生物强化的反应器的启动时间大大缩短了，因为彻底去除酚是在 36d 后，而对照反应器为 178d。

强化的微生物可以使用自然存在的菌株，不过使用人工构建的新的基因工程菌(GEM)更有前途——这些菌类一般降解有机物的能力得到了增强或者有降解特定污染物的能力(见 20.4.1)。因为生物强化的最大障碍在于加入微生物能否在系统中的存活，所以有建议以质粒编码构建需要的转化目标污染物的代谢途径代替通过染色体强化的方式。质粒是细菌染色体外的遗传物质，可以很容易地在污泥中的细菌间交换以产生携带有用基因的微生物，因此提高生物降解能力。

迄今为止，强化的研究仅仅在实验室规模的反应器中进行，但是将其应用于实际规模的装置是很有前途的。

20.4 新进展

20.4.1 基因工程微生物(GEM)的使用

可以设计基因工程微生物以解决特定的环境问题。根据已知的不同微生物的补充途径在适当的宿主中培养是可能的，因此可以针对难降解物建立完整的代谢途径，这样可以产生最终产物，并且避免有毒代谢。这一方法曾经用于降解高毒的三氯丙烷，但其矿化并没有报道(Bosma *et al*. 1999)。同样的杂交微生物的方法应用于工程中，通过结合氧化氯化联苯至氯化安息香酸的途径与氯化安息香酸降解途径能够完成矿化 PCBs(Reineke 1998)。

类似的方法，对微生物使用基因扩繁以适应某种环境，曾经由 Lange 报道过(1998)，他构建了重组的抗辐射菌(Deinococcus radiodurans)，可以在高放射性环境下(最高剂量达到 6000rad/h)氧化甲苯和氯苯，而不会对生长速率和表达基因复制的能力有任何影响。

如果限速酶或者常规步骤被明确并且基因的复制和翻译以及稳定性和动力序特征增加了，微生物的去除速率也可能增加。例如，正常蛋白的突变已经被制出，这将使中间复制的速度高于野生类型——酶和反应速度水平也较高。

另一个提高“去除/处理”工艺的方法是蛋白质工程。蛋白质工程有助于提高酶的稳定性、底物专一性、和动力学性质。正确的蛋白质工程需要清楚了解酶的结构功能关系，所以要了解酶的三维结构。脱氯酶(可靠转化氯乙酸)就是经过基因改造的，其转化速率大大高于未改造的酶(Schanstra *et al*. 1996)。通过修饰酶上的氨基酸顺序，多氯联苯降解酶的活性大大提高了。对于改变了基因的菌株，扩展多氯联苯底物专一性也是可能的(Mondello *et al*. 1997)。扩展了底物范围的杂交细菌对苯和四氯苯都展现了降解活性(Beil *et al*. 1998)。

当前蛋白质工程的问题是对降解酶结构(催化结构)的了解非常有限。一些污染物的完全转化途径还不清楚，因此不了解完全降解所需的系列酶。

应用于环境方面的有关基因工程微生物的主要研究都仅有实验室数据支持(Sayler and Ripp 2000)。第一个也是迄今为止惟一以处理为目的的工程菌是荧光假单孢菌 HK44 含有与萘降解途径相联系的基因，这一重组微生物因降解萘而发光。处理过程(生物修复)因此可以通过探测发光来跟踪。微生物的长期效果经过时间为 2 年的评价。菌种 HK44 可以响应土壤中的碳氢化物的生物可利用性而发光，在接种 660d 后，微生物可以从接种的土壤中回收。这意味着可以使用发光的微生物，就地确定环境污染物的生物可利用性和进行生物降解过程的监测和控制(Ripp *et al*. 2000)。截至目前为止，就我们的知识范围，没有关于严格厌氧的微生物基因工程菌的报道。

当前，以环境应用为目标的微生物和蛋白质工程尚处于幼年时期。然而，在不久的将来，直接应用工程微生物和蛋白质处理污染物(特别是难降解污染物)将是非同凡响的。

20.4.2 生物传感器

所有的可用于监测污染物(特别是难降解污染物)的分析方法都是复杂和价格昂贵的。

在很多实例中，深度处理环境样品都是必需的。在这一框架下，当前发展了对环境方面关注的有机和无机污染物可以高灵敏高选择性的探测和定量的生物传感器(表 20.2)。生物传感器是具备生物敏感元件的测量设备。生物元件探测化学或物理变化。这些生物元件与电转换器耦合，在存在要分析的物质的情况下产生电信号。转换器可以是电化学的、光学的、声学的或者电子的。

探测多种环境污染物的生物传感器 **表 20.2**

分析对象	探测范围	微生物	传感器	固定方式	参考文献
有机物					
表面活性剂，直链烷基苯硫酸盐(LABS)	<6mg/L	源自活性污泥的 LABS 降解菌	氧电极	Ca-琼脂颗粒	1
酚类化合物	100μM①	*Pseudomonas utida*	氧电极	细胞吸附 PEI 玻璃上	2
氯酚	0.004～0.04mM 0.002～0.04mM	*Rhodococcus sp.* *Trichosporon beigelii*	氧电极	聚乙烯醇	3～4
PAH(萘)	0.01～3mg/L	*Sphingomonasyanoikuyae* B1 荧光假单孢菌 WW4	氧电极	氨基甲酸酯水凝胶	5
萘水杨酸盐		pUTK21 质粒修饰的荧光假单孢菌 HK44	生物荧光发光器	Strongtium alginate	6
有机磷酸盐，甲基对硫磷	0.06～2μM 0.06～1μM	表达有机磷水解酶的基因工程大肠杆菌	电位放大器	吸附电极表面	7
Paraxon 对硫磷 香豆磷	3μM 3μM 5μM	表达有机磷水解酶的基因工程大肠杆菌	光纤	琼脂凝胶	8
辛烷	24～100nM	重组大肠杆菌	生物荧光发光器	细胞不固定	9
多种有毒化合物		重组大肠杆菌	生物荧光发光器	细胞不固定	10
BOD	>0.5mg/L	*Pseudomonas putisa*	氧电极	硝酸纤维素膜	11
BOD	>3.5mg/L	活性污泥	氧电极	透析膜	12
BOD	2.6～524mg/L	耐盐酵母 *A. eninivorans* LS3	氧电极	聚乙烯醇	13
金属					
Cd	10nM～1μM	*Staphylococcus aureus* RN4220 (pT0024)	生物荧光发光器	悬浮细胞	14
Pb	33nM～1μM				
Cd	3.3nM～1μM				
Sb	33nM～10μM	*Bacillus subtilis* BR 151	生物荧光发光器	悬浮细胞	14

续表

分析对象	探测范围	微生物	传感器	固定方式	参考文献
Zn	1μM～33μM				
Cu	1～200μM	*Alcaligenes eutrophus* CH34	生物荧光发光器	琼脂颗粒	15

(1)Nomura *et al*. 1994；(2)Nandakumar and Mattiasson 1999；(3)Riedel *et al*. 1993；(4)Riedel *et al*. 1995；(5)Koenig *et al*. 1996；(6)heitzer *et al*. 1994；(7)Mulchandani *et al*. 1998a；(8)Mulchandani *et al*. 1998b；(9)Sticher *et al*. 1997；(10)Ben-Israel *et al*. 1998；(11)Chee *et al*. 1999；(12)Liu *et al*. 2000；(13)Tag *et al*. 2000；(14)Tauriainen *et al*. 1998；(15)Corbisier *et al*. 1999。①译注：μ=mol

已经使用自然的或基因工程微生物制备了一些微生物传感器。在线监测废水的生物化学需氧量(BOD)的细菌生物传感器已经商品化了(D'Souza 2001)，一些纯菌或菌团用于探测系统。生物传感器可以小型化，如硝酸盐传感器(Larsen *et al*. 1999)和甲烷传感器(Damgaard and Revsbech 1997)的顶端直径只有 10μm。按照这一方法，微生物侧面浓度是由生物膜或颗粒决定的，使微生物的活性在空间上集中(Santegoeds *et al*. 1999)。由GEM 构成的细胞生物传感器将在有生物可响应的有机物或重金属时，发出光或荧光信号(图 20.13)。

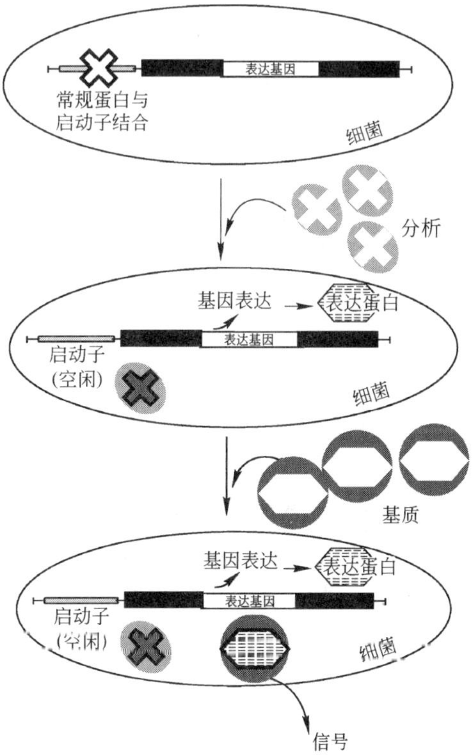

图 20.13 基于微生物的探测系统。在没有待分析物(如，来自废水的污染物)时，结合到启动子的蛋白质可以组织响应基因的表达。当生物可用的被分析物穿过生物膜时，将与常规蛋白结合并使其脱离启动子。这一结果被响应基因表达，产生表达的蛋白。在加入外加底物，可测量的信号就产生了(摘编自 Daunert *et al*. 2000；Ramanathan *et al*. 1997)。

在产生响应之前，微生物需要与污染物作用，然后才能获得被分析物的生物可用信息。因此生物传感器的一个优点就是只能测量生物可用的被分析物。在监测生物可用的重金属时，这一优点非常重要。现在，已经发展了测量锑、砷、汞、镉、铅、钴、镍、铬、铜和锌的生物传感器(Ramanathan *et al*. 1998；1997；Collard *et al*. 1994；Tauriainen *et al*. 1998)。所有的这些都含有抗金属并经过荧光素酶基因修饰的细菌。当金属进入微生物体内，将发出光信号，光信号与金属浓度成比例。

生物传感器技术的实际应用领域大有前途。多种极端条件下生存的微生物(如，耐碱、嗜盐、耐旱、嗜热微生物)将在实际条件下成功应用生物传感器方面显示其重要性(Mattiasson 2002)。

20.5 参考文献

Ahel M, Giger W, Koch M. 1994a. Behaviour of alkylphenolethoxylate surfactants in the aquatic environment-I. Occurrence and transformation in sewage treatment. Wat Res. 28: 1131-1142.

Ahel M, Giger W, Schaffner C. 1994b. Behaviour of alkylphenolethoxylate surfactants in the aquatic environment-Ⅱ. Occurrence and transformations in rivers. Wat Res. 28: 1143-1152.

Anderson RT, Lovley DR 1999. Naphtalene and benzene degradation under Fe (Ⅲ)-reducing conditions in petroleum contaminated aquifers. Biorem. J. 3: 121-135.

Arhing BK, Christiansen N, Mathrani I, Hendriksen HV, Macario AJL, De Macario EC. 1992. Introduction of a de novo bioremediation ability aryl reductive dechlorination, into anaerobic granular sludge by inoculation of sludge with Desulfomonile tiedjei. Appl. Environ. Microbiol. 58: 3677-3682

Bagley DM, Gossett JM. 1989. Tetrachloroethene transformation to trichloroethe and cis-1, 2-dichloroethene by sulfate-reducing enrichment culture. Appl. Environ. Microbiol. 56: 2511-2516.

Bambrilla AM, Calvosa L, Monteverdi A, Polesello S, Rindone B. 1993. Ozone oxidation of polyethoxylated alcohols. Wat Res. 27: 1313-1322.

Beil S, Mason JR, Timmis KN, Pieper DH. 1998. Identification of chlorobenzene dioxygenase sequence elements involved in dechlorination of 1, 2, 4, 5-tetrachlorobenzene. Appl. Environ. Microbiol. 180: 5520-5528.

Ben-Israel O, Ben-israel H, Ulitzur S. 1998. Identification and quantification of toxic chemicals by use of Escherichia coli carrying lux genes fused to stress promoters. Appl. Environ. Microbiol. 64: 4346-4352.

Biothane-Systems-International. Deltf, The Netherlands. In: 8th Licensee meeting, 1998.

Blaut, M. 1994. Metabolism of methanogens. Antonie van Leeuwenhoek. 66: 187-208.

Blum DJW, Speece RE. 1991. A database of chemical toxicity to environmental bacteria and its use in interspecies comparisons and correlation. Res. J. Wat. Poll. Control Fed. 63: 198-207.

Bonten L. 2001. Improving bioremediation of PAH contaminated soils by thermal pretreatment. PhD Thesis. Wageningen University.

Bosma T, Kruzinga E, Bruin EJD, poelarends GJ, Janssen BD. 1999. Utilization of trihalogenated propanes by Agrobacterium radiobacter AD1 through heterologous expression of the haloalkane dehalogenase from Rhodococcus sp. Strain M15-3. Appl. Environ. Microbiol. 65: 4575-4581.

Bradley PM, Chapelle FH, Lovley DR. 1998. Humic acids as electron acceptors for anaerobic microbial oxidation of vinyl chloride and dichloroethene. Appl. Environ. Microbiol. 64(8)3102-3105.

Brownell RP, Busch PL, Herrin JL. 1975. Chemical-biological treatment of surfactant wastewater. In: 30th Industrial conference Purdue University, Ann Arbor Science. Ann Arbor, Mich. 1085-1094.

Bruce RA, Achenbach LA, Coates JD. 1999. Reduction of (per) chlorate by a novel organism isolated from a paper mill waste. Environ Microbiol. 1: 319-333.

Calvosa L, Monteverdi A, Rindone B, Riva G. 1991. Ozone oxidation of compounds recalcitrant to biological degradation. Water Res. 25: 985-994.

Chee GI, Nomura Y, Karube I. 1999. Biosensor for the estimation of low biochemical oxygen demand. Anal. Chim. Acta. 379: 185-191.

Coates JD, Bruce RA, Patrick J, Achenbach LA. 1999a. Hydrocarbon bioremediative potential of (per)chlorate-reducing bacteria. Biorem. J. 3: 323-334.

Coates JD, Bruce RA, Haddock JD. 1998a. Anoxic bioremediation of hydrocarbons. Nature. 396: 730.

Coates JD, Ellis DJ, Blunt-Harris EL, Gaw CV, Roden EE, Lovley DR. 1998b. Recovery of humics-reducing bacteria from a diversity of environments. Appl. Environ. Microbiol. 64: 1504-1509.

Coates JD, Ellis DJ, Gaw CV, Lovley DR. 1999b. Geothrix fermentans gen. nov., sp. nov., a new long-chain fatty acid-oxidizing dissimilatory Fe(Ⅲ)-reducer. Int. J. Syst. Bacteriol. 49: 1615-1622.

Coates JD, Woodward J, Allen J, Philp P, Lovley DL. 1997. Anaerobic degradation of polycyclic aromatic hydrocarbons and alkanes in petroleum-contaminated marine harbor sediments. Appl. Environ. Microbiol. 63: 3589-3593.

Collard JM, Corbisier P, Diels L, Dong Q, Jeanthon C, Mergeay M, Taghavi S, van der Lelie D, Wilmotte A, Wuertz S. 1994. FEMS Microbiol. Rev. 14: 405-414

Colleran E, Concannon TG, Golden T, Geoghegan F, Crumlish B, Killileas E, Henry M,

Coates J. 1992. Use of methanogenic activity tests to characterize anaerobic sludges, screen for anaerobic biodegradability and determine toxicity threshold against individual anaerobic trophic groups and species. Wat. Sci. Tech. 25: 31-40.

Corbisier P, Van der Lelie D, Borremans B, Provoost A, de Lorenzo V, Brown NL, Lloyd JR, Hobman JL, Csoregi E, Johansson G, Mattiasson B. 1999. Whole cell-and protein-based biosensor for the determination of bioavailable heavy metals in environmental samples. Anal. Chim. Acta. 387: 235-244.

D'Souza SF. 2001. Microbial biosensors. Biosen and Bioelectron. 16: 337-353.

Daly MJ. 2000. Engineering radiation-resistant bacteria for environmental biotechnology. Curr. Opinion Biotechnol. 11: 280-285.

Damgaard LR, Revsbech NP. 1997. A microscale biosensor for methane containing methanotrophic bacteria and an internal oxygen reservoir. Anal. Chem. 69: 2262-2267.

Daunert S, Barret G, Feliciano JS, Shetty RS, Shrestha S, Smith-Spencer W. 2000. Genetically engineered whole-cell sensing systems: coupling biological recognition with reporter genes. Chem Rev. 100: 2705-2738

Destaillats H, Hung H-M, Hoffmann MR. 2000. Degradation of alkylphenol ethoxylate surfactants in water with ultrasonic irradiation. Environ. Sci. Technol. 34: 311-317

Edwards EA, D Grbic-Galic. 1994. Anaerobic oxidation of toluene and o-xylene by methanogenic consortium. Appl. Environ. Microbiol. 60: 313-322.

Eekert van M. 1999. Transformation of chlorinated compounds by methanogenic granular sludge. PhD Thesis. Wageningen University. The Netherlands.

Fantruossi SE, Naveau H, Agathos SN. 1998. Anaerobic dechlorinating bacteria. Biotechnol. Prog. 14: 167-188.

FederleTW, Schwab BS. 1992. Mineralization of surfactants in anaerobic sediments of a laundromat wastewater pond. Wat. Res. 26: 123-127.

Fendinger NJ, Begley WM, McAvoy DC, Eckhoff WS. 1995. Measurement of alkyl ethoxylate surfactants in natural waters. Environ. Sci. Technol. 29: 856-863.

Fetzner S. 1998. Bacterial dehalogenation. Appl. Microbiol. Biotechnol. 50: 633-657.

Field JA, Stams AJM, Kato M, Schraa G. 1995. Enhanced biodegradation of aromatic pollutants in cocultures of anaerobic and aerobic bacterial consortia. Antonie van Leeuwenhoek. 67: 47-77.

Frassinetti S, Isoppo A, Corti A, Vallini G. 1996. Bacterial attack of non-ionic aromatic surfactants: comparison of degradative capabilities of new isolates from nonylphenol polyethoxylate polluted wastewaters. Environ. Technol. 17: 199-213.

Fukuzaki, S., N. Nishio, and S. Nagai. 1995. High rate performance and characterization of granular methanogenic sludges in upflow anaerobic sludge blanket reactors fed with various defined substrates. J. Ferment. Bioeng. 79: 354-359.

Giger W, Brunner PH, Schaffner C. 1984. 4-nonylphenol in sewage sludge: accumulation of toxic metabolites from nonionic surfactants. Science. 225: 623-625.

Golden T, Molyneaux E, Colleran E. 1994. Toxicity of aromatic chemicals to the bacterial populations involved in anaerobic digestion. Proc. 7th International symposia on anaerobic digestion. South Africa p. 19.

Gonzalez-Gil G 2000. Conversion of methanogenic substrates in anaerobic reactors: metals, mass transfer and toxicity. PhD Thesis Wageningen University. The Netherlands.

Gujer, W., and A. J. B. Zehnder. 1983. Conversion processes in anaerobic digestion. Wat. Sci. Tech. 15: 127-167.

Hajji KT, Lepine F, Bisaillon JG, Beaudet R, Hawari J, Guiot SR. 2000. Effects of bioaugmentation strategies in UASB reactors with methanogenic consortium for removal of phenolic compounds. Biotechnol. Bioeng. 67: 417-423.

Harwood CS, Burchhardt G, Herrmann H, Fuchs G. 1999. Anaerobic metabolism of aromatic compounds via the benzoyl-CoA pathway. FEMS Microbiol. Rev. 22: 439-458.

Hawari J, Beaudet S, Halasz A, Thiboutot S, Ampleman G. 2000. Microbial degradation of explosives: biotransformation versus mineralization. Appl. Microbiol. Biotechnol. 54: 605-618.

Heider J, Spormann AM, Beller HR, Widdel F. 1999. Anaerobic bacterial metabolism of hydrocarbons. FEMS Microbiol. Rev. 22: 459-473.

Heitzer A, Malachowsky K, Thonnard J, Bienkowski P, White D, Sayler G. 1994. Optical biosensor for the environmental on-line monitoring of naphthalene and salicylate bioavailability with an immobilised bioluminescent catabolic reporter bacterium. Appl. Environ. Microbiol. 60: 1487-1494.

Hickey, R. F., M-W. Wu, M. C. Veiga, and R. Jones. 1991. Start-up, operation, monitoring and control of high-rate anaerobic treatment systems. Wat. Sci. Tech. 24(8): 207-255.

Hofstetter TB, Heijman CG, Haderlein SB, Holliger C, Schwarzenbach RP. 1999. Complete reduction of TNT and other (poly) nitroaromatic compounds under iron-reducing subsurface conditions. Environ. Sci. Technol. 33: 1479-1487.

Holliger C, Wohlfarth G, Diekert G. 1999. Reductive dechlorination in the energy metabolism of anaerobic bacteria. FEMS Microbiol. Rev. 22: 383-398.

Horber C, Christiansen N, Arvin E, Ahring BK. 1998. Improved dechlorinating performance of upflow anaerobic sludge blanket reactors by incorporation of Dehalospirillum voltivorans into granular sludge. Appl. Environ. Microbiol.

Horn JM, Brunke M, Deckwer W, Timmis KN. 1994. Pseudomonas putida strains which constitutively overexpress mercury resistance for biodetoxification of organomercurial pollutants. Appl. Environ. Microbiol. 60: 357-362.

Huber M, Meyer U, Rys P. 2000. Biodegradation mechanism of linear alcohol ethoxylates under anaerobic conditions. Environ. Sci. Technol. 34: 1737-1741.

Kazumi J, Caldwell ME, Suflita JM, Lovley DR. Young L. 1997. Anaerobic degradation of benzene in diverse anoxic environments. Environ. Sci. Technol. 31: 813-818.

Kleerebezem R. 1999. Anaerobic treatment of phthalates, microbiological and technological aspects. PhD Thesis. Wageningen University. The Netherlands.

Koenig A, Zaborosch C, MuscatC, Vorlop KD, Spener F. 1996. Microbial sensors for naphthalene using Sphingomonas sp. B1 or Pseudomonas fluorescens WW4. Appl. Microbiol. Biotechnol. 45: 844-850.

Krumholz LR. 1996. A freshwater anaerobe coupling acetate oxidation to tetrachloroethylene dehalogenation. Appl. Environ. Microbiol. 62: 4108-4113

Kugelman IJ, Chin KK. 1971. Toxicity, synergism, and the antagonism in anaerobic waste treatment processes. In: Anaerobic biological treatment processes. Pohland FG editor. American Chemical Society Advances in Chemistry Series. Vol 105. p55-90.

Lange CC, Wackett LP, Minton KW, Daly MJ. 1998. Engineering a recombinant Deinococcus radiodurans for organopollutant degradation in radioactive mixed waste environments. Nat. Biotechnol. 16: 929-933.

Lapsirikul W, Ho G, Cord-Ruwisch R. 1994. Mechanisms in anaerobic bioflocculation of wool scouring effluent. Water Res. 28: 1749-1754.

Larsen L. H, Damgaard LR, Kjær T, Stenstrøm T, Revsbech NP. 2000. Fast responding biosensor for on-line determination of nitrate/nitrite in activated sludge. Water Res. 34: 2463-2468.

Larson RJ, Games LM. 1981. Biodegradation of linear alcohol ethoxylates in natural waters. Environ. Sci. Technol. 15: 1488-1493.

Layton AC, Muccini M, Ghosh MM, Sayler GS, 1998. Construction of a bioluminescent reporter strain to detect polychlorinated biphenyls. Appl. Environ. Microbiol. 64: 5023-5026.

Lee MD, Odom JM, Buchanan Jr. RJ. 1998. New perspectives on microbial dehalogenation of chlorinated solvents: Insights from the field. Annu. Rev. Microbiol. 52: 423-452.

Lettinga, G. 1995. Anaerobic digestion and wastewater treatment systems. Antonie van Leeuwenhoek. 67: 3-28.

Lettinga, G. , A. F. M. van Velsen, S. W. Hobma, W. de Zeeuw, and A. Klapwijk. 1980. Use of the upflow sludge blanket (USB) reactor concept for biological wastewater treatment, especially for anaerobic treatment. Biotechnol. Bioeng. 22: 699-734.

Lettinga, G. , and L. W. Hulshoff Pol. 1991. UASB-process design for various types of wastewaters. Wat. Sci. Tech. 24(8): 87-107.

Lettinga, G. , L. W. Hulshoff Pol, J. B. van Lier, and G. Zeeman. 1999. Posibilities and potential of anaerobic wastewater treatment using anaerobic sludge bed (ASB) reactors. In J. Winter (ed.), Biotechnology, vol. 11a. Wiley-VCH, Germany.

Lewis MA. 1991. Chronic and sub lethal toxicities of surfactants to aquatic animals. A review and risk assessment. Wat. Res. 25: 101-113.

Liu J, Bjornsson L, Mattiasson B. 2000. Immobilised activated sludge based biosensor for biochemical oxygen demand measurement. Biosens. Bioelectron. 14: 883-893.

Lovley DR, Woodward JC, Chapelle FH. 1994 Stimulated anoxic biodegradation of aromatic hydrocarbons using Fe(Ⅲ)ligands. Nature. 370: 128-131.

Lovley DR. 2000. Anaerobic benzene degradation. Biodegradation. 11: 107-116.

Macarie H. 2000. Overview of the application of anaerobic treatment to chemical and petrochemical watewaters. Wat. Sci. Tech. 42(5-6): 201-214.

Mattiasson B. 2002 Biosensors and environmental biotechnology. Re/views in environmental science and bio/technology. In Press.

Maymo-Gatell X, Chien Y-T, Gossett JM, Zinder SH. 1997. Isolation of a bacterium that reductively dechlorinates tetrachloroethene to ethene. Science. 276: 1568-1571.

McCarty PL. 1997. Breathing with chlorinated solvents. Science. 276: 1521-1522.

McLeese DW, Zitko V, Sergeant DB, Burridge L, Metcalf CD. 1981. Lethality and accumulation of alkylphenols in aquatic fauna. Chemiosphere. 10: 723-730.

Mihelcic JR, Luthy RG. 1988 Degradation of polycyclic aromatic hydrocarbon compounds under various redox conditions in soil-water systems. Appl. Environ. Microbiol. 54: 1182-1187.

Mondello FJ, Turcich MP, Lobos JH, Erickson BD. 1997. Identification and modification of biphenyl dioxygenase sequences that determine tha specificity of polychlorinated biphenyl degradation. Appl. Environ. Microbiol. 63: 3096-3103.

Mulchandani A, Kaneva I, Chen W. 1998b. Biosensor for direct determination of organophosphate nerve agents using recombinant Escherichia coli with surface-expressed organophosphorous hydrolase. 2. Fiber-optic microbial biosensor. Anal. Chem. 70: 5042-5046.

Mulchandani A, Mulchandani P, Kaneva I, Chen W. 1998a. Biosensor for direct determination of organophosphate nerve agents using recombinant Escherichia coli with surface-expressed organophosphorous hydrolase. 1. Potentiometric microbial electrode. Anal. Chem. 70: 4140-4145.

Munakata-Marr J, McCarty PL, Shields MS, Reagin M, Francesconi SC. 1996. Enhancement of trichloroethylene degradation in aquifer microcosms bioaugmented with wild type and genetically altered Burkholderia (Pseudomonas) cepacia G4 and PR1. Environ. Sci. Technol. 30: 2045-2052.

Nandakumar R, Mattiasson B. 1999. A microbial biosensor using Pseudomonas putida cells immobilized in an expanded bed reactors for the on-line monitoring of phenolic compounds. Anal. Lett. 32: 2379-2393.

Nomura Y, Ikebukono K, Yokoyama K, Takeuchi T, Arikawa Y, Ohono S, Karube I. 1994. A novel microbial sensors for anioninc surfactant determination. Anal. Lett. 27: 3095-3108.

Pavlostathis, S. G., and E. Giraldo-Gomez. 1991. Kinetics of anaerobic treatment. A critical review. Crit. Rev. Environ. Control. 21: 411-490.

Pelizzetti E, Minero C, Maurino V, Sciafani A, Hidaka H, Serpone N. 1989. Photocatalytic degradation of nonylphenol ethoxylated surfactants. Environ. Sci. Technol. 23: 1380-1383.

Ramanathan S, Ensor M, Daunert S. 1997. Bacterial biosensors for monitoring toxic metals. Tibtech. 15: 500-506.

Ramanathan S, Shi W, Rosen BP, Daunert S. 1998. Anal. Chim. Acta 369: 189-195.

Rebac, S., J. B. van Lier, M. G. J. Janssen, F. Dekkers, K. T. M. Swinkels, and G. Lettinga. 1997. High-rate anaerobic treatment of malting wastewater in a pilot-scale EGSB system under psychrophilic conditions. J. Chem. Technol. Biotechnol. 68: 135-146.

Reineke W. 1998. Development of hybrid stains for the mineralization of chloroaromatics by patchwork assembly. Ann. Rev. Microbiol. 52: 287-331.

Reinhard M, Shang S, Kitanidis PK, Orwin E, Hopkins GD, Lebron CA. 1997 In situ BTEX biotransformation under enhanced nitrate-and sulfate-reducing conditions. Environ. Sci. Technol. 31: 28-36.

Riedel K, Beyersdorf R, Neumann B, Scheller F. 1995. Microbial sensor for determination of aromatics and their chloroderivatives. Part Ⅲ: determination of cholorinated phenols using a biosensor containing Trichosporon beigelli (cutaneum). Appl. Microbiol. Biotechnol. 43: 7-9.

Riedel K, Hensel J, Rothe S, Neumann B, Scheller F. 1993. Microbial sensor for determination of aromatics and their chloroderivatives. Part Ⅱ: determination of cholorinated phenols using a Rhodococcus containing biosensor. Appl. Microbiol. Biotechnol. 38: 556-559.

Rigoni-Stern S, Szpyrkowicz L, Zilio-Grandi F. 1996. Treatment of silk and lycra printing wastewaters with the objective of water reuse. Wat. Sci. Technol. 33: 94-104.

Rooney-Varga JN, Anderson RT, Fraga JL, Ringelberg D, Lovley DR. 1999 Microbial communities associated with anaerobic benzene degradation in petroleum-contaminated aquifer. Appl. Environ. Microbiol. 65: 3056-3063.

Salinitro JP, Diaz LA. 1995. Anaerobic biodegradability testing of surfactants. Chemosphere 30: 813-830.

Salinitro JP, Langston GC, Dorn PB, Kravetz L. 1988. Activated sludge treatment of ethoxylate surfactants at high industrial concentrations. Wat. Sci. Tech. 20: 125-130.

Santegoeds CM, Damgaard LR, Hesselink G, Zopfi J, Lens P, Muyzer G, de Beer D. (1999). Distribution of sulfate-reducing and methanogenic bacteria in anaerobic aggregates determined by microsensor and molecular analysis. Appl. Environm. Microbiol. 65, 4618-4629.

Sayler GS, Ripp S. 2000. Field applications of genetically engineered microorganisms for bioremediation processes. Curr. Opinion Biotechnol. 11: 286-289.

Schanstra JP, Ridder IS, Heimeriks GJ, Rink R, Poelarends GJ, Kalk KH, Dijkstra BW, Janssen DB. 1996. Kinetic characterization and X-ray structure of a mutant of haloalkane dehalogenase with higher catalitic activity and modified substrate range. Biochemistry. 35: 13186-13195.

Schink, B. 1997. Energetics of syntrophic cooperation in methanogenic degradation. Microbiol. Mol. Biol. Rev. 61: 262-280.

Schink, B., and M. Friedrich. 1994. Energetics of syntrophic fatty acid oxidation. FEMS Microbiol. Rev. 15: 85-94.

Schmidt, J. E., and B. K. Ahring. 1996. Granular sludge formation in upflow anaerobic sludge blanket (UASB) reactors. Biotechnol. Bioeng. 49: 229-246.

Schwarzenbach RP, Gschwend PM, Imboden DM. 1993. Environmental organic chemistry. John Wiley & Sons, Inc. USA.

Sherrard KB, Marriott PJ, Amiet RG, Colton R, McCormick MJ, Smith GC. 1995. Photocatalytic degradation of secondary alcohol ethoxylate: spectroscopic, chromatographic, and mass spectrometric studies. Environ. Sci. Technol. 29: 2235-2242.

Sherrard KB, Marriott PJ, Gary Amiet R, McCormick MJ, Colton R, Millington K. 1996. Spectroscopic analysis of heterogeneous photocatalysis products of nonylphenol- and primary alcohol ethoxylate nonionic surfactants. Chemosphere 33: 1921-1940.

Sherrard KB, Marriott PJ, McCormick MJ. 1994. Electrospray mass spectrometric analysis and photocatalytic degradatioin of polyethoxylate surfactants used in wool scouring. Anal. Chem. 66: 3394-3399.

Speece, R. E. 1983. Anaerobic biotechnology for industrial wastewater treatment. Environ. Sci. Technol. 17: 416A-427A.

Spormann AM, Widdel F. 2000. Metabolism of alkylbenzenes, alkanes, and other hydrocarbons in anaerobic bacteria. Biodegradation. 11: 85-105.

Stams, A. J. M. 1994. Metabolic interactions between anaerobic bacteria in methanogenic environments. Antonie van Leewenhoek. 66: 271-294.

Steber J, Wierich P. 1987. The anaerobic degradation of detergent range fatty alcohol ethoxylates. Studies with 14C-labelled modelled surfactants. Wat. Res. 21: 661-667.

Stephanou E, Giger W. 1982. Persistent organic chemicals in sewage effluents. 2. Quantitative determinations of nonylphenols and nonylphenol ethoxylates by glass capillary gas chromatography. Environ. Sci. Technol. 16：800-805.

Sticher P，Jaspers MCM，Stemmler K，Harms H，Zehnder AJB，Van der Meer RJ. 1997. Development and characterization of a whole-cell bioluminescent sensor for bioavailable middle-chain alkanes in contaminated groundwater samples. Appl. Environ. Microbiol. 63：4053-4060.

Tag K，Lehmann M，Chan C，Renneberg R，Riedel K，Kunze G. 2000. Measurement of biodegradable substances with a mycelia-sensor based on the salt tolerant yeast Arxula adeninivorans LS3. Sens. Actuators B67：142-148.

Tan N. 2001. Integrated and sequential anerobic/aerobic biodegradation of azo dyes. PhD Thesis. Wageningen University. The Netherlands.

Tanaka S，Ichikawa T. 1993. Effects of photolytic pre-treatment on biodegradation and detoxification of surfactants in anaerobic digestion. Wat. Sci. Tech. 28：103-110.

Taurianinen S，Karp M，Chang W，Virta M. 1998. Luminescent bacterial sensor for cadmium and lead. Biosen. Bioelectron. 13：931-938

Therien N，Le Calve P，Jones P. 1984. A respirometric study of the influence of aliphatic alcohols on activated sludges. Wat. Res. 18：905-910.

Turner AH，Abram FS，Brown VM，Painter HA. 1985. The biodegradability of two primary alcohol ethoxylate nonionic surfactants under practical conditions，and the toxicity of the biodegradation products to rainbow trout. Water Res. 19：45-51.

Vashon RD，Schwab BS. 1982. Mineralization of linear alcohol ethoxylates and linear alcohol ethoxy sulfates at trace concentrations in estuarine water. Environ. Sci. Technol. 16：433-436.

Wagner S，Schink B. 1987. Anaerobic degradation of non-ionic and anionic surfactants in enrichment cultures and fixed-bed reactors. Wat Res. 21：615-622.

Weiner JM，Lovley DR 1998. Anaerobic benzene degradation in petroleum-contaminated sediments after inoculation with a benzene-oxidizing enrichment. Appl. Environ. Microbiol. 64：775-778.

Weiner JM，Lovley DR. 1998. Rapid benzene degradation in methanogenic sediments from a petroleum-contaminated aquifer. Appl. Environ. Microbiol. 64：1937-1939.

Wilson，D. R.，I. C. Page，A. A. Cocci，and R. C. Landine. 1998. Case hystory：two stage，low-rate anaerobic treatment facility for South American alcochemical/citric acid wastewater. Wat. Sci. Tech. 38(4-5)：45-52.

Wu，W.，M. K. Jain，J. H. Thiele，and G. Zeikus. 1995. Effect of storage on the performance of methanogenic granules. Water Res. 29：1445-1452.

Zhang X，Young LY. 1997. Carboxylation as an initial reaction in the anaerobic metabolism of naphthalene and phenanthrene by sulfidogenic consortia. Appl. Environ.

Microbiol. 63：4759-4764Zinder，S. 1993. Physiological ecology of methanogens，p. 128-206. In J. G. Ferry (ed.)，Methanogenesis. Chapman & Hall，USA.

Zoutberg，G. R.，and P. de Been. 1997. The biobed EGSB (expanded granular sludge bed) system covers shortcomings of the upflow anaerobic sludge blanket reactor in the chemical industry. Wat. Sci. Tech. 35(10)：183-188.

第四部分

实现工业闭路循环的技术—B 满足回用标准的先进技术

21
物理-化学废水处理方法

Adriaan R. Mels and Eero Teerikangas

21.1 简介

废水回用战略的目标是形成闭路工业水循环和回收其中的有价值成分，在绝大多数情况下，实现这一目标通常需要将各种单元操作组合起来。生物单元处理方法通常用作核心处理方法。物理-化学单元操作经常被用作生物处理工艺的前处理或后处理方法，以便设计出最优的处理流程。本章讨论经常与生物处理相结合的物理化学单元操作。

物理化学废水处理方法包括所有不基于生物转化的单元处理操作。去除污染物的机制基于相分离、分子分离和化学转化。

- 相分离的目的是去除废水中以不同于水的相存在的污染物(如，颗粒、油)。分离是基于密度、疏水性或电性等物质或表面特性的差异而进行。通过凝集去除油就是典型的相分离过程。
- 分子分离的目的是去除以独立分子存在的污染物(如，铵、重金属或溶解性碳酸氢盐化合物)。这一分离是基于化合物的电性、吸附行为和挥发性等特征进行的。
- 化学转化目标是将污染物转化为无毒或可分离的成分。污染物可以是不同相的物质或独立存在的分子。添加沉淀化合物以去除磷酸盐就是化学转化的一个典型例子。

本章对物理化学废水处理方法进行介绍。由于这一领域的知识范围太广，很明显本章不能对所有单元操作逐一评论。这一方面更多的重要内容参见废水处理标准手册(如，Henze *et al*. 1995；Metcalf and Eddy 1991)和大量最新发表的文章。

21.2 物理-化学单元操作

选择某一系列单元操作主要依赖于废水的特点。工业废水可能含有多种需要不同技术进行去除的污染物(Levine and Asano 2002；第 2 章)。表 21.1 给出了最常用的物理-化学单元操作。表 21.1 区分了去除颗粒污染物的单元操作和去除溶解性污染物的单元操作。表中第一组操作主要属于相分离技术，而第二类操作则基于分子分离或化学转化。

目前还有一种尝试，那就是基于污染物的粒径分布来确定废水特征和选择适当废水处理流程。图 21.1 给出各种物理-化学处理单元操作对应的有效粒径范围。另外，也给出了各种废水中可能的有机成分的粒径，以表明被不同单元操作所去除的可能性。

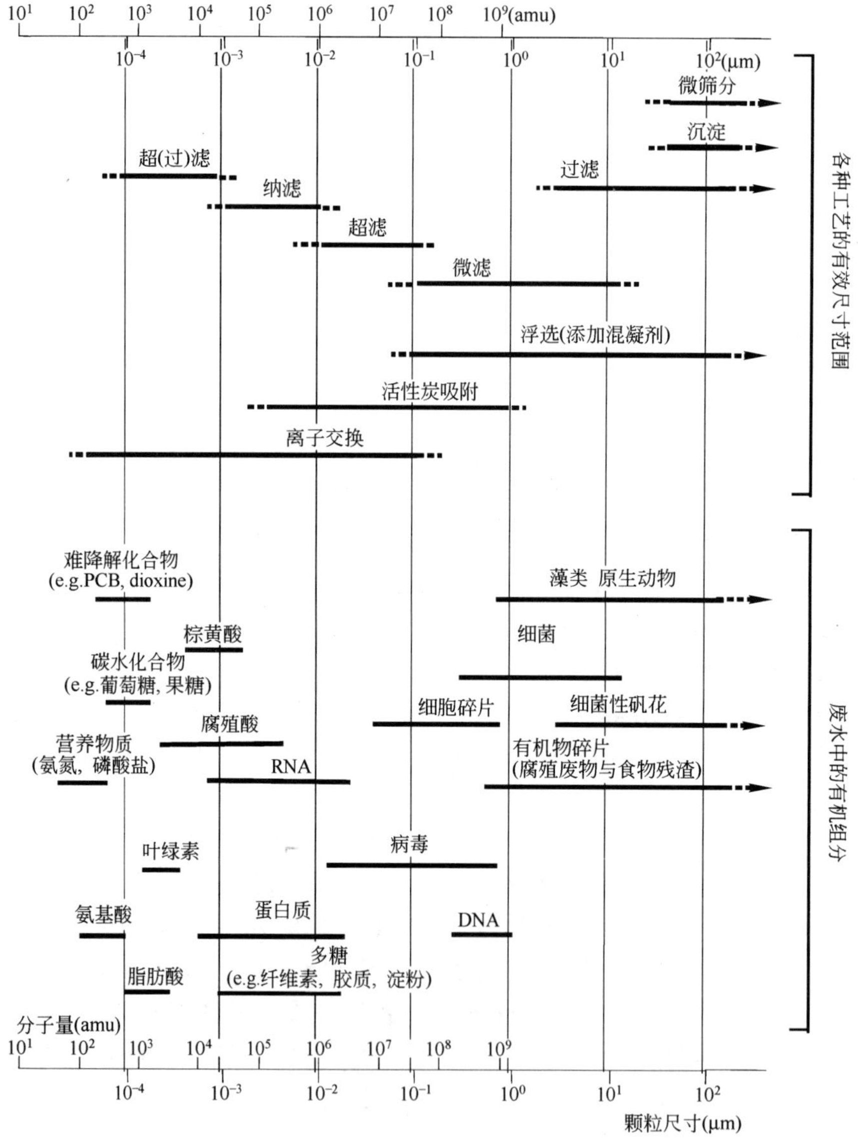

图 21.1 各种废水处理单元操作的有效粒径范围和废水中典型的有机污染物的粒径范围，依照 Levine *et al*. (1985)结果绘制(经部分改写)

表 21.1 中的单元操作除高级氧化和膜过滤外都在本章中进行描述，高级氧化的描述详见 22 章，膜过滤的描述详见 23 章。本章中对单元操作方法的回顾包括操作方法所需用

的技术和文献中鲜有提及的设计标准。

废水处理的物理-化学单元操作一览 **表 21.1**

去除颗粒污染物	去除溶解性污染物
沉淀	絮凝
磁分离改进沉淀	活性炭吸附
凝集	离子交换
微滤	高级氧化技术(臭氧，过氧化氢，光催化，电离辐射，超声波裂解)
粗糙介质过滤	
快速砂滤	
膜过滤	

21.3 去除颗粒物的单元操作

虽然存在各种定义，但是废水中的颗粒物一般认为是可以被 0.1μm 孔径的滤膜截留的那部分物质(Levine *et al*. 1991)。很多废水中都含有高浓度的颗粒。在这些废水的处理过程中，颗粒的分离是非常重要的第一步，特别是当污染的废水温度非常低而且由于低水解速率导致生化过程难以进行时。

图 21.2 给出了在处理的第一步进行颗粒去除的流程简图。所示的物理-化学(预)处理过程结合了去除浓有机颗粒的厌氧分解方法(厌氧处理可以在高温下进行，如 30℃)。通过厌氧分解转化，废水中的能量可以沼气的形式进行回收。通过物理-化学处理，所负载的主要污染物可以被去除，在后续生物单元操作时有相对低的负荷。由于采用了预处理，后续处理过程可以设计得规模相对小而且能耗需求少。

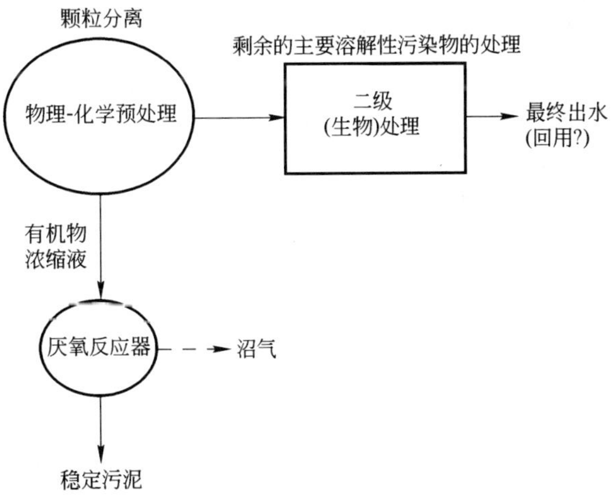

图 21.2 使用物理-化学预处理结合从浓缩的有机物颗粒中回收能量过程的废水处理流程

21.3.1 絮凝/凝集在颗粒物去除中的作用

絮凝/凝集在颗粒物去除工艺中是非常重要的。几乎所有现有的物理-化学单元操作需要絮凝剂以达到显著的颗粒物去除水平(如,80%~90%的 TSS),另外还有一些改进型粗糙介质过滤。大多数预处理过程只去除较大的颗粒。必须加入絮凝剂以增加颗粒的平均尺寸和/或改变表面特征。图 21.3 表明了絮凝剂的添加对平均颗粒粒径的影响。如果粒径较大的颗粒比例高,预沉淀或微孔过滤过程的去除效率增加。

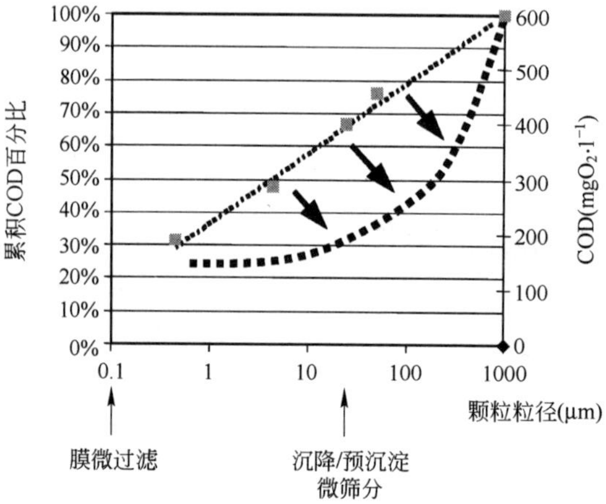

图 21.3 由于絮凝剂的加入而导致废水中颗粒状 COD 的平均粒径变化

21.3.1.1 凝聚/絮凝原理

废水中的绝大多数颗粒带负电。其表面电荷是表面电荷分裂或者吸附、脱附离子所致。由于静电作用,颗粒不能彼此接近。为了实现颗粒在质量作用(伦敦-范德华力)下相互粘附,必须部分地中和相互排斥的表面电荷。为获得粒子的相互粘附,应当加入絮凝剂。表 21.2 给出了重要的絮凝剂。

带正电的絮凝剂加入胶体溶液时,被吸附于颗粒表面。为了了解絮凝/凝集,要区分

用于废水中颗粒物去除的絮凝剂 **表 21.2**

金属絮凝剂	有机絮凝剂
$FeCl_3$	聚丙烯酰胺
$FeSO_4$	聚胺
$AlCl_3$	聚-DADMACs
聚合氯化铝	改性淀粉
	浓缩单宁酸
	壳聚糖
	Seed of the Morringa Oleifera

两种作用机制：静电吸附絮凝和架桥絮凝。当使用强正电性、低分子量的高聚物或金属盐做絮凝剂时，静电吸附絮凝的作用非常重要。由于高分子或金属离子被废水中的颗粒吸引，颗粒所带的电荷降低(图 21.4)。由于范德华力，颗粒可以相互吸引接近。

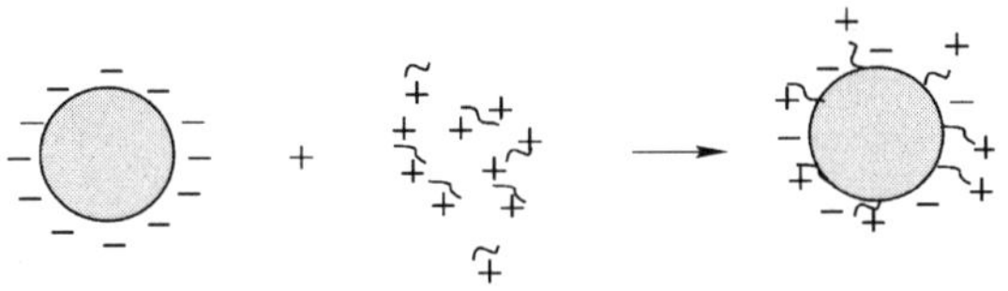

图 21.4　由于低分子阳离子高聚物的加入而产生的电中和

在架桥絮凝中，大分子或高聚物的长分子链被颗粒表面吸附。由于他们的长度，高分子链可以吸附几个颗粒，因此产生了“架桥”效果(图 21.5)。与静电吸附引起的絮凝比较，架桥絮凝的重要特征是使用更低的电解质剂量实现絮凝。

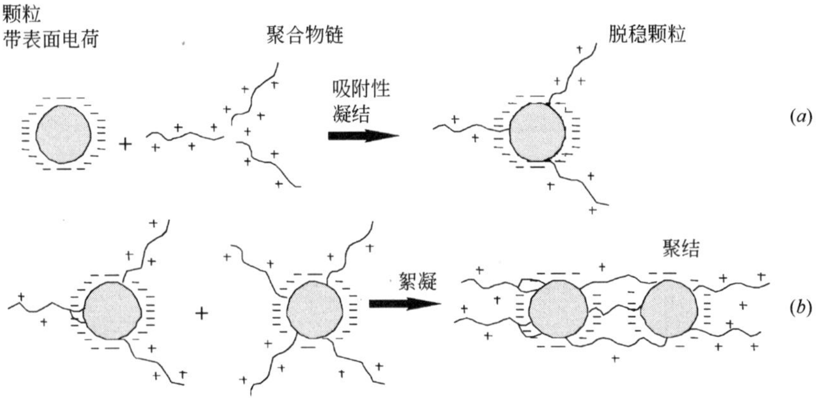

图 21.5　由于使用高分子量的阳离子高聚物的(a)吸附絮凝(b)架桥絮凝

21.3.2　单元操作

21.3.2.1　沉淀

沉淀可能是用于去除颗粒物的单元操作中最简单和最常用的一种。颗粒分离通过重力作用下的沉降获得，并且颗粒和废水由于密度差异而分层。这一工艺通常用做预处理或者污泥处理工艺的最终澄清和无机浓缩。

颗粒的下降速度取决于颗粒的直径和密度以及水的温度，见表 21.3。

T=10℃时颗粒沉降速度(Vander Graaf 1995)　　**表 21.3**

颗粒直径(μm)	1000	500	200	100	50	10	5	
石英砂(密度=2650kgm^{-3})	502	258	82	24	6.1	0.3	0.06	mh^{-1}
城市废水中的颗粒(密度=1200kgm^{-3})	122	61	18	3	0.76	0.03	0.008	mh^{-1}

实际中，初沉淀池通常 2m 深，表面水力停留时间为 1.5～3.0m/h(Metcalf and Eddy 1991；van der Graaf 1995)。薄板沉淀池的水力负荷会较高。初沉池排放污泥的平均干固体浓度为 0.5%～1.0%。

为提高初沉池的去除率，沉淀前可以加入絮凝剂。通过这一方法，尺寸小的难沉淀颗粒尺寸可以增加。这一操作被称为预絮凝。

21.3.2.2 磁分离改进沉淀(Sirofloc™)

这一单元操作在絮凝阶段需要加入铁磁性颗粒。含铁磁性絮状物的废水被引入磁场。由于电磁力，铁磁性絮状物聚结增大形成容易沉降的絮状物。絮状物在沉淀池中被分离。

澳大利亚的 SIROFLOC™是这种单元操作的典型例子(Booker and Brooks 1994；Booker *et al*. 1994)。图 21.6 给出了工艺流程图。水力停留时间最高为 $10mh^{-1}$。接下来的沉淀中，污泥在桶式筛中被分离以获得磁性颗粒。SIROFLOC™工艺的缺点是配置相对复杂，而且要使用大量的碱。

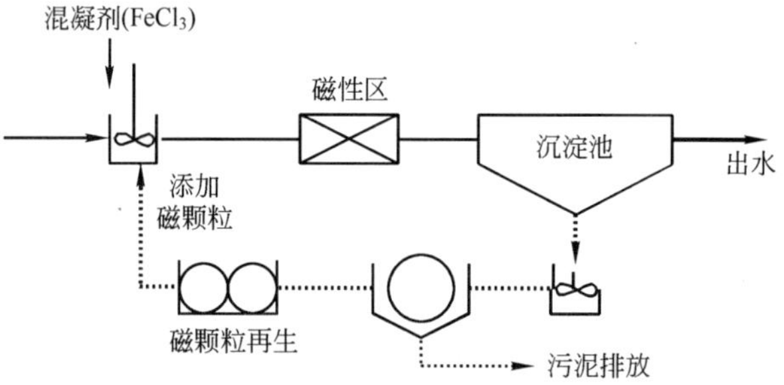

图 21.6 Sirofloc™系统的工艺示意图

21.3.2.3 微砂改进沉淀(Actiflo™)

这一单元操作是在絮凝/凝聚阶段加入微砂。添加砂子的目的是提高形成的污泥絮状物的沉降性能。这一过程最初用于饮用水的制备，不过现在在污水处理和城市废水(特别是在暴雨发生时的废水)的预处理中的应用在逐渐增加(Le Poder and Binot 1995；Plum *et al*. 1998)。这一工艺在市场上被记为 Actiflo™。

图 21.7 给出了这一工艺的流程。絮凝剂(如 $FeCl_3$)在第一阶段被加入。在后续的絮凝阶段，直径 100～150μm 的微砂与阴离子有机高分子同时加入。微砂增加了絮体的沉降速率。沉淀池用于去除这些絮体。绝大多数 Actiflo™流程使用斜板沉淀池。水力旋流器用于分离污泥中的微砂并将其再次使用。

21.3.2.4 浮选

浮选工艺是通过向废水中通入微小气泡以分离气体或液体的工艺。气泡可以粘附于固体或乳化液体物质，并将其带至沉淀池液体表面。浮选方法另外的好处是有助于去除一些挥发性化合物，因气泡具有气体剥离效果。添加气泡可以通过多种方法进行，如机械浮

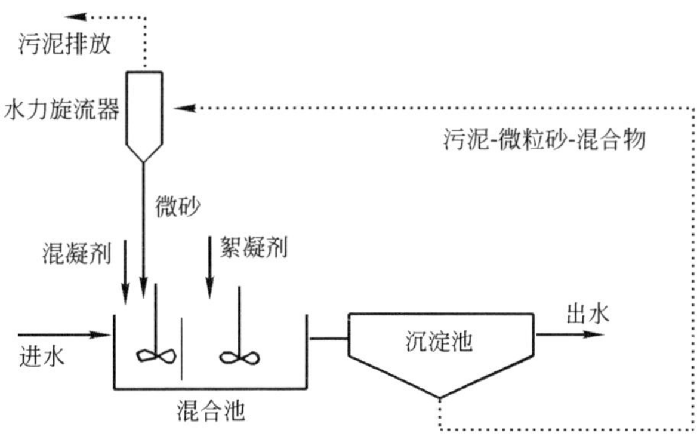

图 21.7 Actiflo™系统的工艺流程

选、空气加压浮选、真空浮选、电浮选和溶解性气体浮选。在这些技术中，溶解性气体浮选是最常用的。

溶解性气体浮选(DAF)源于矿业工程，本来用于分离具有不同表面特性的矿物。最初的实际应用可以追溯到 1900 年。造纸行业在 1920 年左右将这一方法用于处理内部循环水(Karlstrom 1930)。目前，DAF 方法在饮用水处理(如 Schofield 2001)、炼油废水处理(如 Galil and Wolf 2001)，一些农业和食品加工业用水的处理中有很多应用(如 Jokela *et al*. 2001；Liu and Lien 2001)。

在 DAF(废)水处理系统中，一部分 DAF 单元的流体(10%～20%)是加压(4-6bar)循环使用的。由于压力高，高浓度的空气可以溶解在液相中。当回流液体和水混合时(图 21.8)，压力被释放，导致过饱和和形成小气泡(直径＝0.05～0.1mm)。上浮的物质被与水流反相运动的刮板除去。

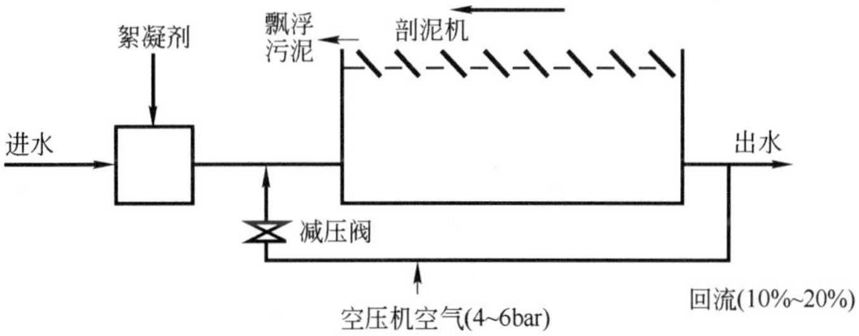

图 21.8 溶解性气体浮选单元

上浮的污泥具有相对较高的干污泥浓度，这是有利于回用的。浮选的污泥密度通常被控制在干污泥 0.5%～1.0%的范围(Krofta and Burgess 1997；Mels *et al*. 2001)。这么高的值是因为上浮层被连续的气泡推至水面并很快被移走。

在大多数情况下，浮选方法中最重要的是絮凝剂的添加。使用絮凝剂是为了创造粘附或捕捉气泡的表面或结构。如图 21.9 所示，凝聚在粘附、捕集或结合(如在絮体中捕捉气泡)过程中发生。在粘附或捕集过程中，由于气泡本身固有的疏水性，颗粒疏水或者具有疏水位点是非常重要的。

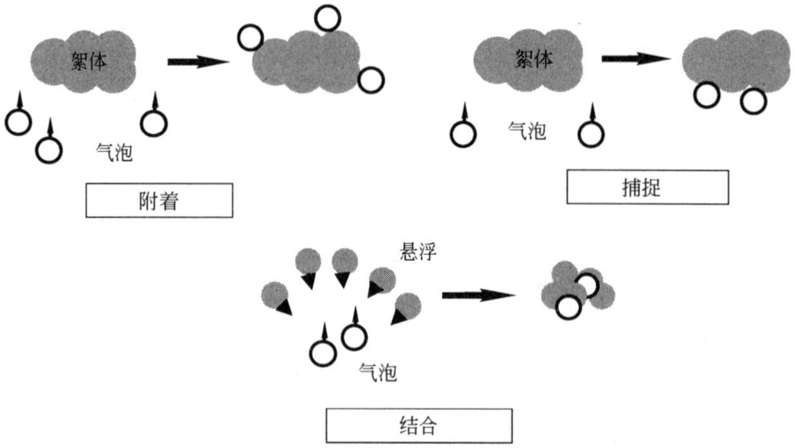

图 21.9 气泡/絮体凝结示意图(见 Haarhoff and Van Vuuren 1993)

DAF 工艺对于固体或水力负荷的变化有很大缓冲余地。有报道的水力负荷的范围为 2.4～11.0mh^{-1}(Haarhoff and Van Vuuren 1993)。浮选一般在斜板浮选池内进行，最大混合流速大约为 25m/h。存在不同的运行模式，浮选可以串联或并联、可以作为沉淀的预处理、二级处理或三级处理，可以使用或不使用化学助剂(Teerikangas 2001)。

在 DAF 技术发展中，一个很重要的发明是将浮选与快速砂滤相结合。这一工艺始于 20 世纪 60 年代的瑞典。将这两种单元操作进行组合是基于快砂滤与 DAF 的水力负荷(15～20m/h)非常相近的事实。过滤床的流动阻力如此之高，使得水流在浮选空间的流速相等，以致垂直方向的流速处处相等。另外一个重要的改进是斜板在浮选工艺中的应用。改进示意图如 21.10 所示。水流通过斜板分布的空间以提高气泡-颗粒聚集物的分离。斜板与水平呈 30°。

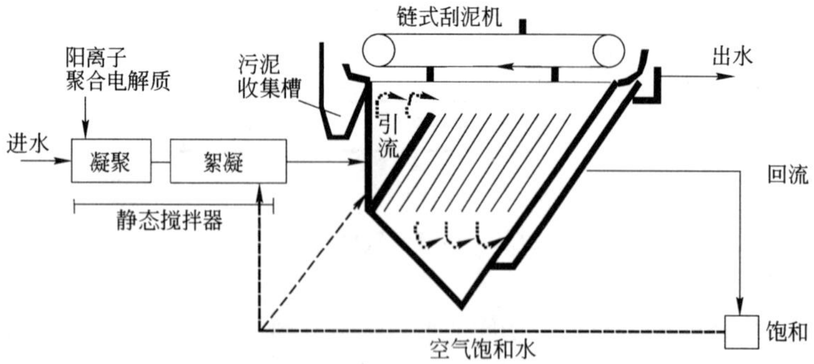

图 21.10 使用斜板以提高气体/絮体凝集物的分离的溶解性气体浮选单元(见 Nijhuis Water Technology，Netherland)

芬兰再浮选工艺是最近开发的 DAF 分离器(Kiuri 2001)。基于新的Ⅲ-代 DAF 设计概念的第一套系统于 2000 年在 Tampere Rusko 市水处理厂投入使用(Rusko Water Treatment Works 2000)。工艺中的创新之处在于允许流速在 40mh^{-1}的湍流状态下运行。系统的浮选塔塔底装有多孔板，与前述装置(1～2m深)相比更深(3～4m)。多孔板的作用是为了在塔底部建立与前述DAF结合快速砂滤装置相似的等值流体分布阻力。当絮凝/凝集并注入溶解性空气后，空气/絮体聚积物进入澄清区。大多数气泡-絮体结合物具有足够的上升速度可以直接漂浮至表面。剩余的气泡、空气/絮体聚积物和失去气泡的絮体随液体流入汽浮室的较低部分，在该区域气泡、絮体、结合物和不纯物质继续聚集并发生所谓的二次“再浮选”。由于浮选室中延伸的可反应区域的存在，颗粒和气泡有机会形成新的聚集体。

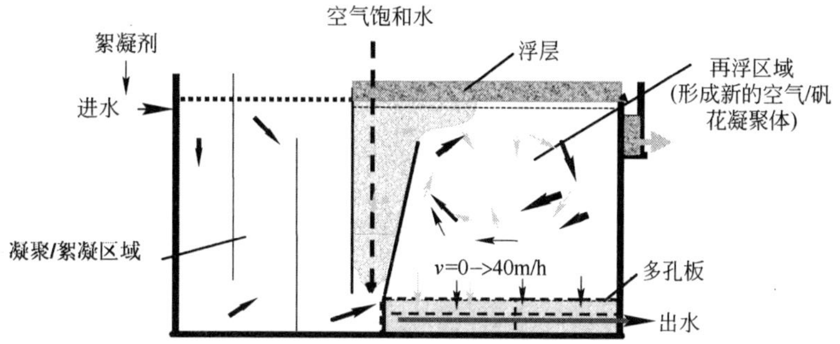

图 21.11　再浮选体系示意图

21.3.2.5　微滤

微滤通常应用慢速旋转桶进行过滤。废水进入桶式过滤器的内层，并且流过多孔的壁。被过滤的颗粒留在桶内，并且旋转着流向桶底端而被去除。桶壁孔径通常在60～200μm(在一些应用中曾有小孔径6～35μm的报道)(Metcalf and Eddy 1991)。

桶式过滤通常用于屠宰和肉类加工行业的废水处理。另外一个重要的应用场合是水产加工废水的处理(Crips and Bergheim 2000)。偶尔，也用于活性污泥系统中去除悬浮性固体。反洗用水的体积通常为处理流量的5%～10%，所含固体的干重浓度为0.2%～0.4%。桶式过滤操作时通常不需使用絮凝剂。虽然文献中没有使用絮凝剂的报道，但是推测絮凝剂的使用可以提高这一系统的效率。

21.3.2.6　粗糙介质过滤

近年有在城市废水处理中使用粗糙介质过滤作为预处理的探索(Mouri and Niwa 1993; Tanaka *et al*. 1995; Rusten *et al*. 1997; Elmitwalli 2001)。这类过滤通常使用粗糙的、多孔的过滤介质。通过沉淀、聚合至过滤介质和过滤介质上附着生物的降解综合作用，过滤去除了颗粒物。

报道的过滤试验通常在2～4m高、使用上流模式的柱中进行。采用的表面水力负荷为5～40mh^{-1}。反冲洗频率在有限范围内变动，最高水力负荷时为5～10h，低负荷时为55h～1周。

21.3.2.7 快速砂滤

当颗粒浓度相对较低时(TSS 最高为 100～150mg・L^{-1})，可以使用快速砂滤。在德国、瑞士和美国，快速砂滤通常用在活性污泥系统后作为水的深度处理措施(TWFF 1986)。砂滤通常含有两层过滤床，底层为 0.4m 的石英砂(直径 0.7～1.5mm)，顶层为 0.8m 的无烟煤(直径 1.7～2.8mm)(图 21.12)。使用两层(或更多)的过滤物质可以有效利用过滤的渗透效应。大颗粒在上层被捕获，小颗粒在底层被捕获。快速砂滤过程中可以配合使用絮凝剂(如铁或铝盐)(Van der Graaf and Van Nieuwenhuijzen 1998)。砂滤通常使用下行模式，过滤速度为 5～30mh^{-1}。

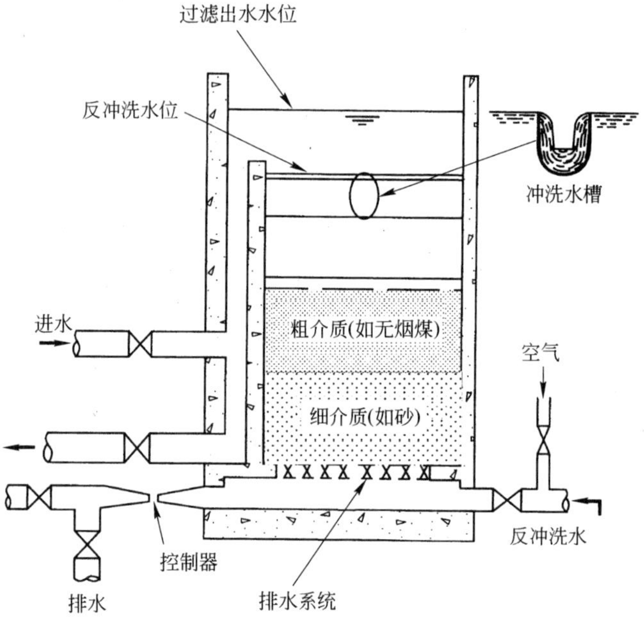

图 21.12 双层砂滤器示意图

21.3.3 单元操作效率

表 21.4 总结了上述单元操作去除颗粒的效率。需要指出的是，表 21.4 中给出的数据都是对市政废水而言的。去除效率都是根据文中提及的参考文献重新计算得到的。

市政预处理单元操作的去除效率的文献数据。去除效率采用总悬浮物(TSS)、COD、BOD、$P_{总}$ 和凯氏氮(N-Kjeldahl)来表示 **表 21.4**

	初沉淀(%)	预沉淀(%)	絮凝(%)	微滤[a](%)	粗糙介质过滤(%)	SIROFL-OC™(%)	Actiflo™(%)
TSS	30～40	60～90	80～90	60～90			75～90
COD	20～30	40～60	50～65	40～60		86	55～65

续表

	初沉淀(%)	预沉淀(%)	絮凝(%)	微滤[a](%)	粗糙介质过滤(%)	SIROFL-OC™(%)	Actiflo™(%)
BOD	20～30	40～60	45～55	40～60	70～90	56	
$P_{总}$	10～20	60～80	80～90	60～80		55	50～95
N-Kj	5～10	20～30	50～60	20～30	40～50	88	10～20

a 微滤的效率是推测的，而且假定添加了絮凝剂。

21.4 去除溶解性污染物的单元操作

去除溶解性污染物可以使用不同的单元操作。下文回顾了一些作为后处理方法的单元操作。

21.4.1 沉淀

在沉淀工艺中，要向废水中加入化学试剂以去除离子形态的污染物。由于形成了不溶性盐、胶体、悬浮性颗粒，可以通过接下来的颗粒去除步骤将其去除(如沉降)。沉淀工艺可以用于去除溶解性的污染物，如重金属(或中金属络合物)、磷酸盐和硫酸盐。这一过程与前述的絮凝/凝结过程具有相似性，虽然在这一过程中，目标不是电中和而是形成沉淀物。

在废水处理过程中这一技术的重要应用实例是磷酸盐的沉淀。磷酸盐可以被多种试剂沉淀，如铁、铝盐和石灰。在与正磷酸根发生沉淀之前，二价离子会被氧化为三价离子。部分沉淀磷酸根的化学计量关系按照如下反应式进行：

$$Me^{3+} + PO_4^{3+} \longrightarrow MePO_4 \downarrow$$

剩余的金属离子和水反应生成水化络合物：

$$Me^{3+} + 6H_2O \longrightarrow Me(H_2O)_6^{3+}$$

然后水化络合物导致了 H^+ 的释放

$$Me(H_2O)_6^{3+} \longrightarrow Me(H_2O)_5^{2+} + H^+$$

金属水化络合物聚合形成多价络合物。这些络合物是阳离子性的，而且可以引发废水中(负电的)颗粒絮凝/凝集，导致在沉淀塔中的沉淀。由于释放了 H^+ 提高了酸度，水的缓冲能力将下降。

21.4.2 活性炭吸附

吸附是一种分离工艺，经这一过程，污染物从液相溶解态转移至固相表面，并且在固相表面积累然后被提取或降解(Weber and Smith 1986)。活性炭是工业废水处理中最常用的吸附剂。活性炭吸附工艺广泛用于去除重金属氯化有机物、直链或芳香烃，如染料、甲苯和苯。

活性炭是未加工形式的石墨。它由高含碳量的化合物(如，煤、木材、椰壳)制备。由于其随机的不完善结构(分布有大量的不同尺寸的孔)，而具有较大的比表面积，使得碳可以吸附很多种化合物。

活性炭吸附是污染物与碳之间吸引力和排斥力(范德华力)作用的结果。所有污染物在某种程度上都是可吸附的。一般而言，化合物的可吸附性随着分子量的增加、官能团(如，双键、氯系原子)数目的增加和分子极性的增加而增加。

废水处理中主要使用两种吸附系统(图 21.13)。第一种是使用颗粒活性炭的固定床，活性炭的尺寸从 0.2～5mm。这一固定床是最常用的系统。饮用水处理中使用活性炭滤床的过滤速率为 $5mh^{-1}$(Van Dijk and Aeyelts Averink 1995)。另一种系统是完全混合系统。所添加的是粉末活性炭。粉末活性炭是经过研磨的粒径不高于 0.18mm 的碳。

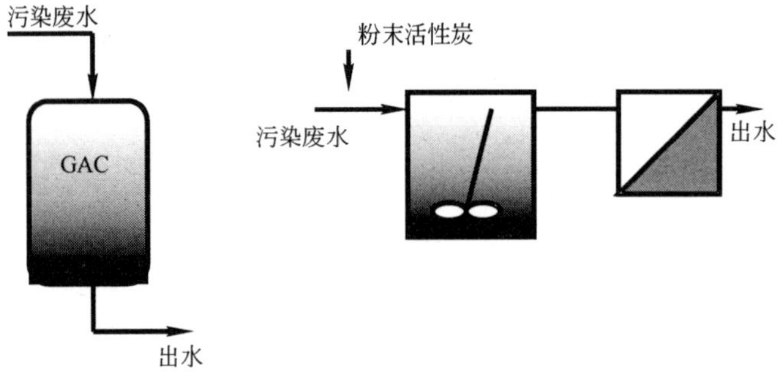

图 21.13 固定颗粒活性炭系统(左)和含粉末分离的完全混合粉末活性炭系统(右)

经过吸附过程，活性炭逐渐饱和。最终导致了污染物的“穿透”，这表明活性炭应当进行再生。失效的活性炭多数情况下在 800～1000℃ 的焚烧炉中再生(Miguel *et al.* 2001)，所吸附物质被热解。高温加热再生方法的缺点是活性炭必须被运送至再生工厂中再生。正在使用或研究的可替换的原位再生方法包括化学清洗脱除污染物和原位电化学再生。

21.4.3 离子交换

离子交换是一种吸附工艺，在吸附过程中，固体表面带电官能团通过静电作用而持有的离子与溶液中带相似电荷离子进行交换(Weber and Smith 1986)。有各种不同的离子交换物质可供选用。最重要的是天然沸石和人工合成树脂。

离子交换在工业废水处理中有多种应用。最重要的例子是用于重金属(如镍、铜和锌)的去除和回收。离子交换也同样广泛用于纺织制造、造纸废液中有色有机物的去除，也经常用于饮用水的软化和循环水除盐。

离子交换分两阶段运行。在第一阶段，离子污染物从废水中被去除。在第二阶段，离子交换树脂被再生。离子交换树脂通过使用高浓度的盐溶液再生。高离子浓度导致吸附的有机物脱附。产生的废弃物为污染物和再生盐的混合物。

一般而言，再生费用占了离子交换工艺费用的绝大部分，因为再生消耗了大量的化学品，产生了再生废物。因此，一些工艺提出从再生废物中分离污染物并加以回用。Van der Hoek 和 Klapwijk(1987)提出用于地表水去除硝酸盐制备饮用水的结合离子交换和生物反硝化的工艺。这一工艺流程见图 21.14。硝酸盐通过离子交换从地表水中去除。使用一个反硝化反应器再生硝酸盐饱和的树脂。再生阶段，硝酸盐被碳酸氢根离子交换。再生剂在流过树脂后进入反硝化反应器，在反应器中反硝化细菌将硝酸盐转化为氮气。必须加入有机碳源(甲醇)以产生碳酸氢盐、碳酸盐和水。再生剂不断流过反应柱，直至硝酸盐被从离子交换树脂中去除。由于再生在闭路系统中进行，可以避免废物中有再生剂，也将需要的盐减至最小。

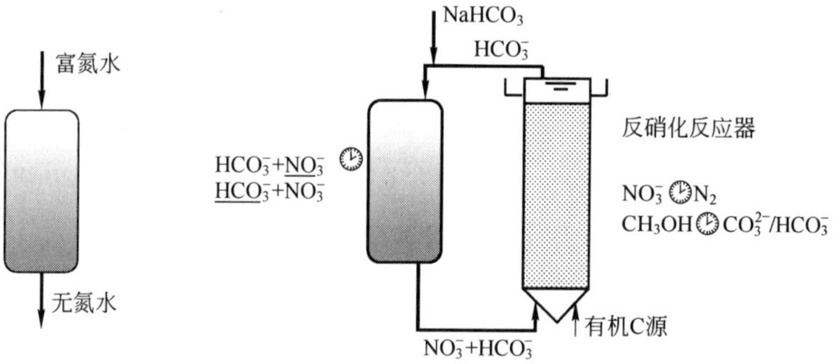

图 21.14 离子交换与生物反硝化结合。(左)吸附阶段(右)再生结合反硝化(van der Hoek and Klapwijk 1987)

21.5 参考文献

Booker, N. A. and Brooks, R. B. (1994). Scale-up of the rapid sewage treatment SIRO-FLOC process. Trans IchemE 72(B): 109-112.

Booker, N. A., Cooney, E., Ocal, G. and Priestley, A. J. (1994). The SIROFLOC sewage treatment process: a high rate process for sewage clarification. Chemical water and wastewater treatment III. R. Klute, Hahn, H. H. (Eds.). Berlin Heidelberg, Springer-Verlag.

van Dijk, J. C. and Aeyelts Averink, C. W. (1995). Technical purification of drinking water, syllabus Adsorption; lecture notes (in Dutch). Delft University of Technology, The Netherlands.

Elmitwalli, T. A. Oahn, K. L. T., Zeeman, G. and Lettinga, G. (2001). Treatment of domestic sewage in a two-step anaerobic filter/anaerobic hybrid reactor at low temperature, Water Research (in press).

Fischer, V. M. (2001). In situ electrochemical regeneration of activated carbon, PhD thesis, University Groningen, The Netherlands.

Galil, N. I. and Wolf, D. (2001). Removal of hydrocarbons from petrochemical wastewater by dissolved air flotation. Water Science & Technology 43(8): 107-113.

van der Graaf, J. H. J. M. (1995). Treatment of wastewater, parts I & II; lecture notes (in Dutch). Delft University of Technology, The Netherlands.

van der Graaf, J. H. J. M. and Van Nieuwenhuijzen, A. F. (1998). Experiments with high rate effluent filtration in The Netherlands. Water Science and Technology 38(3): 127-134.

Green, M., Mels, A., Lahav, O. and Tarre, S. (1996). Biological-ion exchange process for ammonium removal from secondary effluent. Water, Science and Technology 34(1-2).

Haarhoff, J. and Van Vuuren, L. (1993). A South African design guide for dissolved air flotation. Water Research Commission Project no. 332 Pretoria.

Henze, M., Harremoës, P., La Cour Jansen, J. and Arvin, E. (1995). Wastewater treatment, biological and chemical processes. Springer-Verlag.

van der Hoek, J. P., and Klapwijk, A. (1988). Nitrate removal from ground water. Water Research 21(8): 989-997.

Jokela, P., Ihalainen, E., Heinänen, J. and Viitasaari, M. (2001) Dissolved air flotation treatment of concentrated fish farming wastewaters. Water Science & Technology 43 (8): 115-121.

Kiuri, H. J. (2001). Development of dissolved air flotation technology from the first generation to the newest (third) one (DAF in turbulent flow conditions). Water Science & Technology 43(8): 1-7.

Karlström, A. (1930). En ny Stoffångare, Svensk Pappers-Tidning, nr 12 och 13, 1930.

Krofta, M. and Burgess, D. (1997). Affordable treatment of urban wastewater to obtain reusable water and biosolids by combination of advanced dissolved air flotation, multimedia filtration and ozone disinfection. Lubljana, Slovenia.

Levine, A. D., G. Tchobanoglous and T. Asano (1985). Characterization of the size distribution of contaminants in wastewater: treatment and reuse implications. Journal of the Water Pollution Control Federation 57(2): 805-816.

Levine, A. D., G. Tchobanoglous and T. Asano (1991). Size distribution of particulate contaminants in wastewater and their impact on treatability. Water Research 25(8): 911-922.

Le Poder, N. and Binot, B. (1995). Treatment of combined sewer overflow (CSO) with high speed microsand settling. WEF Conference "New and emerging environmental technologies and products conference for wastewater treatment and stormwater collection", June 4-7 1995, Toronto, USA.

Liu, J. C. and Lien, C. S. (2001). Pretreatment of bakery wastewater by coagulation-flocculation and dissolved air flotation. Water Science & Technology 43(8): 31-137

Meinema, K. and Rienks, J. (1995). Inventory and evaluation of techniques for the polishing of effluent of urban wastewater treatment plants (in Dutch). Netherlands Institute

for Inland Water (RIZA), Lelystad, The Netherlands.
Mels, A. R., van der Meer, A. K., Rulkens, W. H., van Nieuwenhuijzen, A. F. Klapwijk, A. (2001). Flotation with polyelectrolytes as a first step of a more sustainable wastewater treatment system, Water, Science & Techology 43(11): 83-90.
Metcalf & Eddy (1991). Wastewater treatment; treatment disposal, re-use. McGrawHill Singapore.
Miguel, G. S., Lambert, S. D. and Graham, N. J. (2001). The regeneration of field-spent granular-activated carbons, Water Research 35(11): 2740-2748.
Mouri, M. and C. Niwa (1993). Pilot plant studies on filtration of raw sewage using floating filter media and multiple filter column inlets. Water Science & Techology 28(7): 143-151.
Plum, V., Dahl, C. D., Bentsen, L., Petersen, C. R., Napstjert, L. and Thomsen, N. B. (1998). The Actiflo-method. Water Science & Technology 37(1): 269-275.
Schofield, T. (2001). Dissolved air flotation in drinking water production. Water Science & Technology 43(8): 9-18.
Tanaka, Y., K. Miyajima, T. Funakosi and S. Chida (1995). Filtration of municipal sewage by ring shaped floating plastic net media. Water Research 29(5): 1387-1392.
Teerikangas, E. (2001). Controlling solid separation with new flotation techniques, IWA WATER21, February 2001.
TWFF (1986). Tertiary filtration of wastewaters. Journal of Environmental Engineering 112(6): 1008-1025.
Weber, W. J. and Smith, E. H. (1986). Removing dissolved organic contaminants from water. Environmental Science and Technology 20(10): 970-974.

22 工业废水回用中的高级氧化技术

Alfons Vogelpohl

22.1 简介

高级氧化工艺(AOPs)是在接近室温和常压下的、基于产生羟基自由基而引发有机物氧化分解的水处理工艺。羟基自由基为氧化能力强的非选择性化学氧化剂(表 22.1)，典型氧化速率是臭氧或过氧化氢氧化速率的 $10^7 \sim 10^{10}$ 倍，因此处理成本和系统体积将大大减小。

一些氧化剂的相对氧化能力　　表 22.1

氧化剂	氧化能力	氧化剂	氧化能力
羟基自由基	2.05	过氧化氢	1.31
氧原子	1.78	高锰酸	1.24
臭氧	1.52	氯气	1.00

羟基自由基可以通过如下反应产生：

- 臭氧(O_3)
- 过氧化氢(H_2O_2)
- 臭氧＋过氧化氢
- 光氧化
  - $UV + O_3 + H_2O_2$
  - $UV + H_2O_2$
- 光催化
  - $UV + TiO_2$
  - 电离辐射
  - 超声裂解

AOPs 通常可以氧化常规手段难以氧化的化合物。另外，AOPs 可能将有机物彻底氧化为 CO_2 和 H_2O(矿化)。AOPs 适用于分解溶解的有机污染物，如氯代烷烃(三氯乙烷、三氯乙烯、氯乙烯)、芳香族化合物(苯、甲苯、乙苯、二甲苯)、酚、农药。AOPs 同样可用于氧化无机污染物，如氰化物、硫化物和亚硝酸盐。

因此，AOPs 能够处理水中的危险有机物而不会像通常的处理技术那样可能产生二次污染。

22.2 臭氧、过氧化氢

臭氧在工业废水中的半衰期视污染物的类型、与臭氧反应活性以及 pH 值而不同，从不足 1mins 至 30mins 都有可能。pH 升高，臭氧在水中的分解速率上升。例如，pH=10，臭氧在废水中的半衰期不足 1min。臭氧可以直接分解有机物或通过形成羟基自由基与有机物发生间接反应(Hoigne *et al*. 1979；von Sonntag *et al*. 1997)。此外，臭氧氧化有机物也可以在分子态臭氧与羟基自由基共同作用下进行。

臭氧氧化工艺中，主要的运行成本是臭氧制备成本。由于纯氧制备臭氧技术的提高，臭氧的制备成本已经降至 1～1.5 欧元/kgO_3，并且臭氧在进气中的浓度已经达到 10%～15%(wt%)，这样导致了传质的提高并明显节省了运行成本。

图 22.1 展示了 Air Products 用于水和废水的臭氧氧化工艺 CHEMOX™的流程。这一工艺成功地用于填埋场渗出液的后处理。替代常规的文丘里/鼓泡柱系统的是一 20m^3 的 Chemox™反应器，水力停留时间为 4h 时可以去除 4kgCOD/h，臭氧消耗量为 1.8kg/kgCOD，能源成本为 0.15EUR，比常规运行设施每年节约运行费用 16 万 EUR(Barrat *et al*. 1996)。

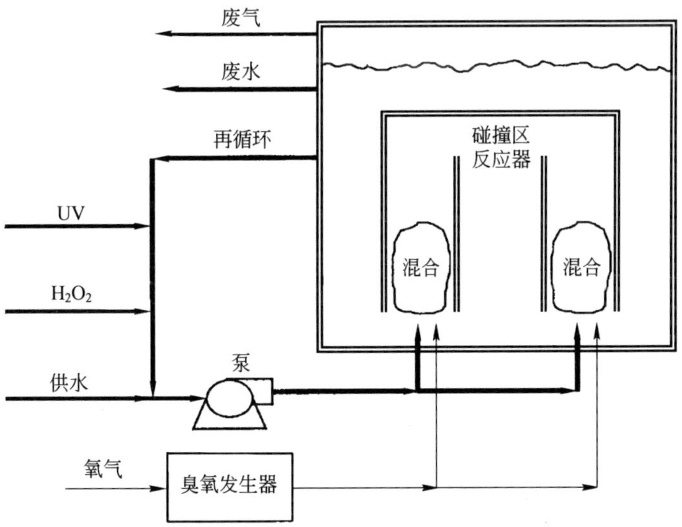

图 22.1 CHEMOX™工艺的流程图(Barrat *et al*. 1996)

Ciardelli *et al*. (2000)报道了使用图 22.2 所示臭氧氧化流程处理供回用的纺织废水。经过生化处理的废水的 COD 约为 100mg/L，而且色度很高。在图 22.2 所示的流程下，以 420nm 处的吸收为指示标准，经处理后色度降低 95%(图 22.3)，同时 COD 最高下降了 60%。日处理 $2000m^3/d$，废水循环率为 50%，回收期为 6.4 年的装置，所报道的投资额为 60 万欧元。

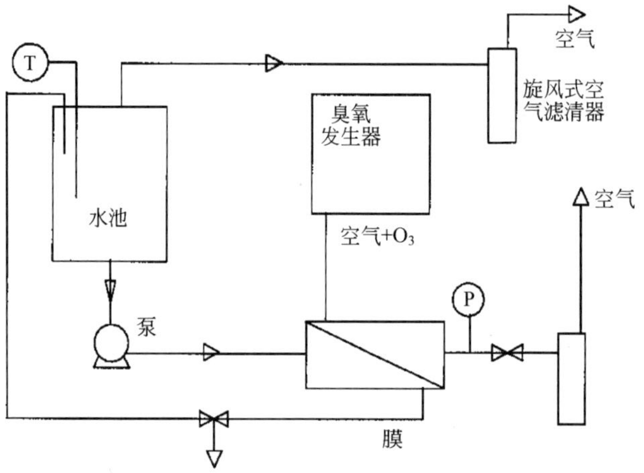

图 22.2 纺织废水臭氧氧化流程图(Ciardelli *et al*. 2000)

在低 pH 时，在氧化过程中添加 H_2O_2 使 O_3/H_2O_2 的比例达到 2∶1，将加速臭氧的分解，导致羟基自由基加快生成(Paillard *et al*. 1988)。H_2O_2 虽然相对廉价、溶解度高而且容易获得，但是由于反应速度慢而难以作为一种单独的氧化剂使用。不过，当其与 UV-光或者其他氧化剂(如臭氧)联用时，可以获得高氧化速率(详见下文)。

22.3 光氧化

很多情况下，通常的臭氧或者过氧化氢氧化有机物不能将有机物完全氧化为 CO_2 和水(Hoigne *et al* 1975；Gilbert 1984)。在一些反应中，保留在溶液中的中间产物可能具有毒性，甚至毒性高于初始的氧化对象。完成氧化反应，以及使氧化产物达到抗臭氧或过氧化氢氧化的程度，可以通过在反应中辅以 UV 辐照来实现。由于直接被光解或者被紫外光激发而易于同有机物反应，一些有机污染物可以吸收紫外光提供的能量并发生分解。

更重要的一点是，紫外辐射加速了臭氧和过氧化氢的分解(Glaze *et al*. 1987)。虽然 H_2O_2 经光化学裂解成羟基自由基在概念上是非常简单的，但是由于 H_2O_2 在 254nm 下的有限分子吸收限制了羟基自由基在溶液中的生成。H_2O_2 的吸收能力可以通过使用输出波长更低的紫外灯而增加。

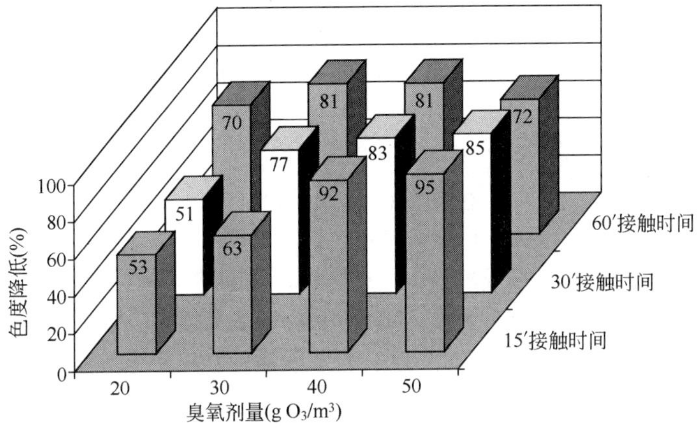

图 22.3 臭氧剂量和接触时间对色度降低的影响

与之形成对照的是，臭氧很容易吸收 254nm 下的 UV 辐射，生成羟基自由基，生成速率大约是由 H_2O_2 形成羟基自由基速率的 20 倍。光辐照液相臭氧产生中间产物 H_2O_2，然后中间产物分解出羟基自由基。

通常低压汞灯在 254nm 下的能量占总能量的 80%。实际上，在臭氧光催化工艺中对紫外灯的能量要求是过氧化氢光催化工艺中能量要求的 1‰(Weichgrebe 1994)。

图 22.4 显示了对于 COD 为 3860mg/L 的填埋场渗滤液，在生物处理之前的预处理中辐射处理的明显效果差异。只有臭氧与过氧化氢结合产生了可接受水平的 COD 降解。虽然 H_2O_2+UV 组合产生的效果最好，但是 O_3+H_2O_2+UV 的组合由于总输入能量低而最为经济可行。UV/臭氧(+过氧化氢)体系的资金和运行费用将因废水流速、类型、污染物浓度和要求去除程度而发生很大变化。

无其他氧化剂的光氧化可以用于在 200～300nm 有强烈吸收、降解效率高的污染物

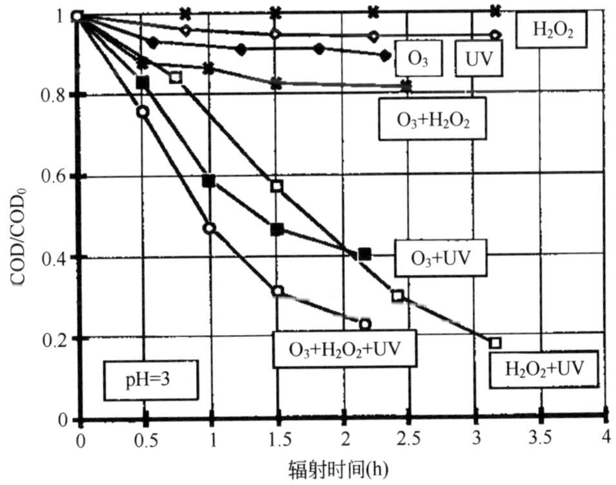

图 22.4 辐射时间对相对 COD 降解的影响

(如三氯乙烯、五氯酚、N-亚硝基二甲胺)的降解。通常在实际中用于水中只有一种污染物的处理。单独使用光降解通常不能实现彻底矿化。

22.4 Fenton 反应，光-Fenton 工艺

由于过氧化氢在 300nm 以下没有明显的吸收，而且在 200～300nm 之间的吸收很弱，UV/H_2O_2 工艺通常不适用于处理含高 UV 吸收的污染物的废水(如染料废水)和/或具有高有机碳浓度背景的废水。同时使用亚铁离子或二价铁盐螯合物的光催化为上述废水的处理提供了可供选择的方法(Kim 1997)。

虽然 Fenton 反应在 100 多年前就被发现，但是用于废水处理的可能性在近些年才得到证明(Schwarzer 1979；Gilbert 1984)。该反应中的氧化剂是羟基自由基，通过如下过程生成：

$$Fe(\text{II}) + H_2O_2 \longrightarrow Fe(\text{III}) + OH^- + OH^\cdot \tag{1}$$

Renner *et al*. (2000)就应用 Fenton 试剂处理纺织印染废水作了报道。所处理的模拟溶液包含可反应的染料，如 Drimaren 紫、Drimaren 亮红和 Drimaren 黑，使用 Fenton 试剂于 55℃加入理论上足够完全氧化的 H_2O_2。模拟溶液的初始 COD 为 500mg/L。处理结果归纳于表 22.2 中。

使用 Fenton 试剂处理纺织废水 **表 22.2**

染　料	降解的 COD	降解的 AOX	色度减少量
Drimaren 紫	80%	No AOX	>99%
Drimaren 亮红	77%	96%	88%
Drimaren 黑	92%	94%	>99%

使用 Fenton 试剂的一个问题是，添加的盐在中和时可以引起沉淀。产生的污泥中可能含有有机物和重金属——这是降解染料的副产物，必须处置或以较高的成本处理。

解决这一问题的方法是循环使用 Fe(Ⅲ)，因 Fenton 反应被证明不仅可以使用 Fe(Ⅱ)也可以使用 Fe(Ⅲ)催化。除了减少污泥，这一方法还可以节省铁盐化学品的费用。重复使用铁盐对于催化活性、COD 降解、AOX 降解和脱色的效率没有影响(Renner *et al*. 2000)。不过，使用循环的 Fe(Ⅲ)所需处理时间是使用 Fe(Ⅱ)的两倍。

另外一个避免产生污泥的方法是光化学转化 Fe(Ⅲ)或 Fe(Ⅲ)络合物至 Fe(Ⅱ)，如图 22.5所示，被称为光-Fenton 工艺。在图 22.6 所示的 4L 的实验性光-Fenton 系统中处理了不同的废水(Kim 1997；Kim *et al*. 1997；Kim and Vogelphohl 1998)。系统中包括回路氧化反应器和配合还原 Fe(Ⅲ)的 UV 反应器。

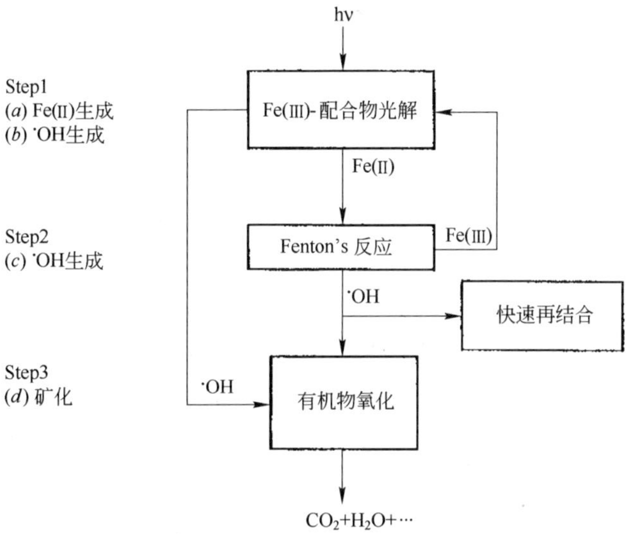

图 22.5 光-Fenton 工艺的反应途径

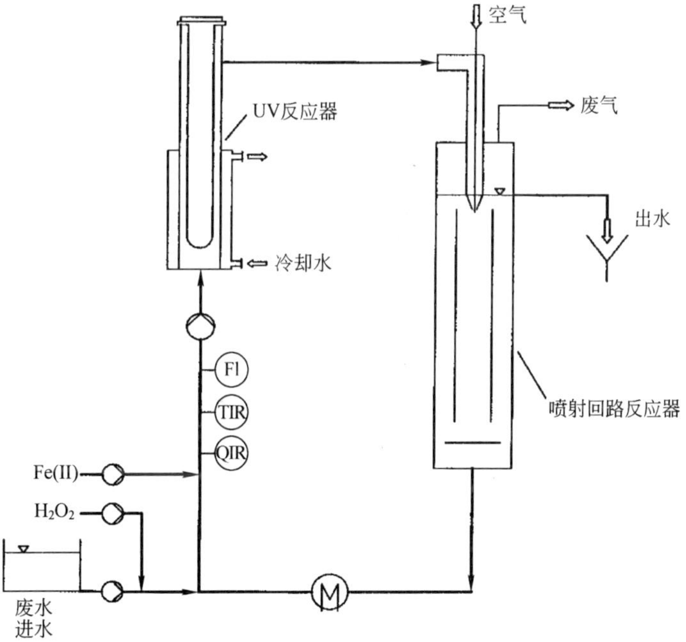

图 22.6 实验装置结构

图 22.7 显示了作为一 COD 为 440mg/L 的填埋场渗出液生物处理的前处理几种手段降低 COD 的情况(Kim *et al*. 1998)。与常规 Fenton 反应比较，Fenton 工艺具有更高的降解效果。使用 Fe(Ⅲ)-草酸络合物作为催化剂，其吸收范围要大大高于 Fe(Ⅱ)，延伸至 570nm，而 $Fe(OH)^{2+}$ 的吸收范围止于 300nm。由于加入的 Fe(Ⅱ)较少，产生的铁污泥也大大减少。另外，使用 Fe(Ⅲ)-草酸络合物，能量输入较 Fe(Ⅱ)至少降低 30%。

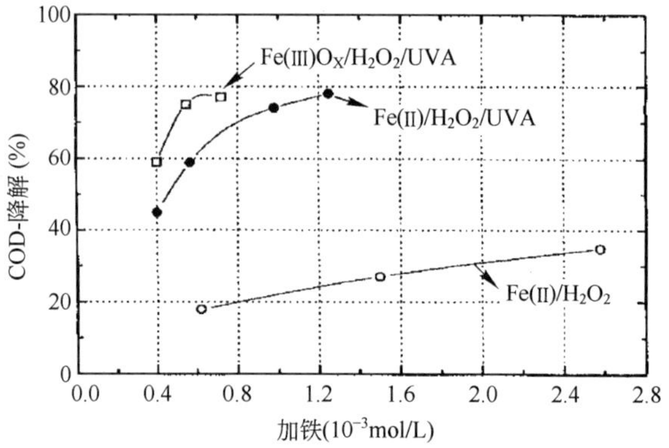

图 22.7 填埋场渗滤液的 COD 降低情况

22.5 光催化

在光催化过程中，紫外光辐射用于激发固态金属催化剂，在催化剂表面产生正负电荷变化(电子空穴，e^-h^+对)。这些正负电荷促成如图 22.8 所示的氧化还原作用，如，由光生正电荷氧化溶液中的有机物(Pichat 1997)、由光生负电荷还原金属或氧。

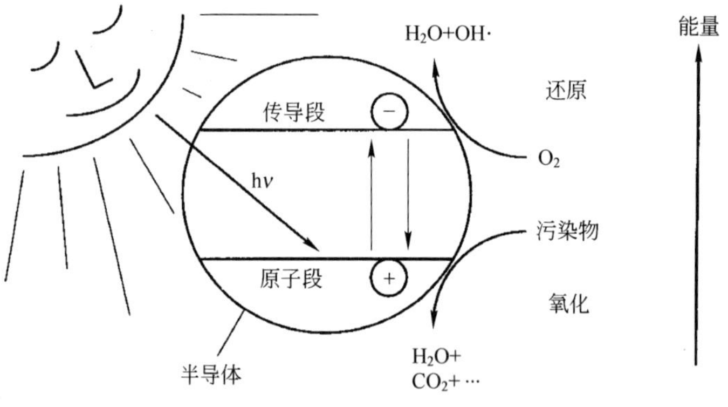

图 22.8 光催化机制

由于其在各种条件下的稳定性、激发自由基的潜力、方便获得和价廉的特性，TiO_2是首选的光催化反应的催化剂(Schroder 1999)。

图 22.9 是 TiO_2 用于市政废水生物前处理后的处理，使 TOC 削减(Freudenhammer *et al*. 1996)。单独使用 TiO_2 或辐射只有很小的效果，而联合使用这两者经 4h 获得的削减率为 90%。在光密度接近太阳辐射强度的情况下(UV-A 强度 20～40W/m^2)，初始 TOC 降低速率达到 10mg(h·m^2)$^{-1}$，光转化效率较高，为 5.2%。

TiO_2 在工艺中可以颗粒或固定催化剂的形式使用。后者由于避免回收颗粒 TiO_2(初始 TiO_2 的粒径<30nm)的成本问题而成为首选方法。

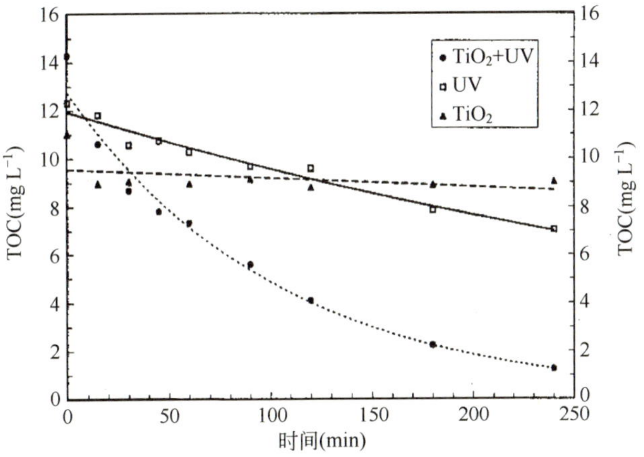

图 22.9 预处理市政废水的 TOC 降低

薄层固定床反应器(TFFBR)见图 22.10(Bockelmann 1994)。反应器的核心是倾斜的平板，平板上流过待处理废水的薄层溶液。TiO_2 固定于平板，光穿过液体薄膜被 TiO_2 吸收，生成自由基。这一非常简单的结构的优点是催化剂固定在平板上。不利之处是催化剂活性将因固定而降低，过程的物质传递受限。

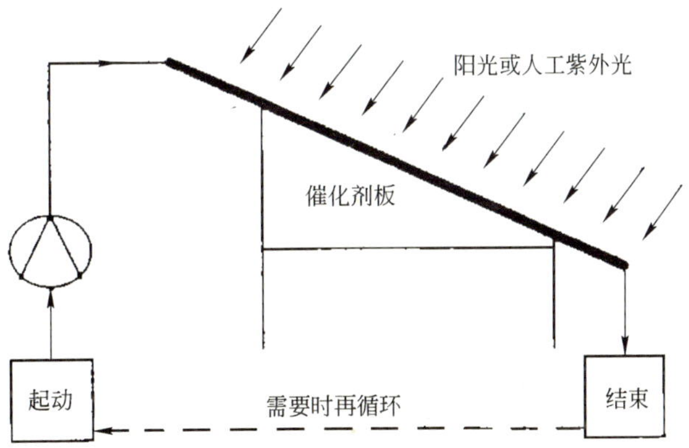

图 22.10 薄层固定式反应器(TFFBR)

使用颗粒 TiO_2 反应器时，TiO_2 颗粒分散于进水中，浓度不超过 5g/L，可以随废水在反应器中自由移动。这种模式的不利之处是废水中尺寸<15μm 的 TiO_2 需要分离。最近刚刚有报道，在微滤以外，优化的沉淀方法可以实现技术上可行并能经济地回收和循环使用 TiO_2 催化剂。依照这一革新，设计了新的反应器，称之为曝气层叠光反应器(ACP)，如图 22.11 所示。

ACP 使用商业上用作绝缘物质或温室建筑材料的透明聚甲基丙烯酸-塑料的双层薄膜。薄膜进行改进，使得废水按照蜿蜒曲折的模式流过管道。微小气泡或空气通过薄膜底端的布气头产生，在管道中向上流动产生湍流以形成足够的传质并且同时提供反应中所需要的氧气。

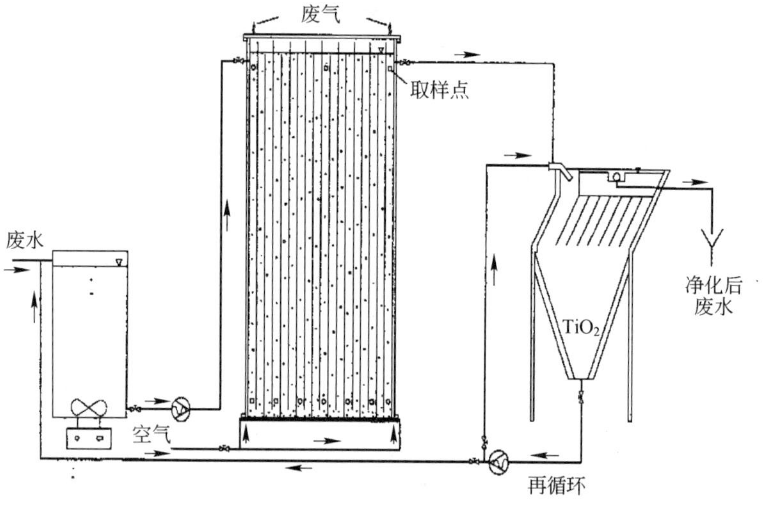

图 22.11 曝气层叠光反应器(ACP)

ACP 的实验室检测已经证明这一概念的反应器优于其他颗粒 TiO_2 反应器；当前正在设计接触表面为 30m^2 的中试厂。表 22.3 显示，处理两种真实废水时该反应器相对于 TFFBR 的降解效率高 3～13 倍。

光催化处理实际废水(处理时间 3h) **表 22.3**

废水	纺织废水		洗车废水	
光催化	1gTiO_2(Degussa P25)		3gTiO_2(DegussaP25)	
	人工光源	太阳光	人工光源	太阳光
辐射面积	105.2	23.8	105.2	23.8
光效率(%)	0.64	1.9	0.85	2.03
TOC(mg/L)				
进水	36.6	31.9	10.3	11.2
出水	21.8	22.9	3.0	5.4
COD(mg/L)				
进水	115.9	94.8	33.8	36.3
出水	66.4	69.4	6.7	21.2

由于运行费用中占决定性的是产生辐射所耗费的能量费用，而且如前所述，UV-A 辐射(300nm$<\lambda<$400nm)才可以被 TiO_2 吸收，太阳能(300$<\lambda$nm$<$600)如能代替电能使用将大大降低成本。基于欧盟的 INCO-MED 计划研究(Grabhi *et al*. 2000)，正在突尼斯的纺织厂内建设一个表面为 100m^2 的实验性装置，以证明即使是在当代，使用太阳能进行光催化氧化处理废水并实现废水循环是可行和经济的。这一处理设施希望，

以废水体积计，总处理成本控制在 1EUR/m^3 之内。图 22.12 给出了这个处理装置的计算机外观图。

图 22.12　突尼斯一家纺织废水处理 TFFBR 中试厂的计算机模拟图

从技术角度分析费用的结果列于表 22.4，表明只要在优化的条件下进行，处理废水的成本可以控制在 1EUR/m^3。

阿尔及利亚的 COTITEX 纺织厂的成本分析　　表 22.4

阿尔及利亚 COTITEX 纺织厂	
废水流量	390m^3/d
2/3 再循环	260m^3/d
设计流速(假定每天光照 8h)	32m^3/h
年度水流量(每年 250d)	65000m^3/a
剩余 COD(COD_0=250mg/L)	150mg/L
去除的 COD 量	4.8kgCOD/h
反应速率	1.75gCOD(m^2·h)
需要的时间	2700m^2
单位投资成本	40EUR/m^2
总投资	108000EUR
年折旧(7 年，每年 10%利率)	22100EUR/a
每立方米废水的单位成本	0.34EUR/m^3

22.6 电子束辐射

使用高能电子辐射水溶液导致快速形成激发态的物质和自由基。这些自由基可以氧化或还原水中的有机物与无机物，形成 CO_2、H_2O 和无机盐等最终产物。最具反应活性的瞬时产物是羟基自由基、还原性电子和氢自由基。产生还原性电子和氢自由基是电离辐射和其他高级氧化工艺的区别之处。高能电子辐射在水、废水和地表水处理方面都有应用前景(Pikaev 2000)。电子辐射使溶液中同时产生数量大致相同的氧化剂(羟基自由基)和还原剂(电子和氢自由基)，可以处理危险的混合化学物质，如含氯溶剂和不含氯的芳香族化合物。使用气提/气相碳吸附，UV/过氧化氢系统或 75kW 电子束系统时苯浓度为20mg/L 和 TCE 浓度为 20mg/L 的地表水在去除率达 99%时的预计成本为 3∶1.2∶1(EPRI 1996)。

22.7 超声波分解

超声波辐射，即将频率为 15kHz 至 1MHz 的声能作用于液体混合物，会引发电子和水的空穴，在这一过程中因超声波产生的压力变化使液体中已存在的气体空穴发生周期性振动。这一振动最终不稳定，迫使气泡发生爆炸。快速的气泡爆炸伴随气泡中空气的绝热加热，产生瞬间的高温高压，据推测高达 4200K 和 975bar(Riesz *et al*. 1992)。空穴崩溃过程将在 100ns 内完成，水分子呈气相，在热裂解的作用下，形成羟基自由基和氢原子自由基。由于生成的羟基自由基和氢原子自由基的作用，如氯代烷烃、农药、酚、TNT 类炸药和酯等底物可以转化为短链有机酸、CO_2 和无机离子等最终产物(Hua and Hoffmann 1997；Destaillats *et al*. 2000)。

超声分解是一种非常有吸引力的从废水中去除有机物的可能方法，不过由一种小型的实验规模的研究转化为实际的技术还需要进行进一步的探索。

22.8 生物和化学的组合工艺

化学和生物工艺的组合可以更好和更彻底地破坏废水中的有机污染物。废水的生物降解性或抗生物降解性特点产生了对特殊工艺和处理的需求。使用两步骤组合方法代替单步法，对于四种废水可以明显提高处理结果。这些废水特点为：

(1) 抗生物降解化合物

(2) 主要生物降解并需要后续化学处理

(3) 有抑制性的化合物

（4）中间产物为难处理的产物

预处理通常提高了第二阶段的工艺。初期的化学氧化可以破坏限制生物处理单元有效性的化合物，并且可以产生易于进一步降解的中间产物。

也有预处理产生副作用的实例。这是由于产生了有毒中间产物或者抗生物降解产物。另外，对于生物降解可以更加有效除去的化合物，化学方法是无效的预处理。

同样的，生物系统作为预处理使用时，可以有利于后续的化学氧化，因为它去除了会消耗昂贵化学氧化剂的生物化合物。特殊的微生物可以用于选择性地去除有问题的化合物。

22.9 结论

在处理废水和地表水过程中，高级氧化工艺提供了一种不产生二级污染物而彻底破坏危险有机污染物的可能。常规处理方法如气提、碳吸附和膜分离只是将污染物从一种介质转移到另一种介质，需要进一步处理或弃置。

AOPs 适于降解低悬浮物、低有机物浓度溶液中的有机污染物。AOPs 可以用作单独的处理工艺；也可以作为整体处理系统的一部分，作为常规方法的后处理或预处理。

22.10 参考文献

Barratt，P. A.，Baumgartl，A.，Hannay，N.，Vetter，M. and Xiong，F.（1996）CHEMOXTM：Advanced Wastewater Treatment with the Impinging Zone Reactor Wat. Sci. Tech. 35（4），347-352.

Bockelmann，D.（1994）Solare Reinigung verschmutzter Wässer mittels Photokatalyse. Ph. D. Thesis，Technical University of Clausthal，Cuvillier Verlag，Göttingen，Germany.

Ciardelli，G.，Capanelli，G. and Bottini，A.（2000）Ozone Treatment of Textile Wastewaters for Reuse. In Proc. of the 2nd International Conference on "Oxidation Technologies for Water and Wastewater Treatment"，Clausthal-Zellerfeld，Germany，28-31 May.

Destaillats，H.，Joseph，J. M. and Hoffmann，M. R.（2000）Sonochemical Degradation of Azo Dyes in Aqueous Solution. In Proc. of the 2nd International Conference on "Oxidation Technologies for Water and Wastewater Treatment"，Clausthal-Zellerfeld，Germany，28-31 May.

EPRI（1996）Advanced Oxidation Processes for the Treatment of Industrial Wastewater. Tech Commentary（1），EPRI Community Environmental Center，Washington University，St Louis，USA.

Freudenhammer，H.，Bahnemann，D.，Bousselmi，L.，Grabhi，A.，Geissen，S. U.，

Siemon, U., Si-Salah, A. and Vogelpohl, A. (1996) Detoxification and Recycling of Wastewater by Solar-Catalytic Treatment. Wat. Sci. Tech. 35(4), 149-156.

Gilbert, E. (1984) Einsatz von Wasserstoffperoxyd zur Behandlung hochbelasteter Industrieabwässer. Vom Wasser 62, 263-275.

Glaze, W. H., Kang, J.-W. and Chapin, D. H. (1987) The chemistry of water treatment processes involving ozone, hydrogen peroxide and ultraviolet radiation. Ozone: Science and Engineering 9, 335-352.

Grabhi, A., Geissen, S.-U., Weidemeyer, A., Vogelpohl, A., Bahnemann, D., Hufschmidt, D., Bousselmi, L., Ennabli, A., Mozzanega, M.-N., Pichat, P. and Si-Salah, A. (2000) A Pilot Study in ther Textile Industry: Wastewater Recycling and Reuse by Solar-Catalytic Treatment. In Proc. of the 2nd International Conference on "Oxidation Technologies for Water and Wastewater Treatment", Clausthal-Zellerfeld, Germany, 28-31 May.

Hoigné, J. and Bader, H. (1979) Ozonation of water: selectivity and rate of oxidation of solutes. Ozone: Science and Engineering 1, 73-85.

Hua, I. and Hoffmann, M. R. (1997) Optimization of Ultrasonic Irradiation as an Advanced Oxidation Technology. Environ. Sci. Technol. 31(8), 2237-2243.

Kim, S.-M. (1997) Untersuchungen zur Abwasserreinigung mit Hilfe des Photo-Fenton-Prozesses. Ph. D. thesis, Technical University of Clausthal, Germany, CUTEC-Schriftenreihe, Nr. 31, ISBN 3-89720-070-8.

Kim, S.-M., Geißen, S.-U. and Vogelpohl, A. (1997) Landfill leachate treatment by a photoassisted Fenton reaction. Wat. Sci. Tech. 35(4), 239-248.

Kim, S.-M. and Vogelpohl, A. (1998) Degradation of Organic Pollutants by the Photo-Fenton-Process. Chem. Eng. Technol. 21(2), 187-191.

Paillard, H., Brunet, R. and Doré, M. (1988) Conditions optimales d'application du systéme oxydant ozone-peroxyde d'hydrogene. Wat. Res. 22(1), 91-103.

Pichat, P. (1997) Photocatalytic degradation of aromatic and alicyclic pollutants in water: by-products, pathways and mechanisms. Wat. Sci. Tech. 35(4), 73-78

Pikaev, A. K. (2000) Current Status of the Application of Ionizing Radiation to Environmental Protection: Ⅱ. Wastewater and Other Liquid Wastes (A Review). High Energy Chemistry 34(2), 55-73.

Renner, T., Reichelt, A., Wurdack, I., Specht, O. and Wabner, D. (2000) Degradation of Textile Dye Wastewaters with the FENTOX® Process. In Proc. of the 2nd International Conference on "Oxidation Technologies for Water and Wastewater Treatment", Clausthal-Zellerfeld, Germany, 28-31 May.

Schröder, H. (1999) Entwicklung eines Reaktors für die solare photokatalytische Wasserbehandlung. Ph. D. thesis, Technical University of Clausthal, Germany, CUTEC-

Schriftenreihe Nr. 42, ISBN 3-89720-325-1.
Schwarzer, H. (1979) Wasserstoffperoxyd zur Abwasserreinigung. Chemie-Technik 8(2), 67-70. Scott, J. P. and Ollis, D. F. (1995) Integration of Chemical and Biological Oxidation Processes for Water Treatment: Review and Recommendations. Environmental Progress 18(2), 88-103.
Sonntag von, C., Dowideit, P., Fang, X., Mertens, R., Pan, X., Schuchmann, M. N. and Schuchmann, H. -P. (1997) The Fate of Peroxyl Radicals in Aqueous Solution. Wat. Sci. Tech. 35 (4), 9-16.
Weichgrebe, D., Vogelpohl, A., Bockelmann, D. and Bahnemann, D. (1993) Treatment of landfill leachates by photocatalytic oxydation using TiO_2: A comparison with alternative photochemical technologies. In D. F. Ollis, H. Al-Akabi (edts.) Photocatalytic Purification and Treatment of Water and Air, Elsevier Science Publishers B. V., Amsterdam.
Weichgrebe, D. (1994) Beitrag zur chemisch-oxidativen Abwasserbehandlung. Ph. D. thesis, Technical University of Clausthal, Cuvillier Verlag, Göttingen, Germany, ISBN 3-930 340-20-8.
Xi, W. (2000) Untersuchungen zur photokatalytischen Abwasserreinigung unter Einsatz von Titandioxid in einem neuen Suspensionsreaktor. Ph. D. thesis, Technical University of Clausthal, Germany, CUTEC-Schriftenreihe, Nr. 47, ISBN 3-89720-419-3.

23
膜技术在水回用领域的工业经验

Simon J. Judd

23.1 简介

水回用的主题是众所周知的，而且已有详细的讨论。该主题的内涵为，特定用途决定了回用水的处理水平。比如对于单一的生活废水回收和再利用而言，建筑物使用者对回用水具体用途的关注远比回用经济性问题为甚。在这里，健康风险同所有权(指对处理设施和水的)一样，都非常重要。

比较而言，工业废水回用的主题通常主要考虑的是另外一个方面——经济性。不断严格的环境立法和普遍提高的处理技术的密度、效率、分散度使得很多工业过程中回用水有很大变化。回用可以表现为多种形式：在独立的工艺过程内部对水不加以处理而循环使用，多种废水混合后末端处理(如改造或升级现有处理厂使其出水从满足排放上升至生产可回用水)，或者是将市政废水处理厂出水大规模用于工业。

一般来说，废水水质的变化导致了实际废水回用过程中的最大问题：无论采用哪种处理技术，不论废水具有怎样的特点，出水必须达到一个特定的标准。这不可避免地使得处理成本高于自然水体提供的水，而且导致过滤工艺的使用，如膜技术(可以达到接近100%去除污染物的结果，不论污染物浓度和物化条件)。现有膜的可靠性，以及膜价格的下降，使得废水工业回用中膜技术的使用处于增加状态，预测欧盟市场膜技术的份额将从＄198m(2000年)增加至＄382(2007年)(Menzefricke 2001)。

无论是生活还是工业废水的回用，膜技术都扮演了一个关键的角色——因为渗透出水的水质一贯保持稳定。膜工艺也可以改造一些传统工艺(因其使用可以提高工作组件的浓度)，如膜生物反应器。这使得工艺过程可以承受更多的污染物冲击——因进水变化产生的影响可以因反应器内高浓度的生物质而被降低。另一方面，该技术对某些因素也是敏感的，例如膜的污染可以限制其对水力冲击的承受能力。

23.2 膜

膜工艺的差异是很明显的，有关综述很多(Ho and Sirkar 1992；Stephenson *et al*. 2000)。膜材料的化学组成与物理结构都有很大差别，但是最重要的差别体现在其作用机制上。基于分离机制，膜可以分为压缩和多孔两种。前者是将离子从水中分出，包括反渗透(RO)、电渗析(ED)和纳滤(NF)。其分离依赖于透过组分与膜材料的物理-化学相互作用获得高选择性(图 23.1)。电渗析的分离机制比较特殊，依赖静电作用而不是膜的压力。

多孔膜通过机械作用分离(如表面筛分)，因此和常规的过滤工艺比较接近。超滤可以去除胶体和溶解性大分子(图 23.1)，因此其材料的分离性能可以通过可从溶液中截流的分子的大小来区分，而不是依靠其物理尺寸。微滤可以去除悬浮性的物质——最低粒径为 0.5μm。

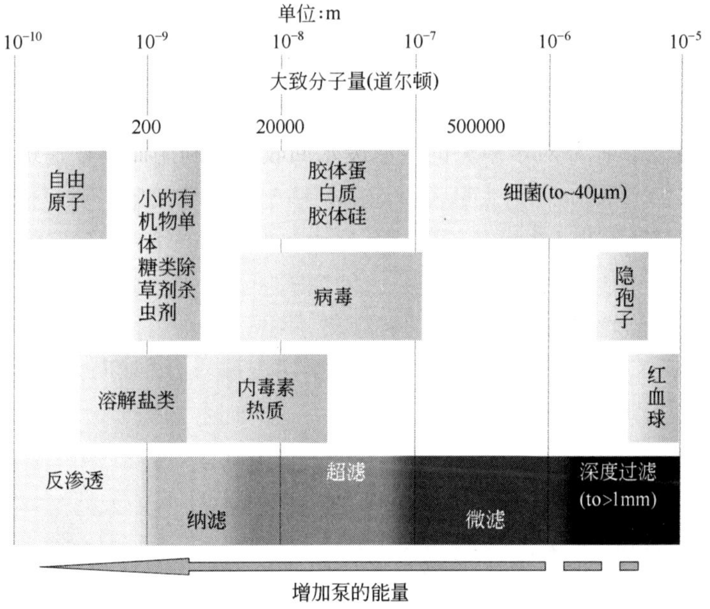

图 23.1 膜分离工艺一览

膜材料也可以按照材料类型分类，一般可以分为有机(高分子类)或无机(陶瓷/金属)。膜的物理结构因材料的内部性质和/或加工方式而变化。运行时需要压力为动力的一般是各向异性膜。膜材料具有轴对称特点，孔径随膜深度变化(图 23.2)。只有在最上端(或成为有效部分)的膜才可以表现出选择透过性。膜的其余部分只是简单地提供支撑。

对于膜的效果和效率而言，有效部分必须具有透过性和选择性以实现其特定功能。这意味着功能部分孔径均一、尽可能薄并且要保持满足运行需要的足够的机械强度。很多膜

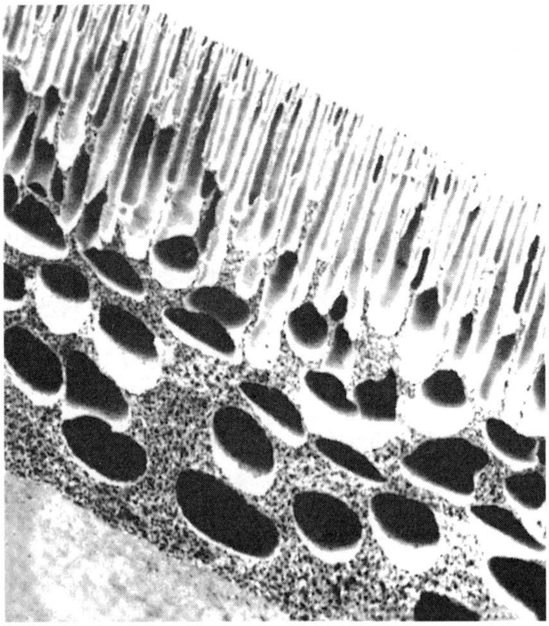

图 23.2 高分子多孔膜示例

材料(几乎所有的反渗透膜和纳滤膜)都有框架作支撑。在所有的工艺过程中，选择性透过层的完整性是很重要的。

除非维持确定的形状，否则膜是没有用的，固定形状将使膜与大量的水接触。现有膜主要为平面的与圆形的(表 23.1)两种形状。平面的膜堆是“膜-板框”结构，这样一系列的膜形成狭窄的平行通道。也可以卷起，这种模式使得芯-平行流通道紧密接触，形成了圆形组件(图 23.3)。这样，膜被做成了圆形(尺寸可达 25mm)，水流轴向进出，切向出清水。对于细纤维(外直径低于 100μm 的)，只能采用浸取式(即轴向出水为清水)的运行模式。膜的形状和尺寸明显影响运行参数。

常见膜组件形式 **表 23.1**

膜件形状	面积/体积比	成本	水力动力学可控性	优点	缺点	应用场合(第一个最重要)
褶裙式滤芯筒	800～1000	低	非常低	结构简单	容易污染，不能清洗	MF
板框式	400～600	高	中等	易于分解清洗	设计复杂，不能反洗	ED、UF、RO
螺旋式	800～1000	低	低	低能耗、结构紧凑	不易清洁，不能反洗	RO、UF
管式	20～30	很高	非常好	容易机械清理，耐高 TSS 水	投资和换膜成本高	高 TSS 水，切向过滤
中空纤维	5000～40000	很低	非常低	能反洗，结构紧凑，耐高胶体负荷	压力冲击敏感	MF、RO

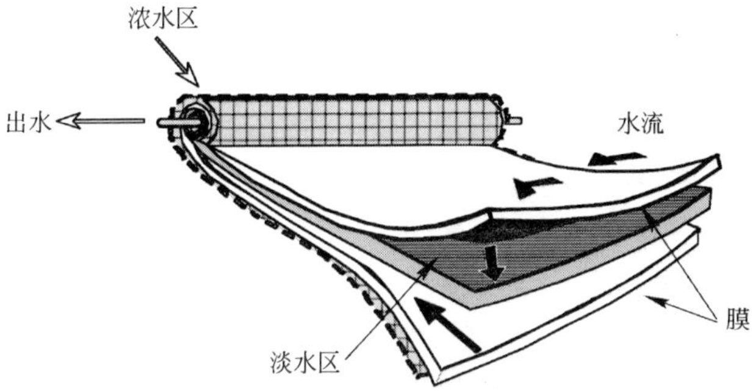

图 23.3　螺旋膜组件结构示意

23.3　膜工艺

在膜工艺过程中，处理量取决于水流通量(对于电渗析，是溶解性离子的量)。因此水产量与膜的面积是线性关系。这是膜工艺中的重要一面。影响经济性的重要因素是膜本身，这是使用规模的限制因素。因此，运行经济性直接受运行条件影响，比如，流速越高，需要的膜面积越低。不过，流速高也将产生膜污染问题，由于污染物可逆和不可逆的沉积将减弱膜的透过性。压力一定，膜污染将导致处理水量的下降；或者处理量一定时，膜污染将导致运行所需压力的增加。因此要求膜要定期物理再生(清洗或者反冲洗)或化学再生(清洗)。

膜工艺的效率在很大程度上取决于水力学特点，如压力、流量关系、水质(水质的良好程度可变)。膜的污染是其可靠性的约束条件。关于污染问题，虽然已经进行了大量的研究，但是在具体案例中还不能给出细节。因缺少膜的清洁所需的资料，因此运行费用难以估算。膜技术所提供的优点在于其可以应用于所有工业废水的回收和再利用。

降低流量和优化使用条件，促进紊流可以抑制膜的污染。因此水流通道(比如，管式膜组件中的管径)越宽，雷诺数越大，动力学控制越高(表 23.1)，这将有利于控制膜的污染。不过，这样要增加动力费用，降低膜表面的利用率。低流量意味着需要高膜面积，这将增加投入成本。膜污染可以使用反冲来控制，这种方法将增加运行费用(因运行费用与反冲的循环相联系)。因此，就改善污染问题途径而言，增加投资和运行费用增长是解决方案的两个方面。

23.4　实例研究

以下讨论涉及具体膜分离法的实例。讨论的中心是成本问题。工业应用的多样性使得统一的标准不能实现。不过，工业用水的成本-收益分析依赖于现有的供水、排放费用与废水回用处理装置安装与运行费用的比较。后者必须包括：

（1）工艺要求的水质（这不必与现有用水相关）；

（2）废水质量及其变化；

（3）与回用水运输至实际使用地点相关的实际影响因素，以及；

（4）环境效益以及使用者和公众的态度。

23.4.1 微电子废水的再生

23.4.1.1 简介

这一处理系统位于苏格兰利文斯顿（Livingston）的 NEC 半导体公司，建于 1995 年，本来属于超纯水制备系统的一部分，而且是非常重要的一部分。对 NEC 而言，使用循环水不是一个新的内容，在其他工厂的循环水使用可以追溯至 20 世纪 70 年代。在供水方便、水量充足的地方，NEC 采用回用系统以减少运行和经济成本，并且减小环境影响。资源的可用性和成本节约驱动了回用系统的使用。

半导体工业要求使用高纯水以便在制造工艺阶段进行硅材料上残余化学物质和颗粒的清洗。由于材料是层层叠加的，每一层清洗的失误都会导致材料的制作失败。由于晶体门的尺寸不足 2μm，离子和颗粒都可以引起短路。因此清洗硅材料的去离子水的纯度要求很高，要求颗粒数＜5 个/mL，总有机碳＜2μg/L，金属＜0.01μg/L。因此要使用大量的水处理步骤。另外，处理装置设计要保证即使在处理线被污染时也不能影响产品质量。

23.4.1.2 水的管理和处理

多数去离子水在清洁室内使用"湿槽"设备制备。在半导体制备的各阶段，硅片上要搭载电路。硅片要在酸中浸泡一定时间以获得足够的蚀刻深度。一旦达到蚀刻时间，硅片放入去离子水槽清洗残余的酸。根据酸槽的温度，去离子水可以是凉水或热水。在硅片进入下一加工阶段前，要再次进行清洗。通过清洁室地板下安装的管道，分别收集清洗产生的废水。

NEC 历史上曾经使用来自荒原的富含有机碳的水为水源水。由于水质是变化的，出水要求是超纯水，在 4 个纯化阶段（图 23.4）使用了一系列单元操作（表 23.2；Bell 1999）：

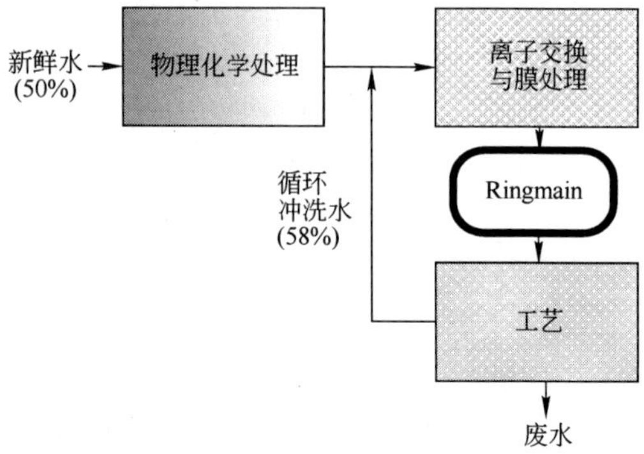

图 23.4 水处理工艺，微加工废水的示意图

水处理单元操作 表 23.2

阶段	单元操作	功能
预处理	加热	增加下游工艺效率
	投加絮凝剂	捕集细颗粒
	调整 pH	调整絮凝所需 pH
	氯化	消毒和氧化
	絮凝	增强絮凝
	气浮	去除漂浮性物质
	双介质过滤	去除悬浮性固体
预 RO	活性炭	去溶解性有机物
	有机物捕集	去除带负电有机物
	反渗透	去除溶解性固体
初次去离子	三层床去离子	去除溶解性固体
	紫外线照射	控制微生物增长
	反渗透	去除溶解性固体
	紫外线照射	降解有机物
	脱气	去除氧气和挥发性有机物
	混合床去离子	去除剩余的有机物
清洁循环	冷却	控制紫外系统中的温度
	紫外线照射	降解有机物
	混合床去离子	去除剩余溶解性固体
	超滤	去除剩余悬浮性固体
回用系统	活性炭	去除过氧化氢
	阴离子交换	去除腐殖酸物质
	反渗透	去除溶解性固体
	紫外线辐射	控制微生物生长
	反渗透	去除溶解性离子

(1) 预处理：去除悬浮性固体和有机污染物。

(2) 初级去离子：离子交换或 RO 去除溶解性离子形式存在的污染物。

(3) UDI：进一步去除剩余污染物。

(4) 再利用：收集含低浓度有机物的 UDI 水，再生至(2)阶段的水平。

NEC 工厂的前端与饮用水处理非常相近，包括去除固体的 DAF、去除有机物的介质过滤和活性炭吸附。另外，活性炭去除有机氯，以免氧化离子交换树脂和 RO 膜。对于悬浮固体或有机污染物含量低的回用水，去除有机物或者悬浮物的需要也低。

23.4.1.3 再生阶段

热清洗阶段产生的废水将用于预热高纯 DI 水，这将形成一个热回收循环。这样有两个好处：一是节省能源；二是冷却这些要处理的废水。这些水被冷却至 35℃，和冷的再生水混合，然后测量混合水的 TOC 和电导率。如果 TOC 和电阻不合格，要将其引入出水处理装置。过高的污染物将导致再生处理厂运行失误并接下来影响到超纯水制造厂，这一分析测量足以保证再生处理厂的正常运行。

这一处理厂最初设计用于接收＜300μs/cm 的水。不过，在运行过程中，以上参数被调整以适应更多的再生水。处理厂的运行中，TOC 水平从未升至 100ppb，但是仍然进行在线监测以防止问题的发生。回用待处理水和原水的差别主要是前者的离子浓度和微生物浓度都很低。所期望的是，排水系统仅与 DI 清洗槽(在高纯酸浴后)相连接。由于操作在清洁室进行，没有污染物会从大气进入到水中。虽然产品可以将浓酸浴中的酸带至清洗池，但是这些待处理的水中硫酸根的浓度不会比饮用水高很多。

这些待处理水首先流过活性炭以去除从一些酸浴中带出的过氧化氢。弱阴离子树脂用于去除硫酸根、磷酸根、氟离子等自由离子。由于离子交换，溶液的 pH 升高超过 6。在处理过一定量的水或者交换后，水的 pH 低于 6，使用碱溶液可以再生阴离子交换树脂。在离子交换后端，设置 10μm 安全过滤，以去除可能影响或破坏 RO 膜的颗粒(如活性炭或脱落的树脂)。然后使用 UV 灯照射。UV 的作用是防止可以在膜表面聚集的微生物的增殖，膜的作用是去除残余 TOC 和无活性的微生物。在通过 RO 系统后，水的质量得到足够的提高，可以和经过预处理的饮用水混合，此时，这两种水的电导率都在 $3\mu S\ cm^{-1}$。

23.4.1.4 经济性

只有 58%的废水被回用，这是由系统经济性决定的。零回用时由于原水操作费用导致成本高；而 100%回用时，投资费和由于化学药品和污泥处理而产生的回用运行费很大(图 23.5)。在两种极端条件下，存在回用比较经济的区域，精确的最佳回用比例取决于水厂的地理位置所决定的输送费用。由于 83%的支出消耗于原水取水和废水排放，回用水很明显是经济的。处理回用水是处理饮用水成本的 12%，对于去离子水处理厂而言，节省了 20%的总运行和维护预算。

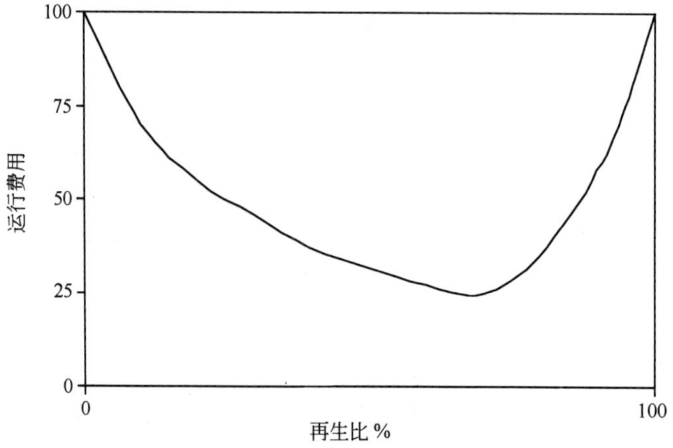

图 23.5 成本-回用(微电子废水回用)

23.4.2 废染料的回收和再利用

23.4.2.1 简介

20 世纪 90 年代，含染料废水循环的经济性由于对于处理色度要求的提高而受到很大影响。由于染料在 UV 范围内的吸收很小。为满足排放要求而导致的高处理费用与回收和再用染料相比，经济程度发生了很大的变化。例如，英国 T Forsee 和 Son of Leicester 公司推测，含有耗氧生物处理加高级氧化工艺($UV+H_2O_2$)的处理厂会产生另外 15 万欧元的费用。该计划以及其他计划都在工业规模试验过，以推测生产回用水的前景。其中，只有膜工艺可以适应给水质量的变化。

23.4.2.2 水的管理与处理

棉染色废水中的两种主要污染物是颜色和铬。两者都可以通过反渗透去除，但是将产生一股浓缩液(色度很高而且含有 Cr(Ⅲ))，远高于排放要求。由于铬与染料复合，需要腐蚀性的化学氧化剂 ClO_2(浓度 0.5gL^{-1})对其降解，以便使用聚合絮凝剂去除铬。

图 23.6 所示，处理厂成功运行 2 年，通过反渗透回收了 95%的水，浓缩液排放为 20m^3/h。通过升高流体温度(约 40℃)，增加流量，降低液体的粘度反渗透运行被加速，通过膜法，色度去除接近 100%(膜由 Pall 提供)，保证了水的回用，同时产生了 98%的溶解固体(Wakeling 1999)。

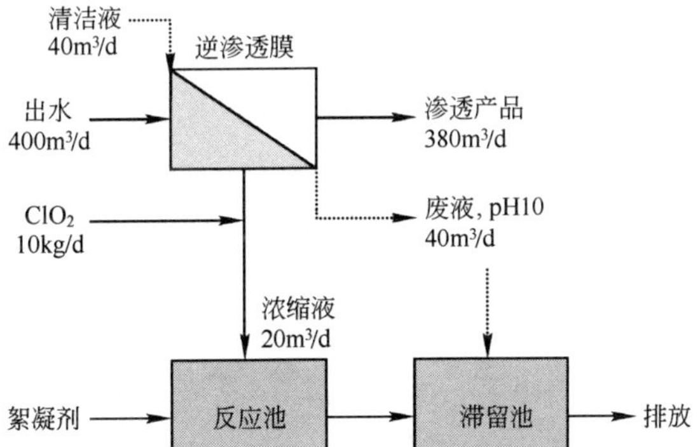

图 23.6 染料废水回用处理工艺示意

23.4.2.3 经济性

达到回用水质量的 95%的水被回用了，因而节省了 10 万欧元。以资金投入为 20 万欧元计，在这个案例中，投资回收期不到 2 年。另外，收益中包括，由于生产中回用其废水，公司在公众面前建立了积极的形象。

23.4.3 液体清洁剂的回收和控制

图 23.7 描绘了一个从清洗用水中回收水的处理厂的流程。表面活性剂基的清洁剂可以用于很多场合，主要是用于染色前除油脂，也用于生产工艺的内部清洁阶段。传统的清洁剂都是成批使用的。在工作周期内(一周左右)，清洁塔内洗脱了很多的油，然后排放，再补充新的清洁剂。这一方法有一些不利之处。排放了大量的废弃物(有些清洁池的容量超过 $100m^3$)、化学试剂和水需要再加热、特别是过程不能控制——因为塔中油的浓度纯粹为时间和体积的函数。虽然频频被称为清洁剂回收系统，这一应用应该被定义为“进行中”更为恰当，因为其避免了废水的排放，更重要的是，改善了过程控制。

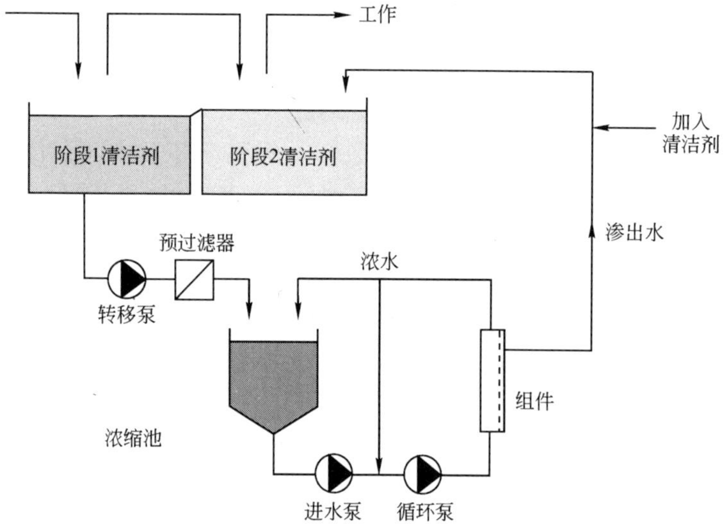

图 23.7 液体清洁剂的循环和控制

超滤被用于连续去除处于乳液状态的油。按照需要去除的油的量来确定系统的规模，油浓度就可以达到平衡，这样过程被置于控制之下，而且清洁池的生命周期可以延长到几个月。经膜分离得到的油被置于另一个独立的浓缩池中作最后的浓缩，最终排放或烧弃。

在一些清洁工艺中，超滤被用于产生清洁介质，介质返回工艺中——类似于在电泳涂漆时使用的(超滤在该工艺中的使用已很完善)。

23.4.4 墨西哥纸浆废水的回用

墨西哥的造纸厂系统包括改进型沉淀(使用絮凝剂)、通风、砂滤和排放。由于处于干旱地区，需要回用处理过的废水，并且计划的共生设施也需要高质量的锅炉用水。这一地区生产高质量的水，选择使用的技术为高效反渗透(HERO)工艺(Helena，U.S.)。

这一工艺首先使用弱阳离子交换树脂去除硬度和金属。然后脱脂以去除碱度，水的 pH 在进入反渗透处理之前升高至 9。在常规的反渗透系统中，膜污染是因结垢(二价离子的析出，特别是在高 pH 时)、有机物(油和碳氢化合物)和微生物生长而出现的。通过去除二价阳离子、在高 pH 下反渗透(这样油的乳化和微生物的生长都不会发生)，HERO 工艺消除了上述问题。

小规模试验证明，回收率达到 97%，由总溶解性固体为 2000mg/L 的原水制备的水 TDS 小于 10mg/L，硅含量小于 3mg/L。虽然进水的硬度由离子交换树脂去除，就大规模使用而言，使用石灰和碳酸钠是成本-收益更高的办法。计划在用户的设施中使用石灰-碳酸钠软化，后接 HERO 工艺(图 23.8)。

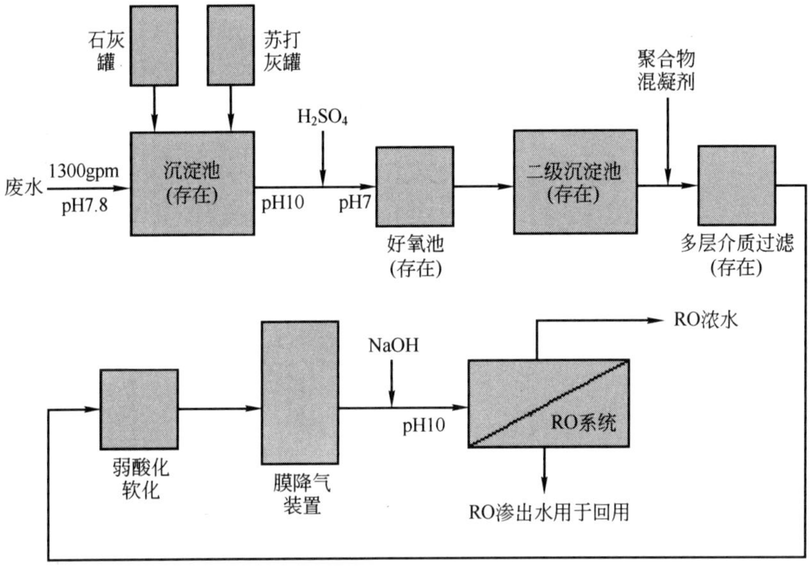

图 23.8 设计中的处理和回用造纸废水的工艺

23.5 参考文献

Bell, C. (1999) Proc. Industrial Wastewater Recovery and Reuse, IWRR1 (S J Judd, ed.), Cranfield University, November 1999.

Ho, W. S., and Sirkar, K. K. (1992), Membrane Handbook. van Nostrand Reinhold, NY.

Stephenson, T., Judd, S. J., Jefferson, B., and Brindle, K. (2000). Membrane bioreactors for wastewater treatment. IWA Publishing, London.

Menzefricke, K. (2001). Focus on the industrial process water treatment market in Europe. Filtration and Separation 38(8)32-35.

Wakeling, A. (1999) Proc. Industrial Wastewater Recovery and Reuse, IWRR1 (S J Judd, ed.), Cranfield University, November 1999.

第四部分

实现工业闭路循环的技术—C 资源回收与管理

24
氮的回收和再利用

Max Maurer，Jane Muncke and Tove A. Larsen

24.1 简介

24.1.1 本文的目的

工业国家传统的废物管理中，氮被列为废物，排放到环境中形成了营养物质的循环，并且导致一些负面效应，如湖水的富营养化，河水因氨氮和亚硝酸氮而产生生态毒性。另外又合成了大量的氮肥并在农业中使用。为减少N污染和农药生产产生的环境负担，从废物中回收氮并将其再利用是非常有益的。

以下段落对当前从废水中回收氮的技术做了综述。实例主要集中在市政废水方面。这是氮最主要的再生来源，而且在很多方面影响水体。对于含氮的工业废物而言(如养猪场或聚胺酯加工)，可选择的处理方式是类似的。

24.1.2 氮的化学分类及可用性

很多化学物质中都含有氮元素。在微生物与水环境中有很多无机氮(氮具有明确的价态)：硝酸氮(NO_3^-，+V)、亚硝酸氮(NO_2^-，+Ⅲ)、氮氧化物(NO，+Ⅱ)、氧化二氮(N_2O，+Ⅰ)、元素氮(N_2，0)、氨氮(NH_4^+，−Ⅲ)和氨(NH_3，−Ⅲ)。除了有机氮，元素氮、硝酸氮和氨是水中溶解的氮的最普遍形式。

氮气在大气中的含量以体积计为78.3%；以重量计为75.5%。N具有两种稳定的同位素^{14}N、^{15}N。前者的丰度为后者的272倍。所以，氮气很容易获得。由于是气体，很容易充满全部空间。然而由于分子间化学键键能很高(三单电子键，键能924kJmol^{-1} N_2)氮气不容易反应。因此，氮气难以参与化学反应而且是生物惰性的。

不过，氮对于活着的生物而言是非常重要的：DNA、RNA、蛋白质和所有活细胞成分中都含有氮。与其他营养元素磷、钾相比，氮的自然界来源很少。在19世纪，氮源主要是人和动物产生的废物，因此作物产量受到限制。智利沙漠中的岩石等无机硝酸盐、秘鲁无雨的 Chincha 岛地区的鸟粪一度成为氮源。1913 年 Fritz Haber 和 Carl Bosch 发明了合成氨，从而打破了作物生产的限制条件，并使得食品生产工业化，但是也形成了新的问题。

24.1.3 氮的固定

主要有三种方法可以将 N_2 转化为更容易进行化学反应的形式：

- 生物固定：一些细菌(与某种植物相关的)和一些蓝绿藻可以将氮固定并且转化为有机氮。
- 人工氮固定：在 Haber-Bosch 工艺中 N_2 和 H_2 反应被转化为 NH_3。
- 燃烧汽油和化石燃料(发动机和热电厂)，将 N_2 转化为 NO_x。

通过光子和闪电作用，N_2 和 O_2 形成 NO 对于大气化学很重要，对于地球上的氮转化则不太重要。

24.1.4 N—循环的人为影响

表 24.1 表明，由于人类活动而形成的氮的固定已经和自然界的固定量相当。这意味着人类活动已经严重影响了自然界的氮循环。人工活动致使氮进入土壤和水中，导致了对环境的严重影响。引发了健康和全球变化等问题。负面影响包括以下例子：

- 饮用水中的硝酸氮可以引起婴儿致命的先天性心脏缺陷问题(“蓝婴”现象)，并且有致癌性。
- 氮化物引起湖、海湾中的富营养化。
- 氨和硝酸氮对于水生植物有毒性。

全球氮流向和循环。依据分布和来源推算

(Kummel and Papp 1988；Jaffe 1992；Soderlund and Svensson 1976) $10^{12}g_N=1Mto_N$ **表 24.1**

转化速度		保有量	
过　程	$10^{12}g_Na^{-1}$	存储单元	$10^{12}g_N$
自然固定	200	大　气	3.9×10^9
技术固定	90	生　物	0.9×10^6
燃　烧	20	溶解性	2.2×10^7
反硝化	210		
沉　积	20		
生物转化	6000		

城市废水处理系统与 N 固定技术是平行发展的。水是转移城市中人类废弃物的介质。这样城市的卫生条件得到了很大的提高，而且这一重要的指标是很多欧洲城市发展的先决条件(Whipple and Horwood 1966)。然而冲水厕所和排水系统的使用导致人类排泄物的传统循环无法继续。人尿中的氮(人均 $11g_Nd^{-1}$)使废水成为城市水体中主要氮污染源之一。现在，将对鱼有毒性的氨转化为硝酸氮(硝化)和去除氮(反硝化)成为现代废水处理厂最大

的成本支出部分。

就上述介绍，可以得到以下结论：

- 氮气作为氮源在自然界中分布广泛而且容易获得。但是，对于绝大多数植物和微生物而言，氮气需要转化为氨和硝酸盐才能被利用，需要通过 Haber-Bosch 工业过程固定或者某些微生物自然固定才能获得。Haber-Bosch 工艺需要化石燃料提供能量(25～50MJ/kg 氮气，Larsen and Udert 1999)。现在通过 Haber-Bosch 过程固定的氮的量与微生物固定的量大致相当或更多。人类严重影响了自然 N 循环(Smil 1997)。
- 我们必须保护环境使其不致承担过多氮负荷。最常见的是将有毒物质转化为低毒性物质(氨转为硝酸盐或者氮气)。氮的循环主要在经济不发达地区进行，在欧洲，富含氮资源如肥料通常作为废物处理和处置。

24.2 废水

24.2.1 市政废水

24.2.1.1 废水特征

废水含有大量的氮。德国的废水处理厂设计手册中假定每人产氮量为 $11g_N d^{-1}$，并称其为“人口当量(PE)”。废水处理厂进水中的氮主要是氨，其余为有机氮。图 24.2 表明，废水处理厂的氮负荷不是常量，而且波动很大。这个事实对于废水处理厂的设计而言非常重要，因为在水处理厂中，氨的转化是非常重要的一步。

除了年度负荷波动变化，每天也呈现一定的负荷波动。图 24.3 显示，进水中氨在每天下午会出现一个高峰。这是人类上午日常活动的反映：清晨洗漱。释放的尿在排水系统中转化为氨(经过几个小时后完成转化)。这样，水解产物氨到达处理厂时达到比较高的浓度。氨峰的形状、大小或范围取决于人口水平和废水流动时间，对于不同地区有所不同。

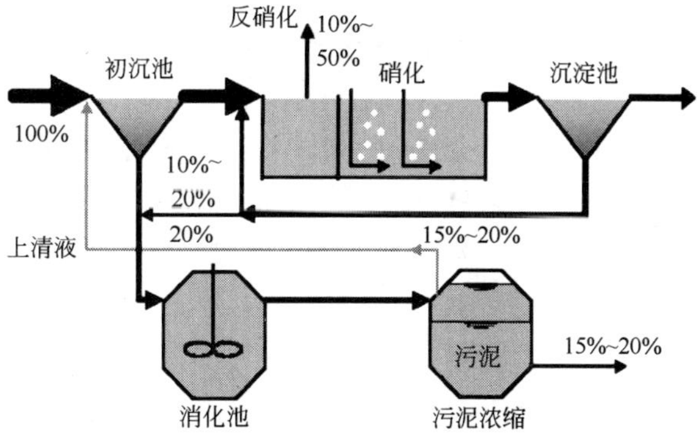

图 24.1 包括硝化、生物转化、污泥处理等氮循环相关步骤的废水处理流程。处理厂氮的物质流数量与进水氮负荷有关

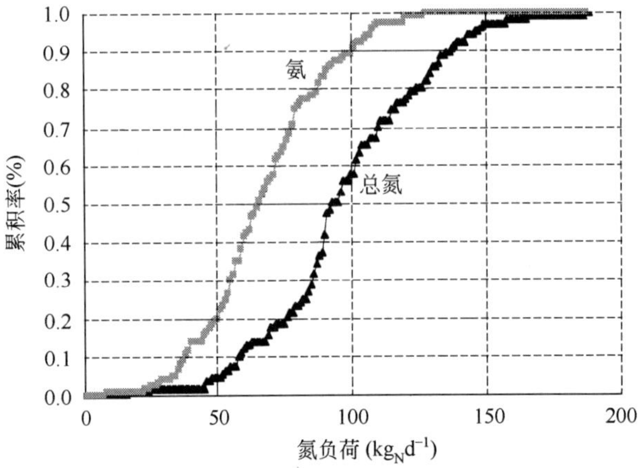

图 24.2　瑞士一小型污水处理厂总氮和氨的负荷，该地区人口当量相当于 8 万人(进水流量 32000m^{3}d^{-1})。废水主要是生活废水，也有一小部分工业废水

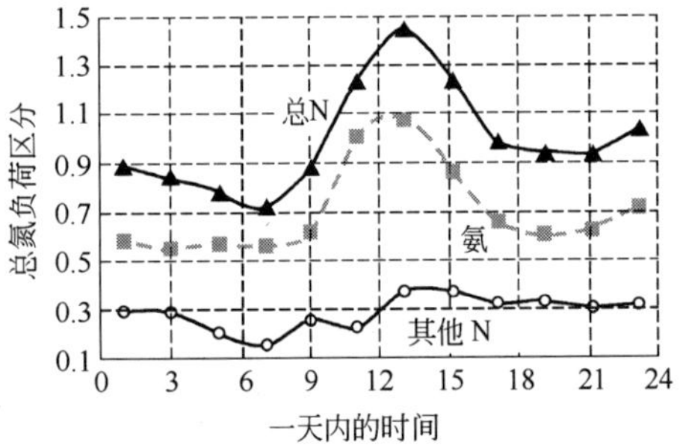

图 24.3　图 24.2 所述的废水处理厂氮负荷变化。初级沉淀后总氮中的 69%是氨，大部分源自于尿

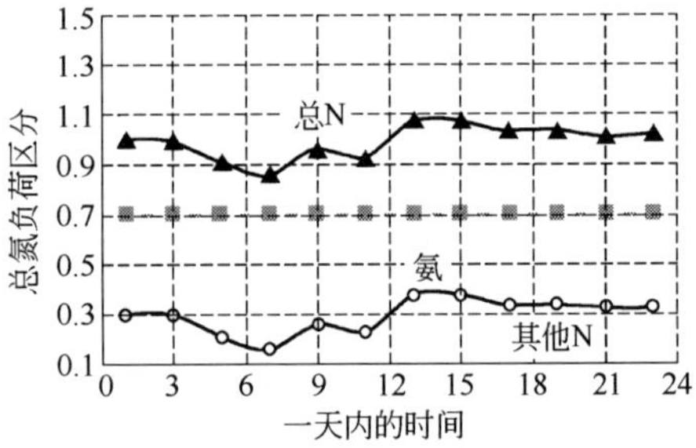

图 24.4　假定在排水系统中，尿中的氮全部转化为氨并形成氮负荷。数据取自图 24.3

24.2.1.2　废水处理厂的流程

图 24.1 是典型的中欧国家(如德国、荷兰或瑞士)废水处理厂的硝化流程图。当然具体实施时会有所变化，不过图 24.1 给出了最重要的特征(Hezen *et al*. 2002)。

可以区分为两个部分：

- 废水处理(图 24.1 中上半部分)：在机械去除固体后，生化法用于废水净化。本例中使用活性污泥法。污泥与经过初步沉淀的废水混合，进行好氧或厌氧处理。最终泥水混合物进行分离，水外排，大部分污泥进行回用循环。以下段落讨论了两种与氮的转化有关的微生物过程：硝化和反硝化。
- 污泥处理(图 24.1 中的下半部分)：通常使用的是厌氧污泥处理(消化)。生物难降解物质如脂肪、蛋白质和碳氢化合物被厌氧降解，典型温度为 35℃。这样减少了固体物质的产生并且产生了可作为能源的甲烷。其他特别重要的副产物是消化上清液，含有高浓度的氨。

24.2.1.3 硝化

硝化是消除对鱼有毒的氨和反硝化的前端步骤。这些反应将氨转化为硝酸盐，通常分两步进行：

$$NH_4^+ + 1.5O_2 \longrightarrow NO_2^- + H_2O + 2H^+$$

$$NO_2^- + 0.5O_2 \longrightarrow NO_3^-$$

所涉及的微生物一般称为硝化细菌，都是化学自养的，就是将 CO_2 作为主要碳源。硝化细菌通过将氨转化为亚硝酸盐或硝酸盐而获得能量。硝化细菌的生长非常缓慢，远远低于降解碳的异养菌的生长速度。因此硝化处理池要根据自养菌的生长状态进行设计，远远大于为异养菌而设计的装置。

24.2.1.4 反硝化

反硝化是将硝酸盐转化为气态化合物(主要是氮气)的过程。在废水处理中使用两个完全不同的过程：

- 异养反硝化：很多微生物利用有机质生长时可以使用硝酸盐作为最终电子受体：

$$5\text{“}CH_2O\text{”} + 4NO_3^- + 4H^+ \longrightarrow 5CO_2 + 2N_2 + 7H_2O$$

“CH_2O”是生物降解有机物的标准碳源物质。这一反应在好氧条件下被抑制。因此，反硝化的环境条件包括：可氧化有机物(如“CH_2O”无氧状态)，可还原氮以及反硝化微生物。

- 自养反硝化：近年正在研究的一种新的反硝化途径。在缺氧条件下，某些光能自养菌可以促进氨与亚硝酸盐反应，生成氮气：

$$NH_4^+ + NO_2^- \longrightarrow N_2 + 2H_2O$$

技术上，这一反应可以在较厚的生物膜上发生，其中表层生物膜可以将氨部分氧化成亚硝酸氮。在深的缺氧层，亚硝酸盐与氨反应生成氮。另外一种工艺是 ANAMMOX® 工艺，工艺中在第一步产生亚硝酸盐，在接下来的第二步完成反硝化。

两种反硝化工艺都已技术完善，并且相对成功地去除了水中的氮。其他去除和完成 N 循环的方法都必须与上述实现氮循环返回大气的简单方式相竞争。

24.2.1.5 其他去除技术

也有一些其他氮去除技术的报道。Huang(2001)提出了一种在高温下催化氧化高浓度氨为 N_2 的方法(氨分压 29.4mmol/L，110～130℃)。还有电化学方法(Junttner *et al*. 2000)。通常就地产生氯气和次氯酸，这些物质都可以将 NH_4^+ 氧化为 N_2。

24.2.2 从废水中进行氮循环的可能技术

24.2.2.1 生物固体

最常见的从废水中回用氮的途径是将生物固体(废水处理厂产生的活性污泥)应用于农

业(Chambers and Smith 1998；Cogger etal. 1999)。在废水处理厂的污泥中大约富集了25%的总氮负荷，其浓度为$30g_N kg^{-1}{}_{干物质}$(参见图24.1)。根据法规，污泥要经过加热处理以减少卫生风险。这一方法的问题是，污泥可能吸附了很多有害物质，如重金属。在欧洲，这一方法越来越被质疑，估计生物固体用作肥料的方法将被禁止。

24.2.2.2 吸附

沸石以及黏土或凝灰岩等其他矿物质具有离子交换性能，可用于吸附氨。通常是将废水流过沸石填充柱。氨的浓度从25～$50g_{NH_4\text{-}N}m^{-3}$降至$1g_{NH_4\text{-}N}m^{-3}$的水平(沸石：Booker *et al*. 1996；Nishimura *et al* 1996；nguyen and Tanner 1998；Komarowski and Yu 1997；Cooner *et al*. 1999；Lahav and Green 2000；凝灰岩：Ibrahim 2001；黏土：Gisvold *et al*. 2000)。

Buday(1994)使用离子交换树脂从废水中回收氨。失效的树脂使用亚硝酸重生，获得硝酸铵溶液，并用于化肥制造。Chen(1999)成功地使用不同的醋酸纤维素吸附和回收蛋白质。

Kioussis(2000)开发了聚合物凝胶，从养殖废水中去除硝酸盐、亚硝酸盐和磷酸。出水水质达到以下水平：硝酸盐为$10g_N m^{-3}$，亚硝酸盐为$0.08g_N m^{-3}$。用1mol/L氢氧化钠溶液可再生凝胶。

24.2.2.3 吹脱

吹脱要在较高的pH下进行(约10～12)，通常以添加大量的碱来实现：

$$NH_4^+ + NaOH \longrightarrow NH_3 + H_2O + Na^+$$

$$NH_4^+ + Ca(OH)_2 + HCO_3^- \longrightarrow NH_3 + 2H_2O + CaCO_3$$

每公斤氮需要大约7.2kgNaOH或7kg$Ca(OH)_2$。有两种方法可以将氮吹脱出水：

- 蒸汽吹脱：蒸汽通入水中，浓缩后产生浓缩氨溶液
- 空气吹脱(Thorndale，1993)：空气鼓泡进入废水中，带走气体氨。然后进入第二个酸性条件下的反应器。通常是用硫酸，产生浓度达40%的硫酸氨溶液。

$$2NH_3 + H_2SO_4 \longrightarrow (NH_4)_2SO_4$$

吹脱工艺不适用于低浓度废水。某些废水，如养猪场废水、PU泡沫塑料的生产废水，城市污水厂的消化池上清液等可以应用这种方法。

24.2.2.4 化学沉淀

氨可以与镁、磷酸形成复杂的不溶物或者氨-镁-磷酸(AMP或MAP)。通过分析确认反应如下：

$$NH_4^+ + PO_4^{3-} + Mg^{2+} + 6H_2O \longrightarrow NH_4MgPO_4 \cdot 6H_2O$$

由于NH_4^+和PO_4^{3-}的形态依赖于pH，该反应强烈依赖pH。图24.5表明最佳pH范围约为10。不过当实际使用时，pH超过9.5将会引起氨气挥发，造成气味问题。

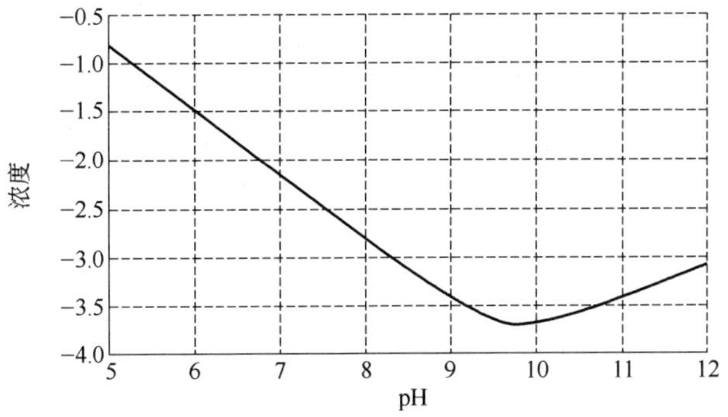

图 24.5　pH 对溶解度的影响。曲线代表 25℃形成不溶物后镁离子的浓度。$K_s(MgNH_4PO_4)=10^{-12.6}$(Sillen and Martell 1964)；废水中不含 Mg^{2+}，NH_4^+/NH_3 和磷酸；离子强度：0.01

在土壤中，由 MAP 提供的镁、磷酸根和氮与化肥功效相同。如不干燥可以用于复合土和花园土壤，干燥后则可以代替基于泥炭的有机矿物肥料(Moll 1991)。

在分解表面活性剂时，MAP 工艺被开发用于固定氨。在实际沉淀前，首先需要去除水中的固体悬浮物(如通过絮凝)，二氧化碳需要加酸、吹脱去除(最好加磷酸)。下一步，加入氧化镁，使用氢氧化钠调整 pH 至 9。需要加入化学计量过量的镁以优化工艺结果，过量 20%～30%(以摩尔计)。沉淀 1kg 的氮需要 9.5～7.1kg 磷酸、4.0kgMgO 和 1.2kgNaOH(Siegrist 1996；Munch and Barr 2001)。

为减少镁和磷的消耗，在 CAFR 工艺中循环使用这两者(Janus and Van der Roest 1997)。碱性条件下热处理不溶物：

$$NH_4MgPO_4 + NaOH \longrightarrow MgNaPO_4 + NH_3 + H_2O$$

得到的 $MgNaPO_4$ 可以在沉淀过程中继续使用，氮被收集制成浓缩氨溶液。

不溶物的形成同样被用来去除水中的磷酸根。(见本书第 25 章“磷的回用前景”，Lijmbach *et al.*)人和动物的废弃物中往往含有更多的氮。过量 P 的去除只需要加入镁，并且去除约 20%的氨。

24.2.2.5　其他方法

Bistad(1995)使用反渗透以去除工业和市政废水中的氮。浓缩液可以形成上文所述不溶物或者进行氨的吹脱。

一个完全不同的氮循环方法是，直接使用废水或者处理过的废水作为植物生长营养源。除了用于灌溉，还可以生产较高等植物(如西红柿或浮萍)或藻类来养鱼(Oron 1990；Guterstam 1996；Redding *et al.* 1997；Adamsson 2000)。有大量可行的技术，从简单的鱼塘到废水处理与食品生产设施相结合。卫生问题是这些回用氮技术中最关键的内容。

24.3 尿的分离

24.3.1 分离浓 N-溶液

24.3.1.1 简介

所有废水处理厂的工作都是末端处理。这类工艺的表现很大程度上依赖运输过程。所有负担污染物负荷的市政输送系统和废水处理厂都没有管理意识(Larsen *et al.* 2001)。市政废水处理期望消除磷、氮、微污染物(重金属、药物、激素类物质等等)以及数量很大的化学物质(如 NTA 或 LAS)。不过，废水处理厂只能处理这些物质中的一部分。甚至由于不完整的管道系统、雨水溢流或渗漏等原因，全部污染物中只有一部分到达废水处理厂。

上文中，去除污水中氮的方法复杂、昂贵而且不够有效。应当考虑以下给出的每公斤氮的去除成本(欧元计)：废水处理厂中的反硝化 3.4～7.3；形成不溶物 14.5；吹脱 11.2 (Siegrist 1996)。

一个替代方法是在尿进入管道系统前将其分离出去。如前所述(图 24.3)，尿构成了废水处理厂氮负荷的主要部分。尿一般产生了相当于总量的 80%的氮、50%的磷、90%的钾和主要的药物和激素类残留物。在前端收集(每人每天产生大约 1.5L)和分离尿是降低废水处理负荷的有效方法。

24.3.1.2 历史

在由废水处理厂进行处理之前，尿的分离在世界上已经有很多个世纪的历史。一方面，它是一种很好的肥料(营养元素的摩尔比例为 N∶P∶K＝30∶1∶2.5)。另一方面，它也是一种很好的化学原料，如染色或制革。

如果需要回用水，尿(还有粪便)分离就是非常必要的。尿和粪便是高浓缩的，而且是健康的一大隐患。在国际空间站(ISS)，尿被分开收集，加酸稳定防止水解，然后蒸馏(Madsen *et al.* 1991)。这使得可以在合理的代价范围内，循环剩余的废水(就是所谓的灰水)。

出于同样的理由，20 世纪 90 年代，在瑞典和丹麦的生态村庄中建立了可分离尿的厕所(Hanaus *et al.* 1997；Jonsson *et al.* 1997)。尿被收集并直接用作肥料，粪便经过化粪池后，污泥进行堆肥处理。

24.3.2 系统机制

24.3.2.1 无混合厕所

分离尿或者无混合厕所中，各有一个空间用于容纳尿和粪便。尿从独立的管道流至储存池——位于房屋的地下室或者直接建在厕所中。接下来有一些方案可供选择，大部分方案还仅是一种概念，没有实际应用(Larsen and Gujer 2001；Johansson *et al*. 2000)。其中任意一个都可以结合废水处理使用，而且提高废水处理的效果。

24.3.2.2 直接用作肥料

全世界范围内都有将尿用作肥料的经验。不过，只有很少的科学研究涉及这一方面。在瑞典，尿储存 6 个月后直接应用于田野(Johansson *et al*. 2000)。现场调查比较了使用尿和使用常规矿物肥料的效果(JTI 2000)。与直接将尿作为肥料相联系的问题包括微污染、氮损失、卫生以及高盐浓度(可能影响植物生长)。

24.3.2.3 进入管道系统的控制释放

另有一些方法可以控制尿释放至排水管道。连续性的释放至排水管道可以简化每日最大负荷所引起的复杂性，而且氨(微污染)的负荷分布也比较平均(图 24.4)。只要平均每个居民储存 0.5L 的尿，就可以明显影响 N 负荷(Larsen *et al*. 2001b)。

也可进一步考虑控制问题。释放应当结合排水系统超负荷情况进行考虑，以减少管道中的水直接进入河流或湖泊时的负面影响。这一方法的模型表明，该方法与传统的扩大暴雨废水储存能力的方法相比具有优势(Larsen *et al*. 2001b)。

另外一个方法是定时地突然释放所有池中的尿，以便建立浓缩的尿波。这样在下水道的某处可以集中捕获尿并进行处理。

24.3.2.4 尿加工过程

尿经过加工，可以达到以下几个目标：

● 稳定：被排泄后，尿成为浓缩溶液，而且快速改变性质。通过生物催化降解，尿素转化为氨，pH 从 6.8 升至 9.5，氨挥发至气相。另外，存在很多可生物降解碳化合物，可以促进微生物的生长。在生物膜反应器中，通过试验，将氨转化为硝酸盐并降低了 pH (Johansson and Hellstrom 1999)。其他防止尿素水解的方法是加入酸(Hellstrom *et al*. 1999)。

● 减容：为了方便储存和运输，提出了一些减容的方法。蒸馏是在太空中采用的一种方法(Budininkas *et al*. 1986；Miernik *et al*. 1991)。Johanson 和 Hellsrom(1999)试验了部分硝化和干燥的组合工艺。另外还可以使用冻干(Holland *et al*. 1992)或部分冷冻等更可行的技术以减小体积提高浓度(Lind *et al* 2001)。

● 产生固体肥料：当然，还可能通过吹脱和沉淀使氨再循环。一些出版物中还研究了形成鸟粪石的方法(Biostelle *et al*. 1984；Grases *et al*. 1997；Lind *et al*. 2000)。

24.3.3 废物设计

很多国家都开展了废物设计工作。分离纸、金属、玻璃等是最常见的。生活废物和工业废物一样，也被收集和加工，转化为原材料。这一计划很容易在固体废物中实施，对于液体废物而言就比较难。不过，废水管理与一系列问题相联系，而且应当考虑改变“末端”处理计划。根据 Larsen and Gujer (2001)，在欧洲，一些与废水管理相关的问题包括：

- 处置管道污泥已经成为一个环境问题，污泥中往往含有重金属和微污染物。
- 在水和湖中发现一些微污染物。这些物质没有在废水处理厂中被完全去除。
- 管道溢流产生环境污染问题。营养物质、微污染和重金属因此被排入水体。
- 管道会泄漏；废水会损失，而且在某些地区地下水大量渗入下水道。
- 管道系统的维护是高成本和复杂的。系统会因渐变而发生异常。

高成本和固定性使得系统很难改变。同样，意识到当前废水处理系统的优点也是很重要的：卫生、便利、而且易于控制，这些性质必须在建立新的系统时加以考虑。

废物设计指的是消费者(或者废水制造者)和提供废水处理服务的代理机构的相互作用。要重视消费者的意图和可能性，服务机构的技术经济可能性等细节。废物设计的范围包括分离废物流(如，尿的分离)至管理废物进入处理系统的时间(如控制尿释放至下水管道系统)。

当前有很多管理液体废物的尝试。比如从源头分离废水，如尿的分离(Larsen *et al*. 2001)，沤肥厕所或者分离中水(Esrey *et al*. 1998)。

同样，分离也适用于工业废水。比如，牙科诊所中的废水可以就地分离。这样很容易减少废水处理厂污泥中汞的污染物含量。另外一个事例是分离造纸厂的高浓度废水(Ramaeker *et al*. 2001)。处理 10%高浓度的废水可以减少 50%的 COD 负荷。另外，可以在高温下循环处理过的废水，这样可以节省加热费用。

24.4 结论

人工生产的氨已经接近自然固定氨的数量了。人类因此严重干扰了 N 循环，并且造成了环境中较高的氮负荷。在欧洲，氮资源丰富，因此氮化物属于废物，应当保护环境免受过多的氮负荷压力。

将氮化物转化为 N_2 绝大多数是由生物系统完成的。这一工艺比较完善，而且比较成功地解决了从水体中去除氮的问题。该方法以及其他类似的去除氮和循环氮的技术可以称为“循环氮返回至大气”。

当前多数氮回收技术处于研究和发展阶段，很少有大规模应用。有效的氮回收工艺都是建立在浓氮溶液(尿、表面活性剂消化液)的基础上的。确认这一高浓度事实后，废物设计概念倾向于处理液体废物。尿的分离就是从市政废物中回收氮并在农业中回用的一个例子。

闭路物质循环是自然环境的一个基础原则。人类已经干扰了很多个闭路循环，并且产生了很多问题，影响了环境。将氮循环封闭是环境可持续管理的重要的第一步。

24.5 参考文献

Adamsson, M. (2000) Potential Use of Human Urine by Greenhouse Culturing of Microalgae (Scenedesmus Acuminatus), Zooplankton (Daphnia Magna) and Tomatoes (Lycopersicon). Ecological Engineering 16, 243-254.

Bilstad, T. (1995) Nitrogen Separation from Domestic Waste-Water by Reverse-Osmosis. Journal of Membrane Science 102, 93-102.

Boistelle, R., Abbona, F., Berland, Y., Grandvuillemin, M. and Olmer, M. (1984) Growth and Stability of Magnesium Ammonium Phosphate (Struvite) in Acidic Sterile Urine. Urological Research 12, 79-79.

Booker, N. A., Cooney, E. L. and Priestly, A. J. (1996) Ammonia Removal from Sewage Using Natural Australian Zeolite. Water Science and Technology 34, 17-24.

Booker, N. A., Priestley, A. J. and Fraser, I. H. (1999) Struvite Formation in Wastewater Treatment Plants: Opportunities for Nutrient Recovery. Environmental Technology 20, 777-782.

Buday, M. (1994) Reutilization of Ammonia from Waste-Water Using Cation-Exchange Resins. Water Science and Technology 30, 111-119.

Budininkas, P., Rasouli, F. and Wydeven, T. (1986) Development of a Water Recovery Subsystem Based on Vapor Phase Catalytic Ammonia Removal (Vpcar). Proceedings Society of Automotive Engineers P 177, 661-667.

Chambers, B. J. and Smith, K. (1998) Nitrogen: Some Practical Solutions for the Poultry Industry. Worlds Poultry Science Journal 54, 353-357.

Chen, L. A., Carbonell, R. G. and Serad, G. A. (1999) Recovery of Proteins and Other Biological Compounds Using Fibrous Materials: I. Adsorption by Salt Addition. Journal of Chemical Technology and Biotechnology 74, 733-739.

Cogger, C. G., Sullivan, D. M., Bary, A. I. and Fransen, S. C. (1999) Nitrogen Recovery from Heat-Dried and Dewatered Biosolids Applied to Forage Grasses. Journal of Environmental Quality 28, 754-759.

Cooney, E. L., Booker, N. A., Shallcross, D. C. and Stevens, G. W. (1999) Ammonia Removal from Wastewaters Using Natural Australian Zeolite. I. Characterization of the Zeolite. Separation Science and Technology 34, 2307-2327.

Esrey, S. A., Gough, J., Rapaport, D., Sawyer, R., Simpson-Hébert, M., Vargas, J. and Winblad, U. (1998) Ecological Sanitation. Sida, Stockholm.

Gisvold, B., Odegaard, H. and Follesdal, M. (2000) Enhanced Removal of Ammonium by Combined Nitrification/Adsorption in Expanded Clay Aggregate Filters. Water Science and Technology 41, 409-416.

Grases, F., Villacampa, A. I., Sohnel, O., Konigsberger, E. and May, P. M. (1997) Phosphate Composition of Precipitates from Urine-Like Liquors. Crystal Research and Technology 32, 707-715.

Guterstam, B. (1996) Demonstrating Ecological Engineering for Wastewater Treatment in a Nordic Climate Using Aquaculture Principles in a Greenhouse Mesocosm. Ecological Engineering 6, 73-97.

Hanæus, J., Hellstrom, D. and Johansson, E. (1997) Study of a Urine Separation System in an Ecological Village in Northern Sweden. Water Science and Technology 35, 153-160.

Hellstrom, D., Johannson, E. and Grennberg, K. (1999) Storage of Human Urine: Acidification as a Method to Inhibit Decomposition of Urea. Ecological Engineering 12, 253-269.

Henze, M., Harremoes, P., LaCourJansen, J. and Arvin, E. (2002) Wastewater Treatment. Springer-Verlag, Berlin, third edition, ISBN 3-540-42228-5

Holland, P. J., Bird, D. M. and Miller, C. L. (1992) Extraction of Potable Water from Urine for Space Applications. In "Engineering, construction, and operations in space Ⅲ: Space' 92; 3rd International Conference", vol. 2, pp. 1680 - 1689. ASCE, Denver, CO, USA.

Huang, T. L., Macinnes, J. M. and Cliffe, K. R. (2001) Nitrogen Removal from Wastewater by a Catalytic Oxidation Method. Water Research 35, 2113-2120.

Huisman, J. L., Burckhardt, S., Larsen, T. A., Krebs, P. and Gujer, W. (2000) Propagation of Waves and Dissolved Compounds in Sewer. Journal of Environmental Engineering-Asce 126, 12-20.

Ibrahim, K. M. (2001) Evaluation of Jordanian Faujasite Tuff by Comparison with Other Natural and Synthetic Zeolites. Environmental Geology 40, 440-445.

Jaffe, D. A., 1992, The Nitrogen Cycle. pp. 263-284. In: Global Biogeochemical Cycles, (S. S. Butcher, R. J. Charlson, G. H. Orians & G. V. Wolfe, eds.), Academic Press, San Diego.

Janus, H. M. and van der Roest, H. F. (1997) Don't Reject the Idea of Treating Reject Water. Water Science and Technology 35, 27-34.

Johansson, M., Jönsson, H., Höglund, C., Richert-Stintzing, A. and Rodhe, L. (2000) Urine Separation-Closing the Nutrient Cycle. Final report on the R & D project, Stockholm Vatten, Stockholmshem.

Johansson, E. and Hellström, D. (1999) Nitrification in combination with drying as a method for treatment and volume reduction of stored human urine. Submitted to Ecological Engineering.

Jonsson, H., Stenstrom Thor, A., Svensson, J. and Sundin, A. (1997) Source Separated Urine-Nutrient and Heavy Metal Content, Water Saving and Faecal Contamination. Water Science and Technology 35, 145-152.

JTI (2000) Annual report of the Swedish Institute of Agriculture and Environmental Engineering, 1999. http: //www. jti. slu. se/publikat/engjtivb991. pdf.

Juttner, K. , Galla, U. and Schmieder, H. (2000) Electrochemical Approaches to Environmental Problems in the Process Industry. Electrochimica Acta 45, 2575-2594.

Kioussis, D. R. , Wheaton, F. W. and Kofinas, P. (2000) Reactive Nitrogen and Phosphorus Removal from Aquaculture Wastewater Effluents Using Polymer Hydrogels. Aquacultural Engineering 23, 315-332.

Komarowski, S. and Yu, Q. (1997) Ammonium Ion Removal from Wastewater Using Australian Natural Zeolite: Batch Equilibrium and Kinetic Studies. Environmental Technology 18, 1085-1097.

Kümmel R. and Papp, S (1988) Umweltchemie-Eine Einführung. 1. Auflage, VEB, Leipzig 1988, 189-193.

Lahav, O. and Green, M. (2000) Ammonium Removal from Primary and Secondary Effluents Using a Bioregenerated Ion-Exchange Process. Water Science and Technology 42, 179-185.

Larsen, T. A. and Gujer, W. (2001) Waste Design and Source Control Lead to Flexibility in Wastewater Management. Water Science and Technology, 43(5): 309-317.

Larsen, T. A. , Peters, I. , Alder, A. , Eggen, R. , Maurer, M. and Muncke, J. (2001) Re-Engineering the Toilet for Sustainable Wastewater Management. Environmental Science & Technology 35, 192A-197A.

Larsen, T. A. , Rauch, W. and Gujer, W. (2001b) Waste design paves the way for sustainable urban wastewater management. Proceedings International Unesco Symposium 'Frontiers in Urban Water Management: Deadlock or Hope?', 219-229, UNESCO, Paris, 2001.

Larsen, T. A. and Udert, K. M. (1999) Urinseparierung-ein Konzept zur Schliessung der Nöhrstoffkreislöufe. Wasser & Boden, 51(11), 6-9.

Lind, B. B. , Ban, Z. and Byden, S. (2000) Nutrient Recovery from Human Urine by Struvite Crystallization with Ammonia Adsorption on Zeolite and Wollastonite. Bioresource Technology 73, 169-174.

Lind, B. B. , Ban, Z. and Byden, S. (2001) Volume Reduction and Concentration of Nutrients in Human Urine. Ecological Engineering 16, 561-566.

Madsen, R. F. , Thomassen, J. R. , Vial, D. and Binot, R. A. (1991) Proposal for the Completely Closed System in the Columbus Space Station. Desalination 123-136, 1-3.

Miernik Janie, H. , Shah Burt, H. and McGriff Cindy, F. (1991) Waste Water Processing Technology for Space Station Freedom: Comparative Test Data Analysis. SAE Tech-

nical Paper Series. Publ by SAE, Warrendale, PA, USA. p, 229-240.
Moll, W. (1991) Studie zur Verwertung nährstoffhaltiger Schlämme, Inst. für Bodenkunde der Justus Liebig Universität, Giessen.
Munch, E. V. and Barr, K. (2001) Controlled Struvite Crystallisation for Removing Phosphorus from Anaerobic Digester Sidestreams. Water Research 35, 151-159.
Nguyen, M. L. and Tanner, C. C. (1998) Ammonium Removal from Wastewaters Using Natural New Zealand Zeolites. New Zealand Journal of Agricultural Research 41, 427-446.
Nishimura, F., Somiya, I., Tsuno, H. and Iwabu, H. (1996) Development of a Combined Bac and Bz Reactor for Removal of Nitrogen in Wastewater from Sludge Drying Process. Water Science and Technology 34, 145-151.
Oron, G. (1990) Economic-Considerations in Waste-Water Treatment with Duckweed for Effluent and Nitrogen Renovation. Research Journal of the Water Pollution Control Federation 62, 692-696.
Ramaekers, J. P. C., van Dijk, L., Lumpe, C., Joore, L. and Bronold, N. (2001) MBR at the Mill. Water 21, August 2001, p. 48.
Redding, T., Todd, S. and Midlen, A. (1997) The Treatment of Aquaculture Wastewaters-a Botanical Approach. Journal of Environmental Management 50, 283-299.
Siegrist, H. (1996) Nitrogen Removal from Digester Supernatant-Comparison of Chemical and Biological Methods. Water Science and Technology 34, 399-406.
Sillen, L. G. and Martell A. E. (1964) Stability constants of metal-ion complexes. London The Chemical Society.
Smil, V. (1997) Global Population and the Nitrogen Cycle. Scientific American 277, 76-81.
Soderlund, R. and B. H. Svensson (1976) The global nitrogen cycle. Ecol. Bull. (Stockholm) 22, 23-73.
Thorndahl, U. (1993) Nitrogen Removal from Returned Liquors. Journal of the Institution of Water and Environmental Management 7, 492-496.
Whipple and Horwood cited in Fair, G. M., Geyer, J. C. and Okun, D. A. (1966) Water and Wastewater Engineering. Vol 1, John Wiley & Sons, New York, ISBN 0-471-25130-5.

25
磷循环前景

Dees Lijmbach，John E. Driver，Willem Schipper

25.1 简介

磷是地球上 11 种基础元素之一，对所有的生物都非常重要。氮和磷共同构成了植物的必需营养元素。现代社会使用磷矿石作为主要磷源，将其引入了环境。使用高纯度的磷矿石生产肥料和其他工业磷产品。磷酸盐工业的最终产品通过排水系统进入生态系统，而且很难被回用。由于磷矿石的储量不是无限的，这种情况将最终导致磷成为不可再生资源。这可以通过循环使用农业或磷酸盐工业中的磷来改善。由于这一原因，磷酸盐工业以及废水处理行业越来越关注从下水道和肥料中回收磷。本章描述了当前磷回收的可能性和进展，这将有助于提高将来磷回收的可能性。

25.2 磷的历史

历史将磷的发现归功于汉堡炼金家 Henning Brandt，他在 1669 年在高温加热尿的过程中发现了一种可燃性物质。故事里讲 Brandt 在寻找魔法石。这一时期，这种新元素的惟一用途是演示磷有时使人害怕的性能。在 100 多年间，尿是磷的惟一已知来源。磷的产量在其用于医药后提高了(这一说法存在疑点)。随着磷被发现可以用于制造火柴，其产量进一步提高(Emsley 2000)，骨头和磷矿石被用作磷材料。磷产量的爆发是因为在第一次和第二次世界大战中被用作军用化学原料(如，磷炸弹)。当前，磷在肥料、阻燃材料、农业、医药以及食品方面都有广泛的用途。

25.3 磷的生命循环

无论是陆地还是水生环境，磷都是与生命形式相伴的自然资源。能最成功地获取、储存和循环磷的有机生命具有自然优势。自然界中的磷源是含磷矿石，这种资源是很少的。因此磷很容易在土壤中被消耗殆尽，传统农业的可持续性寄希望于磷的循环。

图 25.1 传统的磷循环：磷通过本地农业循环返回大地

25.3.1 传统的磷循环

过去，植物和动物生长所需的元素在原始的农业群落中循环(图 25.1)。作物在接近产地的地方被人和动物吃掉。这样人和动物的排泄物和作物废弃物一起再回到耕地，营养元素回归于土壤。城市的增加和耕作强度的变化打破了这个平衡。

25.3.2 现代社会的线性产出

当城市增加以及人口远离农业生产地定居时，投入土地的磷量和以谷物形式从土壤中取走的磷量之间的平衡被破坏。人类的废物(包括一些营养元素)在城市中产生，在城市排水系统中浓缩，而且并未返回到土地中。诸如运输、污泥中的污染物等因素阻碍了这些污泥的利用。类似的问题也出现在集中的高强度的牲畜饲养业的动物废物上。为了提高作物产量，满足持续增长人口对食品的需求，现代密集型农业要求营养物质是植物比较容易吸收的形式：矿物肥料。大约 80%的磷矿石用于制造肥料，10%用于补充动物营养。因此磷循环在很大程度上被线性输出系统代替了(图 25.2)：磷酸盐作为非再生资源被提取，

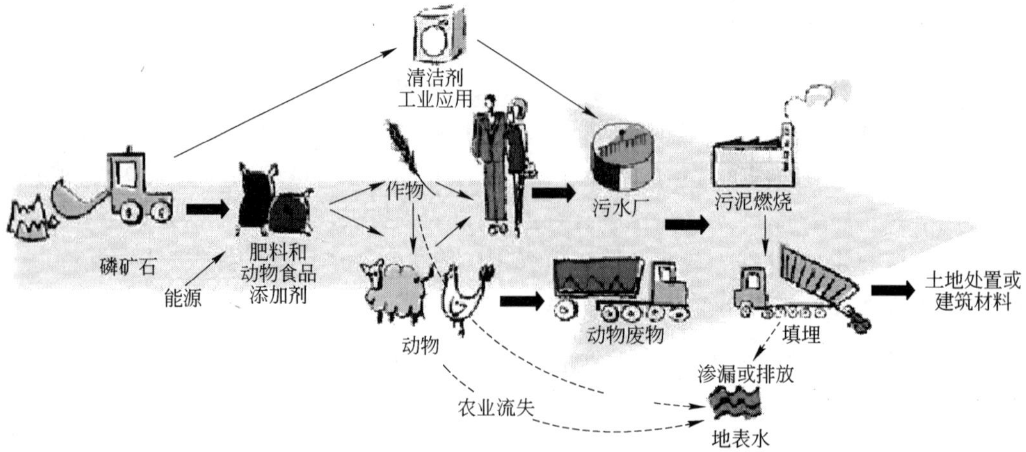

图 25.2 现代社会的线性产出系统：消耗非再生资源(CEEP 1999)

经过谷物、动物和人类，最终进入垃圾、河流、大海(如果没有市政处理)。相对而言，几乎没有回到土地。

25.4 闭路磷循环

虽然有一些障碍妨碍了磷酸盐的回收利用，不过，可以举出很多理由来论证磷再循环的需要，从而使得闭路磷酸盐的循环在将来成为可能。

25.4.1 磷酸盐矿石：不可再生资源

磷酸盐的商业来源是“磷酸盐矿”，这是磷灰石或自然生成的磷酸钙的总称。磷酸盐矿分布于地壳中，但是一般磷的含量很低。高等级的矿石分布于北非或南非、美国、俄罗斯和中国。磷的年开采量大约有3800万t(以P_2O_5计)。毫无疑问，与早些年相比，矿藏的含量在下降，而且富矿已经大量被消耗了。为了达到P_2O_5含量浓度和纯度要求，需要另外进行必要的加工。已知的磷酸盐储量是有限的。虽然根据现有储量预测很困难，但是很清楚，当前储量大概可以维持50～100年的使用(图25.3)。

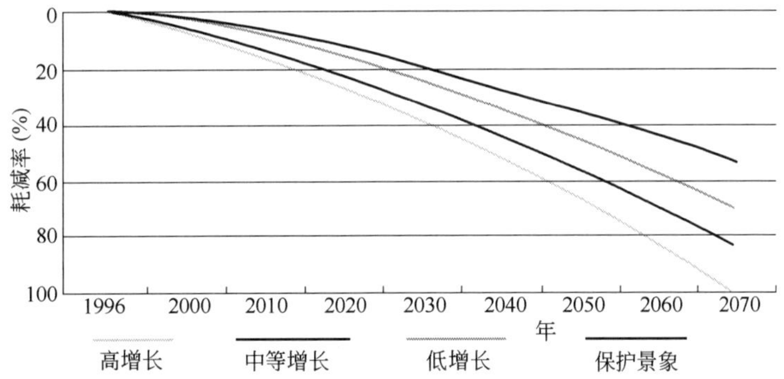

图25.3 磷酸盐矿藏的生命周期图景(Steen 1998)

磷酸盐工业因此在寻找一种可持续的高纯度原料。现在主要有两种可再生的磷，每种都有其特点和循环可能：生活(工业)污水和动物排泄物。在芬兰，动物排泄物累计产生84000t的磷，生活废水活性污泥累计含8400t磷，工业废物累计产生2000t的磷(Schipper *et al*. 2001)。

25.4.2 下水道污泥

EC关于城市废水处理的指导性文件91/271定义了欧盟废水处理的最低质量标准，指出要将废水处理系统中的磷去除，防止其进入对营养物敏感的地表水(即，可能发生富营养化问题、生长藻类问题的河、湖)。这些强制性规定意味着欧洲的市政处理厂已经或者将要建立装置以去除废水中的磷(Faimer 1999)。指导性文件规定了服务于1万人(或相当于该人群规模)的处理设施的最大量(表25.1)排放。对于排放空间为敏感地区的处理厂，就更大规模的处理厂(服务人口或等价服务人口>10万)的最大排放量做出了更加严格的规定。这一指导性文件为磷回收提供了更多的机会。

EC指导性文件91/271对于排放至富营养化敏感地区的水处理厂的磷削减要求　　表25.1

	处理厂规模**	排放的最大浓度	最小削减量
总量	10000p.e.	2mg/L	80%(*)
	100000p.e.	1mg/L	80%(*)

*加盟州可以选择最小削减量为75%；**指处理厂服务范围的人口数目或者等价人口数目。

磷向处理厂污泥中的转移，既可以以化学沉淀物的形式(通常是铁盐或氯盐)，也可以以微生物贮存的有机物的形式进行。因为磷的去除越来越普遍，污泥的体积会增加。在近几年，污泥处置和处理(脱水等)的费用同样在上升。废水的大部分处理成本是由于污泥的处理和处置而产生的。很明显，减少污泥的产量和处置体积是水处理界关注的内容。同样，水处理界也关注如何从污泥中回收和循环使用磷，如何从废水和废水污泥中生产有价值的成分。

25.4.3 动物排泄物

在欧洲，大规模高密度饲养牲畜导致在当地产生过量的动物排泄物(Voorneburg *et al*. 1998)。芬兰动物排泄物的过量产生就是一个典型现象。荷兰政府将磷作为动物排泄物立法和政策的主要目标对象，而欧洲选择氮作为对象元素。由于农场主不可能将所有的动物排泄物都留在自己的土地上(每公顷允许的P_2O_5的量有严格限制)，他将努力把过量的部分转移给其他动物排泄物产量不会过剩的农场主。如果这种转移不可能，他将寻求出口多余排泄物的可能性。由于荷兰的立法对施加在可耕田上的磷总量的限制日趋严格，动物排泄物的多余量会增长。把这些过量的动物排泄物“出口”给磷酸盐工业可能成为使人更加感兴趣的选择。

25.4.4 取代磷酸盐矿作为原料的边界条件

磷酸盐工业可以划分为肥料和非肥料两类。对原料的要求有很大不同。制造肥料的行业可以加工相对低等级的磷矿石，非肥料行业则需要设定边界条件以便经济地加工磷原料。不过在不远的将来，在非肥料行业使用二手原料将是可行的。

如果设定边界条件实现磷酸盐循环使用，很明显要为整个行业定义一系列参数。回收磷酸盐要符合表25.2给出的要求，实际数据可能因为工业特点和/或引入的磷酸盐回收过程有所变化。

回收磷酸盐的边界条件　　表 25.2

由于经济性限制的最小磷酸盐浓度(P_2O_5 水平)
有机物和主要成分(如氨、钾、硅)的最大水平
磷酸盐矿石有关的物理性质(干燥程度、粒度等)
杂质的最大含量(如重金属、其他微量元素)
磷酸盐矿石等原料的可加工性(造粒，碾磨，烧结)

25.5 磷酸盐循环案例研究

25.5.1 废水处理

立法要求和水质标准促使废水处理厂从废水中去除磷。可以用生物法或者化学试剂(通常使用铁、铝，偶尔使用石灰)进行捕集。1998 年，荷兰处理了大约 14000t 的磷(以 P 计)。废水处理厂使用化学和生物除磷技术，也有的结合使用两种技术。经过金属离子絮凝(Fe、Al)，磷酸盐进入一级污泥，或者经过微生物作用进入二级污泥。这些污泥使用几种方法进行处理和处置，只有不超过 14%被用于堆肥。(表 25.3)。

1998 年污泥的处置和利用　　表 25.3

污泥处置和利用	污泥(干重)(kt)	(%)
焚　烧	162	46
控制处置	101	29
化 合 物	48	14
其他应用	27	8
湿式氧化	12	3
总　计	350	100

不幸的是，包含在污泥中的磷酸盐不能在磷酸盐工业中使用。磷从废水中被去除进入污泥中后，与大量有机物混合，以干重算，在污泥中的比例只有 2.9%(STOWA 2001)，与磷酸盐矿石的磷含量(15%)相比非常低。在污泥焚烧飞灰中磷的含量明显较高(可能达到 8%)。不过，这一工艺不仅仅是浓缩了磷酸盐，也浓缩了其他污染物以及用于沉淀磷酸盐的金属。铁(8%～9%)、铜、锌(1000～2000ppm)等污染物妨碍了这些飞灰作为磷酸盐矿石的替代物。不过使用这种方法加工生物除磷工艺的活性污泥，获得的飞灰的磷含量很高，Fe 含量很低。然而，与磷酸盐工业的需要相比，由于铜和锌的存在水平，其质量仍不能满足要求(表 25.4)。

为了避免主流废水化学污泥产生的杂质问题，关注转向废水处理厂旁路加工含磷废水。通过沉淀富磷废水中的磷，杂质问题可以避免或者大大减小。一个很好的事例是结合

Crystalactor[R] 的 Phostrip 工艺(表 25.5)。这一体系产生磷酸钙，磷酸钙可以在 Vlissingen(NL)工艺中再度产生元素磷。

污泥的质量与磷酸盐工业(数据采自 ThermophosInt. Vlissingen)**的要求**
(Klapwijk *et al*. 2001) **表 25.4**

	P_2O_5(g/kg 飞灰)	铜(mg/kg 飞灰)	锌(mg/kg 飞灰)	铁(g/kg 飞灰)
当前废水处理产生的污泥(一级和二级化学污泥)飞灰	190	1600	3500	100
生物 P 污泥(二级污泥)飞灰	360	1500	3100	16
工业要求	>250	<500	<1000	<10

Crystalactor[R] 工艺产物质量与磷工业要求比较(Klapwijk *et al*. 2001) **表 25.5**

	P_2O_5(g/kg 飞灰)	铜(mg/kg 飞灰)	锌(mg/kg 飞灰)	铁(g/kg 飞灰)
Crystalactor[R] 产品	260	1.6	35	—
工业要求	>250	<500	<1000	<10

这一复杂的磷酸盐结晶方法生产了高质量的磷酸盐，但是价格很贵。一个性价比更好的办法是在支路液体中使用石灰或铝直接进行化学沉淀，或者产生鸟粪石(镁-氨-磷化合物，MAP)。后者另有优点，比如可能提供一种肥料(图 25.4)。在日本已经建立了很多家鸟粪石回收厂，并且生产可以出售给当地肥料工厂的产品(Ueno and Fujii2001)。

图 25.4 从回收的鸟粪石中提炼出供出售的肥料

25.5.2 动物排泄物的处理

从动物排泄物中回用磷的最好方法是直接将排泄物用于农田。不过，有些情况下，排泄物的产生量与肥料需求是不平衡的。比如在荷兰，产生的动物粪便要高于对肥料的需求。政府的反应是对农场主施加压力以减少土地的总磷负荷。这样促使在动物的饲料中添加肌醇六磷酸酶(一种酶，可以提高动物对磷酸盐的利用)并且开发了一套重新分配动物排泄物的系统，将排泄物从产量过剩的地区转到需要排泄物作肥料的地区。经过这些努力之后，芬兰依然是排泄物过量(Voorneburg *et al*. 1998)。因此家禽养殖场主们发起了一项计划，焚烧家禽的排泄物。产生的飞灰可以出口，以缓解法律对农场主们的压力。不幸的是，这些粪便中还含有高浓度的铜和锌(表 25.6)。如前所述，妨碍了在磷酸工业中大量使用排泄物飞灰。

典型分析动物排泄物焚烧灰和以牛粪为原料制成的鸟粪石　　表 25.6

	家禽排泄物焚烧灰	牛粪-钾型鸟粪石
P_2O_5	18%d. s.	41d. s.
钾	10%d. s.	22
锌	1500mg/kg	200mg/kg d. s.
铜	600mg/kg	n. a.

飞灰的质量可以通过减少饲料中的铜和锌的添加量来提高，并且需要从整体上重新考虑酯酶/磷酸添加对于产生的飞灰质量的影响。

动物排泄物中除了磷酸外还含有一定量的氨和钾。生产鸟粪石(以氨或钾盐的形式)似乎是一种很自然的选择。荷兰牛粪加工公司“Mestverwerking Gelderlan”利用这一特点以牛粪为原料生产含钾的鸟粪石，工艺中需要添加钾。正在探索使用这一产品做肥料或者生产磷的二手原料。

25.6 经济性评价

研究磷酸盐去除与循环使用的经济性时，必须比较磷酸盐的回收成本与商业磷酸盐矿石的价格。讨论磷酸盐矿石和回收材料的质量差异类似于将苹果和桔子进行比较。这也就是为什么要考虑磷酸盐从废水处理或动物排泄物中去除所带来的利益。很明显，活性污泥或者排泄物处置会变得价格昂贵，如果将来完全允许这样做。最近瑞典(Wallgren 2001)和丹麦已立法限制活性污泥的使用和处置路线。在芬兰，类似的关于动物排泄物的立法也在讨论中。因此，任何经济性评价都要考虑到不必采用传统的方式处理污泥和排泄物而节省的处理费用。除了这些，还要考虑附加的磷循环产生的益处，如避免了开采和运输磷酸盐矿石、避免了市政活性污泥垃圾处理和避免了作为农业养殖发展结果的多余的肥料和排泄物扩散。

25.7 展望

当前的废水处理技术和排泄物处理技术仍然十分关注从废水或排泄物中去除营养元素（如氮和磷）。多年以来，废水处理和排泄物处理技术都已经进行优化以满足法规对废水质量参数和废物产量最小化的要求。处理工艺产生或多或少的污泥或飞灰被认为是理所当然的。焦点主要集中在废物产量和处置费用的最小化上。从环境的观点，焦点应当是进一步发展处理技术，以保证废水质量和同时产生可循环利用的副产品。磷酸盐工业已经表明，能够并且愿意从废水和排泄物处理中回用磷。二手磷原料必须与当前使用的磷酸盐矿石进行竞争。为了成功实施再循环，需要满足一系列质量标准。因此，回收的磷酸盐应当满足本文中讨论的化学或者物理性质参数。近期磷酸盐工业和废水处理行业的合作表明，已经有一些技术可以用于传统的废水处理厂，生产满足磷加工业需要的二手原料。

25.8 结论

回收磷酸盐用于肥料或磷酸盐工业似乎将要发生了。不过，当前回收磷酸盐的质量和成本与磷酸盐矿石相比限制了大规模的回用工程。为了发展磷酸盐的回用，需要进行交叉性研究并建立水、农业、肥料和磷酸盐工业的密切关系——也许还需要立法主体的参与。磷的再循环可能对水行业和农业有利，但是只有以化学或物理形式去除磷对工业有用才能真正实现磷的循环。

25.9 参考文献

Centre Europeen d'etudes de polyphosphates (CEEP), (1999). Brochure: Phosphates, a sustainable future in recycling, August 1999.

Driver J, Lijmbach D and Steen I (1999) Why recover phosphorus for recycling and how? Environmental Technology, 20, 1999, 651-662.

Emsley J. (2000) The shocking history of phosphorus. Macmillan, ISBN 0333766385.

Farmer A. M, (1999) Implementation of the 1991EU Urban waste water treatment directive and its role in reducing phosphate discharges. Institute for European Environmental policy, London, July 1999.

Klapwijk B, Rulkens w, Temmink H, (2001). Recovery of phosphorus from sewage, Paper presented at the 2nd International conference on Recovery of phosphates from sewage and animal wastes, Noordwijkerhout, 12-13 March 2001.

Piekema P., Giesen A., Phosphate recovery by the crystallisation process, Experience and developments, Paper presented at the 2nd International conference on Recovery of phosphates from sewage and animal wastes, Noordwijkerhout, 12-13 March 2001.

Schipper W, Klapwijk B, Potjer B, Rulkens W, Temmink H, Kiestra F and Lijmbach D, (2001) Phosphate recycling in the phosphorus industry, submitted 2001, Environmental Technology.

Schuiling R. D., Andrade A., Recovery of struvite from calf manure, Environmental Technology, 20, 1999, 756-768.

Steen I., (1998) Phosphorus availability in the 21st century: Management of a non renewable resource. Phosphorus & Potassium September-October 1998, 25-31.

STOWA report 2001/08, (2001) Hergebruik van fosfaatreststoffen uit rwzi's. ISBN 90. 5773. 117. 7, March 2001.

Ueno Y., Fujii M, (2001), Three years of operating experience selling recovered struvite from full scale plant, Paper presented at the 2nd International conference on Recovery of phosphates from sewage and animal wastes, Noordwijkerhout, 12-13 March 2001.

Voorneburg F van, Ruiten L. H. A. M. van, Ten Have P. J. W., (1998) Phosphate recovery from animal manure. The possibilities in the Netherlands. CEEP Report October 1998.

Wallgren B., (2001), Swedish policy on phosphorus recovery, Paper presented at the 2nd International conference on Recovery of phosphates from sewage and animal wastes, Noordwijkerhout, 12-13 March 2001.

26
固体废物的材料和营养物质回收和能源再利用的系统性观点

Jan-Olov Sundqvist

26.1 简介

在瑞典，废物回收变化很快。由于政策原因，现在废物的管理都是基于可持续发展观点。20 世纪 90 年代末，白报纸、包装和轮胎等产品引入了生产者责任的概念。从 2000 年起对于所有填埋的废物都要征税(Waste Tax Act 1999：673)。在 2001 年，基于欧盟填埋指导性文件 1999/31/EC，出台了新的关于垃圾填埋的条例(SFS 2001：502)。根据国家固体废物管理条例(SFS 1998：902)，可燃废物的填埋从 2001 年起被禁止，有机废物的填埋从 2005 年起被禁止。欧盟现在实行新的废物焚化指导性文件(2000/76/EC)。所有这些已经或将要引起废弃物管理的变化。例如，在瑞典已经建有 22 座焚化厂，另外计划建立 20 座新的焚化厂。可以期待，填埋将被焚烧和其他处理方式替代。

另外，瑞典的能源体系也发生了变化。已经关闭了一座核电站，政府计划关闭更多的反应堆，并且将向市场积极引入新的可再生能源。化石燃料的使用将被停止，这样就形成了对新的能源来源(如废物)的需求。

所有这一切意味着对焚烧、生物处理能力、材料循环的要求的提高，以满足新规定的限制。这样就产生了一个问题：从环境、能量和经济的观点来看哪种处理最好。

本研究的目的是要从系统的角度出发，研究在考虑环境、能源和经济的前提下如何最好地利用废物中的能量。案例研究中选择了 3 个市政区，见下文 26.3 部分。

26.2 ORWARE 模型

本文从系统的角度，就能源消耗、潜在环境影响以及经济和环境成本，对不同废物处理系统进行了研究。使用ORWARE模型进行了计算机模拟。本研究中使用的模型框架在过去7年中已经得到了很好的发展并用于不同的研究中(Bjorklund 1998; Carlsson 1997; Dalemo *et al*. 1997; Soneson *et al*. 1997)。模型在本项目(始于1998年)中得到了进一步完善，并且于2000年进行了报道(Sundqvist *et al*. 2000)。

ORWARE是计算物质流、能量流、环境影响以及废物管理成本的模型。它首先用于有机废物的系统分析，因此被命名为ORWARE(ORganic WAste REsearh)，但是现在这个模型已经覆盖了市政废物中的无机物部分。

ORWARE包含了一系列独立的子模型，子模型可以结合起来以设计废物管理系统。每个子模型描述了一个实际废物管理系统中的工艺，比如，废物收集、废物运输或者废物处置设施(如焚烧炉)。

26.2.1 方法和模型的总体描述

ORWARE所有的子模型都在计算工艺过程中的物质、能量和经济转化。废物处理过程包括：废物收集、厌氧消化以及填埋处理。物质转化特征包括：(1)废物和过程中化学品的输入；(2)产物和二级废物的输出；(3)向空气、水和土壤中的排放。能量转化是指使用不同的能源(如电、煤、油和热)，和从废物处理过程中回收的热、电、氢气或甲烷。经济转化定义为独立过程的成本和回收。经济成本采用从波峰到波谷的生命周期计算，而不是作为独立的有用的物质。

一系列的子模型可以结合应用于城市或市政单元(或者其他系统边界)的废物处理管理系统。图26.1显示了一个废物管理系统的ORWARE模型的概况。

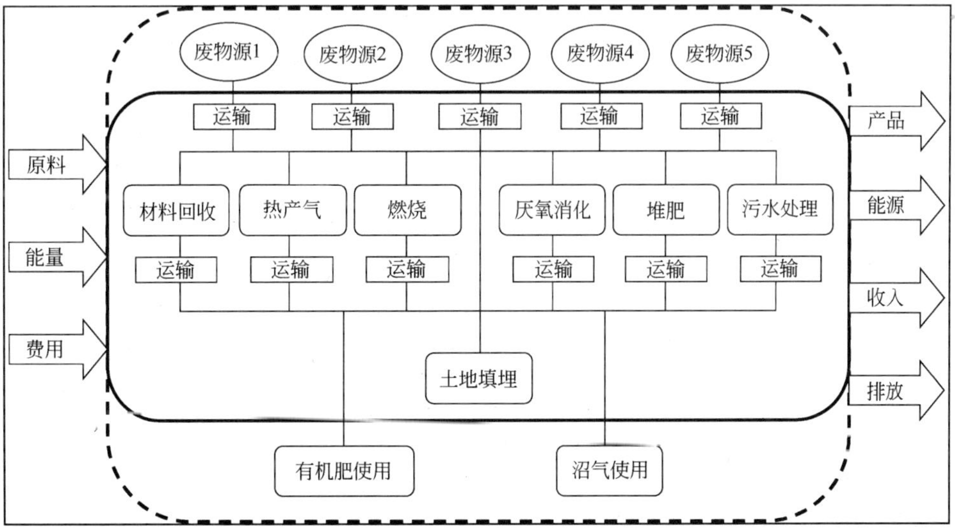

图26.1 包含多个由不同子模型描述的过程的模型的概况

在图26.1的顶部，给出了不同的废物来源，伴随有不同的运输和加工过程。图中虚线定义了废物管理核心系统的边界，废物在边界内被处理并产生不同的产物。

26.2.2　ORWARE 中的生命周期评价

在 ORWARE 中进行的物质流分析产生了关于系统排放物的数据。根据生命周期评价(LCA)实践，独立的排放可纳入不同的环境影响类别(见 Lindfors *et al*. 1995 的实例)。这样就可以比较不同的废物管理系统所造成的影响，比如：温室效应(或全球变暖)、酸性气体、富营养化、光氧化物的形成和其他环境影响类别。

系统的边界条件也有三种不同的类型：时间、空间和功能。在分析某一确定的系统时，临时的边界条件因研究(取决于研究的范围)和子模型而异。所有使用的过程数据是年平均数据，但是对于填埋模型(以及可耕地模型)，也应包括长期效应数据(Bjorklund 1998；Sundqvist *et al*. 2000)。

图 26.1 中还有一个废物地理边界无限制的问题，也就是说，排放物和资源的消耗不考虑其产地。ORWARE 中的系统边界根据 LCA 前景选择，因此原则上包括了废物管理体系生命周期中所有相关过程。我们已经考虑了对原材料提取、精炼、生产和使用时的环境影响和资源消耗。比如，如果废物处置过程消耗电力，发电的环境影响和资源消耗也会被模拟。在考虑能量消耗和排放物时，主要设备的建设、拆毁和最终处置不在其内，但是在经济性考察中将包括在内。这要常规的 LCA 实践。

废物管理系统的主要功能是处理废物。废物管理系统可以从废物中产生不同的产品：

- 材料：硬纸板和 PE 塑料(聚乙烯塑料)。
- 能量：直接热能、电能和生物气(生物气可以用作燃料)。
- 肥料：消化剩余物以及含氮或磷的堆肥。

这些废物产品具有可选择的原料来源，研究的系统中也包括生产过程。见图 26.2，所有研究的系统产生了同样的材料(硬纸板和 PE 塑料)，能源(直接热能、电、发动机燃

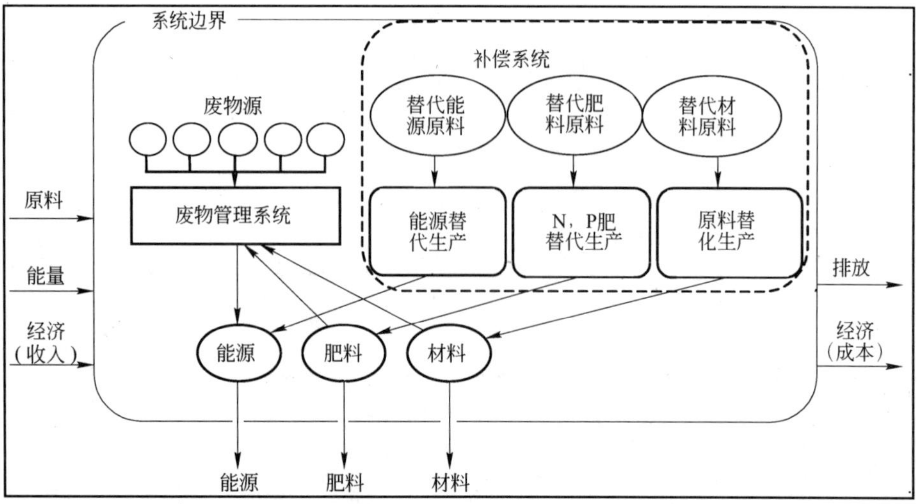

图 26.2　被研究的系统：废弃物处理系统和能量、材料以及营养元素/肥料的选择性生产

料)和肥料(氮肥和磷肥)。这一可选择系统被称为补偿系统，可以如废物管理系统一样产生同样的产物。使用这一补偿系统，可以定量比较使用废物和使用自然界新的原料在环境、经济、能源等方面的参数。

这一系统同样具有上游和下游处理。对于电能，上游处理包括发电，下游处理包括处置废物能量的产生。因此，在 ORWARE 中，每一个可选择的处理具有其特有的核心系统设计以及对应的不同的补偿系统。

整个系统包括：

- 具有不同子模型(即废弃物管理系统核心模型)的废物管理系统。
- 连接上游和下游系统的材料能量关键流。
- 具有核心系统、上游和下游系统的补偿系统。

26.3 研究中的系统边界条件

研究期限是一年。空间边界选择了三个市政区，斯德哥尔摩、乌普萨拉和阿尔夫达伦：

- 斯德哥尔摩，瑞典首都，具有焚化厂和分区供热系统的大城市。在市政边界范围内没有可耕地(可耕地可以用于分散消化有机弃物生物处理产生的有机肥料)。
- 乌普萨拉是一个相对较大的地区，区内有焚化厂和分区供热系统。在城市附近有可耕地。
- 阿尔夫达伦是一个人口少面积大的行政区。这个行政区里没有焚化厂也没有分区供热系统，基本没有可耕地。该区有最为著名的滑雪中心，因此在很短的时间内，游客产生了大量的废物而且源分离度很低。

在阿尔夫达伦，被分离的废物和剩余部分在每个村庄的中心区收集。平均每个村庄有 135 人居住。在乌普萨拉和斯德哥尔摩，已分离的废物资源在“循环中心”收集，每个中心为 1000～1500 名居民服务，其余废物在房屋前收集。

三个行政区的统计数据 **表 26.1**

	阿尔夫达伦	乌普萨拉	斯德哥尔摩
人数	8100	186000	496000
房屋数	5299	84000	380000
村庄数	60		
郊区独立的房屋数		9000	0
城区独立的房屋数		19000	40000
公寓数目		56000	340000
生物易降解有机物废弃物量(t/a)	1388	23155	93121
固体废弃物中塑料的数量(t/a)	172	2616	21056
固体废弃物中硬纸板的数量(t/a)	194	3552	21649
废弃物总重(t/a)	2900	82600	255100

关于能源、环境和经济方面要考虑的参数包括：

● 环境影响(见表 26.2，权重因子)

(1) 全球变暖

(2) 酸性气体

(3) 富营养化

(4) 同样要研究重金属和光氧化物质的形成，不过本文不讨论

环境影响分类研究以及使用的特征因子 表 26.2

	全球变暖 以等价 CO_2 计 (kg)	酸性气体物质 以等价 SO_2 计 (kg)	富营养化 以需 O_2 计 (kg)	经济评价 SEK(kg*)
CO_2(化石燃料)(至大气)	1			0.4
NO_x(至大气)		0.7	6	54
N_2O(至大气)	310			124
SO_2(至大气)		1		34
CH_4(至大气)	21			8.4
NH_3(至大气)		1.88	16	
HCl(至大气)		0.88		68
NH_4(至水中)			15	47
NO_3(至水中)			4.4	
COD(至水中)			1	
P(至水中)			140	439
VOC				1.49
CO				0.11
Pb				310000
Cd				1123000
Hg				232000

* 1SEK～0.1 欧元。

● 能源

消耗初级能源载体

● 经济性

(1) 金融成本

(2) 环境成本(基于对排放物的评价)

(3) 总成本：金融＋环境成本

重要的假定是选择上游或者补充性能源。本研究中，假定电是边际电力而且是燃煤火力发电厂发电。这一假定对于结果有很大的影响。

分区供热系统是基于行政区建立的，在瑞典有约 100 个独立的分区供热系统。每个行政区燃料可能是泥煤、木片、油或者煤，这取决于对热的需求和需求在何时上升。生物燃料在所有的行政区都被选择为补偿性燃料，这是由于生物燃料可以在废物焚烧厂燃烧，或

者在没有焚烧厂的区域由生物质燃料加热厂燃烧。

在敏感性分析中对其他上游和补充性能源进行了研究。对于电能，瑞典是混合使用的；对于分区供热，在乌普萨拉使用煤，斯德哥尔摩和阿尔夫达伦(Alvdalen)使用油。敏感性分析在本文中没有记述，但是在主要报告中有(Sundqvist *et al*. 2000)。

26.4 对策描述

在所有场合，新闻纸、玻璃包装和金属包装都在研究的系统外分类和回收了。对于有机废物、塑料包装废物和硬纸板废物，家庭进行资源分离的上限比例是70%。公司对应的数字是80%。当前瑞典材料循环的目标远低于这一数字，注意到其他废物的回收水平，70%~80%被选作将来可以达到的目标。

对于材料的研究，以下处理选项是可用的：

- 易生物降解有机废物：焚烧、厌氧消化、堆肥(家庭堆肥和集中堆肥)、填埋
- 硬纸板废物：焚烧、材料回收、填埋
- 塑料包装废物：焚烧、材料回收、填埋
- 剩余可堆肥废物：焚烧、填埋

因此，具有三种对策。对三个行政区，基本对策是相同的。不过，三个行政区在厌氧消化和堆肥方面的期望是不同的，因此对于每个行政区提出了特定的对策。选择的对策列于表26.3。

对　策　描　述　　**表 26.3**

	阿尔夫达伦	乌普萨拉	斯德哥尔摩
基本对策			
A1	焚烧所有的废物		
B1	厌氧消化生物可降解废物。产生的生物气体用作公共汽车燃料。其他废物焚烧		
C	70%家庭 HDPE、80%商业 HDPE 和 LDPE 分类，材料循环。剩余废物焚烧		
D	从家用废物中分离出70%硬纸板、从商用废物中分离出80%硬纸板。材料循环。剩余废物焚烧		
E	填埋所有废弃物		
特殊对策			
B2	70%生物可降解废物进行集中堆肥，其余30%在家庭中堆肥。其他废物焚烧	厌氧消化生物可降解废物。生物气用于发电或产热。其他废物焚烧	
B3	生物可降解废物集中堆肥，其他废物焚烧		厌氧消化，生物产气作为汽车燃料。其他废物焚烧

26.5 系统分析

在图中显示了覆盖三个行政区域的关于全球性升温、酸性气体、富营养化、能量消耗、经济成本和总成本的结果。为了在一张图上显示来自三个行政区的结果，这些结果经过了归

一化处理。对于任意一个行政区域，对策 A1(就是所有的废物都焚烧)赋值为 1.0。

26.5.1　环境影响

26.5.1.1　全球变暖

图 26.3*a* 和图 26.3*b* 给出了对全球变暖(温室气体排放)的影响。填埋造成的影响最坏，因填埋将生成甲烷。阿尔夫达伦的填埋场并没有类似于乌普萨拉和斯德哥尔摩那样的填埋场气体收集装置。这样阿尔夫达伦要排放更多的温室气体。循环使用塑料和厌氧消化比焚烧造成的影响略小一点，因为循环使用塑料的时候，化石燃料没有使用；另外，利用生物气时代替了化石燃料的使用。

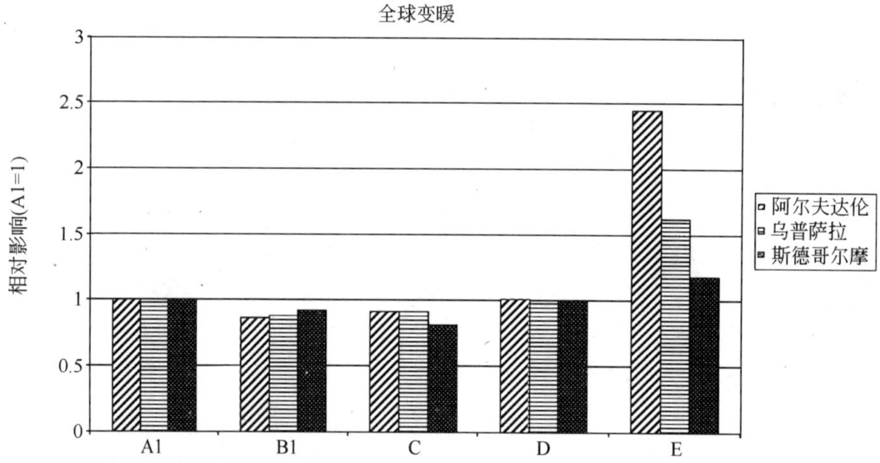

图 26.3*a*　采用基础性对策将排放的温室气体的归一化结果。以等 CO_2 当量计，A1(阿尔夫达伦)=1800t/a，A1(乌普萨拉)=42400t/a，A1(斯德哥尔摩)=220300t/a

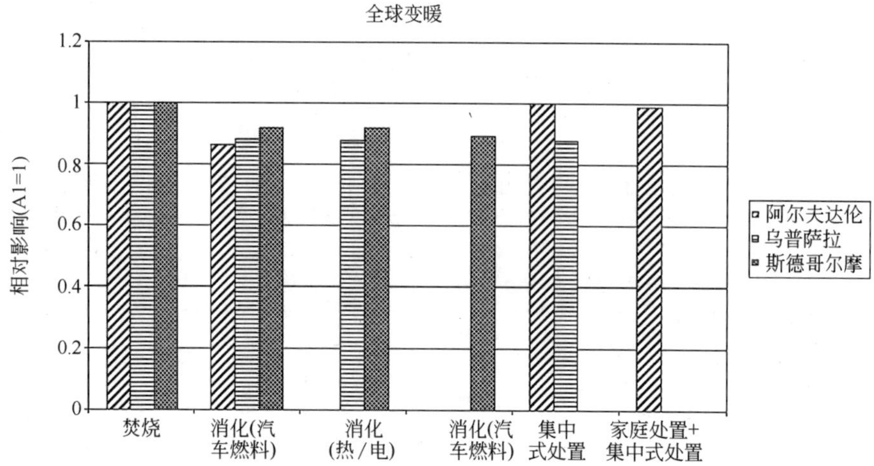

图 26.3*b*　采用特殊性对策将排放的温室气体的归一化结果。以等 CO_2 当量计，A1(阿尔夫达伦)=1800t/a，A1(乌普萨拉)=42400t/a

26.5.1.2 酸性气体

致酸类物质的排放见图 26.4*a* 和图 26.4*b*。在特殊对策下，堆肥释放量最大，这是由于胺类物质在堆肥过程中的释放。产生热量和电的厌氧消化在燃烧中产生最大的 NO_x 排放。除了填埋，其余对策结果在同样范围内。阿尔夫达伦没有气体收集系统，这就是为什么燃烧填埋气没有酸性气体 NO_x 排放。在乌普萨拉和斯德哥尔摩，填埋气被收集和燃烧。

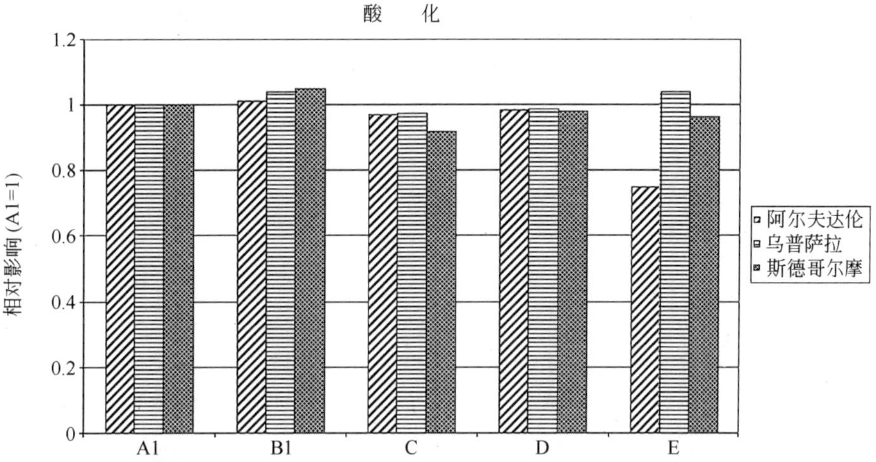

图 26.4*a*　采用基础性对策将排放的酸性气体的归一化结果。以等 SO_2 当量计，A1(阿尔夫达伦)＝13t/a，A1(乌普萨拉)＝238t/a，A1(斯德哥尔摩)＝954t/a

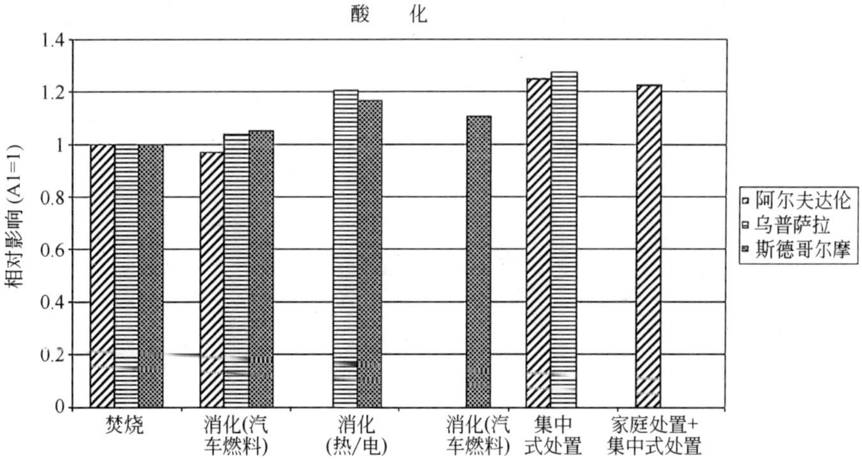

图 26.4*b*　采用特殊性对策将排放的酸性气体的归一化结果。以等 SO_2 当量计，A1(阿尔夫达伦)＝13t/a，A1(乌普萨拉)＝238t/a，A1(斯德哥尔摩)＝954t/a

26.5.1.3 富营养化

图 26.5*a* 和图 26.5*b* 表示富营养化物质的排放。填埋在这方面的影响最突出。阿尔夫达伦填埋场没有渗出液处理设施，因此排放大量磷、氮和 COD。厌氧消化和堆肥通过扩散有机肥料而引起排放。这些排放要高于扩散矿物肥料的情况。材料循环产生的影响要略低于焚烧。

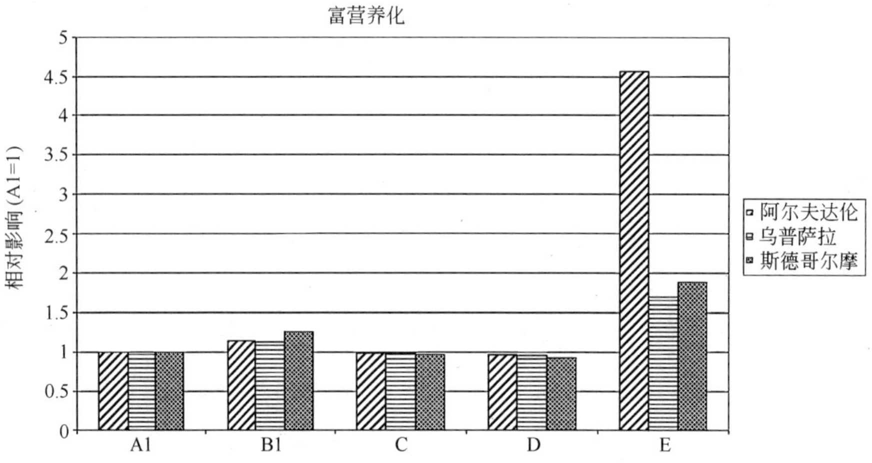

图 26.5*a* 采用基础性对策将排放的富营养化的物质的归一化结果。以等 COD 当量计，A1(阿尔夫达伦)=93t/a，A1(乌普萨拉)=1724t/a，A1(斯德哥尔摩)=5010t/a

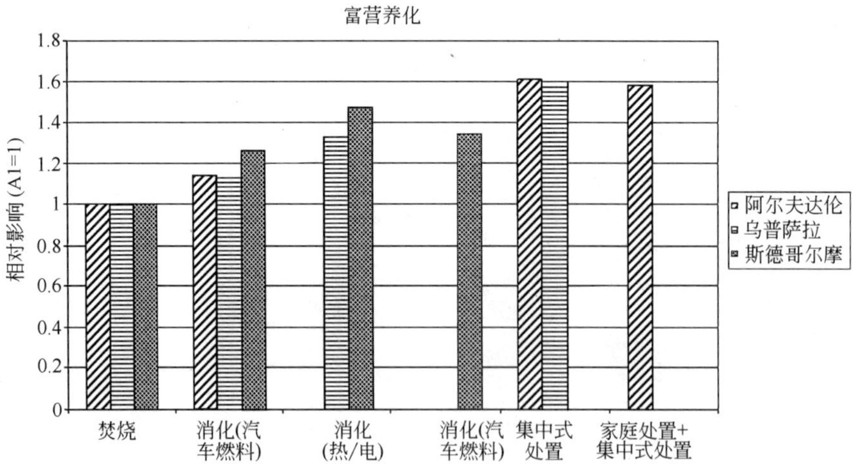

图 26.5*b* 采用特殊对策将排放的导致富营养化的物质的归一化结果。以等 COD 当量计，A1(阿尔夫达伦)=93t/a，A1(乌普萨拉)=1724t/a，A1(斯德哥尔摩)=5010t/a

26.5.2 能源

初级能源载体的消耗

图 26.6*a* 和 26.6*b* 给出了不同对策的能源消耗。对于系统整体而言，这是一个净能源消耗，因为能量需求已经覆盖了补偿系统中的分区供热、发电、汽车燃料、肥料、塑料和硬纸板。除了乌普萨拉和阿尔夫达伦的堆肥和阿尔夫达伦的填埋，废物管理的核心系统产生的能量要高于过程所消耗的能量。一般而言，除了填埋对策(其能量消耗很高——因为在补偿系统中产生了热量、燃料、肥料、塑料和硬纸板)，所有的对策中能量消耗的差异很小。回收废塑料的能量消耗最低。

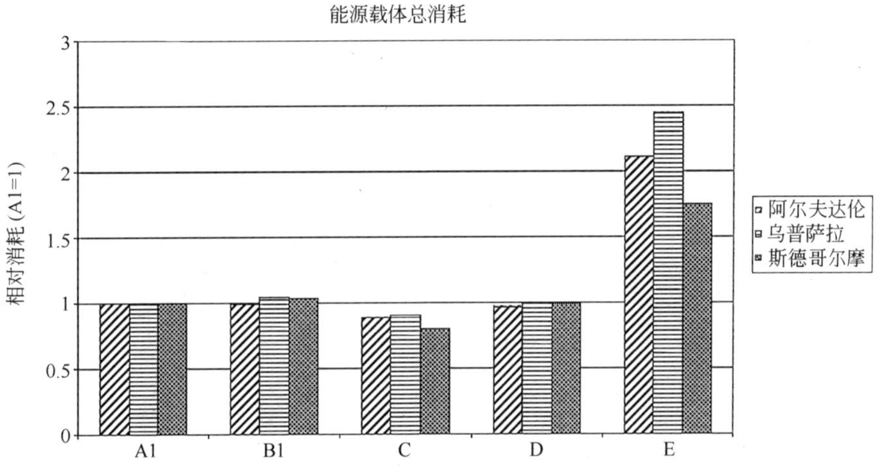

图 26.6*a* 采用基础性对策将消耗的初级能源载体的归一化结果。A1(阿尔夫达伦)=4TJ/a，A1(乌普萨拉)=393TJ/a，A1(斯德哥尔摩)=2160TJ/a

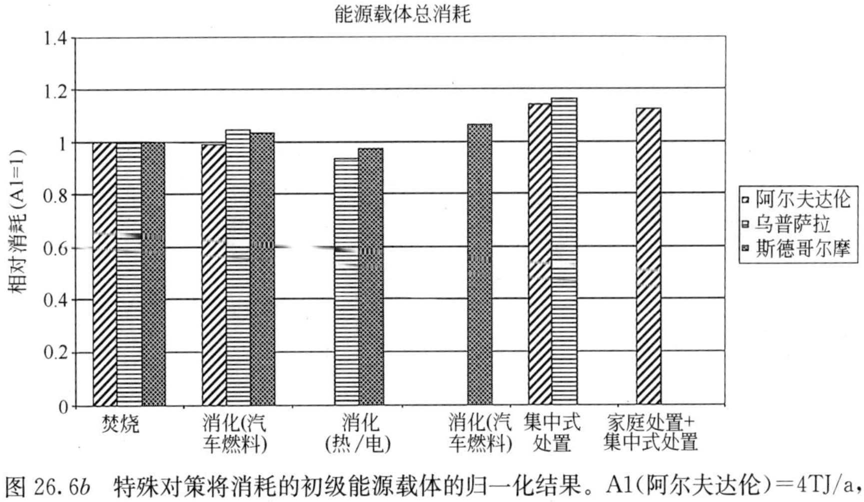

图 26.6*b* 特殊对策将消耗的初级能源载体的归一化结果。A1(阿尔夫达伦)=4TJ/a，A1(乌普萨拉)=393TJ/a，A1(斯德哥尔摩)=2160TJ/a

另外本研究没有在图中反映出来的情况是：废物收集和运输消耗的能量远小于所研究的系统中其他过程消耗的能量。

26.5.3 经济性

26.5.3.1 金融成本

金融成本见图 26.7*a* 和图 26.7*b*。回收对策方案(C 和 D)的金融成本要高于焚烧。由于填埋场税收和补偿系统中的分区供热、肥料、塑料和硬纸板费用，填埋的成本最贵。

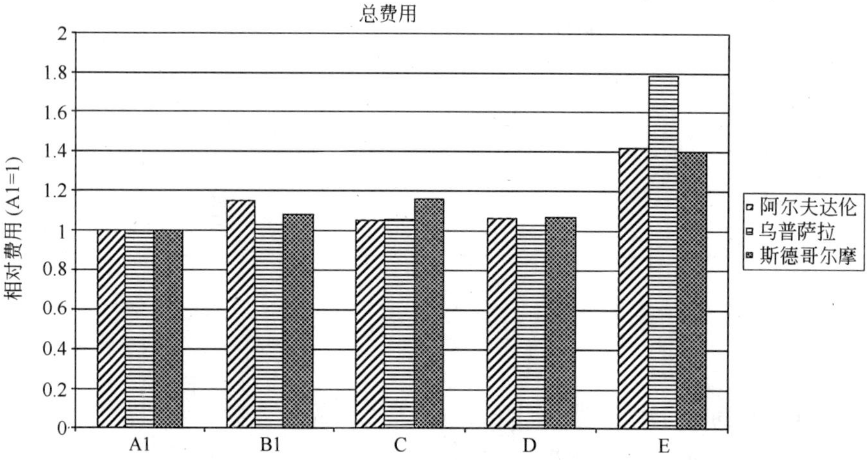

图 26.7*a* 采用基础性对策金融成本的归一化结果。A1(阿尔夫达伦)＝4.9MSEK/a(1MSEK～100000 欧元)，A1(乌普萨拉)＝59.5MSEK/a，A1(斯德哥尔摩)＝298MSEK/a

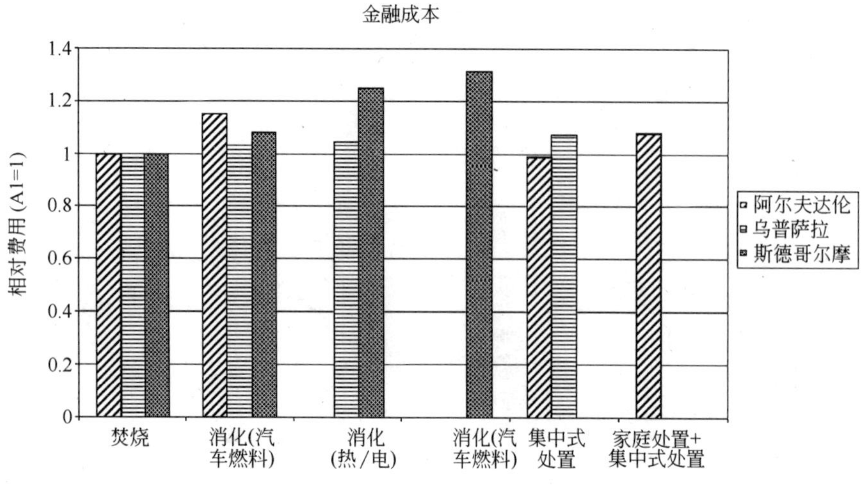

图 26.7*b* 采用基础性对策金融成本的归一化结果。A1(阿尔夫达伦)＝4.9MSEK/a(1MSEK～100000 欧元)，A1(乌普萨拉)＝59.5MSEK/a，A1(斯德哥尔摩)＝298MSEK/a

26.5.3.2 总成本(金融成本＋环境成本)

图 26.8*a* 和 26.8*b* 给出了总成本。总成本是金融成本(排除了环境税费)加上环境成本(基于对排放物的评估，见表 26.2)。焚烧所有的废物(A1)在所有对策中总成本最低。回收塑料(C1)和硬纸板(D)成本略高，但是接近焚烧。厌氧消化(B1＋特殊对策)和填埋(E)产生的成本高于焚烧。

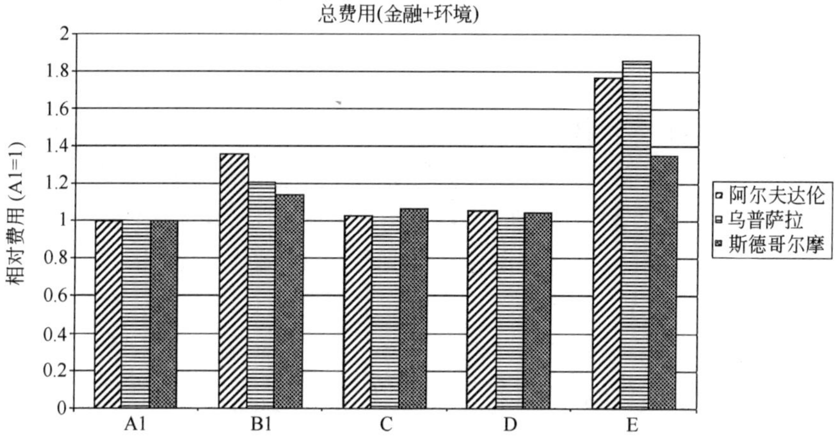

图 26.8*a* 采用基础性对策的总成本(金融成本＋环境成本)。A1(阿尔夫达伦)＝5.3MSEK/a(1MSEK～100000 欧元)，A1(乌普萨拉)＝78.7MSEK/a，A1(斯德哥尔摩)＝398MSEK/a

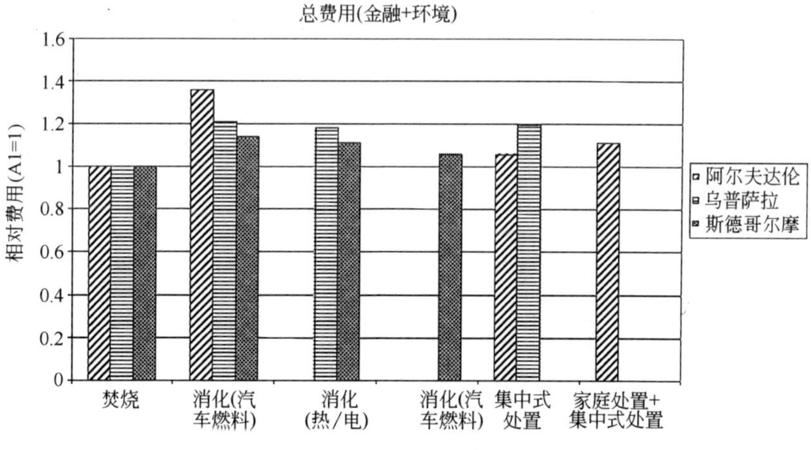

图 26.8*b* 特殊性对策的总成本(金融成本＋环境成本)。A1(阿尔夫达伦)＝4.9MSEK/a(1MSEK～100000 欧元)，A1(乌普萨拉)＝59.5MSEK/a，A1(斯德哥尔摩)＝298MSEK/a

26.6 结论

焚烧、厌氧消化、堆肥以及回收塑料和硬纸板之间的差异非常小。收益与回报与环境管理方法相关。

- 塑料包装废物的回收与焚烧两种方法在经济方面差不多，但是回收的环境影响小而且能量消耗小——前提是回收的塑料可以代替新塑料。
- 硬纸板的回收与焚烧两种方法在经济性和能量消耗方面差不多，但是回收较之于焚烧既有优点也有缺点。
- 易降解有机物的厌氧消化与焚烧比较，成本要高，另外较之于焚烧既有优点也有缺点。有关结论要视如何使用产生的气体。
- 易降解有机物的堆肥与厌氧消化在总经济成本方面相当，但是使用的能量要高，环境影响也高。

很明显，直接填埋混合的家庭生活废物不是一个好的废物处理方法。填埋可以产生很明显的环境影响(特别是考虑到温室气体的排放)，高能量消耗和高成本。对于可以焚烧、厌氧消化、堆肥或循环回收的材料，应该避免使用填埋。当然，填埋也具有一些本项目中没有研究的优点。填埋在环境可持续发展社会中具有重要位置，因为可以固定一些有毒有害物质(如，重金属)。

与环境管理体系和补偿体系中的其他活动相比，就环境影响和能量消耗来说废物运输的重要性最小。在一些地区，收集废物和运输成本在经济性方面很重要。废物一旦被收集，可以长距离运输而不影响结果。

废物可以通过不同的方式被利用，如：

- 焚烧或厌氧消化产生生物气体，回收能量。
- 材料循环，如硬纸板或塑料。
- 通过厌氧消化(如果消化剩余物可以用作肥料)或堆肥(如果堆肥产物用作肥料)循环营养物。

考虑到环境和能源因素，研究结果表明材料回用较能量回收更优，而且比营养物质回收更优。不过，如果考虑总经济成本(金融成本＋环境成本)能量回收较材料回收和营养物质回收更为有利。

26.7 参考文献

Björklund，A.，(1998)，Environmental systems analysis of waste management with emphasis on substance flows and environmental impact，Licentiate thesis，The Royal Institute of Technology，Department of Chemical Engineering and Technology，Sweden (ISSN 1402-7615，TRITA_KET_IM 1998：16，AFR-Report 211).

Carlsson，M.，(1997)，Economics in ORWARE-a welfare analysis of organic waste management，rapport 117，Department of Economy，Swedish University of Agricultural Sciences.

Dalemo，M.，Sonesson，U.，Björklund，A.，Mingarinai，K.，Frostell，B.，Jönsson，H.，Nybrant，T.，Sundqvist，J-O.，Thyselius，L.，(1997). ORWARE-A Simulation Model for Organic Waste Handling Systems, Part 1: Model Description. resources, conservation and recycling 21, p 17-37.

Dalemo, M., Sonesson, U., Jönsson, H., och Björklund, A., (1998), Effects of including nitrogen emissions from soil in environmental systems analysis of waste management strategies, resources, Conservation and recycling vol. 24: 363-381.

Lindfors, L.-G., Christiansen, K., Hoffman, L., Virtanen, Y., Juntilla, V., Hanssen, O.-J., Rønning, A., Ekvall, T. and Finnveden, G. (1995 b): 'LCA-Nordic Technical Reports No 1-9). TemaNord 1995: 502. Nordic Council of Ministers, Copenhagen, Denmark.

Sonesson, U., Dalemo, M., Mingarinai, K., Jönsson, H., (1997). ORWARE-A Simulation Model for Organic Waste Handling Systems, Part 2: Case study and Simulation Results. resources, conservation and recycling 21, p 39-54.

Sundqvist J-O, Baky A, Björklund A, Carlsson M, Eriksson O, Frostell B, Granath J, Thyselius L, (2000a). Systemanalys av energiutnyttjande från avfall-utvärdering av energi, miljöoch ekonomi. översiktsrapport. (System analysis of energy from waste-assessment of energy, ecology and economy. Summary Report Stockholm December 1999. IVL Report B 1379 (In Swedish, with English summary).

第五部分

工业工艺中水的闭路循环实例

27
纺织工业用水的最小化及水的回用

Davide Mattioli，Francesca Malpei，Guiseppe Bortone and Alberto Rozzi

27.1　纺织和服装工业

纺织和服装工业生产和加工纺织产品(纤维、纱线、织物)并进一步制成服装、家居用品和工业用品。纺织公司使用和制备纤维，将纤维纺线后制成织物或相关产品，然后染色、处理后制成各种产品。这样原始纤维被转化为最终产品，包括服装类或非服装类纺织产品。

纺织和服装工业包含如下活动：

- 处理原材料，如：准备和制造各种纺织纤维以及纺纱。
- 生产针织或纺织织物。
- 加工活动——目标是赋予产品以顾客要求的视觉、物理和审美特点。
- 将上述生产的织物制造成产品，如衣服(针织或纺织)、地毯、其他家用或技术用纺织品。

所使用的主要纤维可以分为“天然”和“人造”两类。天然纤维包括棉、羊毛、蚕丝、亚麻、黄麻等。人造纤维包括纤维素酯(如纤维胶)、合成纤维(如由石化工业制备的有机纤维、聚酯、尼龙/聚酰胺、丙烯酸、聚丙烯等)，以及源自无机物的纤维(如玻璃纤维、金属纤维、碳纤维和陶瓷纤维)。

配送部门，作为所称的“纺织服装链”的最后一环，通常不被视作纺织和制造工业的一部分。

环境影响主要源于这一行业中被称为“湿工艺”的一段，这一部分主要是织物加工过程。因此，除了 27.1.1，本章主要讨论织物加工工业。

27.1.1　欧洲的纺织和服装行业

以下内容基于欧共体企业管理局收集并由 Stengg(2001)所报道的数据。

在很多国家，服装和纺织业在收入和就业两方面都占有很重要的位置。1999 年，该行业在世界制造业的产值中占 5.7%，在世界就业上则超过 14%。

1998 年，欧洲在该行业的产出占到世界总量的 29%，与美国规模相当，只低于亚洲的规模(39%)。欧洲的纺织和服装业的特点是有很多小型和中型公司。1999 年，12 万家公司雇佣了超过 200 万人(平均每个公司雇佣 19 人)，创造的营业额为 1780 亿欧元。

在整个欧洲制造业中，其总产量和营业额大约占 4%，雇员占 7.6%。在欧洲的纺织和服装制造行业内，基于总产量和营业额、附加值、雇佣规模等经济指标的综合评价(Stengg 2001)，服装加工大约占据该行业的 40%，纺织业占到 60%(其中 12%属于精加工)。在该行业中，按国家占有的份额进行比较，意大利最重要(占整体的 31%)，英国次之(占整体的 15%)，然后是德国(14%)，法国(13%)，西班牙(9%)和葡萄牙(6%)。欧洲生产所有类型的纤维，当前，大部分是人工纤维(1998 年以体积计占 72%)，不过，天然纤维中到目前为止棉是最重要的。

27.1.2 纺织精加工过程

纺织或针织的纤维，要经过几道大量耗水的提高外观、强度和耐用性的工序，才能加工为制成品。精加工包括 4 个步骤：纤维准备、染色、印花和特殊精加工。这些步骤并不总是必需的，采用的方法随着最终产品的用途、功能和具体的制造过程的不同而有很大差别。

以下简要讨论这 4 个步骤。

27.1.2.1 纤维准备

多数纤维在染色、印花和加工之前必须进行准备。准备过程是一个预处理过程，主要包括一些处理和清洗步骤。需要去除可能对后续工艺有影响的天然物质和处理用化学品。典型的准备处理包括脱浆(去除纺纱过程中的上浆物质)、冲洗(去除自然存在或人为造成的杂质)、漂白(去除棉或其他纤维的自然黄色)。准备步骤中同样包括丝光处理或加热。

27.1.2.2 染色

染色是将织物加上色彩，可以应用于产品加工链的不同阶段(纤维、纱线或整张染色)。织物的染色可使用很多的染料以及使用不同的技术和设备。染料大部分是合成的，而且是煤焦油或者石油基中间产物的衍生物。

染色可以使用连续或序批式工艺。在序批式工艺中，将一定量的织物加入设备中，直至与含颜料的溶液达到平衡。

加入辅助药剂和染色条件的控制优化了染料分子从溶液到纤维的迁移。染料借助于热和/或化学试剂固定在纤维上，然后冲洗带色织物以去除未被固定的燃料和化学物质。一般的序批式染色方法包括缠织物的卷轴染料流、喷头和跳汰清洗等工艺设备。

在连续式染色工艺中，织物连续进入染色池。典型的连续染色工艺包括染色、染料热/化学固定、清洗。

染料的用量通常根据染色池的比例(定义为染色池的体积除以纤维的重量)决定。染色池的比例通常在 5～50 的范围内，具体取决于染料的种类、染色系统和纤维与染料的亲和力。

27.1.2.3 印花

织物通常使用一系列技术和设备进行印花。印花技术多种多样：旋转筛、直接印花、平印和旋转印。

颜料覆盖了印花中所需上色物质的 75%～85%。与染料相比，颜料经常不溶于水，而且对纤维没有亲和力。因此树脂常常用于结合染料和底物，同时溶剂用作染料和树脂混合物与底物的媒介。

27.1.2.4 特殊精加工

精加工包括对纤维、线或织物的化学、机械处理，目的是提高外观、质地或性能。机械加工包括刷、熨或一些物理处理以提高织物的光泽和触感。对织物进行化学加工可以降低静电性到提高阻燃性。化学处理之后是干燥、养护和冷却步骤。

27.1.3 环境影响

纺织工业链产生的主要污染物是湿工艺阶段的废水。水和化学物质消耗非常重要，而且由此产生了大量的废水。这些废水含有很多污染物，必须在排放前去除。在纺织工业中使用的有机和无机物分别有 80%～90%在废水中排放。

除了直接废水造成的环境影响，水的大量消耗在水资源短缺或潜在短缺的国家(如南欧)越来越难以负担。合理的水资源管理政策是将最清洁的新鲜水用于饮用，而鼓励工业消耗使用循环水。尽管化学试剂和水的回用有真正的价值，循环和回用在纺织精加工行业仍然非常少见。

最后一个重要的环境影响可能被确定为由于加热化学池和织物丝线的干燥而导致的大量消耗能量的问题(Snowden-Swan 1995)，可以通过有效的水循环而充分削减。

27.1.4 未来的方针

完整的贯彻欧盟 61/96“整体污染预防与控制”（IPPC)对于保持和鼓励水的回用和循环是决定性的。管理局的目的是对一系列大量活动(列于附录 I)引发的污染进行整体预防和控制，以在一个较高水平上整体进行环境保护。这一实践要同时考虑共同体的其他目标，如共同体行业的竞争力，以利于可持续发展。特别是，这种实践要提供一种体系，使得在某种行业中，操作者和管理者都对污染和消耗潜能采取一种整体的、高瞻远瞩的态度。这一整体方案的目标是提高对行业运行的管理和控制，以保证整体的环境保护处于高水平。以这一探索为核心的一般性原则列于第 3 条，即：所有的操作者都应当采取适当的措施防治污染，特别是通过最适宜技术的实施使得操作者可以提高他们的环境绩效(Dulio 2001)。

管理局在第 2(11)条中定义了“最好可用技术”为“在运行方法及活动发展中最有效的和先进的进程，显示了特定技术的可行性，原则上提出了限制排放量的依据以防止或减少(当实际情况下不可防止时)排放及其对整体环境的影响”。第 2(11)条将该定义如下阐明：

“技术”包括设施在设计、建造、维修、运行和退役中使用的工艺和方法；

“可用”技术是发展到一定规模的，可以在相关行业中实施的，经济可行的、技术条件适用的，并且考虑到成本和优点，不论其是否在成员国内部使用或制造，对于使用者是可以获得的；

“最好”是指整体上实现高水平普遍性的环境保护时最为有效。

最好可用技术(BAT)被欧盟包括纺织业在内的一些行业所确定。就这些行业而言，废水代表了主要的排放物。对于工业水的使用，BAT聚焦于闭路循环选项。

27.2 纺织用水和废水的特征

纺织工业中水的平均消耗量为160kg/kg最终产品(EPA 1996)。由于是一种大量使用化学试剂的行业，织物的制备将产生含有大量多种残留物的废水。

27.2.1 供水

水的消耗速率和供水特征都是大范围变动的。一般而言，用水最高的是天然纤维，特别是棉纤维。合成纤维每单位体积产品的用水量较低，主要是因为对于清洗和冲刷的要求较低。由于用于染色和干燥操作的蒸汽所产生的消耗量很低，故几乎全部用水都可能被排放。平均而言，排出的水的体积占用水的90%～95%。

单位体积产品的用水数据列于表27.1(EPA 1996)和表27.2(Antonelli and Rozzi 2001)。后者是意大利北部科摩(Como)纺织区的典型用水消耗，该地区制造非常新潮和高质量的产品。

不同纺织操作的平均、最小和最大用水量 **表27.1**

亚类		水的用量(L/kg)		
		最小	中等	最大
1	羊毛清洁	4.2	11.7	77.6
2	羊毛精加工	110.9	283.6	657.2
3	低耗水工艺	0.8	9.2	140.1
4	纺织纤维加工			
	a. 简单加工	12.5	78.4	275.2
	b. 复杂加工	10.8	86.7	276.9
	c. 复杂加工加褪浆	5.0	113.4	507.9
5	针织纤维加工			
	a. 简单加工	8.3	135.9	392.8
	b. 复杂加工	20.0	83.4	377.8
	c. 袜类加工	5.6	69.2	289.4
6	毯子加工	8.3	46.7	162.6
7	纱线加工	3.3	100.1	557.1
8	无纺布加工	2.5	40.0	82.6
9	黏胶纤维加工	33.4	212.7	930.7

意大利科摩纺织工业区每单位重量的纤维加工所需水量(Antomelli and Rozzi 2001)　　表 27.2

纤维种类	供水量(m^3/kg)	纤维种类	供水量(m^3/kg)
黏胶染色		印染和加工	
聚　　酯	0.051	聚　　酯	0.320
蚕　　丝	0.082	蚕　　丝	0.183
纤维胶	0.082	棉-纤维胶	0.458
纤维染色		羊　　毛	0.275
聚　　酯	0.090		

表 27.3 给出了适用于纺织工业的几种给水的化学特征。A 组、B 组和 C 组都适用于工业规模的给水。A 组水取自科摩湖，在科摩纺织工业区通过工业用水管网分配。B 组水是自备井地下水，用于聚酯加工，同样处于科摩纺织工业区(见 27.2 部分)。C 组水是 Prato 纺织工业区废水的回用水(Antonelli and Rozzi 2001)。D 组中的各指标是意大利纺织废水后处理和回用的参考值(Bianchi *et al*. 1999；Rozzi *et al*. 1999b)。这些值应当满足纺织工艺中回用的水质标准(如果需要，应当进行软化)。在几个纺织实验室中对不同纤维清洗和染色的一些实例表明，即使在高 COD 时(58mg/L)回用水也是适用的(见27.4.3 节)。

纺织业加工用水工艺的平均水质　　表 27.3

		A 湖水	B 地表水	C 再生水	D 指导值
TSS	mg/L	<1	10	22	10
COD	mg/L	<10	30	53	30
吸光度，420nm	—	<0.001	<0.001	0.02	0.01
pH	—	7.8	7.5	7.7	7~8
电导率	μS/cm	290	200	1.636	1800

27.2.2　废水

目前为止，废水是纺织工业中最大的废物流。其中包括：清洗用水、工艺用水、非接触冷却水和雨水(EPA 1997)。水的使用量变化很大，取决于工厂中的操作、使用的装备和根据用途而确定的管理措施。比如，在科摩地区，由于认为只有消耗大量的水才能保证产品的高质量，多数染坊一贯对节水政策持怀疑态度。

清洗、染色、印花和最后的加工每一步都需要很多清洗步骤，产生了大量的废水。平均而言，清洗用水要占到总消耗水量的 60%~90%(Groves *et al*. 1979)。

由于工艺波动，纺织废水含有复杂的有机和无机化学物的混合物。表 27.4 给出了各种纺织操作所可能释放的有机物。

湿纺织操作中可能产生的污染物种类(自 EPA 1997 和 Correia *et al*. 1994) **表 27.4**

工艺	化合物
脱浆	胶料，酶，淀粉，蜡，氨
洗涤	消毒剂和杀虫剂剩余物，NaOH，表面活性剂，肥皂，脂肪，蜡，胶质，抗静电剂，废溶剂，酶
漂白	H_2O_2，AOX，硅酸钠和有机物稳定剂，碱
丝光处理	碱，NaOH
染色	染料，金属，盐，表面活性剂，有机加工助剂，亚硫酸盐，酸度/碱度，甲醛
印花	脲，溶剂，色度，金属
精加工	树脂，辣，氯化物，乙酸盐，硬脂酸盐，废溶剂，软化剂

在一些实例中，脱浆往往伴随清洗工艺，是行业废水的最大污染源(EPA 1997)，在废水总有机污染中占有相当的比重(Snowden-Swan)。胶料的单位污染负荷是 1～2gCOD/g 胶料。淀粉、蛋白质等自然物质胶料同时还具有高 BOD 和高 BOD/COD 比值(0.6～0.7)的特征。相反的，聚乙烯醇或羧甲基纤维素等合成胶料的 BOD 基本为 0。由于脱浆而产生的有机负荷可以通过所使用的胶粒量进行计算，通常胶粒量是待处理纱线重量的 5%～20%。

清洗出水中污染物的含量取决于纤维的特点、附着物的质量和工艺本身。由于去除了灰尘、蜡、羊毛粗酯和植物性物质，天然纤维清洗废水的特点是高 TSS 和高有机物负荷。同时也含有肥皂、清洁剂、溶剂、碱和农药(表 27.4)。

合成纤维通常使用温和的清洗工艺，以去除用过的胶粒或油。对于这些纤维，清洗和脱浆通常合二为一。

漂白过程中最常使用的试剂包括过氧化氢、次氯酸钠、氯化钠和二氧化硫气体。过氧化氢是迄今为止棉和棉混合纤维最常见的漂白剂，有 90%的纺织漂白操作都使用这种试剂(EPA 1997)，通常添加在腐蚀性的溶液中。

丝光处理用于处理棉纤维，以利后续染色和提高纤维的光泽。通常在腐蚀性的苏打溶液中进行，并且要经过中和和数次清洗。消耗的碱大约为产品重量的 20%(EPA 1997)。

不同的研究人员(Jekel 1997；Correia *et al*. 1994；EPA 1996)回顾了纺织废水的特性(以 BOD、COD、TSS、N、P 等参数表示)，表 27.5 给出了主要工艺的平均浓度和单位负荷(Correia *et al*. 1994)。

纺织加工主要操作的平均浓度和单位负荷 **表 27.5**

纤维	工艺	pH	BOD(mg/L)	TSS(mg/L)
棉	脱浆		1700～5200	16000～32000
	清洗	10～13	50～2900	7600～17000
	漂白	8.5～9.6	0～1700	2300～14000
	丝光处理	5.5～9.5	45～65	600～1900
	染色	5～10	11～1800	500～14000

续表

纤维	工艺	pH	BOD(mg/L)	TSS(mg/L)
羊毛	清洗	9～14	30000～40000	1100～64000
	染色	4.8～8	380～2200	3900～8300
	洗涤	7.3～10.3	4000～11000	4800～19000
	中和	1.9～9	28	1200～4800
	漂白	6	390	900
尼龙	清洗	10.4	1400	1900
	染色	8.4	370	640
丙烯酸纤维	清洗	9.7	2200	1900
	染色	1.5～3.7	170～2000	830～2000
	最终清洗	7.1	670	1200
聚酯	清洗		500～800	
	染色		480～27000	
	最终清洗		650	
黏胶	清洗和染色	8.5	2800	3300
	盐浴	6.8	58	4900
醋酸酯	清洗和染色	9.3	2000	1800

从污染防治和减排的观点出发，纺织工业中主要污染物是抗生物降解或者有害的有机物，包括染料、表面活性剂、金属和盐。这些物质将在以下部分进行简要介绍。

27.2.2.1 染料

从前，主要由于审美的原因，高色度废水使人讨厌。最近，主要关心的是这类物质的抗生物降解性和潜在的毒性问题(Tan 2001)。虽然一些公认有毒的染料已经被市场淘汰而且不断开发使用新的、相对容易生物降解的染料，但是纺织染料仍然是废水中的主要污染物。世界上每年生产 700000t 染料，大约有 10%～15%在染色工艺废水中排放(Snowden-Swan 1995)。

有两种不同的染料分类方法，一种是基于发色团(苯环通过吸收可见光影响颜色)分类，第二种根据使用模式分类。基于前一种模式，大约有 12 种染料，其中最重要的是偶氮染料，数量众多，用量也很大(Carliell *et al*. 1998)。偶氮染料既可以用于天然纤维(棉、丝、羊毛)也可以用于合成纤维(聚醚、聚丙烯酸酯、人造丝)，其分子中含有一个或多个偶氮官能团(—N═N—)。根据第二种分类方法，有：酸性的、碱性的、直接的、分散的、活性的、硫化的。关于其特征、典型使用和固定程度的详细情况，可见 EPA (1997)和 Jekel(1997)。两种分类可能会产生交叠，例如，偶氮染料可能属于酸性的、碱性的、直接的、分散的、活性的、硫化的。有报道，各种染料在固定程度上有明显的差异。目前，活性染料在总染料市场中占有 20%～30%的份额(Vandevivere *et al*. 1998)，其固定度很低——特别是单分子活性染料，因此这一类染料受到主要关注(Wenzel *et al*. 1997)。很明显，低固定度意味着在染色和清洗工艺中的高剩余色度和高 COD 排放。在使用活性染料进行染色后，染色液中剩余的水解活性染料高达 800mg/L(Steenken-

Richter and Kermer 1992)。

染料通常和多种化学物质结合使用(如，酸、碱、盐、固定剂、载体、分散剂、表面活性剂等)，这些化学物质部分或几乎全部和商业染料中的多种添加剂和杂质一起在废水中排放。

27.2.2.2 金属

在过去的10年间，由于染料中含有的重金属数量的减少，纺织厂重金属的浓度也降低了。重金属包括铜、镉、铬、镍、铅和锌。废水中重金属源自纤维、给水、染料和化学试剂中的杂质。染料中可能含有的重金属为锌、镍、铬和钴，可能是染料分子中有作用的一部分，也可能是杂质(EPA 1997)。根据 Correia *et al*. (1994)，染色池中重金属浓度通常在1～10mg/L。

27.2.2.3 难降解和危险有机物

由于在工艺中改进了使用的化学试剂，近些年纺织废水的可生化性得到了不断提高(Vandevivere *et al*. 1998)。

除了染料，不易被好氧生物降解的物质还包括：表面活性剂及其副产物、染色助剂(聚丙烯酸)、磷酸盐、螯合剂(EDTA)、合成胶粒、抗静电剂、分散或固定剂、防腐剂和多种精加工助剂。关于纺织废水中难控制物质的实例参见 Jekel(1997)和 Correia *et al*. (1994)的著作。

危险有机废物同样也可源于清洗和印花操作(EPA 1997)。AOX可能由漂白过程中的次氯酸盐产生，也可能在氯处理的皱缩加工中产生。Steiner(1995)曾报道在漂白废水中AOX的浓度达到100mg/L，并且包括了大量的难降解氯化物。不过，现在很多漂白工艺中使用过氧化氢。但是需要注意的是，一些活性染料也属于AOX。

27.2.2.4 盐类

一些作者曾经指出，纺织染色废水中的盐可能是一个潜在问题(EPA 1996)。很多盐可能用做原材料，也可能是中和或其他纺织湿工艺中的副产物。在棉染色工艺中盐浓度可以达到2000～3000ppm，染色操作中加入的盐的重量大约是产品重量的10%～80%。

27.3 纺织废水的最小化、处理及回用

根据成本—收益，以减少污染和回用废水为目的的措施如下排列：

(1) 防治污染产生。

(2) 接近污染源的地方进行废水处理(起始端处理)。

(3) 对最终的废水进行处理(末端处理)。

作为一般性原则，可以在所有的企业中实施防止产生污染物的措施，而起始端的处理

适用于中型和大型的企业，简化的末端处理适用于中小型企业。

以下给出纺织加工业的具体技术实例。

27.3.1 污染防治技术

已证明，污染防治技术是有效提高工艺效率、增加公司盈利同时环境影响最小的有效途径。在具体的实施过程中，需要仔细考虑特定的条件、每一种可选项和变化，以了解该技术如何影响向空气、土壤和水中释放污染物。各种应用污染防治技术的实例见 EPA (1996)和 Wenzel *et al*. (1997)的报道。

27.3.1.1 原料的质量控制

纺织企业可以通过与供应商合作找到污染少的原料以减少废物的排放。预筛分是一项有效的措施，可以决定工艺中原料和其他化学物质的相互作用从而可能减少污染物的产生。

27.3.1.2 化学替代品

由于纺织加工业是化学品密集使用行业，应当注意选择纺织工艺中使用的化学品。根据环境条件、工艺条件、产品和原料的差异，工厂选择化学品的机会是不同的。可能的措施包括：

- 对于脱浆剂、染料和助剂使用少污染的化学替代品。
- 使用机械或非化学处理代替化学处理。

27.3.1.3 工艺改进

可以通过改进某些操作来优化工艺。可能的改进方法包括：

- 染色机械用低液体比的设备替代，如，可以减少浸泡比例和允许大量节省能量、水、染料和化学物质的设备。
- 优化工艺条件，如温度和时间。
- 组合操作以节省能源和水(如清洗和漂白的结合)。

27.3.1.4 设备改进

改进、翻新和替代现有设备以及引入自动控制(如，电脑控制染色系统，自动加药系统，pH、色度、温度等染色设备控制系统)，是减少废物的一个有效方法。

27.3.1.5 良好的运行实践

不改变工艺的情况下，引入包括污染防治目标、新设施设计、工人训练计划等污染防治程序是适宜的污染防治途径。

下文中将要讨论的工艺用水的回用和循环，也是环境污染最小化的有效措施。

27.3.2 化学品和水的再利用与循环——管路前端处理

在湿式工艺中化学品和水的再利用与循环是可行的，可能或不需中间处理。

循环(即将废水中产生的水和化学品再使用)如果可行，将不仅节省水和化学试剂，而且节省能源。一个例子是使用染料池中的染料进行下一池染色。为了再利用染色池中的物质，需要精确确定剩余的染色物质。然后在后续步骤中，考虑下一个染色循环的需要量，加入水、助剂、化学物质和染料以重新构建染色浴(EPA 1997)。

一些未经处理就回用水的实例是清洗操作用水的回用。使用逆流清洗(在第二次清洗时利用上一次循环中最后被利用的清洗用水)可以明显减少水的总体消耗量，并且已经用于一些特定的连续纺织运行中。每当整体优化水的使用时，系统分析水网是必需的，而且对水处理或再利用的新选择要进行计算。如夹点分析或高级算法分析等工具提供了可以确定能量和质量运输网络准优化设计的步骤(Majozi *et al*. 1998)。当用于对水的使用进行优化时，夹点分析可以确定再利用、再生和处理时机。这是适用于特定工艺废水处理的"管路起始端"(与"管路末端"相对应)解决方法。这种方法要求工艺一体化的废水处理，前提是可以有效地、可靠地、成本效益高地和容易操作地处理单一废水流。这些结果可以通过应用适当的膜技术获得。

探索考虑纺织工业整体环境影响的兼具整体性和连贯性的多准则方法是欧盟建立的TOWEF0(即，"评价纺织工业中 IPPC 实施对于可持续的废水管理的影响")项目的目标(最终报告 EC 合同 ENV4-CT95-0064，1999)。在纺织精加工业内部推动水的高效使用是其目标。方法将整合以下步骤：

- 纺织工艺的细节分析(水、污染物、能量平衡)。
- 目的在于评价可处理性和可再利用性的对废水的特征描述。
- 依据纺织工艺需求和废水特征(基于夹点分析)确认水回用可能性。
- 根据纺织工艺要求和废水特征设计可能的再利用废水的处理措施。
- 对要排放的最终废水的可处理性进行特征描述。

最后一步不能被忽略，因为应用以上处理步骤不仅希望减少对清洁水的消耗，也希望减少废水的排放量。因此，管路末端废水的成分可能有明显变化(废水减少量、污染物浓度的增加)。在纺织废水中，很多成分是抗生物降解和具有毒性的，较之于未回用的废水，在高浓度的已处理废水流中可能发生抗生物降解和毒性的问题，并且可能严重影响到已建成废水处理厂的表现，或者影响甚至阻碍新处理厂的设计。

不过至少应当在公司规模评价有关水优化使用的方案，以避免对其他环境单元(如，空气、土壤)转移污染——这可以通过使用生命周期分析(LCA)技术来完成。

上述配合有效政策规定的整体多准则方法，有望可提高纺织精加工行业的竞争力和降低欧洲纺织精加工业受到的全球化负面影响。

27.3.3　工艺水回用和循环——管路末端处理

在很多情况下，典型的"管路末端"处理方法在工业废水的循环与回用中同样是高效和经济的：在一些被定义为"纺织区"的意大利和欧洲地区，这一方法十分适用。这些纺织区中分布了很多中小型公司，并且使用同样的水和废水设施(见 27.4.3)。

这些情况下，为消除出水中的污染物，通常在一个集中处理厂对工业废水和市政废水的混合水进行好氧生物处理。一些物质可以被彻底降解，同时另外一些物质，如染料、表面活性剂和二级代谢产物可能被污泥吸附或随出水排放。由于纺织废水中含有不易生物降解的有机物(至少在好氧段不易被降解)和一些有毒物质，传统的好氧处理过程对于处理纺织废水表现出相当的局限性。

欧盟制定的 RTD 计划“纺织工业中的整体水循环和零排放”(最终报告为 EC 合同 ENV4-CT95-0064，1999)提出了几种以废水回用为目标，提高废水处理厂性能的组合工艺模块。第一，在预处理中包括化学沉淀重金属和好氧污泥吸附燃料的模块(Terras *et al*. 1999；O'Neill *et al*. 1999)。第二，是把生物处理提高到有传感器保护的好氧阶段以去除有机物并且氧化还原性含氮化合物，同时监测毒性(Terras *et al*. 1999；Massone *et al*. 1998；Guwy *et al*. 1998)。同时还验证了改进型措施，包括加入备用微生物、外加特殊营养元素以提高生物活性；加入生物可降解絮凝剂/染料吸附助剂；和加入筛选的好氧微生物。

第三，最终净化的优化，包括三级深度处理流程，以提高水质达到工业回用标准(Bergna *et al*. 1999；Bianchi *et al*. 1999；Rozzi *et al*. 1997；Rozzi *et al*. 2000)。用于纺织和市政混合废水后处理的多种单元操作已得到验证，包括：臭氧氧化、澄清浮选、多介质过滤、活性炭吸附(单纯吸附或生物活性炭吸附)、陶瓷或中空纤维膜过滤、纳滤以及低压反渗透。所有工艺都经过中试或者实际应用。

在集中处理纺织废水实例中，由 Bortone *et al*. (1997)提出的“废物设计”概念可以整体提高对废物排放的管理。这一概念基于两个方面，一方面是废水特征化方法，它能更好地评估给定废水流的真实可处理性，另一方面是使用特征数据计算同质废水的处理费用。

最新的基于呼吸计量和滴定的呼吸计量法(Rozzi *et al*. 1999a)可以用作废水特征化技术。这些方法特别适用于评价一个处理厂最终处理对象的可能影响(取决于处理废水的有机物生物可降解特点、难控制负荷特点以及抑制性特点)。使用这些特征方法可能防止诸如有毒排放引起的处理问题。

在不鼓励排放难控制和有抑制性有机物的前提下，基于排放物的可处理性而确定的费用，也可以用于“设计”给定处理设施中流入的废水。对于工业废水中的难降解物质，如果可以支付更多的费用，可以使用更清洁的技术代替现有的废物处理技术(见 27.3.1)。不过，“废物设计”概念并不仅限于离线的特征化过程、以及向工业部门提出改变其排放物的质量和数量的要求。在较广泛的应用范围内，这个概念应延伸到在线管理系统。在传感器、调节器和设施网络的基础上使工厂管理者能探测到在下水道中(或在排放到下水道之前)存在过多的水力负荷，过多的有机物或营养负荷，过多的有毒物质并采取措施，如中间贮存、均衡补偿、绕道等，以便能维持最佳的处理结果(Bortone *et al*. 1997)。

27.3.4 废水处理技术

本节综述了用于纺织废水处理的现有技术。每一工艺都根据文献数据特别指出了优点和不足。

对于给定处理流程，效率和可行性取决于废水的特征，因此，上述考虑都是针对一般情况而言的。

27.3.4.1 生物处理工艺

常规活性污泥处理厂(通常无初级沉淀但有预—反硝化)广泛用作纺织废水末端处理和纺织废水与生活废水混合后的主要处理方法。活性污泥过程去除了大量 COD，但几乎不能去色：染料极少被生物降解，污泥的吸附似乎是主要的去除机制(Shaul *et al*. 1991; Malpei *et al*. 2000)。处理效率可以通过仔细优化操作条件来提高，通过使用传感器、生物传感器和其他措施可以更容易实现(EC 合同 ENV4-CT95-0064 最终报告，1999)。

厌氧预处理使得偶氮和其他水溶性染料部分降解，这样将产生脱色，接下去的好氧以及化学处理可以一定程度地矿化有机污染物。厌氧与好氧结合的处理还未被应用，虽然实验室规模和实际应用规模的研究已经证明其有效性(EC 合同 ENV4-CT95-0064 最终报告，1999；Terras *et al*. 1999)。在南非(Carliell *et al*. 1996)，已经有实验证明城市厌氧污泥消化器降解染料池出水的可能性。

厌氧和好氧条件可以在一步处理中实现，如，在固定膜反应器中，在特定的运行条件下(低氧气浓度和高负荷)部分氧气穿过生物膜。实验室研究表明，可被活性污泥降解的酸性偶氮染料在固定的膜生物反应器中可以被去除 60%(Jiang and Bishop，1994)。

可供使用的用于这一工艺的微生物，如能够产生各种酶(包括产 H_2O_2 酶)、对染料脱色很有效的白腐菌还在研究中(Robinson *et al*. 2001)。

27.3.4.2 物理/化学方法

投加铁盐或铝盐进行絮凝，并且使用聚电解质增加絮体的稳定性以利后续沉降分离是常用的方法。这一方法可以用作预处理、后处理和主要处理方法，在一些情况下，这一方法也可以用于废水回用处理过程(Vandevivere *et al*. 1998)。可能存在的缺点是：增加了废水中的化学物质(通常增加了水中的盐浓度)、产生了大量污泥以及染料的不完全去除。

实验室中絮凝的研究表明对硫化染料和分散染料的处理效率很高，对于酸性染料、直接染料、还原染料的效果不尽人意(Marmagne and Coste，1996)。氨基阳离子聚合物用在二级纺织废水处理时，显示了比铝盐聚合物更好的脱色效果(Bravin 1999)，在化学沉淀活性染料时也获得了很好的效果(Wenzel *et al*. 1997)。

27.3.4.3 化学工艺

氧化工艺是使用最广泛的化学法处理纺织废水的代表，使用化学法的主要目的是脱色。过氧化氢易于形成氧化能力最强的羟基自由基并且可以对多种染料脱色，是使用最多的氧化剂。

激活过氧化氢形成羟基自由基的最常见方式是 Fenton 法，通过在含 Fe^{2+} 的酸性溶液中加入过氧化氢实现。Fenton 法主要用作含有抗生物降解的废水和对微生物有毒性的废水的前处理。反应放热，而且在高于室温的条件下进行。在大型的处理设施中，反应在室温下进行，并且使用极为过量的铁和过氧化氢。在这样的条件下，Fe 离子不仅作为催化剂，而且通过形成大量的 $Fe(OH)_3$ 共沉淀物去除 COD(EC 合同 ENV4-CT95-0064 最终报告，1999)。这一方法的主要缺点是：需要加入酸和碱以达到要求的 pH；需要消除过量的剩余铁离子以及相对高的污泥产量。在南非和意大利，已经在实际纺织废水处理中使用该方法(Antonelli and Rozzi 2001)。

光催化方法是基于紫外线激发的方法，是代替过氧化氢氧化产生羟基自由基的一种方法。与 Fenton 法相比，这一方法没有消耗铁离子的问题，而且没有污泥产生。结合过氧化氢和二氧化钛的紫外光降解染料已经过大规模的实验验证，并且证明接近完全去除色度和毒性(Vandevivere *et al*. 1998)。

实验已经证明，“光＋Fenton 处理”(Fe^{2+} ＋ H_2O_2 ＋UV 辐射)去除溶液中有机物的有效性，并且可以避免传统工艺的缺陷(EC 合同 ENV4-CT95-0064 最终报告，1999)。Nafion 全氟化膜已用于固定铁离子，并且在实验室规模的实验中取得成功。已经证明，紫外—可见光加速了羟基自由基的产生，并且提高了光反应器中很多有机污染物的降解速率(Herrera *et al*. 1999；Balanowsky *et al*. 2000)。

臭氧氧化是非常有效并且快速脱色的处理方法，可以替代前述方法，臭氧可以很容易地破坏绝大多数染料中的双键。臭氧氧化同样可以破坏剩余表面活性剂的发泡性能，并且可以氧化相当量的 COD。它还可以通过将抗生物降解物有限氧化转化为易生物降解物质，提高含有大量低生物降解性或有毒物质废水的可生化性。更有利的是：处理既不会增加废水体积，也不会增加污泥。主要的缺点是：臭氧氧化中间产物可能有毒或者致癌，而且臭氧半衰期很短。臭氧的大规模应用数量在增加，主要是作为最终处理步骤，通常进水需要澄清或者至少过滤以去除悬浮物和提高脱色效率。纺织废水的膜处理研究试验证明，臭氧氧化提高负荷的剩余污染物的生物降解性，降低了毒性/抗解性(Rozzi *et al*. 1997；Lopez *et al*. 1998；Lopez *et al*. 1999)。

次氯酸钠是过去广泛使用的氧化剂，在纺织废水中可以引发和加速偶氮键的裂解。负面作用是产生了致癌的苯胺和其他有毒物质，因此不应继续使用(Robinson *et al*. 2001)。

27.3.4.4 吸附

染料对一些吸附剂——活性炭或者低成本的飞灰有很好的亲和性，这使得高效去除多种染料，产生高质量的出水成为可能。吸附脱色要受到很多物理—化学因素的影响，如染料/吸附剂的相互作用、吸附表面积、粒子尺寸、温度、pH 以及接触时间。

活性炭是最常用的吸附剂并且对很多种染料有效。其效果依赖于废水的种类和使用的炭的种类。可以使用的炭包括颗粒炭(GAC)或粉末炭(PAC)。前者价格较贵，并且需要 HOC 反应器，后者相对便宜而且可以直接用于生物(活性污泥)好氧反应塔。如果使用颗粒炭，堆积和反冲都是需要的，需要选择有一定机械强度的颗粒炭，否则粉末形式的损失可能非常严重。

对染料池和用活性炭处理第一次漂洗的中间规模研究表明可以分离染料和有机化合物并使染料池和盐复原(Wenzel *et al*. 1996)。完整的和示范规模的实验都证明 GAC 柱作为回用纺织废水的后处理的生物反应的优点和可靠性(EC 合同 ENV4-CT95-0064 最终报告，1999；Antonelli and Rozzi 2001)。在 GAC 上结合化学吸附和生物降解可以实现更加有效的处理，在活性炭上生长的微生物完成生物降解。如果臭氧氧化属于处理流程的一部分，废水中剩余的氧可以被生物活性炭处理工艺所利用。

已经研究过另一种有效的吸附剂，在经济上比 GAC 更有吸引力、可用于合成废水的脱色(Ramakrishna and Viraraghavan 1997)。黏土和飞灰等物质表现出与 GAC 相当或者更突出的对染料的吸附性能。葫芦脲(Cucurbituril)是一种甘脲与甲醛的环状聚合物，对各类染料均表现出良好的吸附能力。考虑到工业应用可能性，该材料应当与固定吸附过滤床结合使用(Robinson *et al*. 2001)。

27.3.4.5 膜处理

膜处理并不降解污染物，只是将其从稀溶液中分离，形成浓溶液。膜过滤是比较可能的连续从废水中浓缩、分离染料的方法。因此可能回收和实现一些染料的循环使用。

膜技术已经成为一种可靠、方便的处理各种纺织废水的方法。当前，该方法是应用最为广泛的以回用为目的原位处理方法，不仅可以回收水，而且可以回收化学试剂和能源。膜处理最具吸引力的特征包括：设备总重低、占地面积小，减少化学品的使用、质量连续以及可以实现自动化操作。现在使用的膜具备较好的抗酸、抗碱、耐热、抗微生物的特点。需要解决的主要技术问题是：潜在的设备污染、膜表面的变形和浓缩液的处置。

超滤膜用于回收化学品，在去除水中的盐以制备高质量回用水时，只能在反渗透(RO)和纳滤(NF)中选择其一。

超滤、纳滤和反渗透都已在南非使用，用于处理渗漏液、脱盐和染料废水的处理，以回收利用化学试剂和水(Vadevivere *et al*. 1998)。超滤曾经在实际规模的处理厂中使用，以回收聚乙烯醇和其他化合物(Porter 1990)。在处理上胶工艺废水中，使用超滤可以回收超过 97% 的丝胶，而 RO 处理超滤溶液可以回收和使用 70% 的废水(Fabiani *et al*. 1996)。

实验室实验以及实际应用规模实验都证明 NF 和 RO 膜可以有效处理用于棉染色的活性染料、用于聚酯染色的分散染料和用于棉—聚酯染色的活性/分散混合染料。NF 出水可以用于清洗，而反渗透的出水可以用于一切技术场合。热水的回用可以节省大量的能源(Sojka-Ledakowicz *et al*. 1998)。除了用于染色，经 NF 或 RO 处理的清洗水可以有很多回用用途(Wenzel *et al*. 1998)。

另外还有一个结合生化和物理/化学处理的处理纺织废水的方法，即膜生物反应器，也就是活性污泥工艺结合膜分离。Zenon Zee Weed 处理厂曾经试验过 RO 过滤前的预处理，以在科摩纺织工业地区产生适用于回用的废水(Rozzi *et al*. 2000)。反应器中的 TSS 浓度保持为 5～12kg/m^3。经过 4 周的初步试验，得到的结果显示，这一工艺可以很好地适用于 RO 工艺的预处理。

27.3.4.6 其他物理化学方法

离子交换可以去除阴离子和阳离子染料。这是一种可以代替吸附的方法，主要优点是可以原位再生离子交换柱而不会损失吸附材料。这一工艺对于活性染料几乎无效(Robinson *et al*. 2001)。

电絮凝对于去除溶液中的直接染料有很好的效果，但是对于酸性染料的去除效果很差。大量使用硫酸铁和氯化亚铁而产生的大量污泥是这一方法的主要缺陷。

对于特定染料和实际纺织废水的中等规模试验，显示了牺牲铁电极的电解有很好的效果(Vandevivere *et al*. 1998)。这一工艺的主要优点是消耗很少的化学物质并且没有污泥产生。

最后，实验室规模的试验已经证明泡沫浮选是一项简单有效的预处理纺织废水以去除色度和 COD 的方法(Vandevivere *et al*. 1998)。

27.4 实例研究

实验研究记录了前文中一些概念的应用实例。

首先，我们对纺织业工厂中物质流进行了特征化描述，以表明废水是如何产生的。这是高屋建瓴分析方法的具体表现，而且可以定量描述相关的物质流。

然后描述了具体实施的优化水处理技术，以显示在纺织工业中如何节省水资源的使用(见 27.3.2 部分)。

在第三部分则说明水处理技术的可行性以及在集中处理模式下的回用情况。

27.4.1 聚酯加工行业的物质流

以下部分基于由 CIDA srl 作出的以量化有机物和废水负荷为目标的聚酯加工厂的分析(CIDA 内部报告，1992)。

工厂包括了以下工艺：整理、编织、清洗、debaka、染色、印花和最后加工(主要为热加工，抗静电和防水处理)。Debaka 通过使用 NaOH 部分溶解聚酯纤维以获得更好的质地，是一种典型的用于聚酯纤维处理的工艺。

工艺用水由工业管道输送，在 1992 年总体积是 191.500m^3。绝大部分水(96%)由 NaCl 再生的离子交换树脂软化；1000m^3/a 通过 HCl 和 NaOH 再生的离子交换树脂去除矿物质。剩余部分用作卫生和生产用途的原水。

全年分析不同工艺和设备产生的物质流、COD 和 TSS；湿纺过程中使用的材料也被记录。

主要的特征原材料(水和化学物质)和产物(废水和 COD)按照处理的纤维量来计算。

工厂中主要的分工如下所述：

(1) 中央设施：水软化和去离子部分，纯净水的制备和使用；

(2) 整理和编织；

(3) 清洗、染色、印花和最后加工。

图 27.1 给出了每年的产量。处理的纤维量不是以重量计算而是以长度和大小计算的。在科摩纺织地区，这是一种非常普遍的计量方法，但是不能惟一性地确定单位比值——如

以重量比记的水和化学品的用量，因为纤维的长度和面密度会有很大不同。不过，厂家对其产品可以推算每单位长度材料的平均重量为120g。可以指出的是，在清洗、染色和印花阶段，处理的纤维量是不同的，在同一公司，某些纤维是在其他工厂加工的。

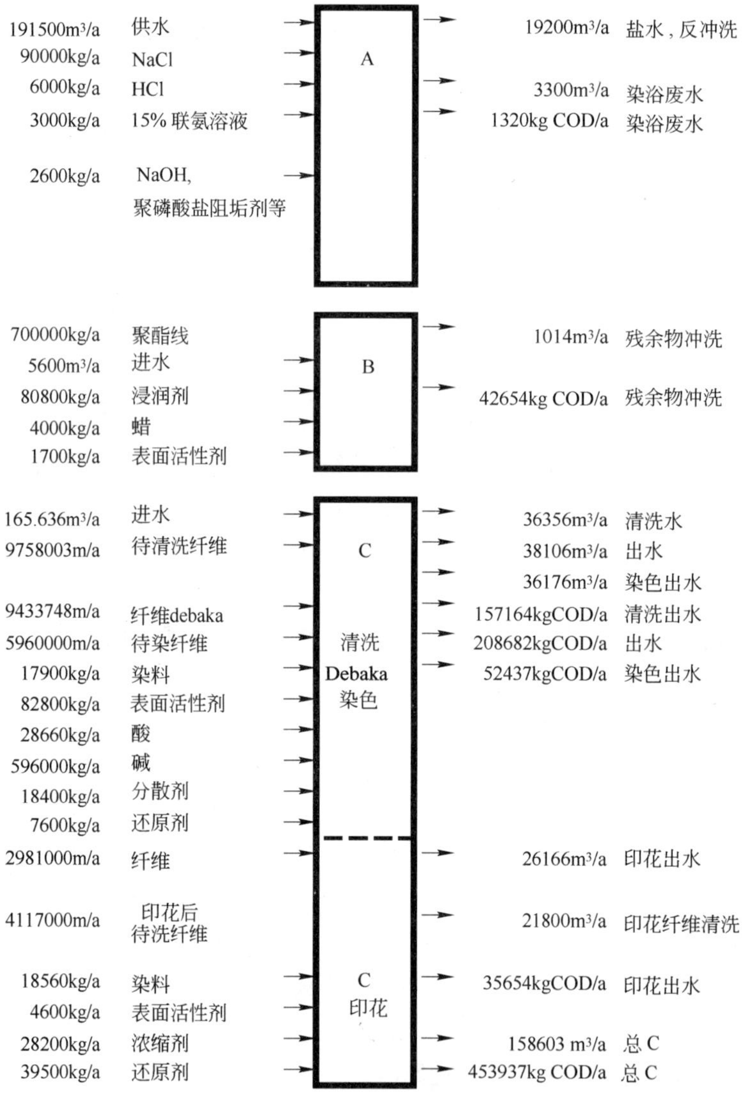

图 27.1 科摩地区聚酯加工厂的物质流

A=中央设施；B=整理和编织；C=清洗、染色、印花

图 27.1 表明使用的化学原料是主要原料(>1000kg/a)，并且指的是商品产量(商品产量中活性组分的浓度是不作考虑的)。

整理和编织在总体积中只占很少部分(0.56%)，而且产生很少的 COD(8.6%)排放，主要是剩余的整理物和设备清洁产生的。在编织前，用于纱线的蜡材料是纱线的 12%(以重量计)，与文献中的结果一致(EPA 1996)。这些在清洗时几乎被完全洗掉，因此引起的

COD 负荷取决于整理用试剂的单位 COD。染料在染色步骤中的消耗量大约为3g/m(约为25g/kg)，在印花过程中为 6.2g/m。在每一步骤中都使用了大量的表面活性剂。以不同工艺中处理的纤维总量计(排除整理和编织过程)，表面活性剂的用量比例为 3g/m。

在这家工厂，每年使用大约 770t 的无机化学物质(主要是盐、酸、碱和还原剂)。清洁、染色、印花过程中单位污水体积和排放 COD 见表 27.6。

单位污水体积和 COD 排放量 **表 27.6**

		清洗	Debaka	染色	印花	总量
污水体积	L/m	2.7	4.0	6.0	14.1	26.8
排放的 COD	kg/m	16.1	22.1	8.8	7.2	54.2

图 27.2 给出了 4 个主要制造步骤的排放比例。不过，这些图不能表明工厂中最终废水的组成，因为纤维材料不一定要经过这所有的加工步骤，某些情况下，印花加工不会在已染色的纤维上使用。

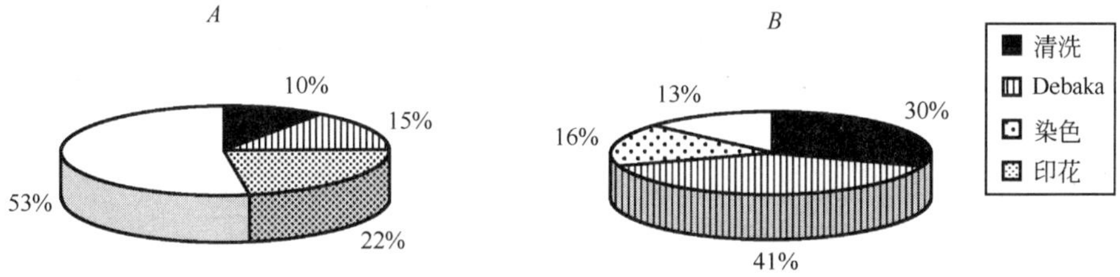

图 27.2 聚酯加工行业每处理 1L 纤维产生的出水(*A*)和 COD 排放(*B*)的相对体积

27.4.2 基于夹点分析的聚酯工厂水回用评价

以下部分基于 Politecnico di Milano 在 CIDA srl 、Boselli 以及 C. Spa. 协助下所作的分析。更详细的方法和结果见 Torri(2000)和 Malpei 等(2000)的文献。

水的夹点分析法(参见 27.3.2 中的简单介绍)，是分析减少废水以及接下来减少要补充的水量的一种系统分析法。其可以确定最适的削减废水和补充水的量，表明可以循环以及/或者需要处理的水的量。所谓“夹点”意味着“瓶颈”或者“伤害点”。

基本的方法与热回收的相仿(Buehner and Possiter 1996; Dhole *et al*. 1996)，在传质/质量平衡中使用污染物浓度作为温度的替代指标。关于传质和传热的夹点相似性的第一份报告是在 1989 由 El-Hwalwagi 和 Manousiouthakis 做出的。从那以后，有一系列报告发表，将夹点分析法扩展到废水方面(inter alia Wand and Smith 1994; El-Halwagi 1992; Doyle and Smith 1997; Majozi *et al*. 1998; Brouckaert *et al*. 1999; Eastwood and Tainsh 1999)。

夹点分析在 Boselli & C 的工厂有所应用(最近的一个实例是于 1995 年开始运行的)，该厂中包括了整理/清洁、染色和最后加工这一完整的聚酯纤维工艺。

水采自 100m 深自备井(T=10～13℃；平均电导：290μm/cm；硬度：130g$CaCO_3$/m)。

1998年用水131000m^3，并按照如下分配使用：120000m^3＝工艺用水，软化后使用；5000m^3＝锅炉用水，经过脱盐处理；6000m^3＝离子树脂交换再生。废水在工程内的处理装置中经过生化处理排放至市政管道，最终被送至集中式废水处理厂。平均废水流量为430～450m^3/d，平均COD为2.8kg/m^3。

研究中仅考虑初步评价补充新鲜水的最小化。进行夹点分析包括以下步骤：

步骤1——收集流量数据：准备完整的水/废水网络流量清单(Torri 2000)，表明用水的节点/废水产生的节点，各种工艺/设备年度消耗/排放水的量等等。

步骤2——收集质量数据：产生的废水的关键污染物(COD、TSS、表面活性剂)特征以及物理化学特征(pH、T、吸光度)。数据直接在工厂收集。

步骤3——收集设备数据：工艺中使用的每一设备的年度情况都要进行分析，包括操作情况(序批式或连续式)，进水数量和特征，反应塔数量和操作顺序，运行时间。这些数据中的某些并不非常需要，但是可以用于初步简化问题，可以排除某些分析过程以及/或者某些用水量很少、很少运行的设备。表27.7总结了最相关的数据。

聚酯加工行业纺织品制造过程中使用设备的运行数据 **表27.7**

	工艺	设备数目	进水(m^3/a)	运行模式	处理纤维量(m/a)(×1000)	运行时间(h/a)
Jets	清洗、染色、漂洗	6	33000	槽式	7000	33500
Siluros	Debaka、染色、漂洗	6	37500	槽式	5500	33500
Rameuse	加工	2	18000	接触式	30000	12000
Mezzera	清洗、漂洗	1	13000	接触式	5000	3300
Hannayama	Debaka、漂洗	3	8000	接触式	3700	1800
Delphin	清洗	1	5000	接触式	3800	1300
总计		114500*				

* 总量略低于上文引用的过程用水量(120000m^3/a)。

步骤4——进行夹点分析：使用了一个基于Matlab的程序。夹点分析仅限于工艺中Jet & Siluros操作部分(机器上使用的工艺如表27.7的第二栏所示)，它消耗了高于50%的总新鲜水。Rameuse工艺中消耗水量不予考虑，因这部分水被纤维吸收，并且在后续热处理中被蒸发了。Hanayama和Delphin设备的用水量同样不予考虑，因该设备使用短暂。对禁止的和允许的内部交叉做了初步理论估算，产生了$n\times n$矩阵，其中n为考虑的过程数，标记为0或1(图27.3)。比如，染深色用的水禁止进入浅色染色或浅色染色清洗过程，含有微量染料的水也不允许进入debaka过程——因为这将毁坏纤维。最终，夹点分析针对单一污染物(如，COD)进行。对于其他污染物，实际上，不能收集如此全面的数据。这种简化，并不影响结果的有效性。实际上，由于颜色而影响废水回用这一约束以及受温度影响最大进料量在上文的初步计算中被考虑过。

步骤5——敏感性分析以及回顾设计：敏感性分析在以上得到的结果下进行，以确认

To N. ⇒ From N. ⇓	2	3	4	6	7	8	9	11	12	14	15	16
1	0	0	0	0	0	0	0	0	0	0	0	0
3	1	0	0	0	0	0	0	0	0	0	1	0
4	0	1	0	0	0	0	0	0	0	0	1	1
6	0	0	0	0	0	0	0	0	0	0	0	0
7	0	0	0	1	0	0	0	0	0	0	0	0
8	0	0	0	0	0	0	0	0	0	0	0	0
9	0	0	0	0	1	1	0	0	0	0	0	0
11	0	0	0	0	0	0	0	0	0	0	0	0
12	0	0	0	0	0	0	0	0	0	0	0	0
14	0	0	0	0	0	0	0	0	1	0	1	1
15	0	0	0	0	0	0	0	0	0	0	0	0
16	0	0	0	0	0	0	0	0	0	0	1	0

图 27.3*a* 矩阵，用于表征在夹点分析 Jets 过程中允许(1)和禁止(0)交换情况

To N. ⇒ From N. ⇓	1	3	4	6	7	10	11	12	13
1	0	0	0	0	0	0	0	0	0
3	0	0	0	0	0	0	0	0	0
4	1	1	0	0	0	0	0	0	0
6	0	0	0	0	0	0	0	0	0
7	0	0	0	1	0	0	0	0	0
10	0	1	0	0	0	0	0	0	0
11	0	0	0	0	0	0	0	0	0
12	0	0	0	0	0	0	1	0	0
13	0	0	0	0	0	1	1	0	0

图 27.3*b* 矩阵，用于表征在夹点分析 siluros 过程中允许(1)和禁止(0)交换情况

适应给定的纺织工艺且不影响夹点分析结果的进水浓度范围。

实际上，敏感性分析是确认进水浓度最大值的关键点。要注意的是，工业过程本身并不能给出确定值。因此通过夹点分析获得适当的解以明确相对于初始固定值且不影响结果的进水浓度波动范围就非常有用了。回顾设计的目标是消除以少量回用水为特征的内部交叉点循环，以便于简化动力学的内部连接和降低对中间池的需要。

27.4.2.1 结果—喷射式染色

喷射机器，在表 27.8 引用的 17 项工艺中都要考虑。不同工艺的进水量、前述步骤 A 至 C 产生的最大允许的进水出水 COD 浓度都同时给出了。表征允许和禁止交换的矩阵列于图 27.3。

对应这些设备的夹点分析的最终结果见图 27.4。新鲜水的使用从 33000m^3/a 削减至大约 23000m^3/a。10000m^3/a 可以被有限次的内部循环回用(相当于当前新鲜水消耗量的 30%)，主要是前一工艺最后使用的清洗水的回用。

在回顾设计之前(步骤 E)，夹点分析表明新鲜水的用量为 20800m^3/a，与前面的实例

相差不大，但是要进行 13 次内部循环。

如果忽略初次推算时的禁用交换(矩阵元素都为 1 并且内部循环都被允许)，计算得到如下结果：新鲜水的用量为 17200m³/a，回用水量 15800m³/a。不过，这一结果不能立即应用，因为夹点分析将 COD 作为惟一的污染物，而不考虑各种工艺出水色度的限制。

对 Jets 和 Siluros 过程进行夹点分析时最大允许的进水和出水 COD(MAI-COD；MAO-COD)和夹点分析得到的有效污水 COD(INP PA COD)。涉及的交换过程以斜体表示　　表 27.8

No.	操作	进水 m³/a	MAI-CODg/m	MAO-CODg/m	In PA CODg/m
Jets					
1	清洗/脱胶	2092	200	9000	0
2	操作 1 后的第一次漂洗	2092	500	1350	131
3	操作 1 后的第二次漂洗	2092	300	405	26
4	操作 1 后的第三次漂洗	2092	140	176	0
5	浅染色	2264	0	2970	0
6	第一次脱模	2264	300	3267	179
7	操作 6 后的漂洗	2264	300	597	60
8	第一次中和	2264	0	600	0
9	操作 8 后的漂洗	2264	0	60	0
10	深染色	2300	0	2970	0
11	第二次脱模	2300	300	3267	176
12	操作 11 后的漂洗	2300	300	597	60
13	第二次中和	2300	0	600	0
14	操作 13 后的漂洗	2300	0	60	0
15	第一次机械漂洗	600	500	1350	135
16	第二次机械漂洗	600	0	135	0
17	机械中和	600	0	914	0
总原水用量		32988			
Siluros					
	Debaka	4968	300	15000	300
1	清洗/脱胶	4968	150	2085	0
2	操作 2 后的漂洗	4968	500	659	500
3	第一次中和	4968	0	966	0
4	浅染色	3048	100	6250	0
5	操作 2 后的漂洗	3048	500	1075	423
6	第二次中和	3048	100	648	0
7	深染色	2538	0	7000	0
8	第一次脱模	2538	150	3535	0
9	第三次中和	2538	100	1344	0
10	第一次机械漂洗	270	500	1350	135
11	第二次机械漂洗	270	0	135	0
12	机械中和	270	0	914	0
13					
总原水用量		37440			

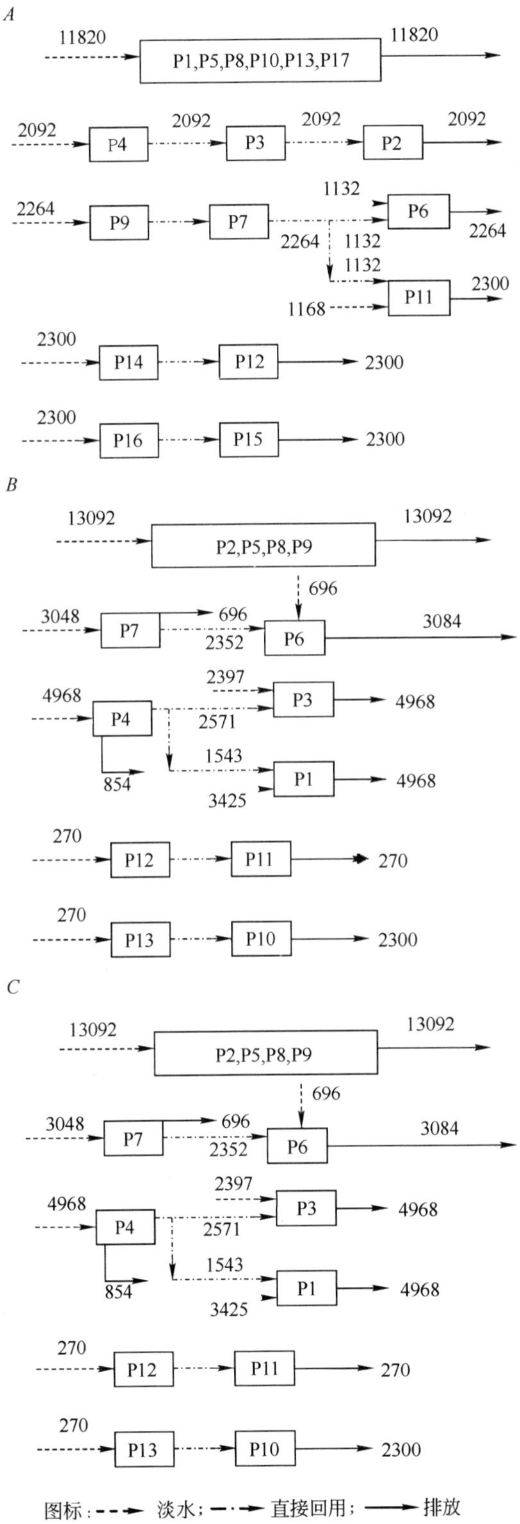

图 27.4 工艺过程中新鲜水消耗、内部废水回用以及废水排放流程图
(*A*)jets 工艺；(*B*)siluros 工艺

27.4.2.2 结果—siluros

表 27.8 记述的 13 个工艺中要考虑 siluros 设备。表征允许和禁止交换的矩阵列于图 27.3。

对应这些设备的夹点分析的最终结果见图 27.4。新鲜水的使用从 37500m^3/a 削减至大约 30400m^3/a。7000m^3/a 可以被有限次的内部循环回用(相当于当前新鲜水消耗量的 19%)。在回顾设计之前(步骤 E),夹点分析表明新鲜水的用量为 29200m^3/a,与前面的实例相差不大,但是要进行 11 次内部循环。

如果忽略初次推算时的禁用交换(矩阵元素都为 1 并且内部循环都被允许),计算得到如下结果:新鲜水的用量为 26700m^3/a,回用水量 10700m^3/a。上文中所述的设备的说明同样适用于当前设备。

27.4.2.3 结论

夹点分析表明,使用有限个蓄水池和管道连接,通过简单的内部回用,可以大量削减新鲜水用量,削减量为 18000m^3/a(约为工艺用水的 16%和已经分析的两个工艺过程用水的 25%)。

表 27.8 关于 jets 与 siluros 的夹点分析数据,最大允许进料和出料 COD 浓度(MAI-COD; MAO-COD)和由夹点分析得出的有效流体 COD 浓度(IN PA COD)。允许进行交换的工艺以斜体字标记。

27.4.3 集中处理与回用水厂的实例

意大利北部科摩省,很多中小型纺织企业聚集于很小的一片区域构成纺织区。很大一部分新鲜水(35000m^3/d)采自科摩湖,并且通过工业输水管道进行分配。工业废水通过公共管网进入集中式水处理厂,与市政废水进行混合处理,进入水处理厂的流量为 100000m^3/d。由 CIDA srl 在两个完整规模的处理厂中建设了示范性处理设施,以探索比较各种生物二级处理方式以及证明在纺织加工工艺中直接回用的可行性(EC 合同最终报告 ENV4-CT95-0064,1999)。

第一座处理厂名为 Bulgarograsso WWTP。处理工业废水和市政废水的混合水,以水力学流速计,一般工业废水在其中的比例为 50%,旱季工业废水的比例可以上升到 70%。其中高达 92%的工业废水是由织物印花和染色厂排放的。

第二座处理厂名为 Fino Mornasco WWTP。同样处理工业废水和市政废水的混合水,全年工业废水所占的比例不低于 55%(以水力学流速计)。大约 97%的工业废水是由染色和印花工厂排放的。

初级和二级处理在两厂中是相同的。在第一座处理厂,深度处理为砂滤加臭氧氧化;而第二座处理厂中絮凝沉淀代替砂滤成为臭氧氧化的预处理步骤。

示范性处理设施中,建有 GAC 过滤柱,选用颗粒炭(Norit PK1-3,在 8 类商品中选出),处理经臭氧氧化处理的水,流量为 40m^3/h,接触时间 30min。由于供水中氧的浓缩,过滤柱中增殖了固定化微生物,这些微生物生长在颗粒表面(BAC 工艺)。

试验使用过初生和再生的活性炭(表 27.9)。

在所有的试验中，经过一段时间的运行，出水 COD 很相近，但是进水的情况不令人满意。总 COD 去除表明，生物作用可以提高去除能力和炭的使用时间。

示范性 GAC 的试验结果 **表 27.9**

	pH	COD(mg/L)	TSS(mg/L)	426nm 吸光度	558nm 吸光度	660nm 吸光度	醛(mg/L)
				试验 1A			
进水	7.7	135	20	0.055	0.024	0.011	0.47
出水	7.7	67	5	0.028	0.011	0.005	0.12
去除%	—	50	75	49	54	55	74
				试验 1B			
进水	7.8	143	27	0.061	0.027	0.012	0.4
出水	7.7	73	7	0.034	0.015	0.006	0.16
去除%	—	48	74	44	44	50	60
				试验 1C			
进水	7.7	124	20	0.052	0.024	0.010	0.43
出水	7.7	74	6	0.034	0.015	0.006	0.19
去除%	—	40	70	35	38	40	56
				试验 1D			
进水	7.4	126	15	0.057	0.025	0.010	0.40
出水	7.4	73	6	0.043	0.018	0.007	0.22
去除%	—	42	70	24	28	30	45
				试验 2			
进水	7.8	94	20	0.044	0.020	0.007	0.23
出水	7.7	59	9	0.032	0.015	0.004	0.15
去除%	—	37	55	27	25	43	35
				试验 3			
进水	7.8	63	6	0.016	0.008	0.005	0.39
出水	7.7	31	3	0.010	0.005	0.003	0.10
去除%	—	51	50	37	37	40	74

试验包括：

1A-plant：Bulgarograsso，炭：初次使用，流速：$20m^3/h$，EBCT：60min，天数：18

1B-plant：Bulgarograsso，炭：初次使用，流速：$30m^3/h$，EBCT：45min，天数：24

1C-plant：Bulgarograsso，炭：初次使用，流速：$40m^3/h$，EBCT：30min，天数：25

1D-plant：Bulgarograsso，炭：初次使用，流速：$30m^3/h$，EBCT：45min，天数：73

2-plant：Bulgarograsso，炭：再生的，流速：$40m^3/h$，EBCT：30min，天数：119

3-plant：Fino Mornasco，炭：初次使用，流速：40m^3/h，EBCT：30min，天数：133

可见光范围内不同波长下色度测量的结果显示不同的模式：第一周色度去除的情况很好，以后则下降很快。这种令人失望的结果，过滤柱对吸光度的衰减作用比对COD的作用小。在进水色度低时，可以观察到脱附，因为有些有色化合物是弱吸附的。

COD和颜色的去除证明了活性炭再生后吸附能力的恢复。

即便进水的浓度更低，在Fino Mornasco处理厂的处理效率更高。

使用了一些经处理的水进行试验室规模的蚕丝加工试验。蚕丝的脱胶和染色都在“TESSILE DI COMO”试验室进行。再生水的特征如表27.10所示。蚕丝染色中的酸性染料(CI酸性蓝225)浓度为0.5%或2.0%。经过处理过的废水脱胶的蚕丝使用处理过的废水和可饮用水分别进行染色试验。同样对使用饮用水进行脱胶的蚕丝进行试验。从透明度的角度考虑，各处理厂处理过的废水都是适用于脱胶的。即便试验结果不是非常明晰，使用色度控制，丝绸染色的评价结果还是令人鼓舞的。

处理过的废水水样特点 **表27.10**

		Bulgarograsso	Fino Mornasco
pH		7.1	7.2
电导	μS/cm	2400	1200
碱度	$mgCO_3$/L	246	
硬度	$mgCaCO_3$/L	196/3.6*	90/0*
氯离子	mg/L	575	325
COD	mg/L	76	58
氨 NH_4^+-N	mg/L	0	17.3
TKN	mg/L	2.4	15.1
硝酸盐 NO_3-N	mg/L	9.5	4.2
426nm吸光度(光程0.01m)		0.027	0.008

*出水水样/经软化处理水样。

科摩地区纺织厂内一系列试验室规模的试验(试验对象包括醋酸酯纤维、聚酯-棉纤维、蚕丝和醋酸酯蚕丝等)表明，Fino Mornasco处理厂生产的再生水与通常工厂使用的新鲜水的效果一样好。

结论是：废水循环在这类纺织工业区是可行的，成本上也可以接受。系统可靠性高，而且封闭性问题(当活性炭失效时比较严重)，可以通过有效的和频繁的反洗来解决。未解决的问题与试验过程中生产的水质的变化有关。虽然活性炭在COD和颜色变化方面有让人失望的变化趋势，但该缺点可以保证以回用为目的的废水所要求的稳定性。对气浮和臭氧氧化部分使用自动控制不失为解决以上问题的一个方法。

27.5 参考文献

Antonelli M., Rozzi A. (2001) Italian experience in treatment of discharges containing dyehouse effluent and possibilities of reuse. In Water recycling in textile wet processes. Society of Dyers and Colourist. (in preparation).

Balanosky E, Herrera F, Lopez A and Kiwi J. (2000) Oxidative degradation of textile wastewater. Modelling reactor performance, Wat. Res., 34(2), 582-596.

Bergna G., Bianchi R., Malpei F. (1999). GAC adsorption of ozonated secondary textile effluents for industrial water reuse. Wat. Sci. Tech., 40, (4/5), 518-525.

Bianchi R., Antonelli M., Malpei F., Mattioli D., Rozzi A., (1999). Wastewater recycling in the textile industrial district of Como (Italy). Proceedings 18th IFATCC Congress 1999, Copenhagen, Denmark.

Bortone, G., Gemelli S., Tilche, A., Bianchi, R., Bergna, G. (1997). A new approach to the evaluation of the biological treatability of industrial wastewater for the implementation of the "waste design concept". Wat. Sci. Tech., 36(2-3), 81-90.

Bravin P., (1999). Chiariflocculazione di reflui secondari: dosaggi in funzione degli obiettivi. M. Sc. Thesis in fulfilment of Engineering degree Politecnico di Milano.

Brouckaert C. J., Buckley C. A., Peters S., Woodhouse C. (1999) Optimal location of a membrane treatment plant in a power station. International Specialised Conference on Membrane Technology in Environmental Management (IAWQ), Tokyo, Japan, 1-4 November 1999.

Buehner F. W., Possiter A. P. (1996) Minimise waste by managing process design. Chem. Tech., 26(4), 64.

Carliell C. M., Barclay S. J., Buckley C. A., (1996). Treatment of exhaustive reactive dyebath effluent using anaerobic digestion: laboratory and full scale trials. Water SA, 22, 225-34.

Carliell C. M., Barclay S. J., Shaw C., Wheatley A. D., Buckley C. A. (1998). The effects of salts used in textile dyeing on microbial decolourisation of a reactive azo dye. Environ. Tech., 19(11), 1133-1137.

Correia V. M., Stephenson T., Judd S. J. (1994) Characterisation of textile wastewater-a review. Environ. Technol., 15(10), 917-929.

Dhole V. R., Tainsh R. A., Wasilewski M., Ramchandani N. (1996) Make your process water pay for itself. Chem. Eng., 103.

Doyle S. J., Smith R. (1997) Targeting water reuse with multiple contaminants. Trans IchemE., 75, Part B, 181-189.

Dulio V. (2001) Integrated Pollution Prevention and Control (IPPC)-Reference document on best available techniques for the textile industry. Draft dated February 2001.

Eastwood A., Tainsh R. A. (1999) Pinch technology for water re-use. Proc. IWRR 1 Industrial wastewater recovery and Reuse, Cranfield University, 24th November 1999.

El-Halwagi M. M. (1992) Synthesis of reverse osmosis networks for waste minimization.

AIChE Journal, 38, (8), 1155.
El-Halwagi M. M., Manousiouthakis V. (1989) Synthesis of mass-exchange networks. AIChE Journal, 35, (8), 1233-1244.
ENV4-CT95-0064 (DG12-DTEE) (1999). Final report for EC contract "Integrated water recycling and emission abatement in the textile industry". Programme Environment and Climate 1994-1998.
EPA (1996) Best Management Practices for Pollution Prevention in the Textile Industry, Manual. EPA 625R96004.
EPA (1997) Profile of the Textile Industry. Sector Notebook Project EPA/310-R-97-00.
Fabiani C., Pizzichini M., Spadoni M., Zeddita G., (1996). Treatment of waste water from silk degumming processes for protein recovery and water reuse. Desalination, 105, 1-9.
Gravelet-Blondin L. R., Carliell C. M., Barclay S. J., Buckley C. A., (1996). Management of water researches in South Africa with respect to the textile industry. 2nd IAQW Specialised Conference on Pretreatment of industrial wastewaters. Athens Greece.
Groves G. R., Buckley C. A., Turnbull R. H. (1979) Closed loop recycle systems for textile effluents. J. Water Pollution Control Federation, March 1979, 499-517.
Guwy A. J., Buckland H., Hawkes F. R., and Hawkes D. L., (1998) Active Biomass in Activated Sludge: Comparison of Respirometry with Catalase Activity Measured Using an On-line Monitor. Wat. Res., 32(12), 3705-3709.
Herrera F., Kiwi J., Lopez A., Nadtochenko V. (1999) Photochemical decoloration of Remazol Brilliant Blue and Uniblue-A in the presence of Fe^{3+} and H_2O_2 Environ. Sci. Technol., 33, 3145.
Jekel M. (1997) Wastewater treatment in the textile industry. In Treatment of wastewater from textile processing Technische Universität Berlin (Ed.) Sfb 193-Biologische Abwassereiuningung 9, 3-12.
Jiang H., Bishop P. L., (1994). Aerobic biodegradation of azo in biofilms. Wat. Sci. Tech., 29, 525-30.
Lopez A., Kiwi J., Rozzi A., Mascolo G., Di Pinto A. C., Passino R. (1999). Ozonation of membrane concentrated textile secondary effluents: an effective alternative to Fenton- and photo-Fenton treatment. Proc. International Ozone Association 14th Ozone World Congress, August 22-28, Dearborn-Michigan-USA.
Lopez A., Mascolo G., Ricco G., Tiravanti G., Di Pinto A.C., Passino R. (1998). Biodegradability enhancement of refractory pollutants by ozonation: a laboratory investigation on an azo-dyes intermediate. Wat. Sci. Tech., 38, (4-5), 239-245.
Malpei F., Rozzi A., Mattioli D., Torri P., Boselli M., Brouckaert C. (2000) Control of water uses and pollution via regulatory and waste minimization approaches: a case study. Proc. International Symposium on Sanitary and Environmental Engineering

(SIDISA) Trento (Italy)18-23 Settembre, 1, 299-307.

Majozi T., Brouckaert C. J., Buckley C. A. (1998) Effluent reclamation and reuse in a group of agrochemical manufacturing plants using process integration. Proc. 4th International Symposium on waste management problems in agro-industries, Istanbul (Turkey), 213-25 September 1998, 433-438.

Marmagne O., Coste C., (1996). Color removal from textile plant effluents. Am. Dyest. Rep., 85(4), 15-21.

Massone A., Gernaey K, Rozzi A. & Verstraete W. (1998) Measurement of ammonium concentration and nitrification rate by a new biosensor. WEF Research Journal, 70(3), 343-350.

O'Neill C., Hawkes F. R., Esteves S. R., Hawkes D. L., Wilcox S. J., (1999). Anaerobic and aerobic treatment of a simulated textile effluent. J. Chem. Technol. Biotechnol., 74(10), 993-999.

Porter J. J., (1990). Membrane filtration techniques used for recovery of dyes, chemicals and energy. Textile Chemist and Colorist, 22, 21-25.

Ramakrishna, K. R., Viraraghavan, T., (1997). Dye removal using low cost adsorbents. Wat. Sci. Tech. 36(2-3), 189-196.

Robinson T., McMullan, G., Marchant R., Nigam P., (2001). Remediation of dyes in textile effluent: a critical review on current treatment technologies with a proposed alternative. Bioresearch technology, 77, 247-255.

Rozzi A., Bianchi R., Liessens J., Lopez A., Verstraete W. (1997). Ozone, GAC and membrane treatment of secondary textile effluents for direct use. Colloquium: Treatment of wastewaters from textile processing, Berlin, 17-18 Nov/'97, pp 25-47.

Rozzi A., Ficara E., Cellamare C. M., Bortone G., (1999). Characterization of textile wastewater and other industrial wastewaters by respirometric and titration biosensors. Wat. Sci. Tech., 40(1), 161-168.

Rozzi A., Malpei F., Bianchi R., Mattioli D., (2000). Pilot-scale membrane bioreactor and reverse osmosis studies for direct reuse of secondary textile effluents. Wat. Sci. Tech., 41(10-11), 189-195.

Rozzi A., Malpei F., Bonomo L., Bianchi R. (1999) Textile wastewater reuse in Northern Italy(Como). Wat. Sci. Tech., 39, 5, 121 128.

Sojka-Ledakowicz J., Koprowski T., Machnowski W. and Knudsen H. H., (1998). Membrane filtration of textile dyehouse wastewater for technological water reuse. Desalination, 119, 1-10.

Snbowden-Swan L. J. Pollution Prevention in the Textile Industries, in Industrial Pollution Prevention Handbook, Freeman H. M. (Ed.), McGraw-Hill, Inc., New York, 1995.

Steenken-Richter J., Kermer W. D. (1992). Decolourising textile effluents. J. Soc. Dyers

Colourists, 108, 182-186.

Steiner N. (1995) Evaluation of peracetic acid as an environmental safe alternative for hypochlorite. Text. Chem. Col., 27(8), 29-31.

Stengg W., (2001) The textile and clothing industry in the EU. Enterprise papers No 2-2001.

Tan N. C. G. (2001). Integrated and sequential anaerobic/aerobic biodegradation of azo dyes. Ph. D. Thesis. Wageningen University. Wageningen, The Netherlands.

Terras C., Vandevivere P. C., Verstraete W. (1999). Optimal treatment and rational reuse of water in textile industry.. Wat. Sci. Tech., 39(5), 81-88.

Torri P. (2000). Riduzione dei consumi idrici in una azienda tessile mediante applicazione della Pinch Analysis. M. Sc. Thesis, Politecnico di Milano(Italy)DIIAR.

Vandevivere P. C., Bianchi R., Verstraete W. (1998). Treatment and reuse of wastewater from the textile wet-processes industry: review of emerging technologies. J. Chem. Technol. Biotechnol., 72, 289-302.

Wang Y. P., Smith R. (1994) Wastewater minimization. Chem. Eng. Science, 49, (7), 981-1006.

Wenzel H., Knudsen H. H., Kristensen G. H., and Hansen J., (1996). Reclamation and reuse of process water from reactive dyeing of cotton. Desalination, 106, 195-203.

Wenzel H., Knudsen H. H., Sojka-Ledakowicz J., Machnowski V., Koprowska J., Grzywacz K., Hansen J., Birch H., Pedersen B. M., Jozwik A., (1997) Cleaner technology transfer to the Polish textile industry-Idea catalogue and selected options. Environmental project of Danish Ministry of Environment and energy and Danish Environmental Protection Energy.

28 为造纸厂白液处理和水循环提供更多可能的新型中高温处理工艺—肾技术—概念

Dieter Pauly

28.1 简介

欧洲造纸行业平均每年生产85000000t纸制品，每吨产品的平均用水量为20m³(总用水量17亿t/a)。造纸业因此成为用水量很大的行业之一。现在水的循环利用率可以达到90%，一些造纸厂已经实现了水的闭路循环(NN-Paper1999；NN-Annual Statistics 1998；NN-Inquiry 1996)。

废水体积减少导致了污染物的负荷很高(COD：20～30g/L；电导率6～10mS/cm，等)，这样水质(黏度，气味、色度等)进一步恶化，相应引起生产能力的下降(出现机械错误、黏液、页面破损等)。使用较多的回收纸时情况将更加恶化。现有的处理技术对于闭路循环工艺而言表现出明显的限制(Pauly 2001a)。

严厉的立法和本地边界条件对大多数造纸厂产生了压力，促使其减少COD量以及废水中的COD负荷。回收纸的利用率将进一步增加，很大程度归于欧盟指导性文件94/62以及包装和包装废物委员会有关规定的颁布(Pauly 2001b)。

由于这些原因，对于大多数造纸厂而言，废水中不含有纸产品具有重要的经济性。然而，由于质量和产量损失，闭路循环工艺只能在很少的造纸厂实施(NN-Inquiry 1996)。

如果要在闭路水循环中高度整合高级技术，那就必须进行优化以保证最小新鲜水损失、最佳缓冲液规模、以及最大可能地减少妨碍造纸机械的物质(Pauly and Kappen 1999a；Kappen and Wilderer 2002，第12章)。

在这一背景下，确定了一个详细计划，最终要达到零废水的造纸循环。如果造纸用水实现了闭路循环，水温将升至50～60℃。从避免冷却和加热过程(包括众所周知的热交换器热损失问题)的能量消耗观点出发，整体水处理概念得到正视，这样可以保证造纸机械在高温条件下也可以运行。为此需提倡迄今在工业实践中还不为人知的废水处理工艺方法。

28.2 现状

通过闭路水循环，造纸厂可以减少 90%或更多废水，过去曾有很多配有闭路水循环、无废水的造纸厂，不过现在只有很少几家。因此需要新的废水处理工艺。

在加热条件下，可持续的处理技术与高级处理工艺相结合，可靠控制了工艺流程用水中有害物质的水平。加热条件下的整体水处理概念包括厌氧过程、吹脱/分离阶段和适当的膜处理(本章中这一工艺过程被命名为肾技术)。与常规过程相比，该过程能更有效地减少/去除不溶物或胶体物质。

这一水处理概念为通过闭路循环获得零废水造纸业提供了很有前景的方法——比现有 Zulpich 实施的技术更先进(Diedrich *et al*. 1997；Habets and Knelissen 1997)。

一般而言，造纸厂管理者根据其处置意愿配置适当的工厂和设施以回应以下要求：

- 如何将其工厂地水循环成功地进行优化，最小化清洁水的损失量、优化缓冲溶液体积和最大化造纸能力，以减少有害物质(更深入的背景可见Ⅲ部分，Kappen and Wilderer)。
- 如何结合特定的水循环过程以满足厂址的边界条件?
- 在不超越对敏感性消费者的保护限制条件下保持被处理水的无机和有机物浓度的成本是多少?
- 哪种经济和环境收益可以从建设新的处理设施中衍生出来?

全闭路循环并不是解决问题所必需的。不过，在大多数实例中，高级整体处理步骤同时获得了经济和生态好处。

这一整体过程水处理概念“肾技术”可以用于较高的温度(50～60℃)，这样对于造纸全过程正面影响了产率水平(+5%)降低了能量消耗(>−5%)。与常规处理相比，生物处理阶段的特定 COD 负荷将增加(>+50%)。由于高生物浓度、高温和使用了膜技术，处理需要的空间很小。与现有技术相比，生物处理阶段的剩余污泥可以大量减少(−40%～−90%)。膜技术显著提高了工艺用水的质量，去除了悬浮性固体、微生物和胶体 COD。使用反渗透，盐也可以被分离。

在欧盟研发计划下，这一服务于造纸厂循环用水水处理工艺概念得到发展。其结果同样可以用于转化这一概念，生产高品质纸。

28.2.1 厌氧处理的应用

表中比较了当前中温(表 28.1)以及高温(表 28.2)的废水处理系统的表现。直接比较两系统中的产气是不合适的。如果单位产气速率接近或者超过 0.35m^3/kgCOD 的理论值，那么在计算时除了甲烷还要包括 CO_2。

表 28.1 和 28.2 给出了欧洲造纸厂中，中温条件下的厌氧处理。另外，造纸厂闭路水

造纸厂运行用水/废水完整规模嗜温处理厂的运行参数 **表 28.1**

技术	Q_d (m^3/d)	$B_{d\text{-}COD}$ (kg/d)	体积① (m^3)/(m^3)	$B_{R\,COD}$ (kg/(m^3·d))	B_{oTS}(kg/kgd)	COD_{eli} (%)	生物量(m^3/kg COD_{eli})	CH_4(%)	pH②(—)	HRT(h)	T(℃)	出处
UASB	150～7200	750～20000	220～2100/150～2700	5.7～22.0	0.4～0.6	65～85	0.28～0.50	65～80	6.8～7.1	6.0	25～38	(Schmid and Weinberger 1999; Van Lier 1995)
固定床	2000～4000	11000～25000	500～830/2250～3520	4.9～7.1	0.4～0.6	70～77	0.41～0.42	70	7.0	21.1～27.0	30～38	(Schmid and Weinberger 1999)
IC	10000～11000	—	500～1500/1200～1500	20.0	0.6～0.7	70～80	—	65～70	7.0～7.1	3.5～4.0	30～38	(NN-Paques)

①预酸化体积/甲醇反应器体积；②通过反应器出水测量。

造纸厂运行用水/废水小规模嗜热处理厂的运行参数 **表 28.2**

技术	规模	Q_d (m^3/d)	$B_{d\text{-}COD}$ (kg/d)	体积① (m^3)/(m^3)	$B_{R\,COD}$ (kg/(m^3·d))	B_{oTS}((kg)/kg·d))	COD_{eli} (%)	生物量(m^3/kg COD_{eli})	CH_4(%)	pH②(—)	HRT(h)	T(℃)	出处
UASB	实验室	—	—	0.3～0.4	5.7～22.0	—	65～75	0.3	—	—	3.8～6.4	30～38	(Rintala and Lepisto 1992; Jahren *et al.*. 1997; Schmid)
过滤	实验室	0.01	—	17	2.8～49.5	—	51～89	—	—	—	12～48	28～35	(Harris and Dague 1993)
混合	实验室	10000～11000	—	1	4～15	—	60～70	0.3	45～60	—	3.1～14	25～35	(Jahren *et al.*. 1999)
多级	实验室	—	—	2	1～16	—	40～70	—	—	—	2.6～20	28～35	(Jahren *et al.*. 1999)
生物膜	实验室	—	—	7	1	—	40～55	—	—	—	48～72	28～35	(Jahren *et al.*. 1999)
UASB	实验室	0.113～0.154	0.623～0.984	41	173～274	1.53～2.34	81～83	0.27～0.29	67～68	7.0	63～94	55	(Pauly *et al.*. 1999c; Pauly 2001a)

①预酸化体积/甲醇反应器体积；②通过反应器出水测量。

循环中另外一个主要的方面是升温问题，水温可以升至50～60℃。不过，两年前是没有高温条件下的大规模运行经验的。现在，三种不同的装置被安装在欧洲的造纸厂：Kappa Graphic Board hoogezand(芬兰)，VPK Oudegem(比利时)和Paperlera de la Alqueria(西班牙)。在Kappa Hoogezand，高温细菌在另外的造纸厂的70m³的反应器中培养了一年。必须这样做的理由在于工艺用水的温度已经升至55℃，没有时间留给细菌增殖。在VPK Oudegem，温度是逐渐增加至45℃，因此保证高温细菌可以在工厂的运行中逐渐增加。

28.2.2 膜技术的应用

表28.3给出当前造纸厂水处理工艺中使用的工业规模、中试规模以及实验室规模的膜处理装置的情况(处理“白液”)。

用于造纸厂工艺用水/废水处理的一些工业、中试和实验室规模的膜处理装置　　表28.3

膜	规模	造纸厂/机构	水	出处
NF以及RO	中试	Florida厂	过程用水	Lien and Simonis 1995
UF(管式)	中试	Laukas Ltd Lappeenranta	补充水	Nuortila-Jokinen *et al*. 1995
NF(螺旋式)	中试	Voith实验室平台	循环水，生物处理出水	Monnigmann and Schwarz 1996
UF(CR)	工业	Czarnkow；Svanboard Svanskog；Metsa-Serla Kirkniemi	白液	Teppler *et al*. 1996
UF以及生物膜	实验室	Zenon实验室	白液	Tardif and Hall 1997
UF(CR)	工业	Husum of Mo & Domsjo AB	漂白废水	Kothe and Schroth 1999
UF(HF，管式)	实验室	PTS，慕尼黑	白液	Pauly 1999；2001a
UF(HF)+RO	中试	VPK，Oudegem	白液	Pauly 2001b
NF(螺旋)	工业	Palm，Eltmann	废水	Schirm *et al*. 2001
UF(CR)	工业	M-Real Kirkniemi；Stora Enso Uetersen；Domsjo AB；Propapier	白液	Sutela 2001

28.3 结果与讨论

28.3.1 经小规模处理厂验证的水处理厂设计

28.3.1.1 小规模处理厂

图28.1所描述的处理工艺概念通过使用以下的方法实现：首先，明确将要处理的废水的某些特性。白液的特征是高COD浓度(6700～7400mg)和高钙浓度(1200～1700mg)。硫酸根浓度为300～500mg，也就是说，不允许进行水循环。另外，低电位(介于100～150mV)表明了厌氧条件，这种情况同样被高碳酸浓度(3000mg或更高)所确认。

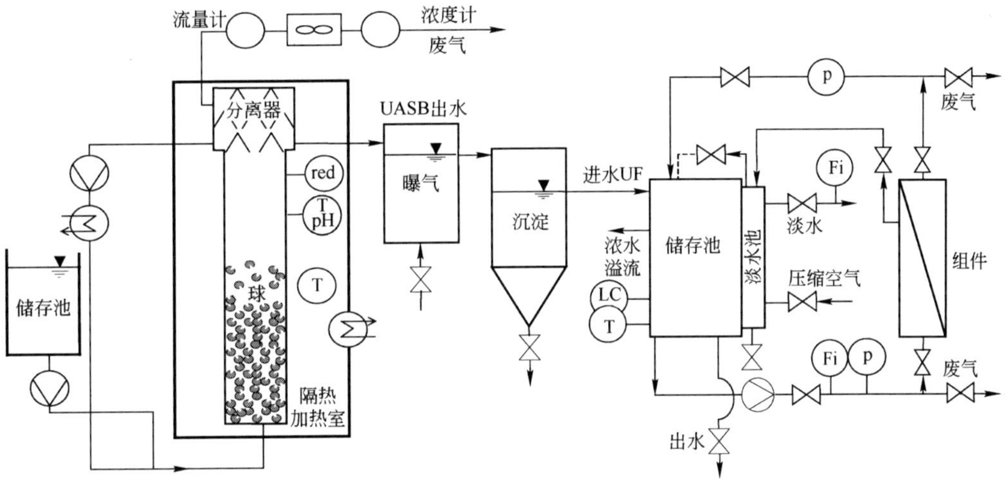

图 28.1 过程概念—肾技术

有关试验建议处理过程进行修改，以达到：第一步：碳酸浓度、其他 COD 相关物质、钙离子和硫酸根的大幅度减少；第二步，去除固体悬浮物、微生物，色度和导致味道的物质。

整体水处理技术概念的优点总结如下：

肾技术处理概念的优点 **表 28.4**

优　点	是否经济	能　耗	去　除	添 加 物
厌氧高温处理单元	是	产出高于消耗	溶解性/胶体 COD，硫酸根	只需必要营养成分，无其他物质积累
曝　气	是	少量能源投入	碳酸钙(直接通过调节 pH)，挥发性物质	无
分　离	是	少量能源投入	碳酸钙/硫酸根，悬浮性固体	取决于是否需要絮凝
膜 处 理	取决于待处理液体(数量和质量)	少量能源投入	悬浮性固体，有色物质，电解质，一些溶解性 COD(盐是通过 NF 或 RO 去除)	清洁用试剂和络和剂

28.3.1.2 COD 降低：生物+曝气

COD 的削减量是废水处理厂处理效果的一个标志，图 28.2 是一个废水处理厂 COD 的削减情况。

厌氧工艺依赖微生物在无氧条件下以污染物为养料实现消减 COD。厌氧反应器(后续有/无曝气)可以达到很高的 COD 削减量(平均 81%)，同时污泥浓度也较高(可达 2.3～2.5kg/(kg・d))。在反应器系统的污泥负荷处于定值时，B_{oTS}=1.5kg/(kg・d)(见图 28.2，从第 82 天起)，COD 削减率也可以保持在平均 81%的水平。

在有规律的间隔时间内，建立起完整的平衡。生物相产气包括 66.9%的甲烷，28.7%的二氧化碳，4.4%的硫化氢，痕量氢气和其他化合物。甲烷和 CO_2 的比例成为衡量厌氧反应器效率的指标。

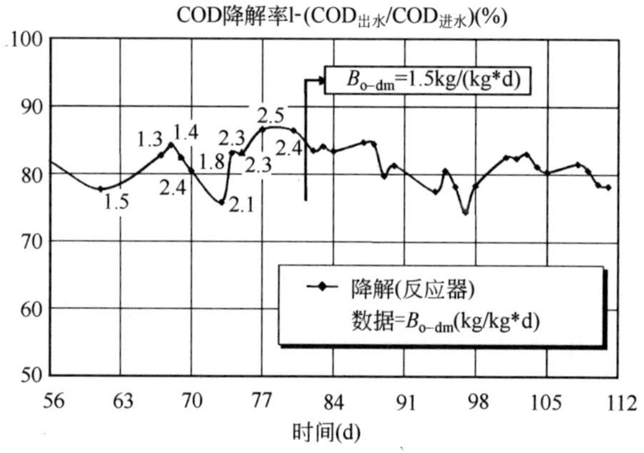

图 28.2 中高温(55℃)厌氧条件下、pH=7、小型实验装置中(4L，进水为造纸厂工艺用水)，COD 的消除速率与污泥负荷 B_R(kgCOD/(kgVSS·d))

曝气阶段产生的少量 COD 消减，与其是归于好氧降解作用，不如归于挥发性 COD。平均而言，吹脱阶段可以将厌氧反应器出水中 COD 降低 7%。不过，COD 的降低，不是加入吹脱过程的最主要原因，吹脱的最主要目的是消除钙(由于 pH 发生变化)，并且提高污泥的沉淀性能(由于钙的含量而增重)。

28.3.1.3 钙的沉降

引入高级处理之前，造纸厂白液具有很高浓度的钙，会引起结块和结垢导致生物量损失而不能直接进入厌氧反应器。白液经过化学预处理(碳酸钠)，钙的浓度可以降至 550mg/L 以下，能够保证厌氧反应器的运行安全和运行可靠性。

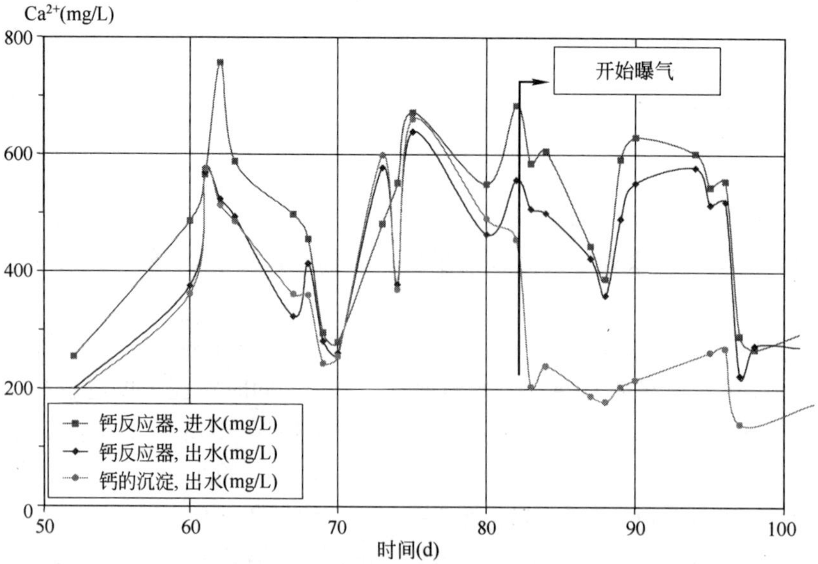

图 28.3 钙的变化：水经过厌氧处理、吹脱和沉降

在大型处理装置中，不需要进行化学预处理，钙的浓度在曝气步骤即可降至 500mg/L 以下。图 28.3 表明曝气步骤除钙的优点，当进水浓度超过 550mg/L 时，钙的浓度消减了 50%～60%。

表 28.5 总结了实验过程中钙的浓度变化。进水钙浓度低于 200mg/L，曝气无用而且会产生其他费用。钙的浓度在 400mg/L 或略高时，软化很重要，因为可达到 50%的去除率。钙离子浓度在 500mg/L 时，更多的钙被留在反应器内，不能被增长的微生物所补偿。不过，应当注意到，不仅仅是钙的浓度，可用的碳酸根的浓度以及其他溶解性元素的含量，构成生物反应系统中沉淀钙的边界条件。

小型中高温厌氧反应器中钙的浓度演变（使用造纸厂工艺用水） **表 28.5**

进水中 Ca^{2+} 的浓度	现　　象
200mg/L	曝气重要性增加
低于 400mg/L	反应器中没有明显的钙沉淀
超过 400mg/L	曝气阶段十分重要
500mg/L	钙离子浓度的增加在反应器中保持
550mg/L 或更高	反应器截留了过量增加的钙

28.3.1.4 COD 的削减：膜处理阶段

COD 削减速率在整个处理时间中变化很大，最高达到 15%。

变化的 $COD_{反应器出水}$ 值没有影响该模式下的消减速率，也就是说，保持了 45%和 30%的消减率。没有任何生物预处理，截留能力在 5%～10%。

因为使用压缩空气反冲对于使用的材料没有任何作用，而且通量下降得非常快，所以系统在运行一周后需要次氯酸钠溶液清洗。不过，结垢最小化和堵塞问题的清洗方法应当被优化。

28.3.2 造纸厂中试和工业规模处理厂的设计

正如 28.3.1 所述，最初的试验是在小的中试装置(4/e)中进行的，以此为基础又在中试装置(图 28.6)和正在造纸厂运行的工业规模处理装置(图 28.5)上进行了试验。

小的中试装置在 55℃温度下取得了极好的降解率，以此为基础又进行了更多的试验，中试的温度是 48～55℃，工业规模的温度约为 45℃。结果第一次证明在中高温条件下大规模处理同样可以取得有效净化的结果。

在参数优化后，体积(>30kgCOD/(m^3 · d))和污泥负荷(2.3～2.5kgCOD/(kgVSS · d))要明显高于标准造纸厂水平(10～15COD/(m^3 · d)，0.5～0.8kgCOD/(kg VSS d))，COD 可以降低 50%～80%，硫酸根降低 30%～50%。

同时，结果证明厌氧处理不仅产生了比较好的净化效果(图 28.2)，而且有利于后续超滤单元(图 28.4)并且可以增加膜处理能力。根据这些结果建立了造纸厂废水处理厂，确认了使用中空纤维和卷式膜的结果。得到的数据可以直接用于商业设施。

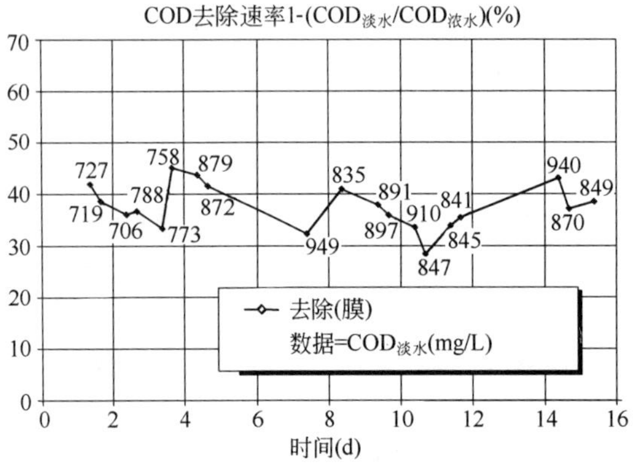

图 28.4 经 UF-生物预处理的水的 COD 变化速率：PES(聚砜)；孔径：0.5μm；流速(平均) V=0.95m/s；P_{in}=2.3bar；P_{out}=1.9bar；T=36℃；过滤面积=0.05m^2

图 28.5 用于深度处理的一体化中高温厌氧处理装置：UASB 反应器以及放大的 IC 反应器

系统在切向出水条件下运行，其设计满足以下不断发展的需要：

- 切向出水过滤
- 单通道模式过滤/出水
- 使用/不使用化学试剂反洗
- 化学浸泡步骤
- 快滤
- 切向流清洗
- 整体测试
- 排水

为达到膜处理的长期稳定性，必须进行周期性的清洁操作。有两种清洁模式：无化学

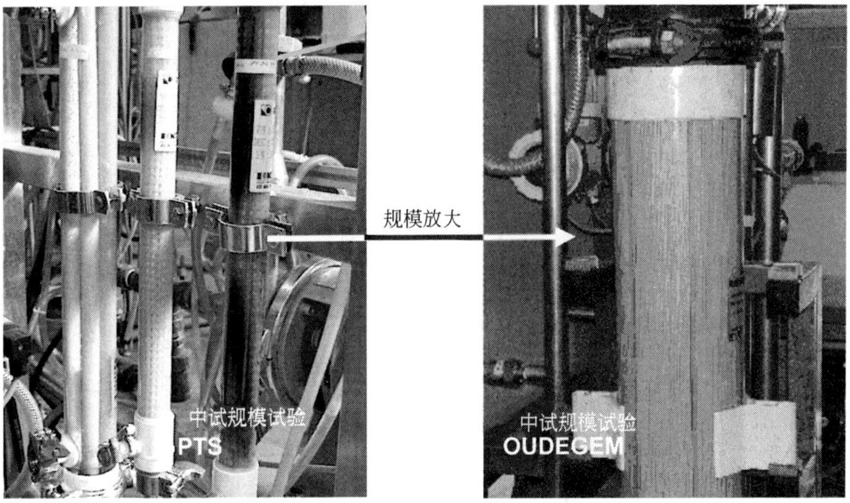

图 28.6 用于深度处理的一体化中膜处理单元：实验室规模以及放大至中试规模的装置

品反洗和有化学品反洗。所得到的数据可以用于商业装置。

除了水的硬度，剩余的悬浮性固体也可以引起问题，如阻塞过滤孔。超滤处理厂进行实验去除结垢物质，包括无机物（$CaCO_3$、$CaCO_4$）、有机物（如乳胶）或者生物材料（如多聚糖、微生物）。超滤几乎可以去除所有容易结垢的物质。清洁循环并不影响去除这些物质。同时，去除剩余 COD_t 的能力得到确认。

只有当软化处理在膜处理的前一步实施时，超滤处理装置（有机或无机负荷最好是 NF 或 RO 步骤去除）才是有用的。

28.3.3 零废水造纸厂水处理装置的设计概念

基于实验室以及小型设施的处理实验，有关水处理概念得以在造纸厂中试及大规模处理装置中实施（如图 28.7 所示）。出于经济原因，只有生物处理和曝气有大规模使用。膜处理单元过程在大规模使用之前需要进一步的试验（包括运行稳定和清洁等方面）以保证使用。

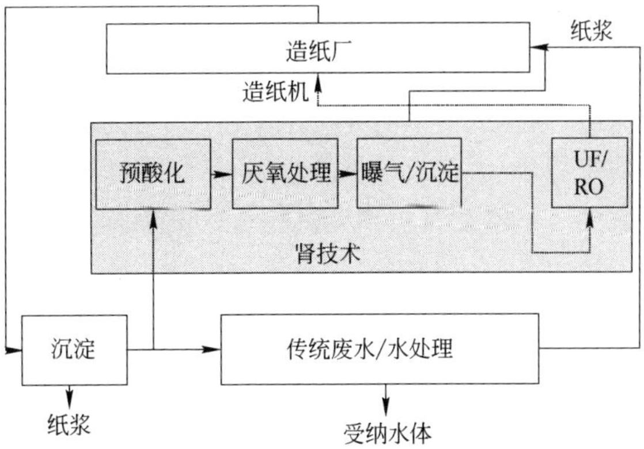

图 28.7 造纸厂中高温（约 45℃）一体化水处理过程示意图—中试规模（膜处理单元）和工业化规模（预—酸化处理，中高温厌氧处理和曝气）

图 28.8 给出了肾过程的规划。将来，这一规划在继续试验改进后可以付诸实用。

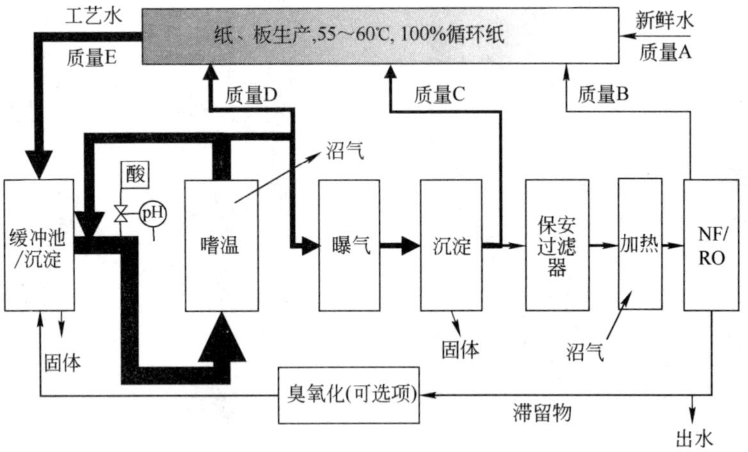

图 28.8 PTS 和 PAQUES 提出的服务于造纸厂零废水的肾技术概念

基于对造纸厂工艺用水循环的设计和相关研究的发现(Pauly 1998)，循环用水的模型被扩展和修改，以满足造纸厂闭路循环用水的需要。

一般而言，除非对几个因素进行优化(清洁水的损失、缓冲溶液体积以及造纸机最大限度地从有麻烦的物质中解脱出来)，否则造纸厂不会安装深度处理设施。新设计的服务于深度处理的设施是对传统节水措施(沉淀、气浮或过滤)的一种补充，使造纸生产者可以更加有效地控制干扰物，如，工艺用水中的溶解性 COD、BOD、微生物、阴离子、硫酸根或钙。使用深度处理技术可以保证造纸厂水闭路循环不影响产品质量和过程稳定性。

28.4 结论

在协调造纸厂循环和水处理厂供应的前提下，在欧洲研发计划的框架下成功地对新的中高温条件下一体化水处理概念进行了研究，这一概念中包括了第一阶段的厌氧中高温处理、第二阶段的曝气(如果需要)、以及第三阶段的膜处理过程。这一概念被命名为“肾技术”，是一种非常有前景的、不增加有机和无机物负荷的前提下实现造纸厂零污水的可能方法。

按照全闭路循环的模式，使用比利时造纸厂的工艺用水进行了实验室和小规模的试验。在造纸厂原地，使用 PAQUES 设计的 IC 反应器进行了工业规模的试验、使用 KOCH-GLITSCH 的 UF 和 RO 反应器进行了中等规模的试验，验证了实验室和小规模试验得到的结果。

两年多的时间内，在小型的反应器(41L)和高温运行条件(5℃)下，PTS 取得了很好的生物降解速率(COD 平均去除率 81%，污泥负荷为 1.5～2.3kg/(kg·d))。这些给人以希望的结果在中高温条件下被进一步确认，在 VPK-OUDEGEM 的造纸厂，分别运行了中试规模(48～55℃)和大规模(约 45℃)反应器。

在进行曝气后(曝气是可选择性的分离方法)，不需添加任何化学物质进行了钙离子的沉淀。钙的浓度至少减少了 50%～60%，这一结果最终在造纸厂的大规模试验中得到验证。

另外，在膜处理单元实现了对产生 COD 的大分子物质的大量去除。厌氧处理除了产生降解的结果，对出水膜处理也具有积极意义。已经很清楚地得到证明，生物预处理增加了膜处理过程的过水能力(从 5%～10%上升至 30%～45%)。

28.5 致谢

向在 EU-BRITE/EIJRAM："Paper Kidney" 计划的框架下资助本研究工作的欧盟委员会致谢。

参与者包括：协调人 PTS，德国(造纸业研究和顾问委员会)，PAQUES，芬兰 KOCH-GLITSCH，卢森堡(提供水处理厂)，VPK-OUDEGEM，比利时(造纸厂)。

28.6 参考文献

DIEDRICH K., HAMM U.; KNELISSEN J. H. (1997): Biologische Kreislaufwasser behandlung in einer Papierfabrik mit geschlossenem Wasserkreislauf. Das Papier 51 No 6A; pp. V153-V159.

HABETS L. H. A.; KNELISSEN J. H. (1997): In-line Biological Water Regeneration in a Zero Discharge Recycle Paper Mill. Water Science Tech. 35, No 2-3, pp 41-48.

HARRIS, W. L.; DAGUE, R. R. (1993): Comparative Performance of Anaerobic Filters at Mesophilic and Thermophilic Temperatures. Water Environment Research 65, No 6, pp. 764-771

JAHREN, S.; RINTALA, J. A. (1997): The closure of water circuits by internal thermophilic (55 and 70℃) anaerobic treatment in the thermomechanical pulping process. Water Science Technology 35; No 2-3; pp. 49-56.

JAHREN S.; RINTALA J. A.; ODEGAARD, H. (1999): Anaerobic Thermophilic (55 ℃) Treatment of TMP Whitewater in Reactors Based on Biomass Attachment and Entrapment; 6th IAWQ symposium on forest industry wastewaters, June 6-10 1999.

KOTHE, K.-D.; SCHROTH, D. (1999): Frischwassereinspeisung in der Papermaschine mit Hilfe der CR-Membrantechnik. Wochenblatt für Papierfabrikation 1/1999, pp. 19-25.

LIEN, L.; SIMONIS, D. (1995): Case Histories of Two Large Nanofiltration Systems Reclaiming Effluent from Pulp and Paper Mills for Re-use. International Environmental Conference Proceedings 1995, Atlanta, GA, USA, pp. 1023-1027.

MÖNNIGMANN, R.; SCHWARZ, M (1996): Abwasserfreie Papierfabrik-Traum oder Alptraum? Das Papier 6/1996, pp. 357-360/362-365.

N. N. -Annual Statistics (1998): Confederation of the European Paper Industry, CEPI, Brussels

N. N. -Inquiry (1996): PTS-VDP-Umfrage Wasser' 96, München, PTS (1996).

N. N. -Papier (1999): Ein Leistungsbericht. Vereinigung Deutscher Papierfabriken VDP, Bonn.

N. N. -Paques (1999): Optimal Water Treatment, Effective, Space Saving; Brochure of company PAQUES Environmental Technology; Bulk, The Netherlands.

NUORTILA-JOKINEN, J.; USLUOTO, T.; NYSTRÖM, M. (1995): UF and NF Pilot-Scale Studies on Internal Purification of Paper Mill Make-Up Waters. International Environmental Conference Proceedings 1995, Atlanta, GA, USA, pp. 847-859.

NYGARD, S.; ALHO, J.; HIETANEN, S.; ROITTO, I. (1998): Coating Chemical Regeneration by Ultrafiltration. Papermakers conference, Finland, Tappi Proceedings, 1998, pp. 715-729.

PAULY, D. (2001a): Kidney Technology for white water treatment - successfully performed at PTS. 3rd ECOPAPERTECH Conference, Helsinki, Finland, 06/01; proceedings, chapter "economics and environment", pp. 319-329.

PAULY, D. (2001b): Introduction into Paper Kidney. International PRESS CONFERENCE-media event, Cordis data bank - growth programme of the EU. Breydel Press Room, Brussels, Belgium and paper mill VPK, Oudegem, Belgium; 07/01.

PAULY D.; KAPPEN J. (1999a): Zero Effluent Paper Production-New System Concepts. COST ACTION E 14-Toward Closed Water Systems in Papermaking EU-Conference, applied research developments, Arnheim, The Netherlands, 10. 2 1999; proceedings, chapter 5 "presentations applied research developments", pp. 1-14.

PAULY, D. (1999b): Combined process-integrated water treatment including membrane technology. COST action E 14 - Toward Closed Water Systems in Papermaking; EU - Conference, applied research developments, Madrid, Spain, 04/05. 11 1999; proceedings, "application of membrane technology in paper industry", pp. 3/1-3/6.

PAULY, D.; KAPPEN, J. (1999c): Advanced Steps for Integrated Process Water Treatment. In: 1st PTS-CTP International Symposium: Environmental Technology. I. Demel and H. -J. öller (eds.) Munich: PTS 1999, PTS Symposium WU-SY 908, 25-27. 10 1999, ISSN 0946-0101; pp. 6/1-6/19.

PAULY, D.; GROSSMANN, H. (1998) Improvement of Microbiological Control in

Closed Water Systems For the Paper and Board Industry (IV). COST ACTION E1 Improvement of Recyclability and the Recycling Paper Industry of the Future - Final Conference, Las Palmas, Grand Canary, 24-26. 11 1998; ISBN: 84-16-449-7.

RINTALA, J. A.; LEPISTö, S. S. (1992): Anaerobic Treatment of Thermomechanical Pulping Whitewater at 35～70 ℃. Water Research 26, No 10; pp. 1297-1305.

SCHIRM, R.; WELT, T.; RUF G. (2001): Nanofiltration - Eine Möglichkeit zur Kreislaufschließung. Papierfabrik Palm, Werk Eltmann; IMPS Internationales Münchner Papiersymposium; FH-München, 23. 03. 2001, Munich, Germany.

SCHMID, F.; WEINBERGER, G. (1999): Richtlinien für den optimalen Einsatz von Anaerob - Verfahren zur Reinigung von Kreislaufwasser - und Abwasserströmen der Papierindustrie; PTS-FB 10 853; Munich, Germany.

SUTELA, T. (2001): Operating experience with membrane technology used for circuit water treatment in different paper mills. In: COST E 14 and PTS - Environmental Technology SYMPOSIUM, proceedings; H. Grossmann and I. Demel (eds.); Munich: PTS 10/2001; PTS Symposium WU-SY 50 108; pp. 11/1-11/17.

TARDIF O.; HALL, E. (1997): Comparison Between Ultrafiltration and Membrane Biological Reactor Treatment for Closure Mechanical Newsprint Mill. Environmental Conference & Exhibit, Department of Civil Engineering and Pulp and Paper Centre, The University of British Columbia, Vancouver, B. C., Canada, 1997, pp. 315-325.

TEPPLER M.; BERGDAHL, J.; PAATEREO, J.; DAMEN, H. (1996): PM and BM White Water Treatment with Membrane Technology. PTS-MS, Munich, Germany.

VAN DER HEYDE, H.; PANCUR, N. (1994): Ultrafiltration der Streichfarbe bei MD Papier GmbH, Werk Plattling. PTS-Reststoff-Seminar, Munich, Germany.

VAN LIER, J. B. (1997): Thermophilic anaerobic wastewater treatment; Temperature aspects and process stability; Thesis Landbouwuniversiteit Wageningen, ISBN 90-5485-436-7.

29 采矿业与冶金行业利用生物法回收金属、硫和水

Jan Weijma, Cris F. M. Copini, Cees J. N. Buisman and Carl E. Schultz

29.1 简介

采矿业和冶金行业产生了大量的废水和工艺用水，水中含有很多重金属和/或硫酸根。例如，酸法采矿和矿业废水就是世界上最广泛的污染之一。仅在加拿大，就估算有 $12500hm^2$ 的尾矿和 7.5 亿 t 废矿石，这些物质可能产生酸(Mulligan 2000)。酸性的采矿废水中硫酸根浓度为中(0.35～0.55g/L，Farmer *et al.* 1995)、高(1.5～7.2g/L，Maree and du Plessis 1994)浓度。在酸性采矿废水和工业废水中包含的金属包括：铜、锌、铬、砷、锰、铝、铅、镍、银、汞、镉、镭和铁，浓度可以从 10^{-6}～10^2g/L。废水的这种组成是重金属和加工过程结合的结果。目前，以金属氢氧化物的方式沉淀是去除重金属的主要方法，这一方法具有简单和低成本的优点。同样，硫酸根离子通过添加石灰形成硫酸钙沉淀去除。不过，更加严格的立法和资源的紧缺催生了对更好的重金属和硫酸根去除方法的需求。因此，处理过程应当致力于从废水中回收有价值的金属或其他可能资源(如硫化物和再生水)。

从这一角度，生物技术处理采矿和冶金工业的废物和工艺水是当前常规技术的一种替代方法。硫酸根通过生物法转化为 S^{2-}，然后以金属硫化物的形式沉淀。通过这一方法，溶解性金属与硫酸根都可以转化为固体。当前用于沉淀金属硫化物的化学试剂包括 Na_2S、NaHS、CaS、FeS 和 H_2S。而就地用生物法产生硫化物的方法消除了伴随化学硫化物运输、处理和储存的危险性和成本问题。

与常规的石灰和氢氧化物处理法相比，生物处理可以将硫酸根(<250vs1500mg/L)和金属的浓度(ppb-vs ppm 水平)降至更低。另外，硫化物对金属的选择性要高于金属氢氧化物。硫化物沉淀污泥的密度和稳定性也高于氢氧化物沉淀，这有利于后续的加工——如污泥浓缩。以前不利于硫化物使用的原因(包括毒性和腐蚀性)现在已经不是问题。安全措施以及现代腐蚀一防腐材料的使用消除了硫化物的这些不利因素。

生物转化硫酸根至硫化物是通过细菌催化的。虽然很多种细菌可以使用各种原料产生S^{2-}，但是只有很少种细菌可以提供足够的转化速率，以适应高速转化过程的要求。这些快速生成S^{2-}的细菌可以通过还原硫酸根、亚硫酸根和硫代硫酸根转化能量(Widdel and Hansen 1992)，被统称为硫酸盐还原菌(SRB)。在近20年，使用SRB处理采矿和冶金业的含有硫酸根和重金属的工艺水和废水成为科学研究领域和实际应用领域共同关注的内容。SRB于1992年在芬兰Pasminco Budel Zink炼油厂第一次工业化使用的去除地表水中的硫酸盐和锌(Scheeren *et al*. 1993)。

29.2 硫酸盐还原菌

29.2.1 生理学

硫酸盐还原菌(SRB)具有如下共性：在降解氢化物和有机底物时可以使用硫酸根作为最终电子受体。但是SRB并不是同一种细菌，它们在形态、生理以及基因方面有不同的特征。

硫酸盐还原的生物过程可以在多种电子供体下发生，包括丙酸、丁酸、丙酸、丙酮酸盐、乙醇、丙酮、苯胺、甘油、安息香酸、儿茶酚、酚、吲哚甚至烷(Widdel and Hansen 1992)。几乎所有的SRB都可以使用氢作为电子供体。一些细菌可以利用有机碳源产氢，另外一些光能自养菌可以使用CO_2作为碳源。SRB可以分类为完全氧化SRB(可以将有机物完全氧化至CO_2)和部分氧化SRB(只能将有机物降解为乙酸)。

除了都可以使用硫酸根，不同SRB在电子受体方面还有很大差异。多数SRB可以使用亚硫酸盐和硫代硫酸盐作为电子受体，还有一些可以使用硫作为电子受体。一些SRB可以将硝酸盐还原为氨，还有一些在硫酸盐限制的条件下可以利用丙酮酸发酵增长(Widdel and Hansen 1992)。当面临电子受体水平波动时，使用替代硫酸盐的电子受体或在发酵状态下生长增加了SRB的生存几率。

硫酸盐还原菌可以在很广泛的条件下生存。例如，硫酸盐还原过程可以在0～102℃发生(Isaksen and Jorgensen 1996；Jorgensen *et al*. 1992)。不过，存在两个主要的较优温度区，一个是28～32℃对中温SRB比较适宜(Hao *et al*. 1996)；而高温SRB的适宜区域为54～70℃(Nilsen *et al*. 1996；Beeder *et al*. 1995；Rees *et al*. 1995)。即便介质中含盐，也不会对SRB产生限制。例如，脱硫弧菌(Desulfovibrio halophilus)在NaCl含量为3%～18%的范围内都可以生长(Lowe *et al*. 1993)。一些SRB需要最低的盐浓度以维持生存，另外一些只是耐盐。绝大多数已知SRB是中性菌，也就是说，其适宜pH位于6.5～7.5，在$pH<5.5$或者$pH>9$时生长受到抑制(Hao *et al*. 1996)。不过，嗜酸和嗜碱SRB可以将还原硫酸盐的适宜pH扩展低至3、高至10(Horikoshi 1999；Kolmert and Johnson 2001)。

综上可见SRB在生理学方面具有高度多样性。这决定了SRB可能在很多的工业场合有较高应用潜力。

29.2.2 硫酸盐还原过程的电子供体选择

过去的20年间，在生物处理工业用水和废水中使用SRB成为科学研究和商业应用共同关注的主题。实验研究表明SRB具有使用各种电子供体高速产生硫化物的潜力(表29.1)。

使用各种电子供体时生物脱硫过程中硫酸盐和亚硫酸盐的下降速率　　表29.1

(*a*)R. T. =室温；(*b*)m. s. d. =市政消化污泥；(*c*)na= 不添加硫酸盐/亚硫酸盐

电子供体	T(℃)	SO_4^{2-} 去除率 (g/(L反应器·d))	SO_3^{2-} 去除率 (g/(L反应器·d))	出处
糖蜜	31	2.4	na	1
Lactate	R. T[a]	0.41	na	3
m. s. d.[b]	30	na[c]	46	2
合成气	30	10	na	7
H_2/CO_2	30	30	na	9
H_2/CO_2	55	7.5	9.3	10
甲醇	65	14	18	11
乙酸	35	65	na	4
H_2/CO_2	30	1.2	na	8
CO	30	2.4	na	8
乙醇	35	6	na	6
乙酸	33	9.4	na	5

注：(1)Maree and Strydom 1987；(2)Selvaraj *et al.* 1997；(3)Hammack *et al.* 1994；(4)Stucki *et al.* 1993；(5)Dries etal. 1998；(6)Kalyuzhnyi *et al.* 1997；(7)van Houten *et al.* 1995；(8)duPreez and Maree 1994；(9)van Houten *et al.* 1994；(10)van Houten *et al.* 1997；(11)Weijma *et al.* 2000.

表29.1表明，有机废物(如糖蜜以及市政消化污泥)可以用作硫酸盐或者亚硫酸盐还原过程中的电子供体。不过，这些有机废物的量比较少而且只能在相对低的浓度下可用，这就限制了在硫酸盐负荷低的废物或废水中有机物作为电子供体的应用。这些有机废物的组成复杂，影响了在硫酸盐还原过程中的可用性。比如，产甲烷菌群更易在复杂底物上生长。由于甲烷不是硫酸盐还原过程中的直接电子供体，甲烷的形成意味着电子供体的损失，是不太理想的情况。使用复杂的底物同样意味着废水中化学需氧量的增加。

使用甲醇、乙醇和氢，可以达到高硫酸盐还原速率。对于低硫酸盐负荷(<100kg S/h)，使用乙醇较好，因为这样比使用氢经济。虽然化学试剂的成本要高于氢，但是设备投资会低，因为不需要天然气重整设备。另外，使用乙醇时需要的安全措施也少。与氢气、甲醇、乙醇有关的硫酸盐还原过程如下进行：

$$SO_4^{2-}+4H_2+H^+\rightarrow HS^-+4H_2O$$

$$3SO_4^{2-}+4CH_3OH\rightarrow 3HS^-+4HCO_3^-+4H_2O+H^+$$

$$3SO_4^{2-}+2C_2H_5OH\rightarrow 3HS^-+4HCO_3^-+2H_2O+H^+$$

在高硫酸盐负荷(>100kg S/h)和中温条件下，氢气是最好的选择。如果不能就地产生，氢气可以通过裂解甲醇或者天然气重整制备。在所有情况下，都将产生 H_2、CO_2 和少量的(1%～5%)CO。二氧化碳可以作为硫酸盐还原菌的碳源。在高温条件下(65℃)，由于 H_2 和 CO_2 生成了副产物甲烷，使用氢气是不经济的(van Houten *et al.* 1997)。

由于可以生成甲烷，甲醇只能支持中温硫酸盐还原。但是甲醇在高温条件下是最经济的电子供体(Weijma 2000)。

29.3 用于去除金属的生物硫酸盐还原技术

29.3.1 THIOPAQ® 生物技术的设计

图 29.1 给出了以氢气作为电子供体的生物硫酸盐/金属去除 THIOPAQ® 技术的基础流程。这一流程包括了 4 个单元：2 个生物反应器和 2 个分离步骤。第 1 个生物反应器用于硫酸盐还原产生硫化物(厌氧阶段)。产生的生物基硫化物用于化学沉淀溶液中的重金属，无论溶液是在厌氧反应器内还是在分离反应器内。固体金属硫化物从水相中分离。多余的生物基硫化物在第 2 个反应器内氧化为单质硫(好氧阶段)，后接固体元素硫的分离。使用氢气作为电子供体时，通常所发生的反应为：

$$Me^{2+}+SO_4^{2-}+4H_2\rightarrow MeS+4H_2O$$

$$H_2SO_4+4H_2+0.5O_2\rightarrow S^0+5H_2O$$

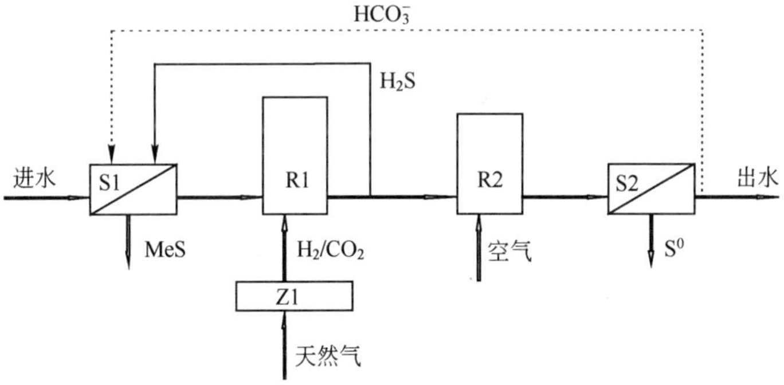

图 29.1 硫酸盐与金属同时处理示意图；S1=金属硫化单元，R1=厌氧反应器，R2=好氧反应器，S2=硫的沉淀装置，Z1=天然气重整装置

在厌氧反应器中(R1)，硫酸盐被 SRB 还原为－2 价硫。微生物和沉淀形成小絮状物(尺寸为 1～2mm)，具有很好的沉降特征(自由沉降速度为 1～10m/h)。由于微生物增长，多余的污泥必须定期从 R1 反应器底部去除。这一微生物/金属污泥可以用于启用新的生物反应器，或者可以冶炼回收。每转化一吨硫酸盐，将产生 15kg 的干微生物。如果微生

物产生的硫化氢只有一部分用于沉淀金属，多余的硫化氢将在好氧反应器(R2)中被转化为单质硫：

$$H_2S+0.5O_2 \rightarrow S^0+H_2O$$

生成的生物硫是亲水的并且含有一些硫颗粒，可以通过斜板分离器分离(S2)。硫污泥可以通过离心分离器脱水，得到干固体的量是50%；含硫的纯度是95%(干重)。当量很大时，硫可以溶化以产生纯液体硫。

在S1单元进水混合了两股循环水。其一是厌氧出水，含有硫化物以沉淀金属。在S1单元被分离的金属硫化物可以进一步使用离心机脱水。第二股液体是分离硫的斜板分离器(S2)出水。这一循环使用虚线在图29.1中标出，一般而言，这一循环只有处理较浓的废水或者进水需要调整pH(如处理酸性采矿废水)时才需要。

金属可以选择性地被硫化物沉淀。选择性回收金属要基于不同pH下金属硫化物的溶解度进行。图29.2显示了在升高pH时金属沉淀的顺序。根据图29.2，通过仔细调整pH值可以依次回收Cu^{2+}、Zn^{2+}和Fe^{2+}。

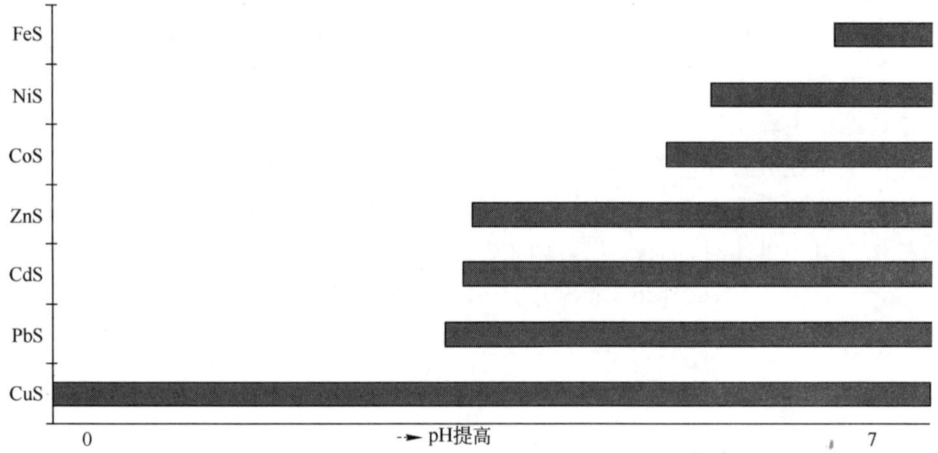

图29.2　金属硫化物沉淀与pH关系

29.3.2　资源回收

通过以生物法同时用硫酸盐、硫化物氧化和金属硫化物沉淀方法处理采矿和冶金工业废水，可以回收得到以下有价值的产品。

金属硫化物：在不同pH下，不同价格的金属可以以金属硫化物的形式被选择性地回收。例如，硫化铜在pH为1.5的时候就可以沉淀，硫化锌在pH3～4之间沉淀。硫化镍在pH5～6之间沉淀。可以得到干组份含量>90%的金属硫化物，而且可以售出冶炼。

清洁水：生物处理采矿废水可以产生清洁水。硫酸盐浓度可以减至250mg/L以下，重金属的浓度在ppb的水平。回收的水可以用于农业、工业或采矿业。

单质硫：单质硫是非常有价值的产品，可以用作肥料或者作为硫酸的生产原料。

29.4 在采矿和冶金行业的应用

29.4.1 地表水的重金属去除(Budel-Zink Ⅰ)

Budel Zink B. V. 是 Pasminco Ltd. 的子公司，从 1973 年起经营位于芬兰 Budel-Dorplein 的锌冶炼厂，年产量超过 200000t。Budel Zink 使用硫酸盐还原工艺的水处理厂每小时处理大约 300m^3 的被重金属(主要是锌)污染的地表水，从 1992 年起处理厂的运行开始使用硫酸盐(Scheeren *et al*. 1993)。在该处理厂中，使用乙醇为电子供体，SO_4^{2-} 被还原为 S^{2-}，接下来被用于沉淀重金属。过量的 S^{2-} 在第二个反应器内被氧化为单质硫。这一工艺的产物是硫化物污泥(主要含硫化锌)和硫污泥，可以再循环到锌的加工过程。

系统严格满足设计排放标准——部分见表 29.2。设施的处理能力在最近扩大到 400m^3/h，进水为地表水和工艺废水的混合物(参见 29.4.2.1)，同样可以达到排放标准。

Pasminco Budel Zink 硫酸盐还原生物处理结果(Scheeren *et al*. 1993) **表 29.2**

离子	进水(mg/L)	出水(mg/L)
硫酸根	600	200
锌	30	0.15
镉	0.8	0.01

29.4.2 零排放的锌生产厂(Budel-Zink Ⅱ)

29.4.2.1 工艺设计

Budel-Zink 常规的加热—过滤—电解工艺产生了各种含有硫酸盐和金属(主要是锌)的废水。直至 2000 年中期，这些废水都使用传统的石灰中和工艺，生成石膏和金属氢氧化物。荷兰政府从 2000 年 6 月 1 日起禁止在 Budel-Zink 接纳新的上述固体剩余物。因此，开始了替代处理工艺的研究。由于制备稳定的高质量的清洁石膏有难度，因此决定不再继续改进这一方法。取而代之的是新的生物硫酸盐还原处理废水的工艺。

在 Budel-Zink 范围内，产生的各种废水的主要成分都是以硫酸盐和锌为主。废水的明显差异是其硫酸盐浓度的高低。硫酸盐浓度相对低(<1g/L)的废水可以在已建成的生物废水处理厂(Budel-Zink I)中处理。这也是该处理厂在 1999 年扩大处理能力的原因。

有两股废水具有高浓度硫酸盐：

(1) 洗塔酸，WTA(烤酸厂的排放)，流量为 25m^3/h，含 H_2SO_4 为 10g/L，HF 为 0.5g/L，HCl 为 1g/L，Zn^{2+} 为 0.5g/L。

(2) 镁搅拌液。这一混合液对防止电渗析时镁的形成是必须的。0.5m^3/h 纯溶液和/或酸液混合，可以使镁的水平处于控制之下。

这两股废水不能在 Budel-Zink Ⅰ 的处理厂进行处理，因为其中硫酸根的浓度太高，而且洗塔酸溶液中还有过量的氟。因此设计了一个新流程来处理这一废水(图 29.3)，流程中包括了化学、生物和物理阶段。

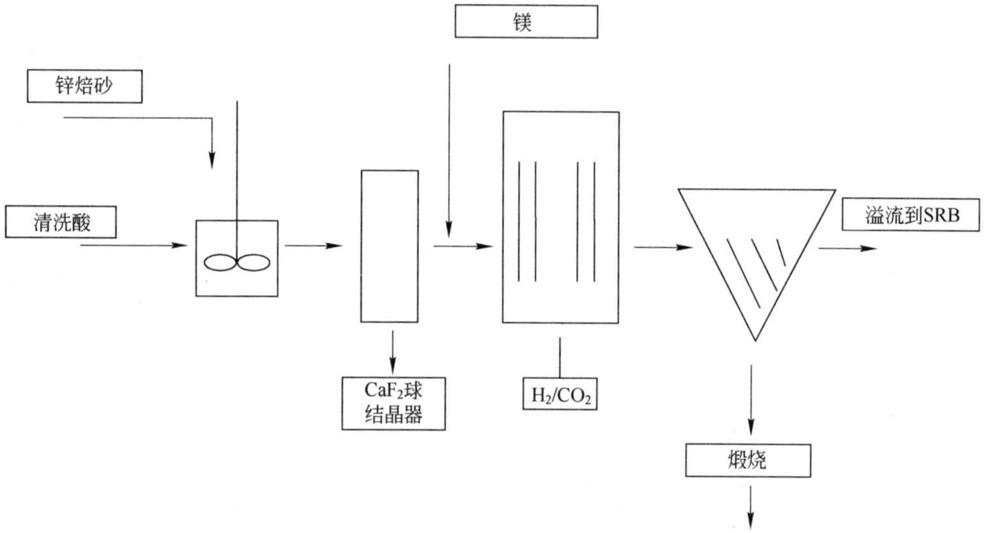

图 29.3　Budel-ZincⅡ一体化硫酸盐还原和锌沉淀工业规模处理装置的流程

(1) 使用氧化锌中和洗塔酸。

(2) 在流化床(Crystalactor[R])通过形成 CaF_2 去除氟。

(3) 混合镁搅拌液(锌电解液)。

(4) 生物转化 $ZnSO_4$ 为 ZnS，使用 H_2 作为电子供体。

(5) 沉淀和分离生成的 ZnS。

(6) 形成 ZnS 的脱水。

(7) 处理 Budel-Zink Ⅰ 生物反应器的出水，其中多余的 S^{2-} 转化为单质硫。

29.4.2.2　单元工艺

中和：洗塔酸(WTA)含有 SO_4^{2-}、Zn^{2+}、Cl^-、F^- 和痕量其他金属。在第一个处理阶段，WTA 使用氧化锌在两个混合塔中被中和(图 29.3 只给出了一个塔)，溶液的 pH 从 0 升至 5.1 而且主要以 $ZnSO_4$ 为主。在第三个塔(图 29.3 中未绘出)，这一溶液被曝气，导致铁和氢氧化铁沉淀的氧化。痕量的金属和铁共沉淀。最后，在沉淀池，中和产物和铁的沉淀物一起从水中被分离。沉淀器中的浓液和 Budel-Zink Ⅰ 中生物反应器的污泥混合。经过离心机脱水，得到的滤饼被送至加热炉。这一阶段的废水被送至除氟阶段。

除氟：中和后的 WTA 中的氟在流化床(Crystalactor[R])中使用 Ca^{2+} 形成 CaF_2 沉淀去除(vanLier *et al*. 1999)。在结晶过程中，砂子被用做 CaF_2 结晶的晶种。产物为片状(大约 1mm)具有砂子核心和一层结晶的 CaF_2。

硫酸盐还原：在生物反应器内，微生物利用氢气作为电子供体将 $ZnSO_{4(溶解的)}$ 转换

为 $ZnS_{(固体)}$：

$$ZnSO_{4(aq)} + 4H_2 \rightarrow ZnS_{(s)} + 4H_2O$$

氢气是由本地的天然气重整制备的。天然气被转化为 H_2(80%)和 CO_2 的混合物。气体直接进入生物反应器。CO_2 作为微生物碳源。为了获得良好的混合效果同时避免使用高剪切力，使用了气升式循环反应器(见图 29.4 和图 29.5)。新鲜的氢气与循环气混合，并且沿反应器上升表面分布。少量的气体循环被排放掉以去除惰性成分(主要是氮气)。被去除的气体用作重整系统的燃料。

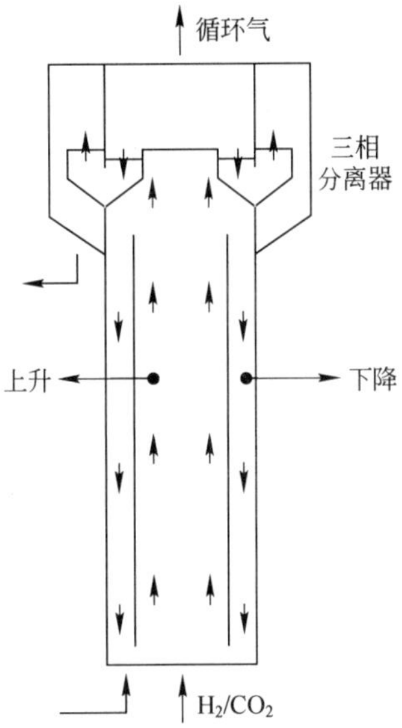

图 29.4 气升式循环反应器

图 29.5 生物气升反应器，体积 $500m^3$

ZnS 的分离与脱水：ZnS 沉淀在分离器中分离，然后送入脱水设施。使用絮凝剂以得到干净的水和容易被管理的滤饼。

29.4.2.3 工业规模运行

$500m^3$ 的生物反应器启动时只有 $20m^3$ 的污泥(含硫酸盐还原菌和 ZnS 沉淀)(图 29.5)。微生物的快速增长促成了反应器生物处理能力的快速增加。仅仅 2 周，生物处理能力足以处理 WTA 废水。最大转化速率达到 350kg SO_4^{2-}/h。最初 6 个月的结果见表 29.3。

运行前半年生物反应器的表现。比较了 $CaCO_3$ 沉淀去除硫酸盐和金属的结果　　表 29.3

	目标	$CaCO_3$ 工艺	生物反应器
进水	8～40m³/h		8～30m³/h
pH	7.2		6.8～8.1
SO_4^{2-} 进水浓度	5～50g/L		5～15g/L
SO_4^{2-} 出水浓度	300mg/L	1500mg/L	50mg/L
Zn^{2+} 出水浓度	0.3mg/L	1mg/L	<0.3mg/L

续表

	目标	$CaCO_3$ 工艺	生物反应器
Cd^{2+} 出水浓度	0.01mg/L	0.05mg/L	<0.01mg/L
水的回收	>99%	98%	99%
ZnS 产量	10t/d		8.5t/d*

* 没有达到目标产量是因为高于 8.5t/d 的负荷还不可用。

29.4.3 酸性采矿废水中重金属的去除(Kennecott)

Kennecott Utah Copper(KUC)运行着位于美国犹他州 Bingham Canyon 一个巨大的一体化的开采—加工—冶炼—精炼厂，铜的年产量超过 270000t。生物硫酸盐—金属去除技术在此进行了中试规模研究(图 29.6)。使用设备分为两部分：

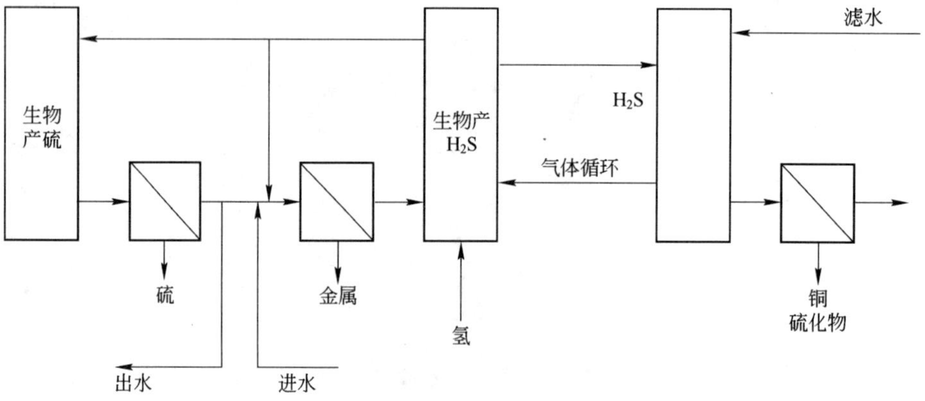

图 29.6 Kennecott 示范性处理厂的简化流程图

H_2S 生物制备：在设备的这一部分，微生物使用氢气为电子供体，将硫酸根还原为硫氢化物。出水中一部分的 NaHS 和 H_2S 用于化学沉淀金属，其中铝和钙/镁以硫酸氢盐和碳酸盐的形式分别被沉淀，所使用的碱是在氧化多余的 S^{2-} 时形成的。

“羽毛”水，是被高浓度的硫酸盐和金属所污染的地表水，以 0.2m^3/h 的量进水。金属的浓度和硫酸盐的浓度大幅度削减，同时溶液的 pH 从 2.5 升至 8.5，未加碱(表 29.4)。好氧反应器出水中总溶解性固体相当于进水的 15%。

在 Kennecott 试验厂中生物处理地表水的进水和出水数据　　表 29.4

离　子	进水(mg/L)	出水(mg/L)	离　子	进水(mg/L)	出水(mg/L)
硫酸根	30000	<500	铝	2200	<2
铜	60	<0.1	钙	480	50
铁	675	<0.3	镁	4500	1950
锌	65	<0.1	pH	2.5	8.5
锰	350	0.3			

生物产生的硫化氢气体用于选择性地从渗滤水稀释液(当前通过水泥固化处理)中回收铜，几乎可以做到完全回收。液体以最高 $4m^3/h$ 的速度进入处理装置(表 29.5)。

Kennecott 示范性处理厂从渗滤液中回收铜的进水和出水数据 **表 29.5**

离　子	进水(mg/L)	出水(mg/L)	离　子	进水(mg/L)	出水(mg/L)
铜	180	<0.3	锌	200	199
铁	380	379	pH	2.6	2.2

29.4.4 其他应用

生物硫酸盐还原在采矿和冶金业还有其他应用。生物硫酸盐还原可以替代传统的石灰法处理，或者和石灰法处理结合使用。

石灰法处理厂处理废水或者酸性采矿废水可以使用 SRB 产生的硫化氢中和。这样可以得到化学纯的硫酸钙而不是含废物的硫酸钙。而且，出水中的金属浓度更低。

29.5 致谢

感谢荷兰 E. E. T. (经济、生态和技术)项目的支持。该项目由经济事务部、教育文化科学部、建筑空间计划和环境部共同支持。

29.6 参考文献

Beeder, J., Torsvik, T., and Lien, T. (1995). Thermodesulforhabdus norvegicus gen. nov., sp. nov., a novel thermophilic sulfate - reducing bacterium from oil field water. Arch. Microbiol. 164, 331-336.

Dries, J., Smul, A. d., Goethals, L., Grootaerd, H., and Verstraete, W. (1998). High rate biological treatment of sulfate - rich wastewater in an acetate fed EGSB - reactor. Biodegradation 9, 103-111.

duPreez, L. A., and Maree, J. P. (1994). Pilot - scale biological sulfate and nitrate removal utilizing producer gas as energy source. Wat. Sci. Technol. 30(12), 275-285.

Farmer, G. H., Updegraff D. M., Radehaus, P. M. and Bates E. R. (1995) Metal removal and sulfate reduction in low - sulfate mine drainage. In: Bioremediation of inorganics, pp. 17-24. (Hinchee, R. E., Means, J. L. and Burris, D. R., Eds.) Battelle Press, Columbus.

Horikoshi, K. (1999). Alkaliphiles: some applications of their products for biotechnology. Microbiol. Molecul. Biol. Rev. 63, 735-750.

Hao, J. H., Chen, J. M., Huang, L., and Buglass, R. L. (1996). Sulfate-reducing bacteria. Crit. Rev. Environ. Sci. Technol. 26, 155-187.

Isaksen, M. F., and Jϕrgensen, B. B. (1996). Adaptation of psychrotrophic sulfate reducing bacteria to permanently cold marine environments. Appl. Environ. Microbiol. 62, 408-414.

Jϕrgensen, B. B., Isaksen, M. F., and Jannasch, H. W. (1992) Bacterial sulfate reduction above 100℃ in deep sea hydrothermal vent sediments. Science 258, 1756-1757.

Kalyuzhnyi, S. V., Leon-Fragoso, C. d., and Rodriguez-Martinez, J. (1997). Biological sulfate reduction in an UASB reactor fed with ethanol as electron donor. Mikrobiologiya 66, 674-680.

Kolmert, A., and Johnson, D. B. (2001). Remediation of acidic waste waters using immobilised, acidophilic sulfate-reducing bacteria. Journal of chemical technology and biotechnology 76, 836-843.

Lowe, S. E., Jain, M. K., and Zeikus, J. G. (1993). Biology, ecology. and biotechnological applications of anaerobic bacteria adapted to environmental stresses in temperature, pH, salinity, or substrates. Microbiol. Rev. 57, 451-509.

Maree J. P. and du Plessis P. (1994) Neutralization of acid mine water with calcium carbonate. Wat. Sci. Tech. 29, 285-296. Hammack, R. W., Edenborn, H. M., and Dvorak, D. H. (1994). Treatment of water from an open pit copper mine using biogenic sulfide and limestone: a feasibility study. Water. Res. 28, 2321-2329.

Maree, J. P., and Strydom, W. F. (1987). Biological sulfate removal from industrial effluent in an upflow packed bed reactor. Wat. Res. 21, 141-146.

Mulligan, C. (2000). Bioremediation of mining residues. In "4th international symposium on environmental biotechnology" (S. Hartmans and P. Lens, eds.), pp. 201-204, Noordjwikerhout, the Netherlands.

Nilsen, R. K., Torsvik, T., and Lien, T. (1996a). Desulfotomaculum thermocisternum sp. nov., a sulfate reducer isolated from a hot north sea reservoir. Int. J. Syst. Bacteriol. 46, 397-402.

Peters, R. W., and Ku, Y. (1985). Batch precipitation studies for heavy metal removal by sulfide precipitation. AIChE Symposium series separation of heavy metals 81, 9-27.

Rees, G. N., Grassia, G. S., Sheehy, A. J., Dwivedi, P. P., and Patel, B. K. C. (1995). Desulfacinum infernum gen. nov. sp. nov., a thermophilic sulfate reducing bacterium from a petroleum reservoir. Int. J. Syst. Bacteriol. 45, 85-89.

Scheeren, P. J. H., Koch, R. H., and Buisman, C. J. N. (1993). Geohydrological containment system and microbial water treatment plant for metal-contaminated groundwater at Budelco. Paper presented at World Zinc'93, Hobart, Tasmania, 373-384.

Selvaraj, P. T., Little, M. H., and Kaufmann, E. N. (1997). Analysis of immobilized cell bioreactors for desulfurization of flue gases and sulfite/sulfate-laden wastewater. Biodegradation 8, 227-236.

Stucki, G., Hanselmann, K. W., and Hürzeler, R. A. (1993). Biological sulfuric acid transformation: reactor design and process optimization. Biotechnol. Bioeng. 41, 303-315.

Tasaki, M., Kamagata, y., Nakamura, k., and Mikami, E. (1991). Isolation and characterization of a thermophilic benzoate degrading, sulfate - reducing bacterium, Desulfotomaculum thermobenzoicum sp. nov. Arch. microbiol. 155, 348-352.

van Houten, R. T., Pol, L. W. H., and Lettinga, G. (1994). Biological sulfate reduction using gas - lift reactors fed with hydrogen and carbon dioxide as energy and carbon source. Biotechnol. Bioeng. 44, 586-594.

van Houten, R. T., Spoel, H. v. d., Aelst, A. v., Pol, L. W. H., and Lettinga, G. (1995). Biological sulfate reduction using synthesis gas as energy and carbon source. Biotechnol. Bioeng. 50, 136-144.

van Houten, R. T., Yun, S. Y., and Lettinga, G. (1997). Thermophilic sulfate and sulfite reduction in lab - scale gas - lift reactors using H_2 and CO_2 as energy and carbon source. Biotechnol. Bioeng. 55, 807-814.

van Lier, R. J. M., Buisman, C. J. N., and Giesen, A. (1999). Crystalactor technology and its applications in the mining and metallurgical industry. In "Solid/Liquid separation including Hydrometallurgy and the Environment, 29th Annual Hydrometallurgical Meeting", Quebec.

Weijma, J. (2000). Methanol as electron donor for thermophilic sulfate and sulfite reduction, Wageningen University, Wageningen, The Netherlands

Weijma, J., Haerkens, J.-P., Stams, A., Hulshoff-Pol, L. W., and Lettinga, G. (2000). Thermophilic sulfate and sulfite reduction with methanol in a high rate anaerobic reactor. Wat. Sci. Technol. 42, 251-258.

Widdel, F., and Hansen, T. A. (1992). The dissimilatory sulfate-and sulfur-reducing bacteria. In " The prokaryotes, 2nd. edn. " (A. Balows, H. G. Trüper, M. Dworkin, W. Harder and K. -H. Schleifer, eds.), pp. 583-624. Springer-Verlag, New York.

Widdel, F., and Pfennig, N. (1977). A new, sporing, acetate-oxidizing, sulfate reducing bacterium, Desulfotomaculum acetoxidans. Arch. Microbiol. 112, 119-122.

30
自然光催化：在处理水中农药方面的应用

Julian Blanco and Sixto Malato

30.1 简介

过去 10 年间，已有很多文章论述过使用太阳光去除环境中的合成化学物质。天然水中或者在矿物质、植物表面吸附的危险有机物在阳光接触后分解，因此光能对自然条件下的有机物分解起着重要作用。由于不需要人类干预，这些自然条件下的自发过程成为被动光化学的样板。

自然光催化是基于同样的过程，而且近年来，已经成为应用光子最成功的光化学实例，相关的项目正在进行中。这不仅仅因为日光脱毒是一种非常适于环境的转化实例，而且也因为，与大多数光化学过程相比，这一过程适用于复杂的污染物混合物。在过去的 10 年中，使用这种方法去除水中和大气中有毒和危险物质的有关专利和参考文献数以千计，应用和目标物也很多。其他光化学过程，除了前景光明，仍然处于研究阶段。

光催化氧化工艺(PCOs)，一般包括在高级氧化类技术(AOTs)中，其他生成自由基的过程，如等离子体、电子束等也一样。与其他 AOT 技术相比，PCOs 的优点是以光子的形式整合了光能，随后的降解过程产生了附加的巨大环境效益。从实际应用的角度，非均相 TiO_2 光催化和均相下的光—Fenton 氧化方法，是经过仔细研究并在水处理中实际应用的光催化技术。其他光化学方法，如敏感的单分子氧的氧化方法，直至今日获得的经验仍然有限。

这些光催化工艺可以应用于不适于常规处理的危险的、难生物降解的污染物，污染物的最高浓度可以达到每升几百毫克。光催化工艺可以用于多种污染物的混合物。应用实例包括处理危险性污染物，如酚类、农用化学品、氯代烷烃、制药工业生物杀灭物质、木材保存废物、危险性金属离子、氰化物、炸药废物等等，还有在工业废水中的应用(Vincent 1998)。其他有意义的应用还包括处理地表水中的污染物、压舱水、填埋场污染物和水的消毒(Acher *et al*. 1990)。

30.2 光催化基础

光催化工艺包括了对太阳光中最重要的能量部分（对应近紫外至可见光部分的辐射）的应用，形成强氧化反应。在有氧情况下，当紫外辐射激发光催化时，发生上述氧化反应。在这一环境下，产生羟基自由基（·OH）进攻介质中的任意有机物，促进工艺中有机物断键变成二氧化碳和水。具有强氧化能力的羟基自由基的氧化电位很高（$E^\circ=2.8V$），远高于其他常见的氧化剂，如臭氧（$E^\circ=2.07V$），过氧化氢（$E^\circ=1.78V$），二氧化氯（$E^\circ=1.57V$）和氯气（$E^\circ=1.36V$）等。

光催化过程主要利用紫外和近紫外光（300～400nm），一些光催化联用工艺可以吸收直至500nm的有用的太阳光，光-Fenton方法可以利用波长直至580nm的光线。波长超过600nm的太阳光对于任何光化学工艺都是无用的。

非均相TiO_2光催化氧化工艺如图30.1所示。太阳光中波长超过TiO_2半导体带宽的光线（390nm）可以激发电子从价带跃迁到导带。导致产生的空穴直接氧化污染物或者氧化水产生羟基自由基：

$$TiO_2+h\gamma \rightarrow e^-_{CB}+h^+_{VB}(\lambda < 390nm) \tag{30.1}$$

$$h^+_{VB}+H_2O \longrightarrow \cdot OH+H^+ \tag{30.2}$$

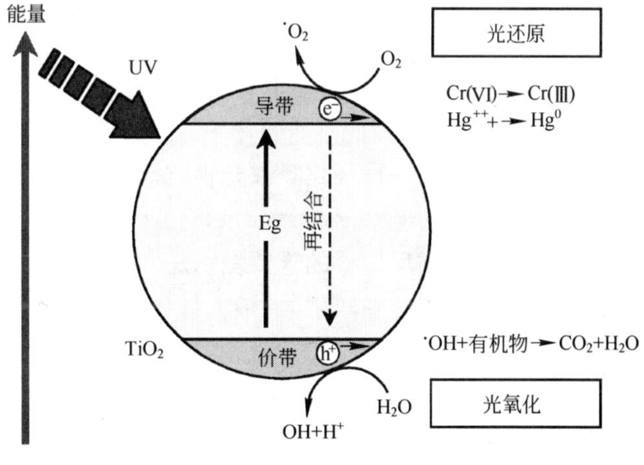

图30.1 TiO_2催化剂表面的光催化过程（非均相）

必须注意的是，通过光催化产生的氧化还原工艺在氧化有机物时同时允许还原金属（如Cr^{6+}至Cr^{3+}）。

向反应体系中添加一些试剂，如过二硫酸盐，可以明显地提高系统的效率并大大减少所需的停留时间。TiO_2-过二硫酸盐改进型光催化体系（Pelizzetti *et al.* 1991）中含有硫酸根自由基（$SO_4^- \cdot$），除了前面式（30.1）和式（30.2）所示的反应，还产生以下反应：

$$S_2O_8^{2-}+e^-_{CB} \longrightarrow SO_4^- \cdot +SO_4^{2-} \tag{30.3}$$

$$SO_4^- \cdot + H_2O \longrightarrow \cdot OH + SO_4^{2-} + H^+ \quad (30.4)$$

光-Fenton 工艺(H_2O_2 和 Fe^{2+} 被紫外-可见区域内光线激发，波长扩展至 580nm)包括以下反应：

$$Fe^{2+} + H_2O_2 \longrightarrow Fe^{3+} + OH^- + \cdot OH \quad (30.5)$$

$$Fe^{3+} + H_2O + h\gamma \longrightarrow Fe^{2+} + H^+ + \cdot OH(\lambda < 580nm) \quad (30.6)$$

光-Fenton 工艺的主要优点是可以利用波长直至 580nm 的太阳光。因此，该过程可以利用的光能是 TiO_2 过程的 7 倍。光穿透的深度较大，而且作为均相溶液，污染物和氧化剂的接触更紧密(Bauer *et al*. 1999)。不利之处是反应 pH 较低，而且最终需要去除铁离子。绝大多数有机污染物在光催化过程中的降解是类似的，差别仅仅是对应被降解物的降解所需的停留时间不同。一般氯代烷烃降解的化学计量式如下：

$$C_nH_mO_zX_y + xO_2 \longrightarrow nCO_2 + yHX + wH_2O \quad (30.7)$$

值得注意的是，现有绝大多数处理工艺，如汽提、活性炭吸附，并不“真的”发生处理，这些工艺的目标就是从确定的介质中将污染物去除并转移到另外的介质中。另一方面，由于关注未降解污染物的排放和不完全燃烧产生的有机物，焚烧在公众中呈现负面印象。

30.3 试验体系：技术方面

光催化技术的目标是有效收集高能光子，将其引入液相反应器以推进特定的化学反应。实施这一功能的设备是光反应器。它和主要的常规光热设备的差异包括：

- 液体必须直接暴露于光辐射下，因此吸收体必须对光子透明
- 温度扮演了一个重要的角色，因此不需要热绝缘体

当前主要有两类光催化反应器，一种强化吸收光辐射，另一种直接使用阳光，不需要任何强化吸收。图 30.2 显示的是位于 Plataforma Solar de Almeria(PSA)的光催化反应器，其中含有两种类型的系统。两类反应器的重要差别是：非强化吸收阳光技术可以利用直接辐射光(没有被大气散射的光)和散射辐射光(被大气中的粒子散射、到达地球表面方向随机的光)。

30.3.1 强化吸收光化学反应器

由于历史上利用太阳能进行光一热转换时强调槽式单元，用于光催化的光反应器最初设计为线形聚焦抛物线槽式强化吸收设施(PTC)。另外，PTC 技术相对成熟，已有设施可以很容易地根据光催化反应进行修改。在 20 世纪 90 年代，第一个工程水平的水处理光催化设施就使用了上述技术。CIEMAT 使用 12 个双轴 PTCs，命名为 Helioman(图 30.3)，包含了一个小塔，上面有支持了 4 个平行抛物线槽式集光器的平台，吸收体在集光器的焦点处（强化比＝10)。平台上有两部马达，由双轴跟踪(方位角和高度)系统控制，这样集光器光圈平面可以一直与太阳光垂直，阳光被抛物线平面反射到焦点的反应管中，要处理的污水在反应管中循环。

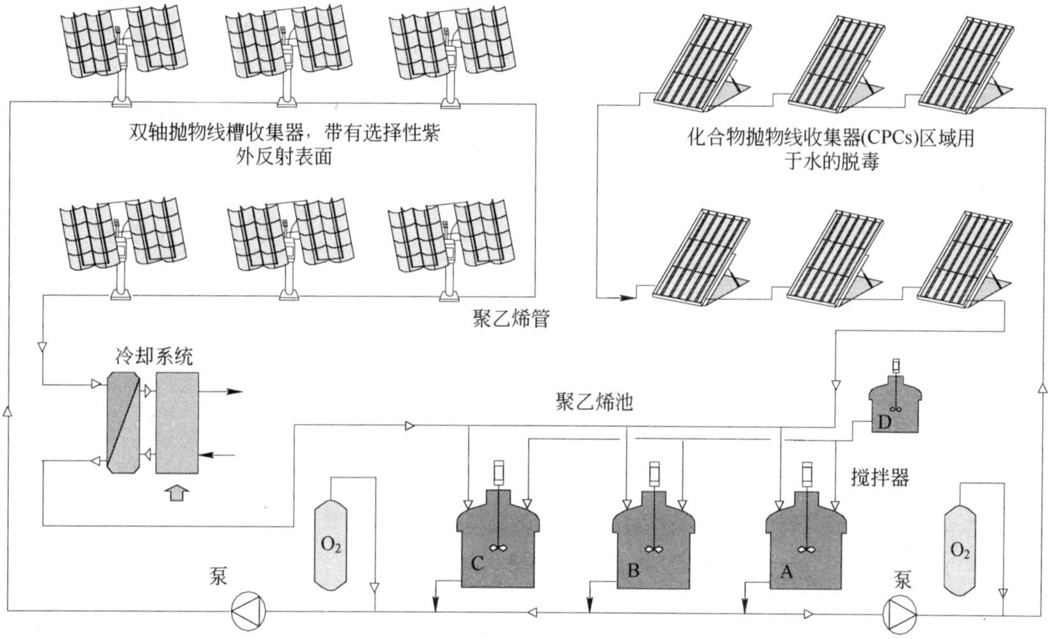

图 30.2　安装在 Plataforma Solar de Almeria(西班牙)的阳光处理水的试验设施的示意图，配有两个独立的系统，系统基于双轴抛物线槽式和静态化合物收集器(CPC)的光反应器

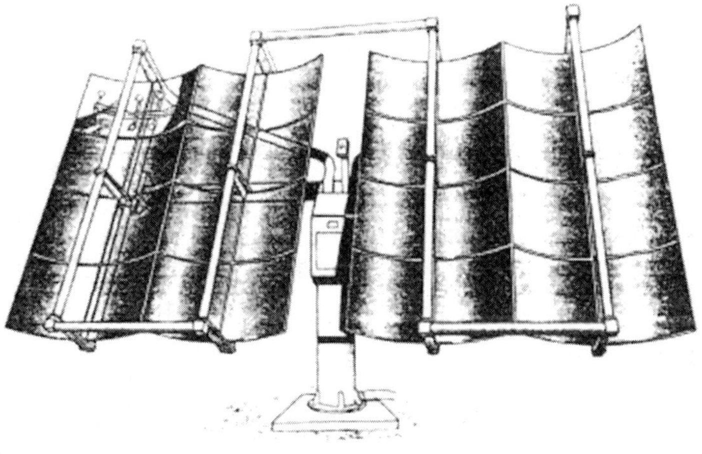

图 30.3　双轴的 Helioman 抛物线槽式反应器

使用这种反应器的典型光电利用率在 50%左右。反应器的尺寸和长度很小，单位体积接受到很大的能量。流体为紊流，挥发性化合物没有蒸发，因此控制待处理的流体非常简单。主要的缺点是，这类反应器只能利用直接辐射、成本高、对光的利用率低并且量子效率低。该反应器已经对多种物质进行了降解，使用了几百升水，其中有机物浓度在每升几十毫克，TiO_2 的浓度为 200mg/L(这是该反应器的优选 TiO_2 浓度)。在所有的情况下，光子效率(被降解的底物摩尔数/反应器内的入射光子摩尔数)在 1%的范围。

30.3.2 非强化吸收光化学反应器

非强化吸收光催化反应器是静止的，没有移动的或沿光线变化轨迹移动的设施。通常是平板型的，根据所处的地理位置而有一定的倾斜，如家用热水技术中的情况。其主要优点是简单，制造成本低，这就意味着维护成本也低。虽然这种反应器具有如上优点，由于需要抵抗气候破坏和反应器紫外光化学性转移的需要，该反应器设计并不简单(Blake *et al*. 1997)。在设计普遍适用的小型非移动集光器的基础上，很多非强化吸收太阳能反应器进行了光催化应用测试(Pacheco *et al*. 1993)。

- 液膜自由流动：反应器包括一个倾斜的、面向太阳的平板，处理的流体慢慢流过，通常和表面的催化剂接触，过程水循环暴露于大气。
- 压力平板：包含液体循环流过的两个平板，平板之间有分隔墙。
- 浅阳光池：小的就地池型反应器，深度很小。
- 复合抛物线式收集器(CPCs)：收集器具有反射表面，位于柱形反应器的渐开线上(图 30.4)。

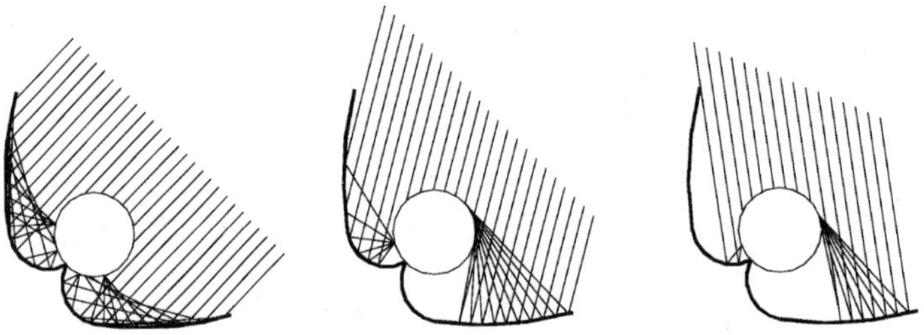

图 30.4　CPC 反应器上阳光反射：反射的光线沿柱状光反应器的背部分布

CPC 非镜像集光器大量使用真空管，是槽式集光器和点源系统(这两者都是光催化方面的适宜选择，因为可以为低浓度系统提供最好的光学条件)中一个非常有趣的元件。CPC 可以按照集光比＝1(非强化吸收反应器)进行设计，其优点是可以收集所有达到 CPC 光圈的紫外辐射(不论其是直射的还是散射的)。同样，水可以很容易地输入和分配，优于所有点光源的设计。所有这些因素有利于 CPC 反应器在光化学和光催化方面的应用。

集光系统具有反应管面积小的优点，这意味着限制、控制和处理的水流循环较短。如果使用这类系统，那么，无论是从经济或者工程的观点来看。使用高质量的紫外-光转换反应器以及催化剂支撑设备都更合理。

然而可移动反应器和固定式反应器相比具有两个重要的缺点。第一个是不能收集(i. e. 使用)太阳的散射辐射。这一点在太阳能加热方面不是很重要，因散射光在所有的太阳辐射中只占一小部分，但是在光化学应用中非常重要。原因是紫外光比可见光更容易被大气中的气体(主要是水蒸气)散射——其机制与蓝光比红光更容易散射相同(这是天空呈现蓝色的原因)。由于这一散射，有一半的紫外辐射以散射光的形式到达地球表面。薄云、灰尘和薄雾减少了直射阳光的比例，明显高于对散射光的影响。由于静态非移动集光器可以利用直接照射和散射的紫外辐射，其效率明显较高。

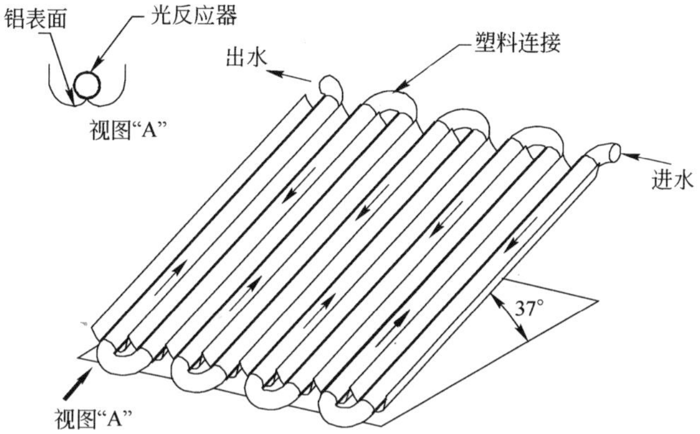

图 30.5 CPC 反应器示意图

可转动阳光收集器的第二个重要缺点是其较高的复杂性、成本和维护需要。另外，非移动集光器有较高的削减制造成本的潜力。

30.3.3 太阳能光催化水处理厂

光催化水处理厂一般设计为序批式。污水必须经过预处理以使有机物去除工艺处于最适宜条件。然后加入催化剂，从反应池泵入催化反应器，直至污染物被降解。取决于污染物的性质，可以加入一些化学试剂以提高过程的效率。一旦过程结束，后处理过程需要调整水化学性质以满足排放要求。在后接生物处理的工业废水处理过程中(Pulgarin *et al.* 1999)，后处理只需要调整 pH 和回收催化剂。

最近，西班牙建设了世界上第一个工业光催化水处理厂，使用 CPC 反应器。这一反应器是 PSA 领导下多个欧洲研究小组和私人公司过去 10 年深入研究和开发这一技术的结果(Blanco *et al.* 1999)。

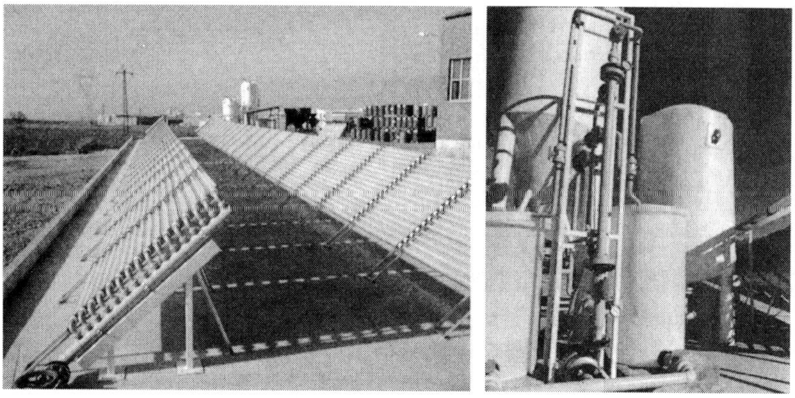

图 30.6 实验性光催化工业处理厂，处理水中的持久性有机污染物(Madrid，西班牙)。处理厂外观(左)和 TiO_2/Fe^{2+} 恢复系统

处理厂为全自动控制，而且运行和维护需要很少。通过测量光利用率可以间接测量获得的水处理结果。在CPC反应器中，大约75%的处理回路持续暴露在阳光下。一旦达到处理目标，水进入催化剂分离塔，处理回路被新的待处理废水充满，再开始新的处理。程序逻辑控制器控制所有的运行步骤和顺序。最初的市场分析表明，使用这一环境技术在很多方面都是有前景的，其中最有前景的是农药的处理。

30.4 农药的光催化处理

虽然在20世纪50年代和60年代就已经从水中检测到农药，在过去的15年内，全球的农药使用却大大增加了，而且自从1975年起，农药的产量大约每五年翻一番。联合国推测，用于农业的农药中，只有不到1%的量最终真正被作物利用。其余部分以污染土地、空气以及水——主要是污染了水——终结。因这些污染物难生物降解且只有一小部分被处理(主要是缺少可行的原位处理技术)，在近期和将来，将产生不可预测的累积性问题。

欧洲和美国各种水质检测报告表明，地表水和地下水中农药和农药代谢产物的浓度从低于μg/L至mg/L。自然水体中农药的存在，促进了将农药高效矿化为环境兼容化合物的方法的探索。强化温室农业(在地中海地区快速增长)使用了比传统农业高200倍的农药，这一情形以及农药制造厂成为了重要的污染物来源。上述情况下产生的废水中，农药的浓度可能高达每升几百毫克。这些废水的主要特征是毒性大、体积小、位置明确。因此需要适当的处理以防止污染——这将比以后修复环境要容易。

农药包括了一系列大量用于农业的化学品。其中一些化合物溶于水，另外一些是悬浊液，一些属于油基农药，一些以粉末状使用。绝大多数农药在喷洒前是不溶的悬浊液或者乳状液。由于清洁和清洗喷药设备、倾倒剩余喷雾溶液、回收塑料包装瓶等多种工艺和管理过程，产生了大量的废水。

农药废水由于浓度较低、组分众多，所以是最适于使用光催化技术进行小体积、序批式处理的废水之一。在有机氯化物、有机磷、氨基甲酸酯、硫代氨基甲酸酯、三嗪等农药的处理都取得良好的结果(Malato *et al*. 2001)。除了在农业中产生了大量的废水，农药有效成分的生产厂家(特别是活性成分和添加剂贮存、投料、混合、包装的厂家)也产生了大量的废水。一些应用的实例包括：

- 农药制造：处理湿式碱洗溶液废水——含有溶解性的、悬浮的和部分降解的农药，浓度高或者中等(典型的中等规模的公司产生大约500m^3/a的废水)
- 农药制造和包装：处理源于混合、反应器清洗和地板清洗产生的废水
- 土地施用：处理施用设备的清洗水(典型的农药浓度<100mg/L)
- 塑料容器的循环：处理在粉碎和循环之前清洗塑料瓶的清洗水

30.4.1 阳光降解农药的实例

在图30.2中所示的设施中进行了多种农药降解试验，使用的是Helioman或者CPC

反应器系统。试验中的浓度一般为 100mg/L，是温室循环水中的最大农药浓度。如果这一浓度可降解，那么在其他更低的浓度下，降解就更容易进行。所获得的降解模型非常类似。图 30.7 和图 30.8 给出了 TiO^{2-} 过硫酸盐工艺对农药(初始化合物和所有光催化产物)彻底矿化的结果。

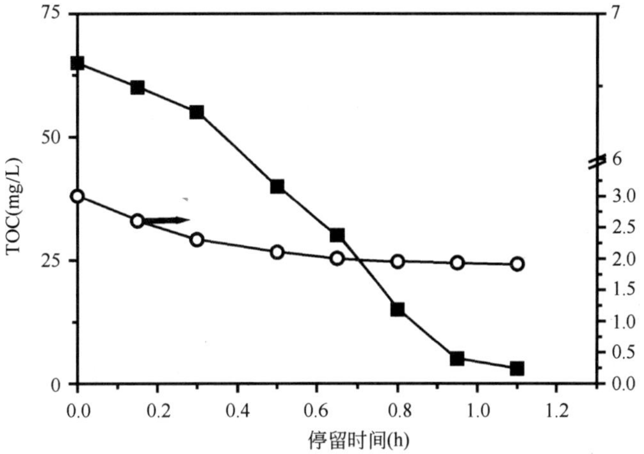

图 30.7 阳光矿化农药 abamectin 中的 TOC。试验在抛物线式槽式系统中进行。使用了 10mmol/L 的 $S_2O_8^{2-}$。(○)pH，(■)TOC。平均直接紫外光：38.1W/m^2。

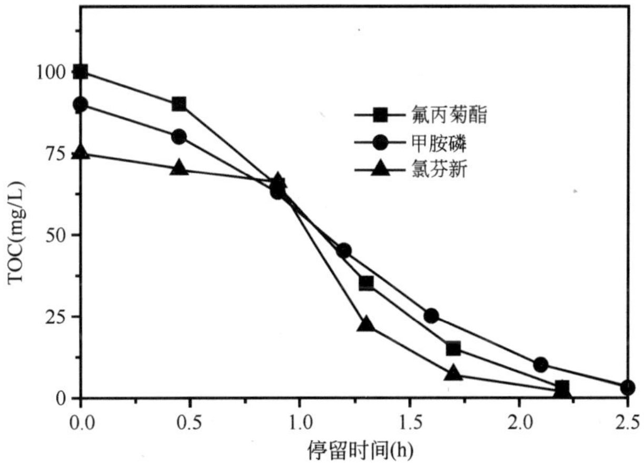

图 30.8 CPC 系统中光催化降解 3 种农药的结果。试验使用 $S_2O_8^{2-}$ 10mmol/L。平均总的紫外光辐射是 26.2W/m^2(氟丙菊酯)；33.6W/m^2(甲胺磷试验)和 33.7W/m^2(氯芬新试验)。TiO_2(Degussa P25)：200mg/L。

图 30.7 给出了在 PSA 抛物线槽式系统中杀虫剂废水中总有机碳(TOC)的矿化(系统包括 12 个 Helioman 集光器，由 56mm 内径的聚乙烯管连接反应器，反应器总长 216m，每个模块表观光圈面积为 32m^2，即总有效光圈面积 384m^2)。良好的天气条件下，可以观察到 TOC 在暴露阳光下一小时后消失。当最后一步氧化生成 CO_2 以后，才能完成矿化。在 CPC 系统中进行的光催化降解试验显示了类似的结果。

图 30.8 表明降解氟丙菊酯、甲胺磷和氯芬新 3 种杀虫剂时 TOC 的降解结果(在晴朗天气下 3 个不同的实验)，使用的是 CPC 系统(系统共有 6 个反应模块，总反应器面积 8.9m²，光反应器体积 108L，总体积 247L，安放平台倾斜 37°(参照当地纬度)；6 个模块依次连接，水流从一个流向另一个直至最后进入储存池；样品按照预定时间收集(t))。农药分别进行试验，所观察到的结果类似：在良好的光照下，降解 100ppm 的 TOC 耗时1～2h。

停留时间是指待处理的水暴露在阳光下的时间。停留时间(t_R)按以下公式计算：

$$t_R=(V_R/V_T)t_T \tag{30.8}$$

式中，t_T 是从试验开始算起的总消耗时间，V_R 是(被照射)反应器体积，V_T 是总的水力循环体积。

30.4.2 进入光反应器中的累积能量

停留时间是一个非常直观的参数，因为存在一些原因，如工艺与能量流有线性关系，而阳光是连续变化的，因此不能在不同的试验之间比较。反应器存在照明和非照明单元。因此，使用试验时间作为计量单位可能误解结果，所以把试验时间和收集到的有效光辐射联系在一起的参数应当更适合描述降解。以下公式用于处理实验数据：

$$Q_n=Q_{n-1}+\Delta t_n\,\overline{UV}_{G,n}\frac{A_r}{V_r}\quad(\Delta t_n=t_n-t_{n-1}) \tag{30.9}$$

式中 t_n——每个样品的试验时间；

$\overline{UV}_{G,n}$——Δt 时间内平均 UV_G(水平形状上的总紫外光辐射)；

Q_n——试验过程中每个样品在反应器单位体积上积累的能量(kJ/L)；

A_r——光反应器面积；

V_t——总系统体积。

在使用反应器单位体积的积累能量后，反应速度表达为毫克每千焦集光表面收集到的紫外光。紫外光的辐射(UV_G)可以用总紫外光辐射传感器测量，可以表达为 $W_{UV}m^{-2}$，并且提供了在任意位置接受能量的大致概念。

图 30.9 给出了光催化降解另外一种农药甲胺磷的结果，这种农药属于有机磷农药，试验中使用累计能量作为参考单位。商品 Ramaron 50^R(Bayer 公司产品)含有 50%(W/V)的农药有效成分，其他有机物制造商没有标明。浓度 0.33mL/L 的 Tamaron/水溶液的 TOC 为 100mg/L，其中 28mg/L 来自有效成分。图 30.9 显示了使用过硫酸盐(即二硫酸盐，$S_2O_8^{2-}$)产生的明显差异，不添加过硫酸盐，不能实现有机物的完全矿化。在彻底矿化后，PO_4^{3-} 和 SO_4^{2-} 的量可以根据甲胺磷的降解方程获得(式(30.10))。因为添加的过硫酸盐产生大量的硫酸盐并且不能与农药分解产生的硫酸盐区分，在使用过硫酸盐时，不可能显示符合化学剂量的硫酸盐的生成(见式(30.3)和式(30.4))。

$$C_2H_8NO_2PS+7O_2\xrightarrow{TiO_2/hv}2CO_2+H_3PO_4+H_2SO_4+HNO_3+H_2O \tag{30.10}$$

30.4.3 稳定光照下的等价照射时间

在有些情况下，必须以等价照射时间代替单位面积上的累积能量(Q)来解释试验结果。为此，式(30.9)应当被修改——连续紫外光辐射强度为被设定的 $30W_{\mu v}/m^2$(等价于

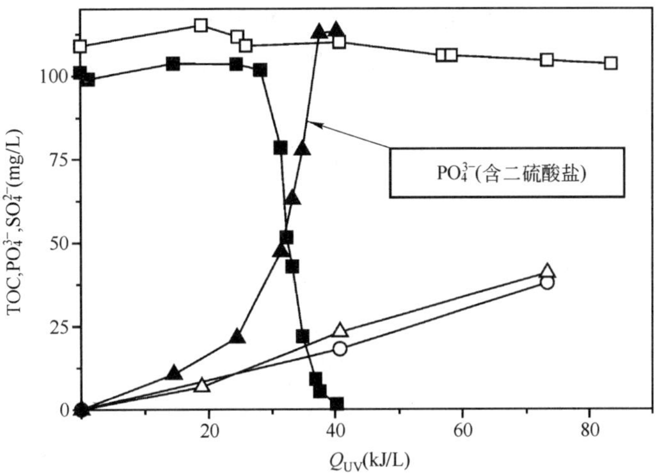

图 30.9　在 TiO_2(200mg/L)悬浮液中 Tamaron 50^R 的降解是累积能量的函数。试验中保持 $S_2O_8^{2-}$ 为 10mmol：(■)TOC，(▲)PO_4^{3-}。试验只使用 TiO_2：(△)PO_4^{3-}，(□)TOC，(○)SO_4^{2-}

晴朗天气 PSA 放置处中午两小时平均光线值)，并以此重新计算反应时间。只有当整个反应器中反应物浓度相同(即，系统处于稳态)时，部分受到照射的光反应器中按照如上方法确定动力学的步骤是准确的。在上述条件下，在同一 CPC 反应器系统中，1kJ/L 等价于 6.5min 的照射(t_{30W})。

图 30.10 显示了使用 TiO_2 光催化反应和光-Fenton 法处理另一种农药吡虫啉(50mg/L)时的降解动力学结果。图 30.10 表明农药和 TOC 的变化都是时间的函数。TOC 值显示出与农药浓度有良好的相关性。光-Fenton 处理较 TiO_2 有良好的矿化速率。使用光-Fenton 方法，农药经过 14.2min 的处理后消失，使用 TiO_2 处理，农药在 122.3min 后消失；初始浓度 C_0=50mg/L 时，半衰期分别为 3.6min 和 18.8min。光-Fenton 法的初始反应速率是 TiO_2 法的 3.6 倍。

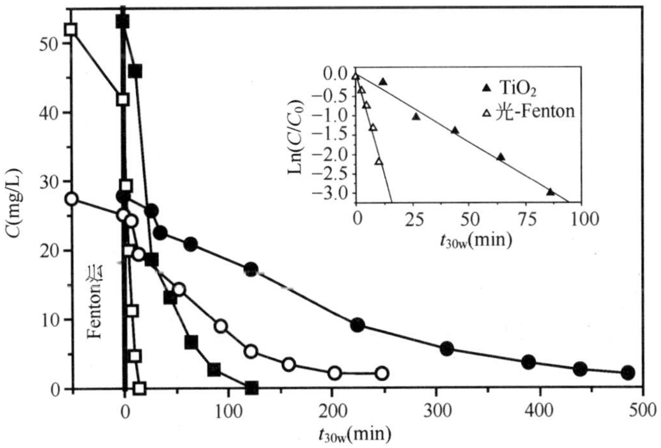

图 30.10　以 t_{30W}(照射时间)为参数的吡虫啉的降解动力学(■ TiO_2，□光-Fenton)和总有机碳变化(● TiO_2，○光-Fenton)，初始农药浓度为 50mg/L。小图表明 Ln(C/C_0)与 t_{30W} 是线性关系

TOC 的消失显示出类似的结果(图 30.10)，但是两种处理情况的反应速率没有多大差异。TiO_2 作用下农药的光催化降解速率与其他初始浓度足够低不至于发生催化剂饱和的污染物的异相光催化相同(Herrmann *et al*. 1998)，表现为表观一级反应动力学。Ln(C_0/C)表现为 t_{30W}的线性函数证明了以上动力学结果，见图 30.10 中镶嵌的图。如果使用的 C_0 对应照射开始时的值，且不考虑暗反应，在光-Fenton 处理中会观察到类似的结果(Kuo *et al*. 1998)。

关于 TOC 降解时处理行为的差异可以根据农药的初始反应速率差异予以解释。使用 TiO_2 时初始反应速率很低，而且同时生成了降解的中间产物。在光-Fenton 降解中，农药被快速降解，同时生成的降解中间产物也很快。因此，矿化在引入反应后快速发生了。只有在反应将结束时，当 TOC 浓度很低时，才服从表观一级动力学。

30.4.4 动力学和光催化设计流程

图 30.11 给出了一些初始浓度不同的实际农药废水的降解结果，可以用于推断反应动力学。由于并不期望反应符合简单的模式(如一级或零级反应)，并没有计算整体反应速率。

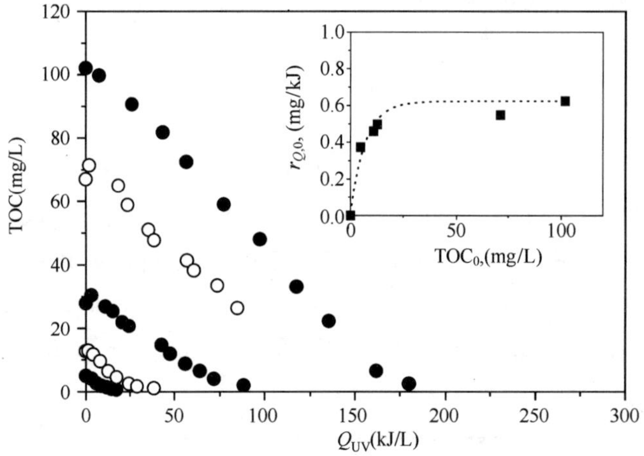

图 30.11 不同初始浓度下农药(见表 30.1)废水的 TOC 变化，“最大速率”作为 TOC 的函数置于插入的图中

降解曲线的最大梯度，是曲线上降解最快的点($r_{Q,0}$)的切线的梯度，可以用于获得一系列实验结果。它是以零级反应速率为单位的(用 mg/kJ 代替 mg/min)，因此很容易控制。另外该梯度近似被当作矿化反应初始速率，因为 TOC 要先经过一段接近常数的时期。这一参数 $r_{Q,0}$被称为“最大速率”。

从图 30.11 中的小图中可见，初始 TOC 浓度为 20～30mg/L 时的降解速率为常数。在这一浓度下，发生了饱和，而且反应速率是常数。一旦知道适合于降解的优化的初始浓度，可以发展预测降解行为的模型。这一模型必须可以计算处理不同浓度的农药时所需要的光反应器的面积。在所有情况下，更宜使用已发展的适用于拟合大型光催化处理设施实验数据的模型(Minero *et al*. 1996)代替直接使用 Langmuir-Hinshelwood(L-H)模型(式

(30.11))，因新的模型对于一般性光催化动力学系统给出了近似解——新模型是对 L-H 方程的解析形式。

$$r=\frac{k_r KC}{1+KC+\sum_{i=1}^{n} K_i C_i} \tag{30.11}$$

式中，k_r 是反应速率常数，K 是反应物(农药混合物)的吸附常数，C 是任意时间农药的浓度，K_i 是"农药降解过程中中间产物"吸附常数，C_i 是任意时间中间产物浓度。基于以上考虑，TOC 下降的速率可以如下给出：

$$r_{Q,0}=\frac{\beta_1[TOC]_{max}}{\beta_2+\beta_3[TOC]_{max}} \tag{30.12}$$

通过对式(30.12)进行变形处理，图 30.11 中的结果可以用于计算常数(β_i)。使用这些值，实验结果和对应的拟合直线如图 30.12 所示。拟合的直线如下绘制：

$$\frac{1}{\beta}\left\{\beta_2\ln\left(\frac{[TOC]_{max}}{[TOC]}\right)+\beta_3([TOC]_{max}-[TOC])\right\}=Q_{UV} \tag{30.13}$$

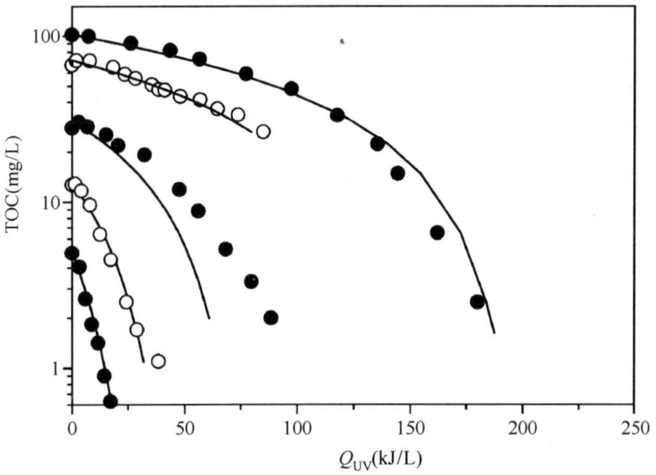

图 30.12 提出的动力学模型对矿化农药的拟合。点是实验数据，曲线根据式(30.13)绘制

式(30.13)允许将 TOC 降解速率([TOC])预测为初始 TOC([TOC]$_{max}$)和有效照射(Q_{UV})的函数。同样，也可以使用式(30.13)计算达到某种矿化程度需要的入射能(Q_{UV})。

30.5 案例研究：农药瓶的循环

30.5.1 背景

在地中海，强化温室农业已经成为经济的重要部分，近些年尤其如此。在西班牙西南部 Almeria 省就有超过 30000hm^2 的温室，现在，这是该地区最重要的经济活动。不过，与这一活动相联系的重要环境问题也在增加，如过量和高强度的农药的使用(温室农业需要的农药的量比传统农业高 200 倍)。

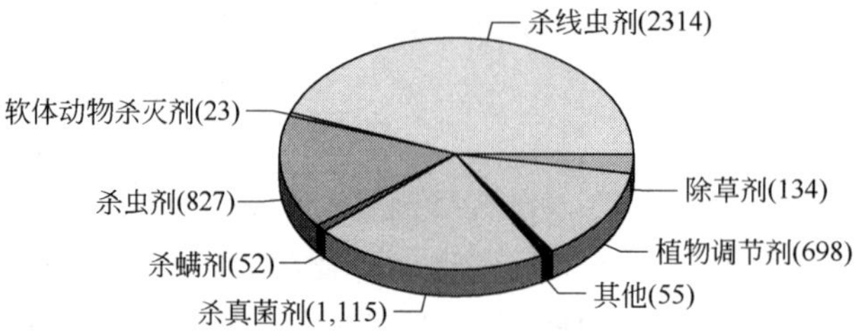

图 30.13 在 Almeria 地区使用的农药的数量来源：AEPLA，西班牙(1995 数据)

每年大量弃置的农药瓶产生了一个突出的问题。根据 1995 年的数据，在该地区消耗了 5200t 的农药，产生了约 1500 万个空瓶和容器，其中 99%是塑料的，体积为 1.9L。少量农药会残留在瓶中，因此这些空瓶属于危险废物，不能像一般包装一样处理。直至今天，还没有办法处置这些瓶子，而且不能回收再利用。大部分的瓶子与其他常规农业废物一起扔掉，或者随便倒掉。为了解决这一问题，设计了一个工艺把这些瓶子中的高质量塑料循环为有价值的原材料。在循环工艺中，这些瓶子被破碎，然后清洗，产生相对少量的被污染水，其中有每升几百毫克的持久有毒的总有机碳。由于水需要回用，必须处理和消除这些污染物。光催化脱毒是一种被建议的处理这些废水的方法，并且进行了方法的可行性研究(Malato *et al*. 2000)。

实验研究在 PSA 光催化反应器中进行(图 30.2)。该研究从 Almeria 的农药市场开始，以便了解该地区消耗的农药的质量和数量分布(图 30.13)。其中，有 10 种由主要厂家生产的温室使用最多的农药被选作代表物，来执行一个完整的、前面明确定义的光降解试验计划。表 30.1 给出了使用的农药。

选出的用于光降解可行性研究评价的农药(Malato *et al*. 2000) **表 30.1**

商品名	生产者	活性组分	分子式
Rufast	Rhone-Poulenc	Acrinatrin	$C_{26}H_{21}F_6NO_5$
Vertimec	Merck	Abamectin	$C_{48}H_{72}O_{14}$
Thiodan(硫丹)	AroEvo	Endosulfanα-β	$C_9H_6Cl_6O_3S$
Dicorzol	AroEvo	Formetanate	$C_{11}H_{16}ClN_3O_2$
Confidor	Bayer	Imidacloprid	$C_9H_{10}ClN_5O_2$
Match	Ciba-Geigy	Lufenuron	$C_{17}H_8Cl_2F_8N_2O_3$
Tamaron50	Bayer	Methamidofos	$C_2H_8NO_2PS$
Vydate	DuPont	Oxamyl	$C_7H_{13}N_3O_3S$
Scala	AgrEvo	Pyrimethanil	$C_{12}H_{13}N_3$
Previcur	AgrEvo	Propamocarb	$C_9H_{20}N_2O_2$

30.5.2 使用 TiO_2—过硫酸盐的降解实验

实验规划中包括了不同条件下对单一和混合化合物的试验。农药在使用前通常加水稀释，浓度一般在 200～3000ppm(使用浓度取决于产品)。为了简化研究、减少需要进行的实验数目，进行了以下假定。

- 清洗过程产生的废水中农药浓度要远低于通常使用时的浓度。
- 选择的 10 种产品代表了整个市场(市场中包含了 300 种化合物)。
- 每种选出的产品产生的空塑料瓶的数量相同。
- 所有的容器中剩余物的数量相同。

在上述假定下，选出 10 种农药的混合物——每种浓度相同(总 TOC 为100mg/L)——作为洗瓶水中的代表污染物。混合物光降解实验在 Helioman(图 30.7)和 CPC(图 30.8)系统中进行。

不过，几乎所有的兴趣都集中在所选择的 10 种化合物上。在 CPC 系统和抛物线槽式系统中的实验都是基于上述假定。在实验中每种农药浓度为 10ppm，配水时使用 250L 蒸馏水，并且匀质 30min。定期采样，分析悬浮液中的总有机碳浓度(TOC)，液相色谱跟踪农药浓度。图 30.14 给出获得的一些结果，包括整个实验过程的毒性测量结果。

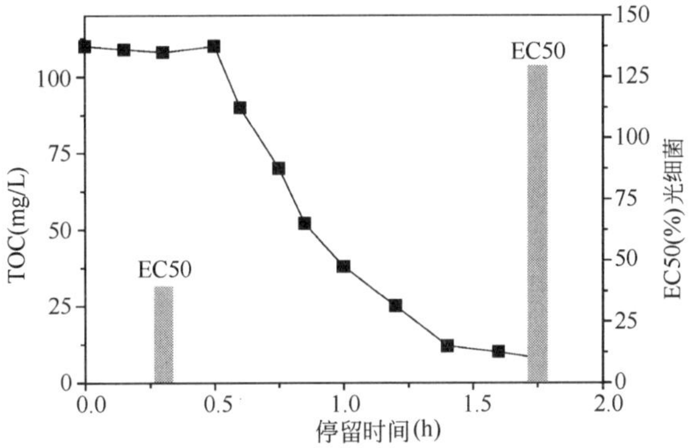

图 30.14 10 种选出的农药的混合物的 TOC 矿化结果(抛物线槽式系统)；直接紫外光：36.3W/m^2；TiO_2(Degussa 25)浓度：200mgL^{-1}；过硫酸盐添加量：0.01mol；处理体积：250L。毒性指标 EC_{50}用 Microtox^R 测量

由于完全矿化有机物并不是目的所在，因此应该观察到没有高毒性的化合物产生。Microtox^R(是被广泛接受的测试毒性的方法)，通常使用 EC_{50} 表征，是指由光细菌(photobacterium phosporeum)产生的光强下降 50%的有效浓度。在图 30.14 中，TOC 下降 90%后毒性明显下降(为获得 EC_{50}，初始样品浓度应为 40%，而最终得到的水的浓度是 135%)。图 30.15 总结了不同 $S_2O_8^{2-}$ 浓度下使用 CPC 系统获得的结果。

所有实验中二氧化钛的浓度均为 200mg/L，过硫酸盐浓度 5～10mmol/L(这是 PSA 实验中得到的优化浓度)。$Na_2S_2O_8$ 在实验的初期就加入，并且通过测量 $S_2O_8{}^{2-}$ 的浓度有规律地给予补充，以保证试验过程中浓度的稳定。过硫酸盐的添加不会产生环境问题，因为只是产生了少量的硫酸盐，增加了处理出水的硬度(饮用水中硫酸盐的最大允许浓度为 250mg/L，废水中对这一指标没有限制)。图 30.15 中的实验结果表明，80%和 90%的 TOC 分别在处理 2～4h 和 2.5～5h 后完成。

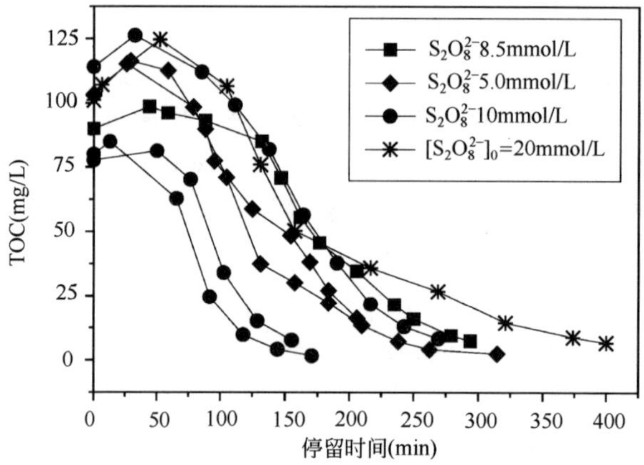

图 30.15　10 种被选出的农药的 TOC 的矿化(CPC 系统)。
TiO_2(Degussa P25)浓度：200mg/L

30.5.3　光-Fenton 实验

进行光-Fenton 实验的目的是确认初始 TOC 和铁的浓度对降解速率的影响。初始 TOC 为 100～500ppm，Fe 为 0.25～2mmol/L。在 30min 匀质后，通过添加亚硫酸调整 pH 为 2.5～2.8。立刻加入硫酸亚铁，按照所需剂量的 10%～20%分批加入 H_2O_2(所需剂量根据 COD 测得)直至反应实验结束。在达到最大速率之前，铁离子的增加将提高降解。达到最大速率时，铁化合物吸收了所有的光子。图 30.16 给出了不同降解实验的结果，农药的浓度大约为 100ppm。

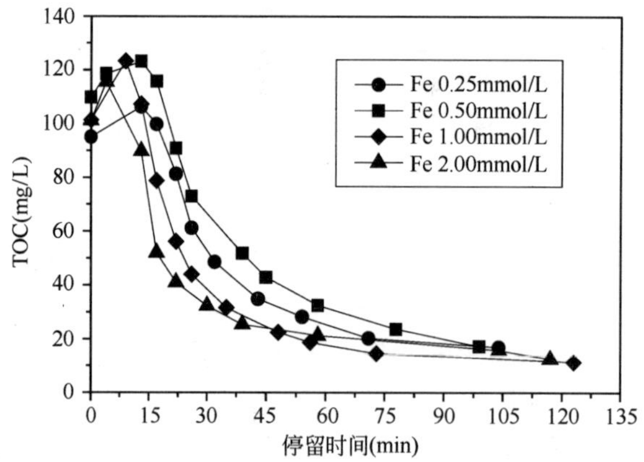

图 30.16　光-Fenton 工艺中铁的浓度对于废水中农药降解的影响
(初始农药的浓度为 100ppm)

试验中，铁浓度的增加对提高降解速率没有像期望的那么大(Fallmann *et al*. 1999)。铁的浓度为 0.5mmol 时，不理想的降解情况可能是由初始较高的 TOC 浓度和 pH 调整时的少量偏离所引起的。不过，80%的 TOC 在 3h 内被降解。如果 H_2O_2 过量，则降解可以提高到 90%。无论是光-Fenton 实验还是 TiO_2-过硫酸盐降解试验，由于高黏度的液体对玻璃的强烈吸附，都存在难以测量农药初始量的困难(这可能导致实验误差升高)。需要加入的蒸馏水也不能精确计算。这些因素都能引起总 TOC 的浓度的波动，因为不是所有的农药都能够一开始就溶解。

30.5.4 处理因子

所有实验中处理水的体积相同(250L)，CPC 集光器集光区域(2×60°的半光圈角，光强度=1，总辐射体积为 110L)由 3 块静态模块组成，总光圈面积为 $9m^2$。集光器面向南面，倾斜角 27°—与当地的纬度类似，可以获得最大的效率。通过上述数据以及图 30.15 和图 30.16 中的结果，可以得到使用 TiO_2-过硫酸盐或光-Fenton 方法的质量处理因子(单位面积和时间下农药被降解的质量)(表 30.2)。光-Fenton 法的处理因子明显较高，在这一过程中至少有 10%的矿化不能实现。

农药混合物的降解：TiO_2-过硫酸盐和光-Fenton 过程中的质量因子和体积处理因子　　表 30.2

	TiO_2-过硫酸盐(90%降解)		光-Fenton(80%降解)	
	(g/(h·m²))	(L/(h·m²))	(g/(h·m²))	(L/(h·m²))
	0.81	6.44	2.28	18.52
	0.59	4.69	3.88	31.45
	0.86	7.41	3.11	26.88
平均值	0.89	7.65	2.43	22.83
	0.60	6.06	3.07	28.74
	1.18	13.89	—	—
	0.93	11.26	—	—
	0.83	8.2	2.95	25.68

30.5.5 光催化处理厂的初步设计

初步设计的目标是确定关于脱毒用光催化处理厂的布局、尺寸和规模的参数。一旦提供了最终设计和建造需要的所有基础元素，初步设计即告完成。通常工作量相当于最终设计的 30%～40%。

式(30.9)为任意特定的光催化降解实验计算处理过程所需能量以代替滞留时间、在不同的时间和可能的气候条件下进行比较还可以依据当地特定的光照条件计算任意安放位置下光反应器的光面积。光反应器所需的总面积 A_r 可以依据式(30.9)计算。

$$A_r = \frac{Q_{UV} V_r}{T_s \overline{UV}_G} \tag{30.14}$$

式中，T_s 是年度总光催化反应器运行时间。推荐集光器面积增加 20%～25%的余量(以理论计算值为标准)。因此，为了计算必要的光反应器表面以保证农用塑料瓶的循环，确定了以下数据：

- 每年 Almeria 产生的空农药瓶有 1500000 个。
- 处理厂选用 CPC 反应器技术。
- 处理厂设计开始时处理年度瓶子产量的 50%(这是基于考虑地理分布的现实情况)：750000 个。

并作出如下假设：

- 瓶子如果曾经被清洗过，则剩余的 TOC 平均为 0.7g 或 0.1g。
- 保守估计每个瓶中的剩余物为 0.5g。这意味着光催化处理厂每年要处理的农药的量为 375kg(750000×0.5mg)。
- 塑料瓶的平均体积为 1.9L。
- 每年 Almeria 太阳能设施的运行时间为 3000h。

使用式(30.9)($A_r=9m^2$；$V_t=250L$)，图 30.15 可以转化为图 30.17，其中 TOC 降解作为有效收集到的 UV 光的函数，而不是反应器中的停留时间。

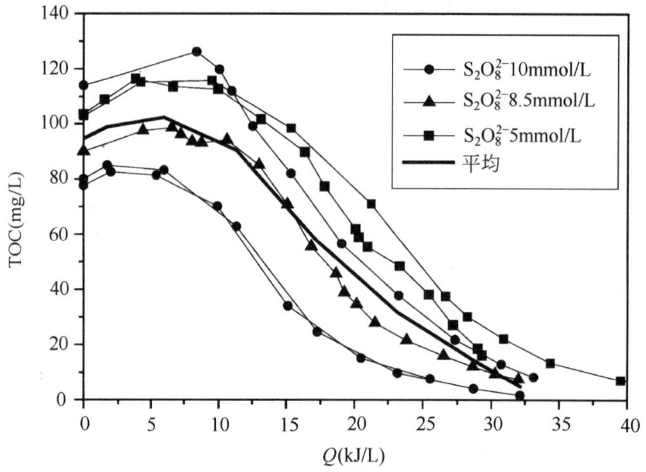

图 30.17 TiO_2(Degussa P25)-过硫酸盐工艺中 10 种农药混合物的 TOC 降解。降解作为收集到的 UV 光能量的函数(300～400nm)

同样，由图 30.16 得到图 30.18。为了直接比较光-Fenton 反应和 TiO_2 过程，在图 30.18 中，收集到的紫外光按照辐射探测器得到的数据计算(波长 300～400nm 范围内)，虽然铁化合物的吸收波长可达到 580nm。

由不同实验得到，TiO_2 光催化氧化过程的最适宜条件是 TiO_2 浓度 200mg/L，添加 10mmol 的过硫酸盐。在光-Fenton 过程中，铁的浓度是 1mmol/L。比较图 30.17 和图 30.18 可以看到，光-Fenton 工艺虽然不能实现水中污染物的彻底矿化，但是还是能量效率较高的过程。TiO_2-过硫酸盐需要 $27kJ_{UV}/L$ 以实现 80%的 TOC 降解，或者 $30kJ_{UV}/L$ 以实现 90%的 TOC 的降解。光-Fenton 过程中实现 80%TOC 降解只需要相当于11.5kJ/L 的能量。

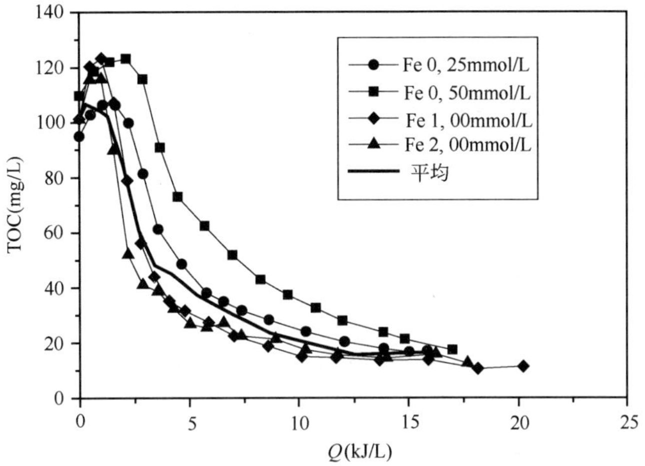

图 30.18 光-Fenton 工艺中不同铁的浓度对 10 种农药混合物的 TOC 降解的影响。降解作为收集到的 UV 光能量的函数(300～400nm)

设计中最重要的概念如图 30.19 所示，水中的农药污染物要进行批序式处理直至 TOC 的矿化达到 80%。在这一点后，水进入后处理过程(铁絮凝、沉淀和再生)，然后再用于洗瓶或者经过活性炭处理后(目的是保证水质)用于灌溉。再生水泵入洗瓶过程，直至水中的 TOC 浓度达到 100ppm。在这一设计下，约 95%的污染物被矿化，剩余的 5%通过活性炭过滤床去除。

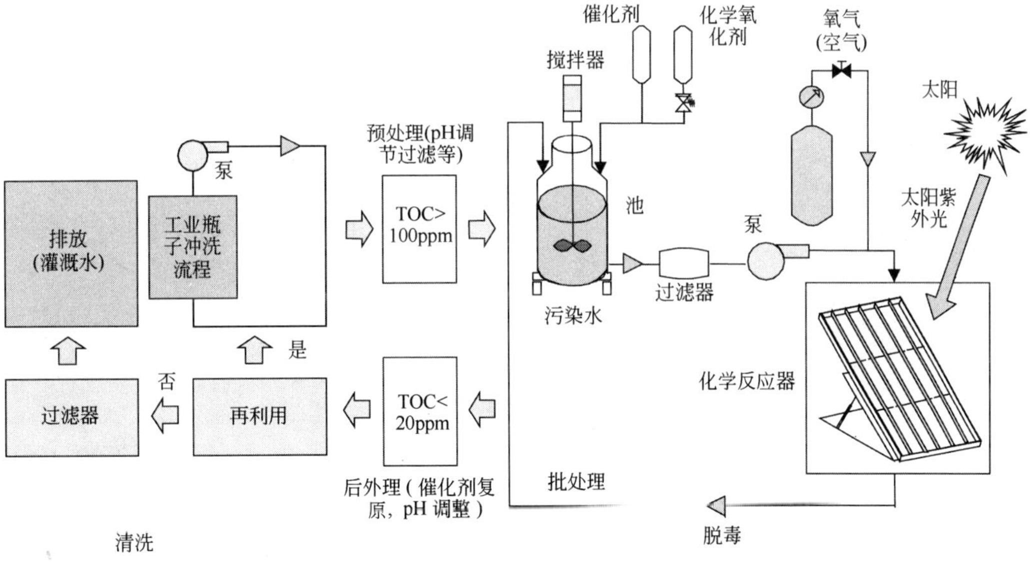

图 30.19 为农药瓶处理和循环服务的光催化脱毒处理厂设计概念

集光器的面积可以如下计算：

- 选择使用光-Fenton 光化学降解工艺。
- 进入光催化设施的水的 TOC 浓度为 100mg/L，包括活性组分和商品农药的其他组分。

- 100ppm 的 TOC 被认为等价于约 200mg/L 的污染物(根据选择的农药平均含碳量推算)。
- 经过处理的最终 TOC 为 20mg/L。
- 处理厂设计每年处理 375kg 的来自塑料瓶的农药。
- 每年总处理水量为 $1875m^3$(375000mg/200mg/L)。
- 每年运行 3000h。
- 年平均本地阳光辐射(从日出到日落)为 18.6 W/m^2。
- 降解污染物所需要的平均能量为 $12kJ_{UV}/L$(根据图 30.18)。

根据以上内容，使用式(30.14)，反应器面积为：

$$A_r=\frac{Q_{UV}V_r}{T_s\overline{UV}_G}=\frac{11.5\times10^3\times1875\times10^3}{3000\times3600\times18.6}\left(\frac{JL^{-1}L}{sW/m^2}\right)=112m^2 \tag{30.15}$$

因此提出的光反应器面积(CPC 集光器)为 $140m^2$(包括了 25%的余量)。图 30.20 给出了完整的处理设施的规划图。

图 30.20 中有两个重要的单元一是关于预处理和后处理的一分别是在光反应器中进行的污泥去除和一步铁絮凝(批次式中和)，均位于光催化处理之后。

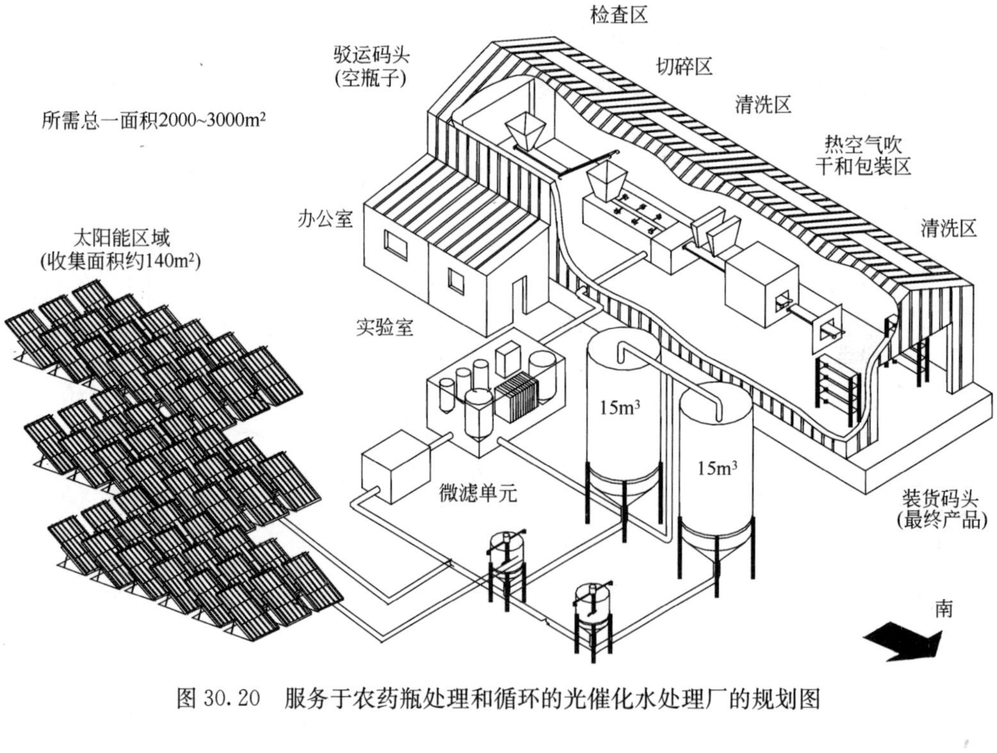

图 30.20 服务于农药瓶处理和循环的光催化水处理厂的规划图

30.6 结论

本章中报告的光催化氧化技术有助于解决问题。由于生成了高反应活性的物质，如

·OH，阳光可以有效降解污染物为无害产物。多种技术都可以产生羟基自由基，其中 TiO_2 和光-Fenton 光催化技术最引人注目，已开发为适宜的光技术并用于地中海地区一这里阳光和温室农业都存在。中试规模的实验成功证明了光催化过程降解农药的效率，包括对商品农药的混合物和单一化合物。

30.7 参考文献

Acher, A.; Fischer, E.; Zellingher, R.; Manor, Y. (1990) Photochemical disinfection of effluents. Pilot plant studies. Wat. Res. 24(7), 837-843.

Bauer, R.; Waldner, G.; Fallmann, H.; Hager, S.; Klare, M.; Krutzler, T.; Malato, S.; Maletzky, P. (1999) The photo-Fenton reaction and the TiO_2/UV process for waste water treatment-novel developments. Catalysis Today 53, 131-144.

Blake, D. M.; Magrini, K.; Wolfrum, E.; May E. K. (1997) Material Issues in Solar Detoxification of Air and Water. In Proceedings of Optical Materials Technology for Energy Efficiency and Solar Energy Conversion XV. SPIE 3138, 154-162. Carl M. Lampert, Claus G. Granqvist, Michael Gratzel, Satyen K. Deb (eds.). The International Society for Optical Engineering.

Blanco J. *et al.* (1999) Compound Parabolic Concentrator Technology development to commercial solar detoxification applications". Solar Energy, 67(4-6), 317-330.

Fallmann, H.; Krutzler, T.; Bauer, R.; Malato, S.; Blanco, J. (1999) Applicability of the Photo - Fenton method for treating water containing pesticides. Catalysis Today, 54, 309 -319.

Herrmann, J. M.; Disdier, J.; Pichat, P.; Malato, S.; Blanco, J. (1998) TiO_2-based solar photocatalytic detoxification of water organic pollutants. Case studies of 2, 4-dichlorophenooxyacetic acid(2, 4-D) and of benzofuran. Appl. Catal. B: Environ., 17, 15 -23.

Kuo C. H. *et al.* (1998) Oxidation of aqueous chlorophenols with photo-fenton process". J. Environ. Sci. Health B33(6), 723-747.

Malato, S.; Blanco, J.; Richter, C.; Maldonado, M. I. (2000) Optimization of pre-industrial solar photocatalytic mineralization of commercial pesticides. Application to pesticide container recycling. Appl. Catal. B: Environ 25, 31-38.

Malato, S.; Blanco, J.; Vidal, A.; Richter, C. (2001). Photocatalysis with Solar Energy at a Pilot - Plant Scale: An Overview. Applied Catalysis B: Environmental, Accepted 2001.

Minero, C.; Pelizzetti, E; Malato, S.; Blanco, J. (1996) Large Solar Plant Photocatalytic Water Decontamination: Effect of Operational Parameters. Solar Energy 56(5), 421-428.

Pacheco, K.; Watt, A. S.; Turchi, C. S. (1993) Solar Detoxification of Water:

Outdoor Testing of Prototype Photoreactors. In Proceedings of ASME/ASES Joint Solar Energy Conference, Washington D. C. April 4-8. Allan Kirkpatrick, and William Worek (eds.), 43-49, New York, 1993.

Pelizzetti, E.; Carlin, V.; Minero, C.; Grätzel, M. (1991) Enhancement of the Rate of Photocatalytic Degradation on TiO_2 of 2-Chlorophenol, 2, 7-Dichlorodibenzodioxin and Atrazine by Inorganic Oxidizing Species. New J. Chem. 15(5), 351-359.

Pulgarin, C.; Invernizzi, M.; Parra, S.; Sarria, V.; Polania, R.; Péringer, P. (1999) Strategy for the Coupling of Photochemical and Biological Flow Reactors useful in Mineralization of Biorecalcitrant Industrial Pollutants. Catalysis Today 54, 341-352.

Vincent, M. (1998) Solar Detox Market. In Proceedings of Training and Mobility of Researchers Summer School: Industrial Applications of Solar Chemistry. Almería, September 1998. CIEMAT (Ed).

31 温室园艺业中水的回用

Erik A. van Os and Cecilia Stanghellini

31.1 简介

农业需要水以生产食物。假设食谱相同，每人每年所需的食品要消耗 $2000m^3$ 的水(Klohn and Wolter 1997)。世界上 40%的食品生产源于灌溉农业(FAO 1996)而且 40%的农业用水用于灌溉(World Resources Institute 1994)，所以每人每年灌溉用水量为 $320m^3$。这一巨大的消耗量促使人们不得不关注水的使用效率，特别是期望世界食品产量在今后 30 年内翻一番的情况下(OECD 1999)。本章概述了温室园艺业对灌溉水量和水质的要求，有关水质的要求是在水回用时产生的。

植物需要大量的水，主要供蒸发用。蒸发保证了能量的平衡和营养物质的输送。60%～90%的雨水或灌溉水被蒸发，0～30%流失，只有 10%的水以生物质的形式被固定在植物体内(图 31.1)。但是并不是所有的生物质都是食物，部分是食物(如西红柿)，部分要丢弃(如西红柿的叶子)。由基因决定，每种植物对水的利用效率或多或少有所不同(表 31.1)。蔬菜在食物链的最底端，而动物食品的生产效率更低。

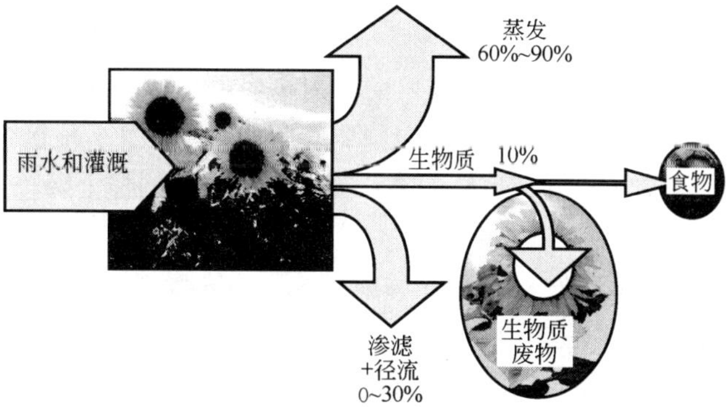

图 31.1 植物的水流向

表 31.1 给出了获得 1kg 干重的营养物质所需要的水量。西红柿含有 5%的干物质。因此生产 1kg 新鲜西红柿需水量为 50L。

不同作物生长利用水的效率 表 31.1

最终产品	每千克干物质的用水量(L)	最终产品	每千克干物质的用水量(L)
土豆	500	大米	2000
小麦	900	鸡肉	3500
西红柿	1000	牛肉	>20000
玉米	1400		

数据来源：OECD 1999，Stanhill 1980。

西红柿可以在不同条件下生长。比如在地中海，是在户外生长；而在欧洲西北部是在温室生长。气候条件和种植系统不同，每公斤西红柿用水量也不同(表 31.2)。

不同气候条件和生长系统下西红柿生长的用水效率 表 31.2

种植方法	种植地区	每千克鲜果用水量(L)
户外	以色列	60
无加热塑料温室	西班牙	40
无加热温室	以色列	30
有气候控制温室	荷兰	22
使用回用水的有气候控制温室	荷兰	15

数据来源：Stanhill 1980；Castilla and Fereres 1990；Stanghellini 1994；KWIN 1999。

数据表明，可以使用一些技术(比如温室)减少用水量。另外，种植方法，如水的收集和回用，提高了水的使用率。当水不得不回用时，就会出现一些问题。以下篇幅给出了更多的关于回用水问题的细节。

31.2 水的可用性

过去的 10 年中，芬兰面对洪灾的威胁。1993 年和 1995 年两条最大河流(莱茵河和马斯河)的高水位导致耕地被淹没。1995 年，由于沟渠堤坝在水的压力下有决口的危险，20 万人被疏散。1998 年，过量的降雨(48h 内降雨>100mm)引发了地区性洪灾。在所有的洪灾中作物被毁坏，收获的质量和数量下降，第二年的收获同样下降——因为洪水导致了土壤流失。

如果平均分配，而且有蒸发，800mm/a 的降雨量并不算多。问题在于，河流接纳(总容量 2500mm/a)与平原区域(三角洲)的结合需要将多余的降雨尽快排出。这样，水质很好的雨水被浪费，不能再利用。灌溉区同样需要很好排出灌溉区的雨水，这取决于土壤的质量，而且将影响收获和农产品的质量。

芬兰的平均月降雨量为50～90mm(数据来源：KNMI 2000)。这种比较均衡的常年降雨模式为使用雨水灌溉提供了可能。贮存雨水的成本也较低。如果有机会储存雨水，只需要补充一些在使用或回用后收集的措施。

31.3 温室园艺业

荷兰的温室面积略高于10000hm^2，其中45%种植鲜花，45%种植蔬菜，10%种植盆栽植物。西红柿、甜椒和黄瓜在无土条件下种植，总面积达3000hm^2。莴苣、萝卜等其他蔬菜主要是有土栽培。玫瑰、大丁草等鲜花在无土环境中栽培，总面积达1000hm^2。以上所提到的包括盆栽植物在内的作物占据了50%的芬兰水栽培温室的面积。在欧洲其他国家情况有所不同(表31.1)。在西班牙南方拉丁区，西红柿、柠檬、甜椒、黄瓜等蔬菜非常重要，而鲜花种植很少。这一面积为30000hm^{2}的温室为欧洲市场提供蔬菜。

一些欧洲国家无土栽培系统和保护性耕种(hm^2)的面积 **表31.3**

国家	保护性耕种面积(hm^2)	无土栽培面积(hm^2)	
		总面积	封闭系统占总面积的比例(%)
芬兰	10125	5000	70
法国	8500	1200	10
西班牙	42500	3000	5
意大利	25000	190	10
德国	4600	560	40
英国	1000	460	50
比利时	2250	1000	10
希腊	5000	110	20

数据来源：EUROSTAT 1999。

31.4 无土栽培系统

在大多数欧洲国家，无土栽培在园艺业中已经很普遍了，虽然并不是每个国家都有大面积的使用。与有土种植相比，无土栽培有以下优点(Van Os 1994)：

- 生长和收获与种植区的土壤类型无关。
- 通过改进水质量和更好地施肥，可以更好地控制作物生长。
- 提高产品质量。
- 使用培养基可以获得无病原体环境和/或更容易控制土壤产生的病原体。

当然，无水栽培也有缺点：如水质要求较高、投资大、肥料成本高。大多数情况下采用的是开放式的或运行后转为废物的系统而不是“闭路”的或再循环的系统(图31.2)。

在这样的开放式系统中，多余的营养物质溶液自由地渗漏至地表水或天然水体。现在，从经济和环境两方面驱动无土系统必须尽可能封闭，如，营养物质溶液进行循环，再利用培养基，使用更多的可持续性利用的材料(Van Os 1999)。与开放式系统相比，闭路系统具有水和肥料利用率更高、对地表水和天然水的污染少、削减废物数量以及由于上述节约而降低成本的优点。闭路循环系统可能存在一些缺点。除了需要高质量的水，还存在由于营养液的循环而使得土壤中的病原体快速扩散的风险、以及代谢产生的植物性毒素和有机物积累这类不利之处。在这类系统商业应用时，使用者会通过对水消毒来克服病原体扩散的问题。

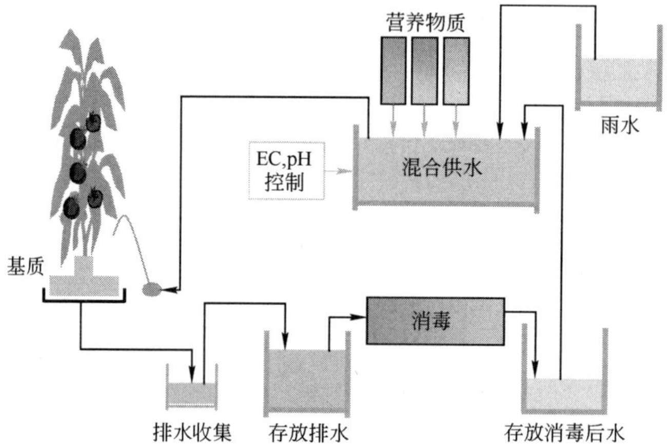

图 31.2 闭路无水栽培系统的示意图

31.5 营养液的消毒

闭路循环系统的使用者面临的最大问题是土壤产出的病原体的扩散风险。可以利用化学、物理和机械的方法消除病原体。由于园艺产品的外观对于生产者而言是重要的，使用化学品(农药、氯化物)要降至最小，但是氧化剂(过氧化氢、臭氧)仍在使用。物理和机械的方法具有其优点。在过去的数年间，研究过大量的消毒方法，以决定剂量—效果关系，但是只有少量方法仍然在商业应用，这些方法将在下文中讨论。另外，商业应用也依赖于成本。消毒设备的体积取决于消毒剂的体积，这将在下文中讨论。

31.5.1 实施消毒的量

使用者需要消毒的回用水量取决于所使用的闭路系统。在传统的石棉或珍珠岩系统中(如，栽培西红柿、黄瓜或甜椒)，推测大约返回 30%的营养液以补充不同植物的生长需要。回流的绝对量变化很大。回流量因季节(夏与冬)、时间(昼与夜)、植物的老幼，灌溉次数以及作物种类而不同。在欧洲西北部，长成的西红柿每天蒸发 3～5mm，在地中海是 6～9mm，这样在 24h 的一个周期内，需要对 30%或者 1～3mm 的水量进行消毒。对于

1000m² 的种植范围，就意味着需要有 1～3m³/d 的消毒能力。如果使用的水有可能被感染—这在芬兰是很普遍的，因为直接使用盆地雨水或者地表水——所有输入的水都需要进行消毒(4～12mm/d)。在全部设备中消毒设施是非常昂贵的，所以应该保持每天 24h 高效。返回的水量变化很大，需要一个足够大的蓄水池，这个蓄水池储存未泵入消毒单元的水。在消毒后，需要另外一个储存池以储存将使用的尚未调整 EC 和 pH 的清洁水。

31.5.2 方法描述

31.5.2.1 加热处理

加热是最常使用的一种消毒方法。多余的营养液从植物处回流并且收集进入储存池。该池中的溶液泵入热交换器，从已消毒的溶液中回收热量将其加热到大约 80℃。然后溶液进入使用外部加热的第二个热交换器。已被加热消毒的溶液再次进入第一个热交换器中冷却，然后储存于"清洁贮存池"。实现对病原体 100%杀灭的条件是 95℃停留 10s (Runia *et al*. 1988)。出于安全的原因，推荐加热时间延长到 30s。实验证明(Runia 1998)，降温同时增加加热时间可以获得同样的结果：90℃停留 2min，85℃停留 3min 可以实现彻底消毒(消除所有病原体，包括病毒)；而 60℃停留 2min 可以选择性地消灭病原体(包括真菌、细菌、线虫)(Runia and Amsing 2000)。低温消毒的主要优点是不需另外的外部加热器，这样可以降低单位成本。高温加热水的蒸汽消耗量(1m³ 蒸汽每立方米水)是不利的情况，而在上面的情况下可以降低温度(0.6m³ 蒸汽每立方米水)。

31.5.2.2 臭氧处理

臭氧(O_3)是一种强氧化剂，可以和所有的有机物反应，这意味着臭氧可以和病原体、其他微生物以及培养基、根释放的有机颗粒、肥料中的螯合铁反应。水应当预先过滤以减少有机物，要降低 pH 以增加臭氧的稳定性。在所有的应用中，排出的水应当在密闭池内进行批次处理(1～2m³)。臭氧按照 $10g/h/m^{-3}$的标准投加，并且保持 1h 的接触时间将足以杀死病原体(Runia 1996)。这一系统很昂贵，并且需要预处理和一些防范措施。因此，臭氧处理虽然在技术方面很好，应用仍不是非常普遍。

31.5.2.3 紫外线照射

仅仅是最近几年，UV 才比较普遍。在 20 世纪 80 年代，有机物通常引起不可靠的结果，并且投资也很高。目前，这一系统成本与加热处理成本相当，比臭氧处理低很多。UV 是一种电磁辐射技术，其波长在 200nm 至 280nm(UV-C)，优选波长为 254nm，对微生物有很强的杀灭能力。在杀灭病原体方面，高压紫外灯与低压紫外灯有同样的能力，但是高压紫外灯能耗效率低。推荐杀灭细菌的剂量为 100mJ/cm²，推荐杀灭病毒的剂量为 250mJ/cm²,出于安全的考虑要提高使用剂量，而且是高于研究中的致死剂量(Runia 1996)。这些值只有在水的透过率高、水中悬浮物低的情况下才有效。因此，对于水质较差的情况，推荐另外加入砂滤处理。

31.5.2.4 慢砂滤和膜过滤

七年来，有商业使用者使用慢速砂滤来消除病原体（Wohanka 1995；Van Os *et al*. 1997a；Runia *et al*. 1997）。使用这一方法可以完全消除疫霉和腐霉等真菌，但是只能部分去除镰刀霉、病毒和线虫（90%～99.9%）（Van Os *et al*. 1997b）。这一方法的原理是表面层的水滴滤穿过砂层。流速为 100L/(m^2·h)或者选择超细砂（0.15～0.35mm；D_{10}<0.4mm）（Van Os *et al*. 1997a）都将改善处理效果。当砂粒的直径增加到 1～2mm 或者滤速增加至 300L/(m^2·h)时，也可以获得满意的效果（Wohanka *et al*. 1999）。因为建设成本远低于加热处理和紫外照射，慢速砂滤引起了大家极大的兴趣。

根据膜的孔径，膜过滤可以分为反渗透、纳滤、超滤、微滤。反渗透可以去除水中所有的离子。因此，反渗透用于雨水供水的深度处理。就园艺使用而言，这一方法太贵了。在芬兰，可使用其他便宜的、补充性的水。在地中海地区，大规模的海水脱盐厂中使用这一方法，为整个区域提供高质量的水。

超滤和微滤膜在去除病原菌方面使用得不多。第一代膜的价格对于商业使用者而言太贵，而且稳定性也低。经常碰到阻塞和泄漏问题。现在使用的膜价格和可靠性都有很大的改善，但是除盐还是一个问题（水中的盐会积累），而且建造费用还很高。

31.6 结论

温室生产在欧洲还未像其本应当的那样高效用水。闭路无水栽培系统（回用排水）虽然在不断增加，但是还没有在所有欧洲国家普遍应用。在芬兰，闭路循环系统的使用面积最大，而在西班牙和意大利，闭路循环系统可能增加最多，而且水的利用率也将提高。使用这一系统的优点是，种植将与土壤无关，而且可以更好地控制植物生长以获得更多、质量更好的产品。主要的缺点是伴随水循环，病原体快速扩散。因此，循环水在使用前需要消毒，可以使用加热、紫外照射或者慢速砂滤等方法。这些消毒方法各有利弊。加热和紫外照射的技术水平较高，但是对于使用者的成本也高；慢速砂滤的成本较低。

31.7 参考文献

Castilla，N. and Fereres，E.（1990）Tomato growth and yield in unheated plastic greenhouse under Mediterranean climate. Agriculture Mediterranean 120(1)，31-40.

EUROSTAT (1999) Statistical references for Europe.

http：//europa. eu. int/en/comm/eurostat/serven/pdf/statref/1-99-en. pdf.

FAO(1996)Food Production：the critical role of Water. World Food Summit，Rome，Italy.

Klohn，W. and Wolter，H. (1997) Perspectives for food security and water development.

In: DVWK bulletin No. 20: deregulation, decentralization and privatisation in irrigation, Bonn, Germany.

KNMI (2000) Climate data. De Bilt.

KWIN (1999) Kwantitatieve informatie voor de glastuinbouw. PBG, Aalsmeer en Naaldwijk, 176 pp(in Dutch).

OECD (1999) Agricultural water pricing in OECD countries. Report no. 77608, 60 pp.

Runia, W. Th. and Amsing, J. J. (2000). Selectieve verhitting recirculatiewater bespaart energie. Groenten & Fruit/Glasgroenten, 23 June, 34-35(in Dutch).

Runia, W. (1996) Disinfection of recirculation water from closed production systems. In: Proceedings of the Seminar on closed production systems, E. A. Van Os (ed.), IMAG-DLO report 96-01, 20-24.

Runia, W. (1998) Recirculatiewater verhitten met lagere temperatuur. Groenten & Fruit/Glasgroenten, 10 juli, 6-7(in Dutch).

Runia, W. Th., Van Os, E. A. and Bollen, G. J. (1988) Disinfection of drainwater from soilless cultures by heat treatment. Neth. Journal of Agricultural Science, nr 36, 231-238.

Runia, W. Th., Michielsen, J. M. G. P., Van Kuik, A. J., and Van Os, E. A. (1997) Elimination of root infecting pathogens in recirculation water by slow sand filtration. Proceedings 9th Int. Congress on soilless cultures, Jersey, 395-408.

Stanghellini, C. (1994) Environmental effect on growth and its implications for climate management in "mediterranean" greenhouses. Acta Horticulturae, vol. 361, 57-66.

Stanhill, G. (1980) The energy cost of protected cropping: a comparison of six systems of tomato production. Journal Agriculture Enginering. Res. 25: 145-154.

Van Os, E. A. (1994) Closed growing systems for more efficient and environmental friendly production. Acta Horticulturae vol. 361, 194-200.

Van Os, E. A. (1999) Closed soilless growing systems: a sustainable solution for Dutch greenhouse horticulture. Water Science & Technology, 39(5), 105-112.

Van Os, E. A., Bruins, M. A., Van Buuren, J., Van der Veer, D. J. and Willers, H. (1997a) Physical and chemical measurements in slow sand filters to disinfect recirculating nutrient solutions. Proceedings 9th Int. Congress on Soilless Culture, Jersey, 313-328.

Van Os, E. A., Amsing, J. J., Van Kuik, A. J., Willers, H. (1997b) Slow sand filtration: a method for the elimination of pathogens from a recirculating nutrient solution. Proceedings 18th Annual Conference Hydroponic Society of America, Windsor, Ontario, Canada, 169-180.

Wohanka, W. (1995) Disinfection of recirculating nutrient solutions by slow sand filtration. Acta Horticulturae vol 382, 246-255.

Wohanka, W., Lüdtke, H., Ahlers, H., Lübke M. (1999) Optimization of slow

filtration as a means for disinfecting nutrient solutions. Acta Horticulturae vol. 481, 539-544.
World Resources Institute (1994) World resources 1994-1995, a guide to the global environment. Oxford University Press, UK.

32
丹麦卡伦堡的工业共生——工业网络和清洁工业生产[1]

Noel Brings Jacobsen

32.1 卡伦堡的工业共生

在一个环境协作区域内，五种行业工厂和卡伦堡市政当局按照自然共生的模式共同运行(图 32.1)。自然界中的共生是指，可以相互利用的不同物种结合在一起生存。简而言之，就是对每一种类都有利。所谓“工业共生”的协作模式基于如下理念：一公司的废物是另一公司的原材料。

图 32.1 工业共生所在地外景

[1] 本章中的部分内容基于：Jacobsen，NoelBrings：“生态工业网络——Kalundborg 工业生态实例研究”，康奈尔大学，2001。

按照该方法，“工业共生”计划的背景基于工业生态学。工业生态学勾勒出一个工业活动系统，其核心是能源和材料的闭路循环(van Koppen and Mol 2002；第7章)。不同工业活动中的剩余物转化是减少系统对环境的总压力的一个准确方法，因为自然资源被工业副产物替代了。在工业生态框架下的工业共生因此反映了一种人与自然的新关系，在此关系中，工业系统被当作一个生态系统来对待(Ehrenfeld 1997；Erkmann 1997；Wallner 1999)。

生态系统有着进化发展的特点，丹麦的工业共生即是如此(Dunn 1999)。

卡伦堡的工业共生已经存在30多年(表32.1)，截止目前在19项工程中存在着伙伴关系(图32.2)。今天，这19个不同的工程涉及了独立的6个共生伙伴之间的水的循环、能量转移和废物循环。

卡伦堡共生的历史顺序(年) **表32.1**

1962	Tisso湖地表水供给Statiol
1972	Statoil多余的燃气供给Gyproc
1973	Tisso湖地表水供给Asnas电厂
1976	Novo Nordisk/Novozymes产生的微生物被当地农场使用
1979	Asnas电厂的飞灰供水泥加工业使用
1980	Asnas电厂的冷却水供养鱼场使用
1981	Asnas电厂的余热供地区加热系统利用
1982	Asnas电厂的蒸汽供Novo Nordisk/novozymes使用
1987	Tisso湖地表水供给Novo Nordisk/Novozymes
1987	Statiol冷却水供给Asnas电厂
1989	Novo Nordisk酵母浆供给当地农场使用
1990	Statoil的液体硫供给化肥厂
1991	Statiol的废水供给Asnas电厂使用
1992	Statoil多余的燃气供给Asnas电厂
1993	Asnas电厂的石膏供给Gyproc
1995	Novo的废水在公共废水处理场继续处理
1995	Asnas电厂和Statiol废水的回用池
1998	公共水处理厂的污泥被“生物技术土壤”清洁/SOILREM

工业共生最初的动机是收益，进行明智投资以节省成本。所有的互换计划都在伙伴间进行商业谈判——大多数情况下是在两个伙伴间进行。

工业共生计划因此并没有按照共同管理的决定或者学院的环境系统理论进行良好的计划而发展。工业共生可以描述为发展了一系列单独的项目，这些项目最初是彼此独立的。它仅是为实施良好管理和提高环境表现而发展的。

事实上，卡伦堡方法的实例意义在于：商人在追求合理的商业利益的同时，做了对环境而言正确的事情。工业共生表明，环境关注和商业可以携手共进，这恰恰是工业生态的理论假设(Ayres 1999)。

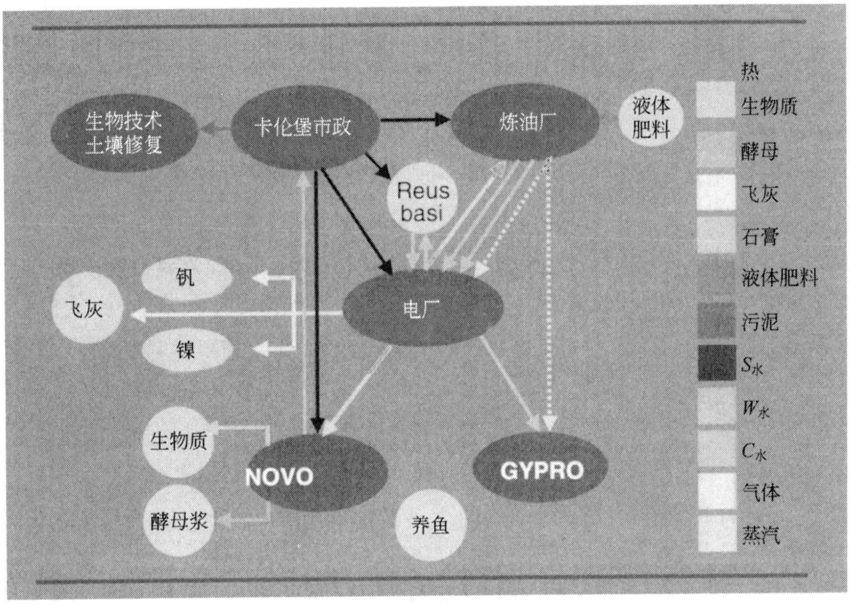

图 32.2　2001 年卡伦堡的工业共生

32.2　实际情况

卡伦堡市约有 20000 居民，位于丹麦首都哥本哈根以西约 100km。城市中的商业团体主要有 4 个大型加工企业：Asnaes 电厂(煤为燃料的火力发电厂)，Statoil(炼油厂)，Novo Nordisk/ Novozymes(医药和生物技术公司)，Gyproc(石膏板制造厂)。还有一些小企业，其中包括 A/S Bioteknisk Jordrens/SOILREM(一个土壤修复公司)。

这 5 家企业连同卡伦堡市政当局形成了一个工业共生体，多年以来，该协作体系在逐渐成长，不断形成新的互利协作项目。

工业共生体的核心是丹麦最大的电厂——Asnaes 电厂。该电厂以煤为燃料，最大发电能力为 1372MW，提供丹麦东部使用电力的一半。雇员有 250 人。

从 1980 年起，该电厂为卡伦堡市供热，而且把工艺蒸汽供给 Statiol 炼油厂和 Novo Nordisk。热电结合提高了对燃料的利用，而且与使用者独立制造时相比，该热源要便宜很多。

电厂只有一部分冷却水进入卡伦堡海湾。剩余的被养鱼场利用，该养鱼场是鲑鱼养殖计划的一部分，每年生产 200t 鱼。养鱼场产生的污泥被附近的农场用作肥料以改善土壤。

电厂使用大量的水发电和产生蒸汽。以前仅使用地下水，这一地区的地下水资源因此稀缺。目前，已经用本地的湖水、炼油厂的冷却水和废水代替。废水储存于 20 万 m^3 的回用缓冲池。

电厂利用静电过滤系统回收飞灰。飞灰供水泥行业使用。而燃烧重质油乳化油产生的飞灰含有大量的镍和钒，可以提取供工业使用。

炼油厂由一家挪威公司所有(Statoil Ltd)。雇员 300 人，每年提炼 500 万 t 原油。这一炼油厂是丹麦最大的炼油厂。

和发电厂一样，炼油厂大量使用本地的湖水，因此节省了大量的地下水资源。以前，炼油厂废水直接排放至卡伦堡海湾。现在，废水和冷却水管道输送至发电厂，一部分在炼油厂以蒸汽的形式循环。

和其他炼油厂一样，该厂有不灭的燃烧，这是炼油厂安全体系中的完整部分。以前，多余的燃气被送至 Gyproc 和发电厂，代替煤和油。现在输送至 Gyproc 的气体变为天然气，而多余的送至发电厂的气体被暂时中止了。但是从历史的观点，这种气体交换在工业共生协作发展中有重要地位。

炼油厂也安装了一套脱硫装置，从燃气中去除硫，主要副产品是硫酸氨。这一副产品用于生产液体肥料。

电厂的脱硫装置每年生产 20 万 t 石膏。一部分被售给石膏板加工厂 Gyproc，用来代替天然石膏。

Grproc 有 180 名雇员，生产房屋建造和建筑业使用的石膏板。这一工厂是英国石膏板集团的一部分，该集团是世界上最大的石膏集团，为超过 45 个国家的市场提供产品。

如前所述，Gyproc 从 Asnaes 购买石膏。从电厂购得的“工业石膏”性质比天然石膏更为均匀，因此更适用于生产石膏板。同时，也节省了自然资源；天然石膏以前是从西班牙进口的，而且要经过多种方法运输至丹麦。

电厂蒸汽和 Tisso 湖的水也被 Novo Nordisk/Novozymes 用于医药和酶的生产。Novo Nordisk/Novozymes 是全球胰岛素和工业酶制剂的重要生产企业，这家企业有 18000 名雇员，其中 2000 名在卡伦堡工作。

Novozyme 的酶制剂用淀粉产品(如土豆粉和玉米粉)发酵培养。这样将产生大量的生物质，这些微生物通过管道运输到丹麦东部西兰岛的农场，代替商业肥料施用到土壤中。Novo Nordisk 的胰岛素生产同样获得了发酵膏——酵母浆，这种废物用来喂猪。

A/S Biotecknisk Jordrens/SOILREM 及其附属机构专门修复被化学物质或重金属污染的土壤。污染物被自然界中的细菌和真菌降解。该企业将来自市政污水处理厂的污泥用作生物修复过程中的营养成分。

按照这一方法，卡伦堡的市政设施是工业共生体中的重要部分。市政设施取 Tisso 水供给工业，产生的污泥供给 A/S Bioteknisk Jordrens，而且向电厂购买热，实现对社区的供热。

工业共生体作为容易实现的独立项目发展多年，近年来，在新的项目中工业共生体增加较多。当前总的共生系统见图 32.2(Brings Jacobsen 2001)。

32.3 反响

需要着重指出的是，所有共生体伙伴间的协议都是基于经济上合理的原则。

由于交换的产品是低经济性的剩余产品，交换能否获利依赖于剩余产品和原料间的价格差，也部分依赖于工业共同体活动产生的价格差和最便宜的替代方法。

不过，精确评价工业共生体项目涉及的团体的获利是非常困难的，因为独立的各项目经济上交叠，而且可供替代的方法的实际价格不能确定，除非公司使用这些方法。对于工业共生体经济的测评表明，所有 19 个项目的投资为 7500 万美元。当前每年节省的费用约是 1500 万美元。目前累计节省 16000 万美元。每个项目的平均回报周期约为 5 年(Brings Jacobsen 2001)。

因此新的工业区建立和新工业选址时，可以接受工业共生体的概念。检验建立新的共生体的可行性要同时考虑有利于公司和相关环境。

迄今为止，建有一些大型工业的地区的环境问题，等于这些工业独立产生的问题的总和。这意味着，一个地区聚集的工业越多，环境方面的影响也越多。

不过，在一个工业共生体内，这一线性关系不再有效，因为一家公司产生的多余产品将被另外的公司用来代替原材料。而如果独立运行，则一家要将多余的产品弃置，同时另外一家企业要在其他地方从自然界中开采其原料。

工业共生体的经验表明，一个优选的公司组合(公司各不相同，但是规模合理)可以减少公司所在地的总环境影响。例如，在卡伦堡的案例中，大约节省了 200 万 m^3 的地下水，100 万 m^3 的地表水和 20 万 t 的天然石膏。

32.4 经验

卡伦堡的经验表明，建立工业共生体要具备很多先决条件。最重要的先决条件是在公司的管理高层之间建立联系。高层不仅要相互熟悉，还要清楚了解彼此的生产过程，相互信任，而且彼此保持一种开放性态度。工业共同体要建立在开放性的基础上，而且成员间合作密切、相互信任。

建立信任和开放性态度是一件复杂的事情，需要时间和精力。卡伦堡是一个小城，管理层次不是很严格，这一情况有利于不同公司之间开展合作。城市的范围小使得每个人都相互认识，为非正式关系的建立提供了良好的环境——这样就为正式合作提供了基础。协作使用副产品的困难在这种地缘和社会氛围下被降低了。

工业生态网络的另外一个先决条件是所涉及公司的产品和副产品是不同的。应当没有妨碍工业共生闭路循环的竞争成分。两个独立的工业没有可交易物的事实强调了共生网络必须有多样性。

在卡伦堡工业共生体案例中，第三个先决条件是管道运输交换物质的事实要求各公司的地理距离较近。长管道运输将提高成本，而且线路越长能量损失越多。

简而言之，无论是物理上还是精神上而言的短距离，是卡伦堡工业共生体的核心推动因素。

工业共生体除了具有环境和经济上的好处，还因合作而产生了其他优点。工业共生体考虑环境需求的特点广为人知，这一事实因此高度公开、并在对环境关注的公众中建立了友好的形象，帮助雇员认同公司，并以公司为骄傲。这样雇员的忠诚度提高了，并且在剧烈的市场竞争中公司的生存能力也提高了。

32.5 参考文献

Ayres, R. 1999. Zero Emissions Forum. The United Nations University, Institute of Advanced Studies. Tokyo, 1999.

Ayres, R. *et al*. 1995. Industrial Metabolism. United Nations University Press, Tokyo, Japan.

Brings Jacobsen, Noel, 2001. Industrial Symbiosis-A Networking Approach to Cleaner Production. Unpub. Paper presented at the OECD World Conference on Industrial Clusters, Paris 2001.

Dunn, B. 1999. "Industrial Ecology for Sustainable Communities" in Journal for Environmental Planning and Management, 41(6), 661-672, 1999.

Ehrenfeld, J 1997. Industrial Ecology. Journal of Cleaner Production, Vol. 5, No. 1-2. 1997.

Erkman, S. 1997. Industrial Ecology-a Historical Perspective. Journal of Cleaner Production, Vol. 5, No. 1-2. 1997.

Gertler, N. & Eherenfeld, J. 1996. A Down-to-Earth Approach to Clean Production. Technology.

Review, February/March, Massachusetts Institute of Technology, 1996, pp. 48-56.

Wallner, H. 1999. Industrial Networks at the regional level-Creating Islands of Sustainab ility-Theory and Practice. Stenum, Gratz, Austria. 1999.

参编人员名单

John Anderson
1 Cumbora Circ., Berowra, NSW 2081, Australia

Takashi Asano
Department of Civil and Environmental Engineering, University California at Davis, Davis, CA 95616, USA

Danielle Baetens
Environmental Department, Flemisch Institute of Technological Research, VITO, Boeretang 200, 2400 Mol, Belgium

Julian Blanco
PSA (Plataforma Solar de Almeria), Crta Senes s/n, Tabernas, Almeria 04200, Spain

Giuseppe Bortone
Wastewater Treatment and Water Cycle, ENEA, via M.M. Sole 4, 40129 Bologna, Italy

Cees J.N. Buisman
Paques B.V., T. de Boerstraat 24, 8560 AB Balk, The Netherlands

Cris F.M. Copini
Project manager EPF, Budelco B.V., Postbus 2001, 6020 AA Budel, The Netherlands

Peter de Jong
Department of Process Innovation, NIZO Food Research, 6710 BA Ede,The Netherlands

Roger Dijkmans
Flemisch Institute of Technological Research, VITO, BBT-kenniscentrum, Boeretang 200, B-2400 Mol, Belgium

Antoin S. Deul
Ondeo Nalco Company, Naperville, IL 60563-1198, USA

Jo Dewulf
Department of Organic Chemistry, Faculty of Agricultural and Applied Biological Sciences, Univesity of Gent, Coupure L. 653, B-9000 Gent, Belgium

John E. Driver
Thermphos International B.V., PO box 406, 4380 AK Vlissingen, The Netherlands

Fritz Frimmel
Germany Division of Water Chemistry, Engler-Bunte-Institut, Universitaet Karlsruhe, Engler-Bunte-Ring 1, 76131 Karlsruhe, Germany

Anne Jacobs
Flemisch Institute of Technological Research, VITO, BBT-kenniscentrum, Boeretang 200, B-2400 Mol, Belgium

Niels Brings Jacobsen
The Symbiosis Institute c/o Industrial Development Council, Kalundborg Region, P.O. Box 25, Casa Danica Center, Hareskovvej 19, 4400 Kalundborg, Denmark

Simon Judd
School of Water Sciences, Cranfield University, Cranfield MK43 0AL, UK

Pedro A. Garcia-Encina
Departamento Ingenieria Quimica, Facultad de Ciencias, Universidad de Valladolid, 47011 Valladolid, Spain

Graciella Gonzalez-Gil
Sub-department Environmental Technology, Wageningen University, P.O. Box 8129, 6700 EV Wageningen, The Netherlands

Geoffery Hagelaar
Management Study Group, Wageningen University, De Leeuwenborgh, Hollandse weg 1, 6706 KN Wageningen, The Netherlands

Ronald Hopman
Kiwa Water Research, Groningenhaven 7, Postbus 1072, 3430 BB Nieuwegein, The Netherlands

Look Hulshoff Pol
Sub-department Environmental Technology, Wageningen University, P.O. Box 8129, 6700 EV Wageningen, The Netherlands

Johannes Kappen
Papiertechnisches Institut, Papiertechnische Stiftung, (PTS-PTI), Water Management, Hess-strasse 134, D-80797 München, Germany

Robbert Kleerenbezem
Sub-department Environmental Technology, Wageningen University, P.O. Box 8129, 6700 EV Wageningen, The Netherlands

Tove A. Larsen
Engineering Science Department, EAWAG, Ueberlandstrasse 133, 8600 Duebendorf, Switzerland

Valentina Lazarova
CIRSEE, 38 rue du Président Wilson, 78230 Le Pecq, France

Dees Lijmbach
Thermphos International B.V., P.O. Box 406, 4380 AK Vlissingen, The Netherlands

Frans Lemaire
HEMMIS n.v., Koning LeopoldIII-laan 2, 8500 Kortrijk, Belgium

Piet N.L. Lens
Sub-department Environmental Technology, Wageningen University, P.O. Box 8129, 6700 EV Wageningen, The Netherlands

Gatze Lettinga
Sub-department Environmental Technology, Wageningen University, P.O. Box 8129, 6700 EV Wageningen, The Netherlands

Audrey D. Levine
Department of Civil and Environmental Engineering, University of South Florida, 4202 East Fowler Ave., ENB 118, Tampa, FL 33620-5350, USA

Ralph A. Luken
UNIDO, Sectoral Support and Environmental Sustainability Division, Cleaner Production and Environmental Management Branch, SES/PEM, P.O. Box 300, A-1400 Vienna, Austria

Sixto Malato
PSA (Plataforma Solar de Almeria), Crta Senes s/n, Tabernas, Almeria 04200, Spain

Francesca Malpei
DIIAR – Sez. Amb., Politecnico di Milano, Piazza L. Da Vinci 32, 20133 Milano, Italy

Bo Mattiasson
Department of Biotechnology, Center of Chemistry and Chemical Engineering, Lund University, P.O. Box 124, SE-22100 Lund, Sweden

Davide Mattioli
Wastewater Treatment and Water Cycle, ENEA, via M.M. Sole 4, 40129 Bologna, Italy

Max Maurer
Engineering Science Department, EAWAG, Ueberlandstrasse 133, CH-8600 Duebendorf, Switzerland

Adriaan Mels
Sub-department Environmental Technology, Wageningen University, P.O. Box 8129, 6700 EV Wageningen, The Netherlands

Arthur P.J. Mol
Environmental Policy, Wageningen University, Hollandse weg 1, 6706 KN Wageningen, The Netherlands

Jane Muncke
Engineering Science Department, EAWAG, Ueberlandstrasse 133, 8600 Duebendorf, Switzerland

Dieter Pauly
Papiertechnisches Institut (PTS-PTI), Hessstrasse 134, 80797 Munich, Germany

Fernando Fdz-Polanco
Departamento Ingenieria Quimica, Facultad de Ciencias, Universidad de Valladolid, 47011 Valladolid, Spain

Salih Rebac
Sub-department Environmental Technology, Wageningen University, P.O. Box 8129, 6700 EV Wageningen, The Netherlands

Alberto Rozzi
DIIAR – Sez. Amb., Politecnico di Milano, Piazza L. Da Vinci 32, 20133 Milano, Italy

Willem Schipper
Thermphos International BV, PO box 406, 4380 AK Vlissingen, The Netherlands

Carl E. Schultz
Paques B.V., T. de Boerstraat 24, 8560 AB Balk, The Netherlands

Anja Sedic
UNIDO, Sectoral Support and Environmental Sustainability Division, Cleaner Production and Environmental Management Branch, SES/PEM, P.O. Box 300, A-1400 Vienna, Austria

Cecilia Stanghellini
Institute of Agricultural Engineering (IMAG-DLO), P.O. Box 43, 6700 AA Wageningen, The Netherlands

Jan-Olov Sundqvist
IVL Swedish Environmental Research Institute, Box 210 60, SE-100 31 Stockholm, Sweden

Eero Teerikangas
Wallininkuja 4 A 10, FIN-00530 Helsinki, Finland

Miguel A. Uruena
Departamento Ingenieria Quimica, Facultad de Ciencias, Universidad de Valladolid, 47011 Valladolid, Spain

Jacques van de Worp
Senior Beleidsadviseur Water, VEMW, Houttuinlaan 8, Postbus 205, 3440 AE Woerden, The Netherlands

Frank van den Akker
PUM/NMCP, P.O. Box 93078, 2509 AB Den Haag, The Netherlands

Jack van der Vorst
Management Study Group, Wageningen University, De Leeuwenborgh, Hollandse weg 1, 6706 KN Wageningen, The Netherlands

Kris Van Koppen (C.S.A.)
Environmental Policy, Wageningen University, Hollandse weg 1, 6706 KN Wageningen, The Netherlands

Herman Van Langenhove
Department of Organic Chemistry, Faculty of Agricultural and Applied Biological Sciences, Univesity Gent, Coupure L. 653, B-9000 Gent, Belgium

Erik van Os
Institute of Agricultural Engineering (IMAG-DLO), P.O. Box 43, 6700 AA Wageningen, The Netherlands

Marcus Vallero
Sub-department Environmental Technology, Wageningen University, P.O. Box 8129, 6700 EV Wageningen, The Netherlands

Santiago Villaverde
Departamento Ingenieria Quimica, Facultad de Ciencias, Universidad de Valladolid, 47011 Valladolid, Spain

Alfons Vogelpohl
Technical University Clausthal, Institut Thermische Verfahrenstechnik, Leibnizstrasse 15, D-38678 Clausthal Zellerfeld, Germany

Dieuwke Voorhoeve
Kiwa Water Research, Groningenhaven 7, Postbus 1072, 3430 BB Nieuwegein, The Netherlands

Jan Weijma
Sub-department Environmental Technology, Wageningen University, P.O. Box 8129, 6700 EV Wageningen, The Netherlands

Peter Wilderer
Institute of Water Quality Control and waste management, Technical University Munich, Am Coulombwall, 85748 Garching, Germany